中国石化"十四五"重点图书出版规划项目

液化天然气接收站工艺与工程

孙丽丽　李凤奇　等　著

中国石化出版社

内 容 提 要

本书集中展现我国近十年来为解决温室气体排放、实现低碳工业的重要途径——液化天然气（LNG）接收站技术水平，总结、归纳 LNG 接收站工艺与工程技术所取得的成就，详细阐述 LNG 接收站工艺与控制技术、冷能综合利用技术、安全消防技术、节能与环保技术、技术经济分析、工程设计与标准化建造技术、开车与运行技术、智能站场等内容，重点介绍超大型 LNG 储罐技术、关键装备国产化技术及工业应用、高效节能新工艺。同时完整展现我国 LNG 接收站技术现状，不仅解决我国天然气供需矛盾，促进经济社会发展全面绿色转型，而且实现生态环境质量改善由量变到质变，体现"双碳"战略背景下中国创新技术水平。

本书适合石油和化工行业的广大科技工作者，包括科研、设计、生产和管理等领域的专业人员以及高等院校有关专业师生阅读参考。

图书在版编目（CIP）数据

液化天然气接收站工艺与工程／孙丽丽，李凤奇等著.
—北京：中国石化出版社，2021.2
ISBN 978-7-5114-6119-3

Ⅰ．①大… Ⅱ．①孙… ②李… Ⅲ．①液化天然气储存
Ⅳ．①TE82

中国版本图书馆 CIP 数据核字（2021）第 018210 号

中国石化出版社出版发行
地址：北京市东城区安定门外大街 58 号
邮编：100011 电话：(010)57512500
发行部电话：(010)57512575
http://www.sinopec-press.com
E-mail：press@sinopec.com
北京科信印刷有限公司印刷
全国各地新华书店经销

*

787×1092 毫米 16 开本 36 印张 850 千字
2022 年 1 月第 1 版 2022 年 1 月第 1 次印刷
定价：398.00 元

《液化天然气接收站工艺与工程》
撰 写 委 员 会

序

  天然气是化石能源中含碳量最低的优质清洁能源。从地下开发出来的天然气经过处理后，硫和其他有害物质含量很低，作为燃料使用，二氧化硫和颗粒污染物排放几乎为零，二氧化碳排放也显著低于燃油，更低于燃煤。它可以方便地用于燃气轮机发电供热，能效超过 60%，也可以方便地用于固体氧化物燃料电池或熔融碳酸盐燃料电池发电供热，热电联供能效可达 85%~90%。天然气化工利用，能高效转化成甲醇、甲醛、乙烯、丙烯等基础化学品，进而生产人类生存和社会发展不可或缺的含碳化学品和含碳材料。天然气是世界能源低碳化转型、实现碳达峰碳中和进程中重要的基础性能源。当然，天然气一旦进入大气层，和二氧化碳相比，其温室气体效应约增大 25 倍，因此在开发利用天然气过程中应该采取严格的措施防止向大气中泄漏或逸散。

  由于天然气使用方便、清洁低碳的特性，全球天然气的开发利用步伐不断加快。为了解决地球上天然气资源分布不均衡，除发展天然气管输管道外，催生了天然气液化技术和液化天然气（LNG）储运、接收技术，带动了材料与装备制造业的技术进步和发展。当今世界，LNG 已成为连接产用、满足世界缺气地区与国家需求的最为活跃的天然气供应形式，形成了规模宏大的 LNG 产业链。

  2000 年，我国天然气消费量仅为 247 亿立方米，随着经济社会的发展，我国 2020 年的消费量已增长到 3280 亿立方米；2006 年开始进口天然气，2020 年天然气进口量已达到 1413 亿立方米，进口依存度为 43%。在进口天然气中，LNG 进口已成为天然气主要进口方式，2020 年 LNG 进口量占天然气总进口量的 66.3%。据不完全统计，截至 2020 年 12 月，我国已投用的 LNG 接收站达 22 座，已建在建 LNG 接收站能力 6940 万吨。中国科学院邹才能院士预测，2030 年我国天然气消费量可能达到 5500 亿~6000 亿立方米，国内天然气供应能力约 2000 亿立方米，平衡进口管道气能力和已建在建 LNG 接收站能力，还需增建 LNG 接收站能力 1200 亿~1700 亿立方米（8633 万吨~1.22 亿吨）。

  我国进口 LNG，在较长一段时间内 LNG 接收站工程建设项目多采用引进技术，核心材料与装备也依赖国外厂商，要支付高昂的专利和专有技术费和装备购置费。为了实现 LNG 接收站成套技术的国产化，推进 LNG 接收站工艺与工程技术自立自强，带动我国 LNG 装备制造业的发展，中国石化工程建设有限公司主动担当、积极作为，下决心开发低能耗、低建设投资、高操作弹性的大型液化天然气接收站成套技术，以天津液化天然气接收站等建设项目为依托，实施系统攻关，在工艺创新的同时，同步开展装备研发、系统优化设计和工程统筹实施，并基于运筹学理论，创新建立LNG接收站生产运行管理新模式，形成了具有自主知识产权的高效环保大型液化天然气接收站成套技术，建成的接收站实现了安全稳定长周期运行。与国际上同类技术相比，采用本技术设计建设的LNG接收站安全性提高，操作弹性大、能量消耗少、投资成本低，蒸发气一次再冷凝效率高，具有显著的技术优势。

为更好地推广大型液化天然气接收站成套技术，提高我国LNG接收站工程设计建设水平和接收站安全高效运行和维护的能力，中国工程院院士孙丽丽、正高级工程师李凤奇担任总撰稿人，组织LNG接收站成套技术开发、设计建设和运行维护等方面专家撰写了《液化天然气接收站工艺与工程》一书，该书从应用基础研究、工艺工程技术开发、生产运行与管理等方面，对LNG接收站工艺技术原理、设计方法、生产实践及技术进展等进行了系统总结，是一部理论与实践相结合，具有较高学术水平和应用价值的著作。该书的出版发行，对推动LNG接收站技术的进步，服务更多新的大型LNG接收站的工程设计与项目建设，管理和运行好LNG接收站具有重要的指导意义。相信本书能受到广大读者的欢迎。

2021 年 12 月 27 日

前　言

作者荐语

在中国石化出版社的大力支持下，《液化天然气接收站工艺与工程》得以出版，这对推动液化天然气接收站技术的发展尤为重要。

天然气作为一种优质、清洁、高效的低碳化石能源，在世界上的年消费量迅速增长，其在一次能源结构中的占比不断攀升。2020年，新型冠状病毒肺炎疫情(简称"新冠疫情")席卷着整个世界，深刻影响世界政治经济形势，碳达峰、碳中和引发社会经济深远变革，极端气候多发给世界能源安全带来严峻挑战。面对纷繁复杂的国际形势，我国在能源革命领域均取得了长足进步，经济社会发展和能源发展展现强劲韧性和活力。2020年，虽然受新冠疫情抑制消费的影响，但是我国天然气需求仍有增长，同比增长3.6%，其中液化天然气同比增长11.5%，约占天然气总进口量的66.3%。预计在"十四五"及未来一段时间内，我国天然气行业将立足"双碳"目标和经济社会新形势，不断完善产供储销体系，满足经济社会发展对清洁能源增量的需求，推动天然气对传统高碳化石能源存量替代，构建现代能源体系下天然气与新能源融合发展的新格局，实现行业高质量发展。

近年来，我国LNG接收站建设进度不断加快。在LNG接收站技术领域，日本、美国、德国、法国、西班牙等国家起步较早，一直垄断着LNG接收站的成套工艺技术和核心装备技术。针对引进技术投资大、时间长、能耗高等一系列问题，中国石化深耕细作、笃行致远，开展应用基础和工艺技术、装备技术、控制技术、工程技术等方面的研究工作，形成了具有自主知识产权的安全高效环保大型液化天然气接收站成套技术，在LNG接收站建设中得到了工业应用，并进行了快速的推广。

安全高效环保大型液化天然气接收站成套技术自科研开发至今，仅有短短十年的时间，但在接收站成套工艺技术、工程设计及生产实践等方面取得的成果十分显著，采用自主技术建设的中国石化天津液化天然气接收站自2018年3月投产以来，连续稳定运行，积累了丰富的知识和经验。为了适应我国LNG接收站迅猛发展的趋势，撰写本书以全面总结我国LNG接收站的成果和经验，对促进此项技术的发展和人才培养十分必要。

本书由孙丽丽、李凤奇负责总框架设计、草拟撰写提纲、制定编写要求并统稿和定稿。第一章由赵广明、孙丽丽和王险峰撰写；第二章第一节由李凤奇、李明撰写，第二节由拓小杰、李海燕撰写，第三节由孙丽丽、王燕飞、张健、王燕飞撰写，第四节由李明、刘志成撰写，第五节和第六节由孙丽丽、李凤奇、刘世平、赵睿撰写，第七节由王燕飞、李海燕撰写，第八节由陈苏屏、李凤奇撰写，第九节由赵珂撰写；第三章第一节~第三节由多志丽和李明撰写，第四节由李凤奇和孙丽丽撰写；第四章第一节由李凤奇撰写，第二节由李晓琳撰写，第三节由王文焘撰写；第五章第一节由李凤奇撰写，第二节由尹青锋、赵睿、李明、刘世平撰写，第三节由张宇鹏、张秀锋撰写；第六章由田鹏飞、于海奇撰写；第七章第一节由于海奇、李少鹏撰写，第二节由李少鹏撰写，第三节由于海奇、田鹏飞撰写；第八章第一节和第二节由张健撰写，第三节由刘进龙、于海英撰写；第九章由赵文忠、孙丽丽、马思瑶撰写；第十章第一节由王强撰写，第二节由李海燕、吴发建撰写，第三节由李凤奇撰写，第四节由田鹏飞撰写，第五节由霍东海撰写；第十一章由计立明和王聪撰写；第十二章第一节由丁乙、汲广胜、吴经天撰写，第二节由丁乙、张天、赵颖撰写，第三节由丁乙、李皓月和王刚撰写；第十三章第一节由丁乙和马慧超撰写，第二节由黄华、薛坤和王国瑞撰写；第十四章第一节由孙丽丽、李蕾、薛新强、李鹏、彭颖撰写，第二节由多志丽、朱建鲁、李玉星撰写，第三节由李薇和孙丽丽撰写。蒋荣兴、郭宏新、丘平、王存智、刘丰、孟庆海、张迎恺、李进锋、薛军、周鑫、武铜柱、刘建立、吴文革、陈瑞金、付俊涛、王若青、彭明、王超、刘丽生、刘海潇、汤雅雯、李文欣、吴梦雨、柴帅等也为本书做出了贡献。

本书撰稿人多年来一直从事 LNG 接收站技术科研、设计和生产工作，除西南石油大学李薇教授外，主要来自中国石化工程建设有限公司、中石化天津液化天然气有限责任公司、江苏中圣高科技产业有限公司和中石化第四建设有限公司等单位，他们都具有较高的理论水平和丰富的实践经验，为本书的质量提供了保证。

本书的撰写力求做到理论与实践相结合、工艺与工程相结合、技术与经济相结合，以使本书具有科学性、新颖性、系统性和实用性。但由于专业面广、水平有限，虽经多次讨论和修改，仍难免有不妥或不足之处，敬请广大读者批评指正。

2021 年 12 月 27 日

目　　录

第一章　绪　论

第一节　概　述

天然气主要由甲烷和少量的乙烷、丙烷、丁烷以及二氧化碳和氮等其他气体组成，其质量热值与原煤、原油的质量热值比分别约为 1∶0.43 和 1∶0.72，与柴油基本相当，其燃烧产生的颗粒物、二氧化碳和氮氧化物等温室气体远低于煤炭和燃油。天然气用于发电时，产生的颗粒物和温室气体对比煤炭分别减少 90% 和 50% 以上，用作车用燃料时相较燃油温室气体减少高达约 23%[1]，用于家庭采暖的热效率超过 95%[2]。因此，不论从其热值还是燃烧排放物以及热效率等方面评价，天然气都是高效、清洁、使用便利的能源之一。

虽然人类发现天然气的历史很久远，但直到 20 世纪初美国和欧洲才逐渐形成天然气产业，整个 19 世纪和 20 世纪初，天然气主要用于街道照明、家庭取暖和烹饪。随着科技进步，天然气使用的安全性和输送的便利性得到改善，使得天然气产业扩展到发电、天然气化工和液化天然气（LNG）。尤其自第二次世界大战以后，因此世界人口的快速增长和经济的迅速发展，工业发达的国家和地区，以煤和石油为主的传统能源消费量不断增长，温室气体和各种有害物质排放激增，大气污染日益加重。随着改变能源消费结构、推行节能减排成为了许多能源需求大国应对环境污染加剧的重要策略，清洁高效能源之一的天然气得到了普遍青睐。

天然气产业发展的瓶颈在于其运输和储存技术。早期的天然气产业由于技术落后经常会在运输途中发生爆炸等事故。因而，天然气液化技术的不断进步推动天然气产业产生重大发展。实际上，天然气液化技术最早产生于 1914 年，世界上第一家 LNG 工厂于 1917 年在美国弗吉尼亚州成立。但不幸的是，1944 年美国东俄亥俄气体公司 LNG 储罐发生爆炸，死亡 28 人，LNG 产业的发展因而受到很大打击，许多技术研究陷入僵局。

LNG 技术的真正成熟是在第二次世界大战以后。1959 年，"甲烷先锋号"把首船 LNG 自美国路易斯安那州穿越大西洋，运抵英国的坎威岛，实现了世界 LNG 首次运输。1964 年，阿尔及利亚阿尔泽天然气液化厂投入生产，这是世界第一座商业化、大规模的天然气液化厂，投产后英、法两国很快与其签订了供气合同，LNG 自非洲运送至英国和法国，自此开始了海上跨洲运输。但在 20 世纪 70 年代前 LNG 产业并未得到较大发展，其产业地位的提高是在 20 世纪 90 年代末期。

进入 21 世纪，人类社会正面临能源需求上升和气候变化两大重要挑战，天然气作为优质、清洁、高效的能源，已经成为推动全球能源转型、应对气候变化的必然选择。因此，天然气在世界一次能源消费中的占比逐年攀升，创下 2020 年 24.7%[1] 的历史新高，其中液化天然气占比 23.6%。我国 2020 年天然气消费量为 $3306 \times 10^8 m^3$[1]，占全球天然气消费量的 16%，其中进口液化天然气占 2.8%。

一、全球天然气供给与消费

天然气资源在全球的分布极不均衡，主要分布在中东地区、独联体国家、北美洲及其他部分区域。据统计，全球天然气探明储量总计为 $188.1 \times 10^{12} m^3$，其中北美洲为 $15.2 \times 10^{12} m^3$，中南美洲为 $7.9 \times 10^{12} m^3$，欧洲为 $3.2 \times 10^{12} m^3$，独联体国家 $56.6 \times 10^{12} m^3$，中东地区为 $75.8 \times 10^{12} m^3$，非洲为 $12.9 \times 10^{12} m^3$，亚太地区为 $16.6 \times 10^{12} m^3$，其分布情况见图 1-1。

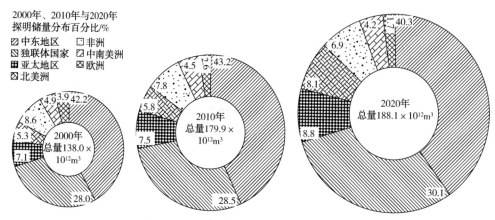

图 1-1　全球天然气探明储量分布图[4]

2020 年全球天然气的储产比中东地区最大，独联体国家次之，非洲和中南美洲基本相同，分别排列在第三、第四位，其他地区储产比相对较小，具体见图 1-2。

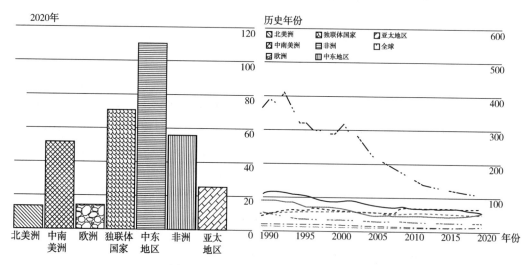

图 1-2　全球天然气储产比统计[4]

2009~2019 年全球天然气产量年均增长 3.1%[4]，2020 年受新冠病毒疫情影响，产量负增长为-3.3%[4]；2009~2019 年全球消费量年均增长 2.9%[4]，2020 年受新冠病毒疫情影响，消费量负增长为-2.3%[4]；不同地区、不同国家随着时间推移，其天然气产量和消费量也随其资源存量的增减、经济状况的好坏而波动，近 10 年全球天然气供给与消费状况见表 1-1 和表 1-2，全球分地区产量和消费量见图 1-3。

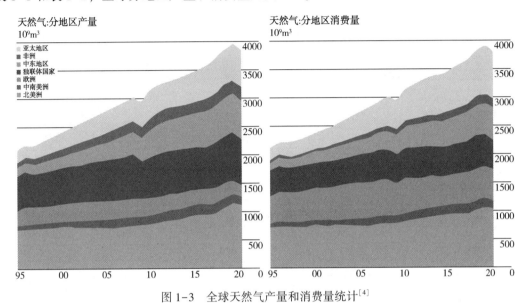

图 1-3 全球天然气产量和消费量统计[4]

天然气资源匮乏或人均资源占有量相对较少的地区，通常采用管道进口天然气或船运 LNG 进口天然气。在无管道气或长距离管道输送天然气等不经济的条件下，跨洋船运 LNG 就变成了解决天然气资源的唯一途径。

从 2009 年到 2019 年的近 10 年间，LNG 的产量增加了 35.9%，LNG 的消费量增加了 33.6%。全球 LNG 的贸易额在不断增长，原本出口 LNG 的部分国家因资源逐渐减少及消费增长而转变为进口国。截至 2019 年，LNG 出口国数量减少到了 20 个，卡塔尔是迄今最大的全球 LNG 供应商，占全球 LNG 出口量的 22%[3]。LNG 进口国或地区数量不断增加，截至 2021 年 10 月全球进口 LNG 的国家已经达到了 37 个，进口量增长较快的是中国，占全球 LNG 总额的 17%，日本是世界上最大的进口国，占全球 LNG 全球总额的 22%。全球 LNG 消费的主要地区是亚太地区，2019 年的进口量约占全球总量的 70%，其中，东北亚的日本、中国和韩国三个国家合计消费量占全球总量的 50%[2]。

2020 年虽然受新冠病毒肺炎疫情影响，但全球液化天然气总进出口总量仍有增长，增长率为 0.6%，总进出口量为 $4879 \times 10^8 m^3$。全球分来源液化天然气进口量见图 1-4；全球液化天然气进出口统计情况见表 1-3 和表 1-4；全球液化天然气贸易流向统计情况见表 1-5。

二、中国天然气的供给与消费

我国天然气使用已有悠久的历史，但天然气工业起步较晚。基于自产能源构成主要是煤炭的现实，2006 年以前我国天然气消费量很少，无需进口。随着经济的快速发展，煤炭在一次能源消费结构中占比过大导致环境恶化。从 1990 年到 2000 年空气污染范围从局地污染向区域污染扩展，2000 年到 2010 年是中国大气污染发生重大变化的一个阶段，大气污染发展为区域性复合型、经常性。为此，2012 年 9 月国务院发布了《重点区域大气污染防治"十

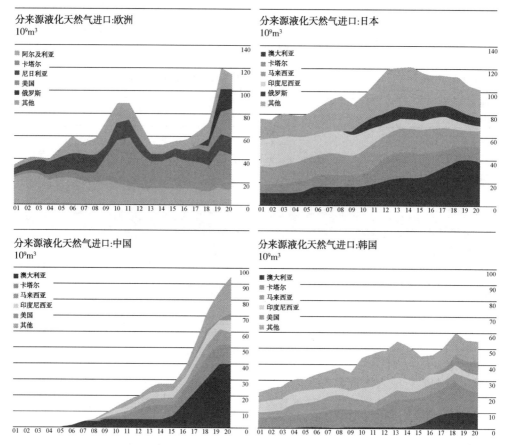

图 1-4 全球液化天然气进口量统计[4]

二五"规划》，这是国务院批准的第一个大气污染综合防治规划；2013 年 9 月，国务院颁布的《大气污染防治行动计划》(简称"国十条")是对大气污染防治工作从战略高度做出的顶层设计。"国十条"着眼于多种污染物、多种污染源协调控制，以加快产业的结构调整、加快能源清洁利用、强化机动车污染防治为重点。

加快能源清洁利用，是治理大气污染的重要一环，具有清洁能源特性的天然气成为调整一次能源结构的首选。

（一）天然气的国家战略

国家《能源生产和消费革命战略（2016~2030）》指出，2021~2030 年可再生能源、天然气和核能利用持续增长，高碳化石能源利用大幅减少，能源消费总量控制在 6000Mt 标准煤以内，非化石能源占能源消费总量比重达到 20% 左右，天然气占比达到 15% 左右，新增能源需求主要依靠清洁能源满足，单位国内生产总值二氧化碳排放比 2005 年下降 60%~65%，二氧化碳排放 2030 年左右达到峰值并争取尽早达峰；展望 2050 年，能源消费总量基本稳定，非化石能源占比将超过一半，建成能源文明消费型社会[5]。

能源转型在挑战中前进，能源消费结构进一步向清洁化、低碳化方向发展。控制煤炭消费总量，增加天然气消费比重，优化能源消费结构，是打好防治大气污染的攻坚战和持久战的重要举措；是实现节能减排目标、转方式、调结构的关键举措；也是建设绿水青山，推进生态文明建设的重大任务。

表1-1 2010～2020年全球天然气*供给状况[4]

10⁹ m³

产 地	2010年	2011年	2012年	2013年	2014年	2015年	2016年	2017年	2018年	2019年	2020年	年均增长率 2020年	年均增长率 2009~2019年	2020年占比
加拿大	149.6	151.1	150.3	151.9	159.0	160.8	172.0	173.9	176.8	169.0	165.2	-2.5%	0.9%	4.3%
墨西哥	51.2	52.1	50.9	52.5	51.3	47.9	43.7	38.3	35.2	31.3	30.1	-4.2%	-5.1%	0.8%
美国	575.2	617.4	649.1	655.7	704.7	740.3	727.4	746.2	840.9	930.0	914.6	-1.9%	5.2%	23.7%
北美洲总计	775.9	820.5	850.3	860.1	915.0	949.0	943.0	958.3	1052.9	1130.3	1109.9	-2.1%	4.0%	28.8%
阿根廷	39.0	37.7	36.7	34.6	34.5	35.5	37.3	37.1	39.4	41.6	38.3	-8.2%	0.3%	1.0%
玻利维亚	13.7	15.0	17.1	19.6	20.3	19.6	18.8	18.2	17.0	15.0	14.4	-3.9%	2.3%	0.4%
巴西	15.0	17.2	19.8	21.9	23.3	23.8	24.1	27.2	25.2	25.7	23.9	-7.3%	7.7%	0.6%
哥伦比亚	10.8	10.5	11.5	13.2	12.3	11.6	12.0	12.3	12.9	13.2	13.3	0.2%	2.7%	0.3%
秘鲁	7.3	11.5	12.0	12.4	13.1	12.7	14.0	13.0	12.8	13.5	12.1	-10.7%	14.2%	0.3%
特立尼达和多巴哥	40.3	38.7	38.5	38.7	38.1	36.0	31.3	31.9	34.0	34.6	29.5	-15.0%	-1.1%	0.8%
委内瑞拉	30.5	30.2	31.9	30.6	31.8	36.1	37.2	38.6	31.6	25.6	18.8	-26.9%	-2.2%	0.5%
其他中南美洲国家	3.8	3.2	3.0	2.7	2.6	2.9	3.1	3.1	3.0	3.2	2.7	-16.3%	-1.7%	0.1%
中南美洲总计	160.4	164.1	170.6	173.8	176.0	178.0	177.9	181.4	175.9	172.3	152.9	-11.5%	1.2%	4.0%
丹麦	8.5	6.9	6.0	5.0	4.8	4.8	4.7	5.1	4.3	3.2	1.4	-57.0%	-9.6%	◆
德国	11.1	10.5	9.5	8.6	8.1	7.5	6.9	6.4	5.5	5.3	4.5	-15.9%	-8.3%	0.1%
意大利	8.0	8.0	8.2	7.4	6.8	6.4	5.5	5.3	5.2	4.6	3.9	-16.4%	-4.9%	0.1%
荷兰	75.3	69.5	68.4	72.4	60.4	45.9	44.3	37.9	32.3	27.8	20.0	-28.5%	-8.2%	0.5%
挪威	106.2	100.5	113.9	107.9	107.5	116.1	115.9	123.7	121.3	114.3	111.5	-2.7%	1.0%	2.9%
波兰	4.3	4.5	4.5	4.4	4.3	4.3	4.1	4.0	4.0	4.0	3.9	-1.7%	-0.7%	0.1%
罗马尼亚	10.0	10.1	10.1	10.0	10.2	10.2	9.1	10.0	10.0	9.6	8.7	-9.8%	-0.8%	0.2%
乌克兰	19.4	19.5	19.4	20.2	20.2	18.8	19.0	19.4	19.7	19.4	19.0	-2.5%	-0.5%	0.5%
英国	57.9	46.1	39.2	37.0	37.4	40.7	41.7	41.9	40.7	39.5	39.5	-0.4%	-4.3%	1.0%
其他欧洲国家	9.3	9.2	8.4	7.2	6.3	6.1	8.7	9.0	8.4	7.4	6.3	-15.0%	-2.2%	0.2%
欧洲总计	310.1	284.8	287.5	280.0	266.1	260.8	259.9	262.7	251.4	235.2	218.6	-7.3%	-2.5%	5.7%
阿塞拜疆	16.3	16.0	16.8	17.4	18.4	18.8	18.3	17.8	19.0	24.3	25.8	6.0%	4.3%	0.7%
哈萨克斯坦	27.8	29.3	29.7	31.1	31.7	31.9	32.1	34.5	34.1	34.0	31.7	-7.2%	2.5%	0.8%

续表

产　地	2010年	2011年	2012年	2013年	2014年	2015年	2016年	2017年	2018年	2019年	2020年	年均增长率 2020年	年均增长率 2009~2019年	2020年占比
俄罗斯联邦	598.4	616.8	601.9	614.5	591.2	584.4	589.3	635.6	669.1	679.0	638.5	-6.2%	2.4%	16.6%
土库曼斯坦	40.1	56.3	59.0	59.0	63.5	65.9	63.2	58.7	61.5	63.2	59.0	-6.9%	6.6%	1.5%
乌兹别克斯坦	57.1	56.6	56.5	55.9	56.3	53.6	53.1	53.4	57.2	57.3	47.1	-18.1%	-0.2%	1.2%
其他独联体国家	0.3	0.3	0.3	0.3	0.3	0.3	0.3	0.3	0.3	0.3	0.3	-0.5%	0.3%	◆
独联体国家总计	740.0	775.4	764.2	778.3	761.4	754.9	756.3	800.2	841.3	858.2	802.4	-6.8%	2.5%	20.8%
巴林	12.4	12.6	13.1	14.0	14.7	14.6	14.4	14.5	14.6	16.3	16.4	0.8%	3.0%	0.4%
伊朗	143.9	151.0	156.9	157.5	175.5	183.5	199.3	213.8	232.0	241.4	250.8	3.6%	5.9%	6.5%
伊拉克	7.1	6.3	6.3	7.1	7.5	7.3	9.9	10.1	10.6	11.0	10.5	-4.6%	4.8%	0.3%
科威特	11.1	12.9	14.7	15.5	14.3	16.1	16.4	16.2	16.9	17.9	15.0	-16.7%	5.1%	0.4%
阿曼	25.7	27.1	28.3	30.8	29.3	30.7	31.5	32.3	36.3	36.7	36.9	0.4%	4.4%	1.0%
卡塔尔	123.1	150.4	162.5	167.9	169.4	175.8	174.5	170.5	169.1	172.1	171.3	-0.7%	6.4%	4.4%
沙特阿拉伯	83.3	87.6	94.4	95.0	97.3	99.2	105.3	109.3	112.1	111.2	112.1	0.6%	4.1%	2.9%
叙利亚	8.4	7.4	6.1	5.0	4.6	4.1	3.5	3.5	3.5	3.3	3.0	-10.1%	-5.9%	0.1%
阿拉伯联合酋长国	50.0	51.0	52.9	53.2	52.9	58.6	59.5	59.5	58.0	58.0	55.4	-4.7%	2.0%	1.4%
也门	6.3	9.4	7.6	10.4	9.8	2.9	0.5	0.3	0.1	0.1	0.1	1.0%	-18.6%	◆
其他中东国家	3.3	4.2	2.5	6.3	7.3	8.1	9.0	9.5	10.1	10.2	15.0	46.3%	14.1%	0.4%
中东地区总计	474.6	520.0	545.5	562.6	582.6	600.8	624.1	639.5	663.3	678.2	686.6	1.0%	5.1%	17.8%
阿尔及利亚	77.4	79.6	78.4	79.3	80.2	81.4	91.4	93.0	93.8	87.0	81.5	-6.6%	1.3%	2.1%
埃及	59.0	59.1	58.6	54.0	47.0	42.6	40.3	48.8	58.6	64.9	58.5	-10.2%	0.7%	1.5%
利比亚	16.0	7.5	11.6	12.2	15.7	14.7	14.8	13.6	13.2	14.5	13.3	-8.5%	-0.4%	0.3%
尼日利亚	30.9	36.4	39.2	33.1	40.0	47.6	42.6	47.2	48.3	49.3	49.4	◆	7.8%	1.3%
其他非洲国家	18.2	18.0	18.9	20.5	20.7	21.7	22.8	26.9	27.6	28.1	28.6	1.6%	5.7%	0.7%
非洲总计	201.5	200.6	206.7	199.1	203.5	208.0	211.9	229.5	241.4	243.8	231.3	-5.4%	2.5%	6.0%
澳大利亚	52.6	54.2	58.0	60.3	64.9	74.1	94.0	110.1	126.0	143.1	142.5	-0.7%	11.9%	3.7%
孟加拉国	19.3	19.6	21.3	22.0	23.0	25.9	26.5	26.6	26.6	25.3	24.7	-2.5%	3.0%	0.6%
文莱	12.0	12.5	12.3	11.9	12.7	13.3	12.9	12.9	12.6	13.0	12.6	-2.9%	1.6%	0.3%

续表

产　地	2010年	2011年	2012年	2013年	2014年	2015年	2016年	2017年	2018年	2019年	2020年	年均增长率		2020年占比
												2020年	2009~2019年	
中国	96.5	106.2	111.5	121.8	131.2	135.7	137.9	149.2	161.4	177.6	194.0	9.0%	7.5%	5.0%
印度	47.4	42.9	37.3	31.1	29.4	28.1	26.6	27.7	27.5	26.9	23.8	-11.9%	-2.9%	0.6%
印度尼西亚	87.0	82.7	78.3	77.6	76.4	76.2	75.1	72.7	72.8	67.6	63.2	-6.8%	-1.4%	1.6%
马来西亚	65.1	67.0	69.3	72.6	72.2	76.8	76.7	78.5	77.2	79.3	73.2	-7.9%	1.8%	1.9%
缅甸	12.2	12.6	12.5	12.9	16.5	19.2	18.3	17.8	17.0	18.5	17.7	-4.6%	5.0%	0.5%
巴基斯坦	35.3	35.3	36.6	35.6	35.0	35.0	34.7	34.7	34.2	32.7	30.6	-6.6%	-0.6%	0.8%
泰国	33.7	33.8	38.4	38.9	39.1	37.5	37.3	35.9	34.7	35.8	32.7	-8.8%	2.0%	0.8%
越南	9.1	8.2	9.0	9.4	9.9	10.3	10.2	9.5	9.7	9.9	8.7	-11.8%	2.5%	0.2%
亚太其他国家和地区	17.9	17.7	17.7	18.2	23.0	27.9	28.9	29.1	27.0	28.7	28.4	-1.5%	4.5%	0.7%
亚太地区总计	488.1	492.6	502.1	512.2	533.3	560.0	579.0	604.6	626.6	658.2	652.1	-1.2%	4.0%	16.9%
全球总计	3150.8	3258.0	3326.8	3366.1	3437.9	3511.7	3552.1	3676.2	3852.9	3976.2	3853.7	-3.3%	3.1%	100.0%
其中：经合组织	1130.9	1151.0	1187.0	1196.4	1242.1	1281.0	1296.7	1331.1	1430.9	1510.8	1478.5	-2.4%	3.2%	38.4%
非经合组织	2019.9	2107.0	2139.8	2169.6	2195.8	2230.6	2255.4	2345.1	2422.0	2465.4	2375.2	-3.9%	3.0%	61.6%
欧盟	125.6	117.5	113.9	113.3	99.9	84.3	82.3	76.8	68.8	61.1	47.8	-21.9%	-6.3%	1.2%

注：① 数据来源：包括来自 Cedigaz 和 FGE MENAgas 服务的数据。

② * 不包括空燃烧或回收的天然气。包括用于液体燃料转化所生产的天然气。

③ ◆ 低于 0.05%。

表1-2　2010年～2020年全球天然气*消费状况[4]

10^9 m^3

产　地	2010年	2011年	2012年	2013年	2014年	2015年	2016年	2017年	2018年	2019年	2020年	年均增长率		2020年占比
												2020年	2009~2019年	
加拿大	92.0	101.1	99.8	105.9	110.4	110.5	106.4	110.3	116.4	117.8	112.6	-4.7%	2.7%	2.9%
墨西哥	66.0	70.8	73.7	77.8	78.8	80.8	83.0	86.0	87.6	88.0	86.3	-2.2%	3.0%	2.3%
美国	648.2	658.2	688.1	707.0	722.3	743.6	749.1	740.0	821.7	849.2	832.0	-2.3%	3.2%	21.8%
北美洲总计	806.3	830.1	861.6	890.8	911.5	934.8	938.6	936.3	1025.7	1055.1	1030.9	-2.6%	3.2%	27.0%

续表

产 地	2010年	2011年	2012年	2013年	2014年	2015年	2016年	2017年	2018年	2019年	2020年	年均增长率 2020年	年均增长率 2009~2019年	2020年占比
阿根廷	42.1	43.8	45.7	46.0	46.2	46.7	48.2	48.3	48.7	46.6	43.9	-5.9%	1.1%	1.1%
巴西	27.6	27.5	32.6	38.4	40.7	42.9	37.1	37.6	35.9	35.7	32.1	-10.4%	5.6%	0.8%
智利	5.7	5.8	5.3	5.3	4.4	4.8	5.9	5.6	5.6	6.5	6.1	-6.3%	8.8%	0.2%
哥伦比亚	8.7	8.5	9.5	10.5	11.4	11.2	12.1	12.4	13.2	13.4	13.9	3.3%	4.8%	0.4%
厄瓜多尔	0.6	0.6	0.7	0.9	0.9	0.8	0.9	0.8	0.7	0.6	0.5	-13.9%	0.7%	◆
秘鲁	5.4	6.3	6.9	6.7	7.4	7.6	8.5	7.5	8.0	8.2	7.1	-14.4%	9.4%	0.2%
特立尼达和多巴哥	20.7	20.5	20.2	20.4	20.5	19.6	16.9	18.3	17.4	17.5	15.1	-13.7%	-0.9%	0.4%
委内瑞拉	31.3	33.3	34.6	32.3	34.0	37.0	37.2	38.6	31.6	25.6	18.8	-26.9%	-2.9%	0.5%
其他中南美洲国家	5.1	5.8	6.3	6.9	7.2	7.1	7.3	7.2	8.0	9.2	8.1	-11.9%	6.4%	0.2%
中南美洲总计	147.3	152.1	161.8	167.3	172.6	177.8	174.2	176.3	169.2	163.3	145.6	-11.1%	1.9%	3.8%
奥地利	9.6	9.0	8.6	8.2	7.5	8.0	8.3	9.1	8.7	8.9	8.5	-4.5%	0.1%	0.2%
比利时	19.4	16.5	16.7	16.5	14.5	15.8	16.2	16.4	16.9	17.4	17.0	-2.5%	-0.1%	0.4%
捷克共和国	9.4	7.9	8.0	8.1	7.2	7.5	8.2	8.4	8.0	8.3	8.5	1.4%	0.5%	0.2%
芬兰	4.1	3.6	3.2	3.0	2.7	2.3	2.0	1.8	2.1	2.0	2.0	-4.1%	-5.9%	0.1%
法国	49.6	43.0	44.4	45.1	37.9	40.8	44.5	44.8	42.8	43.7	40.7	-7.1%	-0.2%	1.1%
德国	88.1	80.9	81.1	85.0	73.9	77.0	84.9	87.7	85.9	88.7	86.5	-2.7%	0.5%	2.3%
希腊	3.7	4.6	4.2	3.7	2.8	3.1	4.0	4.8	4.7	5.2	5.7	9.7%	4.3%	0.1%
匈牙利	11.4	10.9	9.7	9.1	8.1	8.7	9.3	9.9	9.6	9.8	10.2	3.1%	-0.8%	0.3%
意大利	79.1	74.2	71.4	66.7	59.0	64.3	67.5	71.6	69.2	70.8	67.7	-4.7%	-0.5%	1.8%
荷兰	46.8	40.9	39.3	39.1	34.5	34.1	35.2	36.1	35.4	37.0	36.6	-1.5%	-1.1%	1.0%
挪威	4.1	4.0	4.0	4.0	4.3	4.5	4.4	4.6	4.4	4.6	4.4	-3.2%	1.0%	0.1%
波兰	16.2	16.5	17.4	17.4	17.0	17.1	18.3	19.2	19.9	20.9	21.6	2.9%	3.3%	0.6%
葡萄牙	5.2	5.3	4.6	4.3	4.1	4.8	5.1	6.3	5.8	6.1	6.0	-2.6%	2.5%	0.2%
罗马尼亚	12.5	12.9	12.5	11.4	10.9	10.4	10.5	11.3	11.6	10.7	11.3	5.1%	-1.4%	0.3%

续表

产　地	2010年	2011年	2012年	2013年	2014年	2015年	2016年	2017年	2018年	2019年	2020年	年均增长率		2020年占比
												2020年	2009~2019年	
西班牙	36.2	33.6	33.2	30.3	27.5	28.5	29.1	31.7	31.5	36.0	32.4	-10.1%	-0.1%	0.8%
瑞典	1.5	1.2	1.1	1.0	0.8	0.9	1.0	1.0	1.0	1.0	1.1	3.4%	-1.2%	◆
瑞士	3.5	3.1	3.4	3.6	3.1	3.3	3.5	3.5	3.3	3.4	3.2	-5.4%	0.8%	0.1%
土耳其	35.8	41.8	43.3	44.0	46.6	46.0	44.5	51.6	47.2	43.4	46.4	6.6%	2.5%	1.2%
乌克兰	54.6	56.1	51.8	47.7	40.3	32.0	31.4	30.2	30.6	28.3	29.3	3.4%	-5.3%	0.8%
美国	98.5	81.9	76.9	76.3	70.1	72.0	80.7	78.5	79.5	77.3	72.5	-6.5%	-1.6%	1.9%
其他欧洲国家	33.5	32.3	30.8	29.8	27.2	28.1	28.9	30.3	30.1	30.0	29.6	-1.3%	0.1%	0.8%
欧洲总计	622.9	580.4	565.7	554.4	500.0	509.2	537.4	558.8	548.3	553.5	541.1	-2.5%	-0.4%	14.2%
阿塞拜疆	8.1	8.9	9.4	9.4	9.9	11.1	10.9	10.6	10.8	11.8	11.9	0.6%	3.2%	0.3%
白俄罗斯	20.7	19.2	19.4	19.3	19.1	17.9	17.8	18.2	19.3	19.2	17.9	-7.0%	1.2%	0.5%
哈萨克斯坦	9.5	10.6	11.4	12.0	13.4	13.6	14.2	15.1	17.4	17.4	16.6	-4.8%	7.1%	0.4%
俄罗斯联邦	423.9	435.6	428.6	424.9	422.2	408.7	420.6	431.1	454.5	444.3	411.4	-7.7%	1.1%	10.8%
土库曼斯坦	18.3	20.7	22.9	19.3	20.0	25.4	25.1	24.8	28.4	31.5	31.3	-1.0%	6.3%	0.8%
乌兹别克斯坦	44.0	47.4	46.2	46.2	48.5	46.3	43.3	43.1	44.4	44.4	43.0	-3.4%	0.1%	1.1%
其他独联体国家	5.2	5.5	5.7	4.8	5.3	5.2	5.1	5.1	5.9	5.6	6.1	9.7%	0.4%	0.2%
独联体国家总计	529.8	548.0	543.7	535.7	538.4	528.2	537.1	547.9	580.6	574.2	538.2	-6.5%	1.4%	14.1%
伊朗	144.4	153.2	152.5	153.8	173.4	184.0	196.3	205.0	219.6	223.4	233.1	4.0%	5.2%	6.1%
伊拉克	7.1	6.3	6.3	7.1	7.5	7.3	9.9	11.4	14.6	19.5	20.8	6.4%	11.0%	0.5%
以色列	5.1	4.7	2.4	6.6	7.2	8.1	9.2	9.9	10.5	10.8	11.3	4.6%	10.4%	0.3%
科威特	14.0	15.9	17.5	17.8	17.9	20.3	21.1	21.0	21.2	23.0	20.6	-10.7%	6.9%	0.5%
阿曼	16.4	18.1	19.7	21.7	21.3	23.0	22.9	23.4	25.0	25.0	25.9	3.4%	6.3%	0.7%
卡塔尔	25.4	28.7	33.6	35.3	38.4	43.3	41.2	41.2	34.1	36.7	35.0	-4.9%	5.6%	0.9%
沙特阿拉伯	83.3	87.6	94.4	95.0	97.3	99.2	105.3	109.3	112.1	111.2	112.1	0.6%	4.1%	2.9%
阿拉伯联合酋长国	59.3	61.6	63.9	64.7	63.4	71.5	71.9	72.4	71.2	71.5	69.6	-2.9%	2.2%	1.8%

续表

产 地	2010年	2011年	2012年	2013年	2014年	2015年	2016年	2017年	2018年	2019年	2020年	年均增长率 2020年	2009~2019年	2020年 占比
其他中东国家	25.6	22.1	20.6	21.3	20.9	22.5	23.1	23.2	22.0	23.4	23.9	1.8%	0.4%	0.6%
中东地区总计	380.5	398.2	411.0	423.4	447.4	479.2	500.9	516.7	530.3	544.5	552.3	1.2%	4.6%	14.4%
阿尔及利亚	25.3	26.8	29.9	32.1	36.1	37.9	38.6	39.5	43.4	45.1	43.1	-4.8%	5.6%	1.1%
埃及	43.4	47.8	50.6	49.5	46.2	46.0	49.4	55.9	59.6	58.9	57.8	-2.2%	3.7%	1.5%
摩洛哥	0.7	0.9	1.2	1.1	1.1	1.1	1.1	1.1	1.0	1.0	0.8	-23.0%	4.2%	◆
南非	4.1	4.3	4.4	4.1	4.3	4.3	3.7	4.0	4.4	4.2	4.1	-4.8%	2.5%	0.1%
其他非洲国家	24.6	26.4	28.7	30.2	36.4	43.1	44.3	44.4	45.6	46.0	47.3	2.4%	7.2%	1.2%
非洲总计	98.1	106.1	114.7	117.0	124.1	132.5	137.1	145.0	154.0	155.3	153.0	-1.8%	5.1%	4.0%
澳大利亚	31.7	32.8	33.0	34.7	37.2	38.8	37.9	37.1	35.8	42.1	40.9	-3.1%	3.7%	1.1%
孟加拉国	19.3	19.6	21.3	22.0	23.0	25.9	26.5	26.6	27.4	30.9	30.4	-1.9%	5.1%	0.8%
中国	108.9	135.2	150.9	171.9	188.4	194.7	209.4	241.3	283.9	308.4	330.6	6.9%	13.1%	8.6%
中国香港特别行政区	3.6	2.9	2.6	2.5	2.4	3.0	3.1	3.1	3.0	3.1	4.9	58.2%	0.7%	0.1%
印度	59.0	60.3	55.7	49.0	48.5	47.8	50.8	53.7	58.1	59.3	59.6	0.3%	1.9%	1.6%
印度尼西亚	44.0	42.7	43.0	44.5	44.0	45.8	44.6	43.2	44.5	43.9	41.5	-5.7%	0.4%	1.1%
日本	99.9	112.0	123.2	123.5	124.8	118.7	116.4	117.0	115.7	108.1	104.4	-3.7%	1.6%	2.7%
马来西亚	38.0	38.3	42.0	44.6	44.7	46.8	45.0	45.0	44.7	44.7	38.2	-14.9%	1.1%	1.0%
新西兰	4.4	4.0	4.5	4.7	5.2	4.9	4.8	5.0	4.5	4.9	4.6	-7.2%	2.0%	0.1%
巴基斯坦	35.3	35.3	36.6	35.6	35.0	36.5	38.7	40.7	43.6	44.5	41.2	-7.5%	2.5%	1.1%
菲律宾	3.5	3.8	3.6	3.4	3.5	3.3	3.8	3.8	4.1	4.2	3.8	-9.1%	1.2%	0.1%
新加坡	8.3	8.3	8.9	10.0	10.4	11.6	11.9	12.3	12.3	12.5	12.6	0.1%	3.2%	0.3%
韩国	45.0	48.4	52.5	55.0	50.0	45.6	47.6	49.8	57.8	56.0	56.6	0.8%	4.7%	1.5%
斯里兰卡	—	—	—	—	—	—	—	—	—	—	—	—	—	—
中国台湾	15.5	17.0	17.9	17.9	18.9	20.2	21.0	23.2	23.7	23.3	24.9	6.7%	6.4%	0.7%
泰国	43.2	44.3	48.6	48.9	49.9	51.0	50.6	50.1	50.0	50.9	46.9	-8.3%	2.9%	1.2%
越南	9.1	8.2	9.0	9.4	9.9	10.3	10.2	9.5	9.7	9.9	8.7	-11.8%	2.5%	0.2%

续表

产地	2010年	2011年	2012年	2013年	2014年	2015年	2016年	2017年	2018年	2019年	2020年	年均增长率		2020年占比
												2020年	2009~2019年	
亚太其他国家和地区	6.8	7.5	8.5	8.6	10.3	11.5	11.0	11.1	10.9	11.4	11.7	2.4%	7.6%	0.3%
亚太地区总计	575.6	620.7	662.0	686.1	706.0	716.4	733.3	772.6	829.7	858.1	861.6	0.1%	5.2%	22.5%
全球总计	3160.5	3235.7	3320.5	3374.6	3400.1	3478.2	3558.6	3653.7	3837.9	3903.9	3822.8	-2.3%	2.9%	100.0%
其中：经合组织	1553.3	1547.5	1583.6	1616.6	1591.2	1623.7	1657.6	1678.7	1763.9	1800.0	1757.7	-2.6%	2.1%	46.0%
非经合组织	1607.1	1688.2	1736.9	1758.1	1808.9	1854.5	1901.0	1975.0	2074.0	2104.0	2065.1	-2.1%	3.6%	54.0%
欧盟	422.8	389.0	382.2	374.5	331.4	346.7	368.2	385.2	378.1	391.2	379.2	-3.1%	-0.1%	9.9%

注：① 数据来源：包括来自 Cedigaz 和 FGE MENAgas 服务的数据。
② *不包括转化成液体燃料的天然气，但包括了煤田伴生气和转化为液体燃料所生产的天然气。
③ ◆低于 0.05%。

表1-3 全球液化天然气进口统计情况一览表[4]

$10^9 m^3$

产地	2010年	2011年	2012年	2013年	2014年	2015年	2016年	2017年	2018年	2019年	2020年	年均增长率		2020年占比
												2020年	2009~2019年	
加拿大	2.0	3.2	1.6	1.0	0.5	0.6	0.3	0.4	0.6	0.5	0.8	56.1%	-6.1%	0.2%
墨西哥	6.1	3.8	4.9	7.8	9.3	6.8	5.6	6.6	6.9	6.6	2.5	-62.0%	5.8%	0.5%
美国	12.1	9.9	4.9	2.7	1.7	2.5	2.4	2.2	2.1	1.5	1.3	-12.3%	-19.3%	0.3%
北美洲总计	20.2	16.8	11.4	11.4	11.5	10.0	8.3	9.2	9.6	8.6	4.6	-46.0%	-6.8%	1.0%
阿根廷	1.9	3.7	4.7	6.3	6.2	5.6	5.1	4.6	3.6	1.8	1.8	0.7%	5.7%	0.4%
巴西	2.8	0.7	3.5	5.2	7.1	6.8	2.6	1.7	2.9	3.2	3.3	3.4%	22.6%	0.7%
智利	3.1	3.7	4.0	3.8	3.5	3.7	4.5	4.4	4.3	3.3	3.7	9.6%	17.3%	0.8%
其他中南美洲国家	1.4	1.9	2.4	2.8	2.8	2.8	3.0	2.8	3.7	4.8	5.1	5.5%	13.3%	1.0%
中南美洲总计	9.2	9.9	14.6	18.1	19.6	18.9	15.2	13.5	14.5	13.1	13.9	5.4%	14.2%	2.8%
比利时	6.5	6.3	4.1	3.1	2.9	3.6	2.4	1.3	3.3	7.2	5.1	-29.8%	0.5%	1.0%
法国	14.7	14.4	9.8	8.3	6.9	6.4	9.1	10.9	12.7	23.0	19.6	-15.1%	5.6%	4.0%
意大利	9.3	9.1	7.1	5.8	4.5	5.9	5.9	8.2	8.2	13.5	12.1	-10.7%	16.1%	2.5%

续表

数据单位：$10^9 \ \text{m}^3$

产地	2010年	2011年	2012年	2013年	2014年	2015年	2016年	2017年	2018年	2019年	2020年	年均增长率 2020年	年均增长率 2009~2019年	2020年占比
西班牙	28.2	23.9	21.4	15.7	16.2	13.7	13.8	16.6	15.0	21.9	20.9	−5.1%	−2.2%	4.3%
土耳其	7.8	5.9	7.6	5.9	7.1	7.5	7.6	10.9	11.4	12.9	14.8	14.9%	8.0%	3.0%
英国	18.8	24.7	13.9	9.2	11.2	13.7	10.7	6.6	7.2	17.1	18.6	8.2%	5.4%	3.8%
其他欧盟国家	3.9	4.9	4.4	3.7	3.3	5.2	6.9	10.2	13.4	23.4	23.7	1.1%	20.2%	4.9%
其他欧洲国家	↑	—	↑	—	↑	—	—	0.1	—	—	0.1	—	—	◆
欧洲总计	89.1	89.2	68.2	51.8	52.1	56.0	56.4	64.7	71.3	119.1	114.8	−3.8%	5.4%	23.5%
埃及	—	—	—	—	—	3.9	10.7	8.3	3.2	—	—	—	—	—
科威特	2.8	3.0	2.8	2.3	3.6	4.3	4.7	4.8	4.3	5.1	5.7	10.6%	18.6%	1.2%
阿拉伯联合酋长国	0.2	1.4	1.4	1.6	1.6	2.9	4.2	3.0	1.0	1.6	1.6	−4.3%	—	0.3%
其他中东与非洲国家	—	—	—	0.5	0.1	2.7	4.8	5.3	4.0	2.7	1.9	−28.3%	—	0.4%
中东地区与非洲总计	3.0	4.4	4.2	4.3	5.3	13.7	24.5	21.4	12.5	9.4	9.2	−3.1%	—	1.9%
中国	13.0	16.9	20.1	25.1	27.3	27.0	36.8	52.9	73.5	84.7	94.0	10.6%	26.6%	19.3%
印度	11.5	17.4	18.4	18.0	19.1	20.0	24.3	26.1	30.6	32.4	35.8	10.2%	9.6%	7.3%
日本	96.4	108.6	119.8	120.4	121.8	115.9	113.6	113.9	113.0	105.5	102.0	−3.6%	1.7%	20.9%
马来西亚	—	—	—	2.0	2.2	2.2	1.5	2.0	1.8	3.3	3.6	9.3%	—	0.7%
巴基斯坦	—	—	—	—	—	1.5	4.0	6.1	9.4	11.8	10.6	−10.0%	—	2.2%
新加坡	—	—	0.1	1.3	2.6	3.0	3.2	4.1	4.5	5.0	5.7	15.3%	—	1.2%
韩国	45.0	47.7	49.7	55.3	51.8	45.8	46.3	51.4	60.2	55.6	55.3	−0.9%	4.6%	11.3%
中国台湾	15.0	16.3	17.1	17.2	18.6	19.6	20.4	22.7	22.9	22.8	24.7	8.0%	6.3%	5.1%
泰国	—	1.1	1.4	2.0	1.9	3.6	3.9	5.2	6.0	6.7	7.5	11.4%	—	1.5%
亚太其他国家和地区	—	—	—	—	—	—	—	—	0.8	5.7	6.1	6.4%	—	1.3%
亚太地区总计	180.9	207.9	226.6	241.2	245.2	238.5	253.9	284.6	322.7	333.6	345.4	3.3%	7.8%	70.8%
液化天然气进口总计	302.4	328.3	324.9	326.8	333.6	337.1	358.3	393.3	430.6	483.8	487.9	0.6%	6.8%	100.0%

注：① 数据来源：包括国际液化天然气进口国集团（GIIGNL）和埃信华迈（IHS Markit）的数据。

② ◆ 低于0.05%。

③ ↑ 低于 $0.05 \times 10^9 \ \text{m}^3$。

表 1-4　全球液化天然气出口统计情况一览表[4]

単位：10^9 m^3

产地	2010年	2011年	2012年	2013年	2014年	2015年	2016年	2017年	2018年	2019年	2020年	年均增长率 2020年	年均增长率 2009~2019年	2020年占比
美国	1.5	1.8	0.8	0.2	0.4	0.7	4.0	17.1	28.6	47.4	61.4	29.2%	50.1%	12.6%
秘鲁	1.9	5.2	5.1	5.7	5.7	5.0	5.5	5.5	4.8	5.3	5.0	-4.9%	—	1.0%
特立尼达和多巴哥	19.6	18.2	18.3	18.4	17.6	16.4	14.3	13.5	16.6	17.1	14.3	-16.3%	-1.3%	2.9%
其他美洲国家*	—	0.1	0.5	0.1	0.2	↑	0.6	0.3	0.1	0.1	0.5	392.3%	—	0.1%
美洲总计	22.9	25.2	24.7	24.3	23.9	22.1	24.5	36.5	50.1	69.9	81.3	16.0%	13.2%	16.7%
俄罗斯	13.5	14.3	14.3	14.5	13.6	14.6	14.6	15.4	24.9	39.1	40.4	3.1%	19.0%	8.3%
挪威	4.6	4.4	4.6	3.8	4.6	5.6	6.1	5.4	6.8	6.9	4.3	-37.8%	8.2%	0.9%
其他欧洲国家*	0.5	1.7	3.6	5.2	8.4	5.4	4.5	2.5	5.0	1.9	1.3	-29.3%	22.7%	0.3%
欧洲与独联体国家总计	18.6	20.4	22.4	23.5	26.6	25.6	25.3	23.4	36.7	47.9	46.0	-4.1%	16.7%	9.4%
阿曼	11.7	11.0	11.1	11.5	10.6	10.2	11.0	11.4	13.6	14.1	13.2	-6.3%	1.7%	2.7%
卡塔尔	77.8	100.7	104.0	105.8	103.6	105.6	107.3	103.6	104.9	105.8	106.1	◆	7.4%	21.7%
阿拉伯联合酋长国	8.7	8.3	8.1	7.9	8.6	7.6	7.7	7.3	7.4	7.7	7.6	-1.0%	-0.2%	1.6%
也门	5.5	8.8	7.1	9.9	9.4	1.9	—	—	—	—	—	—	-100.0%	—
中东地区总计	103.8	128.7	130.3	135.2	132.2	125.4	126.0	122.3	125.9	127.5	126.9	-0.8%	5.9%	26.0%
阿尔及利亚	19.5	16.7	14.9	15.0	17.4	16.6	15.5	16.4	13.1	16.6	15.0	-10.3%	-2.5%	3.1%
安哥拉	—	—	—	0.4	0.4	—	0.9	5.0	5.2	5.8	6.1	5.4%	—	1.2%
埃及	10.0	9.0	6.9	3.9	0.4	—	0.8	1.2	2.0	4.5	1.8	-60.4%	-10.0%	0.4%
尼日利亚	24.1	25.7	27.9	22.5	26.1	26.9	24.6	28.2	27.9	28.8	28.4	-1.5%	6.0%	5.8%
其他非洲国家*	5.3	5.0	4.6	5.2	5.0	5.0	4.4	4.9	5.5	5.5	5.1	-7.5%	0.2%	1.0%
非洲总计	58.8	56.4	54.2	47.0	49.5	48.5	46.2	55.7	53.6	61.2	56.4	-8.1%	0.9%	11.6%
澳大利亚	25.8	26.0	28.3	30.5	32.0	39.9	60.4	76.6	91.8	104.7	106.2	1.2%	15.3%	21.8%
文莱	9.0	9.6	9.2	9.5	8.6	8.7	8.6	9.1	8.5	8.8	8.4	-4.2%	-0.3%	1.7%
印度尼西亚	32.4	28.7	24.4	23.1	21.7	21.6	22.4	21.7	20.8	16.5	16.8	1.6%	-4.8%	3.4%
马来西亚	31.0	33.2	31.4	33.6	34.0	34.3	33.6	36.1	33.0	35.2	32.8	-6.9%	1.5%	6.7%
巴布亚新几内亚	—	—	—	—	5.0	10.1	10.9	11.1	9.5	11.6	11.5	-0.9%	—	2.4%

续表

$10^9\ m^3$

产　地	2010年	2011年	2012年	2013年	2014年	2015年	2016年	2017年	2018年	2019年	2020年	年均增长率 2020年	年均增长率 2009~2019年	2020年占比
亚太其他国家和地区*	—	—	—	0.1	0.2	0.8	0.5	0.8	0.6	0.5	1.4	163.9%	—	0.3%
亚太地区总计	98.3	97.5	93.3	96.8	101.5	115.5	136.4	155.4	164.3	177.2	177.3	-0.3%	6.8%	36.3%
液化天然气出口总计	302.4	328.3	324.9	326.8	333.3	337.1	358.3	393.3	430.6	483.8	487.9	0.6%	6.8%	100.0%

注：① 数据来源：包括国际液化天然气进口国集团（GIIGNL）和埃信华迈（IHS Markit）的数据。
② * 再出口占比极大部分。
③ ◆ 低于0.05%。
④ ↑ 低于0.05×10⁹ m³。

表1-5　全球2020年液化天然气贸易流向* 统计[4]　　　　$10^9\ m^3$

到＼从	美国	秘鲁	特立尼达和多巴哥	其他美洲国家*	挪威	其他欧洲国家*	俄罗斯	阿曼	卡塔尔	阿拉伯联合酋长国	也门	阿尔及利亚	安哥拉	埃及	尼日利亚	其他非洲国家*	澳大利亚	文莱	印度尼西亚	马来西亚	巴布亚新几内亚	亚太其他国家和地区*	总计进口*
加拿大	—	—	0.8	—	—	—	—	—	—	—	—	—	—	—	—	—	—	—	—	—	—	—	0.8
墨西哥	0.9	0.1	0.6	—	—	—	—	—	—	—	—	—	—	—	0.2	—	0.1	—	0.3	—	—	—	2.5
美国	—	—	1.0	↑	0.1	0.1	—	—	—	—	—	—	—	—	0.1	—	↑	—	—	—	—	—	1.3
北美洲	0.9	0.1	2.5	↑	0.1	0.1	—	—	—	—	—	—	—	—	0.4	—	0.1	—	0.3	—	—	—	4.6
阿根廷	0.5	—	0.3	—	—	—	—	—	0.9	—	—	—	—	—	—	—	—	—	—	—	—	—	1.8
巴西	2.8	—	0.4	0.1	—	—	—	—	—	—	—	—	—	—	—	—	—	—	—	—	—	—	3.3
智利	2.1	—	0.7	—	—	—	—	—	—	—	—	—	—	—	—	—	0.7	—	—	—	—	—	3.7
其他中南美洲国家	1.8	—	2.8	0.3	—	↑	0.1	—	0.9	—	—	0.1	—	—	—	—	0.7	—	—	—	—	—	5.1
中南美洲	7.1	—	4.2	0.4	—	↑	0.1	—	1.9	—	—	0.1	—	—	—	—	1.4	—	—	—	—	—	13.9
比利时	1.3	—	—	—	—	—	0.9	—	2.8	—	—	—	—	—	—	—	0.1	—	—	—	—	—	5.1
法国	2.6	0.1	0.5	0.1	0.8	↑	5.0	—	1.9	—	—	4.3	0.2	—	4.2	—	—	—	—	—	—	—	19.6
意大利	2.1	—	0.1	↑	—	—	—	—	6.8	—	—	2.8	0.1	—	0.2	—	—	—	—	—	—	—	12.1
西班牙	5.4	0.2	2.2	0.2	0.5	0.1	3.4	—	3.1	—	—	0.5	—	0.4	4.0	—	1.0	—	—	—	—	—	20.9

续表

产地 到	美国	秘鲁	特立尼达和多巴哥	其他美洲国家*	挪威	其他欧洲国家*	俄罗斯	阿曼	卡塔尔	阿拉伯联合酋长国	也门	阿尔及利亚	安哥拉	埃及	尼日利亚	其他非洲国家	澳大利亚	文莱	印度尼西亚	马来西亚	巴布亚新几内亚	亚太其他国家和地区*	总计进口
土耳其	2.8	—	0.6	—	0.1	—	0.2	—	3.1	—	—	5.7	0.1	0.1	1.8	0.3	—	—	—	—	—	—	14.8
英国	4.7	—	1.0	—	0.4	—	2.9	—	9.0	—	—	↑	—	0.2	0.3	—	—	—	—	—	—	—	18.6
其他欧盟国家	6.7	0.1	0.9	—	2.3	0.2	4.7	—	3.5	—	—	0.7	0.4	0.1	4.0	0.2	—	—	—	—	—	—	23.7
其他欧洲国家	—	—	—	—	—	—	0.1	—	—	—	—	—	—	—	—	—	—	—	—	—	—	—	0.1
欧洲	25.6	0.4	5.2	0.2	4.1	0.3	17.2	—	30.2	—	—	13.9	1.1	0.4	14.6	1.6	—	—	—	—	—	—	114.8
埃及	—	—	—	—	—	—	—	—	—	—	—	—	—	—	—	—	—	—	—	—	—	—	—
科威特	0.5	—	—	—	—	0.2	—	0.2	3.1	—	—	0.1	0.4	0.1	1.0	0.2	—	—	—	—	—	—	5.7
阿拉伯联合酋长国	0.3	—	0.2	—	—	—	0.3	0.3	—	—	—	—	0.2	—	0.3	—	—	—	—	—	—	—	1.6
其他中东国家	0.6	—	0.7	—	—	0.2	—	—	0.1	—	—	—	—	0.1	0.2	0.2	—	—	—	—	—	—	1.9
中东地区与非洲	1.3	—	0.9	—	—	0.4	0.3	0.5	3.2	—	—	0.1	0.6	0.1	1.5	0.4	—	—	—	—	—	—	9.2
中国	4.4	1.5	0.3	↑	—	0.6	6.9	1.4	11.2	0.4	—	0.2	0.5	0.2	3.3	0.7	40.6	1.0	7.4	8.3	4.1	1.1	94.0
印度	3.3	0.9	0.7	—	—	0.2	0.7	1.8	14.1	4.8	—	0.3	3.1	0.2	4.0	1.3	1.4	0.1	—	—	—	—	35.8
日本	6.4	—	—	—	—	—	8.4	3.3	11.9	1.4	—	—	—	—	1.9	—	39.7	5.4	3.0	14.8	4.7	0.2	102.0
马来西亚	—	—	—	—	—	—	—	—	—	—	—	—	—	—	—	—	2.6	1.0	—	—	—	—	3.6
巴基斯坦	1.0	—	—	—	—	—	—	—	7.1	—	—	0.4	—	0.4	0.1	—	—	—	—	—	—	—	10.6
新加坡	0.8	—	0.1	—	—	—	0.2	0.2	0.5	0.5	—	0.3	0.1	0.1	0.6	0.1	3.2	—	0.1	0.1	—	—	5.7
韩国	8.0	2.2	0.1	—	—	—	2.8	5.4	13.0	0.3	—	0.5	0.5	0.1	0.5	0.3	10.9	0.4	3.7	6.7	2.2	0.1	55.3
中国台湾	1.5	—	0.2	—	—	—	3.3	0.1	6.9	0.3	—	—	—	0.2	0.5	—	6.7	0.3	1.6	1.0	0.1	—	24.7
泰国	0.7	—	—	—	—	—	0.1	0.2	3.0	—	—	0.1	0.1	—	0.3	0.1	1.1	0.2	0.3	1.3	0.1	0.1	7.5
亚太地区和地区总计	26.4	4.6	1.5	↑	—	0.7	22.5	12.7	71.8	7.6	—	0.9	4.4	1.3	11.9	2.5	106.0	8.4	16.4	32.8	11.5	1.4	345.4
出口总计	61.4	5.0	14.3	0.5	4.3	1.3	40.4	13.2	106.1	7.6	—	15.0	6.1	1.8	28.4	5.1	106.2	8.4	16.8	32.8	11.5	1.4	487.9

注：①数据来源：包括国际液化天然气进口国集团（GIIGNL）和埃信华迈（IHS Markit）的数据。
②＊包括再出口。
③↑低于 $0.05 \times 10^9\,\text{m}^3$。

《能源发展战略行动计划（2014～2020年）》明确指出，实施差别化能源消费总量管理，大气污染重点防控地区严格控制煤炭消费总量，实施煤炭消费减量替代，扩大天然气替代规模；积极发展天然气应急调峰设施，提升天然气应急调峰能力，加快地下储气库、沿海LNG应急调峰站等建设；进一步明确积极发展天然气政策，高效利用天然气；实施大气污染治理重点地区气化工程，根据资源落实情况，加快重点地区燃煤设施和散煤燃烧天然气替代步伐，做好供需季节性调节。截至2020年底，《天然气发展"十三五"规划》主要指标基本完成，取得了良好的经济效益、社会效益与环保效益。天然气在能源消费结构中的比例达到8.4%，相比2015年提高了2.6个百分点，新增气化人口1.6亿，总气化人口达到4.9亿。勘探开发、基础设施建设、装备制造及下游利用等天然气行业直接投资约300亿元。"十三五"时期，新增天然气消费量同等量热值的煤炭相比，实现减排二氧化碳 $5.7×10^8t$，二氧化硫 $6.3×10^6t$ [6]。

天然气行业在保持快速增长的同时，面对新形势和新环境，"十四五"时期还需要多措并举，不断夯实行业高质量发展根基。一是强化能源安全底线思维，加强天然气供应保障，更好应对复杂多变的国际地缘政治形势、极端气候频发以及国际大宗商品市场剧烈波动。二是在碳达峰、碳中和目标下，努力构建"减煤稳油增气发展新能源"协同，清洁低碳转型和安全供应保障并举的现代能源体系。三是统筹油气发展与安全，进一步加强油气开发利用与国土空间规划、生态环境保护的统筹衔接，进一步加快管网和储气设施建设，发挥基础设施规划建设对行业发展和市场培育的引领作用。四是持续优化天然气利用结构，不断完善天然气市场体系。

（二）天然气的供给与消费

2017年以来，产量增长连续四年超百亿立方米，新增储量再创新高。"增储上产七年行动计划"持续推进，全国天然气产量快速增长，新增探明地质储量保持高峰水平。2020年，全国天然气产量 $1925×10^8m^3$，同比增长9.8%。其中，煤层气产量 $67×10^8m^3$，同比增长13.5%；页岩气产量超 $200×10^8m^3$，同比增长32.6%；煤制天然气产量 $47×10^8m^3$，同比增长8.8%。天然气产量增速连续两年快于消费增速，供应安全保障能力持续提升。2020年，天然气探明新增地质储量 $12900×10^8m^3$。其中，天然气、页岩气和煤层气新增探明地质储量分别达到 $10357×10^8m^3$、$1918×10^8m^3$、$673×10^8m^3$。页岩油气勘探实现多点开花，四川盆地深层页岩气勘探开发取得新突破，进一步夯实页岩气增储上产的资源基础[6]。

"全国一张网"建设加快推进，互联互通能力明显提升，储气调峰能力进一步增强，采暖季实现平稳供气。四大进口通道进一步完善，互联互通重大基础设施快速推进，中俄东线中段、青宁管道等一批重点工程相继建成投产。储气调峰能力进一步增强，2020～2021年采暖季前地下储气库形成工作气量 $144×10^8m^3$，同比增加 $40×10^8m^3$，增幅创历史新高。主要供气企业优化淡旺季天然气进口资源配置，与国家石油天然气管网集团有限公司协同配合，加强"联保联供联运"，增加资源串换互保互供，采暖季实现平稳供气。受国产气快速增长和新冠疫情抑制需求等因素影响，中国天然气进口增速有所回落。2020年，天然气进口量 $1404×10^8m^3$，同比增加3.6%。其中，全年LNG进口量6713Mt，同比增长11.5%；管道气进口量 $477×10^8m^3$，同比下降8.9%。受新冠病毒肺炎疫情抑制消费及国际油价大跌双重影响，我国天然气进口均价同比下降23.5%。受淡季历史低价及冬季保供需求双重拉动，全年 LNG 现货进口量 27.17Mt，同比增长 28.9%，占 LNG 进口量的 40.5%，较 2019 年提升 6 个百分点。

2020 年，中国天然气消费量 $3280×10^8m^3$，增量约 $220×10^8m^3$，同比增长 6.9%，占一次能源消费总量的 8.4%。中国天然气消费逐季回暖，增速呈前低后高走势，特别是四季度，伴随经济形势持续向好，叠加采暖需求大幅增加，天然气消费增速升至 12.9%，四季度消费量同比增加 $110×10^8m^3$。从消费结构看，工业燃料和城镇燃气用气占比基本持平，均在 37%~38%，发电用气占比 16%，化工用气占比 9%。从行政区域看江苏消费量超过 $300×10^8m^3$，广东、四川和山东 3 省份消费量超过 $200×10^8m^3$，北京、河北、浙江、上海、重庆、河南、陕西、内蒙古、新疆等 9 省（自治区、直辖市）消费量超过 $100×10^8m^3$。

中国持续推进清洁能源低碳化发展，2020 年煤炭消费量占能源消费总量的 56.8%，同比下降 0.9 个百分点；天然气、水电、核电、风电等清洁能源消费量占能源消费总量的 24.3%，上升 1 个百分点。中国 2020 年一次能源消费总量同比增长 2.2%，其中煤炭消费增长 0.6%，原油消费增长 3.3%，天然气消费增长 6.9%。

按照现有及规划的进口天然气能力预测，到 2030 年，管道进口天然气量约为 $1400×10^8m^3$，LNG 进口量约为 $2700×10^8m^3$[8]。LNG 将占据进口天然气的主要份额，中国的 LNG 接收终端还将进一步增建和扩建。

三、中国液化天然气产业的未来发展

2016 年，全球 195 个国家签署的气候变化协定《巴黎协定》，该协定为 2020 年后全球应对气候变化行动作出安排。其主要目标是将 21 世纪全球平均气温上升幅度控制在 2℃以内，并将全球气温上升控制在前工业化时期水平之上 1.5℃以内。在第七十五届联合国大会一般性辩论上，习近平总书记郑重宣布，中国将提高国家自主贡献力度，采取更加有力的政策和措施，二氧化碳排放力争于 2030 年前达到峰值，努力争取 2060 年前实现碳中和。

国家将单位国内生产总值二氧化碳排放下降作为约束性指标纳入"十三五"规划，通过采取调整产业结构、优化能源结构、节能提高能效、推进碳市场建设、增加森林碳汇等一系列措施，取得显著成效。2019 年底，中国碳强度较 2005 年降低约 48.1%，非化石能源占一次能源消费比重达 15.3%，中国对外承诺的碳减排 2020 年目标提前完成。

在实现承诺的碳减排 2020 年目标中，天然气替代燃煤占据了一定的减排贡献。但根据《能源生产和消费革命战略（2016~2030）》提出的指标数据，可以预测到 2030 年我国天然气进口量将达到 $4100×10^8m^3$，对外依存度将达到 60% 左右[7]。过高的对外依存度势必带来国家能源安全的高风险，于是 2018 年国务院发布了《国务院关于促进天然气协调稳定发展的若干意见》（国发［2018］31 号），其指导思想是"落实能源安全战略，着力破解天然气产业发展的深层次矛盾，有效解决天然气发展不平衡不充分问题，确保国内快速增储上产，供需基本平衡，设施运行安全高效，民生用气保障有力，市场机制进一步理顺，实现天然气产业健康有序安全可持续发展"。主要目的是适当降低天然气的对外依存度。

国家发改委能源所、国家可再生能源中心等机构联合发布的《中国可再生能源展望 2019》中，提出了实现碳中和目标的能源结构，低于 2℃情景中预测中国一次能源需求比 2017 年大幅降低。可再生能源将成为一次能源消费中的主体能源，煤炭在能源结构中降至从属地位。较之风电与光电，天然气能源价格较高，因此在长期能源系统中所占分量较低。

风能(44%)和太阳能(27%)将主导可再生能源的供应,2060年时非化石能源的总体比例将达到70%[8]。

如要达到中国承诺的碳排放目标,则需从"十四五"开始,不断推动能源生产和消费革命,而能源消费革命是一场具有深度电气化关键特征的能源效率革命[9]。能源效率是一个关键的需求侧支柱,以确保供应方部署的速度和规模足以支持所需的经济增长。电气化是结合脱碳电力供应,以实现终端消费中化石燃料的脱离。能源供应革命是一场可再生能源革命,强调可再生能源技术进步和成本降低,使可再生能源能够批量提供清洁能源,特别是通过可再生能源发电[9]。

非化石能源的使用,将是中国改变能源结构的大力发展方向,而天然气应该定位于清洁能源不足的补充和过渡。天然气将继续在未来经济和环境可持续能源的发展中发挥重要作用,天然气将继续在未来经济和环境可持续发展中发挥重要作用,气电调峰将作为以新能源为主体的新型电力系统的重要组成部分,是助力能源碳达峰,构建清洁低碳、安全高效能源体系的重要实现途径之一。

第二节　液化天然气接收站发展现状及展望

在20世纪40年代以前,由于天然气的存储和运输十分困难,天然气的使用受到了极大限制。40年代以后,随着管道运输技术的进步,天然气产业的发展速度和消费量均得到了提高。使用管道解决天然气跨洲跨洋的长距离运输问题,既有高成本又存在高风险,是难以实现的。为解决天然气跨洲跨洋的长距离运输难题,催生了LNG产业,包括天然气液化厂、接收站、运输的船舶和车辆等一系列技术和装备。

LNG接收站是接收海运LNG的大型终端设施。LNG接收站接收LNG船运来的LNG,将其储存并气化后分配给用户,或通过低温槽车把LNG自接收站运送至卫星接收站。LNG接收站主要由LNG专用码头、LNG卸船设施、LNG储罐、LNG气化设施、蒸发气体(BOG)处理设施、火炬设施、LNG装车设施、LNG冷能综合利用等工艺设施及其配套设施组成。按LNG接收站的地理位置,分为陆地式接收站和浮式LNG接收站;按照功能定位区分,可划分为基本负荷型、调峰型、储备型三类。

一、全球液化天然气接收站的建设与发展

1959年美国将一艘货轮改装成LNG运载船,该船是世界上第一艘LNG运输船,命名为"甲烷先锋号船"。1960年1月28日,"甲烷先锋船"运载了2200t LNG从美国航行至英国的坎威尔岛接收站。这次成功跨越大西洋的远航证实了LNG可以通过航运的形式输送至遥远的能源需求国,使世界LNG商业贸易迅速地发展起来。LNG接收站建设的序幕由此拉开。

美国于1941年建成世界上第一个商业化天然气液化设施,1957年英国在坎威尔岛上建起世界上第一个LNG接收基地,成为世界上第一个消费进口LNG的国家。自20世纪60年代开始,受限于自身国土及相应资源短缺的国家陆续开始进口LNG,以补充天然气缺口,世界上主要消费LNG国家开始使用LNG的时间见表1-6。

表 1-6 世界主要消费 LNG 国家开始使用 LNG 的时间一览表

国家/地区	时间/年	国家/地区	时间/年	国家/地区	时间/年
英国	1960	比利时	1982	中国台湾地区	1990
法国	1965	韩国	1986	土耳其	1994
日本	1969	美国	1988	中国	2006
西班牙	1975	意大利	1988		

由于地理及国土面积的因素，欧洲消费进口 LNG 的国家并不是都建立自己的接收站，消费量较低的初期采用区域共享管道气的方式，随着天然气消费量的增加，一些国家陆续独立建造了自己的 LNG 接收站。

继英国之后，法国第一座 LNG 接收站 1964 年建成，日本于 1969 年建成第一座 LNG 接收站，韩国 1986 年建成第一座 LNG 接收站，美国和西班牙的第一座 LNG 接收站 1988 年建成，中国台湾地区 1990 年建成第一座 LNG 接收站，土耳其第一座 LNG 接收站于 1994 年建成，希腊第一座 LNG 接收站 1998 年建成，意大利第一个 LNG 接收站 1999 年建成，中国大陆的第一座 LNG 接收站于 2006 年建成。

截至 2019 年末，全球共有 129 座已投运的 LNG 接收站，其中，陆上 LNG 接收站共 104 座，浮式 LNG 接收站共 25 座。按区域分布来看，全球已投运 LNG 接收站主要分布在亚洲，共有 86 座，日本（32 座）和中国（22 座）的数量最多，占已投运 LNG 接收站总量的 67%；其次是欧洲地区，共拥有已投运 LNG 接收站 25 座，占比约 19%。在运营能力方面，2019 年末，全球已投运的 LNG 接收站的年接收能力已达 8.16 亿吨。其中具有较高再气化能力及配备大容量 LNG 储罐的接收站集中分布在日本、韩国和中国，其现有的总储存容量超过 LNG 市场现有总存储容量的 50%[2]。

现有的接收站大部分为陆基，第一个浮式接收站出现于 2005 年。截至 2020 年 2 月共有 34 个浮式接收站投入运营[2,3]。2004 年之前，全球 LNG 接收站增加的速度较慢，数量有限；自 2005 年开始接收站的数量激增，2005 年到 2020 年 2 月间共增加了约 110 座，占在线运营总数的 78%。1980 年以来全球 LNG 接收站投产运营情况见图 1-5。

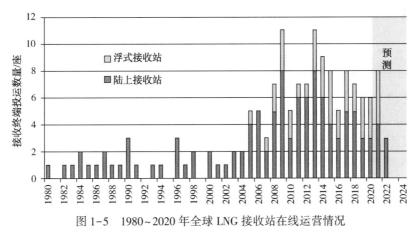

图 1-5 1980~2020 年全球 LNG 接收站在线运营情况

二、国内 LNG 接收站的建设与发展

2006 年 6 月，广东 LNG 项目第一期工程正式投产，标志着我国规模化进口 LNG 时代的

开启。我国 LNG 接收站发展起步较晚，但近几年得到了快速发展。从 2006 年第 1 个 LNG 接收站建成投产，到 2019 年 9 月，我国已投产的 LNG 接收站共有 22 座，接收能力达到 90.35Mt/a，平均负荷率 60.7%，国内 LNG 接收站建设历程等数据见表 1-7。

表 1-7　中国 LNG 接收站建设情况（截至 2019 年 9 月）

序 号	区 域	项 目	设计规模/ (Mt/a)	实际能力/ (Mt/a)	2018 年负荷率	投产时间	区域平均负荷率/%
1	华 北	天津 LNG	3.0	6.0	47.50%	2018 年	66.2
2		辽宁大连	6.0	6.0	52.20%	2016 年	
3		山东青岛	6.0	6.0	82.60%	2014 年	
4		河北唐山	6.5	6.5	85.50%	2015 年	
5		天津浮式	2.2	6.0	61.50%	2013 年	
6	华 东	江苏如东	6.5	6.5	101.10%	2016 年	68.5
7		浙江宁波	3.0	7.0	79.50%	2012 年	
8		上海洋山	3.0	6.0	56.40%	2009 年	
9		江苏启东	1.15	1.15	71.40%	2017 年	
10		上海申能	1.5	1.5	41.60%	2017 年	
11		新奥舟山	3.0	3.0	8.70%	2018 年	
12	华 南	深圳大鹏	6.8	6.8	92.40%	2006 年	49.7
13		福建莆田	6.3	6.3	53.10%	2008 年	
14		广东珠海	3.5	3.5	68.40%	2013 年	
15		海南洋浦	3.0	3.0	18.50%	2014 年	
16		广西北海	3.0	6.0	30.00%	2016 年	
17		东莞九丰	1.5	1.5	50.80%	2017 年	
18		广东揭阳	2.0	2.0	43.20%	2017 年	
19		深圳迭福	4.0	4.0	12.30%	2018 年	
20		海南深南	0.2	0.2	21.00%	2016 年	
21		广西边城港	0.6	0.6	—	2019 年	
22		深燃 LNG	0.8	0.8	—	2019 年	
总　计			73.55	90.35	60.70%	—	—

接收站建设的数量是由天然气需求量所决定的。2006~2012 年天然气消耗量增长率有限，建站数量的增加也就比较缓慢；2013~2019 年，由于国家急需解决大气污染难题，有关部门制定了过于超前的"煤改气、煤改电"政策，致使国内天然气需求出现了爆炸式增长，且管道天然气增长有限，因此国内 LNG 接收站的建设速度明显加快，此期间建设的 LNG 接收站占国内 LNG 接收站总数约 82%。2006~2019 年国内 LNG 接收站的逐年建设情况，见图 1-6。

除上述已运营和正在建设的接收站之外，据较准确的信息统计，目前正在筹建的接收站项目有 16 个，规划的接收能力约 69Mt/a（折合气态为 $966×10^8 m^3/a$），估算总罐容约 $856×10^4 m^3$。综合我国对 LNG 进口需求分析和目前 LNG 接收站投资建设的势头，预测到 2030 年接收站数量将达到 40 座以上[8]。

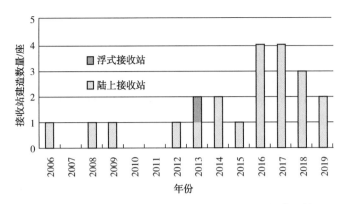

图 1-6 2006 年至 2019 年国内 LNG 接收站的逐年建设情况

国内 LNG 接收站项目普遍采取整体规划分步实施的模式建设。已建成运行的 LNG 接收站一期设计处理能力 73.55Mt/a，实际运行能力 90.35Mt/a，在建和部分二期扩建的能力 43.95Mt/a，即到 2022 年实现 LNG 接收能力 134.3Mt/a 已成为现实，折合天然气约为 $1880 \times 10^8 \mathrm{m}^3/\mathrm{a}$。如果目前正在筹建的接收站项目得以实施，则 2030 年总接收能力将达到 235.3Mt/a，折合天然气约为 $3294 \times 10^8 \mathrm{m}^3/\mathrm{a}$。

基于国家能源发展规划和现有的相关能源资源背景数据，可以判断目前已规划的 LNG 接收站能力可以满足 2030 的预测需求。2018 年国内 LNG 接收站的整体负荷率 60.7%，随着现有接收站普遍扩建，已批准的二期能力及规划中的接收站陆续投产，到 2030 年我国的 LNG 接收站负荷率约为 45% 左右，与目前世界 46% 的平均水平相当。

我国 LNG 接收站的建设和运营的主体是多元化的，基本可分为三类。一是中央企业，也是传统 LNG 建设主体；二是民营企业，初步统计已建、在建和已核准的接收能力约 13.60Mt/a；三是以燃气公司为代表的地方国有企业，已建、在建和已核准的接收能力约 6.30Mt/a。截至 2019 年底，我国已投入运营的 LNG 接收站共 22 座，其中中国海油 5 座、中国石油 3 座、中国石化 2 座、国家管网 7 座，还有 5 座接收站分别由新奥集团、广汇能源、深圳燃气、东莞九丰和申能能源控股。

我国 LNG 接收站的地理布局正在向内地延伸，从开始布局于沿海到目前逐渐增加内河沿岸接收站的建设。2019 年 1 月 30 日，芜湖长江 LNG 接收（转运）站获安徽省发改委核准，建设规模 1.5Mt/a，计划 2022 年投产；2019 年 5 月 10 日岳阳 LNG 接收站（储备中心）一期获湖南省发改委核准，建设规模 0.5Mt/a。加上之前已经在建的江阴 LNG 储配站，目前内河 LNG 接收站在建规模已达约 4Mt/a。可以预见，以 LNG 储备站为名义建设的沿海/内河 LNG 接收站将越来越多，但目前存在的难题在于，水运 LNG 应用已建立起较为全面的标准规范体系，包括《内河交通安全管理条例》《国内水路运输管理条例》等可以适用，但是针对 LNG 内河运输的标准规范尚未出台。待到政策配套齐全时，内河沿岸 LNG 接收站的建设将迎来真正高峰。

我国 LNG 接收站的服务范围正在逐步拓展。2009 年以来，国家开始推动内河船舶应用 LNG 工作，从 LNG 港口与码头方面、LNG 水上加注方面、LNG 船舶方面、LNG 水运方面出台了系列标准和规范，2010 年 8 月，长江第 1 艘 LNG-柴油混动船舶、京杭运河第 1 艘 LNG-柴油混动船舶陆续下水试航成功，标志着 LNG 动力燃料能够在船舶上使用。国家重视交通运输领域环境保护工作，交通运输部于2013年发布了《关于推进水运行业应用液化天然气的指导意见》，明确开展内河船舶能源升级替代，加快发展LNG船舶。国家在政策引导、试点项目推广方面已经出台了大量政策性指导文件，鼓励天然气在水运行业以及船舶动力技术上的开发应用。另一个服务拓展的领域是LNG动力远洋运输船舶的LNG加注。在2013年以前，LNG动力船舶主要在挪威等北欧国家发展，随后开始向全球扩展，北欧、美国、韩国和日本都开展了这方面研究和应用。在国内处于起步阶段，已有个别沿海的LNG接收站规划、建设了相应的设施，是未来的一个发展方向。

我国LNG接收站所担负的功能，既有现阶段满足能源清洁化的需求，又有保障天然气资源进口多区域化，防止管道气资源单一化带来的潜在的安全风险，同时LNG接收站也将作为国家未来主要能源的可再生能源的应急储备。

第三节　液化天然气接收站建造技术

一、工艺技术

纵观世界LNG接收站工艺技术的发展，自20世纪50年代末第一个LNG接收站投运以来，LNG接收站工艺技术随着科技进步而不断发展，主要体现在以下三个方面。

一是自动控制水平越来越先进，有效提高了接收站的运行稳定性和操作便捷性和管理的有效性；二是工艺完整性、设备完整性不断提高，使得接收站的安全运行更有保障；三是随着动力设备效能的提高、储存容器大型化带来的冷损失降低以及BOG处理工艺的进步，接收站的单位LNG运行能耗指标显著改善。

LNG接收站工艺技术中最核心的技术是BOG处理技术，其对能耗和操作稳定性有较大影响。LNG接收站常见的BOG处理工艺包括直接压缩工艺和再冷凝工艺。

直接压缩工艺的整个操作流程较为简单，BOG气体通过压缩增压到外输压力，经计量后直接进入天然气外输管道输出，其往往被直接运用于调峰型的接收站。

再冷凝工艺到目前为止有冷却再冷凝工艺、填料塔式气液直接接触再冷凝工艺、微孔气液预混集成旋流强化式再冷凝工艺三种。

冷却再冷凝工艺是由冷冻机组提供冷量通过冷却器将BOG冷凝为LNG的工艺，这种再冷凝工艺通常应用于储备型LNG接收站。

填料塔式气液直接接触再冷凝工艺，是采用低压BOG与低压过冷LNG直接接触的将BOG冷凝到外输的LNG中，此种再冷凝工艺比直接压缩工艺节省30%~60%的运行成本。

微孔气液预混集成旋流强化式再冷凝工艺，是中国石化工程建设有限公司(SEI)于2012年研发，并于2015年工业化应用成功的世界上最先进的BOG再冷凝工艺，实际液气比接近理论液气比极限值，在理论液气比下能实现100%再冷凝，优点在于控制简单、稳定、能耗低，同时可使LNG接收站最小外输量降低约30%，增大了接收站的运行弹性。

早期接收站的BOG采用压缩机直接增压到外输压力输出，在直接输出天然气受限的条件下，也采用冷冻再液化的BOG处理工艺，其缺点是能耗高。后来发展出低压BOG与低压过冷LNG直接接触的再冷凝工艺，使得BOG处理的能耗相较于早期的直接处理技术大为降低。

由于 2015 年以前，国内已建成投产的 LNG 接收站均采用了国外公司的技术，其技术主要来源于德国 TGE、日本 TGE、日本 JGC、美国 CBI、西班牙 TR、法国 SOFYGAZ 等。因此，目前国内外的 LNG 接收站普遍使用填料塔式气液直接接触 BOG 再冷凝工艺；在填料塔式再冷凝器中，BOG 与过冷的 LNG 顺流或逆流接触，在填料层内被冷凝变为液体。BOG 流量变化范围比较大，压力波动大。这些因素给再冷凝器的稳定操作带来麻烦，需要复杂的控制系统和人工操作来保证设备较平稳运行。

接收站另一核心工艺技术是 LNG 气化技术。大型 LNG 接收站的污染排放物主要来自于气化工艺过程。常用的气化技术包括海水开架式气化器(ORV)、中间介质气化器(IFV)、浸没燃烧式气化器(SCV)。由于运行操作费用低廉，ORV 在欧洲、日本、韩国及中国的 LNG 接收站项目中广泛使用，而美国则限于地方政府立法中对海水排放物的严格要求及保护近海浮游生物的需要，基本以采用 SCV 为主。

受投资、运行费、维护费、设备可靠性、环保等因素的影响，ORV、IFV、SCV 及其组合形式，已成为我国 LNG 接收站气化技术的默认选项。除上述三种主流气化工艺外，还有空气热源式气化技术、管壳式换热气化技术等，但目前国内罕有应用。

自 2015 年以后，国内已建的 LNG 接收站全部或部分采用了国内开发的新技术，实现了自主设计、自主建设、自主开车、自主运行。国内 LNG 接收站技术源自于引进技术的消化吸收，并在此基础上进行创新、集成、突破。因此，目前国内 LNG 接收站的技术水平与国外没有差别，且部分工艺技术和装备技术已处于领先列。

二、液化天然气接收站的关键装备

LNG 接收站涉及的关键装备包括：LNG 卸船臂、LNG 储罐、BOG 再冷凝设备、气化器、BOG 压缩机、罐内低压泵、外输高压泵、海水泵以及低温阀门等，其中 LNG 储罐、BOG 再冷凝设备和气化器是比较关键的设备。

(一)液化天然气储罐

LNG 储罐是接收站的关键设备之一，也是设计和建造过程中技术难度最大的设备之一。LNG 接收站一般应有至少 2 座储罐，当只有 2 座储罐时，每座储罐的容积应能满足一次卸船量的需求。大型 LNG 接收站通常采用地上架空式基础或加热落地式基础储罐，多地震地区或有特殊需求的也采用地下或半地下储罐；从建造材料上又有双金属罐、预应力混凝土 9% 镍钢罐和预应力混凝土薄膜罐；按罐体密封结构分为单容罐、双容罐和全容罐。早期的 LNG 接收站普遍使用单容罐，随着安全要求的提高，全容罐已经成为 LNG 接收站罐型的主流；但美国是个例外，其单容罐居多，原因在于其建站地点远离人员密集区、无强制规定，是安全保险制度与建设投资间经济平衡的结果。

1. 预应力混凝土 9% 镍钢全容罐

全球大型 LNG 接收站的储罐占主导地位的罐型是预应力混凝土 9% 镍钢全容罐，其结构是由预应力钢筋混凝土外罐、气体密封板、膨胀珍珠岩、弹性棉毡、9% 镍钢内罐和保冷吊顶等组成。

20 世纪 90 年代前，世界上主要以有效操作容积为 $6 \times 10^4 \sim 10 \times 10^4 \mathrm{m}^3$ 罐容为主，其中 $8 \times 10^4 \mathrm{m}^3$ 单容罐具有代表性，采用铝材 A5083-O。90 年代后，罐容不断向大型化方向发展，

相继出现了有效操作容积 $10×10^4m^3$、$12×10^4m^3$、$14×10^4m^3$、$16×10^4m^3$、$18×10^4m^3$、$20×10^4m^3$、$22×10^4m^3$、$25×10^4m^3$ 罐容，内罐材料以 9% 镍钢为主。目前采用韩国 KOGAS 公司技术建造了世界上最大地上预应力混凝土 9% 镍钢全容罐，其罐容为 $27×10^4m^3$（有效容积 $25×10^4m^3$）。

近年来，国内 LNG 储罐设计与建造技术发展较快，技术日趋成熟，已实现自主设计、自主采购、自主施工、自主试运行与生产。储罐的发展方向不断大型化，储罐越大，钢材越省，单位立方米投资也越小，同时单位立方米能耗也越低，且布局紧凑，总体占地面积小。随着罐容的增大，储罐抗震和穹顶稳定设计成为工程建设的瓶颈。中国石化工程建设有限公司联合国内知名高校开发了具有自主知识产权的有效操作容积为 $16×10^4m^3$、$20×10^4m^3$、$22×10^4m^3$ 和 $27×10^4m^3$ 预应力混凝土 9% 镍钢全容罐设计和建造技术，采用该技术已建成投产 10 座 $16×10^4m^3$ LNG 储罐，即将投产 5 座 $22×10^4m^3$ 和 1 座 $27×10^4m^3$ LNG 储罐。目前国内 LNG 接收站大型储罐均为预应力混凝土 9% 镍钢全容罐，薄膜罐尚未有投产的业绩。

2. 薄膜罐

薄膜罐（membRane tank）是金属薄膜内罐、绝热层及混凝土外罐共同形成的复合结构。金属薄膜内罐为非自支撑式结构，用于储存 LNG，其液相荷载和其他施加在金属薄膜上的荷载，通过可承受荷载的绝热层全部传递到混凝土外罐上，其气相压力由储罐的顶部承受。薄膜罐与预应力混凝土全包容式储罐相比，除外罐相同外，其他如保冷结构、罐底和内罐结构完全不同。

LNG 薄膜罐产生于 20 世纪 70 年代。世界上第一座 LNG 薄膜罐位于日本 Negishi 接收站，建造于 1971 年，采用 IHI（Ishikawajima HaRima Heavy IndustRies）技术，是容积为 $1×10^4m^3$ 的地下罐。之后薄膜罐在接收站的应用进入了高峰期，其中除法国建造 2 座 $12×10^4m^3$ 罐外，其余全部建在亚洲，且主要集中在日本和韩国。90 年代日本 IHI、KAWASAKI 和法国 GTT 研发了 $20×10^4m^3$ 薄膜罐技术，较全容式储罐提前了 10 年。

预应力混凝土 9% 镍钢全容罐和薄膜罐相比较可以归纳为以下几点：

（1）两种技术性能基本相同；

（2）在同样的有效操作容积下，薄膜罐的几何容积小，建造成地下罐或半地下罐时经济性优于 9% 镍钢全容罐；

（3）在同样的有效操作容积下，采用引进技术建造地上薄膜罐时，综合专有技术费、专有装备（如薄膜、保冷组件等）费等因素，在国内薄膜罐没有明显优势，尚需加大国产化技术开发力度，以降低建造成本；

（4）9% 镍钢全容罐在外罐内壁上安装一层金属板对罐内气体进行密封，罐底通常使用泡沫玻璃进行保冷，热角保护和罐底二次屏蔽层通常采用 9% 镍钢板形成密闭空间对可能产生的漏液进行密封；薄膜罐通常在外罐内壁上涂覆一层树脂涂料对罐内气体进行密封，罐底通常使用硬质闭孔聚氨酯泡沫材料进行保冷，热角保护和罐底二屏蔽层通常采用中间为铝箔内外为玻璃布构成的复合结构形成密闭空间对可能产生的漏液进行密封。

到 2006 年，欧洲标准 EN 14620 中规定了与薄膜罐相关的内容，为薄膜罐的设计和施工提供了依据。薄膜罐逐渐成为了认证且批准的技术。

以上两种罐型是目前 LNG 接收站应用较多的，9% 镍钢全容罐占据主流位置，在国内已运营的 LNG 接收站使用的全部是 9% 镍钢全容罐。但未来薄膜罐将会占有一定的比例。

此外，国内在储罐设计建造方面也将逐步拓展超大容积储罐减隔震、软地基下碎石桩处理、高地震带下结构综合处理方案和新型预应力系统设计等技术，必将进一步提高大型 LNG 储罐技术的经济性及安全可靠度。

除上述两个主要罐型之外，在 LNG 接收站发展过程还有 3 种罐型，目前也有少量应用。

1）单容罐

由一个主罐体组成的单承载层罐体，设计用于对液体和蒸气进行储存；其理念也包括了一个设计用于承载任何潜在液体泄漏的围堰。尽管标准对此类储罐予以允许，且到目前尚未有任何重大事故记录，但现在这种类型的储罐在技术上已经过时。尽管在人员稀少的偏僻区域可以考虑此类储罐的使用，但仍然不适合大型 LNG 接收站，因为该类型储罐要求较大的安全距离。

2）双容罐

双容罐是对单容罐的改进。其主罐体的挡护墙在高度上有所增加，以此提高储罐的安全性。由主罐体导致的重大 LNG 泄漏的受影响面积将大幅度减小，同时，有火灾导致的不利影响也将大幅度缩减。储罐的挡护墙也构成了一种对火灾和外部风险的保护手段。这种类型的储罐在 20 世纪 70 年代出现，但是，其应用已经被 9% 镍钢罐和薄膜全容罐代替，全容罐在泄漏滞留方面提高安全性，且只会略微增加成本。但是，双容储罐仍然被用于对单包容储罐的重新装配应用，以提高后者的安全等级。

3）复合混凝土低温罐（C^3T）

这种类型储罐的内罐和外罐都是由预应力钢筋混凝土墙壁制成的，可以通过预制组装完成建造。尽管欧洲标准中并未对这类储罐进行规定，但在工业实践中曾应用过此类储罐。在 20 世纪 70 年代期间，在西班牙和美国建造了两座此类储罐。全混凝土 LNG 储罐的典型特征包括：

① 主罐体和底板采用不配备内衬的预应力钢筋混凝土构件；

② 主罐体与底板之间采用整片式连接；基础隔热采用防风雨砖块构成；

③ 在预应力钢筋混凝土外罐内壁安装防潮板；

④ 二级罐底在理想状态下采用非金属材料构建。

（二）蒸发气体再冷凝设备

BOG 再冷凝，是在一个由 BOG 再冷凝器、多工艺参数控制回路、阀门、仪表等组成的工艺过程系统中实现的，该系统的再冷凝设备是其核心设备。之所以在此称为再冷凝设备而不是再冷凝器，是因为不同再冷凝工艺的再冷凝设备各不相同，有的只有一台设备，也有的是由两台或多台设备组成的。

再冷凝设备是 LNG 接收站的核心设备，在接收站运行中起着举足轻重的作用，因此再冷凝设备也一直是相关人员致力研究的对象。目前主要的再冷凝设备有三种类型。一是全流量进料系统的再冷凝设备；二是按一定气、液比进行控制且 LNG 侧流进料系统的再冷凝设备；三是中国石化工程建设有限公司的专利产品，微孔错流再冷凝器。

冷却再冷凝工艺的再冷凝设备是一套包含了冷冻机组、换热器、泵及分离罐的多设备组合体。

填料塔式 BOG 再冷凝工艺中的再冷凝设备就是 1 台填料塔（称之为再冷凝器），按进料方式区分为全流量进料型再凝器和带侧流进料系统型再凝器，填料塔式再凝器在冷凝 BOG 的同时，还兼顾了气液分离功能和 LNG 外输高压泵缓冲罐的作用。在设备结构上存在单层和双层两种，区别在于单层结构是利用容器顶部气相控制操作压力，双层结构是利用夹层上部气相空间控制操作压力，有利于减少补充压力气体的再液化（节能考虑）。在正常操作状态下，气相为连续相，液相为分散相。填料塔以拉西环或鲍尔环作为气、液接触和传质的基本构件，液体在填料表面呈膜状自上而下流动，气体呈连续相自上而下与液体作同向流动，并进行气、液两相间的传质和传热，理论液气比工况下的再冷凝效率最大不超过68%。在我国曾经对塔式再冷凝器的气相与液相采用逆流工艺进行过工程实践，但测试表明，气液逆流工艺存在气相空间压力稳定性差，操作不平稳，压力波动难以控制，目前国内外填料塔式BOG再冷凝工艺均为气液同向流动。

微孔错流再冷凝设备由微孔气体分布器和静态旋流强化组件组成，其理论液气比工况下的再冷凝效率接近100%。在预混段，$20 \sim 40 \mu m$ 直径的气泡与过冷的LNG错流微界面直接接触，在冷凝段，静态旋流强化组件进一步强化冷凝。气泡大小影响传热、传质速率。气泡越小传热传质速率越高。气泡尺寸取决于气体分布器开孔的尺寸，开孔越小，介质流速越大，气泡越小，表面张力造成的设备微孔处阻力降越大。因此在设计时，需要按照同时满足工艺冷凝和设备阻力限制值的要求，达到在正常工况、最小/最大流量工况下BOG 100%再冷凝的设计指标，确定合适的再冷凝设备的尺度。微孔错流再冷凝设备是目前冷凝效率最高、控制和维修最简便、造价较低的BOG再冷凝设备。

上述不同类型的BOG再冷凝设备特点对比一览表见表1-8。接收站BOG再冷凝工艺仍存在进一步的优化运行空间，存在节能降耗的潜力。

表1-8 不同类型的BOG再冷凝设备特点

类 型	结构特点	优缺点
全流量进料型 塔式再凝器	填料塔式双壳层 立式容器	① 控制简单，补压气体再液化量小； ② 操作稳定性差； ③ 设备体积大，结构复杂； ④ 一次冷凝率≤68%
带侧流进料系统型 塔式再凝器	填料塔式单壳层 立式或卧式容器	① 设备结构相对于全流量进料型简单； ② 控制复杂，操作稳定性一般，设备体积大； ③ 一次冷凝率≤68%
微孔错流再冷凝设备	气体分布器和 静态旋流强化组件组成	① 控制简单、操作稳定，基本不消耗补压气； ② 设备体积小，造价低； ③ 一次冷凝率接近100%

（三）气化器

LNG接收站普遍使用的气化器有3种，即ORV、IFV和SCV。

ORV是LNG接收站海水气化系统的核心设备。LNG自下而上沿管内流动，海水沿管外自上而下降膜流动，LNG被加热气化。ORV性能安全可靠，运行成本低廉，但通常每3~5年需重新处理表面防腐防磨蚀涂层，维护费用较高。

IFV是以海水为热源，低沸点液化烃及其混合物或类似介质为中间换热介质，加热气化LNG的一种设备，具有较高安全可靠性、运行成本低廉以及维护费用低的特点，但一次投资高。

SCV 是水浴式换热器,其原理是利用燃料燃烧产生的热烟气加热作为中间介质的软化水,再由加热后的软化水加热气化 LNG。

2012 年以来,中国石化工程建设有限公司联合制造企业启动了 ORV、IFV、SCV 国产化研发工作,并于 2015 年以后陆续成功应用于国内某些 LNG 接收站,打破了国外技术垄断。

(四) 液化天然气关键设备国产化

从国家能源安全战略的角度看,LNG 关键设备国产化是确保 LNG 进口战略通道建设和运行安全的重要保障。我国工程技术人员、设备和材料制造商,通过引进消化国外 LNG 接收站技术、设备和材料,经过多年的不懈努力和创新发展,国内 LNG 关键设备国产化走出了属于自己的发展道路,取得了显著的成就。LNG 关键设备由最初的完全依赖进口变成目前的绝大部分国产、极少数进口的情况。现场运行数据证明,与进口产品相比,相关国产产品不仅在各项关键指标方面可与之比肩,而且在价格、供货周期和后期运营维护上优势明显。

目前已实现工程设计、施工技术的国产化,在设备方面实现了 LNG 储罐及材料、罐顶吊机、气化器、罐内低压泵、外输高压泵、BOG 压缩机、海水泵、中低压低温蝶阀和安全阀、中小口径的低温闸阀和截止阀、大口径的低温球阀、泡沫玻璃砖等大部分关键设备的自主化供货。绝大部分设备都可从国内依靠本土资源获得,但小部分材料如 9%镍钢焊条及焊剂,用于低温环境中的小口径球阀、高压蝶阀、控制阀(国内已有试制产品被少量使用)、高压安全阀、真空泄压阀,用于低温环境的仪表,珍珠岩、弹性毡、低温胶等仍需国外供货。

自 2008 年国产 9%镍钢板实际使用以来,LNG 建造材料和设备等国产化成果显著、制造商积极性也较高,但国产设备、材料仍存在许多不足、国产化环境还不十分健全,对 LNG 工程建设带来的不良影响不可忽视。主要体现在以下几个方面:

(1) 针对 LNG 工程需要的特殊材料缺乏国家标准,以及有资质的检测单位缺失。如:低温钢筋及其连接器,制造厂可以生产和自检,但目前没有有资质的检测单位给予复检,也没有形式认证的标准和认证单位;

(2) 国内制造商热情很高,但质量管控的自律意识差,产品质量不稳定,造成施工费用增加;

(3) 目前 9%镍钢板、低温钢筋等材料在价格方面与进口产品相比不占优势。

综上所述,LNG 工程建造材料、设备、仪表、阀门等国产化虽然取得了一定成绩,但更深层次的工作仍需加大力度。未来,国内将持续加大对 LNG 关键设备国产化的研发投入力度,补上创新不足的短板,逐步实现从技术跟随者到技术引领者的蜕变,为实现保证国家能源安全目标奠定坚实的技术基础。

三、接收站冷能利用

(一) 冷能利用现状

国外在 LNG 冷能应用上开展了广泛深入的研究,在冷能发电、空气分离、干冰制造、轻烃分离、超低温冷冻等方面进行了实际应用,技术已经成熟,经济效益明显。最具代表性的国家是日本,其利用 LNG 冷能发电已有 30 余年的历史。

日本是世界上进口 LNG 量最大的国家，也是世界上最早开始使用 LNG 冷能利用和利用率最高的国家，在冷能发电和空气分离上一直走在世界前列，其低温发电、空气分离、液态二氧化碳及干冰制造和低温冷库技术均达到国际先进水平，LNG 冷能利用率约为 20% ~ 30%。其中 LNG 冷能用于发电的比例超过 70%。冷能发电技术可将 LNG 中蕴含的 20% 以上的冷能转化为电能[8]。除日本之外，美国、韩国等国家和地区也已发展到了应用阶段。

国内某些高校和科研机构以及工程公司，积极开展了 LNG 冷能利用的相关研究，开发了一系列的 LNG 冷能利用技术。国内少部分 LNG 接收站已在冷能空分、冷冻胶粉、丁基橡胶等领域积极推进冷能利用项目，冷能空分装置已投入商业运行，冷冻胶粉和丁基橡胶等项目也已进入工业应用的实质性推进阶段。我国 LNG 冷能利用起步较晚，发展尚不成熟，总体利用程度不高。

（二）液化天然气冷能利用

LNG 冷能利用一般分为直接利用和间接利用两种方式。其中，直接利用主要集中于低温发电、空气分离、干冰制造、轻烃分离、超低温冷冻、海水淡化等，间接利用主要是通过 LNG 冷能生产液氮或液氧，再利用液氮、液氧分别进行低温粉碎、污水处理等。其中直接利用 LNG 冷能方式最多的是低温发电，其次是空气分离制取氮气、氧气以及氩气。

1. 液化天然气冷能利用率

LNG 接收站的冷能利用率，受限于 LNG 外输量波动性的大小及冷能利用装置的建造成本和运行成本（即经济性）。LNG 的冷能并非全部能够被利用，且寄希望于较高比例的利用也是不现实的。

我国国土面积巨大，南北气候呈现明显的不同，以及不同区域天然气消费结构不同，导致全年用气波动特性差异较大。例如，浙江省天然气主要用于发电，福建省则主要用于工业燃料，而京津冀地区能源消耗总量大，民用天然气用量比例较高且大量需求集中在冬季的 12 月和 1 月。图 1-7 为长三角地区 2016 年天然气不均匀系数，图 1-8 为环渤海地区 2016 年天然气不均匀系数。

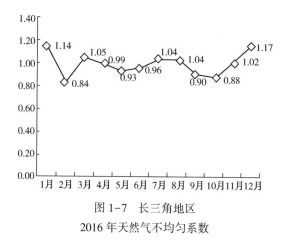

图 1-7　长三角地区
2016 年天然气不均匀系数

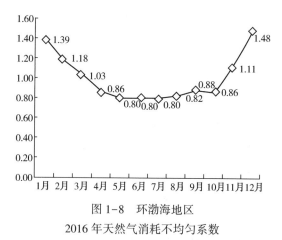

图 1-8　环渤海地区
2016 年天然气消耗不均匀系数

LNG 消费量的波动性与天然气消费量的波动性是正相关的。现阶段我国 LNG 消费结构特点是，南方区域主要用于发电、工业燃气和城市燃气，北方区域主要用于城市燃气、工业燃气和发电，城市燃气是天然气消费的主体，京津冀地区是北方典型的采暖用气的重点地区，季节用气波动很大。以北京为例说明，受冬季采暖影响，全年用气波动剧烈，高峰月发生在1月及12月，2014~2018年中石油供北京高月不均匀系数达到2.04~2.36。LNG接收站的气化外输量也同样随着季节大幅波动，图1-9为北方某LNG接收站2013~2018年的11月~3月气化外输量，图1-10为北方某LNG接收站2014~2018年的11月~3月气化外输量波动状况。

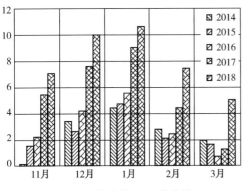

图1-9 北方某LNG接收站
11月~3月气化外输量（$10^8 m^3$）变化

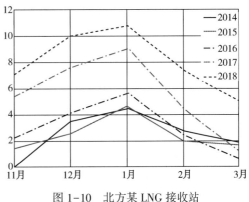

图1-10 北方某LNG接收站
11月~3月气化外输量（$10^8 m^3$）波动状况

LNG的气化负荷一年四季是波动的，白天和夜间也是波动的，这种波动的阈值既与地域有关也与LNG接收站的类型有关。从可操作性和运行经济性的角度出发，LNG接收站的冷能利用不论采用哪种工艺路线，都需要冷源在相对长的时段内保持稳定。因此LNG冷能利用装置的规模，通常是以接收站最小连续气化外输量确定的。气化负荷波动影响其冷能的利用率，波动越大利用率越低。对于单一调峰型接收站，其冷能利用率几乎为零；对于京津冀周边的兼顾季节调峰的基本负荷型接收站，由于其不均衡系数过高，其冷能利用率很难超过15%；对于南方不均衡系数较低区域的接收站，其冷能利用率较国际上接近30%的日本还有较大的提升空间。

2. 冷能利用的合理性

大型LNG接收站建设地点都是海边，由于地域限制，其冷能与石油化工厂的冷热互供、梯级利用冷能，充分提高冷能利用率较为理想的途径很难实现。因此目前接收站的冷能利用基本局限于发电、空气分离、二氧化碳液化等单一方式或有限的组合方式，远没有做到冷能梯级利用的最佳方式。

不同的冷能发电方法，其冷能利用效率不同。朗肯循环法采用乙烯单工质的效率为18%，采用混合工质的效率为36%；直接膨胀法的效率为24%、联合法的效率可高达50%、布雷顿循环法效率高于50%[8]。在发电装置中利用LNG冷能是最可能大规模实现的方式，但没有哪一种方法是可以覆盖LNG低温范围的，采用哪一种发电方式都不是最佳的冷能利用方式。

利用LNG冷能进行空气分离，与普通空分装置相比，电力消耗节省40%以上，并且将LNG冷能用于空分可简化空分流程，减少设备建设费用，LNG气化费用也可得到降低，通常使用≤-100℃温度段的冷能；LNG冷能用于二氧化碳的液化，与传统的液化工艺相比，电耗降低为原来的30%~40%，通常使用-100~-60℃温度段的冷能；若将LNG冷能作为冷库的冷源，合理的温度区间是 $-60 \sim 0℃$。此三种 LNG 冷能利用方式受到产品市场需求量的限制，其利用冷能的数量有限，不可能大规模利用，但其组合成一个冷能利用链，则是很好的按能源品位梯级利用的方式。

综上所述，将 LNG 冷能作为一次能源时，无论是梯级利用、空气分离、液化 CO_2 制造干冰、冷冻仓库都是利用了 LNG 的不同温级，并不能充分利用 LNG 的冷能。若要更充分地利用 LNG 的冷能，梯级利用是最理想的途径。

LNG 冷能虽然可以在多方面加以应用，但是令人遗憾的是，迄今为止，国内 LNG 接收站仍然是以海水/燃气为热源进行气化，大量冷能白白浪费掉，根源在于目前的冷能利用技术和产品市场等多种因素所限，LNG 接收站的冷能利用经济效益不突出。

四、数字化与智能化液化天然气接收站

数字化工厂与智能化工厂是两个不同层次的概念。在国内，对于数字化工厂接受度最高的定义是：数字化工厂是在计算机虚拟环境中，对整个生产过程进行仿真、评估和优化，并进一步扩展到整个产品生命周期的新型生产组织方式，其本质是实现信息的集成[8]。

智能化工厂是在数字化工厂的基础上，利用物联网技术和监控技术加强信息管理服务，提高生产过程可控性、减少生产线人工干预，以及合理计划排程。同时，集智能手段和智能系统等新兴技术于一体，构建高效、节能、绿色、环保、舒适的人性化工厂。智能工厂具有自主能力，可采集、分析、判断、规划，具备协调、重组及扩充特性，具备自我学习、自行维护的能力。因此，智能工厂实现了人与机器的相互协调合作，其本质是人机交互。

目前，我国大型 LNG 接收站处在数字化工厂的起步阶段，部分接收站工程项目已开展设计数字化交付、施工数字化管理、积极开发生产运营仿真模拟优化技术以及接收站内物流系统信息集成系统，距实现真正意义上的对整个生产过程进行仿真、评估和优化，乃至对接收站全生命周期的管理还有很大距离。未来 LNG 接收站技术将围绕标准化设计、模块化施工、工厂化预制、机械化作业、信息化管理"五化"发展目标不断提升进步，最终实现 LNG 从采购到销售终端的系统智能化。

中国 LNG 接收站的设计、建设和运营将向"云计算、大数据、物联网、移动互联网、人工智能"等创新技术方向发展，是未来的必然发展方向。

参 考 文 献

[1] Group G. IGU releases 2021 World LNG Report[J]. Gas for Energy, 2021.

[2] Group G. IGU releases 2020 World LNG Report[J]. Gas for Energy, 2020.

[3] Group G. IGU releases 2019 World LNG Report[J]. Gas for Energy, 2019.

[4] 英荷壳牌石油公司. BP 世界能源统计年鉴[M]. 英荷壳牌石油公司, 2021.

[5] 能源生产和消费革命战略 (2016-2030)[J]. 电器工业, 2017(05): 46-54.

[6] 天工.《中国天然气发展报告 (2021)》发布[J]. 天然气工业, 41(8): 1.

[7] 赵广明. 中国 LNG 接收站建设与未来发展[J]. 石油化工安全环保技术, 2020, 36; 211(05): 5-9, 14.

[8] 中国可再生能源展望[J]. 国际融资, 2019, 000(002): 11-14.

第二章 工艺与控制技术

第一节 概　　述

一、工艺系统简介

液化天然气(LNG)接收站通常包括陆上 LNG 接收站和浮式 LNG 接收站(FSRU)。

陆上 LNG 接收站，不论是基本负荷型、调峰型还是储备型，通常包括 LNG 卸船、LNG 储存、蒸发气体(BOG)处理、LNG 增压气化、天然气计量外输、LNG 装车(含罐箱)、火炬气处理等工艺设施及其配套的行政管理设施、公用工程设施与辅助生产设施。其典型的工艺流程见图 2-1。

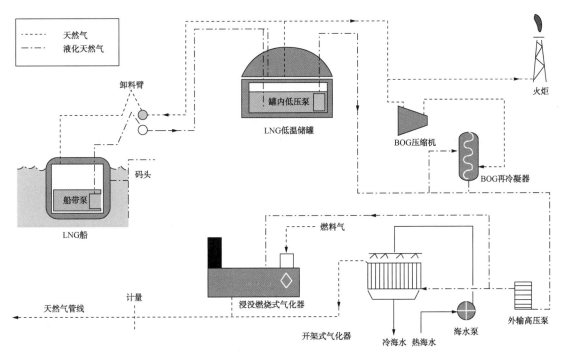

图 2-1　LNG 接收站典型的工艺流程

陆上 LNG 接收站的主要工艺过程是，LNG 远洋运输船在 LNG 专用码头靠泊，码头工作平台上的 LNG 卸船臂与 LNG 运输船相连接，自 LNG 运输船接卸的 LNG 通过管道输送至储罐内储存。根据不同的输送工况需求及来料组分，储罐内的 LNG 经罐内低压泵输送至外输高压泵进一步升压，再送至气化器进行加热气化，气化后的高压天然气经计量后，通过输气干线输出外销至目标市场；有液体外销需求的，则通过罐内低压泵装车或装船外输；LNG 在接卸、储存与输送过程中产生的 BOG 通常采用再冷凝器进行回收处理。

浮式 LNG 接收站接收、储存及再气化装置全部集成在船上，其流程与陆上 LNG 接收站稍有差异，主要是 BOG 处理方式不同，该接收站 BOG 直接升压外输，即无 BOG 再冷凝系统，其缺点是能耗略高。FSRU 与陆上 LNG 接收站相比，现场建设工程内容较少，仅需建设一座 LNG 卸船泊位及配套卸船设施，即可实现陆上 LNG 接收站的功能，但其维护成本高。由于 FSRU 具有前期投入少、建设周期短、布置灵活等特点，受到不适于建设陆地 LNG 接收站且需快速满足供气需求客户的青睐。

二、工艺流程特点

LNG 接收站整个工艺过程较为简单，除建有天然气制氢、水电解制氢、氢液化等装置的 LNG 接收站的工艺过程伴随着化学反应外，其他接收站大都为物理过程。

对大多数 LNG 接收站而言，一般建有高、低压两个输送系统，低压输送系统主要实现 LNG 卸船、LNG 装车、BOG 再冷凝、站内 LNG 管道(如卸船、装车、低压外输等管道)冷循环等功能，其操作压力约为 0.6~0.8MPa，其操作温度约为-160℃；高压输送系统主要实现 LNG 气化、计量及外输功能，操作压力约为 8.0~9.5MPa，气化前操作温度约为-155℃，气化后通常为 0℃以上。由于 LNG 在接卸、储运过程中操作条件苛刻，因此相应工艺装备选材、保冷、防泄漏及冷变形补偿等方面要求较高。

LNG 接收站通常连续运行，没有集中大检修周期，相应地对动设备使用性能、备用原则要求较高。

三、液化天然气组成

近年来国际 LNG 现货价格较低，国内正在建立以中长期协议为主、短期及现货资源灵活搭配的进口 LNG 资源池，优化资源配置，降低进口成本，实现 LNG 资源来源和贸易方式多元化，保障供应安全。因此，LNG 接收站需适应 LNG 组分的变化，通过对国内可能获得的 LNG 资源进行统计，典型的 LNG 组分范围见表 2-1。

表 2-1 进口 LNG 资源组分范围一览表

组　分	LNG 组分范围		组　分	LNG 组分范围	
	最轻	最重		最轻	最重
甲烷/%(摩尔)	99.87	85.56	正戊烷/%(摩尔)	0	0
乙烷/%(摩尔)	0.01	12.06	氮气/%(摩尔)	0.12	0.33
丙烷/%(摩尔)	0	1.85	总计	100.00	100.00
异丁烷/%(摩尔)	0	0.09	摩尔质量/(kg/kmol)	16.06	18.38
正丁烷/%(摩尔)	0	0.11	LNG 密度/(kg/m³)(-160℃)	420.84	465.65
异戊烷/%(摩尔)	0	0			

第二节　液化天然气卸船

世界上 LNG 的主要生产和供应国有俄罗斯、印度尼西亚、阿尔及利亚、马来西亚、文莱、澳大利亚、阿联酋、利比亚、卡塔尔、美国等，生产能力在 $2.5×10^8$ t/a 以上。主要的进口国家有日本、中国、印度、法国、西班牙、比利时、土耳其、韩国等。LNG 的贸易特点是集生产、运输、接卸于一体，合同期一般在 20 年以上，其主要贸易渠道是通过大型 LNG 运输船远洋运输。大型 LNG 接收站一般都配建专用的 LNG 码头，用于接收或兼装运 LNG 并进行贸易结算。

一、液化天然气码头

（一）液化天然气码头的设计参数

1. LNG 码头年作业天数

LNG 船舶造价昂贵，其年操作费用以及运输滞期费均较其他货种运输船舶高昂。因此，对于 LNG 码头，其设计年工作天数一般不少于 300 天，且连续不能作业天数不大于 5 天。

2. LNG 码头设计水深

常规码头前沿设计水深，是指在设计低水位以下保证设计船型在满载吃水情况下安全停靠的水深，设计低水位是经过多年统计的实测低潮累积频率 90% 的潮位。而对于 LNG 码头，规范要求其设计水深应保证满载设计船舶在当地理论最低潮面时安全停靠，当地理论最低潮面是实际海面低于海图理论基准面的概率为 0.14% 所对应的潮位。通常港口当地理论最低潮面比设计低水位低 0.4~0.5m。因此，LNG 码头设计水深比其他码头安全裕量要高。

3. LNG 码头尺度及泊位长度

码头尺度是根据 LNG 设计船型和自然条件等计算确定的。设计船型可通过分析论证确定，也可按照相关规范选用相应等级的船型。

泊位长度要满足设计船型安全靠泊、离泊和系泊作业的要求，一般通过模拟试验确定，但不应小于 1 倍设计船长。

（二）液化天然气码头的组成

LNG 码头由水工建筑物、码头附属设施、船舶靠离泊辅助系统、安全设施、消防设施、LNG 卸船臂及配套工艺设施组成，其典型平面布置如图 2-2 所示。

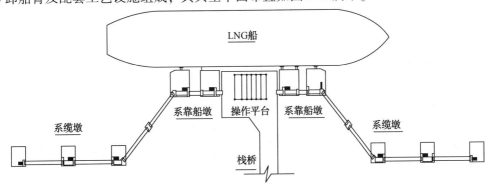

图 2-2　典型 LNG 码头平面示意图

1. 水工建筑物

水工建筑物主要由系靠船墩、系缆墩、工作平台、引桥以及联接廊桥组成：

（1）LNG码头宜设置两个靠船墩，两墩中心间距可取设计船长的25%～45%。当停靠船型差别较大时，可设置辅助靠船墩。靠船墩的海侧安装有护舷。

（2）系缆墩的位置、数量根据LNG船舶的尺度确定，并宜对称布置。

（3）LNG卸船工艺设备和管道布置在码头工作平台上，通过栈桥连接至陆域，栈桥上布置有工艺管廊及行车道。

（4）靠船墩及系缆墩由联接廊桥相连，仅供人员通行及逃生。

（5）为确保安全可靠，规范规定LNG码头主体水工建筑物的结构安全等级为一级标准，其他货类码头的水工建筑物结构安全等级基本按二级标准设计。

2. 码头附属设施

除水工建构筑外，码头通常还需配备以下附属设施：

（1）LNG码头工作平台上设置操作平台。操作平台的平面布置一般按设计船型的管汇位置确定；其高度按照设计船型的管汇高度、卸船臂设备安装要求及工艺管道配管要求综合确定，并应满足LNG船舶在当地最大潮差和波浪变动范围内的安全作业要求。

（2）LNG码头需设置登船梯，一般设置在码头工作平台上，其周围要考虑登船梯折叠、检修时的操作空间。

（3）LNG码头设置满足系泊要求的快速脱缆钩，安装于系靠船墩及系缆墩上。

（4）LNG码头一般配备供拖船、监督艇、带缆艇、交通艇等停泊的工作船泊位。

（5）LNG码头的入口处设置人体静电消除装置。

3. 船舶靠离泊辅助系统

为了保证LNG船舶的靠泊及装卸作业安全，码头设置靠泊辅助系统和相应的监控系统，其控制中心一般设置在码头控制室内，包括激光靠泊系统、缆绳张力监测系统、环境监测系统、岸船专用通信连接系统等。同时，LNG码头还需要配备电子海图和电子引航设施。

（1）激光靠泊系统（BAS）　采用激光测速技术，能在任何天气条件下监控、显示、记录船泊在靠离岸时的全过程，同时能记录、显示、打印船名、日期、货物种类等报表，并能分别测量、计算和显示出船舶与岸的船头距离、船尾距离，靠岸速度和角度。在船泊停泊期间，系统还将提供船泊漂移监测及报警。

（2）缆绳张力监测系统（MLMS）　缆绳张力监测系统由缆绳监测及快速脱缆钩控制组成。

缆绳张力监测系统主要由应力销传感器和相应的数据处理软件组成，该系统可以对LNG船舶系泊时缆绳的受力状况进行实时监测，并具有缆绳张力超限报警的功能。系统监测元件通常采用安装在快速脱缆钩内的应力销，在控制室内显示连续刷新的监控画面，并显示每根缆绳的张力数据，当出现非正常情况时给出声音报警，通知操作人员采取相应措施，预防意外事故发生。

当发生紧急事故如缆绳张力出现异常或船舶及码头出现紧急情况（如火灾等）时，快速脱缆钩控制系统启动，使船舶可及时快速脱缆。快速脱缆钩既可现场手动操作，也可在码头控制室远程操作，一般现场手动操作优先，码头控制室内设置一个快速脱缆钩控制屏，内含各脱缆钩的控制按钮。

（3）环境监测系统（EMS）　环境监测系统主要对LNG船舶系泊时的风、浪、流、潮位等状况进行监测，并在码头控制室实时监测、显示和记录码头前沿波浪要素和潮位、流向及流速等基本参数和气象数据，监控室打印机可随时打印所需的波高、周期和流速、流向等水文气象要素，用于指导船舶安全靠泊和安全作业，当环境因素超过允许作业条件时，系统立即发出报警，LNG 船舶应紧急离泊。

（4）岸船专用通信连接系统（SSL）　根据 LNG 码头的相关设计规范要求，LNG 船舶靠泊后，船舶与码头应建立专用有线通信连接。码头与 LNG 船舶通信连接系统接口一般位于登船梯端部，控制器设置在码头控制室，电缆盘、接线盒等设置在码头工作平台上。

二、液化天然气运输船

LNG 运输船用来储藏和运输液态温度约为 $-160℃$ 的 LNG 货物，其货物围护系统是 LNG 船最核心技术所在，液货舱内的围护系统就是液货舱的隔离屏障和热绝缘系统，该系统可使船舶结构免受低温脆性破坏，其作用主要有以下两点：

（1）确保 LNG 无泄漏；

（2）具有良好的绝热能力，避免船体被冷却而失去强度和韧性。

目前 LNG 船舶的货物围护系统主要有三种类型，分别为薄膜型（Membrane）、球型（MOSS）和棱柱型（SPB）。LNG 船按围护系统分类如图 2-3 所示。

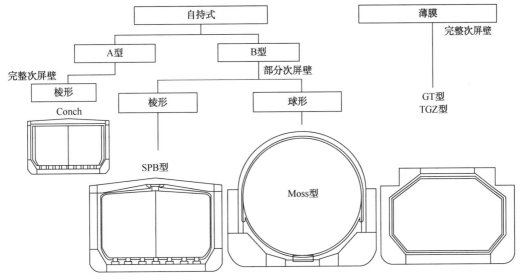

图 2-3　LNG 船按围护系统形式分类

（一）薄膜型液货舱

薄膜型 LNG 船舶货舱围护系统基于薄膜屏蔽材料（厚 0.7~1.5mm），该材料附着在绝热层上，绝热层通过螺栓结构固定在船舶内壳板上。货舱绝热层为非自承式，液货重量通过绝热材料作用到船舶结构上。薄膜型液货舱剖面结构如图 2-4 所示。

（二）球型液货舱

球型液货舱由铝球罐、绝缘层、外壳、支撑罐裙以及管塔组成。铝合金罐体的厚度一般介于 28~55mm 之间，在货罐中部的赤道带，厚度会达到 170mm，一般每艘 LNG 船使用 4 个直径为 40m 的球型液货舱。

球型液货舱由于设计良好，因此该型 LNG 船舶具有良好的安全运营纪录。球型液货舱剖面结构如图 2-5 所示。

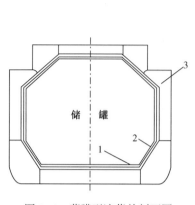

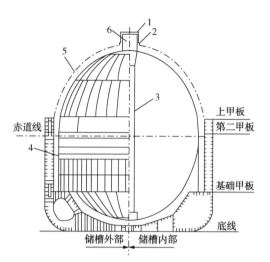

图 2-4　薄膜型液货舱剖面图

1—外薄膜；2—内薄膜；3—内舱壳

图 2-5　球型液货舱剖面图

1—顶罩；2—膨胀橡胶；3—管塔；
4—舱裙；5—储槽包覆；6—槽顶

（三）棱柱型液货舱

棱柱型液货舱货物围护系统和球型液货舱相似，但在形状上不同，货舱结构类似"B"形。棱柱型液货舱为自承载式，货舱材料采用铝质。棱柱型液货舱的液舱与船内壁留有较大空间，并且在液舱中部设有防止液体流动的隔壁，因此具有很好的晃动特性。棱柱型液货舱结构如图 2-6 所示。

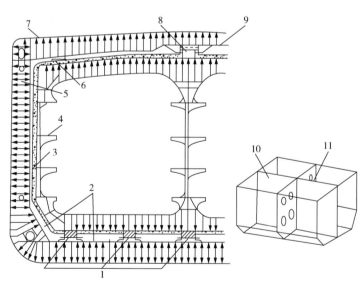

图 2-6　棱柱型液货舱示意图

1—支撑；2—连通空间；3—隔热层；4—水平梁；5—压载水舱；6—防浮楔；
7—甲板；8—防滚楔；9—甲板横梁；10—中线隔舱；11—防晃隔板

三、液化天然气卸船工艺及操作流程

(一) LNG 卸船工艺流程

1. LNG 卸船工艺概述

LNG 船舶靠港停留时间一般为 35h，净卸船时间通常不大于 20h。

LNG 码头工艺设备的设置和主力 LNG 运输船的配置需要保持一致，目前国内 LNG 接收站的主力船型多为 $14.7×10^4m^3$ 和 $17×10^4m^3$。典型的大型 LNG 运输船一般有 4 个液货舱，每个舱有 2 台 $1500~1800m^3/h$ 的卸船泵，总卸载流量 $12000~14000m^3/h$，扬程 120~165m；甲板上设 5 个汇管接口，4 个液相口，1 个气相口，气相汇管居中布置，汇管接口尺寸多为 16″。

相应地，一般大型 LNG 接收站卸船码头设置 4 台 16″的液相卸船臂及 1 台 16″的气相返回臂，4 台卸船臂总设计卸船流量通常为 $14000m^3/h$。卸船臂及气相返回臂一般不考虑设置备用臂，当其中一台卸船臂发生故障时，可适当提高另外 3 台卸船臂的卸船流量以满足卸船要求；4 台卸船臂的其中一台与气相返回臂设置连接跨线，当气相返回臂出现故障时可作为气相返回臂使用。

当 LNG 接收站有转运装船的需要时，通常在卸船支管道止回阀前后设置旁路及阀门，实现 LNG 储罐罐内低压泵反输装船的功能。

当船舱内的卸船泵启动后，LNG 自船上卸船系统经码头卸船臂、卸船总管由 LNG 储罐顶部的上进液口和下进液口进入储罐，LNG 卸船流程示意图见图 2-7。

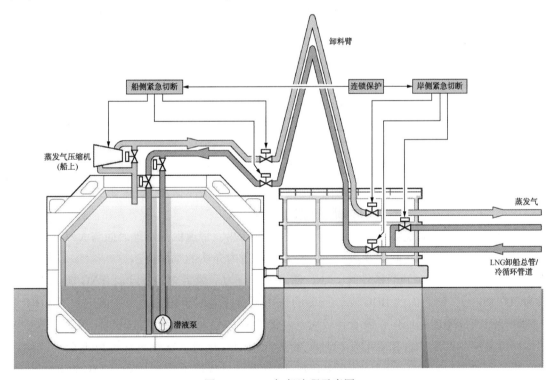

图 2-7 LNG 卸船流程示意图

在卸船操作时，船舱的气相压力通常通过气相平衡管道上的调节阀来控制，BOG 由储罐返回船舱。

当卸船完成后，用氮气对各卸船臂及相应根部切断阀之间的管道进行吹扫，吹扫方式通常有三种，其一是将 LNG 直接吹扫至 LNG 储罐；其二是先将 LNG 吹扫至设置在操作平台附近的放空罐，经气液分离后，再用氮气将液相压送至 LNG 储罐，气相排至 BOG 系统；其三则采用在线气液分离技术，吹扫后的气液混合物经分离后，气体排放至 BOG 系统管网，液体返回至 LNG 储罐。在氮气吹扫和置换结束后，断开卸船臂与船舶的连接。

在非卸船期间，通常对卸船管道进行冷循环，循环所需的 LNG 由罐内低压泵提供，冷循环管道通常接自罐内低压泵出口的低压输送总管。冷循环操作时，LNG 经冷循环管道输送至码头操作平台处卸船总管端部，再经卸船总管返回至 LNG 储罐。冷循环操作在卸船期间暂停，此时冷循环管道也用于卸船，卸船结束后冷循环恢复。

LNG 卸船的计量根据国际惯例执行，LNG 作为跨境进口商品，其贸易计量须由海关或海关委托的当地商检部门对船舱内物料的卸载量进行确认。每次 LNG 卸船开始前和结束后，海关或海关委托的商检部门须对船舱内的液位、温度、压力进行确认，在船方和接收站方对计量数据认可条件下，确定接卸 LNG 总体积量作为贸易计量的依据。

2. 工艺流程设计

1）管道系统

管道系统也是码头卸船设施的重要组成部分，主要包括卸船支管、卸船总管、冷循环管道以及 BOG 管道。管道口径的确定通常需要考虑流量、压降、流速等因素。

（1）卸船总管/卸船支管　卸船总管/卸船支管管径需结合卸船泵（船自带）参数、总卸船量、LNG 物性参数、LNG 操作参数、管道特性等通过水力学计算确定，按卸船泵出口压力等于卸船臂、卸船支管、卸船总管产生的总流动背压、LNG 船最低液位与卸船臂出口管中心及卸船臂出口管中心与 LNG 储罐入口管道翻越点之间产生的位能、LNG 储罐最高操作背压之和计算。

（2）冷循环管道　冷循环量是由 LNG 自码头经卸船总管至 LNG 储罐冷循环过程中的温升控制的，通常为 5~7℃，也可以根据实际情况适当提高。在确定卸船管道冷循环量时，需先根据经济流速确定冷循环管道的管径，再根据已选定的保冷材料及其厚度通过水力学和热力学迭代计算得到。

水力学计算需满足如下要求：罐内低压泵出口压力等于冷循环管道、卸船总管在冷循环流量下产生的总流动背压与 LNG 储罐最高操作背压之和。

热力学计算则需满足如下要求：考虑太阳辐射换热、管道保冷层外表面与大气之间的对流换热、保冷层与介质之间的导热换热，并考虑管道内介质的摩擦生热。

（3）BOG 管道　在卸船操作时，LNG 储罐操作压力一般为 20~25kPa，LNG 船舱压力一般为 10~15kPa，储罐内的 BOG 在该压差的作用下直接返回至船舱，当在该压差下 BOG 无法返回船舱或即使能返回但系统管径较大、经济性较差时，可以利用鼓风机压送至船舱。气相返回流量应为卸船总量扣除船舱自环境吸热产生的气化量，气化量在资料不全难以计算时，可按卸船量（体积量）的 5%估算，BOG 管道直径可按以下原则计算：LNG 储罐与船舱压力差等于气相返回臂与气相返回管道流动背压之和。

（4）流速　根据 GB 51156—2015《液化天然气接收站工程设计规范》的有关规定，LNG 管道的设计流速不宜大于 7m/s。对于 LNG 卸船臂的设计流速通常不大于 12m/s。

2）吹扫置换流程

LNG 卸船支管在每次卸船操作结束后都需要与卸船总管进行切断并进行吹扫置换作业。国内已建 LNG 接收站通常采用带放空罐的吹扫工艺，即在码头上设置一个小型放空罐，用来收集各卸船支管通过氮气吹扫排放的 LNG，放空罐中收集的 LNG 采用氮气通过卸船总管压送至 LNG 储罐，气相排放至 BOG 管道，该工艺设备占地大、投资高、操作过程中产生的 BOG 量大，相应 BOG 处理费用高。

3. 工艺控制方案

LNG 接收站为连续生产，介质深冷并易燃易爆。自控设备应保证质量可靠、技术先进、经济合理、性能稳定、有成熟的使用经验和良好的技术支持。

码头卸船控制系统是一套独立完整的控制系统，主要包括分散控制系统（DCS）、可燃/有毒气体检测系统（GDS）、安全仪表系统（SIS）等。各子系统间数据通过通信，实现安全、平稳、高效的卸船。同时码头卸船控制系统的各子系统相应接入接收站内中央控制室的 DCS、GDS、SIS 系统，实现与整个接收站的联锁控制。

主要控制与仪表设置方案如下：

（1）吹扫置换气液在线分离　国内部分 LNG 接收站采用了吹扫置换气液在线分离的新工艺。其原理是在卸船总管上设置一段立管来代替放空罐，各卸船支管内的 LNG 通过氮气吹扫至该立管进行气液在线分离，在立管上设置液位检测仪表，通过液位控制立管顶部的气体排放量，LNG 通过卸船管道直接自动压送至 LNG 储罐，气体自动排至 BOG 总管。与带放空罐的吹扫工艺相比，新工艺有如下优缺点：

① 优点：吹扫效率高，LNG 无需二次周转，BOG 产生量少，运行费用低；无放空罐及其配套设施，码头操作平台面积小，投资低；码头卸船过程中的自动化水平高，劳动强度低。

② 缺点：当卸船完成后，卸船臂及其根部管道 LNG 吹扫返罐过程中背压稍高，吹扫速率稍慢，船岸连接解除时间加长，但其影响可以忽略。

（2）气相返回臂压力控制　通常在 BOG 返回管道上设置压力调节阀，该阀通过阀后压力控制开度，保证船舱在卸船期间内的压力稳定。

（3）卸船管道冷循环量控制　卸船冷循环管道上通常设置流量调节阀和流量检测仪表，通过流量控制保证 LNG 冷循环返罐温度。

（4）在线分析与计量　在 LNG 卸船总管和气体返船管道上通常设置在线分析系统，卸船期间实时分析 LNG 的组成、热值、密度等参数；在 LNG 卸船总管上通常设置流量计量仪表，用上述分析数据和流量计量数据与贸易交接数据进行比对，便于接收站的管理。

（5）温度与压力检测　在卸船臂和气相返回臂根部通常设置温度和压力检测仪表，以监测吹扫置换、充液预冷及正常操作期间是否异常；为监测初始预冷过程及后续操作过程卸船总管温度，沿卸船总管，一般每 100m 设置一支表面热电阻来测量各段的温度。

4. 安全保护措施

（1）安全联锁措施　在码头人员集中操作处及人员行经地点，需要设置可燃气体检测和火灾检测器，并设置人员一键报警按钮。当码头或者船方发生火灾、泄漏等紧急情况时，码头安全系统会立即进行联锁动作，切断卸船臂及卸船管道上的切断阀，断开卸船臂与船舶的连接，并打开码头消防喷淋系统，保护人员和设备安全。

当风浪超过船舶警戒值时，船岸连接系统也将被触发，联锁断开卸船臂与船舶的连接，切断码头侧的所有紧急切断阀。

（2）安全泄压措施 在卸船操作时，码头设施的高压力侧为船侧；在装船操作时，码头设施的高压力侧为 LNG 储罐侧，相应管道的设计压力按照两侧可能出现的最大压力确定，两个切断阀之间的管道需设置热泄压安全阀，防止管道停输状态下 LNG 热膨胀超压。

第三节　液化天然气储存

一、储罐类型

（一）储罐型式

按储罐的设置方式可分为地上储罐与地下储罐两种。地下储罐比地上储罐具有更好的抗震性和安全性，不易受到空中物体的撞击，不会受到风荷载的影响，也不会影响人们的视线。但是地下储罐的罐底应位于海平面及地下水位以下，事先需要进行详细的地质勘察，以确定是否可采用地下储罐这种型式。地下储罐的施工周期较长、投资较高。目前，国内 LNG 接收站多选用地上罐。

地上储罐通常采用地上架空式基础和加热落地式基础，其结构形式包括单容罐、双容罐、全容罐、薄膜罐及复合混凝土低温罐（Composite Concrete Cryogenic Tank，简称 C^3T）等。其中单容罐、双容罐、全容罐及复合混凝土低温罐（C^3T）均为双层，由内罐和外罐组成，在内外罐间充填有保冷材料，罐内绝热材料主要为膨胀珍珠岩、弹性玻璃纤维毡及泡沫玻璃砖等。

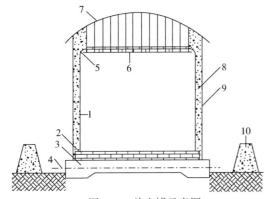

图 2-8　单容罐示意图

1—低温钢质内罐；2—罐底保冷层；3—基础；
4—基础加热系统；5—挠性保冷密封；
6—吊顶（保冷层）；7—常温钢质罐顶；
8—松散的保冷填料；
9—常温钢质外罐（不能盛装液化天然气）；
10—拦蓄堤

1. 单容罐

单容罐分为单壁罐和双壁罐，双壁单容罐的外罐是用普通碳钢制成，当内罐破裂导致 LNG 泄漏至外罐时，外罐既不能承受低温 LNG，也不能承受低温气体，即液密和气密作用均失效。该种罐型一旦内罐破裂，LNG 将扩散至周边环境中，存在一定安全风险，并对周边环境造成一定破坏。

为避免内罐破裂泄漏的 LNG 造成次生灾害，需在储罐周围设置防火堤，并对储罐的安全监测和操作要求较高。由于单容罐外罐材质为普通碳钢，需要加强检查和维护以防止外部腐蚀。

大直径单容罐的设计压力较低，通常不高于 20kPa，相应最大操作压力在 15kPa 以下。

单容罐示意图见图 2-8。

2. 双容罐

双容罐本质上是一个由预应力钢筋混凝土圆筒或耐低温钢制外罐壁包围的单容罐[1]，在内罐发生泄漏时，气体会扩散至罐外，混凝土圆筒或耐低温钢制外罐壁可以盛装内罐泄漏的液体，增加了外部的安全性，相应的外界产生危险时其外侧的混凝土或钢制外罐有一定的保护作用,其安全性较单容罐高。根据规范要求,双容罐不需要设置防火堤,但仍需要较大的安全防护距离。

双容罐示意图见图2-9。

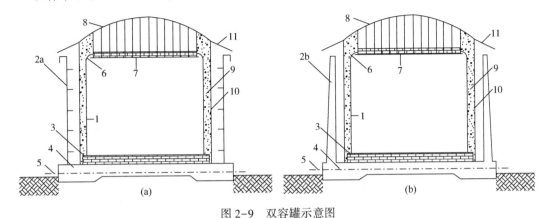

图2-9 双容罐示意图

1—低温钢质内罐;2a—低温钢质外罐;2b—预应力混凝土外罐;3—罐底保冷层;4—基础;

5—基础加热系统;6—挠性保冷密封;7—吊顶(保冷层);8—常温钢质罐顶;9—松散的保冷填料;

10—常温钢质外罐(不能盛装液化天然气);11—顶盖(挡雨板)

3. 全容罐

全容罐由耐低温的金属内罐和预应力钢筋混凝土或耐低温金属外罐组成。全容罐的结构由9%镍钢内罐、9%镍钢或混凝土外罐和顶盖、底板组成,内、外罐壁之间的间距大约1~2m,可允许内罐里的LNG和气体向外罐泄漏和扩散,避免火灾的发生。其最大设计压力可达30~50kPa,通常的设计压力为29kPa,设计温度通常为-170℃。由于全容罐的外罐体可以承受内罐泄漏的LNG及其气体,不会向外界泄漏,其安全防护距离较单容罐和双容罐小得多。一旦内罐泄漏,储罐可以安全使用数周,期间可以采取措施对罐内LNG进行转输处理,不至于事故扩散。

当采用金属顶盖时,其最高设计压力与单容罐和双容罐一样。当采用混凝土外壁(内悬挂铝质顶板)时,安全性能相对增高,但投资也相应增加。

全容罐示意图见图2-10。

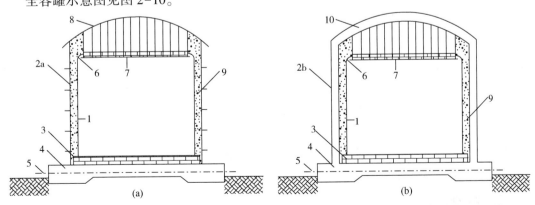

图2-10 全容罐示意图

1—低温钢质内罐;2a—低温钢质外罐;2b—预应力混凝土外罐;3—罐底保冷层;4—基础;5—基础加热系统;

6—挠性保冷密封;7—吊顶(保冷层);8—常温钢质罐顶;9—松散的保冷填料;10—混凝土罐顶

4. 薄膜罐

薄膜罐不设置独立的内罐，而是由不锈钢薄膜和保冷材料组件覆盖在混凝土罐壁和罐底，由不锈钢薄膜包容介质，预应力混凝土罐承受介质载荷。薄膜罐示意图见图2-11。

薄膜罐的结构见图2-12。

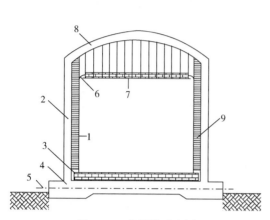

图 2-11 薄膜罐示意图
1—低温钢质内罐；2—预应力混凝土外罐；
3—罐底保冷层；4—基础；5—基础加热系统；
6—挠性保冷密封；7—吊顶(保冷层)；
8—混凝土罐顶；9—混凝土外罐内侧保冷层

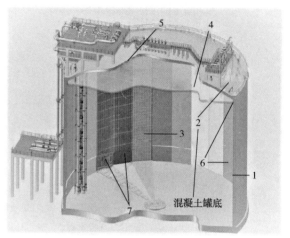

图 2-12 薄膜罐典型结构图
1—混凝土外罐；2—混凝土罐顶；
3—不锈钢薄膜内罐；4—铝吊顶；
5—碳钢内衬；6—嵌入板；
7—隔热结构

薄膜罐对防火和安全距离的要求与全容罐相同。与预应力混凝土全容罐相比，薄膜罐在外罐结构尺寸相同的条件下，具有储存容量大、建造周期短、投资低、抗震能力强等优势。

该类型储罐既可设置在地上，也可以设置在地下，其设计容积较大，最大理论设计容积可达 $40 \times 10^4 m^3$。

世界上已经拥有薄膜罐自主专利技术的公司有法国 GTT 公司，韩国 KOGAS 公司，日本 IHI、MHI、KHI 公司等五家公司。各种技术的主要区别在于不锈钢薄膜的厚度和波纹形式不同。

5. 复合式混凝土低温罐(C^3T)

复合式混凝土低温罐内、外罐均为预应力混凝土罐，内、外罐壁内表面包覆 5mm 碳钢（或 9% 镍钢板）衬里。预应力混凝土内、外罐浇筑时，分层用高强度预应力钢丝或钢绞线进行保护和锚固。外罐壁上的衬里与罐顶和罐底的衬里连接，以保证储罐的气密性。储罐底板采用焊接的 9% 镍钢板制成，延伸至壁板下方，焊接到 9% 镍钢裙板上，裙板焊接在壁板衬里上，保证罐底气密性。复合式混凝土低温罐结构见图2-13[2]。

与预应力混凝土全容罐相比，复合式混凝土低温罐建造周期短、建设成本低、施工灵活性强，但目前在国内尚未应用。

(二) 罐型选择

LNG 罐型选择的原则是安全可靠、投资合理、寿命长、技术先进、结构具有高度完整性、便于制造，并且要求整个系统的操作费用低。

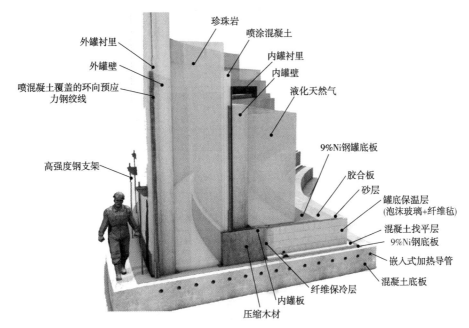

图 2-13　复合式混凝土低温罐结构图

地下罐投资高、建造周期长，除有抗震、限高等特殊要求外，通常不选用。

地上单容罐、双容罐、全容罐、薄膜罐的安全性、投资、操作费用、建设周期、储罐净容量、应用比较如下。复合式混凝土低温罐（C^3T）国内尚无应用，不参与比较。

1. 安全性

单容罐安全性较低，双容罐安全性介于单容罐、全容罐之间，薄膜罐和全容罐安全性高，全容罐在新建 LNG 接收站上普遍采用，由于国内尚无自主薄膜罐建造技术，截至 2021 年，尚未有应用的业绩。

2. 投资

单容罐罐本体投资较低，预应力混凝土双容罐和预应力混凝土 9% 镍钢全容罐投资相近，全容罐的投资比其他形式的储罐稍高，薄膜罐投资略低于全容罐。

3. 操作费用

单容罐设计压力和操作压力较低，其日蒸发率较高，相应 BOG 处理运行费用较高，对于码头距储罐较远的 LNG 接收站，不易实现在经济的条件下通过罐船压差直接将 BOG 压送返回至船舱中，需增加返回气鼓风机。双容罐设计压力和操作压力与单容罐相同，其运行费用也较高，BOG 返船情况同单容罐；全容罐和薄膜罐设计压力和操作压力相对较高，日蒸发率较低，相应 BOG 处理运行费用也较低，BOG 可利用罐船之间的压差直接返船。

4. 建设周期

大型单容罐建设周期通常为 28~32 个月，大型双容罐建设周期通常为 30~34 个月，大型预应力混凝土全容罐建设周期通常为 32~36 个月，薄膜罐建设周期通常为 30~34 个月。

罐的类型投资及操作费用比较见表 2-2 和表 2-3。

表 2-2　不同罐型投资及操作费用比较表 　　　　　%

投资费用类别	单容罐	双容罐	全容罐
LNG 储罐	80~85	88~95	100
土地费	200~250	120	100
道路围墙	110~120	110	100
管廊	100~180	110~120	100
BOG 及回气系统	250~300	250~300	100
总计	80~85	95~100	100
运行费用	450~500	400~450	100

表 2-3　LNG 罐选型比较

项 目	单容罐	双容罐(混凝土外壁)	全容罐(混凝土外壁)	薄膜地上罐
安全性	中	中	高	中
占地	多	中	少	少
技术可靠性	高	高	高	中
结构完整性	低	中	高	高
投资(罐及相关设备)	80%~85%需配回气风机	95%~100%需配回气风机	100%不需配回气风机	95%不需配回气风机
操作费用	低	中	低	低
施工周期/月	28~32	30~34	32~36	30~34
施工难易程度	低	中	中	高
观感及信誉	低	中	高	中

5. 储罐净容量

与 9%镍钢全容罐相比,薄膜罐设计更为紧凑。以典型的 $16×10^4 m^3$ 储罐为例,全容罐罐底部分采用泡沫玻璃砖和 9%镍钢底板,总厚度约 0.8m,而薄膜罐采用的是隔热板和薄膜,总厚度约 0.3m;全容罐罐壁部分采用泡沫珍珠岩和 9%镍钢壁板,总厚度约 1m,而薄膜罐采用隔热板和薄膜,总厚度约为 0.3m;考虑到罐壁环隙空间珍珠岩沉降问题,全容罐从铝吊顶到承压环顶部预留高度约 2.5m,而薄膜罐仅需 1.5m。若按常规 $16×10^4 m^3$ 的 9%镍钢全容罐外罐尺寸建造薄膜罐,在高度和直径方向上将分别增加约 1.5m 的空间,总存储容量可增加约 8%,同时大幅减少预制时间,并节省施工进度,降低建造成本。薄膜罐与全容罐净存储量对比见图 2-14。

相较于自支撑的预应力混凝土 9%镍钢全容罐技术,在给定混凝土外罐尺寸的条件下,对于相同的日蒸发率条件,因两种技术存在保温厚度上的差异,薄膜罐的罐容会更大。这种额外的储存能力对于大型容量的储罐($20×10^4 m^3$)而言,可以达到 8%以上,而对小型储罐($1×10^4 m^3$)而言,则能够达到 25%。

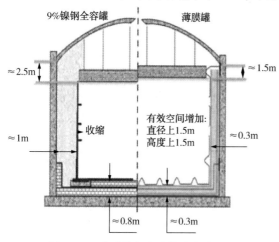

图 2-14　薄膜罐与全容罐净存储量对比

6. 应用

截至 2020 年底，国内已建成投产的大型 LNG 接收站除个别站选用单容罐外，其他站均选用预应力混凝土 9% 镍钢全容罐，目前薄膜罐暂无陆上投产使用案例，国内某家公司率先引进了国外公司的薄膜技术正在建设大型薄膜储罐。近年来，国内已开展薄膜技术的开发工作，并取得重大进展，即将打破国外技术和装备垄断局面。鉴于薄膜罐的优势，其市场前景广阔。

在现有 LNG 接收站工艺路线条件下，为减少占地、降低工程造价与运行成本，特大型储罐是目前国内外 LNG 接收站建设的发展方向和普遍选择。

（三）储罐基础型式选择

地上 LNG 储罐的基础有落地式和架空式两种型式。根据不同的地质条件、抗震条件、建设费用和运行费用综合考虑，遵循安全和经济的原则，优选储罐基础型式。

二、液化天然气接收站罐容计算

LNG 接收站罐容计算的影响因素较多，如运输船船容、外输要求、运输船延期运输、恶劣天气等。根据大型 LNG 接收站的设计经验，LNG 接收站的储存能力通常按 LNG 运输船的主力船型、安全储备量、满足调峰任务的存储量、其他计划的事件（如 LNG 运输船的延期或维修）、不可预料事件（如气候突然变化）所需的存储量、接收站外输量、船期及卸船频率等因素确定。

（一）液化天然气运输船

LNG 运输船是海上最常用的运输方式，LNG 船的类型主要有大型远洋 LNG 运输船、中小型 LNG 运输船、移动式 LNG 加注船、LNG 燃料动力船以及 LNG 加注趸船。其中，大型远洋 LNG 运输船为进口 LNG 主力运输船。目前，LNG 接收站主力船型为 $17 \times 10^4 m^3$，最大船型为 $26.6 \times 10^4 m^3$。

（二）安全储备量

大部分 LNG 接收站建于沿海城市，该地区发生极端天气（台风、大雾、冰冻等）是大概率事件，因此需考虑由于极端天气影响导致的码头不可卸船作业工况。同时，LNG 资源自液化厂至接收站路途遥远，船期延误也是必须考虑的因素。安全储备天数为码头不可连续作业天数与船期延迟天数之和。

LNG 安全储备量包括应急储备量以及考虑码头不可作业天数、船期延误天数确定的安全储量。

根据应急预案制定原则，一般在出现供应中断等紧急事故情况下，必须优先保证城市民用、公共建筑等用气。因此，确定应急储备量的原则是：在出现供应中断等紧急事故状况下，通常保障至少 3 天的 90% 城市燃气用气量和 50% 工业企业用气量。根据目标市场的具体情况，确定应急储备量。

（三）调峰储量

人们对天然气的用量如同水、电一样，分别有高峰使用阶段和波谷使用阶段。一年中，用气量随季节温度的变化而变化，通常冬季气温低，用气量大，为每年用气的高峰；夏季气温高，用气量小，为每年用气的低谷。由于城市燃气季节调峰量大，调峰通常由供气企业承担，主要由地下储气库或 LNG 接收站供给；日调峰和小时调峰通常由城市燃气企业承担，但目前国内供气企业大部分由 LNG 接收站承担日调峰。

（四）接收站外输量

LNG 接收站通常仅考虑日调峰，不考虑小时调峰。根据市场需求预测，可以得到 LNG 接收站每月外输量。为了计算准确，在动态罐容分析时，根据日不均匀系数将月外输量细化至日外输量，然后平均至小时外输量。

影响城市燃气的日不均匀性的主要因素是居民生活习惯，与地区关系不大。一般城市的日不均匀系数波动较小，基本在 0.8~1.2。

（五）船期及单码头卸船频率

船期分均匀船期、半均匀船期和自主船期。均匀船期是根据接收站运营情况，按年均匀安排接船计划；半均匀船期是在均匀船期基础上增加高峰月来船量，减少低谷月来船量，按月均匀安排接船计划。自主船期为完全根据库存量合理安排船期，当库存量小于安全储量时，需通过增加接船提高库存量。

根据航道条件、卸船条件，并考虑靠离泊办理时间等因素，确定单泊位两船最小间隔时间。

（六）罐容确定

根据以上因素，可采用静态或动态罐容计算方法确定 LNG 接收站储罐罐容。以下以单泊位接船为例，介绍静态罐容和动态罐容的计算方法。

1. 静态罐容计算

LNG 储罐罐容的计算是确定安全储存条件下所需的最小罐容量。常用的 LNG 储罐罐容静态计算方法有以下两种[3]。

方法一：

法国某设计公司罐容计算方法见式(2-1)。

$$V = \xi V_s + i_1 Q - tq \tag{2-1}$$

式中　　V——LNG 接收站需要的有效罐容，m^3；

　　　　ξ——运输船有效船容系数，通常取 0.96；

　　　　V_s——LNG 运输船船容，m^3；

　　　　i_1——安全储备天数，取码头不可作业天数和船期延误天数之和，d；

　　　　Q——LNG 接收站最大日外输量，m^3/d；

　　　　t——卸船时间，h；

　　　　q——LNG 接收站最小小时外输量，m^3/h。

其中，LNG 接收站最大日外输量 Q 为各地区和各类用户日最大用量的叠加，见式(2-2)。

$$Q = Q_1 + Q_2 + \cdots + Q_n \tag{2-2}$$

式中　　$Q_1 \sim Q_n$——不同类型用户(如工业用、民用等)的日最大用气量，m^3/d。

不同类型用户的月不均匀系数和日不均匀系数不同，计算某一类型用户的最大日外输量方法见式(2-3)。

$$Q_m = \frac{Q_{my} a_m c_m}{12 b_m} \tag{2-3}$$

式中 Q_m——某一类型用户的最大日外输量，m^3/d；

Q_{my}——该类型用户年操作量，m^3/a；

a_m——该类型用户最大月不均匀系数；

b_m——该类型用户最大月当月天数；

c_m——该类型用户最大日不均匀系数。

其中，不均匀系数是反映当期用量与平均用量的比值，月不均匀系数为当月用量与月平均用量的比值，日不均匀系数和时不均匀系数同理。

方法二：

日本某公司罐容计算方法见式(2-4)。

$$V = V_e + i_s (Q_g + Q_l) + Q_s - s Q_a \tag{2-4}$$

式中 V_e——LNG 运输船有效船容，m^3；

i_s——安全储备天数，d；

Q_g——日气态最大外输量，m^3/d；

Q_l——日液态最大外输量(包括罐车和小船外输)，m^3/d；

Q_s——各高峰月的用气量之和，m^3；

s——用气高峰月数量；

Q_a——月平均用气量，m^3。

通过对比两种方法可知，方法一未考虑用气市场的季节调峰，适用于仅考虑日调峰不考虑季节调峰的 LNG 接收站罐容计算；方法二既考虑了 LNG 接收站季节调峰，又考虑了日调峰，适用于日调峰和季节调峰的 LNG 接收站的罐容计算，但式中未考虑卸船期间的输出量，计算结果偏保守。

两种方法的共同缺点是都未考虑船期的安排对罐容计算的影响，无法判断最大罐容出现在何时，也无法预知应急储备量的分布规律。

2. 动态罐容计算

从 LNG 全产业链的角度看，气田开采、天然气液化、LNG 装船、运输、卸船、储存和外输，形成了一个完整的物流链，这使得 LNG 在上、中、下游各阶段均呈现出显著的物流特征。可以通过引入业已成熟的物流分析技术，针对下游 LNG 接收站储罐的库存物流和 LNG 运输船到港、排队卸船的物流特性，构建一个描述真实物流过程的数学模型，用于确定 LNG 接收站储罐罐容的计算方法，并可方便地用于运营操作期间的 LNG 储罐罐容管理[4]。

动态罐容通常根据接收站船容、接船安排、调峰需求、卸船量等因素计算，根据船期安排差异，动态罐容计算通常分为均匀船期动态计算法、半均匀船期动态计算法及自主船期动态计算法。采用均匀船期动态计算法计算罐容最大；采用半均匀船期动态计算法计算罐容适中；采用自主船期动态计算法计算罐容最少，可节省大量建设投资。均匀船期动态计算法对船期安排自由度最小，半均匀船期动态计算法对船期安排自由度适中，自主船期动态计算法则较高。

具体计算可利用动态分析软件完成。

三、液化天然气储存工艺

（一）液化天然气储罐工艺描述

LNG 由卸船泵将其卸至储罐内，通常按 LNG 密度大小进行分储分输。

为降低 LNG 泄漏几率，LNG 罐内低压泵、所有管道和仪表的接口通常设置于罐顶。

储罐设有两个进料口：一个可将 LNG 送到内罐的顶部，另一个可将 LNG 送到内罐的底部。采用何种方式进料取决于储罐内 LNG 与船上 LNG 组成和密度差异。为防止 LNG 分层引起翻滚现象，进罐时操作人员需调整上、下两个进料管道上的阀门开度，从而控制上、下管口的进料量。在进料总管上设有切断阀，紧急时刻可以切断进料。在储罐内通常设置用于储罐初始冷却的喷淋管道。罐外相应预冷管道上通常设置压力、温度、流量检测仪表和流量调节阀。

储罐需设置适当的仪表以监控罐内 LNG 的液位、温度、密度及气相压力。

储罐的气相均连接至 BOG 总管，罐内产生的 BOG 通过 BOG 压缩机升压后进入再冷凝器冷凝。储罐内的绝对压力通常用于控制 BOG 压缩机的负荷。在非卸船工况下，储罐的操作压力通常控制在 5~17kPa，为压力控制系统故障留有缓冲的余地。在卸船时，通常提高储罐的操作压力，其目的是尽可能减少 BOG 产生量，同时适当提高罐船压差利于 BOG 返船。

LNG 储罐的正、负压均设置两级压力保护：

第一级超压保护排火炬，当储罐压力达到 26kPa，控制阀打开，超压部分气体排入火炬系统；第二级超压保护排大气，当储罐压力达到 29kPa，储罐上安全泄放阀打开，超压部分气体直接排入大气。

第一级负压保护靠气体补压，通常当储罐压力降低到 1kPa 时，通过外输天然气减压后的气体来补充储罐内压力；第二级负压保护通过安装在储罐上的真空阀来实现，如果压力继续降低至 -0.22kPa 时，真空阀打开将空气引入至罐内。

LNG 储罐穹顶及环隙空间应设置气相氧含量及露点的取样口。

（二）液化天然气储罐工艺控制

1. 压力控制

LNG 储罐设置压力测量仪表。为减少外界大气压力变化对储罐压力控制的影响，控制 BOG 压缩机的信号使用绝压变送器，与储罐保护功能有关的报警、联锁使用表压变送器。

2. 液位控制

LNG 储罐设置液位测量仪表，用来监控罐内液位并通过这些信号来实施保护行动。这些仪表包括：两套独立、可靠的液位计，用于高液位和低液位报警；另设置一套液位计用于液位高高联锁报警。

LNG 储罐还设有一套液位-温度-密度测量装置（LTD 装置），可完成从罐底至最高液位垂直高度内的液位、密度、温度的连续测量，有人工和自动两种模式。当罐内 LNG 温差超过 0.3℃或密度差超过 0.8kg/m³时，用 LNG 低压输送泵对罐内 LNG 进行循环操作，以防止 LNG 储罐出现分层翻滚现象。

储罐正常的液位测量是通过 LTD 装置和两套连续测量系统来完成的，操作人员可在主控制室内通过液位测量信息来选择接收罐和外输罐。

储罐设置液位保护联锁：

（1）高高液位联锁：当液位达到高高液位时，三套液位计发出联锁报警信号，三取二信号送 ESD 系统关闭进料阀。

（2）低低液位联锁：当液位达到低低液位时，液位计联锁报警，停罐内低压泵。

3. 温度控制

LNG 储罐通常在不同位置设置温度检测仪表，在内罐外壁不同高度上设置温度检测仪表(间距通常不超过 2m)用以监测预冷速度；在储罐气相空间设置温度检测仪表用以监测气相温度；在储罐内罐第一层底板不同位置上设置温度检测仪表用以监测罐底预冷速度；在内外罐的环隙空间底部不同位置和热角保护(罐壁)分别设置温度检测仪表，用以监测储罐是否泄漏；通过 LTD 装置可完成自罐底至最高液位间不同标高处对应的液相温度测量，用以监测相邻两点液位间的密度、温度是否异常，防止"翻滚"。

4. 地震加速度监测

国内个别 LNG 接收站设置了地震加速度监测系统，在当地震加速度检测值达到高高值时报警，并联锁全站停车。

四、储罐传热计算

（一）概述

储罐日蒸发率是衡量储罐是否经济运行的重要参数，该参数通过严格的传热计算获得。不同罐型储罐传热方式有所区别，但基本传热学原理一致，主要包括热辐射、热传导、热对流三种方式。储罐传热计算过程中，需要考虑诸多影响因素，如绝热材料因素、环境影响因素等。低温储罐传热计算原则、绝热材料特性、建造材料特性、太阳辐射热计算、环境因素取值、不同部位传热计算方法等，分别介绍如下。

（二）计算原则

为准确计算储罐传热量，通常把一天分成 24 个时段，每个时段 1h，选取相应时段内的环境温度和太阳辐射热计算相应时段的传热量。累计 24 个时段的传热量为储罐的日冷损失量。实际工程计算中可根据需要调整时段划分原则。

储罐运行过程中由于环境条件不同，储罐罐顶、罐壁的外表面与环境之间的传热方式也有差异，可能为自然对流、强制对流或者混合对流。在计算储罐最大日蒸发率时，储罐罐顶、储罐外壁与环境之间通常采用无限空间自然对流模型进行传热计算。

对于架空储罐承台底部，由于自然通风较差，其传热按自然对流进行计算，此计算方法与工程实际相比，误差可以忽略。

（三）绝热材料特性

LNG 储罐所用的保冷材料通常包括泡沫玻璃、玻璃纤维毡、膨胀珍珠岩。

1. 泡沫玻璃

储罐罐底保冷材料通常选用泡沫玻璃，该材料主要有两个功能，一是加大罐底热阻，减小罐底冷损失，二是承受罐内液体静压和内罐自重的作用。泡沫玻璃型号按抗压强度划分为HLB800、HLB1000、HLB1200、HLB1600、HLB2400 等，不同抗压强度的泡沫玻璃导热系数有所不同，导热系数随着温度的降低而减小，随着抗压强度的增大而增大，通常在 0.021~0.055W/(m·K) 之间变化。传热计算过程中需要充分考虑泡沫玻璃导热系数的变化特性。以某生产厂家的泡沫玻璃为例，其导热系数与抗压强度的关系如图 2-15 所示。

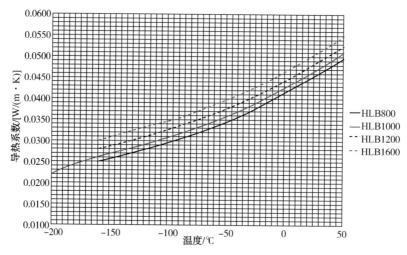

图 2-15　某泡沫玻璃导热系数

2. 玻璃纤维毡

吊顶上方与钢质内罐外壁的保冷材料通常选用玻璃纤维毡，两个位置的材料性能稍有差异，通常用于吊顶上方保冷材料的密度小，一般为 12kg/m³；用于内罐外壁保冷材料的密度略大，一般为 17kg/m³。玻璃纤维毡的导热系数随着密度、温度变化而变化。在传热计算时，应结合材料实际使用情况对其导热系数进行核算。某玻璃纤维毡导热系数特性如图 2-16 所示。

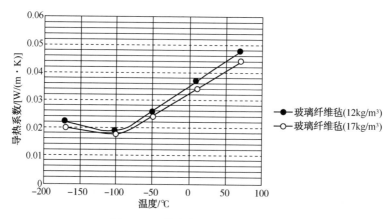

图 2-16　某玻璃纤维毡导热系数

在计算储罐罐壁传热时，需考虑玻璃纤维毡在膨胀珍珠岩挤压作用下被压缩对其导热系数的影响，压缩量通常为 30%~50%。在计算储罐吊顶传热时，需要考虑玻璃纤维毡在自重作用下导热系数变化，玻璃纤维毡按多层考虑，不同层压缩量不同，每层压缩量及相关参数需通过实验回归确定。

3. 膨胀珍珠岩

膨胀珍珠岩主要用于填充内罐与外罐之间环隙空间，为防止储罐运行过程中膨胀珍珠岩沉降过多，影响储罐后期运行的保冷效果，需对膨胀珍珠岩振实，振实后的密度通常不小于 65kg/m³。膨胀珍珠岩导热系数随密度和温度的变化而变化，因此在传热计算过程中需充分考虑这两个因素。某膨胀珍珠岩导热系数如图 2-17 所示。

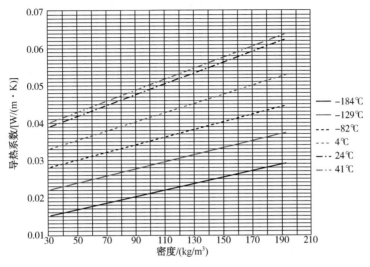

图 2-17 某膨胀珍珠岩导热系数

(四) 建造材料特性

低温储罐的建造材料主要有混凝土、沙子、碳钢、9%镍钢、不锈钢、铝合金等。对于预应力混凝土全容罐而言，混凝土主要用于储罐罐底、外罐罐壁及罐顶，混凝土的导热系数主要取决于使用温度，详见图 2-18。

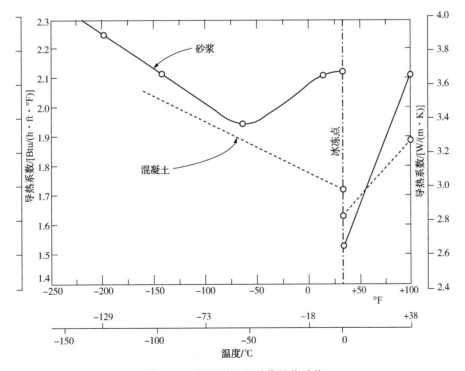

图 2-18 某混凝土和砂浆导热系数

混凝土导热系数随温度降低而减小，至0℃时出现转折，这主要是因为0℃时水转变为冰，冰的导热系数是水的3倍以上，从而导致混凝土导热系数在低于0℃时，随着温度的降低而逐渐升高[5]。

碳钢主要用于储罐外罐和钢穹顶的内衬板，其导热系数与含碳量及使用温度有关。9%镍钢、不锈钢、铝合金等金属材料的导热特性，会因牌号不同而不同。9%镍钢、不锈钢通常用于LNG储罐内罐壁及储罐罐底。铝合金用于储罐吊顶，主要是由于其具有密度小、耐低温的优良特性。在储罐传热计算时，应考虑不同牌号和不同温度对金属材料导热性能的影响。

（五）太阳辐射强度

太阳辐射强度是LNG储罐传热计算中不可忽略的因素。同一地区一天内不同时段热辐射强度的变化与太阳时角有关。不同地区同一时刻的太阳热辐射强度也存在差异。因此太阳辐射强度的计算既要考虑时间因素又要考虑空间因素。

太阳热辐射强度取值，有两种常用方法，一种是区域类别法，即参照已有的历史实际数据，划分全球各区气候类别，根据各区域的参数进行计算。另一种方法称为天文公式法，通常采用相应的天文公式对太阳辐射强度进行计算，见式（2-5）~式（2-7）。

$$Q = S_c \times P^m \qquad (2-5)$$

$$m = \frac{1}{\cos\psi} \qquad (2-6)$$

$$\cos\psi = \sin\alpha \cdot \sin\beta - \cos\alpha \cdot \cos\beta \cdot \cos(\omega t) \qquad (2-7)$$

式中　Q——太阳辐射强度，W/m^2；

　　　S_c——太阳常数，W/m^2，取值为1370±6；

　　　P——大气透明系数，取值为0.7~0.8；

　　　m——大气质量；

　　　ψ——太阳天顶角，rad；

　　　α——太阳赤纬角度，rad；

　　　β——计算地点纬度，rad；

　　　ω——地球自转角速度，$\frac{\pi}{12}h^{-1}$；

　　　t——计算时刻，h。

需要说明的是太阳常数是地球大气层外缘与太阳射线垂直的单位表面积所接收到的太阳能，它与地理位置和一天中的时间无关，并非是理论推导的数值，是通过人工测量得到的相对稳定数值。大气透明系数表示的是太阳能到达地面前，各种波长被平均削弱的情况，例如，当大气透明系数为0.8时，表示太阳辐射能被平均削弱了20%，而影响透明系数取值的主要是大气中的水汽，尘埃等物质。m值是反映太阳入射强度的一个无量纲数值，与实际质量无关。通常，大气质量定义为太阳天顶角余弦值的倒数。这意味着，在太阳直射点的位置（天顶角为0°），大气质量为1，此时该地点的太阳辐射强度达到最大；在与太阳直射点呈90°方向的地点，大气质量为∞，此时该地点的太阳辐射强度为0。

（六）环境因素

环境温度与风是影响储罐传热计算的重要因素。一天中由于太阳的东升西落，环境温度时刻发生变化，因此储罐的传热量也随之变化，对储罐传热计算影响较大。因此，合理地选取环境温度对于储罐传热计算具有重要的意义。在对储罐进行传热计算时，需要确定计算日，计算日是太阳辐射计算的基础数据，同时也是确定环境温度变化曲线的重要依据。计算储罐最大日蒸发率，则需要选取最苛刻的一天作为计算日，通常需要根据近 5 年的历史记录来选取，且需兼顾太阳辐射强度与环境温度两个因素。对于一天环境温度的变化，可以采取正弦曲线拟合的方法进行计算。以 A2 区 24h 典型温度分布对应的时刻函数为例，得出温度随时间变化的函数，见式（2-8）和式（2-9）。

$$t = \frac{t_{max} - t_{min}}{2}\sin\theta + \frac{t_{max} + t_{min}}{2} \tag{2-8}$$

$$\theta = 0.000005416h^5 - 0.000370549h^4 + 0.009398889h^3$$
$$- 0.104836606h^2 + 0.181046402h + 5.353164282 \tag{2-9}$$

式中　t——θ 时刻对应的温度，℃；

t_{max}——计算日最高温度，℃；

t_{min}——计算日最低温度，℃；

θ——计算时刻对应的弧度角；

h——计算时刻。

（七）传热计算

储罐传热计算主要包括罐壁传热计算、罐底传热计算、罐顶传热计算、罐顶接管及开口处传热计算。

1. 储罐罐壁传热计算

储罐罐壁的传热主要包括罐内介质与储罐内壁的自然对流换热、储罐内壁传导换热、储罐环隙空间传导换热、储罐外壁传导换热、储罐混凝土外壁与环境空间及太阳的辐射换热、储罐混凝土外壁与环境空间的对流换热。

对于设有热角保护的预应力混凝土储罐，储罐罐壁的传热可分为四个部分进行计算，分别是热角保护以上储罐迎光面罐壁部分、热角保护以下储罐迎光面罐壁部分、热角保护以上储罐背光面罐壁部分、热角保护以下储罐背光面罐壁部分。工程上进行保守计算时，储罐外壁通常选用无限空间自然对流的计算公式进行传热计算。对于混凝土到储罐内罐之间的传热可以按照立式圆筒热传导进行计算。储罐内壁与罐内介质的传热按照自然对流的经验公式进行计算，也可以根据工程经验按照定值膜系数的方法进行计算，两者计算结果相近。

其中，罐壁、保冷层、保护层的热传导满足傅里叶定律[6]，见式（2-10）。

$$q_s = -\lambda_{si1}\frac{dt_{si}}{dx_{si}} \tag{2-10}$$

罐内介质与罐内壁、罐外壁与空气的对流传热满足牛顿冷却公式[6]，见式（2-11）。

$$q_s = \alpha_{si}\Delta t_{si} \tag{2-11}$$

对流传热系数由经验公式确定[7]，见式（2-12）。

$$\begin{cases} \alpha_{si} = 1.42 \left(\dfrac{\Delta t}{D_{si}} \right)^{1/4} & (10^4 < GrPr < 10^9) \\ \alpha_{si} = 1.31 (\Delta t)^{1/3} & (10^9 \leqslant GrPr) \end{cases} \qquad (2-12)$$

太阳辐射到罐壁迎光面上的热量可按天文公式法计算，具体见式(2-5)~式(2-7)。

罐外壁与空气的辐射换热量的计算采用斯忒藩-玻尔兹曼定律，见式(2-13)。

$$q_{fs2} = \varepsilon \sigma (T_{s1}^4 - T_{air}^4) \qquad (2-13)$$

式中　q_s——罐壁热流量，W/m^2；

λ_{si1}——其中 $i=1$，2，3，分别表示罐壁、保冷层、保护层的导热系数，$W/(m \cdot K)$；

dt_{si}——其中 $i=1$，2，3，分别表示罐壁、保冷层、保护层的内外侧温度差，K；

dx_{si}——其中 $i=1$，2，3，分别表示罐壁、保冷层、保护层的厚度，m；

α_{si}——其中 $i=1$，2，分别表示罐内介质与罐内壁、罐外壁与空气的对流传热系数，$W/(m^2 \cdot K)$；

Δt_{si}——其中 $i=1$，2，分别表示罐内介质与罐内壁、罐外壁与空气的温度差值，K；

D_{si}——其中 $i=1$，2，分别表示罐内介质与罐内壁、罐外壁与空气的传热的定性尺寸，m；

Gr——格拉晓夫数；

Pr——普朗特数；

q_{fs2}——罐外壁与环境辐射换热量，W/m^2；

ε——物体的发射率；

σ——斯忒藩-玻尔兹曼常量，$W/(m^2 \cdot K^4)$；

T_{s1}——罐外壁热力学温度，K；

T_{air}——周围环境的热力学温度，K。

2. 储罐罐底传热计算

架空式储罐罐底的传热主要包括以下过程：罐内介质与储罐内罐底板的自然对流换热、内罐底板传导换热、内罐底板下方保冷、防潮及土建结构材料传导换热、混凝土承台底面与大气之间的对流换热。落地式储罐罐底与架空式储罐罐底的主要区别在于落地式储罐罐底不与空气接触，储罐罐底采用加热维温的方式防止储罐冷量传入地面以下。因此，落地式储罐承台底部传热较为简单，其传热是以温度为定值边界条件下的传热。下面以架空式储罐为例进行传热计算介绍。

储罐罐底的传热应该根据储罐罐底不同部位分别计算。储罐罐底因罐型的不同设计结构有所区别，通常分为环梁、环梁至储罐中心、环梁至外罐三个部分。以上三部分的传热需要分开计算，在计算过程中需要考虑各部分不同的保冷结构。各层泡沫玻璃、防潮层、混凝土等结构在传热计算时，应该考虑各个材料热力学特性随温度的变化。

储罐罐底与空气的传热过程，不受太阳辐射影响，应根据实际的自然条件计算并判断该部分传热属于自然对流、强制对流还是混合对流传热方式。通常热传导的计算采用多层平壁热传导的模型，见式(2-14)。

$$q = \frac{t_1 - t_{n+1}}{\sum\limits_{i=1}^{n} \dfrac{\delta_i}{\lambda_i}} \qquad (2-14)$$

式中　　q——传导换热量，W/m^2；

$\qquad t_1$——第一层内壁温度，K；

$\qquad t_{n+1}$——第 n 层外壁温度，K；

$\qquad \delta_i$——第 i 层保冷厚度，m；

$\qquad \lambda_i$——第 i 层保冷材料导热系数，$W/(m \cdot K)$；

$\qquad n$——保冷层数，无量纲。对于 LNG 储罐罐底而言，n 值应结合实际工程的储罐保冷选材与形式、储罐基础结构进行选取。

在计算储罐承台与大气对流换热时，众多研究中给出了不同的计算公式[6,8]，本节将首先依据强制对流和自然对流的判断准数 $\dfrac{Gr}{Re^2}$ 来判断罐底的对流传热方式[6]，然后依据判断准数来选择不同的对流传热计算方法，进而确定计算热流量的努塞尔数。

当 $\dfrac{Gr}{Re^2} > 10$ 时，采用水平面冷面向下自然对流的模型[9]（基于准则数），见式（2-15）。

$$Nu_F = 0.15(GrPr)^{1/3} \tag{2-15}$$

当 $\dfrac{Gr}{Re^2} < 0.1$ 时，采用流体外掠平板流动与换热的计算模型，见式（2-16）。

$$\begin{cases} Nu_N = 0.332Re^{1/2}Pr^{1/3}（层流）\\ Nu_N = 0.0296Re^{4/5}Pr^{1/3}（湍流）\end{cases} \tag{2-16}$$

当 $0.1 \leqslant \dfrac{Gr}{Re^2} \leqslant 10$ 时，采用混合对流的计算模型[6]，见式（2-17）。

$$Nu_M^3 = Nu_F^3 \pm Nu_N^3 \tag{2-17}$$

其中，Gr 为格拉晓夫数；Re 为雷诺数；Nu 为努塞尔数；Pr 为普朗特数，混合对流的努塞尔数计算时，两种流动方向相同时取正号，两种流动方向相反时取负号。

3. 储罐罐顶传热计算

储罐罐顶的传热主要包括以下过程：吊顶下方介质空间辐射、对流与导热、吊顶的导热、吊顶上方介质空间的辐射、对流与导热、储罐顶部结构材料的导热、储罐混凝土穹顶外部与环境空间的辐射换热与对流换热、太阳辐射热。

内罐上方吊顶保冷结构在传热计算过程中，应该充分考虑玻璃纤维毡在重力作用下的压缩影响。对于 LNG 储罐，罐顶外部计算的模型，可以按照平板换热模型来进行考虑。

其中罐顶、保冷层、保护层的热传导满足傅里叶定律[6]，见式（2-18）。

$$q_r = -\lambda_{ri1} \frac{dt_{ri}}{dx_{ri}} \tag{2-18}$$

罐内介质与罐顶内壁、罐顶外壁与空气的对流传热满足牛顿冷却公式[6]，见式（2-19）。

$$q_r = \alpha_{ri} \Delta t_{ri} \tag{2-19}$$

对流传热系数由经验公式确定[7]，见式（2-20）。

$$\begin{cases} \alpha_{ri} = 1.32\left(\dfrac{\Delta t}{D_{ri}}\right)^{1/4}（10^4 < GrPr < 10^9，热面朝上）\\ \alpha_{ri} = 1.52(\Delta t)^{1/3}（10^9 \leqslant GrPr，热面朝上）\\ \alpha_{ri} = 0.59\left(\dfrac{\Delta t}{D_{ri}}\right)^{1/4}（10^9 \leqslant GrPr，冷面朝上）\end{cases} \tag{2-20}$$

太阳辐射到罐顶上的热量见式(2-5)~式(2-7)，罐外壁与空气的辐射换热量见式(2-13)。

式中 q_r ——罐顶热流量，W/m^2；

λ_{ri1} ——其中 $i=1$，2，3，分别表示罐顶壁、保冷层、保护层的导热系数，$W/(m \cdot K)$；

dt_{ri} ——其中 $i=1$，2，3，分别表示罐顶壁、保冷层、保护层的内外侧温度差，K；

dx_{ri} ——其中 $i=1$，2，3，分别表示罐顶壁、保冷层、保护层的厚度，m；

α_{ri} ——其中 $i=1$，2，分别表示罐内介质与罐顶内壁、罐顶外壁与空气的对流传热系数，$W/(m^2 \cdot K)$；

Δt_{ri} ——其中 $i=1$，2，分别表示罐内介质与罐顶内壁、罐顶外壁与空气的温度差值，K；

D_{ri} ——其中 $i=1$，2，分别表示罐内介质与罐顶内壁、罐顶外壁与空气的传热的定性尺寸，m。

4. 储罐罐顶接管及开口处

储罐罐顶接管及开口处的冷量散失在整个储罐的冷损失中占有一定比例，不能忽略。此部分传热中导热起主导作用，通常计算时可以分为几个部分：工艺管道、仪表、设备管口等需要穿过罐顶的部分导热，吊杆部分导热。该部分传热的计算相对简单，此处不再详述。

五、储罐超压气体排放量计算

LNG 储罐在正常操作时，需要控制在一定的操作压力范围内，压力超过一定值后需要排放气体，防止储罐超压，引起安全事故。储罐在超压工况下火炬气排放量的计算对于储罐的安全尤其重要。在计算时需考虑火灾、储罐充装过程中气体体积的变化、大气压降低储罐内外压差的变化、罐内低压泵循环带入储罐的热量、储罐自环境吸热、热卸船、储罐进料过程中管道自环境吸热带入的热量、罐内低压泵停运、BOG 压缩机停运、补气调节阀故障、卸船气体返回管道调节阀故障等因素，最大排放量根据多工况分析进行组合计算后确定。

(一) 火灾工况下的排放量计算

火灾工况下，储罐气体排放量按照式(2-21)和式(2-22)计算。

$$G_H = \frac{3600H}{L_H} \tag{2-21}$$

$$H = 71000F \cdot A_H^{0.82} + H_0 \tag{2-22}$$

式中 G_H ——火灾过程中气体排放量，kg/h；

H ——火灾过程中总热流量，W；

L_H ——介质的气化潜热，J/kg；

F ——环境因子，按表2-4取值；

A_H ——储罐与火焰接触的润湿面积，对于大型储罐润湿面积应为地面以上至 9.15m 高度之间的面积，m^2；

H_0 ——储罐正常的漏热量，W。

表2-4 环境因子

名 称	环境因子	名 称	环境因子
储罐本体	1.0	地下储罐	0
用水设施	1.0	绝热或热保护	$F = \dfrac{U(904 - T_f)}{71000}$
降压和倒空设施	1.0		

注：U 是绝热系统的总传热系数，$W/(m^2 \cdot ℃)$，取 $T_f \sim 904℃$ 的平均值；T_f 是在放空条件下容器内介质温度，$℃$。

（二）储罐充装过程中气体排放量的计算

储罐在充装过程中，由于液体与气体的体积置换带来的气体排放量按照式（2-23）计算。

$$G_L = V_L \rho \qquad (2-23)$$

式中 G_L——充装过程置换产生的气体量，kg/h；

V_L——充装储罐时的最大体积流量，m^3/h；

ρ——充装温度和压力条件下，罐顶气相的密度，kg/m^3。

（三）大气压变化

大气压变化引起的气体排放量可按式（2-24）~式（2-30）计算。

$$G_A = V_{AG}\rho + G_{AL} \qquad (2-24)$$

$$V_{AG} = \frac{V}{p} \cdot \frac{dp}{dt} \qquad (2-25)$$

$$G_{AL} = G_{A2} - G_{A1} \qquad (2-26)$$

$$G_{AL} = G_{A1} - G_{A2} \qquad (2-27)$$

$$G_{A1} = K\left(p_s + \frac{dp}{dt}\right)^{4/3} A \qquad (2-28)$$

$$G_{A2} = K\left(p_s - \frac{dp}{dt}\right)^{4/3} A \qquad (2-29)$$

$$G_{A1} = Kp_s^{4/3} A \qquad (2-30)$$

式中 G_A——大气压变化引起的气体排放流量，kg/h；

V_{AG}——BOG膨胀产生的气体量，m^3/h；

ρ——储罐实际温度和压力条件下，罐顶气相的密度，kg/m^3；

G_{AL}——液体过热产生的气体量，kg/h；

V——储罐最大的气体体积，m^3；

p——绝对操作压力，Pa；

$\dfrac{dp}{dt}$——大气压变化率的绝对值，Pa/h；

G_{A1}——储罐正常的蒸发量，kg/h；

G_{A2}——大气压变化后储罐正常的蒸发量，kg/h；

K——$2.40 \times 10^{-5} kg/(h \cdot m^2 \cdot Pa^{4/3})$；

p_s——储罐过热液体所对应的饱和压力与实际气相压力之差，Pa；

A——储罐的截面积，m^2。

当大气压降低时，利用式(2-26)和式(2-28)计算；当大气压升高时，利用式(2-27)和式(2-29)计算。

大气压变化率应采用建设场地的数据。当没有建设场地数据时，可假设大气压变化率为2kPa/h，而总变化量为10kPa，该数值也可用来计算大气压升高时补气量。

（四）罐内低压泵冷循环气化量计算

在计算LNG循环过程中泵冷循环产生的热量时，假设泵的全部能量均转化为液体的动能，气化量按式(2-31)计算：

$$V_R = \frac{Q}{L} \qquad (2-31)$$

式中　　V_R——BOG膨胀产生的气体量，m^3/h；

　　　　Q——罐内低压泵功率，kW；

　　　　L——介质的气化潜热，J/kg。

（五）翻滚

LNG储罐发生翻滚的最主要原因是储罐内LNG密度差的作用产生上下分层，当已经形成的平衡被破坏之后，LNG会发生大量气化的现象。翻滚产生的气化量可通过式(2-32)进行计算：

$$G_B = 100 G_T \qquad (2-32)$$

式中　　G_B——翻滚时产生的气体量，kg/h；

　　　　G_T——正常蒸发的气体量，kg/h。

（六）储罐补气调节阀故障

当补气调节阀发生故障，导致阀门无法关闭时，天然气进入储罐累积至一定程度时会导致储罐超压排放，此工况下的气体排放量通常按补气阀全开进行计算。

（七）储罐自环境吸热产生的气化量计算

储罐自环境吸热产生的气化量计算方法见本节第四部分内容。

（八）热卸船及卸船管道自环境吸热产生的气化量计算

在卸船操作时，若船内LNG的温度高于储罐内LNG的温度时，运输船与储罐之间存在的温差导致储罐内热量增加，同时卸船管道自环境吸收的热量也随LNG带至储罐，储罐内因热量的输入相应产生BOG，该BOG量需通过热平衡计算获得。

（九）回流管道自环境吸热产生的气化量计算

罐内低压泵的回流管道及站内冷循环(码头冷循环、装车冷循环、外输冷循环)管道带入储罐的热量会导致储罐内LNG气化产生一定的气体，该气量根据热平衡进行计算。

六、储罐补气量计算

当储罐内压力低至一定值时，为确保储罐安全运行，储罐需补气以维持储罐压力。大气压升高，储罐内压力相对降低，储罐所承受的内外压差相对增大，该工况需考虑向储罐补气，补气量具体计算方法见式(2-27)和式(2-29)。除考虑大气压升高对补气量的影响外，尚应考虑罐内低压泵输出和BOG压缩机抽气需补充的气量。控制阀及真空安全阀的流通能力需满足大气压力升高、罐内低压泵输出、BOG压缩机抽气进行组合可能出现的最大补气量。

七、储罐吊顶通气孔计算

储罐吊顶通气孔主要为了平衡吊顶上下方气相空间的压力，避免吊顶倾覆。对于吊顶通气孔的设计，需要满足三个原则：一是吊顶通气孔的设置通常满足吊顶上下压差不高于一定值，该值通常取0.24kPa；二是在储罐安全阀超压排放工况下，吊顶上下方形成的压差不会"掀翻"吊顶；三是在储罐真空阀吸气过程中，吊顶上方的吊杆能够承受住吊顶上下方的压差与吊顶的自重叠加后的荷载。

其中，因吊顶通气孔上下方气体流动产生的压差主要包括三个部分：一是吊顶通气孔入口的局部压力损失；二是吊顶通气孔通道内的压力损失；三是吊顶通气孔出口的局部压力损失。该部分压力损失可以通过流体计算软件（CFD）进行数值模拟计算，也可以根据通气孔形状，考虑一定的局部阻力进行计算。

八、液化天然气储罐干燥置换、预冷

（一）储罐干燥置换

一般用氮气作为LNG储罐干燥、置换的气体。用于干燥的氮气要求纯度通常大于98%，露点小于−60℃。

1. 置换前准备

1）氮气排放

（1）穿顶放空口、环形空间放空口、冷却管道、罐内低压泵放空口、冷却管道放空口、内罐底部通风口和底部放空口均应安装加长件，避免排出气体在罐顶工作人员处排出；

（2）所有氮气排放位置都应用危险区域隔离胶带标记，每个采样点均应配备警告通知，说明采样的气体含有氮气；

（3）软管连接应注明氮气连接；

（4）所有用于干燥的阀门均应设置警告通知。

2）隔离储罐

在干燥置换前，储罐必须与其他管道和设备隔离，特别是必须与任何含液化天然气的设施隔离。在开始操作前，必须安装、标记和签署所有隔离措施。为保证氮气的经济使用，罐内应用干燥空气进行干燥，以减少含水率。为了将罐内的氧气含量降低至安全水平，并进一步干燥内罐，罐内将用氮气进行置换。

2. 干燥前的检查和设置

（1）任何有氮气排放可能引起窒息危险的地方，均应设置危险标志和障碍物；

（2）罐体保温工作已完成；

（3）罐内低压泵安装完毕；

（4）所有规定的测试和检验工作都已完成并通过验收；

（5）所有临时和永久的仪表和保护装置，如安全阀、真空阀应已安装、检查并校准；

（6）储罐应清洁，无杂物，所有配件和仪表都正确安装和校准；

（7）确保氮气供应设备可用；

（8）所有排气口均应配备向下弯曲的管道或适当的檐蓬，以防进水；

（9）置换和干燥储罐时，压力应保持在 10kPa 左右；

（10）应设置临时压力表检测压力。

3. 置换步骤

1）内罐干燥和置换

（1）罐内低压泵安装完毕，底阀处于打开状态，置换气体可进入泵井；

（2）所有临时管道和仪表安装完毕，氮气入口阀门打开，氮气在内罐和环隙空间循环，应保证泵井压力不超过储罐压力；

（3）当储罐压力达到 12.5kPa 左右，外罐顶氮气放空口阀门部分打开，控制储罐压力在 10kPa 左右，置换放空气体排至安全地点；

（4）打开泵井顶端氮气置换口阀门；

（5）氮气供给速率约为 500~1500Nm³/h；

（6）外罐顶氮气放空口和泵井放空口氧气浓度和露点应定时监测，当外罐顶氮气放空口和泵井放空口氧气浓度低于 8%时，内罐干燥和置换结束。

2）环隙空间干燥和置换

（1）调节氮气置换入口和外罐顶氮气放空口的阀门，始终控制储罐压力维持在 10kPa 左右，氮气在内罐和环隙空间循环；

（2）打开环隙空间置换放空阀门；

（3）定时监测环隙空间、外罐顶氮气放空口处的氧气浓度和露点；

（4）当环隙空间放空口处露点低于-10℃、氧气浓度低于 8%，环隙空间干燥和置换结束。

3）上罐底保冷层干燥和置换

（1）打开上罐底保冷层置换放空阀，调节氮气入口和出口阀门，保证内罐和环隙空间压力不超过 15kPa，氮气将渗透至底部保冷层缝隙，并通过放空阀排出。此过程中，内罐和环隙空间压力会略大于罐底压力，注意，如果罐底保冷层压力比内罐/环隙空间高 0.2kPa，内罐可能损坏。

（2）定时监测上罐底保冷层置换氮气放空口和罐底吹扫放空口氧气浓度和露点。

（3）当氧气浓度低于 8%、露点温度低于-10℃，上罐底保冷层干燥置换结束。

4）下罐底保冷层干燥和置换

（1）调节氮气入口和放空口阀门，控制储罐压力，打开外罐顶氮气放空口阀门；

（2）打开顶角平衡口和压力平衡口阀门，氮气进入下罐底保冷层。置换过程中，确保罐底热角保护层压力小于内罐、环隙空间及上罐底保冷层。控制内罐和环隙空间压力不超过 15kPa。氮气将通过下罐底保冷层和热角保护区，并通过下罐底保冷层吹扫放空口排出；

（3）定时监测下罐底保冷层吹扫放空口和外罐顶氮气放空口的氧气浓度和露点；

（4）当下罐底保冷层吹扫放空口氧气浓度低于 8%、露点温度低于-10℃，储罐干燥置换结束。

在储罐干燥和置换结束后，应确保关闭上罐底和下罐底相关的环隙氮气吹扫放空口、上罐底保冷层吹扫放空口、下罐底保冷层吹扫放空口、顶角平衡口和压力平衡口处的所有阀门。两个小时后，逐一检查以上管口的氧气含量和露点，如果氧气含量上升或露点变化，说明存在"窜气"，需要重新吹扫上罐底和下罐底，直到氧气含量和露点不再变化。

4. 氮气置换时间

当吹扫结束后，LNG 储罐内存有微正压的空气，需用氮气将 LNG 储罐内的空气排尽（简称排空）。排空过程需掌握好排空时间，排空时间过短则排空不彻底，当罐内温度迅速降低时罐内的水蒸气就可能结冰结霜，造成冰堵；排空时间过长则产生浪费。因此，确定合理的排空时间十分必要。排空的主要对象是罐内的水蒸气和氧气[10]。

当 LNG 储罐排空时，可根据氮气输入量、氮气中水蒸气或氧气的质量浓度、储罐内水蒸气或氧气的散发量等利用式（2-33）计算出储罐内水蒸气或氧气质量浓度变化的时间。

$$t_{1-2} = \frac{V_g}{q_v} \ln \frac{q_v p_1 - x - q_v p_0}{q_v p_2 - x + q_v p_0}^{[10]} \tag{2-33}$$

式中　t_{1-2}——储罐内的水蒸气或氧气的质量浓度由 p_1 变化到 p_2 所需要的时间，s；

$\quad\quad q_v$——氮气输入量，m^3/s；

$\quad\quad p_0$——氮气中的水蒸气或氧气的质量浓度，g/m^3；

$\quad\quad t$——时间，s；

$\quad\quad x$——储罐内水蒸气或氧气的散发量，g/s；

$\quad\quad p$——某一时刻储罐内水蒸气或氧气的质量浓度，g/m^3；

$\quad\quad V_g$——储罐容积，m^3。

已知 t_1 时刻罐内水蒸气或氧气的质量浓度后，可得到 t_2 时刻罐内水蒸气或氧气的质量浓度，见式（2-34）。

$$p_2 = p_1 \exp\left(-\frac{t q_v}{V_g}\right) + \left(\frac{x}{t q_v} + p_0\right)\left[1 - \exp\left(-\frac{t q_v}{V_g}\right)\right]^{[10]} \tag{2-34}$$

式中　p_1——t_1 时刻罐内水蒸气或氧气的质量浓度，g/m^3；

$\quad\quad p_2$——t_2 时刻罐内水蒸气或氧气的质量浓度，g/m^3。

使用式（2-33）计算排空时间，首先需要知道排空开始及排空停止时罐内水蒸气及氧气的质量浓度，即式（2-34）中的 p_1 及 p_2。在某一温度下，氧气的质量浓度根据干空气的质量及体积分数即可计算；水蒸气的质量浓度，除需要干空气质量及体积分数外，还需要知道湿空气的含湿量和相对湿度。确定空气的相对湿度后，可计算出排空开始时罐内水蒸气的质量，进而计算该时刻水蒸气的质量浓度。

（二）储罐预冷

1. 概述

为防止储罐热应力过大，储罐需在控制流速下缓慢预冷，其预冷过程中需控制以下三个因素：其一，内罐预冷速度控制在 3℃/h，内罐任意一个热电偶检测到的温降不超过 5℃/h；其二，罐壁和罐底任意两个相邻的热电偶温差不超过 20℃；其三，任意两个热电偶之间的温差不超过 50℃。另外，储罐压力通常控制在 15kPa。

2. 准备工作

储罐预冷时通常做好以下准备工作：安全阀和真空阀处于工作状态；储罐临时氮气供应管道断开，确保放空气体可通过外罐顶吹扫放空口临时管道放空到安全位置；确保预冷温度传感器热电偶、储罐仪表、储罐和管道安全阀处于工作状态，BOG 系统可投用且处于隔离状态。

3. 预冷方法

1）概述

储罐进料口有两个，一个为顶部进料口，另一个为底部进料口。进料口连接储罐预冷喷淋接口，LNG通过此接口喷淋至罐内。最初的放空气体通过外罐顶放空口排出，通过调节预冷管道阀门开度控制预冷速度。储罐压力通过BOG系统调节。如果温差超过规定的范围，停止进料，直到温差降到允许范围内，重新开始进料。当内罐温度传感器均显示-163℃且伺服液位计显示500mm，LNG可通过下进料口进料，同时关闭外罐顶放空口阀门。注意此时所有仪表通过临时工艺系统来控制和调节。

2）储罐和罐内低压泵预冷

储罐预冷通过引入一小股控制流量的加压的LNG来实现。LNG通过预冷喷淋接口进入储罐吊顶下方的喷淋环管，当LNG喷淋至相对温暖的储罐内部，由于吸热瞬间气化，气化后的LNG体积膨胀约600倍，在罐内充分混合。穹顶空间的气体可通过外罐顶放空口放空或排至BOG系统，此时罐顶安全阀应处于在线备用状态。

罐口和上下进料阀通过打开小流量副线阀冷却，LNG通过这两个控制阀，缓慢预冷管道。

内罐底部、内罐壁、吊顶上部和穹顶下部设置有若干热电偶，储罐预冷速度可以由热电偶监控。储罐安全阀处于在线备用状态，储罐排出的气体若甲烷含量达到了80%，储罐BOG管道上的阀门打开，气体排至火炬系统。在排出罐内气体时，控制储罐压力最大不超过15kPa，最好维持在10kPa。

当罐底热电偶检测到的温度处于-160～-158℃，储罐预冷接近完成，不需要再记录温度变化数据。当两个液位变送器均显示内罐底部LNG液位高度为500mm时，储罐预冷完毕。

内罐垂直方向上的热电偶检测到的温度高于罐底热电偶，储罐充分预冷时，垂直方向的热电偶显示温度为-163℃。

在储罐预冷阶段，为在储罐底部保冷层充分预冷至平衡状态时维持储罐压力，预冷喷淋管道需持续工作2~3天。然后，打开底部进料阀，充装LNG至3.5m后关闭底部进料阀。

当储罐逐渐冷却时，罐内低压泵及其各自的泵井将热量排放到储罐中，当液体在底阀处集聚时，LNG蒸发产生的自然对流有助于罐内低压泵和泵井的冷却。泵井中产生的BOG将通过泵吹扫和回流管道旁路排出。

关闭阀门，使储罐维持此状态，不要让储罐超压。BOG控制阀与压力检测装置配合使用。在储罐初次进料期间，应监测环隙空间泄漏设施，保证储罐完整性。

4. LNG储罐预冷量计算

LNG储罐预冷时，控制合理的液氮流量不仅可以保证安全操作，而且可以缩短预冷时间。在储罐压力稳定的条件下，预冷时进入储罐的液氮流量 G 与储罐温度 T 的关系见式（2-35）[11]：

$$G = \frac{\alpha m_3 C_3 T + \beta C_4}{\alpha m_3 C_3 T^2 + \beta (C_2 T_f - \gamma)} \times \frac{pG_r}{R} \tag{2-35}$$

式中　γ——预冷气体气化潜热，kJ/（kg·K）；

　　　C_2——预冷气体的定容热容，kJ/（kg·K）；

　　　T_f——氮气的沸点，K；

　　　T——储罐内的温度，K；

α——保温材料放热的当量系数，取 $T = 1.5$；

C_3——内筒材料的定容热容，kJ/(kg·K)；

m_3——内筒材料的质量；

C_4——储罐内气体的定容热容，kJ/(kg·K)，可取 $C_4 = C_2$；

β——pV/R；

p——储罐内的绝对压力，kgf/cm^2；

V——储罐容积，m^3；

G_r——排气出口体积流量，基本为常数。

储罐温度与预冷时间的函数关系见式(2-36)[11]：

$$dT = \frac{-[\gamma + C_4(T - T_f)]T}{\alpha m_3 C_3 T^2 + \beta(C_2 T_f - \gamma)} \times \frac{\rho G \gamma}{R} dt \tag{2-36}$$

式(2-35)和式(2-36)反映了预冷时，预冷气体流量与储罐温度、储罐温度与预冷时间的函数关系，可作为制定储罐预冷方案的理论依据。式(2-35)代表流量上限，式(2-36)代表预冷时间下限。

九、液化天然气冷循环管道温升计算

在设计 LNG 冷循环管道时，需考虑以下三方面因素，一是管道内 LNG 温升不能太高，否则 LNG 在管道内可能形成两相流流动，导致管道摩擦阻力增加，可能导致管道振动；二是管道输送过程中，需要保障管道外表面不结露；三是保冷厚度要经济合理。因此，准确计算管道温升是必要的。

在传热计算时，需考虑管道的轴向传热与径向传热及 LNG 在管道流动过程中的摩擦生热，以保证计算结果的准确性。

对于 LNG 管道，需根据管道终点温度来确定 LNG 管道的冷循环量以及管径和保冷厚度等参数；对于架空管道而言，首次投产虽然涉及非稳态的传热过程，但由于周围空气热容较小，整个管道很快会达到热力稳态运行工况。因此，通常按照管道稳定输送过程建立数学物理模型，进而进行求解。对于管道轴向温升可借鉴列宾宗公式进行计算，也可依据经典能量守恒方程进行计算。对于管道的径向传热本节将采用半经验半理论方法进行计算。

（一）研究对象及基本假设

LNG 管道冷循环输送涉及管内流动与传热和管外对流、辐射换热的物理过程，通过对管道流动与传热过程的研究可以得到 LNG 输送过程的相关物理规律，为便于计算，通常把计算对象的物理模型进行简化，管道计算模型示意图见图 2-19，并做如下假设：

（1）在管道 LNG 输送过程中，认为管内同一截面上介质的压力、温度和流速都是均匀分布的，并且仅为管道轴向位置的函数，计算时各参数均取截面平均值；

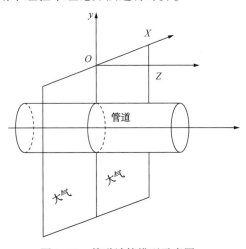

图 2-19　管道计算模型示意图

（2）由于管道及其周围空气沿管道轴向的温度梯度远小于其沿管道径向的温度梯度，因此忽略轴向管道及其周围空气相邻节点之间的传热；

（3）将管道周围的空气视为均匀介质，认为其各方向上的物理性质均相同，并且不随时间变化。

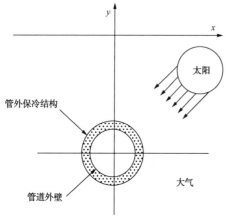

图 2-20　管道径向计算模型示意图

（二）计算模型

1. 管道径向传热模型

LNG 管道径向传热的过程主要包括管道内介质与管内壁的强制对流换热；管道内、外壁之间的导热换热；管外保冷层的导热传热；保冷层外表面与空气的对流换热和太阳之间的辐射换热，管道径向计算模型见图 2-20。

管道内介质与管内壁的强制对流换热采用半理论半经验公式来计算[12]。

（1）当管内介质处于紊流时，按式（2-37）计算。

$$Nu = \frac{(f/8)RePr}{1.07+12.7(f/8)^{1/2}(Pr^{2/3}-1)}\left(\frac{\mu_b}{\mu_w}\right)^n \quad (2-37)$$

摩擦因子 f 取值按式（2-38）计算。

$$f = (1.82\log_{10}Re - 1.64)^{-2} \quad (2-38)$$

（2）当管内介质处于层流时，努塞尔数通常取 4.364。

（3）管道内介质与管内壁的强制对流换热系数由式（2-39）确定。

$$Nu = \frac{\alpha_{bi}D_1}{\lambda_b} \quad (2-39)$$

换热量按照牛顿冷却公式计算，见式（2-40）。

$$q = \alpha_{bi}\Delta t \quad (2-40)$$

式中　n——常数系数；

Re——雷诺数；

Nu——努塞尔数；

Pr——普朗特数；

f——Re 的函数；

μ_b——管道内介质温度对应的介质动力黏度，Pa·s；

μ_w——管内壁平均温度对应的介质动力黏度，Pa·s；

α_{bi}——强制对流换热系数，W/（m²·K）；

λ_b——LNG 导热系数，W/（m·K）；

D_1——管道内径，m；

q——单位时间内通过单位面积的热流量，W/m²；

Δt——热物体间的温度差值，℃。

管道内壁、外壁之间的导热及管外保冷层的导热换热按照傅里叶导热定律在圆筒模型中的导出公式来进行计算[13]，见式（2-41）。

$$q = -\frac{2\pi\lambda_i(t_{i+1}-t_i)}{\ln(d_{i+1}/d_i)} \tag{2-41}$$

式中　负号——热量传递的方向与温度升高的方向相反；

λ_i——i 层介质的导热系数，W/(m·K)；

t_{i+1}——i 层介质外表面温度，℃；

t_i——i 层介质内表面温度，℃；

d_{i+1}——i 层介质外径，m；

d_i——i 层介质内径，m。

管外壁与空气的对流换热量的计算采用简化圆筒计算公式[12]，见式(2-42)和式(2-43)。

当 $GrPr<10^9$ 时：

$$q = 1.32\left(\frac{\Delta t}{2r_w}\right)^{0.25}\Delta t \tag{2-42}$$

当 $GrPr\geq10^9$ 时：

$$q = 1.24(\Delta t)^{1/3}\Delta t \tag{2-43}$$

式中　r_w——管道最外层半径，m；

Gr——格拉晓夫数。

管外壁与空气的辐射换热量的计算采用斯忒藩-玻尔兹曼定律，见式(2-44)。

$$q = \varepsilon\sigma(T_1^4-T_2^4) \tag{2-44}$$

式中　ε——物体的发射率；

σ——斯忒藩-玻尔兹曼常量，W/(m²·K⁴)；

T_1——管道的外表面热力学温度，K；

T_2——周围环境的热力学温度，K。

管道保冷层外表面接收太阳辐射热量按天文公式法计算，见式(2-45)。

$$q_s = 1372.57P^m \tag{2-45}$$

式中　P——大气透明系数，取值 0.7；

m——阳光入射角余弦的倒数；

q_s——太阳辐射至地球表面的热量，W/m²。

2. 管道轴向传热模型

将管道沿轴向分为若干段，每一节点间距为 ΔZ，节点编号分别为 1，2…i…n，管道下游节点 $i+1$ 温度的影响因素主要是：管道上游节点 i 温度、管道中介质自管道上游节点流至下游节点过程中与环境之间的换热、管道中介质在管道内流动过程中所产生的摩擦热，计算模型见图 2-21。

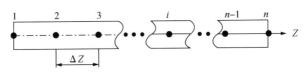

图 2-21　管道轴向列宾宗计算模型示意图

假设管道周围空气的温度为 T_a，在任意节点 i，$i+1$ 之间 ΔZ 距离中选取微元长度 dl，该微元段上介质温度为 T，介质的输送量为 G，水力坡降为 j，流经 dl 管段之后，介质温度变化为 dT。根据能量平衡计算，见式(2-46)。

$$K\pi D(T-T_a)\mathrm{d}l = -Gc\mathrm{d}T+gGj\mathrm{d}l \tag{2-46}$$

为便于计算，假定 ΔZ 范围内总传热系数 K 值，水力坡降 j 值为常数，在实际工程计算中，可通过调整 ΔZ 的大小控制 K 值与 j 值逼近常数，同时令 $a=\dfrac{K\pi D}{Gc}$，$b=\dfrac{gj}{ac}$。最终得到管道轴向的某上一节点与下一节点之间的温度关系[14]，见式(2-47)。

$$T_{i+1} = T_a+b+(T_i-T_a-b)\mathrm{e}^{-a\Delta Z} \tag{2-47}$$

上式即为列宾宗轴向温升公式。

式中　　T_{i+1}——下一节点温度，℃；

T_i——上一节点温度，℃；

G——油品质量流量，kg/s；

c——LNG 介质的比热容，J/(kg·℃)；

D——管道外直径(含保冷结构)，m；

K——管道总传热系数，W/(m²·℃)；

T_a——管道周围空气的温度，℃；

g——重力加速度，m/s²；

ΔZ——节点间距，m。

管道轴向传热与径向传热之间的联系参数为总传热系数，通常将每一节点间距的上游节点的总传热系数值作为该节点间距的总传热系数，据此确定整个管道径向与轴向的传热模型。

3. 总传热系数计算方法

整个传热模型的计算方法是：首先假定管道保冷层的温度，利用该温度计算传入管道内的热流量；根据强制对流换热与热流量平衡原理由管道内介质温度计算出管道内壁的温度；再根据多层圆筒壁导热原理计算出各保冷层的温度；最后就可算出管道最外层壁温。当管道最外层壁温的计算温度与假设温度的差值小于收敛标准时(工程上通常取 0.1)，即认为已经达到计算要求。节点间距内管道总传热系数 K 有两种计算方法，一种是基于热量平衡的方法通过总的传热量来反算总传热系数，另一种是直接通过经验公式推导总传热系数。

第一种计算方法按对流传热方程进行计算，计算公式见式(2-48)。

$$K=\frac{Q}{\pi D(T_a-T)\mathrm{d}l} \tag{2-48}$$

第二种计算方法按管道迎光面(太阳照射面)与背光面(太阳未照射面)自内至外的传热量进行计算，计算公式分别见式(2-49)和式(2-50)。

$$K=\frac{1}{\left(\dfrac{1}{\alpha_1 D_1}+\sum_1^n\dfrac{\ln(d_{i+1}/d_i)}{2\lambda_i}-\dfrac{1}{\alpha_2 D_w}\right)D} \tag{2-49}$$

$$K=\frac{1}{\left(\dfrac{1}{\alpha_1 D_1}+\sum_1^n\dfrac{\ln(d_{i+1}/d_i)}{2\lambda_i}+\dfrac{1}{\alpha_2 D_w}\right)D} \tag{2-50}$$

式中　　Q——管道传热量，W；

α_1——LNG 与管道内壁的放热系数，$W/(m^2 \cdot K)$；

α_2——管道最外层与外界环境的放热系数，$W/(m^2 \cdot K)$。

根据总传热系数 K 值、上一节点的温度以及式（2-47）可以求出下一节点的介质温度。以此类推，可以逐一求出整条管道的沿程温度。从本质上讲，以上两种方法原理相同，第一种方法适合计算机编程求解，在求得平衡热流量之后反算总传热系数。第二种方法适合管道各部分传热系数已经有经验公式可以计算的情况，通常此种方法更适合手工计算。

第四节　液化天然气陆上运输

由于液体运输方式对于天然气的运输具有更高的效率，因此，各种相应的运输方式相继出现，并在运输中起着非常重要的作用。世界上涉及 LNG 运输的方式有：水运、公路运输及铁路运输。目前，世界范围 LNG 贸易发展迅速，均通过大型 LNG 船（$8 \times 10^4 \sim 26.6 \times 10^4 m^3$）运输，国内 LNG 贸易主要通过汽车罐车和罐式集装箱（罐箱）将 LNG 运向二级市场[15]，也可通过 LNG 小船（一般在 $8 \times 10^4 m^3$ 以下）或罐箱进行水运，目前国家对 LNG 铁路运输尚未放开，待放开后可进行罐车和罐箱运输。

一、液化天然气装车系统

LNG 装车系统主要由上位机管理软件平台、装车控制系统、装车臂及其配套设施等部分组成。

上位机管理软件平台主要由装车管理系统和组态软件组成，安装于装车控制管理室。装车管理系统配合组态软件的使用完成车辆管理和一卡通业务管理，实现装车车辆管理、排队叫号、无人过磅管理、装车控制、业务打单等功能；组态软件使用 WINCC 等平台，进行装车臂及相关仪表数据的组态，实现装车臂相关数据的监测和数据存储。

装车控制系统主要由 PLC 处理中心、流量监测设备、控制阀门、仪表电气等部分组成；装车控制系统元件安装于装车臂配套的电气控制箱里。通过 PLC 完成数据处理和控制逻辑，实现装车定量计量、阀门控制、压力报警、紧急停车等功能。

装车控制系统通常配置定量装车系统，定量装车系统技术已经非常成熟。定量装车系统可集成多套定量装车装备及配套的上位机管理应用系统。系统采用集散型的控制系统结构，在每台设备上配置批量控制器，从而实现对现场鹤位的自动定量装车操作。现场批量控制器通过 RS485 接口与上位机管理系统之间进行通信，上位机配置专用的装车监控软件和综合管理系统软件，集成地衡称重系统，与流量计信号通过上位机数据处理对比，进行装车过程的数据对比核实，有效防止加料误差，由此保证整个装车系统的安全性、准确性及可靠性。此外，系统设置了浪涌保护装置，将有效遏制雷击或大大减轻雷击损失。

二、液化天然气装车工艺

LNG 汽车装车站罐车工艺控制系统通常由装车臂、工艺管道系统、检测仪表、控制系统等组成。工艺管道系统包括 LNG 装车管道、BOG 管道、压力泄放管道、保冷循环管道、放净管道。LNG 装车管道上通常设置质量流量计、流量调节阀、气动切断阀、温度变送器以及压力变送器，该管道与装车臂液相口相连；装车气相平衡管道通常设置气动切断阀、温度变送器以及压力变送器，该管道与装车臂气相口相连；系统内需设置静电控制器及接地装置，保证装车时罐车能够可靠接地。同时在 LNG 管道和气相平衡管道上需安装安全阀，每套装车臂通常单独设置一台专用 LNG 批量控制器和紧急停车按钮，批量控制器需接入相应装车臂所有控制阀门、温度变送器、压力变送器、质量流量计等信号，组成装车控制系统[16]。

装车主要包括 LNG 装车、BOG 返回、装车管道保冷循环、LNG 管道超压泄放、BOG 管道超压排放、放净、氮气吹扫等工艺流程。其中，LNG 装车工艺流程：储罐中的 LNG 通过罐内低压泵加压后经低压输送总管、装车输送总管、装车支管道、液相装车臂进入 LNG 罐车；BOG 返回工艺流程：LNG 罐车充装过程中罐车内的 BOG 压力升高，BOG 经气相臂、气相支管道、装车气相管道返回至接收站 BOG 总管；装车管道保冷循环工艺流程：储罐内的 LNG 通过罐内低压泵加压后经低压输送总管、装车输送总管、装车保冷循环管道、站内零输出循环管道返回至 LNG 储罐，以维持非装车期间装车总管处于冷态；LNG 管道超压泄放流程：装车管道停输状态下，因环境与 LNG 管道之间存在较大温差，LNG 自环境吸热后体积膨胀，两个切断阀之间管道内压力升高，为防止管道超压破坏，LNG 管道上需设置热泄放安全阀，LNG 通过该阀排放至 BOG 管道或 LNG 回流返罐管道；BOG 管道超压排放流程：LNG 装车气相根部管道停输状态下，管道自环境吸热后体积膨胀压力升高，为防止管道超压破坏，该管道通常设置安全阀，气体通过该阀排至 BOG 系统或火炬系统；放净工艺流程：对设置放净罐的装车站，为方便设备、阀门检维修，该设备、管道内的 LNG 放净至储罐，再用氮气将 LNG 压送回 LNG 储罐；氮气吹扫工艺流程：在装车结束后，装车臂及其相连管道内残存 LNG 经相应管道用氮气吹扫至放净罐或气液分离系统，气相进入装车 BOG 总管，液相进入装车保冷循环管道。

其典型的工艺流程图如图 2-22 和图 2-23 所示。

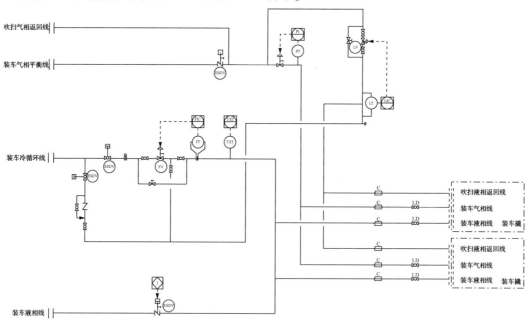

图 2-22　LNG 装车系统典型工艺流程图

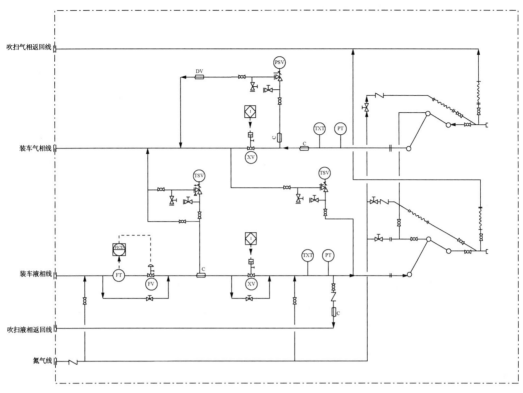

图 2-23 LNG 装车系统典型工艺流程图

三、智能装车系统

（一）装车现状

在国家"双碳"目标的大背景下，化石能源不断往低碳方向发展，相应 LNG 需求也不断增加，但国内已建和在建 LNG 接收站均采用传统的 LNG 定量装车系统，装车辅助作业时间长，装车效率低，已不能适应 LNG 汽车罐车装车业务发展的需要。因此，提高装车系统的控制水平，借助大数据信息化平台，采用先进的管理软件，实现 LNG 智能装车是十分必要的。

根据装车站实际情况，车辆进场等待排队制卡、人工安检、人员检查、空车与重车称重手动打单、车辆无序进场、装车单据确认等环节耗时长，LNG 接收站相关人员对生产及业务数据关注层面不同，现有装车系统数据混杂，并未实现数据分类。日常装车业务多采用纸质形式，不便于查阅和管理，缺少一个可视化的工具能够将各类数据分类管理、直观呈现。传统装车站的开票系统、监控系统等不同专业领域的信息平台缺乏数据交换机制，数据不能有效共享，从而形成"信息孤岛"，需同时运行多台电脑查询多平台信息，切换频繁，造成信息资源和设备资源的极大浪费。大量信息需要员工手动录入平台，并且车辆人员备案登记信息无法与现有管理系统连接；没有配置无人称重系统，称重时需要多人监护，需人工调控，工作效率低。

（二）智能装车功能

LNG 罐车装车智能化需运用大数据智能管理理念，充分结合 LNG 装车站实际情况，解决罐车装车管理系统存在的问题。系统需具备良好的先进性、稳定性、开放性和可扩展性。建立贯穿整个罐车装车站业务流程的信息管理系统和具备强大数据兼容和处理能力的信息平台，使管理过程与控制过程有机结合，整合装车业务各个环节的信息，在同一平台上进行开票管理、装车监控、车辆调控、考核管理、备案管理、人员及设备管理等。并且借助先进的计算机技术，逐步将线下操作转向线上操作，如摒弃装车业务中纸质查车、人工录入试制卡、人工称重等。智能系统主要包含七个模块，分别为开放式智能备案、开放式智能申报、智能安检、智能调度、智能叫号、智能制卡、智能报表。实现不同区域之间的信息互通、流程的紧密衔接，提升装车场运转效率，减少操作人员，实现安全高效罐车装车管理。具体功能如下：

（1）开放式智能备案　通过与销售系统软件数据同步，建立网上人员、车辆数据库，无需纸质备案，提高备案效率与备案可靠性。

（2）开放式智能申报　同步销售系统软件当日装车记录，生成装车计划库，装车计划库为智能管理系统的数据基础。

（3）智能安检　APP安检，安检信息自动存储，安检权限多级管理。

（4）智能调度　不同区域门禁联动，实现车辆顺序控制、停车位自动分配。

（5）智能叫号　通过叫号顺序控制、叫号规则管理、智能叫号实现装车站装车智能管理功能。

（6）智能制卡　装车计划信息与身份证绑定，实现车辆一卡通管理，车辆信息智能识别。

（7）智能报表　报表多样化生成，报表形式智能组合，报表类型智能管理。

智能装车系统功能详见图2-24。

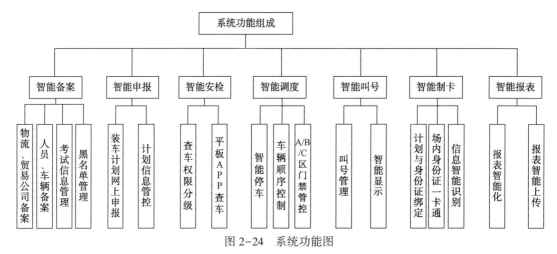

图2-24　系统功能图

（三）智能装车优势

（1）LNG罐车接收站智能管理系统与销售软件备案信息同步，操作人员可随时查看备案情况，无需人工备案、纸质备案等情况，提高信息管理效率与可靠性。

（2）系统与销售软件装车计划同步，根据装车计划控制车辆进站、称重、装车等流程，实现装车自动化。

（3）具有装车一卡通功能，通过装车计划信息与司机身份证进行绑定，司机在站内通过刷身份证即可实现称重、装车、打单，无需制卡或人工干预，装车数据上传智慧管理系统，实现装车记录网络查询。

（4）门禁系统通过读取网络装车计划，自动识别车辆信息并比对装车计划，道闸自动控制，无需人工干预。实现了站外车辆进站有序化、自动化，解决车辆排队、站外车辆堆积问题。

（5）不同车辆有效信息互通，实现各区域道闸联动，完成车辆顺序控制。

（6）具有黑名单功能，被列入黑名单的人员与车辆不能填加至装车计划。黑名单系统兼容性强，可与销售软件黑名单列表同步，也可将本地黑名单上传至上级管理系统。

（7）提高装车效率，减少查车人员，实现无纸化办公。查车人员只需在平板上打勾并上传，即可生成查车库，供上级管理人员随时查看。

（8）减少电脑操作，操作员无需司机口述信息制作 IC 卡，减少工作量并降低出错的可能性。智能管理系统直接主动访问装车计划信息，多重确认，减少出错概率。

（9）室内大屏与室内外扬声器排队播报，以车辆先进装车区先装车为原则，保证站内装车公平性。

（10）装车大屏提前叫号、及时装车，尽可能减少空车位，且省去装车站人工叫号流程，避免叫号不及时，车辆抢号情况。

（11）车辆称完重自动打单，信息从网上装车计划读取，减少人员操作、保障信息正确性。

（12）全自动化流程，减少人工控制环节，实现全流程模式化、自动化，提高接收站自动化水平。

（13）司机自主确认装车信息，自主刷卡装车，流程固定，不按照流程无法装车，减少装车站监督的人员及装车人员。

第五节　蒸发气体处理

一、蒸发气体处理工艺

BOG 处理工艺是 LNG 接收站工艺的核心部分。其处理工艺通常有加压外送至站外燃气管道系统、加压复热后送至站内燃气管道系统、BOG 再冷凝后并入站内 LNG 低压管道输送系统、加压至高压后并至天然气外输管网等。

1. 加压外送至站外燃气管道系统

当 LNG 接收站毗邻石油化工、热电、动力中心等企业且有燃气需求时，BOG 可加压复热后直接外输，该工艺运行费用较低，经济性较好。

2. 加压复热后送至站内燃气管道系统

LNG 接收站建设场地不同，燃气需求也有较大差异。建在北方地区的 LNG 接收站，燃气需求相对较大，且季节性需求差异明显，冬季用于 LNG 气化和站内采暖，需求量较大，小时需求量通常为几吨甚至几十吨，全年用于站内食堂（如有），需求量较少，小时需求量通常为几十至几百千克；建在南方地区的 LNG 接收站，燃气需求相对较小，无 LNG 气化和站内采暖需求，仅用于全年站内食堂（如有），小时需求量通常为几十至几百千克。该工艺运行费用低，通常优先采用。

3. BOG 再冷凝后并入站内 LNG 低压管道输送系统

BOG 经压缩机增压后与罐内低压泵输出的 LNG 在再冷凝设备中进行混合并冷凝并入 LNG 低压输送总管，再经 LNG 外输高压泵进一步加压进行再气化后外输。该工艺对 LNG 投产初期有最低天然气外输量要求，即外输量需与 BOG 全部冷凝回收所需的最小 LNG 量相匹配，但该工艺对接收站整体运行适应性较好，是 LNG 接收站普遍采用的工艺。该工艺流程示意图见图 2-25。

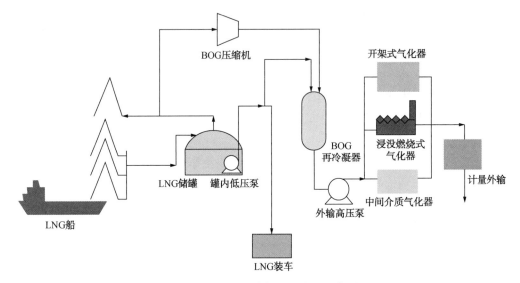

图 2-25　BOG 再冷凝工艺流程示意图

4. 加压至高压后并至天然气外输管网

为满足 LNG 投产初期天然气最小外输量要求，且当外输量无法与 BOG 全部冷凝回收所需最小 LNG 量相匹配时，国内个别接收站采用了 BOG 加压直接送至天然气外输管网工艺。该工艺一次性投资和能耗偏高，且接收站外输量达到一定规模后，该系统处于闲置状态，因此该工艺很少被采用。该工艺流程示意图见图 2-26。

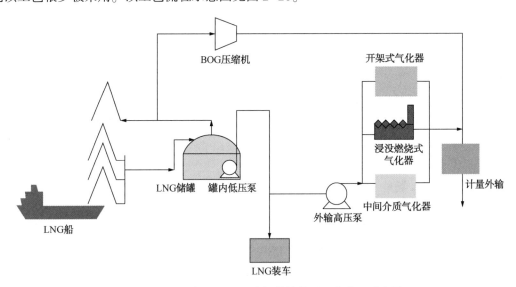

图 2-26　BOG 加压送至天然气外输管网工艺流程示意图

二、蒸发气体再冷凝回收工艺

典型带 BOG 再冷凝回收工艺的 LNG 接收站工艺流程示意图见图 2-27。

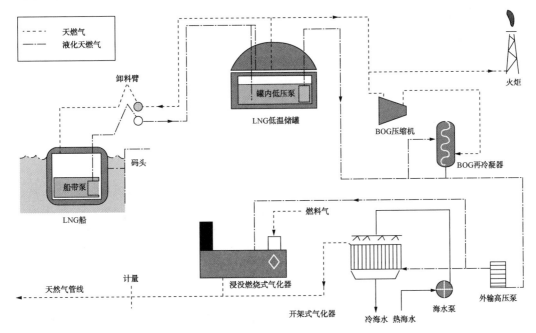

图 2-27　带 BOG 再冷凝回收工艺的 LNG 接收站工艺流程示意图

再冷凝器是 BOG 再冷凝回收工艺的关键装备，其操作参数的确定和精准的控制工艺是 BOG 再冷凝回收工艺的核心技术。

（一）再冷凝器操作参数特性

冷凝 BOG 所需的液气质量比是反映再冷凝器处理 BOG 的主要参数，液气质量比越小，同样质量的 LNG 吸收 BOG 的能力就越强。液气质量比主要受 LNG 组分、LNG 温度、BOG 组分、BOG 温度、再冷凝器操作压力以及再冷凝器的结构形式等因素影响。在 LNG 接收站的日常运行过程中，LNG 和 BOG 的温度、组分变化通常都较小，相应对液气质量比的影响也较小，因此再冷凝器的结构形式以及再冷凝器的压力是影响液气质量比的主要因素。典型再冷凝器压力与液气质量流量比、运行功耗的关系见图 2-28。

由图 2-28 可知，再冷凝器压力越高，液气质量比越小，吸收率越高，但是当压力高于一定值后，液气质量比的下降趋势趋于平缓。如果提高再冷凝器压力，BOG 压缩机（不设出口冷却器）出口压力会升高，进入再冷凝器的 BOG 温度也会升高，相应 BOG 的冷凝率下降，系统运行的功耗也随之增大。

因此，合理的确定再冷凝器操作压力需要综合考虑 LNG 罐内低压泵和 BOG 压缩机的设置及运行能耗。在理论上，只要 LNG 外输量

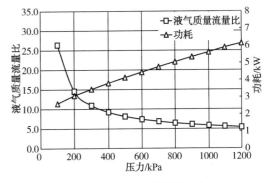

图 2-28　典型再冷凝器压力与
液气质量流量比、功耗图

足够，在任何压力下，采用 LNG 与 BOG 直接混合的方式均可实现气体的再冷凝。但是，再冷凝器的操作压力不同，整体的运行能耗和设备投资也有所不同。目前，国内 LNG 接收站的再冷凝器操作压力通常都设置在 0.65～0.75MPa。

（二）再冷凝器工艺控制

1. 再冷凝器结构与工作原理

再冷凝器结构形式主要有单壳单罐式、双壳双罐式及新型高效管道式。

1）单壳单罐式再冷凝器

国内常见 BOG 再冷凝器结构形式多为单壳单罐式，主要由破涡器、拉西环填料层、液体分布器、气体分布盘、液体折流板、气体折流板、填料支撑板、闪蒸盘构成。其中液体分布器、气体分布盘主要是为了增大 BOG 和 LNG 的接触面积，提高冷凝效果。

2）双壳双罐式再冷凝器

双壳双罐式是韩国 KOGAS 公司推出的技术产品。其内部主要由填料层、升气管、密封盘、液体分布器、环隙空间等组成。再冷凝器内罐与外罐的顶部隔离，底部相通，气体分布盘上大约有直径为 38mm 的小孔 237 个，直径为 7.6cm 的升气管 40 个。为了增大 BOG 与 LNG 的接触面积和接触时间，其填料采用了鲍尔环、拉西环和规整填料 3 种材料[1]。

3）新型高效管道式再冷凝器

目前 LNG 接收站的 BOG 再冷凝器主要是填料塔式再冷凝器，BOG 与过冷的 LNG 顺流或逆流接触，在填料层内被冷凝变为液体。填料一般为散堆填料或规整填料，设备体积大。BOG 流量变化范围比较大，从 1t/h 至 35t/h，压力波动大。这些因素给再冷凝器的稳定操作带来麻烦，需要复杂的控制系统保证设备较平稳运行。

为解决上述难点，中国石化工程建设有限公司开发了一种新型高效气液错流微界面直接接触混合的高效 BOG 再冷凝技术，该技术为微孔式气液预混集成旋流强化的结构。微孔式气液预混段内设置了特殊结构的气体分布器，有效增加了 BOG 气体与 LNG 液体混合接触的表面积，大大提升了冷凝效率，旋流强化段则通过旋流方式进一步强化气体与液体的混合，将气体冷凝并使其在该压力状态下具有一定的过冷度，从而保障下游高压泵入口不发生汽蚀。该类型结构的再冷凝设备安装方式灵活，控制简单，实际质量液气比接近理论质量液气比，一次再冷凝效率高达 100%，且操作简单。该技术首次应用于中国石化天津 LNG 接收站，自投产至平稳运行仅用 5h，打破了引进技术需要 1 周的运行纪录。

BOG 再冷凝理论质量液气比见图 2-29，微界面错流直接接触管道式高效再冷凝技术工艺流程原理图见图 2-30。

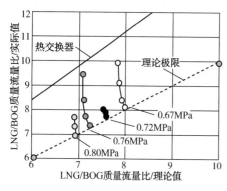

图 2-29　LNG 与 BOG 理论质量液气比

2. 再冷凝器工艺控制

1）单壳单罐式再冷凝器控制原理[17]

自再冷凝器的顶部顺流进入的 BOG 与 LNG 通过相应分布器一同进入再冷凝器的填料层，进行直接接触冷凝液化，进入再冷凝器的 LNG 流量取决于 BOG 的流量、温度和再冷凝器的操作压力，根据进入再冷凝器的 BOG 量计算出进入再冷凝器的 LNG，然后按一定的比例与 BOG 混合，同时控制再冷凝器的液位并保持外输高压泵入口压力稳定。正常操作工况下，再冷凝器的操作压力由再冷凝器出口管道压力控制器的设定值决定，通过控制再冷凝器的液相压力与再冷凝器旁路压力控制阀后的压力相匹配，调节进入外输高压泵的 LNG 流量，确保外输高压泵入口的压力，避免

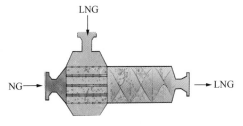

图 2-30 微界面错流直接接触管道式
再冷凝技术工艺流程原理图

外输高压泵发生汽蚀。同时，通过 BOG 压缩机的负荷控制、再冷凝器的补气阀和放空阀辅助控制再冷器的压力及液位。

2）双壳双罐再冷凝器控制原理[17]

自 BOG 压缩机加压后的 BOG 一部分进入内罐被冷凝，另一部分进入环隙空间以控制再冷凝器的操作压力。

再冷凝器通过环隙空间的压力控制实现 BOG 的排放和补充以保证再冷凝器操作压力的稳定。环隙空间压力低于设定值时，上部补气控制阀会打开，补充气化后的天然气使环隙空间压力升高恢复到设定值；当环隙空间内压力高于设定值时，BOG 总管的控制阀会打开使环隙空间压力降低恢复到设定值。

进入再冷凝器的 LNG，通常自 LNG 低压输送总管通过旁路进入再冷凝器，其控制过程与单壳单罐式再冷凝器的控制过程相同，进入再冷凝器的 LNG 流量基于 BOG 的流量、压力、温度和再冷凝器的操作压力，根据公式进行计算并按一定比例调节控制。另一路进入再冷凝器的 LNG 流量通过再冷器内罐液位控制，根据再冷器液位的设定值调节 LNG 管路上的控制阀开度，保证再冷凝器的液位稳定。

3）新型高效管道式再冷凝器控制原理

BOG 经压缩机加压后沿轴向自管束壁上微孔流出，与管束外错流流动的 LNG 直接接触进行气液预混后，进入强化旋流混合段再次充分混合冷凝，确保混合效果。为便于稳定操作，该再冷凝器下游通常设置一台稳压器，防止外输高压泵启泵瞬间泵入口压力过低，导致泵汽蚀。该技术对卸船、装车、气体外输等不同操作工况下 BOG 量的变化自适应好，稳定性高，具有自学习、自调整的 BOG 再冷凝智能控制技术特点，工艺控制流程简图见图 2-31。

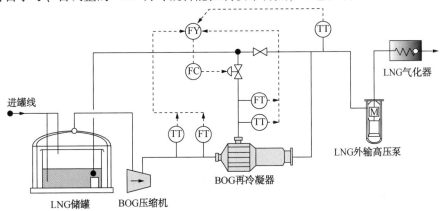

图 2-31 微界面错流接触管道式再冷凝器工艺控制流程简图

第六节 液化天然气气化外输系统

LNG 气化外输系统主要由 LNG 外输高压泵、气化器、计量设施及清管设施等组成。LNG 通过罐内低压泵排出储罐，部分或全部进入再冷凝器，再经由管道或再冷凝器进入外输高压泵入口，经高压输出总管进入气化器，气化后的天然气经在线分析、流量计计量后进入天然气外输总管。

一、气化器选型

大型 LNG 接收站常用的 LNG 气化器有开架式气化器（ORV）、浸没燃烧式气化器（SCV）、中间介质气化器（IFV）三种。开架式气化器与中间介质气化器多利用海水或可利用热水作为热源。开架式气化器具有流程简单、运行费用较低等特点，通常选作常年运行的气化设备，但其对热源水质要求较高。中间介质气化器与开架式气化器特点相同，但其通常用于热源水质较差的区域。而浸没燃烧式气化器有启动快、运行费用高等特点，一般作为调峰、冬季热源温度过低或者开架式气化器或中间介质气化器维修时使用。气化器的选型通常根据热源水质和可利用热源温度进行经济性对比后确定。

二、气化器工艺控制

气化器入口通常设置远程切断阀用于启停操作，该阀与气化器之间通常设置流量计及流量调节阀，用于控制进入气化器的 LNG 流量。流量控制阀下游通常设置温度和压力检测仪表，相应设置压力低低报警并联锁切断气化器进出口阀门，并监测气化器预冷及运行温度、压力。

气化器出口管道通常设置压力检测仪表，设置高、低压报警及高高报警并联锁切断气化器进出口切断阀；气化器出口管道通常设置温度监测仪表，设置温度低报警、温度低低报警并联锁切断气化器进出口切断阀。气化器出口天然气温度一般不低于0℃。

气化器海水进口管道设置切断阀、温度检测仪表、流量计，并设置流量低报警、流量低低报警并联锁切断气化器进出口阀门。海水出口管道通常设置温度检测仪表，并设置温度低低报警。海水气化器海水进出口温差一般不超过5℃，海水出口温度不低于0℃。

对于中间介质气化器还需考虑中间介质充装和退料设施。

三、气化器工艺计算

沿海大型 LNG 接收站 LNG 气化可用热源主要有海水、天然气燃烧产生的热烟气。以海水为热源的气化器主要有 ORV、IFV。以天然气为热源的气化器主要为 SCV。气化器的工艺计算主要有传热计算和压降计算。

（一）传热计算

传热计算的目的主要是为了核算气化器换热面积是否满足工艺要求。LNG 气化器传热计算需要的工艺条件和物性数据有：

冷流体：LNG 流量、进口温度、出口温度、进口压力、允许压力降、污垢热阻、组成、物性数据；热流体：流量、进口温度、出口温度（或最大温降）、进口压力、允许压力降、污垢热阻、组成、物性数据。

LNG 气化远程外输压力一般较高，有的接收站外输压力接近 10MPa，近距离输送压力较低。LNG 进口温度可低至−162℃，出口温度大于 0℃。由于外输压力较高，通常 LNG 走气化器管程。LNG 在管内被加热气化过程中介质的温度、物性等都发生明显的变化，为了计算更精确，需要采用分段方法计算 LNG 气化的传热过程。一般沿换热管长度方向分段[18]。

1. ORV 传热计算步骤

ORV 换热管竖直排列，海水自气化器顶部溢流槽导流至换热管外表面上形成液膜，依靠重力的作用自上而下流动。LNG 在换热管内自下向上流动被海水加热。

（1）根据工艺条件初选一台 ORV 气化器，给定面积余量 F_c，然后进行校核计算。根据计算结果确定选用设备是否合适。面积余量按式（2-51）计算。

$$F_c = (A_d/A - 1) \times 100 \qquad (2-51)$$

式中　F_c——面积余量，m^2；

　　　A_d——气化器实际面积，m^2；

　　　A——计算所需总换热面积，m^2。

（2）分段。如图 2-32 所示，从换热管底部开始，沿长度方向将冷流体（LNG）侧划分为 N 段，冷流体相应有 $N+1$ 个温度点 t_i（$i=1$，$\cdots$，$N+1$）。给定冷流体的 $N+1$ 个温度点 t_i。t_1 等于 LNG 入口温度 t_{in}，t_{N+1} 等于 LNG 出口温度 t_{out}。同样热流体（海水）侧也相应地分成 N 段，相应有 $N+1$ 个温度点 T_i（$i=1$，$N+1$）。T_1 等于海水出口温度 T_{out}，T_{N+1} 等于海水入口温度 T_{in}。

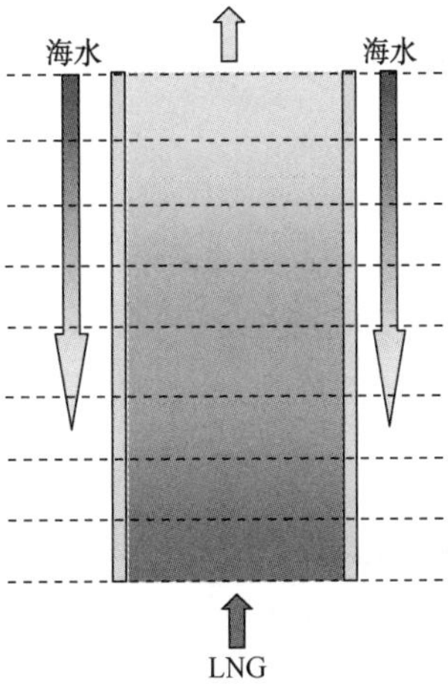

（3）根据冷流体每个温度点 t_i 对应的焓值可以计算出每一段的热负荷 Q_i（$i=1$，$\cdots$，N）和总热负荷 $Q = \sum\limits_{i=1}^{N} Q_i$。对每段进行热量平衡计算，得到热流体各分割点的温度值 T_i（$i=2$，$\cdots$，N）。

图 2-32　ORV 传热模型分段示意图

（4）计算每段的有效温差 ΔT_i，见式（2-52）。

$$\Delta T_i = \Delta T_{mi} \cdot F_T \qquad (2-52)$$

式中　ΔT_i——每段的有效温差，℃；

　　　ΔT_{mi}——第 i 段的对数平均温差，℃；

　　　F_T——温差校正系数，无量纲。

（5）计算每一段的冷侧传热系数 h_{ci} 和热侧传热系数 h_{oi}。按式（2-53）计算每段的总传热系数 K_i。

$$K_i = \frac{1}{\dfrac{1}{h_{ci}} + \dfrac{1}{h_{oi}} + R_{ti}} \qquad (2-53)$$

式中　R_{ti}——第 i 段的包括管壁热阻在内的总污垢热阻，$m^2 \cdot ℃/W$。

如果管内为光管，可用《冷换设备工艺计算手册》[18]中的公式计算冷侧传热系数。对于超临界状态下的LNG，由于临界温度附近的物性随温度变化比较大，《冷换设备工艺计算手册》[18]中的计算公式需要修正。如果管内有内插件强化传热，需要通过试验或数值模拟计算获得传热系数计算公式。光管外海水降膜传热系数可参照文献中的光管管外降膜传热系数计算公式。如果管外有翅片，需要对公式中的系数进行修正后使用。

（6）计算每段的换热面积 A_i，见式（2-54）。

$$A_i = \frac{Q_i}{\Delta T_i \cdot K_i} \tag{2-54}$$

（7）计算总传热面积 A，见式（2-55）。

$$A = \sum_{i=1}^{N} A_i \tag{2-55}$$

（8）按式（2-51）计算换热面积余量 F_c。如果余量不满足要求，返回第（1）步调整换热面积（余量偏小增加换热面积，反之减小换热面积），重新计算，直到满足要求。

（9）计算总传热系数 K 和总传热温差 ΔT，见式（2-56）和式（2-57）。

$$K = \frac{Q}{\sum_{i=1}^{N} \dfrac{Q_i}{K_i}} \tag{2-56}$$

$$\Delta T = \frac{Q}{A \cdot K} \tag{2-57}$$

2. IFV 传热计算步骤

IFV 的换热结构相对复杂，三个换热管束组合在一起完成海水加热气化 LNG 过程。如图 2-33 所示，IFV 由 2 个壳体串联而成，海水管束 E_1 和 LNG 管束 E_2 共用一个壳体，海水管束 E_3 在另外一个壳体内。E_3 和 E_1 管束管内

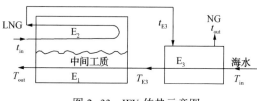

图 2-33　IFV 传热示意图

的海水串联，E_3 管束的海水出口温度 T_{E3} 为 E_1 管束的海水进口温度。LNG 气化被分成两部分。E_1 浸没在中间工质内，中间工质被管内海水加热气化后到达 E_2 管束表面，在 E_2 管束表面冷凝把热量传递给管内的 LNG。E_2 管束内的 LNG 出口温度 t_{E3} 为 E_3 管束壳侧 NG 进口温度。通过中间工质在 E_1-E_2 壳体内的蒸发-冷凝循环，间接地把海水热量传递给 LNG，避免了海水与 LNG 管束 E_2 直接接触而结冰，使设备更安全。丙烷是常用的中间工质。为了方便计算，假设中间工质处于气-液饱和状态。所以，要分别对每个管束进行分段传热计算，三个管束相互关联。

传热计算步骤如下：

（1）根据工艺条件初选一台 IFV 气化器，分别给定管束 E_1、E_2、E_3 的换热面积 A_{d1}、A_{d2}、A_{d3} 及面积余量 F_{c1}、F_{c2}、F_{c3}，然后进行校核计算。

（2）首先给定 E_2 管束 LNG 的出口温度 t_{E3}，分别计算出 E_1、E_2、E_3 管束的热负荷 Q_{E1}、Q_{E2} 和 Q_{E3}。通过热平衡计算出 E_1 管束的海水入口温度 T_{E3} 和丙烷的蒸发量和冷凝量。

（3）核算 E_1 管束换热面积。按 ORV 传热计算步骤（2）~（7）进行分段计算，得到 E_1 管束的计算总传热面积 A_1。计算换热面积余量 F_{c1}。如果余量不满足要求，返回第（1）步调整换

热面积 A_{d1}，重新计算，直到满足要求。

光管内海水传热系数 h_i 可用关联式（2-58）计算[18]

$$h_i = \frac{\lambda}{d_i} 0.023 Re^{0.8} Pr^{1/3} \quad Re > 10^4 \tag{2-58}$$

式中　h_i——海水传热系数，$W/(m^2 \cdot ℃)$；

　　　λ——金属导热系数，$W/(m \cdot ℃)$；

　　　d_i——管内径，m；

　　　Re——管内海水流动雷诺数，无量纲；

　　　Pr——海水的普朗特数，无量纲。

管外介质沸腾传热系数 h_o 采用池内泡核沸腾传热系数式（2-59）计算[18]。

$$h_o = 1.163 C_o \Phi \Psi Z (\Delta t)^{2.33} \tag{2-59}$$

式中　h_o——管外丙烷沸腾传热系数，$W/(m^2 \cdot ℃)$；

　　　C_o——设备型式校正系数，通常取 0.75；

　　　Φ——校正系数，对纯组分工质 $\Phi = 1$；

　　　Ψ——蒸汽覆盖校正系数，是管束几何结构的函数，用于修正下部换热管产生的蒸汽
　　　　　对沸腾传热的影响；

　　　Z——临界压力和对比压力的函数；

　　　Δt——传热温差，即管外壁温度 t_{Iw} 与丙烷沸腾液体温度 t_I 的差值，见式（2-60）。

$$\Delta t = t_{Iw} - t_I \tag{2-60}$$

t_{Iw} 可由管内海水与管壁传热平衡计算得到。给定 t_I，计算 E_1 的总有效传热温差 ΔT，通过热平衡计算得到管外传热温差 Δt。由式（2-60）得到新的 t_I，如果与给定值偏差较小，计算结束；否则，迭代计算直至收敛，获得最终的 t_I、Δt 和 h_o。

（4）核算 E_2 管束换热面积。按 ORV 传热计算步骤（2）~（7）进行分段计算，得到 E_2 管束的计算总传热面积 A_2。计算换热面积余量 F_{c2}。如果余量不满足要求，返回第（1）步调整换热面积 A_{d2}，重新计算，直到满足要求。

由于 E_2 管束管外丙烷蒸汽流速低，忽略气相对冷凝液膜的剪切作用。水平管外冷凝液膜层流状态下的传热系数 h_o 可用努赛尔特数公式计算[19]，见式（2-61）。

$$h_o = 1.51 \left[\frac{\lambda_L^3 \rho_L (\rho_L - \rho_G) g}{\mu_L^2} \right]^{1/3} \left(\frac{4\Gamma}{\mu_L} \right)^{-1/3} \tag{2-61}$$

当液膜雷诺数大于临界值时，冷凝液膜处于湍流状态[18]，其计算见式（2-62）和式（2-63）。

$$h_o = 0.012 \left[\frac{\lambda_L^3 \rho_L (\rho_L - \rho_G) g}{\mu_L^2} \right]^{1/3} \left(\frac{4\Gamma}{\mu_L} \right)^{1/3} Pr_L^{1/3} \tag{2-62}$$

$$\Gamma = \frac{W_L}{nL} \tag{2-63}$$

式中　h_o——水平管外冷凝液膜层流状态下的传热系数，$W/(m^2 \cdot ℃)$；

　　　λ_L——冷凝液导热系数，$W/(m \cdot K)$；

　　　ρ_L——冷凝液密度，kg/m^3；

　　　ρ_G——蒸汽密度，kg/m^3；

μ_L——冷凝液黏度，kg/(m·s)；

Γ——单根管的单位长度上的冷凝负荷，kg/(m·s)；

W_L——总冷凝液量，kg/s；

L——管子长度，m；

n——管束的平均管列数；

Pr_L——冷凝液的普朗特数，无量纲。

（5）核算 E_3 管束换热面积。按 ORV 传热计算步骤（2）~（7）进行分段计算，得到 E_3 管束的计算总传热面积 A_3。计算换热面积余量 F_{c3}。如果余量不满足要求，返回第（1）步调整换热面积 A_{d3}，重新计算，直到满足要求。

E_3 段为管束由弓形折流板支撑的管壳式换热器。管外传热系数 h_o 可参照文献中的壳程流路分析法计算。文献[18，19]介绍了单弓形折流板和双弓形折流板流体流动和传热计算方法。

3. SCV 传热计算步骤

SCV 通过天然气燃烧产生的热烟气间接加热气化 LNG。图 2-34 为 SCV 管束与水浴换热示意图。LNG 蛇形管束浸没于水槽液位以下，烟气分布器位于 LNG 管束下方。管束周围有围堰。燃烧后产生的高温烟气经过烟气射流分布器直接排入水浴池中，与水直接接触换热，大量气泡搅动水浴，促进了烟气/水混合物与管束的换热。气液两相流在烟气射流和浮力驱动下产生上升作用，在围堰的限制下，在换热管外形成自下而上的循环流动，强化了水与管束的换热。管内的 LNG 被加热气化。烟气从水面逸出后经烟囱排入大气。燃烧产生的热量除了被烟气带走的热量外都被 LNG 吸收了。

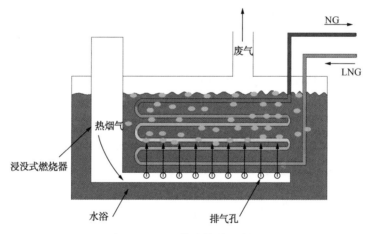

图 2-34　SCV 管束换热示意图

传热计算步骤如下：

（1）根据工艺条件给定 LNG 管束结构尺寸和换热面积 A_d 及面积余量 F_c，校核计算是否满足要求。给定燃烧效率 E、燃气组成、助燃空气过量系数和水浴温度 T。

（2）通过热平衡计算出气化 LNG 的热负荷 Q_c 和燃烧功率 $Q_h = Q_c/E$。根据天然气热值和燃烧功率 Q_h 计算得出天然气消耗量。根据燃烧化学平衡计算得出烟气流量及组成。

（3）核算管束换热面积。按 ORV 传热计算步骤（2）~（7）进行分段计算，得到管束的计算总传热面积 A。计算换热面积余量 F_c。如果余量不满足要求，调整换热面积 A_d，重新计算，直到满足要求。

管外为复杂的两相流动，烟气/水混合物自下而上流动与管束换热。由于缺乏计算管外传热系数 h_o 的经验公式，管外传热系数 h_o 可用 CFD 软件模拟管外两相流动传热或通过试验测试获得。

(二) 压力降计算

管程压降包括管内压降和进出口管嘴压降。管内压力降 Δp 按式(2-64)计算：

$$\Delta p = f \cdot \frac{1}{2}\rho u^2 \cdot \frac{L}{d_i} \tag{2-64}$$

$$f = a \cdot Re^b \tag{2-65}$$

$$f = 0.316Re^{-1/4} \qquad Re \leqslant 2\times10^4 \tag{2-66}$$

$$f = 0.184Re^{-1/5} \qquad Re \geqslant 2\times10^4 \tag{2-67}$$

$$f = (0.790\ln Re - 1.64)^{-2} \qquad 3000 \leqslant Re \leqslant 5\times10^6 \tag{2-68}$$

$$Re = \frac{d_i\rho u}{\mu} \tag{2-69}$$

式中　ρ——流体的密度，kg/m^3；

　　　u——管内流速，m/s；

　　　d_i——管内径，m；

　　　L——管子长度，m；

　　　f——管内摩擦系数，可通过试验获得，当无实验数据时可通过式(2-65)计算；

　　　a——常数，无量纲；

　　　b——常数，无量纲；

　　　Re——雷诺数，无量纲；

　　　μ——流体的黏度，$kg/(m \cdot s)$。

文献[20]湍流条件下光管管内的摩擦系数可按式(2-66)和式(2-67)计算，也可按 Petukhov 公式(2-68)进行计算，其计算结果更为精确。

对于多管程换热器，管内压力降还应加上回弯部分的压力降。如果管内有内插件强化换热，而文献中没有可用的计算阻力系数的关联式时，需要做试验或数值模拟计算获得。

管嘴压力降用式(2-70)计算：

$$\Delta P = f \cdot \frac{1}{2}\rho U^2 \tag{2-70}$$

式中　f——阻力系数，通常取 1.5；

　　　U——管嘴流速，m/s。

如果计算的压力降不大于允许压力降，计算结束。否则，需要调整换热器结构参数(如管子数量、管长等)，重新核算换热面积和压力降，直到满足要求为止。

第七节　天然气计量与外输

天然气计量与外输设施通常包括流量计量阀组、分析小屋、清管设施等，通常具有天然气输送管道首站的功能。

一、天然气计量的特点和计量方式

（一）天然气计量的特点

天然气计量结果直接影响液化天然气接收站的生产经营活动，计量的准确性、科学性和先进性关系到企业的运行效率和生产经营效益。

天然气计量的特点如下：

（1）天然气易燃、易爆，天然气管道操作压力较高，因此计量阀组、设备的选用应保证本质安全。

（2）天然气为混合气体，组分的变化会导致密度、压缩因子、发热值等物性参数的变化，影响天然气的计量结果。

（3）操作条件和环境条件会影响流量计的计量结果。

（4）天然气的流量由组成、温度、压力等数据导出，要求每个基础数据都测量准确，才能保证计量结果的准确[21]。

（二）天然气的计量方式

天然气计量方式包括体积计量、质量计量和能量计量。国际天然气贸易和欧美国家广泛采用热值计量，中国、俄罗斯和中亚地区多采用体积计量，质量计量较为少见。

体积计量主要采用超声波流量计、涡轮流量计和孔板流量计，其中超声波流量计应用最为广泛。

热值计量作为国际通用的计量方式，有利于与天然气贸易国际惯例对接，有利于天然气资源的精细化管理，具有广阔的发展前景。

二、天然气计量与外输设施工艺

接收站内的天然气外输系统需设置满足贸易交接要求的计量设备来计量天然气外输量。

天然气外输总管上通常设置超压保护系统，国内仅有部分 LNG 接收站设置了独立的超压保护系统（HIPPS），大部分是通过 SIS 系统实现的，以防止输气管道超压。当压力达到高高值时，需报警并联锁停 LNG 外输高压泵，同时关闭相应外输高压泵出口阀；压力达到高高高值时，联锁关闭外输总管切断阀。

天然气外输总管上压力达到低低值时，报警并联锁关闭天然气外输系统至 BOG 再冷凝系统和 LNG 储存系统的补气阀。

除计量设备外，天然气总管上通常安装连续气相色谱仪和作为备用的手工取样设施，用以检测气体的组成、热值、Wobbe 指数和密度。

在天然气计量与外输设施内通常设置清管器，用于站外管道检修时进行清管作业。

LNG 接收站通过增加或减少泵和 LNG 气化器的操作数量来调节接收站的输出能力。

三、计量阀组

（一）计量阀组组成

计量阀组通常由流量计、阀门、压力表、温度表等组成。

（二）计量阀组数量确定

1. 国外通用计算方法

计量阀组的规格和数量应根据外输量、管道流速要求确定，每个计量阀组压降通常小于20kPa。气体管道的尺寸依据管道内动能的大小确定，见式（2-71）。

$$E = \rho v^2 \tag{2-71}$$

式中　E——管道输气动能的二倍，Pa；

　　　ρ——气相密度，kg/m^3；

　　　v——气相速度，m/s。

最大允许 E 值根据气体类型、管道操作压力和应用场合来确定，详见表2-5和表2-6。

表 2-5　连续运行的管道数据

最大操作压力 p/MPa	最大 ρv^2/[kg/(m·s²)]	最大气体流速/(m/s)
$p \leqslant 2$	6000	20
$2 < p \leqslant 5$	7500	20
$5 < p \leqslant 8$	10000	20
$p > 8$	15000	20

注：对于空气管道，$\rho v^2 \leqslant 5000 kg/(m·s^2)$，最大流速 $< 50 m/s$。

表 2-6　非连续运行管道数据

最人操作压力 p/MPa	最大 ρv^2/[kg/(m·s²)]
$p \leqslant 5$	10000
$5 < p \leqslant 8$	15000
$p > 8$	25000

注：本表不适用于安全阀进口管道。

2. 国内计算方法

在 LNG 接收站设计中，一般控制计量阀组内气体流速不大于 30m/s，同时需要满足供货商的要求，以此为原则确定计量阀组数量。

第八节　火炬系统

一、概述

火炬作为 LNG 接收站重要的安全与环保设施之一，用于处理各工艺设施在正常生产、事故、开停车及紧急状况下排放的可燃性气体，以保护设备和人身安全。

接收站内通常设置 BOG 管道系统，该系统接收 LNG 储罐因热量输入气化产生的气体、卸船臂吹扫排放气体、装车臂吹扫排放气体、BOG 压缩机级间和压缩机出口超压排放的气体、压缩机入口缓冲罐和 BOG 再冷凝系统超压排放的气体、设备与管道检维修吹扫产生的气体、天然气计量阀组放空产生的气体、站外管道需在站内放散产生的气体、清管器超压排放的气体及 LNG 管道热泄放排放的气体(也可直接排至火炬系统), LNG 储罐超压通过调节阀组排放的气体,液化烃设备(如有)超压排放的气体。火炬系统的设计能力需满足各种运行工况下火炬气的排放处理要求,通常 LNG 气化器超压与 LNG 储罐安全泄放阀排放的气体直接排向大气。

LNG 接收站在运行过程中,BOG 主要来源包括以下几个方面:

(1) LNG 储罐、设备及冷循环管道自环境吸热导致 LNG 气化产生的气体;

(2) 储罐最大充装流速下的空间置换;

(3) 卸船时,因船内 LNG 温度高于储罐内 LNG 温度导致罐内 LNG 气化;

(4) LNG 罐内低压泵冷循环做功产生的热量输入;

(5) 吹扫置换气体及在该过程中产生的气体;

(6) 设备、管道放空排放的气体;

(7) LNG 储罐内发生"翻滚"产生的气体。

BOG 的产生将引起储罐内气相空间的压力变化,当储罐处于不同操作状态(如储罐 LNG 外输、LNG 卸船、LNG 零输出等)时,产生的 BOG 量也有差异。通常在 LNG 接收站内设置 BOG 处理系统,在正常操作时,BOG 需 100% 回收,仅在操作异常或事故工况下 BOG 才排至火炬进行处理。

火炬系统的工艺设计应遵守 SH 3009—2013《石油化工可燃性气体排放系统设计规范》的规定。

二、火炬气最大排放量计算

在确定最大排放量时,通常进行多工况分析,并通过组合计算后确定,通常考虑如下工况:

(1) 储罐充装时的体积置换;

(2) 卸船管道、装车管道及外输管道冷循环带入储罐的热量导致储罐内气体压力升高;

(3) 罐内低压泵和外输高压泵回流返罐导致储罐内气体压力升高;

(4) 罐内低压泵运行导致储罐内热量输入引起储罐压力升高;

(5) 储罐补气阀失灵导致气体排向储罐引起储罐压力升高;

(6) 卸船期间储罐内 BOG 返船受阻导致储罐压力升高;

(7) BOG 压缩机故障导致 BOG 系统压力的升高;

(8) 罐内低压泵运行数量对 BOG 系统压力的影响;

(9) 公用工程事故对 BOG 系统压力的影响;

(10) 大气压力降低对储罐安全运行的影响;

(11) 火灾工况导致热量输入至储罐引起储罐压力升高;

(12) 翻滚。

各工况排放量计算见本章第三节相关内容。最大排放量计算可能的工况组合可参见表 2-7。

表 2-7　最大排放量计算工况组合一览表

工况组合	大气压降低	罐内低压泵循环生热	储罐充装体积置换	热卸船	火灾	自环境吸热	翻滚	补气阀失灵
工况 1	√	√	√	√				
工况 2	√				√	√		
工况 3	√					√		
工况 4	√	√				√		
工况 5							√	
工况 6	√					√		√

三、火炬型式选择

LNG 接收站的火炬气排放量较小，约为几十吨到几百吨，即可以选择高架火炬也可以选择封闭式地面火炬，具体情况尚需结合总平面布置并通过经济比较后确定。

（一）高架火炬

高架火炬设施主要由火炬头、长明灯、分子密封器（流体密封器）、筒体、支撑塔架、吊卸装置、分液罐、点火盘、PLC 控制盘组成。火炬设置 2～4 套双用型长明灯，长明灯保持常燃。设置点火装置，可实现地面爆燃和高空高能点火两种点火方式。高空高能点火具备手动/自动/DCS 远程点火功能，地面爆燃具备手动/自动点火功能。设置氮气连续吹扫系统和自动联锁控制氮气补气设施。

1. 允许热辐射强度计算

（1）按最大排放负荷计算确定火炬设施安全区域时，允许热辐射强度不考虑太阳热辐射强度。

（2）按正常操作由于热输入导致的排放负荷核算火炬设施安全区域，此工况下的允许热辐射强度应考虑太阳热辐射强度。

（3）对于分别布置且不同时检修的火炬塔架顶部平台的允许热辐射强度（来自于另一个火炬的热辐射）应小于等于 $4.73kW/m^2$。

（4）火炬设施的分液罐、水封罐、泵等布置区域允许热辐射强度应小于或等于 $9.00kW/m^2$，当该区域的热辐射强度大于 $6.31kW/m^2$ 时，应设置操作或检修人员安全躲避场所。

（5）高架火炬不同辐射热强度范围内允许布置的设施或区域宜符合 GB 50160—2008（2018 版）《石油化工企业设计防火标准》4.1.9A 条的有关要求。

2. 火炬头及火炬本体设计

（1）火炬头应满足正常操作时能够无烟燃烧的要求。

（2）火炬头上部设计温度不应低于 1200℃。

（3）火炬头顶部应设火焰挡板，其限流面积宜为 2%～10%；火炬头上部 3m 部分（包括内件）应使用 ANSI 310SS 或等同材料制造，3m 以下部分使用低碳奥氏体不锈钢材料制造。

（4）紧急事故最大排放工况火炬头出口的马赫数应小于等于 0.5，无烟燃烧时火炬头出口的马赫数宜取 0.2。

（5）火炬头出口有效截面积应按式（2-72）计算。

$$A = 3.047 \times 10^{-6} \times \frac{q_m}{\rho M_a} \times \sqrt{\frac{\overline{M}}{kT}} \qquad (2-72)$$

式中　A——火炬头出口有效截面积，m^2；

　　　q_m——排放气体的质量流量，kg/h；

　　　ρ——操作条件下气体密度，kg/m^3；

　　　M_a——火炬头出口马赫数；

　　　$\overline{M}$——排放气体的平均分子量；

　　　k——排放气体的绝热指数；

　　　T——排放气体的温度，K。

（6）火炬筒体直径应由压力降计算确定。不同压力的排放管道接至同一个火炬筒体时，应核算不同压力系统同时排放的工况，保证压力较低系统的排放不受阻碍。

3. 火炬高度的确定

火炬高度的确定应符合下列规定：

（1）按受热点的允许热辐射强度计算火炬高度；

（2）按 GB/T 3840 对按允许热辐射强度计算出的火炬高度进行核算。如果不符合大气污染物的排放标准的要求，就应增加火炬高度再进行核算，直到满足要求为止。

火焰产生的热量按式（2-73）计算。

$$Q_f = 2.78 \times 10^{-4} H_y q_m \qquad (2-73)$$

式中　Q_f——火焰产生的热量，kW；

　　　H_y——排放气体的低发热值，kJ/kg；

　　　q_m——排放气体的质量流量，kg/h。

当火炬头出口气体马赫数 $M_a \geq 0.2$ 时，火焰长度按式（2-74）计算。

$$L_f = 118 D_{fl} \qquad (2-74)$$

当火炬头出口气体马赫数 $M_a < 0.2$ 时，火焰长度按式（2-75）计算。

$$L_f = 23 D_{fl} \ln M_a + 155 D_{fl} \qquad (2-75)$$

式中　L_f——火焰长度，m；

　　　D_{fl}——火炬头出口直径，m。

火炬高度按式（2-76）计算。

$$h_s = \sqrt{\frac{\varepsilon Q_f}{4\pi K} - (X - X_c)^2} - Y_c \qquad (2-76)$$

热辐射系数 ε 按式（2-77）计算。

$$\varepsilon = 5.846 \times 10^{-3} \times H_y^{0.2964} \times \left(\frac{100}{R_H}\right)^{\frac{1}{16}} \times \left(\frac{30}{D_R}\right)^{\frac{1}{16}} \qquad (2-77)$$

空气与排放气体的动量比值 E_r 按式（2-78）计算。

$$E_r = \frac{\rho_a v_w^2}{\rho_e v_e^2} \qquad (2-78)$$

式中　h_s——火炬高度，m；

　　　$\overline{M}$——排放气体的平均分子量；

H_y——排放气体的低发热值，kJ/Nm^3；

K——允许的火炬热辐射强度，kW/m^2；

X——火炬筒体中心线至计算点的水平距离，m；

X_c——在风速作用下火焰中心的水平位移，根据$\dfrac{E_r^{1.3}}{D_{fl}^2}$和$\dfrac{L_f}{3}$的值从图 2-35 查取，m；

Y_c——在风速作用下火焰中心的垂直位移，根据$\dfrac{E_r^{1.3}}{D_{fl}^2}$和$\dfrac{L_f}{3}$的值从图 2-36 查取，m；

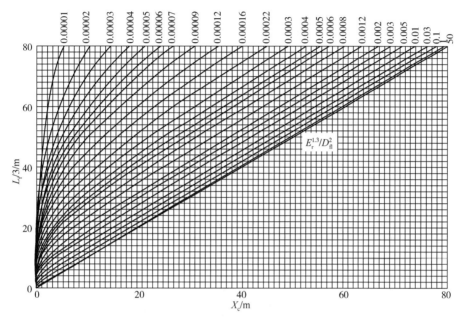

图 2-35　火焰中心的水平位移

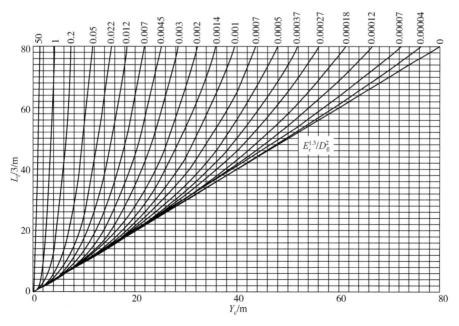

图 2-36　火焰中心的垂直位移

D_R——火焰中心至受热点的距离，$D_R = \sqrt{\dfrac{\varepsilon Q_f}{4\pi K}}$，m；

R_H——空气湿度，%；

ρ_a——空气密度，kg/m^3；

ρ_e——排放气体出口处的密度，kg/m^3；

v_w——火炬出口处风速(最大取8.9)，m/s；

v_e——排放气体出口速度，m/s。

4. 点火设施

高架火炬应设置高空电点火器和地面传燃式点火器，点火器应配备不间断电源。高空电点火器的数量应与长明灯的数量相同；地面传燃式点火器应每座火炬设置一台，其引火管应从点火器至每个长明灯单独设置。

火炬长明灯的数量应满足下列要求：

(1) 火炬头直径小于或等于0.5m时，宜设置2个长明灯；

(2) 火炬头直径大于0.5m至小于或等于1.0m时，宜设置3个长明灯；

(3) 火炬头直径大于1.0m时，宜设置4个长明灯。

长明灯应使用节能型，单只长明灯消耗燃料气量不宜大于$4Nm^3/h$，长明灯应设温度检测仪表；长明灯燃料气供气管道干管上应设压力调节阀，燃料气源的压力应大于或等于0.35MPa，压力调节阀后的压力宜稳定在0.2MPa；每支长明灯的燃料气供给管道应从火炬底部起单独接至长明灯的燃料气入口。

5. 防止回火措施

火炬系统必须采取防止回火措施；火炬系统通常优先采用水封罐与注入吹扫气体的方法防止回火，吹扫气体通常选用氮气或燃料气。由于LNG接收站工艺系统超压排放的可燃气体大都具有低温特性，通常不设置水封罐，而是在火炬头设置气体密封器，通常优选速度型密封器。吹扫气体量需保证火炬出口流速大于安全流速。吹扫气体供给量应使用限流孔板控制，不得采用阀门控制流量。

安全流速取值通常符合下列规定：

(1) 火炬采用速度密封器时，不应小于0.012m/s；

(2) 火炬采用分子密封器时，不应小于0.003m/s；

(3) 高速燃烧或宽爆炸限特性介质的火炬，采用速度密封器时不应小于0.06m/s，采用分子密封器时，不应小于0.02m/s。

6. 工艺流程

LNG接收站高架火炬典型流程见图2-37。

(二) 地面火炬

1. 系统简介

LNG接收站的地面火炬通常采用封闭式地面火炬。封闭式地面火炬为一种高燃烧效率、无烟、噪声小、无光污染的高环保性能火炬。封闭式地面火炬主要由分级控制阀组、燃烧塔、防风墙、多级燃烧烧嘴、长明灯、点火器、控制系统、分液罐等部分组成。封闭式地面火炬为多级燃烧，根据火炬气量的大小，通过分级控制阀组，将火炬气分配到火炬的一级或多级燃烧器中进行燃烧处理。

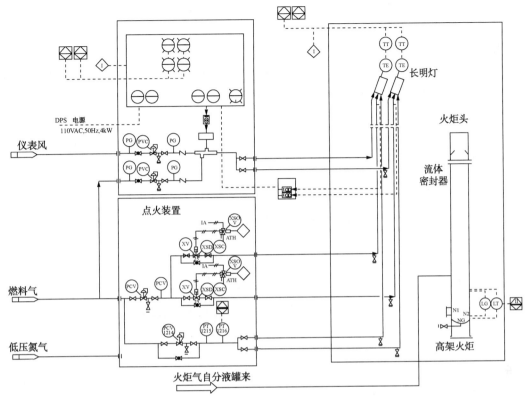

图 2-37　LNG 接收站高架火炬典型流程

每套火炬烧嘴均布置在同一个燃烧室内，燃烧室为圆筒型结构，燃烧室为钢筒内衬耐火砖或烧注料结构，设计温度 1200℃。燃烧室支撑在若干根钢筋水泥柱子上，燃烧所需的空气从燃烧室底部进入，燃烧后的烟道气从顶部放空。燃烧室外围设置防风墙，一则可以减小风对火炬燃烧稳定性的影响，二则可以防止热辐射对周边的影响。

封闭式地面火炬设有若干支长明灯，长明灯保持长明，以确保任何时候排放的火炬气都能被及时点燃。每支长明灯都配有双热电偶，以监视长明灯的运行情况。

火炬配置点火装置，采用地面爆燃和自动点火两种方式，达到双保险，确保点火万无一失。

火炬设置监视长明灯的热电偶，以监视火炬燃烧情况。

封闭式地面火炬设监视器，信号引到中央控制室，以监视地面火炬的运行情况，发现问题及时处理。

2. 技术要求

（1）单套封闭式地面火炬的处理量不宜大于 100t/h。

（2）排气筒高度需满足烟气扩散后的环保要求，同时不得低于燃烧器火焰高度的 3 倍；

（3）排气筒出口的烟气温度应小于普通耐火材料允许的最高温度。

（4）燃烧室内的热流密度宜控制在 $275\sim335\text{kW/Nm}^3$。

（5）设计通常选用防结焦、堵塞及高温不易产生变形型的燃烧器。

（6）需避免燃烧室中心出现贫氧现象。

（7）燃烧器的布置需保证其压力均衡，防止火焰爆冲，火焰窜烧。

（8）燃烧室的内侧应采用耐火保护衬里，燃烧室外侧温度不应大于60℃。

3．点火控制

地面火炬通常设置高能电点火和爆燃点火两种方式。

高能电点火通常作为主要点火方式，爆燃点火作为辅助点火方式。点火盘上设置有高能点火和爆燃点火切换旋钮，通过旋钮选择不同的点火方式。

高空高能电点火方式可以实现自动、手动和远程DCS点火；爆燃点火方式可以实现现场手动点火。

点火控制盘面板上设有高能电点火手动/自动切换旋钮。点火盘上每个点火按钮分别对应一支长明灯。

4．工艺流程

LNG接收站封闭式地面火炬典型流程见图2-38。

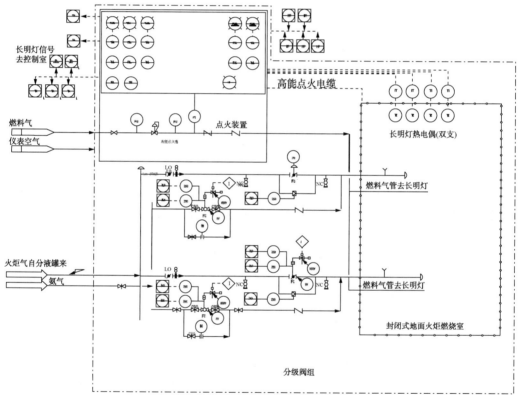

图2-38　LNG接收站封闭式地面火炬典型流程图

四、火炬气排放总管计算

火炬气排放总管工艺计算通常自火炬头开始反算火炬气排放总管的各节点的排放背压，以校核各节点的背压是否低于允许背压；管道摩阻采用式（2-79）计算。

$$\frac{fL}{d}=\frac{1}{M_{a}^{2}}\left(\frac{p_{1}}{p_{2}}\right)^{2}\left[1-\left(\frac{p_{2}}{p_{1}}\right)^{2}\right]-\ln\left(\frac{p_{1}}{p_{2}}\right)^{2} \tag{2-79}$$

式中　f——水力摩擦系数；

　　　L——管道当量长度，m；

d——管道内径，m；

M_a——管道出口马赫数；

p_1——管道入口压力，kPa（A）；

p_2——管道出口压力，kPa（A）。

水力摩擦系数按式（2-80）计算：

$$f=0.0055\left[1+\left(20000\frac{e}{d}+\frac{10^6}{Re}\right)^{\frac{1}{3}}\right] \tag{2-80}$$

式中　e——管道绝对粗糙度，m；

Re——雷诺数。

管道出口马赫数按式（2-81）计算：

$$M_a=3.23\times10^{-5}\frac{q_m}{p_2d^2}\left(\frac{ZT}{kM}\right)^{0.5} \tag{2-81}$$

式中　q_m——气体质量流量，kg/h；

Z——气体压缩系数；

k——排放气体的绝热指数；

T——绝对温度，K；

M——气体分子量。

通常采用式（2-82）校核流动是否处于临界状态。

$$p_c=3.23\times10^{-5}\frac{q_m}{d^2}\left(\frac{ZT}{kM}\right)^{0.5} \tag{2-82}$$

判断：$p_c<p_2$ 亚音速流动状态；

$p_c\geq p_2$ 音速流动状态，此时 $p_2=p_c$。

式中　p_c——临界压力，kPa（A）。

管道在设计时，应考虑如下因素：

（1）可能出现凝结液的可燃性气体排放管道末端的马赫数不宜大于 0.5。

（2）气体压缩系数取相对分段计算的平均值。

火炬气排放总管的水力计算采用的计算软件有 Pipenet、Aspen Flare System Analyzer V11 等。

五、分液罐设置

火炬气排放总管进入火炬前通常设置分液罐，分液罐应设置必要的加热设施用以将分液罐内存液加热气化至火炬燃烧。

LNG 接收站通常依据容器及火炬气排放系统设计的经济性选择分液罐的型式，一般选用卧式分液罐，卧式分液罐长度与直径的比宜取 2.5~6。卧式分液罐内最高液面之上气体流动的截面积（沿罐的径向）应大于或等于入口管道横截面积的 3 倍；立式分液罐内气相空间的高度应大于或等于分液罐内径，且不小于 1m；最高液位距入口管底应大于或等于入口管直径，且不小于 0.3m。

分液罐的设计压力内压通常为 0.35MPa，外压通常为 0.03MPa。

LNG 接收站分液罐典型流程见图 2-39。

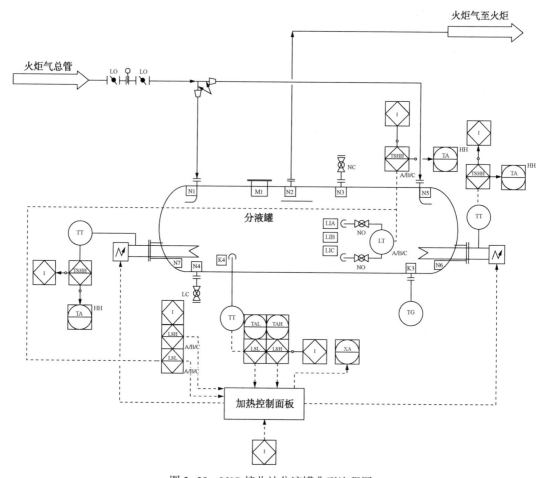

图 2-39　LNG 接收站分液罐典型流程图

第九节　自动控制技术

LNG 接收站工艺过程为连续生产，工艺介质为深冷状态且易燃易爆，故对自控设备选型、防爆等要求严格。接收站工程中选用的自控设备应安全可靠、技术先进、经济合理、性能稳定、有成熟的使用经验及良好的技术支持，满足工艺对自动化仪表的需要。

一、控制水平

控制系统和信息管理系统的总体结构分为过程控制层（Process Control System，PCS）、生产运行管理层（Manufacturing Execution System，MES）及企业资源管理层（Enterprise Resource Planning，ERP）。

过程控制层能实时监控生产过程、公用工程及辅助设施等。过程控制层包括：

（1）分散控制系统（Distributed Control System，DCS）；

（2）安全仪表系统（Safety Instrumented System，SIS）；

（3）可燃/有毒气体检测系统（Gas Detection System，GDS）；

（4）智能设备管理系统（Intelligent Device Management，IDM）；

（5）设备包控制系统（Equipment Package Control System，EPCS）；

（6）在线分析仪系统（Process Analyzer System，PAS）；

（7）储罐监控管理系统（Automation Tank Gauging，ATG）；

（8）DCS系统人机界面可监视其他系统的信息，如SIS、GDS、EPCS、PAS、ATG等。

二、网络安全

（一）控制系统内的网络安全

（1）现场机柜室至中心控制室（CCR）的通信通常采用工业级网络交换机并冗余配置。

（2）各控制系统通常采用分层控制网络，各层之间一般有严格的访问控制权限，并采用工业级网络交换机和网络冗余容错技术，使通信具有多路径选择能力。

（3）控制系统需具有网络状态的实时诊断功能。

（4）工业级网络交换机通常具有预设置（可组态）功能，使内部数据优先通信，控制器信息一般具有最高优先级。

（5）控制系统需按控制域进行设计。

（6）各网段间的通信采用有路由功能的工业级网络交换机。

（7）控制系统网络及设备需设置病毒防护，并具有备份策略和备份工具。

（二）DCS系统与第三方设备间的网络安全

（1）DCS系统与第三方系统的通信采用RS485接口，Modbus-RTU协议，不应将服务器作为网络交换机来使用。

（2）控制系统网络通常仅接受控制器需要的信息，对不重要的信息流进行控制。

三、控制系统

（一）分散控制系统（DCS）

DCS系统完成LNG接收站的基本过程控制、操作、监视、管理，同时完成生产过程监视及控制、工艺联锁和部分先进控制等功能。DCS系统由操作站、工程师站、打印机、系统机柜、辅助柜、电源配电柜、网络设备及总线设备等组成。

DCS系统采用冗余技术与自诊断技术，DCS系统的中央处理器卡、通信卡、H1卡、电源卡、电源调整器、接口卡、控制/联锁/计算用AI/AO/DI/DO卡件及供电单元需冗余配置，所有控制回路及重要检测回路的I/O卡件应冗余配置。

（二）安全仪表系统（SIS）

安全仪表系统独立于DCS系统设置，以确保人员及生产装置、重要机组和关键设备的安全。

根据生产装置的特点，安全联锁保护、紧急停车、紧急泄压/放空及关键设备联锁保护通常设SIS系统。SIS系统需满足IEC61508中规定的SIL3级的有关要求。SIS系统采用IEC/TUV安全认证的三重化或四重化的可编程序控制器。SIS系统满足故障安全型要求，与DCS系统实时数据通信，在DCS系统操作站上显示。SIS系统设有工程师站、SER站、操作站及辅助操作站。

根据工艺操作要求，设置工艺开车旁路开关，采用硬线方式接入 SIS 系统。旁路时需在 DCS 操作站或辅操台显示、记录。

原则上仪表维护旁路采用软旁路开关，由 SIS 操作站进行旁路设置。

安全仪表系统根据不同的安全等级进行分级设置，如下所示：

（1）等级 1 级别最高的安全等级，联锁触发，全站停车。

（2）等级 2 过程区域级别，联锁触发，停对应的过程区域。

（3）等级 3 为独立设备级别，联锁触发，停对应设备。

（三）可燃/有毒气体检测系统（GDS）

在 LNG 接收站可能泄漏或聚集可燃气体的地方，分别设置有可燃气体检测器，信号采用 4~20mA 三线或四线制方式，分别送入接收站各单元所属的现场机柜室/控制室内独立的 GDS。在中心控制室内设置独立的 GDS 监视操作站，监控可燃气体报警画面，同时在辅助操作台设置独立的声光报警设施。DCS 操作站可监视 GDS 画面。

可燃气体检测器带现场声光报警功能，并根据各单元的具体情况在现场分区域设置独立的声光报警器。

现场检测器及报警器等仪表所需 24V DC 电源由 GDS 供给，采用外配直流电源的方式，直流电源系统应冗余配置。

（四）智能设备管理系统（IDM）

IDM 是工厂对现场仪表、调节阀进行维护、校验和故障诊断的管理系统，是仪表设备维护和故障诊断系统的一个组成部分。

采用 HART 协议智能电子式仪表，IDM 通过安装在系统端子接线板上的 HART 协议接收器连接，采用串行通信接口 RS485 Modbus-RTU 通信协议进行连接读取数据；DCS 具备 HART 信号输入卡，直接接受 HART 信号的 DCS 卡件实现 IDM 功能。

（五）设备包控制系统（EPCS）

操作控制相对比较独立或大型设备包的控制、监视、操作和安全保护原则上采用独立的设备包控制系统，并与 DCS 系统进行数据通信，操作人员能够在 DCS 操作站上对设备包的运行进行监视。

设备包的现场仪表选型原则需与主装置一致，成套的控制系统应尽量统一制造商，以降低备品备件和生产维护的费用。

（六）在线分析仪系统（PAS）

在线分析仪系统包括采样单元、采样预处理单元、分析器单元、回收或放空单元、微处理器单元、通信接口、显示器等。

在线分析仪通常带有网络通信接口，通过串行通信接口（MODBUS-RTU）与 DCS 进行数据通信。

在线分析仪一般尽量集中成套安装在现场分析小屋内，现场分析小屋需配采样单元、减压/气化单元、预处理单元、防爆空调、通风设施、防爆配电盘、防爆照明、安全保护系统、载气、标准气钢瓶及公用工程系统等。在线分析仪通常满足所在区域的防爆要求。现场分析小屋成套提供有毒气体、可燃气体及氧气的气体检测器，并在分析小屋外设置声光报警设施，同时信号接入 GDS 监视站。

(七) 储罐监控管理系统(ATG)

设置 ATG 系统用于 LNG 储罐监控管理。ATG 系统由伺服液位计、平均温度计、LTD 温度密度液位计及多点温度计组成。ATG 系统可实现库存管理、显示液位、罐容计算、储罐操作等多项功能。ATG 系统的防翻滚软件可根据 LTD 检测的密度信号生成罐内 LNG 柱体数据图、表文件,用于监测储罐内液化天然气可能的分层状况,计算出当前 LNG 储罐内出现翻滚的概率、发生时间以及发生翻滚时可能产生的 BOG 量和压力等,帮助操作人员采取措施避免 LNG 翻滚现象的发生。

参 考 文 献

[1] 孟庆海,赵广明. 地上 LNG 储罐选型及基础类型的选择[J]. 石油化工设备技术,2014,35(4).

[2] Hoyle K. Composite Concrete Cryogenic Tank(C³T):A Precast Concrete Alternatire For LNG Storage.

[3] 宋鹏飞,陈峰,侯建国. LNG 接收站储罐罐容及数量的设计计算[J]. 油气储运,2015,34(3):316-339.

[4] 付子航. 采用动态物流模型计算 LNG 接收站的有效罐容[J]. 天然气工业,2010,30(7):69-72.

[5] Turner, F. H. (Frederick Henry). Concrete and Cryogenics[M]. Cement and Concrete Association, 1979.

[6] 杨世铭,陶文铨. 传热学[M]. 北京:高等教育出版社,2006:5-7,269-274.

[7] Holman J P. Heat Transfer[M]. New York:McGraw-Hill, 1989:346.

[8] 郭光臣,董文兰,张志廉. 油库设计与管理[M]. 东营:中国石油大学出版社,2003:181-184.

[9] Incropera F P. Fundamentals of Heat and Mass Transfer[M]. New York:John Wiley&Sons, 2002:430, 482, 492, 546, 551.

[10] 张超,段常贵,谢翔,等. LNG 储罐排空时间的确定[J]. 煤气与热力,2006,26(7).

[11] 李亚明,李国成. 液氮储罐预冷热力计算[J]. 石油化工设备技术,1997,18(3).

[12] J. P. Holman. Heat Transfer[M]. 6th ed. New York:McGraw Hill, 1986:277.

[13] 张学学,李桂馥. 热工基础[M]. 2 版. 北京:高等教育出版社,2006:193-194.

[14] 杨筱蘅,张国忠等. 输油管道设计与管理[M]. 中国石油大学出版社,2013:77-7.

[15] 顾安忠. 液化天然气技术手册[M]. 北京:机械工业出版社,2010.

[16] 贺耿,王正,包光磊. LNG 槽车装车系统的技术特点[J]. 2012(04):11-14.

[17] 鲁珊,曹耀中. LNG 接收站再冷凝器设计的对比[J]. 油气储运,2012. 31(z1):119-121,124.

[18] 刘巍. 冷换设备工艺计算手册[M]. 北京:中国石化出版社,2003.

[19] 王松汉. 石油化工设计手册[M]. 北京:化学工业出版社,2002.

[20] F. P. Incropera, D. P. DeWitt. Introduction to Heat Transfer[M]. New York:John Wiley & Sons, 2002.

[21] 常宏岗,段继琴. 天然气计量技术及展望[J]. 天然气工业,2020,40,1.

第三章 液化天然气冷能综合利用技术

第一节 概 述

一、概述

液化天然气(LNG)是一种优质、清洁、高效、低温、低碳化石能源,生产 1t LNG 动力及公用设施耗电量为 $450\sim900kW\cdot h$;当 LNG 被气化利用时,1t LNG 等压升温气化可释放 $763\sim900MJ$ 冷能[1~3]。目前接收站大多采用海水开架式气化器(ORV)、中间介质气化器(IFV)及浸没燃烧式气化器(SCV)。ORV、IFV 均以海水为热源,运行成本低,气化释放的冷能随海水直接排入海中,对接收站附近海域的生态环境造成破坏;SCV 以 LNG 气化后的天然气作为燃料,利用燃料燃烧后产生的高温烟气加热软化水,软化水再加热气化 LNG,烟气的热量被利用后,余热和燃烧产生的 CO_2 和少量 NO_x 随烟气排入大气,对环境造成一定的影响。因此,回收利用 LNG 气化过程中释放的冷能,不仅可以节约能源,降低天然气的使用成本,而且可以减少 LNG 气化所带来的环境污染问题,具有可观的经济效益和社会效益[4,5]。

随着 LNG 产业的迅速发展及大批 LNG 接收站相继建成投产,LNG 冷能利用技术逐渐受到关注,LNG 冷能综合利用技术不断发展。LNG 冷能利用方式可分为直接利用和间接利用两类,直接利用包括发电、空分、冷冻仓库、制干冰、海水淡化、空调及低温养殖、栽培、与石油化工装置结合进行冷热互供等;间接利用是指利用 LNG 冷能生产的低温工业产品的二次利用,主要是低温破碎、冷冻干燥、低温干燥、水和污染物处理及食品冷冻、冷冻冷藏仓、造纸漂白、土木冻结施工及低温生物工程等[7~9]。目前,世界上 LNG 冷能平均利用率仅为 20%[10]。

二、国内液化天然气冷能利用现状

目前,我国已在冷能空分、轻烃分离、冷冻橡胶等多项技术领域取得重大进展。截至 2019 年底,国内已建成投产 22 座 LNG 接收站,但 LNG 冷能尚未得到广泛利用,仅有 4 座接收站建设了冷能空分项目,1 座接收站建设了轻烃回收项目,2 座接收站规划了冷能发电项目;我国已开发具有自主知识产权的 LNG 冷能空分技术和小型 LNG 冷能发电装置的成撬技术,但目前尚未有工程应用的业绩;利用 LNG 冷能进行海水淡化,尚在技术研发阶段,需要进行专题研究并进行相应的设备研制。

国内目前 LNG 冷能利用典型项目如下[11]：

1）福建莆田 LNG 冷能用于深冷空分项目

福建莆田项目是中国大陆第一个利用 LNG 冷能生产空气产品项目。该项目生产空分产品约 610t/d，投资约 4 亿元，经济效益约为 1 亿元/a。自 2010 年投产至今运行良好。

2）佛山杏坛 LNG 冷能用于冷库项目

该项目采用氨作为制冷剂进行循环制冷，是国内首个 LNG 冷能用于冷库项目，LNG 气化量为 30000Nm³/d，于 2010 年 9 月进行试运行并正式投产，项目运行平稳，目前处于停运状态。

3）潮州港华 LNG 冷能除雾制冰项目

潮州港华项目解决了传统空温式气化器气化 LNG 时产生浓雾的问题，消除了浓雾对场站日常生产及周围环境的不利影响。该项目结合制冰对 LNG 冷能进行回收，制冰能力为 100t/d，既减少了冷雾的产生，又创造了一定的经济效益。

4）深燃梅林 LNG 冷能用于冰蓄冷空调项目

该项目气化量较小，主要通过乙二醇水溶液作为换热介质，将 LNG 气化释放的冷能用于站内五层办公楼冰蓄冷空调。该项目于 2013 年 7 月调试成功，运行状态良好，每年可节约电量 105.5×10⁴kW·h。但由于后期该站点被设定为应急调峰站，气化量波动较大，设备存在冻堵现象，且冷能用于空调具有季节性，故项目处于停运状态。

就目前 LNG 冷能利用项目建设及规划情况来看，国内 LNG 接收站的建设方都在积极筹建 LNG 冷能的高效利用项目，LNG 冷能利用方式较为多样化，已投产运营的项目多以空分装置为主，但仅限于单套装置运行，LNG 冷能综合利用率偏低，综合及整体化考虑 LNG 冷能利用的技术尚未普及。

三、国外液化天然气冷能利用现状

相对于国内，国外 LNG 冷能利用发展较早，综合利用情况相对较好。日本、美国和欧洲一些发达国家和地区都非常重视 LNG 冷能的回收利用，并已积累了丰富的经验。截至 2019 年，全世界已成功运行的岸基式 LNG 接收站有 113 座，海上浮式 LNG 储存及再气化装置（FSRU）31 座，主要分布于美国、西欧及东亚，其中日本已建 LNG 接收站 39 座。日本、比利时、韩国、德国等均建有冷能发电装置和冷能空分装置。

日本是全球最大的 LNG 进口国，在 LNG 冷能利用方面一直处于领先行列，LNG 冷能利用率为 20%~30%[12]。截至 2018 年 12 月，日本共建成投运 LNG 接收站 39 座[13]。日本 LNG 冷能利用中，空分装置利用的冷能占 20% 左右，而冷能发电项目利用的 LNG 冷能占 70% 左右[14]。日本共建有 27 套独立的 LNG 冷能利用装置，其中 7 套为空分装置，均为制氧能力达 6000Nm³/h 以上的大型空分装置；3 套为制干冰装置，规模约为 100t/d；1 套为深度冷冻仓库，容量为 33200t；16 套为低温发电装置，发电功率达几兆瓦不等。东京湾 LNG 接收站区域已成为集仓库、深冷发电装置、冷冻食品厂、空分装置及液化装置、二氧化碳液化装置、干冰生产厂等于一体的工业聚集区，其冷能利用率达到 43%。但总体来说，冷能利用项目大多是单一用户，很少有多个冷能用户集成的项目，且这些冷能用户的冷负荷与 LNG 热容匹配性较差，导致利用过程中冷损失较大，冷能回收率较低[15]。

韩国建有 6 座 LNG 接收站，主要在食品冷冻、冷藏和空气分离等方面对 LNG 冷能进行利用，冷能空分装置能够节约空分厂一半的电力，空气液化后得到的液氮还可用于食品的冷藏保鲜及低温粉碎。但韩国的冷能利用技术整体上还不够深入，冷能利用率较低，不到20%。印度达波尔电厂和波多黎各 Eco Electric 电厂主要依靠美国安然公司利用 LNG 冷能来提高大型燃气轮机的出力。美国、法国和澳大利亚也有将 LNG 冷能用于空分装置的成功案例。意大利西西里有将 LNG 冷能用于冷藏车和超市冷库的研究。[15]

虽然国外利用 LNG 冷能已有几十年的历史，技术较为成熟，但冷能的利用率均不高，仍有一定的浪费。

第二节　液化天然气冷能利用的相关产业政策

随着天然气在中国能源战略转型中的作用越来越突出，建设节约型社会的任务越来越紧迫，在天然气和冷能下游产品领域，国家相关部门发布了一系列政策法规，现将一些具有代表性政策的信息列举如下。

2012 年，《天然气利用政策》中提出"综合考虑天然气利用的设备效益、环境效益和经济效益以及不同用户的用气特点等各方面因素，天然气用户分为优先类、允许类、限制类和禁止类"。这对于制定 LNG 冷能用于不同温位供冷项目的优先顺序具有借鉴意义。

2012 年，《国家发展改革委关于印发天然气发展"十二五"规划的通知》明确提出了"LNG 接收站冷能利用纳入 LNG 项目核准评估内容，实现节能减排和提高能效"，"加大LNG 冷能利用力度，冷能利用项目须与接收站同步建设，减少对海水生态环境的影响，提高能源综合利用效率"。

2015 年，《国民经济和社会发展"十三五"规划纲要》中，"绿色发展"被着重提出。

2016 年，《国家发展改革委关于印发石油天然气发展"十三五"规划的通知》明确提出"加强天然气泄漏检测，减少温室气体逃逸排放，加大 LNG 冷能利用力度"。

2017 年，《政府工作报告》提出"坚决打好蓝天保卫战"，后续政府相继提出加大落实环保政策以及"煤改气"工作。

LNG 冷能利用项目符合《产业结构调整指导目录》（2019 年）第一类第七条第 9 款的规定，属国家鼓励类项目。

第三节　液化天然气冷能利用原理及分析

㶲分析法是能量系统中重要的分析方法[16]，能清楚地确定能量种类、内部不可逆损失情况、热力损失的原因及分布，从而为合理利用冷能提供重要的理论指导。LNG 冷量的利用就是将 LNG 的冷量传递给需要冷却的工质，达到冷量回收的目的，该过程是不可逆的热力学过程，存在着㶲损失，且传热温差越大，㶲损失也越大。

LNG 从初态 (T_S, p_S) 经一系列的可逆过程，最终达到与环境的平衡态 (T_0, p_0) 时，根据系统稳定流动能量方程可得 LNG 完成冷能利用后的最大有用功，即系统工质的㶲 (e_x) 为：

$$e_x=(h-h_0)+T_0(s_0-s)=c_p(T-T_0)+T_0\int_{T_0}^T\frac{\mathrm{d}q}{T}-T_0R\int_{p_0}^p\frac{\mathrm{d}p}{p} \tag{3-1}$$

式中　h——LNG 终态焓，J；

　　　h_0——LNG 初态焓，J；

　　　T_0——LNG 初态温度，K；

　　　s——LNG 终态熵，J/kg；

　　　s_0——LNG 初态熵，J/kg；

　　　c_p——比定压热容，J/(kg·K)。

根据式(3-1)，将 LNG 的冷量㶲分为温度㶲和压力㶲两部分[17]，其中：

温度㶲为：

$$e_{x,th}=c_p(T_s-T_0)+T_0\int_{T_0}^T\frac{\mathrm{d}q}{T}=c_p(T_s-T_0)+c_pT_0\ln\frac{T_0}{T_s} \tag{3-2}$$

压力㶲为：

$$e_{x,p}=T_0R\int_{p_0}^p\frac{\mathrm{d}p}{p}=T_0R\ln\frac{p_s}{p_0} \tag{3-3}$$

LNG 从-162℃气化成常温气体的过程中，吸收 763~900kJ/kg 的热量，同时在大型 LNG 接收站中，LNG 具有较高压力，根据上文㶲的分析，大型 LNG 接收站蕴含的 LNG 冷能相当可观[17]。另外，LNG 用途不同，温度和压力不同，回收途径也不同。通常，LNG 接收站下游为燃气管道时，天然气的出站压力较高，为 2~10MPa，压力㶲大，低温㶲相对较小，可有效利用其压力；而 LNG 接收站下游为发电厂时，LNG 气化压力较低，为 0.5~5.5MPa，压力㶲小，低温㶲大，可充分利用其温度㶲。LNG 冷能的应用要根据 LNG 的具体用途，结合特定的工艺流程，有效回收 LNG 冷能。

根据㶲分析目的的不同，可将㶲分析模型分为黑箱模型、白箱模型及灰箱模型[18]。将 LNG 冷能利用工艺体系中的各个设备视为独立黑箱，并由㶲流线将各黑箱逐一连接成为黑箱网络，即建成灰箱模型。㶲的组成包括动能㶲、势能㶲、物理㶲及化学㶲四个部分。由于 LNG 冷能利用工艺流程多处于沿海平原地区，物流中的动能及势能变化可忽略不计；目前 LNG 冷能利用工艺方案无化学反应，则可忽略其化学㶲；因此对于 LNG 冷能利用工艺的㶲分析主要针对物理㶲。

以 LNG 冷能利用工艺流程中任意子流程的通用黑箱模型为例(见图 3-1)，将 LNG 冷能工艺中的每个设备均当作一个黑箱模型，分别考虑㶲损，有利于确定整个系统中有效能利用的薄弱环节，从质的层面找出能量损耗的原因，以便对其进行单独改进，优化参数，降低综合能耗。

假设流入流出黑箱模型中的物流 1、物流 2、物流 3 分别为气体、液体、气液混合物，其过程中有能量输入 Q_2 和输出 Q_1 以及㶲损

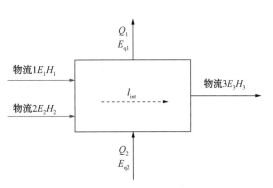

图 3-1　㶲分析方法的子流程黑箱模型

I_{int}，则该子流程中存在能量平衡和㶲平衡，其计算式分别为：

$$H_1+H_2+Q_2=H_3+Q_1 \tag{3-4}$$

$$E_1+E_2+E_{q2}=E_3+E_{q1}+I_{int} \tag{3-5}$$

其中：

$$E_3=E_{3l}y_3+E_{3v}(1-y_3) \tag{3-6}$$

$$E_i=C_p(T_1-T_0)+T_0\left(C_p\ln\frac{T_1}{T_0}-R_m\ln\frac{p_1}{p_0}\right) \quad (i=1,\ 3v) \tag{3-7}$$

$$E_j=c_p\left[(T_1-T_0)-T_0\ln\frac{T_2}{T_0}\right]+V_m(p_2-p_0) \quad (j=2,\ 3l) \tag{3-8}$$

该子流程的㶲效率和㶲损系数的计算式分别为：

$$\eta_{ex}=1-\varepsilon_{ex} \tag{3-9}$$

$$\varepsilon_{ex}=\frac{I_{int}}{E_{in}} \tag{3-10}$$

式中　H_1、H_2、H_3——物流1、物流2、物流3的焓值，kJ；

　　　Q_1、Q_2、Q_3——物流1、物流2、物流3的能流，kJ；

　　　E_1、E_2、E_3——物流1、物流2、物流3的㶲值，kJ/h；

　　　　　　I_{int}——子流程的㶲损，kJ/h；

　　　E_{3v}、E_{3l}——物流3中气相、液相部分的㶲值，kJ/h；

　　　　　3v、3l——物流3中的气相、液相部分；

　　　E_{q2}、E_{q1}——输入子流程的供给㶲、输出子流程的无效㶲，kJ/h；

　　　　　　　c_p——物流的比热容，kJ/(kmol·K)；

　　　　　　　V_m——物流的摩尔体积，m³/mol；

　　　T_1、T_2——物流1、物流2的温度，K；

　　　p_1、p_2——物流1、物流2的压力，kPa；

　　　　　　　p_0——物流基准态压力，kPa；

　　　　　　　T_0——物流基准态温度，K；

　　　　　　　y_3——物流3中液相的摩尔分数，%；

　　　　　　　η_{ex}——㶲效率，%；

　　　　　　　ε_{ex}——子流程的㶲损系数。

第四节　液化天然气冷能利用方案

一、液化天然气冷能发电

(一)冷能发电概况

LNG冷能发电原理是利用LNG的低温使发电工质液化，发电工质经加热气化后进入汽轮机中膨胀做功，从而带动发电机发电。常规使用的冷能发电方式主要有：直接膨胀法、朗肯循环法、布雷顿循环法、燃气轮机循环法及联合法[19]。

日本是目前世界上最大的 LNG 进口国，LNG 冷能利用一直处于领先行列。据睿咨得能源管理公司预测，到 2022 年，日本 LNG 进口量将达 74.30Mt。目前日本进口 LNG 用于冷能的部分中，72%供于发电，27%供于民用，1%供钢铁厂用。日本 LNG 接收站气化后的天然气用途可分为四类：全部民用、全部发电、民用和发电、发电和钢厂。对于用于发电的 LNG 接收站，日本把发电厂与 LNG 接收站合建，该方案有利于设备共用，较好地利用 LNG 冷能，从而减少投资。冷能发电是日本冷能利用的主要途径，目前日本共建有 16 套低温独立发电装置，每套装置发电功率为几千千瓦不等[4,20]。表 3-1 是日本在运行 LNG 冷能发电项目，这些实例为我国提供了很多宝贵的经验。

1990 年，中国台湾中油公司永安 LNG 接收站建成 1 座 LNG 冷能发电站，发电量为 2600kW；中国大陆尚未有建成的 LNG 冷能发电项目，上海洋山港 LNG 冷能发电项目采用了国外技术，目前已进入详细设计阶段，是国内第一个 LNG 冷能发电项目。

表 3-1 日本 LNG 冷能发电项目

公司及终端名		套数	建成日期	输出功率/kW	类型	LNG 用量/(t/h)	输出压力/MPa
1. 大阪煤气	SenbokuDaini	1	1979-12	1450	朗肯	60	3.0
	SenbokuDaini	1	1982-02	6000	朗肯/直接膨胀	150	1.7
	Himeji	1	1987-03	2800	朗肯	120	4.0
	SenbokuDaini	1	1989-02	2400	直接膨胀	83	0.7
	Himeji	1	2002	5000	直接膨胀	220	
	Hioki	1	2000	1155	直接膨胀	45	
2. ToboGas	Chita Kyodo	1	1981-12	1000	朗肯	40	1.4
3. Kyushu 电力、日钢	Kitakyushu LNG	1	1982-11	8400	朗肯/直接膨胀	150	0.9
4. Chubu 电力	Chita LNG	2	1 号：1983-06 2 号：1984-03	7200 7200	朗肯/直接膨胀	150 150	0.9
	Yokkaichi	1	1989-12	7000	朗肯/直接膨胀	150	0.9
5. Tohoku 电力	Nihonkai LNG	1	1984-09	5600	直接膨胀	175	0.9
6. 东京煤气	Negishi	1	1985-04	4000	混合工质朗肯	100	2.4
7. 东京电力	Higashi Ogishima	1	1 号：1986-05	3300	直接膨胀	100	0.8
	Higashi Ogishima	2	2 号：1987-09 3 号：1991	8800 8800	直接膨胀	170 170	0.4

（二）直接膨胀法

图 3-2 是 LNG 冷能直接膨胀发电基本工艺流程图。LNG 经低温泵加压后送至蒸发器，经海水或其他低热源换热后送至膨胀透平机做功，带动发电机工作从而输出电能。该方案流程简单，所需设备较少，但是该方案在气化过程中，LNG 大部分冷量被海水带走，其低温位高品质冷量未得到利用，因此

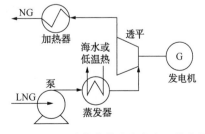

图 3-2 LNG 冷能直接膨胀发电工艺流程

该方案效率不高，发电功率较低。当 LNG 接收站下游配套共用一个压力管道系统，且不同用户所需压力差较大时，对于低压用户，可采用直接膨胀发电工艺方案。

（三）朗肯循环法

朗肯循环是一种理想循环过程，其工艺流程图及对应 T-s 图见图 3-3，主要包括等熵压缩（3-4）、等压加热（4-5）、等熵膨胀（1-2）以及等压冷凝（2-3）四个过程。

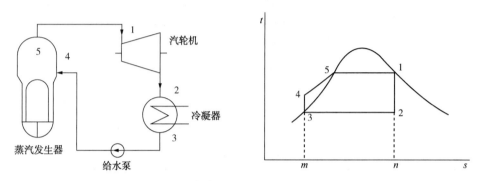

图 3-3　朗肯循环工艺流程及 T-s 图

图 3-3 以单位质量工质为基准，在蒸汽发生器内的定压吸热过程（4-5-1）中，工质吸入的热量为：

$$q_1 = h_1 - h_4 \tag{3-11}$$

在汽轮机内的绝热膨胀过程（1-2）中，蒸汽所做的理论功为：

$$w_T = h_1 - h_2 \tag{3-12}$$

在冷凝器内的定压（定温）放热过程（2-3）中，乏汽向循环冷却水放出的热量为：

$$q_2 = h_2 - h_3 \tag{3-13}$$

在绝热压缩过程（3-4）中，水泵对凝水所做的功为：

$$w_P = h_4 - h_3 \tag{3-14}$$

整个循环中工质完成的净功为：

$$w_0 = w_T - w_P = (h_1 - h_2) - (h_4 - h_3) \tag{3-15}$$

循环有效热量为：

$$q_0 = q_1 - q_2 = (h_1 - h_4) - (h_2 - h_3) = (h_1 - h_2) - (h_4 - h_3) \tag{3-16}$$

$$q_0 = w_0 \tag{3-17}$$

循环热效率为：

$$\eta_t = \frac{w_0}{q_1} = \frac{q_1 - q_2}{q_1} = \frac{(h_1 - h_2) - (h_4 - h_3)}{h_1 - h_4} = \frac{w_T - w_P}{q_1} \tag{3-18}$$

忽略水泵功对计算的影响：

$$h_4 \approx h_3 \tag{3-19}$$

则循环热效率的近似表达式为：

$$\eta_t = \frac{w_T}{q_1} = \frac{h_1 - h_2}{h_1 - h_3} \tag{3-20}$$

单朗肯循环用于 LNG 冷能发电，单朗肯循环冷能发电工艺流程图见图 3-4。

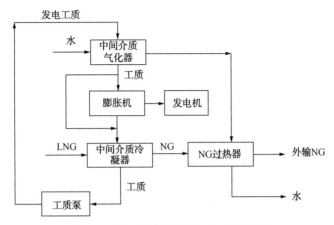

图 3-4 单朗肯循环冷能发电工艺流程图

单朗肯循环利用 LNG 冷能将冷媒(发电工质)冷凝为液体后通过工质泵送至中间介质气化器，气化后的冷媒经过膨胀透平机做功，带动发电机发电，完成做功后的低压气态冷媒再进入中间介质冷凝器进行下个循环。直接膨胀发电法是利用 LNG 压力㶲，而朗肯循环则是充分利用了 LNG 温度㶲。在低温朗肯循环中，仅需外界输入工质泵电耗，该能耗较小可忽略不计，则该方案几乎不需要外界输入功和有效热量，因此该方法发展空间较大。该方案中系统热还可以选择海水或者附近工厂的废热及余热。

为提高朗肯循环中 LNG 利用率，发电工质的选择十分重要。其选择原则既具有相对独立性，又与系统的热力特性、经济性紧密相关：

① 单位容积制冷能力强，可以减小压缩机体积，发电性能好，在相同条件下，实际发电量较大；

② 导热系数大，可提高传热效率；

③ 液体比热容小，可减小节流损失；

④ 黏度和密度低，可减小流动阻力，提高循环性能；

⑤ 工质的压力水平适宜，在冷源温度下，不会出现高度真空；

⑥ 通用性好，来源可靠，价格适宜；

⑦ 化学稳定性好，不分解，对金属的腐蚀性小，毒性小，不燃不爆；

⑧ 绝热指数小，可使排气温度不致过高和减小压缩功，同时压缩机的润滑条件也会得以改善[1]。

发电工质可以是单一工质，也可采用以液化天然气和液化石油气为原料的多组分混合工质。若采用单一工质，可选用丙烷、乙烷等，目前 LNG 冷能发电系统大部分采用丙烷作为发电工质，该方案投资成本相对较低。但是采用单一工质方案 LNG 冷能回收率较低，这是由于单一工质气化、冷凝温度和冷源 LNG、热源海水(或循环水)存在温差，从而造成较大㶲损失。采用混合工质可有效提高冷能回收率。日本是利用 LNG 冷能发电最早、最多且技术最成熟的国家，绝大部分采用单一工质有机朗肯循环，工质为丙烷，LNG 冷能利用的发电量为 20~26kW·h/t，而日本九电新日铁-北九州 LNG 联合法使用混合工质，其 LNG 冷能利用的发电量达到了 62.6kW·h/t[1]。尽管采用混合循环工质方案时 LNG 的利用温度范围更宽、冷能利用率更高，具有明显的优越性，但实际生产中，选取混合工质的 LNG 接收站并不多，往往不作为首选。这是由于 LNG 是多组分混合物，沸点范围广，若采用混合工质，为了提高 LNG 气化器的热效率，需使工作媒体的冷凝曲线尽可能与 LNG 的气化曲线一致。为了保证 LNG 冷能利用率，对应不同组分的 LNG，需调节不同混合工质的组分，但是一般 LNG 接收站资源来源较多，LNG 组分无法维持在一个恒定状态。

针对不同温度的低品位热源，国内外学者对低温 ORC 工质的筛选进行了大量的研究并得出了普遍认同的筛选标准，认为一个理想的工质应具有以下特征：

① 优秀的热力学性能，包括合适的临界参数、合理的沸腾和凝结参数、良好的流动特性以及换热能力；

② 良好的环保性能，即要求工质对环境友好，对臭氧层无破坏能力并且温室效应较低；

③ 安全性较好，即无毒性或毒性较低、不可燃或低易燃易爆性、对设备管路和人体等腐蚀性较低；

④ 化学稳定性好；

⑤ 价格低廉。

经过调研，不同热源温度下对应的朗肯循环系统最优工质见表 3-2[22]。

表 3-2 低温朗肯循环适用热源工质

热源温度/℃	热源类型	工质种类	热源温度/℃	热源类型	工质种类
350	太阳能	甲苯	80~140	废热	R236ea
330	汽车尾气	R245ca	90~120	地热能	R134a
250	工业余热	R134a	100	工业余热	正己烷
210	工业余热	R227ca, R152a	80~100	工业余热	R152a
100~250	工业余热	R290, R601a	70~100	地热能	R125, R218, R41
<150	工业余热	R143a	60~80	太阳能	R601a
140	废热	R123	25	海水	R1270

当然，也可以采用两级或多级朗肯循环并联、串联或嵌套使用法。高为等发明了"一种横向两级利用 LNG 跨临界冷能朗肯循环发电系统"[23]。其工艺流程见图 3-5，它包括两个

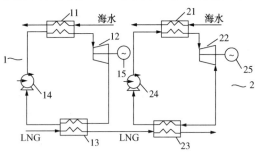

图 3-5 一种横向两级利用
LNG 跨临界冷能朗肯循环发电系统[23]

11—一级蒸发器；12—一级汽轮机；13—一级冷凝器；
14—一级工质泵；15—一级发电机；21—二级蒸发器；
22—二级汽轮机；23—二级冷凝器；24—二级工质泵；
25—二级发电机

单级朗肯循环系统，两级朗肯循环串联使用。每级朗肯循环系统均包括蒸发器、汽轮机、冷凝器、工质泵、发电机和在系统中循环的发电工质；其中，蒸发器、汽轮机、冷凝器和工质泵依次通过管道连接构成闭环结构，发电机通过管道与汽轮机连接；蒸发器热源为海水；冷凝器冷源为 LNG。两级朗肯循环均采用单一发电工质，第一单级朗肯循环系统采用乙烷，第二单级采用丙烷。

鲍军江等[24]发明了"一种利用液化天然气冷能的两级冷凝朗肯循环发电系统"，其工艺流程见图 3-6。该发电系统包括一级冷凝循环系统的第一膨胀机、第一发电机、第一冷凝

器、第一工质泵，二级冷凝循环的第二膨胀机、第二发电机、第二冷凝器、第二工质泵，以及混合器、蒸发器、分离器、第一海水泵、第二海水泵和第一加热器。LNG 经过 LNG 增压泵加压后，进入一级冷凝循环的第一冷凝器，与第一膨胀机做功后的循环工质进行换热；换热后进入二级冷凝循环的第二冷凝器，与第二膨胀机做功后的循环工质进行换热；换热后进入第一加热器，与经第二海水泵加压的海水进行换热，完成 LNG 气化过程，变为天然气（NG）；第一冷凝器冷凝后的循环工质进入第一工质泵加压，第二冷凝器冷凝后的循环工质进入第二工质泵加压；第一工

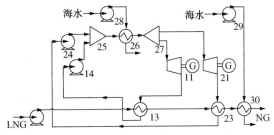

图 3-6　一种利用液化天然气冷能的
两级冷凝朗肯循环发电系统

11—第一膨胀机；12—第一发电机；13—第一冷凝器；
14—第一工质泵，21—第二膨胀机；22—第二发电机；
23—第二冷凝器；24—第二工质泵，25—混合器；
26—蒸发器；27—分离器；28—第一海水泵；
29—第二海水泵；30—第一加热器

质泵加压后的循环工质与第二工质泵加压后的循环工质进入混合器混合；经混合器混合后的循环工质与经第一海水泵加压的海水在蒸发器内进行换热；经蒸发器换热后的循环工质进入分离器分离；经分离器分离后的循环工质分别进入第一膨胀机和第二膨胀机，分别带动第一发电机和第二发电机发电；最后经第一膨胀机和第二膨胀机做功后的工质分别进入第一冷凝器和第二冷凝器与 LNG 换热完成整个循环。

姚寿广等发明了"一种超临界横向两级纵向一级的朗肯循环发电系统"，其工艺流程见图 3-7。该流程包括 1 台 LNG 循环泵、1 台海水泵，还包括横向并联的两级发电单元和一纵向分布在两级发电单元上方的三级发电单元。横向并联的两级发电单元与高为等[23]的发明专利相似，但该两级的蒸发器热源为第三级发电单元的发电工质。三级发电单元与单朗肯循环相似，三级发电单元包括三级蒸发器、三级汽轮机、三级分流器、三级混合器、三级工质

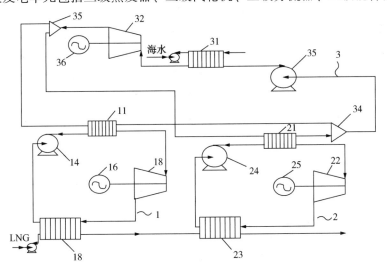

图 3-7　一种超临界横向两级、纵向一级的朗肯循环发电系统

11—一级蒸发器；12—一级膨胀机；13—一级冷凝器；14—一级工质泵；16—一级发电机；21—二级蒸发器；
22—二级膨胀机；23—二级冷凝器；24—二级工质泵；26—二级发电机；31—三级蒸发器；
32—三级膨胀机；33—三级工质泵；34—三级混合器；35—三级分流器；36—三级发电机

泵及三级发电工质，其中三级分流器出口为一级及二级发电单元蒸发器热源入口物流，三级混合器输入物流为一级及二级发电单元蒸发器热源出口物流，三级蒸发器的热源为海水。该专利中一级发电工质采用乙烷，二级发电工质采用丙烷，三级发电工质采用四氟乙烷。

采用朗肯循环法进行冷能发电，LNG 冷能的利用率要优于直接膨胀法，但是高于冷凝温度的这部分天然气冷能仍未被利用，从而造成冷能回收率也不高。

(四)布雷顿循环法

布雷顿循环一般是指燃气轮机循环。布雷顿循环与朗肯循环的流程类似，主要包括等熵压缩、等压加热、等熵膨胀和等压冷却四个过程，不同之处在于冷媒没有发生相变过程，一直保持气态。布雷顿循环 $P-v$、$T-s$ 图见图 3-8。

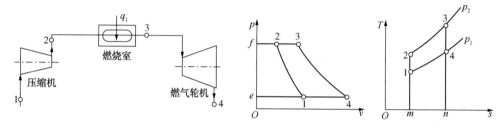

图 3-8　布雷顿循环流程及对应 $p-v$、$T-s$ 图

布雷顿循环热效率为：

$$\eta_t = 1 - \frac{h_4 - h_1}{h_3 - h_2} = 1 - \frac{T_4 - T_1}{T_3 - T_2} \tag{3-21}$$

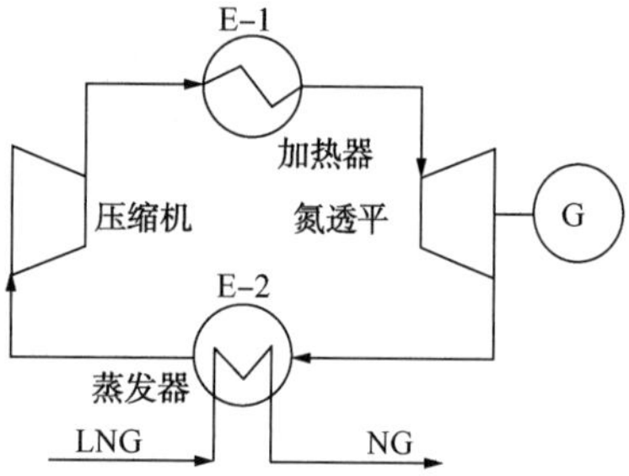

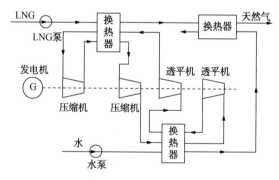

图 3-9　氮气循环发电法

图 3-9 为利用氮气作为冷媒的布雷顿循环发电流程，主要是利用 LNG 冷能降低压缩机的进口气体温度，从而节省耗功。目前被 LNG 冷却的氮气可低至-130℃。为了提高换热效率，LNG 的气化曲线应与 N_2 的温度变化相一致，因此 LNG 应在超临界压力下气化，此流程仅适用于 LNG 使用压力较高的场合，因而有一定的限制。

在实际情况中，压缩和膨胀的过程中存在不可逆因素。在定压加热简单循环的基础上采用回热，即在装置中添加一个回热器，利用排气的热量加热压缩后的气体，是提高热效率的一种措施。优化后的两种工艺流程图见图 3-10 及图 3-11。

图 3-10　两级压缩-两级膨胀布雷顿循环法冷能发电系统工艺流程

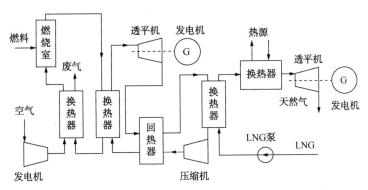

图 3-11　加强回热系统优化布雷顿循环系统工艺流程[25]

（五）燃气轮机循环法

此方法主要是利用 LNG 冷能冷却燃气轮机的入口空气或者蒸汽轮机的排气。西安交通大学设计的利用 LNG 冷能的燃气轮机发电系统，当环境温度由 30℃降低到 5℃时，系统效率提高近 4%，烟效率在 50%左右。实际应用中，为了迅速传递冷量，要求中间载冷剂易挥发，且冷却后的空气温度必须严格控制在 0℃以上，以防止空气中的水蒸气结冰而堵塞管道，因此该方法工艺要求比较高。

（六）联合法

1. 朗肯循环与直接膨胀联合法

朗肯循环法和直接膨胀法的组合工艺流程见图 3-12～图 3-14。LNG 经低温泵加压后通过冷媒换热器，经过冷媒换热器换热后的 LNG 温度有所升高，再利用海水换热后完全气化，将气化后的 LNG 送至膨胀透平机做功发电；而冷媒换热后经过增压泵然后送至气化器，气化后的冷媒进入膨胀透平机做功，输出电能。该技术同时利用了 LNG 的压力烟和温度烟，因此该技术冷能回收效率高，但流程相对复杂，设备元件较多，投资成本高。

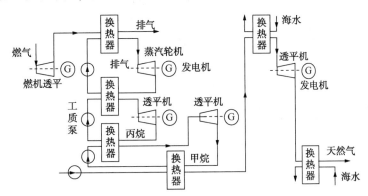

图 3-12　LNG 冷能发电联合法工艺流程图（一）

2. 直接膨胀与布雷顿循环法联合工艺

直接膨胀与布雷顿循环法联合工艺流程图见图 3-15。

3. 多级复合循环法

为了提高余热和 LNG 冷能的利用效率，有学者提出了根据不同循环工作温度的差别，采用复合循环方式。图 3-16 为由四级循环构成的复合 LNG 发电，首级是燃气轮机循环，最后一级是朗肯循环, 再结合 LNG 直接膨胀, 共五个利用等级, 根据分析其效率可达 58.61%。但是该系统过于复杂, 实际应用存在诸多问题[26]。

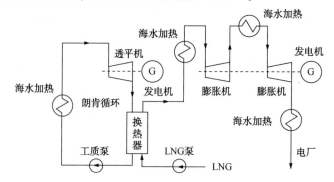

图 3-13 非共沸混合工质 LNG 冷能发电电站系统工艺流程图[25]

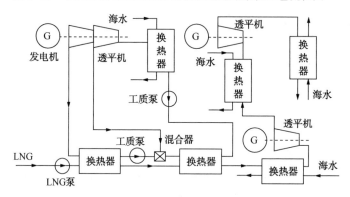

图 3-14 LNG 冷能发电联合法工艺流程图(二)

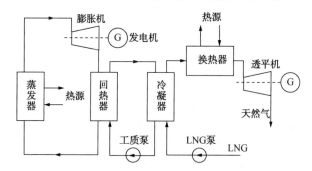

图 3-15 具有回热结构的联合法循环系统工艺流程

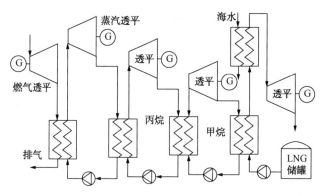

图 3-16 多级复合 LNG 发电工艺流程

基于"温度对口, 梯级利用"原则, 梁莹[27]等将 LNG 冷能与富氧燃烧技术、燃气轮机发电、氮气布雷顿循环、朗肯循环及碳捕获相结合, 工艺流程见图 3-17。通过分析可知, 该方案总发电效率为 58.25%, 系统㶲效率为 40.39%。

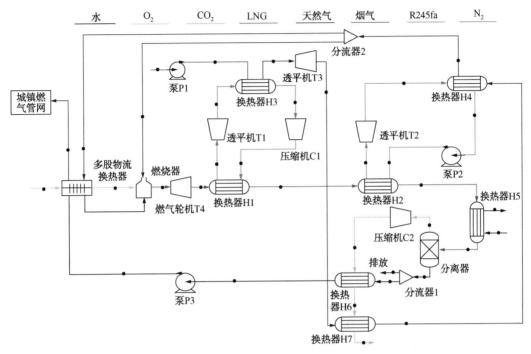

图 3-17 燃气轮机、布雷顿循环及朗肯循环联合发电工艺流程

二、液化天然气冷能空分

(一) 概况

根据 LNG 冷量㶲特性可知, LNG 温度与环境温度偏差越大, 冷量㶲越大。因此应尽可能地在较低的温度下利用 LNG 的冷能, 以免浪费。空分装置的工作温度在 $-190 \sim -150℃$ 之间, 比 LNG 的温度还低, 因此在空分装置中利用 LNG 冷能, LNG 的冷量㶲能得到最佳的利用。

传统方式生产 $1m^3$ 的液化空气大约需要 2717kJ 的冷能[17], 利用回收的 LNG 冷能和两级压缩式制冷机冷却空气制取液氮、液氧, 制冷机很容易实现小型化, 电能消耗也可减少 50%, 水耗减少 30%, 这样就会大大降低液氮、液氧的生产成本, 具有可观的经济效益[28]。目前, 空分已成为 LNG 冷能利用工艺中常用的技术之一, 已被世界多个国家广泛采用。世界上第一座 LNG 冷能利用装置, 于 1971 年在日本投运。表 3-3 是日本利用 LNG 冷能的空分装置情况。

表 3-3 日本利用 LNG 冷能的空分装置

LNG 接收基地		根岸基地	泉北基地	袖浦基地	知多基地
生产能力	液氮/(Nm³/h)	7000	7500	60000	6000
	液氧/(Nm³/h)	3050	7500	60000	4000
	液氩/(Nm³/h)	150	150	100	100

LNG 接收基地	根岸基地	泉北基地	袖浦基地	知多基地
LNG 用量/(t/h)	8	23	34	26
电消耗量/[(kW·h)/m³]	0.8	0.6	0.54	0.57

2009 年，福建莆田 LNG 接收站建成了中国第一套冷能空分装置，目前我国的冷能空分项目建成并已投产的有 5 座，见表 3-4。

表 3-4　目前我国已建冷能空分项目

接收站名称	建设状态	空分设备供应商	冷能空分装置规模
福建莆田	投产	空分产品公司	610t/d 液氧、液氩、液氮产品
江苏如东	投产	杭氧	610t/d 液氧、液氩、液氮产品
唐山曹妃甸	投产	四川空分	723t/d 液氧、液氩、液氮产品
浙江宁波	投产	中国海油/四川空分	614.5t/d 液氧、液氩、液氮产品
广东珠海	投产	中国海油/四川空分	614.5t/d 液氧、液氩、液氮产品

但是冷能空分装置的规模受下游市场需求的制约，若不能满产全销，冷能空分的冷能利用量、装置能耗和经济效益均无法达到预期指标。从安全性和综合性考虑，空分液体产品的最佳销售半径一般为 100~300km。另外，为减少销售不畅或车辆运输周转受阻带来的影响，液体产品储罐的容量一般为 3000m³。

（二）LNG 冷能空分工艺流程

LNG 冷能空分装置与传统空分装置的不同之处在于，LNG 冷能空分装置利用 LNG 提供冷能，取代传统透平膨胀机制冷，从而节约能源[7,29]。LNG 冷能用于空气分离就是将 LNG 的冷量传递给需要冷却的空气，达到冷量回收的目的。在传统的空气分离过程中，冷量的制取主要靠膨胀制冷和节流制冷。主要通过压缩机把空气压缩成高温高压气体，再经冷却塔冷却，然后通过膨胀机，膨胀后的低温空气通过换热器与需要液化的空气换热，使空气达到工艺要求的低温。在这个过程中，需要将作为制冷剂的空气压力提升到很高压力，压缩机消耗的大量的电能，其中很大一部分能量转化为热量被冷却塔冷却。常规空气分离工厂的液态空分产品的生产成本主要由几部分构成，45%~55%电力成本，20%~30%运输成本，15%~25%设备折旧，5%~7%的生产管理成本等。

以 LNG 冷能注入空分系统的方式而言，已有文献和专利所研究设计流程可分为三类：LNG 冷却原料空气，LNG 冷却上塔常压氮气，以及 LNG 冷却下塔高压氮气[30]。

1. LNG 冷却原料空气

LNG 冷却原料空气是最为简洁的流程，通常为 LNG 直接进入空分主换热器释放冷能，不需要增加额外的增压部件和换热器。文献[31]中提出的流程如图 3-18 所示，取消原空分流程的自增压膨胀制冷单元，利用 LNG 冷能补充节流制冷不足以生成液体产品所带走冷量。该流程简单，制液能耗可下降 50%。但 LNG 直接与空气进行换热，如若发生冷热流体泄漏，将会存在较大的安全隐患；同时，考虑到 LNG 的压力(2~10MPa)要远高于原料空气的压力(0.56~1.5MPa)，且 LNG 入口温度(-160℃)要高于原料空气进入下塔的温度(-172℃)，因此主换热器冷端出口温度交叉，设计与加工难度较大。

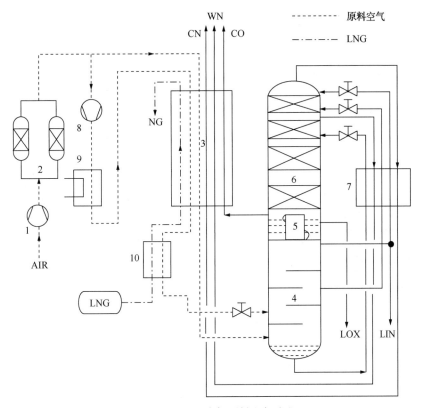

图 3-18　LNG 冷却原料空气流程

1—空气压缩机；2—分子筛吸附器；3—主换热器；4—空气分馏塔下塔；
5—冷凝蒸发器；6—空气分馏塔上塔；7—换热器；8—空气增压机；9—冷水机组；10—过冷器

2. LNG 冷却上塔常压氮气

LNG 冷却循环氮气是研究最广泛和深入的冷能利用流程。在空分系统中，氮气有两个来源：来自上塔顶部的常压氮气和来自下塔顶部的高压液氮/氮气。不同位置的氮气对 LNG 冷能的吸收构成不同方式的冷能集成系统。利用 LNG 冷却上塔常压氮气是最为安全的流程，因为冷却氮气将不会再次进入塔内参与精馏。陈则韶等[32]提出的流程采用经主换热器加热的上塔常压氮气吸收 LNG 高品位冷能，未完全利用的冷能与氟利昂继续进行热交换，氟利昂作为载冷剂用于冷却压缩空气，单位液体生成能耗相较传统空分节省 60%～73.5%，节能效果明显，具体流程如图 3-19 所示。

3. LNG 冷却下塔高压氮气

采用下塔高压氮气作为冷媒吸收 LNG 冷能是更为常见的设计流程。由 Nakaiwa 等[28]提出的流程是先将下塔 0.53MPa 的纯氮气压缩至 3.14MPa，并用 LNG 冷却，后节流制液返回到下塔，结果显示生产单位标准立方米氧气的能耗由原来的 1.2kW·h 降至 0.57kW·h。金滔等[33]针对上述流程的缺点对 LNG 冷能空分流程进行更深一步的改进，选择冷却经主换热器加热的下塔顶部高压氮气，取消氮气内循环系统，使整个系统的压力得到很大程度的降低，减少系统能耗；由于主换热器的热负荷下降，且利用一部分污氮与冷却水进行换热，系统能耗进一步降低，具体流程见图 3-20。

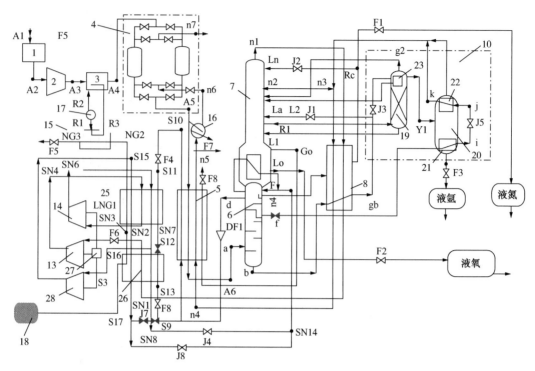

图 3-19　LNG 冷能冷却上塔常压氮气流程

1—空气过滤器；2—空气压缩机；3—空气冷却器；4—分子筛吸附系统；5—主热交换系统；6—高压分馏塔；7—低压分馏塔；8—过冷器；10—氩气分流系统；13—中压氮气压缩机；14—高压氮气压缩机；15—LNG 回温换热器；16—废氮气加热器；17—冷却循环泵；18—LNG 储罐；25—LNG 热交换器；26—低-高压循环氮气热交换器；28—外循环中压氮气压缩机

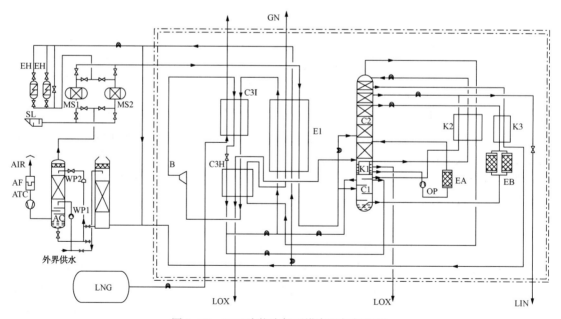

图 3-20　LNG 冷能冷却下塔高压氮气流程

AF—空气过滤器；ATC—空气透平压缩机；B—中压氮气压缩机；MS—分子筛吸附器；C1—下塔；C2—上塔；C3Ⅰ—LNG 换热器Ⅰ；CEⅡ—LNG 换热器Ⅱ；E1—主换热器；EA—液氧吸附器；EB—液空吸附器；WP—水泵；EH—电加热器；K1—主冷凝蒸发器；K2—液氮过冷器；K3—液空过冷器；OP—流程液氧泵

（三）LNG 冷能空分工艺现状

目前，国际上通用的 LNG 冷能空分工艺都是将高压循环氮气液化，利用液氮将 LNG 的冷能转移到空分装置。

日本专利取消了常规的高压分馏塔，原料空气只需压缩到低压分馏塔的操作压力，因而能耗降低；将低压分馏塔精馏出的氮气压缩至高压，再利用 LNG 冷能冷却，从而生产液氮和液氧。但该工艺中采用氟利昂作为 LNG 与压缩氮气及压缩空气之间的载冷剂，不符合环保要求。大阪煤气公司利用 LNG 冷能的空分装置流程图见图 3-21。与普通的空分装置相比，电力消耗节省 50%，冷却水节约 70%。

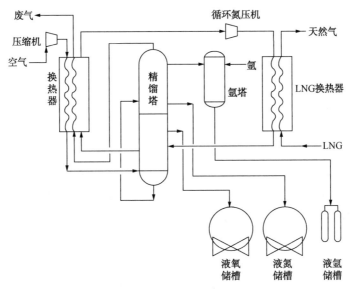

图 3-21　大阪煤气公司 LNG 冷能空分工艺流程

法国 FOS-SUR-MER LNG 接收站中 LNG 冷能空分工艺流程见图 3-22，在该系统中，LNG 冷量用于液化空气厂，也用于旋转机械和汽轮机的冷却水系统[34]。

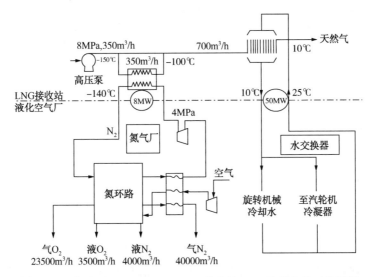

图 3-22　法国 FOS-SUR-MER LNG 接收站 LNG 冷能空分工艺流程

美国和澳大利亚也有 LNG 冷能空分的成功应用案例。美国某空分专利流程图见图 3-23[35]。

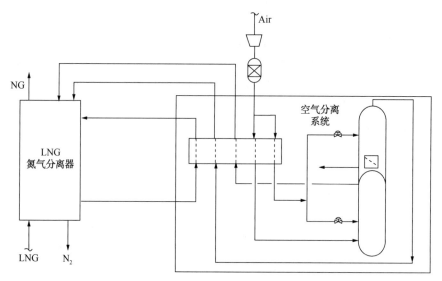

图 3-23　美国某 LNG 冷能空分专利流程图

英国 Donghoi Kim[36] 等提出了一种优化的冷能空分流程，见图 3-24。能量及㶲分析结果表明，与液氮生产循环工艺[能耗为 0.310 (kW·h)/kg] 相比，单塔的冷能空分工艺，经过 LNG 预冷后，能耗更低(0.281kW·h/kg)。

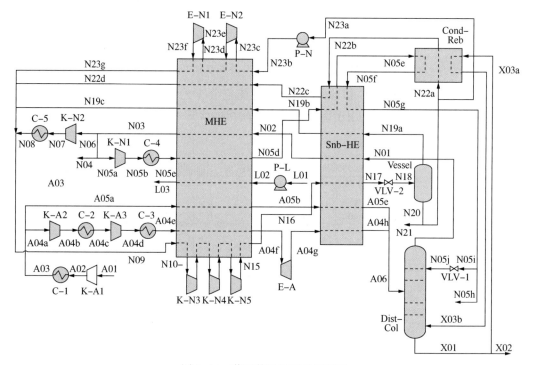

图 3-24　英国某冷能空分流程图

国内某 LNG 接收站冷能利用空分装置具体工艺流程见图 3-25[29,37]。空气经压缩、预冷、过滤后，进入主换热器，经冷却后进入精馏塔精馏。精馏塔上塔顶部抽出废氮，进入主换热器换热后，送至分子筛吸附器吸热后排空。上塔中部抽出粗氢进入精氢塔精馏。上塔底部抽出液氧进入主换热器换热后送至液氧储罐。下塔顶部抽出液氮作为载冷剂进入主换热器换热后进入 LNG 液化器，经多级压缩后被 LNG 冷却液化，然后进入气液分离器，液体部分被抽出输送至液氮储罐，气体部分重新进入 LNG 气化器。从 LNG 气化器中间抽取一部分含有一定冷量的 LNG 用作空气预冷循环。

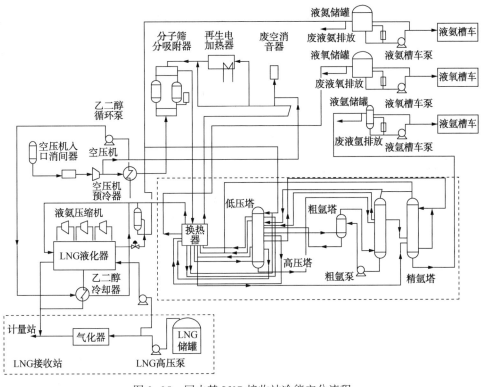

图 3-25　国内某 LNG 接收站冷能空分流程

郑小平[16,38]等提出了 LNG 冷能利用的全液体空分工艺流程，见图 3-26。经自洁式过滤器除去灰尘、机械杂质的空气进入压缩机，压缩至 0.52MPa；压缩后的空气经预冷系统预冷，然后进入纯化系统，经分子筛吸附器净化，去除空气中的水分、二氧化碳、乙炔、丙烯、丙烷等；净化后的空气在主换热器中被返流的上、下塔低温气冷却至液化温度，进入下塔进行初步分离；下塔底部为富氧液空，顶部为高纯度的氮气和液氮；液空、液氮节流进上塔进一步精馏，在冷凝蒸发器中得到液氧（$\geqslant 99.6\% O_2$），作为产品引出；上塔中部抽出氩馏分（$8\% \sim 12\% Ar$）去制氩系统，经粗氩塔除氧、精氩塔除氮，最终在精氩塔底部得到精氩产品；下塔顶部抽出压力氮，在循环氮压机中增压，然后在液化器中与 LNG 换热，吸收 LNG 的冷量被液化，液氮一部分作为产品送出，一部分送入下塔顶部为精馏提供冷量。LNG 的冷量被分段利用，低温冷量在液化器中被循环氮吸收，带入分馏系统，高温冷量通过乙二醇水溶液预冷空气。该工艺方案传热温差小、冷损小、冷量利用率高。

当 LNG 接收站下游有天然气电厂时，通常将 LNG 接收站冷能用于空分，富氧空气用作燃气轮机燃烧发电，该方案既可回收利用 LNG 气化过程中的冷能，又可降低电厂 CO_2 捕获费用，对 LNG 接收站具有双重的经济效益。为满足电厂富氧燃烧的需要，可简化空分流程，同时降低单位氧气的 LNG 消耗量[39]。该方案下 LNG 空分流程见图 3-27。

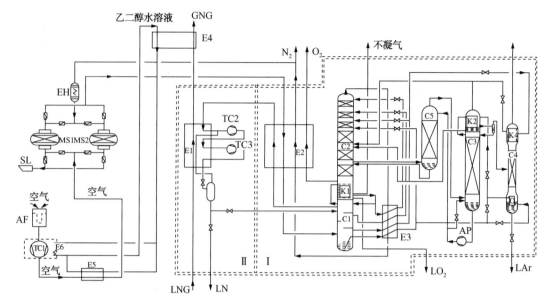

图 3-26　LNG 冷能利用全液体空分装置工艺流程

AF—自洁式空气过滤器；TC1—空气压缩机组；MS1 MS2—分子筛吸附器；EH—电加热器；SL—消音器；
TC2—低温低压循环氮压机；TC3—低温高压循环氮压机；E1—LNG 换热器；E2—高压氮气液化器；E3—低压主换热器；
E4—过冷器；E5—空气液化器；E6—空压机末机冷却器；E7—乙二醇换热器；E8—空压机级间换热器；C1—下塔；
C2—上塔；K1—主冷；C3，C5—粗氩塔；C4—精氩塔；AP—液氩泵；V—节流阀；SV—气液分离器

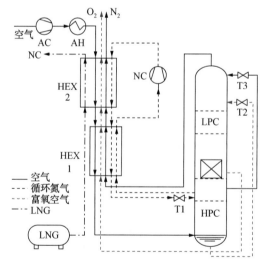

图 3-27　产品为气态富氧空气的 LNG 冷能空分流程

AC—空气压缩机；AH—空气预冷器；HEX1、HEX2—多股流换热器；NC—氮气压缩机；
T1、T2、T3—节流阀；LPC/HPC—低压/高压精馏塔

三、其他冷能利用方式

(一) 冷冻冷库

LNG 基地和大型的冷库基本设在港口附近，所以回收 LNG 冷能供给冷库是很方便的冷能利用方式。

1. 冷库制冷原理

冷库制冷原理为逆卡诺循环。卡诺循环包括四个步骤：等温膨胀（a-b）、绝热膨胀（b-c）、等温压缩（c-d）和绝热压缩（d-a），如图3-28所示[10]。

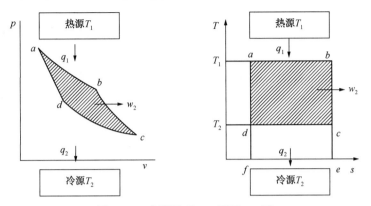

图3-28　卡诺循环p-v图及t-s图

循环热效率：

$$\eta_{\mathrm{t}} = \frac{w_0}{q_1} = 1 - \frac{q_2}{q_1} \tag{3-22}$$

由理想气体可逆等温过程可知：

$$q_1 = R_{\mathrm{g}} T_1 \ln \frac{v_{\mathrm{b}}}{v_{\mathrm{a}}} \tag{3-23}$$

$$q_2 = R_{\mathrm{g}} T_2 \ln \frac{v_{\mathrm{c}}}{v_{\mathrm{d}}} \tag{3-24}$$

由绝热过程状态参数关系可知：

$$\frac{v_{\mathrm{b}}}{v_{\mathrm{a}}} = \frac{v_{\mathrm{c}}}{v_{\mathrm{d}}} \tag{3-25}$$

则卡诺循环的热效率为：

$$\eta_{\mathrm{t}} = 1 - \frac{T_2}{T_1}$$

卡诺循环是从高温热源吸热、向低温热源放热的过程，这是一个制热的过程。而LNG冷库是制冷过程，则按照与卡诺循环相同的路线而反方向进行的循环（即逆卡诺循环），可满足LNG冷库工艺需求。各过程中功和热量的计算式与正向卡诺循环相同，只是传递方向相反。

逆卡诺循环的制冷系数为：

$$\varepsilon_{\mathrm{c}} = \frac{q_2}{w_0} = \frac{q_2}{q_1 - q_2} = \frac{T_2}{T_1 - T_2} \tag{3-26}$$

逆卡诺循环是理想的、经济性最高的制冷循环系统。

2. LNG冷能用于冷库系统

传统的冷库都是采用多级或复叠式压缩制冷装置维持冷库的低温环境，电耗很大。目前国内冷库耗电量中，制冷系统占80%，而制冷系统中压缩机的耗电量约占60%左右。LNG冷能用于冷库系统改变了现有冷库的工艺流程，大大降低了冷库的能耗。冷库项目占地较大，因此需根据土地使用情况，统筹规划。传统冷库电制冷系统设备为一用一备，利用 LNG 冷能只需投入一台备用电制冷系统即可，冷库运营的大部分冷量由 LNG 提供。

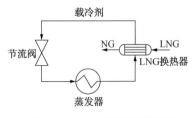

图 3-29 LNG 用于冷库流程

将 LNG 与冷媒在低温换热器中进行热交换，冷却后的冷媒经管道进入冷冻、冷藏库，通过冷却盘管释放冷量实现对物品的冷冻冷藏。这种冷库使 LNG 的冷能几乎无浪费地得以利用，且不用制冷机，节约了大量的初投资和运行费用，还可节约 1/3 以上的电力。其工艺流程简图见图 3-29。常用制冷剂及其物理性质见表 3-5[10]。

表 3-5 常见载冷剂物理性质

载冷剂	分子式	正常蒸发温度/℃	凝点/℃	比热容/[kJ/(kg·K)]
氨(R717)	NH_3	-33.4	-77.7	4.55
R12	CF_2Cl_2	-29.8	-155	1
R22	CHF_2Cl	-40.84	-160	1.4
R23	CHF_3	-82.1	-155.2	6.5
R115	C_2F_5Cl	-38	-106	—
R134a	CH_2FCF_3	-26.1	-103	1.425
乙烷	C_2H_6	-88.6	-182.8	2.984
丙烷	C_3H_8	-42.04	-187.69	2.669
正丁烷	C_4H_{10}	-0.6	-135	—
异丁烷	$CH(CH_3)_3$	-11.7	-159.6	2.406
乙烯	C_2H_4	-103.7	-169.5	—
丙烯	C_3H_6	-47.7	-185	2.175
酒精	C_2H_6OH	78	-117.3	2.4

根据冷库内物品的不同，所需的冷库温度也不同。根据冷库温度不同，冷库可分为高温冷库、中温冷库、低温冷库和超低温冷库。其温度范围和用途如下：

高温冷库：-5～5℃，用来储藏果蔬、蛋类、药材、木材保鲜、干燥等；

中温冷库：-18～-10℃，用来储藏肉类、水产品及适合该温度范的产品；

低温冷库：-28～-23℃，又称冻结库、冷冻冷库，用来实现对产品的冻结；

低温冷库：≤-30℃，用于速冻食品及工业试验、医疗等特殊用途。

LNG 进口温度为-162℃，冷量品位很高，对于冷库而言，LNG 如此高品位的冷量用于载冷剂循环冷却会造成大量的能量损失，因此 LNG 冷能用于冷库利用时采用梯级利用方式。对于三种不同温位的冷库，有串联和并联两种方式，其工艺流程图分别见图 3-30 和图 3-31。

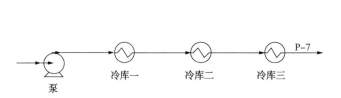

图 3-30 串联式冷库群示意图

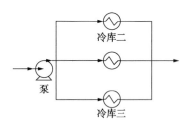

图 3-31 并联式冷库群示意图

串联方式适用于无相变传热工艺，载冷剂顺序流过各个温度冷库。该方案流程设备简单，易控制，但换热仅靠冷媒的显热，冷量较少。若冷库负荷不变，需增大冷媒质量流量，故冷媒需求量较大。

并联方式适用于有相变传热工艺。载冷剂经分流器分流，分别输送给三个不同温度的冷库。该方案冷媒需求量小，但流程、设备复杂，控制难度大，且发生相变后，载冷剂体积增大，使得换热器设备尺寸相应增加。

日本神奈川县根岸基地的金枪鱼超低温冷库，自1976年至今运营效果良好[17]。国内某LNG卫星站也成功将LNG冷能用于冷库项目，该项目一期工程库容总量为3000t，已于2010年投产，主营水产品的加工及储存，包括-30℃冷冻库和-15℃冷藏库2个部分，二期工程将扩容至9000t。该项目工艺流程见图3-32。2010年，某铝业将卫星气化站潜在的冷能用于保险冷库用户和冷水，对LNG冷能利用技术开发具有示范作用，其工艺流程见图3-33。

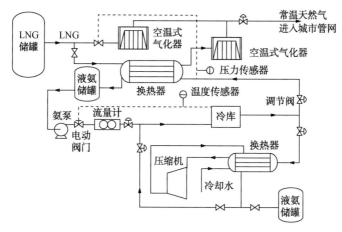

图3-32 国内某LNG卫星站冷能用于冷库项目的工艺流程[25]

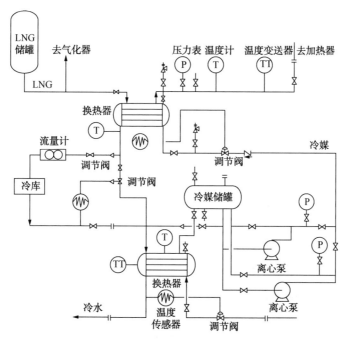

图3-33 某铝业将LNG冷能用于冷库和冷水系统的工艺流程

(二)二氧化碳液化和干冰制造

液态 CO_2 用于焊接、铸造及饮料行业，同时干冰在影视舞台烟雾效果、冷藏运输、低温冷冻医疗等领域应用较多。

液化 CO_2 是将 CO_2 气体经压缩、提纯，最终被液化得到的。传统的液化工艺是将 CO_2 压缩至 $2.5 \sim 3.0MPa$，再利用制冷设备冷却和液化，工作压力较高且耗电量较大，成本较高[40]。利用 LNG 的冷能很容易获得冷却和液化 CO_2 所需的低温，从而将液化装置的工作压力降至 $0.9MPa$ 左右。LNG 冷能制取液态 CO_2 及干冰优化流程见图 3-34，本工艺采用 CO_2 液化参数为 $-46℃$、$0.8MPa$，固化率保持在 0.5 以上。与传统的液化工艺相比，以化工厂的副产品 CO_2 为原料，利用回收 LNG 的冷能制造液态 CO_2 或干冰，不但电耗小 $[0.2(kW \cdot h)/m^3]$，且其产品的纯度高(可达 99.99%)，比传统方法节约 $30\% \sim 50\%$ 以上的电耗和 10% 的建设费用[17]。

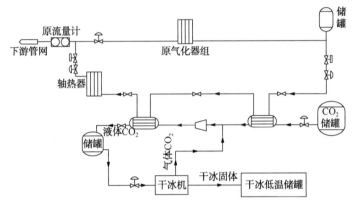

图 3-34　LNG 冷能用于制取液态 CO_2 及干冰优化流程

大阪燃气公司在 CO_2 气体与 LNG 之间使用直接热交换方法对 CO_2 进行预冷处理，而这种新工艺又进一步减少了 10% 的加压用电，在冷却 CO_2 时 LNG 用量也更少，提高了 LNG 冷能利用效率。此外，采用这种新工艺能够降低设施成本、简化控制系统。

LNG 冷能制造干冰缺点在于搜集、运输 CO_2 产品难度较大，成本较高。国内 LNG 接收站地处偏僻，其附近 CO_2 来源较少[35]。LNG 冷能用于生产液态 CO_2 项目在国外已经有多个成功运行的案例，生产液态 CO_2 技术成熟，但是 LNG 冷能转换设备的设计及驳接方面需要优化设计。LNG 冷能用于制取液态二氧化碳和干冰流程见图 3-35。

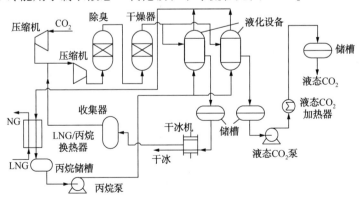

图 3-35　LNG 冷能制干冰工艺流程

（三）轻烃分离

液化天然气按甲烷含量和高位体积发热量不同分为贫液类、常规类和富液类三类。甲烷摩尔分数大于 97.5% 的 LNG 为贫液类，介于 86.0%~97.5% 之间的 LNG 为常规类，介于 75.0%~86.0% 的 LNG 为富液类[41]。将 LNG 组分中的重组分加以回收，不但可以获取高附加值的 C_{2+} 组分，还可避免不完全燃烧造成的环境污染[18]。利用 LNG 气化过程中释放出的冷量分离轻烃，可以有效调整天然气的热值，建立统一的天然气标准，同时还可以进一步降低轻烃生产成本，避免 LNG 冷能浪费的同时，经济效益也大大提高。

早在 1960 年，国外就申请了 LNG 轻烃分离专利。在美国，从 LNG 中分离出 C_{2+} 轻烃已成为调节天然气热值、使之符合美国国家燃气标准的重要手段。美、日等国有许多个 LNG 轻烃分离的专利，但美国没有 LNG 接收站应用冷能轻烃分离的记载。早期，利比亚、西班牙和意大利都先后安装了 LPG 提取装置；目前，印度、美国长岛、墨西哥湾得克萨斯等地也计划建设 LNG 轻烃分离装置。

2014 年建成并投产的中国石化某 LNG 接收站中，配套建设轻烃回收装置，采用法国 Sofregaz 专利技术，设计了国内唯一从 LNG 中分离轻烃的 2 套 1.0Mt/a 轻烃分离装置。该装置原料为来自巴布亚新几内亚的 LNG，其中甲烷含量为 88.84%，乙烷含量为 7.15%，丙烷含量为 2.90%。经过轻烃分离装置后，可从 2.0Mt/a 富 LNG 中分离出 C_2 和 LPG 组分约 400kt/a。原料 LNG 用 LNG 储罐罐内泵送至轻烃回收装置的增压泵，加压后进入轻烃回收装置，经脱甲烷塔、脱乙烷塔进行分离回收 LPG 和 C_2，回收轻烃后 LNG 进入 LNG 高压泵送至气化器气化外输。轻烃装置所回收的 C_2 和 LPG 分别进入轻烃罐区内的 C_2 球罐和 LPG 球罐，C_2 靠罐内压力送至轻烃装车区装车，LPG 通过 LPG 装车泵增压送至轻烃装车区装车。某 LNG 接收站轻烃回收装置充分发挥中国石化炼化行业优势，为国内 LNG 接收站开创了一种新的盈利模式。中国石化某 LNG 接收站轻烃回收装置流程图见图 3-36。

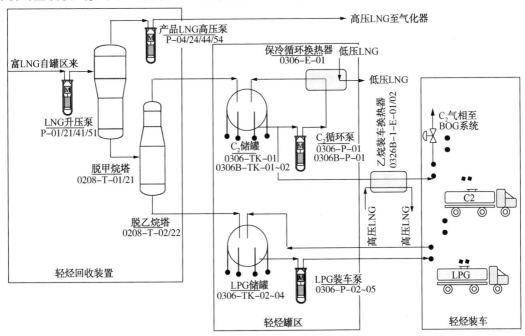

图 3-36 某 LNG 接收站轻烃回收装置流程

近年来，我国也开展了LNG冷能轻烃分离技术的研究并取得相关专利，并且对国外专利技术中压力较高的问题进行了改进。华贲等[42]提出了一种改进的LNG轻烃回收流程，虽然在一定程度上降低了压缩机负荷，但功耗仍较大；熊永强等[43]提出了多种改进流程，对LNG轻烃分离流程进行了较为深入的研究，优化后的流程中压缩机功耗降低约40%，但并未对工艺进行㶲分析，具有一定的局限性。

(四) 蓄冷设备

LNG冷能用于蓄冷空调是通过冰或水蓄冷的形式将LNG气化所释放的冷量储存起来，再经过换热将冷量提供给空调循环水。常规的水蓄冷系统是利用3~7℃的低温水进行蓄冷，并且只有5~8℃的温差可利用，其单位容积蓄冷量较小，使得水蓄冷系统的蓄冷水池占地面积较大。冰蓄冷利用水的相变潜热进行冷量的储存，除可以利用一定温差的显热外，主要利用的是冰的335kJ/kg相变潜热，因此与水蓄冷相比，冰蓄冷系统的蓄冷能力提高10倍以上，并可使蓄冷槽体积减小80%左右。夏天气候炎热，各行各业对蓄冷空调均有需求，市场前景广阔。

陈秋雄等开发了一种将LNG冷能与冰蓄冷系统供冷相结合的技术[44]。通过冰蓄冷的形式将LNG气化所释放的冷量储存起来，再经过换热将冷量提供给空调循环水，起到"削峰填谷"、平衡电力负荷的作用，明显节约用户电费。冰蓄冷空调工艺流程见图3-37。

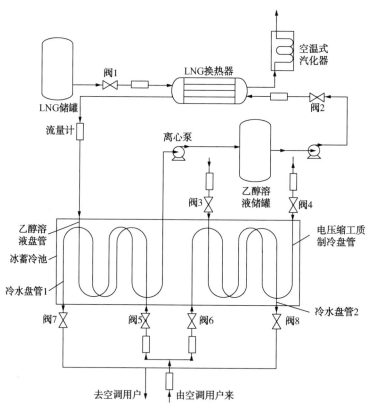

图3-37　冰蓄冷空调工艺流程

国内某卫星站LNG冷能用于冰蓄冷空调的工艺流程图见图3-38。LNG冷能用于船舶空调系统典型工艺流程图见图3-39。

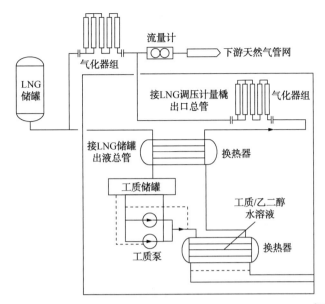

图 3-38　国内某卫星站 LNG 冷能用于冰蓄冷空调的工艺流程[25]

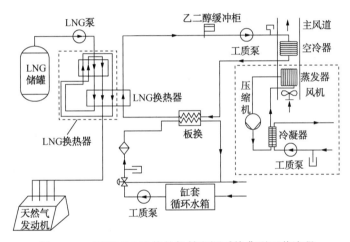

图 3-39　应用 LNG 冷能的船舶空调系统典型工艺流程

　　LNG 冷能蓄冷工艺也可用于汽车空调和汽车冷藏车中。在炎热的夏季，货物在冷库经充分预冷后装上冷藏车，开始不需要消耗过多的冷能，此时 LNG 冷能储存在蓄冷板中。随着运输时间的增加、开门次数的增多引起的负荷增大，LNG 气化后产生的冷能就直接进入车厢，与蓄冷系统同时供冷，以维持车厢中的温度。按冷藏车每小时消耗 12~15kg 的 LNG，其制冷能力为 2.8~3.6kW，足以提供预冷货物中短途冷藏运输所需冷能。此类应用尚未实现工业化。

（五）低温破碎

　　低温粉碎的原理是将物料冷却到玻璃化温度或玻璃化温度以下，再施以粉碎操作以获得细微粉末的过程。低温粉碎不仅使物料易于粉碎，降低粉碎物料的能量，同时抑制了粉碎过程中物料发热，使粉碎物料的某些优良品质得以保存，从而提高粉碎物料的质量。

　　要将粉碎的物料温度降低到玻璃化温度或玻璃化温度以下，需要利用冷媒对其进行冷却。低温粉碎的理想冷媒应具有以下的特点：①沸点低；②不活泼、不可燃、无毒性；③工业中容易制取，价格低廉；④在大气压下，用液态浸渍物料，便于操作。这些特点决定了氮气是理想的低温粉碎冷媒。

利用液氮可在低温下破碎一些在常温下难以破碎的物质。与常温破碎相比，它能把物质破碎成极小的可分离的微粒，且不存在微粒爆炸和气味污染，通过选择不同的低温可以有选择性地破碎具有复杂成分的混合物。因此这种方法在资源回收、物质分离、精细破碎等方面具有极好的前景。

将 LNG 冷能用于低温破碎，分为直接利用和间接利用两种方式。直接利用就是把 LNG 气化过程中释放的冷量，通过氮气循环进行回收利用，并将其降压后所获得的液氮直接用于低温粉碎。间接利用就是先将 LNG 冷能用于空气分离，然后使用空气分离所产生的液氮作为低温粉碎的冷媒，对物料进行低温粉碎，间接利用 LNG 冷能。

橡胶低温粉碎属于深冷粉碎，橡胶被冷冻降温至其玻璃化温度（-100~-70℃）以下时会变得非常脆，再通过机械化粉碎的方式直接将橡胶粉碎成精细胶粉，精细胶粉可替代某些进口原材料。LNG 冷能用于橡胶粉碎典型工艺流程图见图 3-40，该工艺中采用液氮作为中间介质。

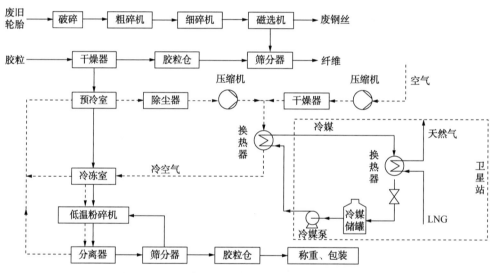

图 3-40　LNG 冷能用于橡胶低温粉碎典型工艺流程

（六）污水处理

环保技术的发展带动污水处理技术也在不断革新。其中冷冻法和超临界二氧化碳污水处理法即为新兴的污水处理法，两者皆能高效地处理生活及工业废水，但在处理过程中均需消耗大量冷能，且需要冷源稳定。若将 LNG 冷能用于冷冻法和超临界二氧化碳污水处理法，不仅可以节省污水处理的成本，还可避免 LNG 气化过程对周边环境造成的冷污染[45]。

通过分析现有研究资料[45]可知，当前冷冻法在污水处理过程中需要大量冷能，若只依靠自然冷能，则污水处理会受到天气及地域等外界因素的影响，系统的稳定性和可靠性不足。如果将 LNG 冷能利用与污水处理系统及空调系统相结合，则冷冻法可以获得充足稳定的冷源，还可解决 LNG 场站用于空调等系统的用冷时间与气化时间不一致的问题。而超临界 CO_2 污水处理过程中，需要外部冷源将加压之后的 CO_2 降温，如将该污水处理法与 LNG

富氧燃烧电厂相结合，可降低污水处理成本，回收烟气 CO_2，并利用冷能制取超临界 CO_2，在减少碳排放的同时，还可净化水质、保护环境。

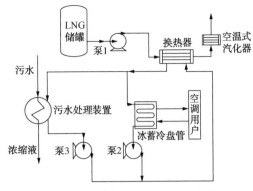

图 3-41　LNG 冷能用于污水处理系统的典型工艺流程

LNG 冷能用于污水处理系统的典型工艺流程图见图 3-41。该方案将污水处理系统及空调系统两部分相结合，LNG 与冷媒进行换热，换热之后的 NG 经过空温式气化器加热后并入城市管网之中。在冷冻法污水处理中，冷媒先将污水冷冻结冰，再将冰进行切割分离，利用人工冷冻法的原理提纯水质，将污水处理为浓缩液和可排放的结晶水；在冰蓄冷空调中，利用冷媒携带的冷量将冰蓄冷盘中的水冷冻结冰，为空调提供冷量。

LNG 冷能用于超临界 CO_2 处理污水集成系统的典型流程图见图 3-42。该系统包括富氧燃烧、烟气循环、联合循环发电、超临界 CO_2 污水处理等多个部分。该方法可处理冷冻法无法处理或其他方法处理成本较高的有机杂质，且超临界 CO_2 法可回收废水中的有机溶剂。

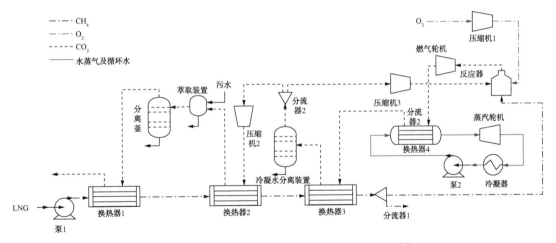

图 3-42　LNG 富氧燃烧电厂制取超临界 CO_2 处理污水系统流程

（七）制冰与海水淡化

1. 制冰

LNG 冷能用于制冰原理与冷库类似，国内目前有潮州港华燃气 LNG 冷能除雾制冰项目，已经连续运转三年，经营效果良好，见图 3-43。我国沿海地区水产业较为发达，具有远洋捕捞条件，各生活区、商业区、旅游业、餐饮业均有对冰的需求，制冰市场前景广阔。据调研，2016 年我国海水产品用冰量 5.4Mt，水产品加工用冰量 1.6Mt，水产品消费用冰量 6.2Mt，合计 13.2Mt，而实际制冰量只有 9.2Mt，渔业用冰市场需求较大。LNG 接收站地处偏僻，与商业区、生活区距离较远，交通运输需要一定成本，可在 LNG 接收站内铺设管路，将冷媒输送至制冰厂区，就近加工销售，减少产品储运环节[35]。

图 3-43 潮州港华燃气 LNG 冷能除雾制冰项目

LNG 冷能制造冰雪需要大量的淡水和土地，我国还没有实际用于制造滑雪场、溜冰场的先例。冰雪旅游项目宜采用室内建设方案，相对室外来说不会受到气候条件的影响，这也是其具有较好发展前景的最大原因。冰雪旅游项目选址主要考虑所在位置应交通方便，靠近主要消费人群或是规划在旅游区内，与其他旅游项目相互促进；应符合区内旅游业发展总体战略布局要求，一般滑雪场应建在具有交通枢纽作用的大城市周边，距离不宜超过 200km，同时考虑冷能利用输送距离和投资限制，建议冰雪旅游项目距离最远的供冷站距离不要超过 5km。目前扩建福建德化已有室内滑冰场的项目正在规划中，福建旅游资源丰富，位于我国南部地区，年平均气温为 15~22℃，冰雪项目吸引力较高。

2. 海水淡化

海水淡化可分为膜法、热法及冷冻法。冷冻法是利用海水结冰将盐分排除在冰晶外，再通过对冰晶洗涤、分离、融化后得到淡水的方法。由于冰的融化热为 334.7kJ/kg，仅是水汽化热（在 100℃时为 2257.2kJ/kg）的 1/7 左右，冷冻法制冰的能耗较低，且冷冻法是在低温条件下操作，海水对设备的腐蚀较轻，无结垢[46]。

基于很多 LNG 接收站建在沿海地区，且往往地处偏远，市政管网供水不能到达，因此利用 LNG 冷能进行海水淡化，不仅能有效利用 LNG 冷能，还能解决 LNG 接收站及其周边淡水供应问题，减少城市市政管网供水或者节约其他供给淡水方式的建设费用。美国的 E. G. Cravalho 等首先提出回收 LNG 冷能用于海水淡化的零净功耗系统后，A. Antonelli 也提出了采用正丁烷为中间冷媒，利用 LNG 冷能海水淡化的蒸发冷冻工艺。

LNG 冷能用于海水淡化属于冷冻法海水淡化的一种，基本原理是由于盐结晶温度较低，当海水部分冻结时，海水中的盐分富集浓缩于未冻结的海水中，而冻结形成的冰中盐含量大幅度减少，将这部分冰洗涤、分离、融化后即可得到淡水。

冷冻法海水淡化污染较小，但冷冻法的关键冷量供应需要消耗大量电能。采用 LNG 海水淡化后，冷量供应耗能大幅度减少，节约电能。

目前常用的冷冻制冰方法包括直接接触式冷冻法、间接冷冻法、真空冷冻法、流化床式冷冻法等。

1）直接接触式冷冻法

LNG 气化产生的冷量，通过换热器传递给循环冷媒，冷媒经过泵加压后，进入结晶器底部，以喷洒的形式与经过预冷后的海水直接接触，冷媒气化吸热，一部分海水结成冰晶。

冰晶与其余海水形成冰盐水，经泵加压进入洗涤器洗涤。与浓盐水分离的冰晶进入融化器融化为淡水。

由于冷媒与海水直接接触，在结晶器中，冷媒蒸发，海水冷却结晶，就能分离冷媒和冰晶。冷媒需要满足以下要求：

① 蒸发温度比海水的冰点(-2℃)低，保证在结晶器中冷媒蒸发同时海水结晶；

② 冷媒的蒸发温度应该尽量接近海水冰点，使传热温差减小；

③ 冷媒应不溶于水，无毒，无臭，价格低。

直接冷冻法接触面积大，传热效率较高，但搜集凝结冰不易，且载冷剂选择有较高的要求。直接冷冻法海水淡化流程见图3-44。

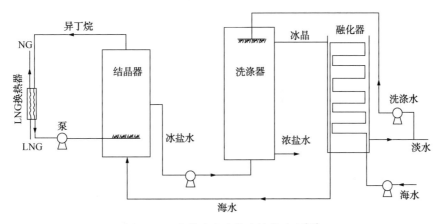

图3-44 直接冷冻法海水淡化流程[47]

2）间接冷冻法

原料海水首先通过预冷装置，与浓海水、淡水进行一次预冷；当温度降至2℃左右，进入结晶器中，与中间冷媒间接换热，海水发生结冰时，盐分被排除在冰晶之外，将结晶器内制出的冰层刮下进行洗涤，一部分洗涤水返回结晶器内进行循环换热结晶，另一部分冰进入融冰器；融化后产生的淡水一部分循环至洗涤器，另一部分进入淡水收集装置。间接冷冻法与直接冷冻法相比，由于间接换热，传热效率不高，需要较大换热面积，但在冰获取及载冷剂选择上要比直接法更为方便。

间接冷冻法海水淡化流程见图3-45。

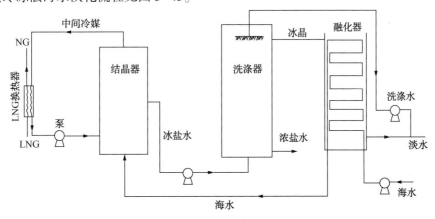

图3-45 间接冷冻法海水淡化流程

3）真空冷冻法

因为在水的三相点（约610.75Pa，273.16K）附近，气、液、固三相并存。真空冷冻法正是利用这一原理，将海水控制在三相点附近，则海水的蒸发与结冰同时进行，再将冰与蒸汽分别融化和冷凝得到淡水。该方法的关键技术在于如何移走产生的蒸汽。按照蒸汽移除的方式可分为真空冷冻蒸汽压缩法和真空冷冻蒸汽吸收法。二者相比较，前者缺点在于转移水蒸气的压缩机能耗偏高并且选取困难，但其工艺流程简单；后者则利用了吸收剂，工艺中增加了一套换热设备，流程相对复杂。

真空冷冻法海水淡化流程见图3-46和图3-47。

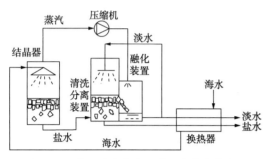

图3-46　真空冷冻蒸汽压缩法海水淡化流程

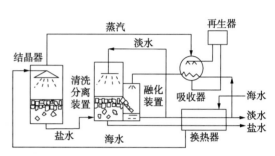

图3-47　真空冷冻蒸汽吸收法海水淡化流程

4）流化床式冷冻法

流床式制冰法是依靠在制冰器内处于流化状态的小颗粒对传热壁面的持续碰撞，去除壁面上生成的微小冰晶，形成流体冰浆的过程。该方法传热效率高，传热管内颗粒流动类似液体，可使大量热量、物流在不同传热管间传递，易于规模扩展，能满足工业化大批量连续作业的需求。流化床式海水淡化系统包括载冷剂循环系统、原料水系统、分离清洗系统及融冰系统，工艺流程示意图见图3-48。

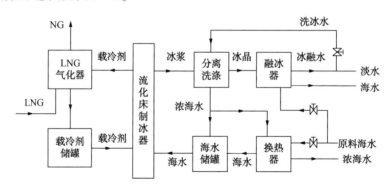

图3-48　LNG流化床海水淡化工艺流程

孙靖等[48]基于LNG冷能利用，将流化床制冰技术用于海水淡化，见图3-49。该方法传热效率高，传热系数达5000W/（㎡·℃）以上，易于连续化作业和规模扩展。

5）其他冷冻法

近年国际上从事海水淡化的研究机构提出了许多利用LNG冷能的创新性技术，这些技术引入了多种方法相结合的概念。

（1）LNG冷能冷冻法与低温蒸馏膜相结合。该方法采用混合脱盐工艺，包括冷冻法淡化海水和膜蒸馏脱盐（MD）过程。利用LNG气化过程释放的冷量通过冷媒将海水冻结，经过固液分离器得到固态冰，海冰经过洗涤、融化后得到淡水，所产生的卤水被输送到低温蒸馏膜原料储罐内，在储罐系统内通过低温膜蒸馏，得到超纯水，同时卤水被进一步浓缩。LNG气化器所释放的冷能冷冻流程与MD膜冷凝流程如图3-50所示。

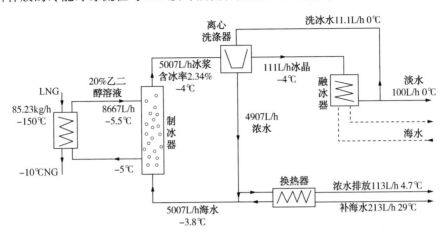

图 3-49　LNG冷能用于流化床海水制冰淡化工艺流程

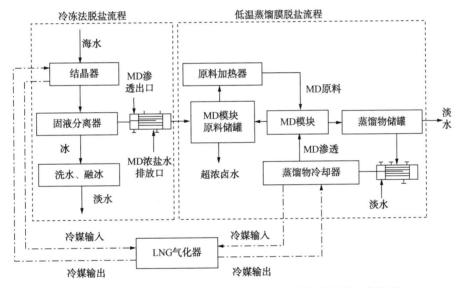

图 3-50　冷能冷冻法与MD膜冷凝流程相结合海水淡化工艺流程

在该方法的研究过程中，采用了一种新型的MD低温蒸馏膜，该膜蒸馏工艺是一种基于气液平衡与传热传质原理的热驱动过程，相对高温的卤水产生的蒸汽透过疏水膜微孔，在另一侧被低温冷凝为液态水，由于该膜为疏水结构，从而使得液态水更容易被收集，最终得到高纯度的淡水。该膜被一些科研人员认为是一种十分适合于海水淡化的过滤膜。

通过LNG冷能冷冻与低温蒸馏膜相结合的海水淡化法，采用优化运行参数后，其淡水回收量高达71.5%，水质可以达到饮用水标准。

（2）LNG冷能冷冻法与其他膜法联用。海水经前段LNG冷能初步冷冻后，后段配合纳滤膜或反渗透膜的方法，这也是近年提出的一种新理论。此方法的流程与LNG冷能冷冻与低温蒸馏膜相结合的海水淡化法相似，区别在于后处理阶段使用的纳滤膜、反渗透膜均为目前的成熟技术，是目前最具可行性的冷冻法海水淡化技术。

（3）LNG冷能冷冻法与重力脱盐、离心脱盐技术耦合。北京建筑大学李恒松等[47]开发了LNG冷能冷冻法与重力脱盐、离心脱盐技术耦合的海水淡化方法，其工艺流程图见图3-51。采用冷冻法达到海水的初级脱盐，并在此基础上综合利用工艺简单的重力脱盐及离心脱盐技术，经过二级和三级脱盐得到能够满足部分工农业生产或民用要求的淡水资源，最大限度地降低后处理的成本，并在进行海水淡化的过程中对浓盐水进行回收，可作为制盐或盐化工业的原料。该工艺流程包括四部分：LNG与冷媒换热部分、冷媒管路循环部分、海水流程部分和冰产物继续脱盐部分。整个工艺流程充分利用了LNG气化过程中释放的冷能，并综合运用了冷冻脱盐、重力脱盐及离心脱盐技术，步骤简单、节能环保，在冷冻脱盐的基础上提高海水脱盐率，该方案脱盐率最高达到99.33%，此时融冰水NaCl的浓度为200mg/L，可以满足国家饮用水标准。但此方案流程相对复杂，且淡水产率较低。

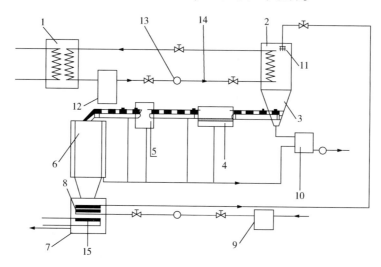

图3-51　基于LNG冷能的高脱盐率海水淡化工艺流程

1—二次冷媒换热器；2—制冷机；3—冰水分离器；4—重力脱盐槽；5—碎冰机；
6—过滤式离心脱盐装置；7—融冰槽；8—海水预冷盘管；9—海水供应系统；10—浓海水回收系统；
11—海水分布装置；12—储液罐；13—二次冷媒泵；14—逆止阀；15—辅助加热盘管

Mokhtar Mahdavi[49]采用间接冷冻法对海水进行冷冻脱盐，对水样进行三轮反复冷冻脱盐过程，平均总脱盐率达到96.2%。T. Mtombeni等[50]介绍了可用于冷冻法海水淡化的实验装置——HYBIRDICETM，该装置采用间接冷冻的原理，利用该装置生产的纯净水可以达到饮用水的标准，平均脱盐率为96%。国内Cong-shuang Luo[51]研究了单向传热对苦盐水冷冻脱盐的影响，并将结出的冰进行粉碎离心，使脱盐率提高了30.91%~47.28%。张宁等[52]通过实验室的冷冻离心实验，研究了浓海水的冷冻脱盐技术，得出离心转速的变化对浓海水脱盐、脱除钙镁离子的影响显著，且一次冷冻离心的余冰盐度脱除达到99.0%，而分步离心分离后，其浓缩的盐度是其原来盐度的3.3倍，可以直接进行盐化工生产。

目前，冷冻法海水淡化从科学研究转变到工程化需要进一步的开发，实现真正的工业化，还需要国内各科研院所和生产企业等相关方面的共同努力。

（八）LNG预冷制液氢

氢能作为来源广、可再生、燃烧热值高、零污染的清洁能源，21世纪以来广受关注[53]。氢能的利用需要解决制取、储运和应用等一系列问题，其中，储运是氢能利用的关键环节。液氢以单位体积能量密度高的优点，有望成为大规模运输的主要形式[54]。

1. 氢的物化特性

1）一般特性

通常情况下，氢是无色无味气体，极难溶于水，标准状态下密度为 0.0899kg/m³，是最轻的气体。氢气的转变温度比室温低很多，最高为 204K，因此在氢气液化过程中，需将其进行预冷，节流过程中才能产生冷效应。

氢是一种易燃易爆物质，在空气或氧气中燃烧时，产生的火焰是无色的，其传播速度很快，达 2.7m/s[55]。在大气压和室温条件下，与空气混合物的燃烧体积分数范围为 4%~75%，当体积分数为 18%~65% 时，特别容易引起爆炸，因此在氢气液化操作中，应特别注意对氢气的纯度进行控制和检测。

2）正仲氢转化

氢分子由双原子构成，两个氢原子存在两种不同的自旋状态，即存在正氢、仲氢两种状态。正氢（$o\text{-}H_2$）的两个氢原子核自旋方向相同，而仲氢（$p\text{-}H_2$）的两个氢原子核自旋方向相反。正、仲氢的平衡浓度是温度的函数，不同温度下平衡状态的氢中，仲氢的质量分数如表 3-6 所示。

表3-6 不同温度下平衡氢中仲氢的质量分数[55]

温度/K	20.39	30	40	70	120	200	250	300
仲氢浓度/%	98.8	97.02	88.73	55.88	32.96	25.97	25.26	25.07

由表 3-6 可以看出，当温度降低时，正氢向仲氢转化，仲氢浓度增加。在正仲氢转化过程中，会释放转化热，其转化热大于氢的气化潜热，很容易引起液氢气化，因此在氢气液化过程中，通常使用催化剂加速正仲氢的转化反应，从而增强液氢稳定性。

2. 氢气液化流程

氢气液化流程由三个阶段组成[56]：压缩升压阶段、冷却降温阶段、膨胀降温阶段，如图 3-52 所示。

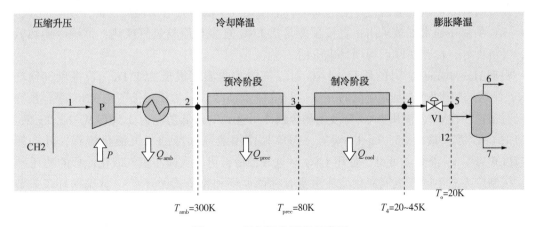

图 3-52 氢气液化流程示意图

1）压缩升压阶段（1→2）

利用压缩机将原料氢气升压至临界压力以上，氢气的临界压力为 1.3MPa。

2）冷却降温阶段（2→4）

冷却降温阶段分为预冷和制冷两个阶段，目的是将氢气尽可能冷却至较低温度。

① 预冷阶段（2→3）：将氢气自环境温度 $T_{amb}=300K$ 冷却至约 $T_{prec}=(80\pm15)K$ 的温度，即接近液氮常压沸点温度。在此过程中，原料氢气释放一定热量 Q_{prec}。

② 制冷阶段（3→4）：在此过程中，将原料氢气的温度通常进一步冷却至 20～45K，该阶段完成了正仲氢转化，原料氢气释放热量为 Q_{cool}。

3）膨胀降温阶段（4→5）

氢的膨胀降温阶段通常由节流阀完成。节流过程是典型的不可逆过程，过程中氢处于非平衡状态，当节流前氢的温度处于转变温度以下，节流过程会使氢的温度降低，即节流冷却效应。

在节流膨胀过程中，氢的温度降低，氢进入分离器进行气液分离。闪蒸出来的气体氢与换热器中的原料氢气换热，实现该部分冷量回收。

图 3-53 日本岩谷公司液氢生产装置

3. LNG 预冷液化氢气

日本岩谷公司承建的 LNG 预冷的大型氢液化及空分装置于 2001 年 4 月 1 日投入运行，见图 3-53。LNG 预冷及与空分装置联合生产液氢是日本首次利用该技术生产液氢。它共两条液氢生产线，液氢产量为 3000L/h，液氧为 4000m³/h，液氮为 12100m³/h，液氩为 150m³/h [53,55]。

在氢液化过程中，可采用 LNG 对原料氢气进行预冷，最大限度利用 LNG 低温㶲，提高系统㶲效率。接收站 LNG 气化后的温度通常在 0℃ 以上，大量的冷量可以利用。通过对氢液化流程进行分析，可以采用 LNG 进行间接预冷或直接预冷，流程图如图 3-54 所示。间接预冷是指在液氮气化后，利用 LNG 与氮气换热，氮气获得冷量后进一步预冷原料氢气，这种方法的优势是预冷阶段制冷剂的温区设计更为简单，但换热效率低，且增加换热设备，经济性差，在实际工程项目中通常不被采用；直接预冷是指 LNG 直接与原料氢气换热，该预冷换热效率高，经济性好，已在实际工程项目中应用。

根据 Ho-Myung 等[55]的研究，LNG 对氢气的预冷温度最低为 111K，若将氢气预冷至 80K，尚需采用比 LNG 温度更低的介质进行进一步预冷，通常采用液氮与 LNG 联合预冷方式。有报道指出[57]，使用 LNG 与液氮联合预冷可达到的最低功耗为 3.56(kW·h)/kg 液氢，相应的 LNG 需求量为 25.7kg/kg 液氢，而单独使用液氮预冷的氢气液化流程，其功耗为 8.47(kW·h)/kg 液氢。可见，使用 LNG 对氢气预冷，可大大减小氢气液化流程的功耗。

按制冷方式不同，氢气液化循环主要有林德循环和克劳德循环[55]。林德循环依靠节流冷效应使氢气部分液化，需要对氢气预冷，使其温度降至转变温度以下；克劳德循环不完全依靠节流阀获取低温，部分原料氢气进入膨胀机膨胀做功，获得低温，剩余原料氢气经节流阀膨胀降温，部分液化。目前，克劳德循环是世界上所有大型氢气液化装置的基础循环[59]。李奇勋[60]对 LNG 冷能应用于林德循环与克劳德循环的可行性分别进行了研究分析。研究认为，单独使用 LNG 预冷时，预冷温度较高，LNG 与液氮联合预冷具有更高的液化率和更低的液化功；经过计算发现，LNG 与液氮联合预冷克劳德循环与 LNG 单独预冷克劳德循环的液化率相同，是 LNG 单独预冷林德循环的 1.5 倍。因此在利用 LNG 冷能预冷氢气时，LNG 与液氮联合预冷为最佳选择。

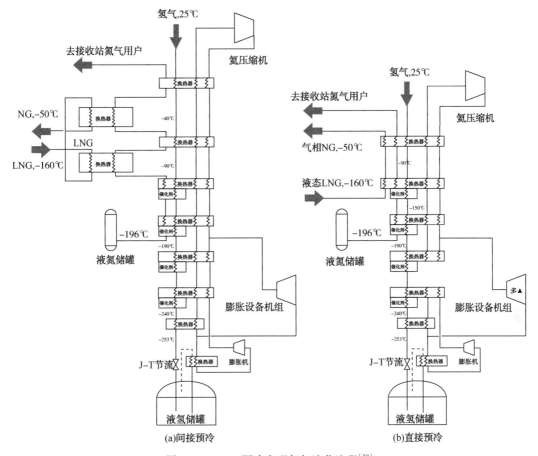

图 3-54　LNG 预冷实现氢气液化流程[58]

四、LNG 冷能梯级综合利用

综上分析可知，LNG 冷能利用方式较多，可分为直接利用和间接利用两种形式，每种方式对应的所需 LNG 温度梯度见表 3-7。从冷量有效能及市场需求角度分析，冷能发电是最适合大规模建设的方式，但冷能利用率不高；冷能空分是最合理、LNG 低温位冷能利用最充分的方式，但其建设规模受下游市场需求制约；冷冻冷库项目是节能效果显著的利用方式，适用于小型气化站应用。

LNG 冷能梯级利用法包括天然气介质朗肯循环和冷媒介质朗肯循环两个部分，利用气化的天然气和冷媒作为工质，通过控制天然气介质和冷媒介质的压力来实现与 LNG 的多重梯级换热，既可解决朗肯循环发电时冷媒回收 LNG 冷能的过程中有效能损失过大的问题，又能通过系统集成将朗肯循环中增压后的液化冷媒携带的冷能进行再次利用，提高冷能的利用效率。因此，对 LNG 冷能的梯级利用是较好的解决方法[1]。

为了合理利用宝贵的 LNG 高品位冷能，应尽可能将不同品位的冷能分别做到温度相对应的梯级利用，建议梯级利用示意图见图 3-55[61]。目前 LNG 冷能梯级综合利用大多停留在规划阶段，工业应用较少。某 LNG 卫星气化站集合了低温冷库、滑冰场和空调制冷技术的 LNG 冷能梯级综合利用方案，其规划流程图见图 3-56。

表 3-7　LNG 冷能方式对应温度梯度

利用项目	利用方式	冷能温度/℃	备　注
空气分离	直接	−191~−151	冷能回收率高，通常仅适用于大型气化站
低温粉碎	间接	−130~−80	利用液氮冷冻橡胶制品，处于产业链下游
干冰生产	直接	−78	技术要求查对不高，但需与下游市场匹配
冷能发电	直接	−40	技术虽成熟，但很复杂；仅适合大型气化站
冷冻仓库	直接	−42~−15	技术相对简单，但需与下游市场匹配
汽车空调	直接	—	目前正在发展，与 L-CNG 汽车配套
蓄冷装置	间接	—	平衡气化量昼夜波动，大幅提高冷能利用率

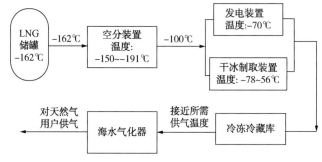

图 3-55　LNG 冷能梯级综合利用示意图

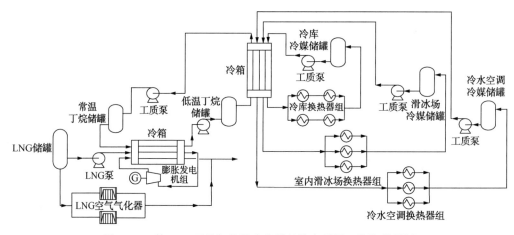

图 3-56　某 LNG 卫星气化站冷能梯级综合利用工艺流程规划

轻烃分离中 LNG 冷能㶲利用效率并不高，主要是由于分离 C_{2+} 轻烃后的贫 LNG 带走很大一部分冷量㶲。因此丁乙等[62]将轻烃分离与橡胶粉碎冷能利用进行工艺集成，进一步拓展符合其温位的冷能利用领域，其工艺流程图见图 3-57。通过分析，该集成流程中 LNG 冷量㶲利用效率可提高到 74.89%，实现了冷能的高效利用。

贺雷等[63,64]提出将 LNG 冷能朗肯循环发电与空调制冷相结合的工艺，通过采用分段回收的方式将高品位冷能用于冷能发电，低品位冷能用于空调制冷，实现 LNG 冷能梯级利用，有效提高冷能利用效率。发电与制冷相结合的 LNG 冷能梯级利用原理见图 3-58。

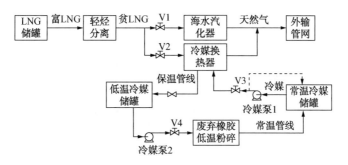

图 3-57　轻烃分离与低温粉碎集成流程

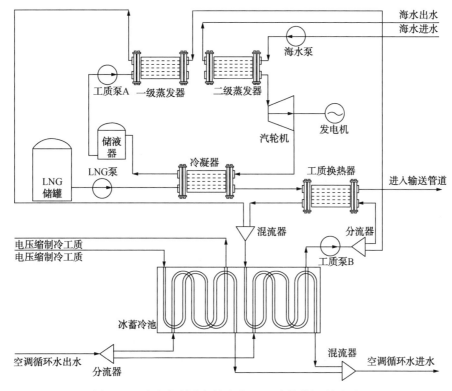

图 3-58　发电与制冷相结合的 LNG 冷能梯级利用原理

古银英[35]以 LNG 接收站为背景,将 LNG 接收站的 BOG 用于热电联供系统,同 LNG 冷能梯级利用项目相结合,建立"BOG 处理+热电联供+LNG 冷能梯级利用+电力直供"的综合能源保障系统工艺方案,其工艺流程见图 3-59。该方案对减少环境污染、节约能耗、提高能源利用率具有重要作用。

此外,大气中不断增加的 CO_2 浓度是导致温室效应日益严重的因素,碳捕集技术 CCS(Carbon Capture and Storage)被认为是未来实现 CO_2 大规模减排、回收利用以及缓解全球气候变暖的重要手段。利用 LNG 冷能进行发电厂烟气中 CO_2 捕集,由于具有能耗小、成本低等优点而被重视[45]。Chen 等[65]提出了一种用 LNG 燃烧产物和水作为工质的气体/蒸汽混合循环动力系统(GSMC 系统),该系统具有发电、调峰、蓄能及 CO_2 捕集功能,在非供电高峰期系统生产液氧实现储能。

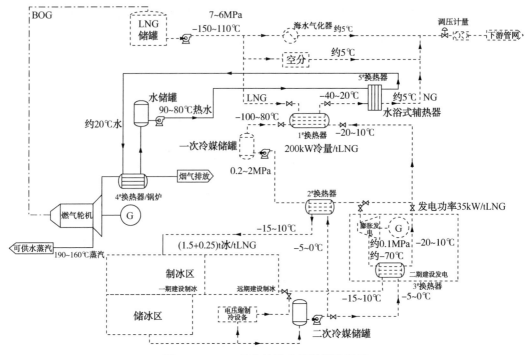

图 3-59　LNG 接收站综合能源保障规划

日本 S. Velautham 等研究了一种利用 LNG 冷能实现二氧化碳零排放的联合发电装置，该方案同时结合 LNG 空分工艺。系统中二氧化碳和蒸汽混合物作为燃气轮机循环的工作流体，代替空气在燃烧器中进行富氧燃烧。燃烧烟气中的 CO_2 经过压缩冷凝后一部分通过碳捕获进行回收利用，另一部分转为系统循环工质。在考虑了空分过程与碳捕获过程的能量损耗的情况下，系统的净发电效率仍然可以达到 56%。富氧燃烧系统流程示意图见图 3-60。

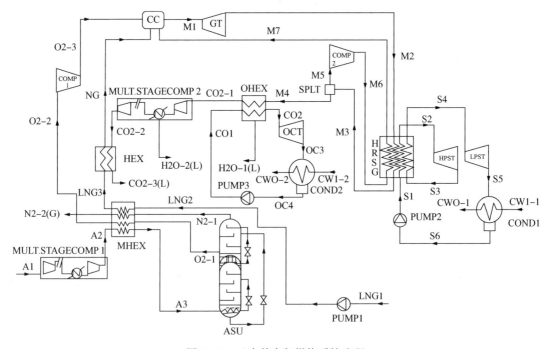

图 3-60　日本某富氧燃烧系统流程

Manuel Romero Gomez 等[66]提出了一种自由厂烟气中提取 CO_2 并利用 LNG 冷能将其液化的方案。该方案中最大的优势在于所有回收的 LNG 冷量㶲都可以用来提高闭式布雷顿循环的效率，结果表明该电厂效率超过 65%，㶲效率为 53.7%，且实现温室气体接近零排放。

参 考 文 献

[1] 杨经敏. LNG 冷能发电梯级利用法的优化[J]. 油气储运, 2016, 4(35)：401-405.

[2] 樊亚明, 刘梅, 吴正人, 等. 液化天然气冷能利用途径探讨[J]. 合肥工业大学学报, 2012, 35(10)：1433-1435.

[3] 宋翠红, 吴烨, 梁玉宏, 等. 液化天然气冷能的利用[J]. 油气田地面工程, 2012, 31(10)：101.

[4] 顾安忠. 液化天然气技术[M]. 第 2 版. 北京：机械工业出版社, 2015.

[5] 华贲. 大型 LNG 接收站冷能的综合利用[J]. 天然气工业, 2008, 28(3)：10-15.

[6] 王雨帆. LNG 接收站冷能应用技术研究[D]. 青岛：中国石油大学(华东), 2015.

[7] 罗浩. LNG 接收站输气负荷波动与冷能空分系统适配性研究[D]. 广州：华南理工大学, 2015.

[8] 葛轶群, 章学来, 赵兰, 等. LNG 冷能的梯级利用[J]. 制冷技术, 2006, (3)：14-16.

[9] 单程程. LNG 冷能综合利用规划方案评价研究[D]. 大连：大连理工大学, 2016.

[10] 杨勇. 基于 Aspen Plus 的液化天然气冷能利用模拟分析[D]. 大连：大连理工大学, 2014.

[11] 严万波. LNG 冷能利用换热器的传热过程强化及优化设计[D]. 广州：华南理工大学, 2019.

[12] 王方, 付一珂, 范晓伟, 等. 液化天然气(LNG)冷能利用研究进展[J]. 化工进展, 2016, 35(3)：748-753.

[13] 文习之, 刘春明, 孙文. 日本和韩国液化天然气进口探析[J]. 国际石油经济, 2020, 28(01)：49-58.

[14] 刘红宇, 龙晓警. LNG 冷能利用研究[J]. 港工技术, 2016, 53(3)：63-66.

[15] 王竹筠. 液化天然气(LNG)冷能回收及应用研究[D]. 大庆：大庆石油学院, 2010.

[16] 郑小平, 杨雪军. LNG 冷能利用的全液体空分[J]. 低温技术, 2009, 37(10)：8-11.

[17] 王坤, 顾安忠, 鲁雪生, 等. LNG 冷能利用技术及经济分析[J]. 天然气工业, 2004, 24(7)：122-125.

[18] 马国光, 李雅娴, 张晨. 基于㶲分析方法的 LNG 冷能用于轻烃回收工艺优化[J]. 油气储运, 2018, 37(2)：190-196

[19] 严万波. LNG 冷能利用换热器的传热过程强化及优化设计[D]. 广州：华南理工大学, 2019.

[20] 饶文姬. 利用 LNG 冷能与低温太阳能的新型联合动力循环研究[D]. 重庆：重庆大学, 2014.

[21] 曾丹苓, 敖越, 张新铭, 等. 工程热力学[M]. 第 3 版. 北京：高等教育出版社, 2002.

[22] 张墨耕. 利用低品位热源与 LNG 冷能的新型发电系统研究[D]. 重庆：重庆大学, 2017.

[23] 高为, 余黎明, 胡钰, 等. 一种横向两级利用 LNG 跨临界冷能朗肯循环发电系统. 中国, CN201520239636.1[P], 2015.04.20.

[24] 鲍军江, 林岩, 贺高红. 一种利用液化天然气冷能的两级冷凝朗肯循环发电系统. 中国, CN201610840083.4[P], 2016.09.21.

[25] 俞光灿, 李琦芬, 宋丽斐, 等. LNG 冷能利用方式分类及其工艺流程[J]. 油气储运, 2019, 38(7)：728-737.

[26] 贺红明, 林文胜. 基于 LNG 冷能的发电技术[J]. 低温技术, 2010, 34(6)：432-436.

[27] 梁莹, 管延文, 蔡磊, 等. 利用 LNG 冷能与 Byayton 循环及 ORC 联合发电系统[J]. 煤气与热力, 2017, 37(12)：A01-A07.

[28] Nakaiwa M, Akiya T, Owa M, et al. Evaluation of an Energy Supply System with Air Separation[J]. Energy Convers, Mgmt, 1996, 37(3)：295-301.

[29] 杨勇, 陈贵军, 王娟, 等. 基于液化天然气(LNG)接收站冷量的空分流程模拟研究[J]. 节能, 2014,

（6）：23-27.

[30] 陈仕卿. LNG 冷能在空气分离系统中的集成与优化研究[D]. 北京：中国科学院大学，2019.

[31] 燕娜，厉彦忠. 采用液化天然气（LNG）冷量的液体空分新流程及其㶲分析团[J]. 低温工程，2007（2）：40-45.

[32] 陈则韶，程文龙，胡芄. 一种利用 LNG 冷能的空气分离装置新流程[fJl. 工程热物理学报，2004，25（6）：9I3-916.

[33] 金滔，胡建军. 一种利用 LNG 冷能的空分流程[J]. 气体分离，2005(5).

[34] 高文学，王启，项友谦. LNG 冷能利用技术的研究现状与展望[J]. 煤气与热力，2007，27(9)：15-21.

[35] 古银英. LNG 接收站冷能利用及综合能源保障系统工艺开发[D]. 广州：华南理工大学，2018.

[36] Donghoi Kim, Roxane E H. Giamentta, Truls Gundersen Supporting Information for：Optimal Use of LNG Cold Energy in Air Separation Units.

[37] 王秋菊，雷雯霏. 大连液化天然气（LNG）接收站冷能利用探讨[J]. 石油与天然气化工，2009，38（4）：294-297.

[38] 郑小平，彭喜魁，裴红珍. LNG 冷能利用的液体空分流程形式比较[J]. 低温技术，2014，42(5)：17-21.

[39] 聂江华，杨宏军，徐文东，等. 利用液化天然气冷能空分新流程及模拟分析[J]. 节能技术，2011，167(29)：211-218.

[40] 严万波. LNG 冷能利用换热器的传热过程强化及优化设计[D]. 广州：华南理工大学，2019.

[41] GB/T 38753-2020 液化天然气[S]. 北京：中国标准出版社，2020.

[42] 华贲，熊永强，李亚军等. 液化天然气轻烃分离流程模拟与优化[J]. 天然气工业，2006，26(5)：127-129.

[43] 熊永强，利亚军，华贲，等. 液化天然气中轻烃分离工艺的优化设计[J]. 华南理工大学学报（自然科学版），2007，35(7)：62-66.

[44] 陈秋雄，徐文东，陈敏. LNG 冷能用于冰蓄冷空调的技术开发[J]. 煤气与热力，2012，32(8)：6-9.

[45] 高奕. LNG 冷能用于污水处理综合系统的模拟研究[D]. 武汉：华中科技大学，2017.

[46] 吴小华，蔡磊，李庭宇，等. LNG 冷能利用技术的最新进展[J]. 油气储运，2017，36(6)：624-635.

[47] 李恒松. LNG 冷能用于海水淡化和浓缩的关键影响因素研究[D]. 北京：北京建筑大学，2016.

[48] 孙靖，韩克鑫，谢春刚，等. 基于 LNG 冷能的液固流化床海水制冰淡化[J]. 现代化工，2020，40（7）：197-205.

[49] MokhtarMahdavi, Amir HosseinMahvi, SiminNasseri, et al. Application of FreezDesalination of Saline Water [J]. Arabian Journal For Science And Engineering, 2011, 36：1171-1177.

[50] T. Mtombeni, J. P. Maree, C. M. Zvinowanda, et al. Evaluation of the Performance of A New Freeze Desalination Technology [J]. Int. J. Environ. Sci. Technol, 2013, 10：545-550.

[51] Cong-shuang Luo, Wen-wu Chen, Wen-fengHan. Experimental Study on Factors Affecting the Quality of Ice Crystal During the Freezing[J]. Desalination, 2010(260)：231-238.

[52] 张宁，苏营营，苏华，等. 海水淡化中浓海水的综合利用研究[J]. 海洋科学，2008，32(6)：85-88.

[53] 液氢生产典型流程和装置. [EB/OL]. [2021-10-28]. https://www.chinashpp.com/zhiqing/2885.html.

[54] 何晖，邱利民，毛央平. 大型氢液化现状与流程效率的提高[C]. 2011，41-49.

[55] 唐璐. 基于液氮预冷的氢液化流程设计及系统模拟[D]. 杭州：浙江大学，2011.

[56] Hmc A, Bo H, Bc B. Hydrogen Iiquefaction Process with Brayton Refrigeration Cycle to Utilize the Cold Energy of LNG-ScienceDirect[J]. Cryogenics, 2020, 108.

[57] Kuendiga A, Loehleina K, Kramerb G J, et al. Large Scale Hydrogen Liquefaction in Combination with LNG re-Gasification. [EB/OL]. [2021-10-28]. https://xueshu.baidu.com/usercenter/paper/show? paperid =

b6a9378f3a20aef87df3001ac74f8cad.

[58] 王江涛，杨璐. 氢能产业与 LNG 接收站联合发展技术分析[J]. 现代化工，2019，39(11)：5-11.

[59] AasadniaM，Mehrpooya M. Large-scale Liquid Hydrogen Production Methods and Approaches：A Review [J]. Applied Energy，2018，212(FEB. 15)：57-83.

[60] 李奇勳. LNG 冷能利用於氫氣液化之可行性分析[EB/OL]. 华艺. 2012. https://ir.lib.nchu.edu.tw/handle/11455/1528? mode=full.

[61] 胡可昕. LNG 气化站的冷能利用[J]. 煤气与热力，2018，9：345-350.

[62] 丁乙，朱建鲁，王雨帆. LNG 冷能利用工艺技术研究[J]. 天然气与石油，2016，34(5)：25-34.

[63] 王方，付一珂，范晓伟，等. 液化天然气(LNG)冷能利用研究进展[J]. 化工进展，2016，35(3)：748-753.

[64] 贺雷，张磊，高为，等. 发电与制冷相结合的 LNG 冷能梯级利用技术研究[J]. 低温与超导，2015，43(5)：22-27.

[65] Chen Y，Zhu Z，Wu J，et al. A Novel NG/CO_2，Combustion Gas and Steam Mixturecycle with Energy Storage and CO_2 Capture[J]. Energy，2017，120：128-137.

[66] Mehrpooya M，Rosen M A. Energy and Exergy Analyses of A Novel Power Cycle Using the Cold of LNG(liquefied natural gas) and Low-Temperature Sloarenergy[J]. Energy，2016，95：324-345.

第四章 液化天然气储罐技术

第一节 概　述

液化天然气(LNG)储罐是 LNG 接收站最重要的设备。LNG 储罐按设置方式可分为地上储罐与地下储罐两种。地下储罐比地上储罐具有更好的抗震性和安全性，不易受到空中物体的撞击，不会受到风荷载的影响，也不会影响人们的视线。但地下储罐的罐底一般位于海平面及地下水位以下，需要事先进行详细的地质勘察，以确定是否采用该种型式。地下储罐的施工周期较长、投资较高。目前，国内 LNG 接收站多选用地上罐。

由于 LNG 储罐的重要性，其抗震设防目标远高于一般石化建构筑物及设备，LNG 储罐的抗震整体分析需要将内罐与外罐进行耦合考虑。为满足其抗震设防目标，应按 OBE、SSE、ALE 进行设计。

OBE(Operating base earthquake)是指 50 年内超越概率为 10%(重现期 475 年)、阻尼比为 5%的反应谱表示的地震动。

SSE(Safe shutdown-earthquake)是指 50 年内超越概率为 2%(重现期 2475 年)、阻尼比为 5%的反应谱表示的地震动。

ALE(Aftershock level earthquake)是指安全停运震后余震。

地上储罐按结构型式可分为单包容罐、双包容罐、全包容罐、薄膜罐及复合混凝土低温罐等。其中单包容罐、双包容罐、全包容罐及复合混凝土低温罐均由内罐和外罐组成，在内外罐间充填保冷材料，罐内保冷材料主要为膨胀珍珠岩、弹性玻璃纤维毡及泡沫玻璃砖等。

国内 LNG 接收站除个别站选用单包容罐和薄膜罐外，通常选用预应力混凝土(外罐)9%镍钢(内罐)全包容罐(以下简称预应力混凝土全包容罐)，常见的 LNG 预应力混凝土全包容储罐规格见表 4-1。

表 4-1　国内 LNG 接收站常见的 LNG 储罐规格表

公称容积/m³	内罐内直径/m	外罐内直径/m	公称容积/m³	内罐内直径/m	外罐内直径/m
160000	80	82	220000	88~90	90.4~92.4
200000	84	86.4	270000	94~96	96.4~98.4
210000	86	88.4			

LNG 储罐设计、建造及验收采用的主要标准及规范见表 4-2。

表 4-2 LNG 储罐设计、建造及验收标准

序号	标准、规范名称	标准规范代号
1	《石油化工钢制低温储罐技术规范》	GB/T 50938—2013
2	《低温压力容器用钢板》	GB/T 3531—2014
3	《立式圆筒形低温储罐施工技术规程》	SH/T 3537—2009
4	《液化天然气接收站工程设计规范》	GB 51156—2015
5	《液化天然气(LNG)全容式钢制内罐组焊技术规范》	SH/T 3561—2017
6	《混凝土结构设计规范》(2015 年版)	GB 50010—2010
7	《建筑抗震设计规范》(2016 年版)	GB 50011—2010
8	《石油化工钢制设备抗震设计标准》	GB/T 50761—2018
9	《建筑结构可靠性设计统一标准》	GB 50068—2018
10	《现场组装立式圆筒平底钢质液化天然气储罐的设计与建造》	GB/T 26978—2011
11	《低温环境混凝土应用技术规范》	GB 51081—2015
12	《用于储存操作温度介于−165℃~0℃的低温液化气体的现场建造 立式圆筒型平底钢制储罐的设计和建造》	EN14620—1~5：2006
13	《大型焊接低压储罐的设计与建造》	API 620 附录 L
14	《石油化工立式圆筒形低温储罐施工质量验收规范》	SH/T 3560—2017

第二节 内罐及储罐保冷结构设计

一、概述

(一)结构简述

本节内容围绕大型预应力混凝土全包容罐展开，内罐及储罐保冷结构设计主要包括内罐、热角保护系统、内外罐之间保冷系统、外罐内侧衬板以及工艺仪表操作管道等内部附件。大型预应力混凝土全包容式 LNG 储罐结构见图 4-1。

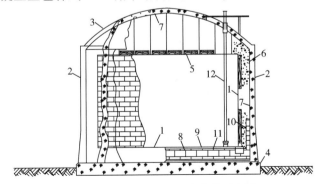

图 4-1 预应力混凝土全容罐示意图

1—内罐(低温钢)；2—外罐(混凝土)；3—罐顶(混凝土)；4—混凝土基础；5—吊顶及保冷；
6—保冷(环形空间)；7—外罐顶衬里；8—罐底保冷；9—二次底(低温钢)；
10-热角保护系统(低温钢加保冷)；11—外罐底衬里；12—泵井

内罐一般由9%镍钢内罐底板、9%镍钢内罐壁板和铝合金吊顶等组成。热角保护系统一般由9%镍钢局部壁板及保冷、9%镍钢第二层底板等组成。

内外罐之间的保冷系统通常由罐底保冷层、罐壁保冷层、吊顶保冷层等组成。

混凝土外罐内表面一般会设置低温碳钢防潮衬板，分为罐顶防潮衬板、罐壁防潮衬板和罐底防潮衬板等，用于包容罐内介质蒸发气体，并为保冷材料提供保护。

主要的内部附件包括物料的进出口管道，用于LNG外输的泵井系统，温度、压力、液位等的计量仪表接管，储罐置换及冷却管道，内罐壁和罐壁保冷施工用吊轨。另外，还有内罐的检维修梯子平台等，通常包括：

（1）自吊顶上部至罐顶之间的梯子；

（2）吊顶上部的操作平台和走道；

（3）自内罐底至吊顶的内部操作平台和梯子。

（二）内罐所采用的金属材料

1.9%镍钢及其焊材

1）9%镍钢

预应力混凝土全容式罐的内罐盛装深冷介质LNG，设计温度一般为-170℃。按照这样的设计条件，9%镍钢、铝合金、奥氏体不锈钢等均能用于LNG储罐的内罐。但随着储罐大型化，对LNG储罐内罐主体材料提出了如下特殊要求：

（1）要求材料在-170℃的深冷温度下具有良好的低温韧性；

（2）要求材料在满足低温韧度的前提下，应具有较高的强度，以降低材料的消耗量，从而降低储罐造价；

（3）材料具有良好的焊接性能。

9%镍钢在-196℃环境下有优异的韧度和良好的机械强度，焊接性能良好，焊接工艺成熟，同时，其生产和加工工艺性良好。因此，9%镍钢作为大型LNG储罐低温用钢的首选，被世界各国的LNG储罐建造者普遍采用。

国内最早建造的大型LNG储罐使用的9%镍钢，均采用进口材料，国内生产9%镍钢处于空白。进口9%镍钢的供货周期和价格均受外商控制，国内无主动权。

随着我国冶金技术及装备的快速发展，国内几家大型钢厂的工艺装备已达到了国际先进水平，冶金技术有了长足的进步，因此具备了开发和生产高质量9%镍钢的能力。为了推动9%镍钢的国产化进程，中国石化工程建设有限公司开展了详尽的国产化可行性研究比较，依托厂商开展了大量的性能测试、对比和第三方检测工作，并据此建立了适用于LNG储罐工程的9%镍钢板和焊接接头性能评价方法。国产9%镍钢板已成功应用于中国石化山东和天津LNG项目的$16×10^4 m^3$ LNG储罐建造，运行良好。

国产9%镍钢板牌号为06Ni9DR，执行的材料标准为GB/T 3531。目前LNG储罐内罐用06Ni9DR钢板大多为定制，钢板技术文件中可以根据实际情况考虑适当提高要求：

（1）针对板幅较大或厚度较薄的06Ni9DR钢板，为了更好地控制焊后变形，可以适当提高对钢板的不平度允许偏差的要求；

（2）钢材化学成分中的有害元素硫在高温轧制时易生成低熔点的FeS，并在晶界上偏聚，削弱了晶粒之间的结合力，导致钢板裂纹，另外硫对焊接也有不利影响，因此需要严格控制硫含量，一般要求硫含量≤0.003%；

（3）钢材化学成分中的有害元素磷容易在晶界偏析，增加回火脆性，显著降低钢的塑性和低温韧性，为了保证超低温条件下钢板的冲击韧性并且进一步改善钢板焊接质量，一般要求磷含量≤0.005%；

（4）为了确保低温韧性及其在厚度方向的均匀性，必须严格控制夹杂物类型、数量和分类，可要求冶炼过程中严格控制加入合金的纯度和渣系的稳定性等，并提高对各类具体夹杂物的要求；

（5）内罐用06Ni9DR钢板长期应用于超低温工况，可适当提高钢板的低温冲击性能指标，增加落锤试验和裂纹尖端张开位移（CTOD）试验的要求，以保证钢板有良好的低温韧性；

（6）06Ni9DR钢板焊接时易发生磁偏吹，一般要求控制焊前母材剩磁率不大于50G（gauss），钢板出厂前检测要求剩磁率不大于30G，且现场剩磁检测合格的06Ni9DR钢板，后续不得使用电磁铁吊运或在高压电气设备附近以及其他可能影响钢板剩磁水平的环境下存放。

2）9%镍钢的焊接

9%镍钢的焊接主要注意保证焊接接头的低温韧性，防止气孔、未焊透，防止电弧磁偏吹等问题，这与焊接材料的类型、焊接热输入、焊接工艺等有关。LNG储罐内罐9%镍钢的焊接可参照NB/T 47014《承压设备焊接工艺评定》和NB/T 47015《压力容器焊接规程》等的相关要求。

对于9%镍钢板焊材的要求是：

（1）熔敷金属不仅应满足常规力学性能和-196℃的低温冲击性能要求，而且熔敷金属的热膨胀系数与母材相近。

（2）焊材不宜采用11%镍铁素体组织的材料。使用铁素体型焊接材料后焊缝金属的低温韧性很差，往往需要采用焊后热处理改善焊缝韧性，而大型LNG储罐罐体主焊缝不具备焊后热处理条件，因此存在较大的风险性。

（3）焊材也不宜采用13%Ni-16%Cr奥氏体不锈钢型，焊缝低温韧性不高、焊缝的线膨胀系数与9%镍钢相差较大，使得焊缝部分除了存在较大的残余应力外，还会与母材之间存在较大的温差应力，从而削弱罐体强度。另外，采用低镍的奥氏体不锈钢型焊材，由于母材的稀释作用在熔合区处会出现高硬度的马氏体带，在焊接区扩散氢含量较高条件下，容易产生焊接冷裂纹。

综合考虑焊缝强度、焊缝性能、焊缝内在质量、焊缝的线膨胀系数、焊接工艺可操作性等因素，9%镍钢板的焊材普遍采用奥氏体组织的含镍量40%以上的镍基合金。优势在于其低温韧性好、焊缝金属的线膨胀系数与9%镍钢相近，例如NiCrMo-6、NiCrMo-3、NiCrMo-4等。

目前，在工程应用中9%镍钢焊接材料一般须进口，可以根据实际需求考虑符合美国标准和（或）欧洲标准的相关要求。

2. 不锈钢及其焊材

罐顶低温接管、内部构件、紧固件、吊杆等通常选用不锈钢。其中，不锈钢板应符合GB/T 4237—2015《不锈钢热轧钢板和钢带》的要求；不锈钢管应符合GB/T 14976—2012《流体输送用不锈钢无缝钢管》的要求；不锈钢型材应符合GB/T 1220—2007《不锈钢棒》的要求；不锈钢锻件应符合NB/T 47010—2017《承压设备用不锈钢和耐热钢锻件》的规定。

不锈钢之间的焊接材料可按照 NB/T 47015—2011《压力容器焊接规程》、NB/T 47018.1~5—2017 和 NB/T 47018.6~7—2011《承压设备用焊接材料订货技术条件》和 SH/T 3525—2015《石油化工低温钢焊接规范》确定，通常采用 ER308-L 和 E308-L。

3. 其他材料及其焊材

铝合金及其焊材吊顶及其附件可选用铝合金材料。铝合金板一般执行 GB/T 3880—2012《一般工业用铝及铝合金板、带材》，铝合金型材一般执行 GB/T 6892—2015《一般工业用铝及铝合金挤压型材》。

铝合金材料之间的焊接方法推荐采用熔化极气体保护焊 GMAW。铝合金焊丝一般应符合 NB/T 47015—2011《压力容器焊接规程》、NB/T47018.1~5—2017 和 NB/T47018.6~7—2011《承压设备用焊接材料订货技术条件》等的要求。

其他常用材料如 16MnDR 的化学成分和力学性能需符合 GB/T 3531—2014《低温压力容器用钢板》的规定。结构钢 Q235B、Q235C、Q355D 和 Q355E 的化学成分和力学性能需符合 GB/T 3274—2017《碳素结构钢和低合金结构钢热轧钢板和钢带》、GB/T 700—2006《碳素结构钢》和 GB/T 1591—2018《低合金高强度结构钢》的规定。

焊接材料应与母材金属匹配，碳素钢宜采用低氢型焊接材料。

二、内罐设计

（一）内罐罐体设计

1. 内罐结构

LNG 储罐的内罐是一个敞口平底的立式圆筒体，一般由 9% 镍钢内罐底板和 9% 镍钢内罐壁板组成。

内罐底一般由环形边缘板和中幅板组成。环形边缘板的外缘应为圆形，内缘可以为圆形或正多边形，当内缘为正多边形时，其边数应与环形边缘板的块数相等。内缘为正多边形的环形边缘板的钢板材料利用率一般高于内缘为圆形的情况。罐底弓形边缘板宜尽可能采用大规格钢板，宽度不宜小于 1600mm。环形边缘板之间的径向焊接接头一般采用对接焊缝结构。根据中幅板厚度，中幅板之间可采用搭接焊缝或对接焊缝。边缘板与中幅板之间通常采用搭接焊缝结构。

内罐壁由相同直径的多层壁板组成，罐壁厚度沿高度呈阶梯状变化，一般下层壁板厚度应不小于上层壁板厚度，内罐壁板的环焊缝和纵焊缝都应采用对接焊缝结构，且应保证全焊透。上下壁板根据实际情况可以选择内径对齐、中径对齐或外径对齐的不同设计方案。从受力角度讲，中径对齐的方案，壁板内外两侧受力较小且内外应力分布较为均衡，国外工程设计人员多采用此方案。但不同对齐方案对罐壁受力的影响很小，从下料、预制和组对等角度，当沿高度方向壁板厚度不同时，内径对齐的方案会更加简单便捷，且有利于罐壁内表面保持光滑平整，因此国内工程设计者多采用此方案。罐壁板宜尽可能采用大规格钢板，每层罐壁板的宽度不宜小于 2600mm。内罐为敞口结构，同时内外罐壁环隙处的保冷材料会对内罐壁产生压力，为了保证内罐壁的刚度，内罐壁需要进行外压校核，罐壁与罐底连接处以及罐壁顶端也应该进行端部设计。根据内罐壁外压稳定计算结果，内罐壁应设置足够数量的中间加强圈，内罐壁顶端应设置顶部加强圈。顶部加强圈的设计还须兼顾内罐壁与吊顶边缘密封结构的需求。加强圈与内罐壁环焊缝之间的距离一般不应小于 150mm，根据现场施工需求，该距离有时还须满足内罐壁组对工卡具的安装要求。为了便于内外罐环隙处罐壁保冷的安装，内罐壁加强圈通常设置在罐壁内侧，内罐壁加强圈材质一般与罐壁板相同。加强圈板之间一般采用对接焊缝结构，加强圈与罐壁之间的连接一般采用双面连续角焊缝，加强圈与罐壁纵焊缝相遇处应在加强圈的对应位置开设半圆孔。

2. 内罐设计工况及荷载

LNG 储罐系统运行工况复杂，内罐作为 LNG 储存容器必须保证在各种工况下安全运行，主要包括：预冷工况、正常操作、液压试验、地震等工况。

内罐在设计时需要考虑温度、自重、介质重量、罐壁附件重量、内外罐之间保冷层压力以及地震载荷。

3. 材料许用应力的选取

常用钢板或焊缝金属的最大许用拉应力见表 4-3。

表 4-3　钢板或焊缝金属的最大许用拉应力

钢板类别	操作工况下的许用拉应力	水压试验工况下的许用拉应力
Q235B、Q235C、Q355D、Q355E、Q345R、16MnDR	$0.43R_m$，$0.67R_{el}$，260MPa 三者中的最小值	
06Ni9DR	$0.43R_m$，$0.67R_{el}$ 两者中的较小值	$0.60R_m$，$0.85R_{el}$，340MPa 三者中的最小值
S30408、S30403	$0.40R_m$，$0.67R_{el}$ 两者中的较小值	

注：① R_m 为材料标准抗拉强度的下限值，MPa，R_{el} 为材料标准下屈服强度，MPa。

　　② 对于9%镍钢，R_{el} 可为材料标准规定的 0.2%非比例延伸强度，MPa。

　　③ 对于奥氏体不锈钢，R_{el} 可为材料标准规定的 1.0%非比例延伸强度，MPa。

地震荷载属偶发荷载，当其与永久荷载组合进行抗震验算时，许用应力选取如下：

（1）OBE 工况下，可取操作工况下许用应力的 1.33 倍。

（2）SSE 工况下，许用拉应力可取 $1.00R_{el}$，许用压应力可取临界屈服应力。

罐底锚固件的许用拉应力一般选取如下：

（1）正常操作工况下应为 $0.50R_{el}$；

（2）水压试验工况下应为 $0.85R_{el}$；

（3）操作基准地震 OBE 工况下应为 $0.67R_{el}$；

（4）安全停运地震 SSE 工况下应为 $1.00R_{el}$。

4. 内罐罐体的内压强度设计

LNG 储罐设计温度通常为-170℃。内罐罐体静强度的内压设计计算通常需要考虑以下载荷：

（1）正常操作工况下 LNG 产生的静液压；

（2）液压试验工况下试验水产生的静液压，实验水的高度由计算确定，通常约为内罐设计液位高度的一半；

LNG 内罐的罐壁与直径之比很小，属于薄壁容器，所受弯曲力矩较小，目前国内外大多按圆筒体的薄膜理论计算罐壁应力。

内罐为敞口结构，不承受气相压力，故罐壁沿高度所受内压主要是液体静压，罐壁任一点处应力与计算液位高度成正比,由此可以导出罐壁任一点的计算厚度。据此计算的罐壁截面呈三角形,在实际工程中罐壁用阶梯型截面代替三角形截面。在选定每一层圈板液压计算高度时,若选在圈板上端高度进行设计,则不够安全;选在圈板下端,又偏于保守。根据理论和实际测定,每层圈板环向应力最大的地方不在圈板的下端,而通常在距离每圈板下端 0.3m 以上处,为简化计算,罐壁的设计厚度按照式(4-1)和式(4-2)算出。

$$t_d = \frac{4.9D(H-0.3)\rho}{[\sigma]_d\varphi} + C_1 + C_2 \tag{4-1}$$

$$t_t = \frac{4.9D(H-0.3)}{[\sigma]_t\varphi} \tag{4-2}$$

式中 t_d——设计工况下内罐壁板的计算厚度,mm;

t_t——水压试验工况下内罐壁板的计算厚度,mm;

D——油罐内径,m;

H——计算液位高度,指从所计算的那圈罐壁板底端到内罐壁顶端的高度,m;

ρ——LNG 相对密度;

$[\sigma]_d$——设计温度下钢板的许用应力,MPa;

$[\sigma]_t$——水压试验工况下钢板的许用应力(取 20℃时钢板的许用应力),MPa;

φ——焊接接头系数;

C_1——钢板负偏差,mm;

C_2——腐蚀裕量,mm。

由于 LNG 是通过天然气净化、液化获得的,较为纯净,LNG 储罐内罐壁厚在计算时通常其腐蚀裕量取值为 0。

罐壁的设计厚度应为上述两种工况计算出的较大值,且不小于标准 GB/T 50938—2013《石油化工钢制低温储罐技术规范》等规定的最小厚度值。

内罐底边缘板的最小厚度应该按照式(4-3)计算。

$$t_a = 3 + t_1/3 \tag{4-3}$$

式中 t_a——罐底边缘板最小厚度,mm;

t_1——最底层罐壁板厚度,mm。

对于这种大直径薄壁储罐,从其自身刚性和可加工性考虑,一般需要规定罐体各零部件的最小厚度。罐底边缘板的最小厚度(不含腐蚀裕量)应不小于8mm;罐底中幅板的最小厚度(不含腐蚀裕量)应不小于5mm。根据直径,罐壁最小厚度选用详见表4-4。

表4-4 罐壁最小厚度[①]

储罐直径/m	最小厚度/mm	储罐直径/m	最小厚度/mm
$D \leqslant 10$	5	$30 < D \leqslant 60$	8
$10 < D \leqslant 30$	6	$D > 60$	10

注:① 罐壁最小厚度不含腐蚀裕量。

5. 内罐壁的外压强度设计

内外罐环隙空间一般填充膨胀珍珠岩和弹性玻璃棉毡作为保冷层,松散堆积的保冷材料膨胀珍珠岩会产生侧压力。该侧压力经由弹性玻璃棉毡传递到内罐壁。该外压载荷在储罐经历一个低温服役周期后升温至环境温度时会达到最大值。目前，国内外标准中没有给出环隙保冷材料外压载荷和内罐壁外压稳定的设计计算方法，工程设计公司多按自有经验和方法进行设计。下面简要介绍某工程公司内罐外压专有设计技术，共分为3个部分。

1）膨胀珍珠岩侧压力计算

内罐壁外侧的保冷材料膨胀珍珠岩属于固体松散材料，固体松散材料有区别于气体和液体的特殊性。气体和液体在自然状态下是无定形的，而松散的固体材料在自然状态下有堆积形态。气体充满于所储存的容器，以自身的压力对整个容器壁产生作用力。液体盛装在容器里，对液面下的容器壁，以液柱的静压对不同高度的壁面产生不同的作用力。依据詹森（Janssen）经典物料压力理论，松散的固体材料盛装在容器里，对物料面以下的容器壁，产生垂直压力、水平压力，在物料流动的情况下还对壁面产生摩擦力，诸力之间存在一些物理关系。

由物料所产生的垂直压力P_v，对内罐壁产生了水平压力P_h，假定垂直压力和水平压力的比值不变，见式(4-4)。

$$P_h = k P_v \tag{4-4}$$

式中　k——侧压系数，与膨胀珍珠岩内摩擦角的最小值有关；

　　　P_h——垂直作用于内罐圆筒壁的，所以产生了沿壁面的压力，见式(4-5)。

$$P'_f = \mu P_h \tag{4-5}$$

式中　μ——膨胀珍珠岩与筒壁的摩擦系数。

根据以上关系可以写出静力平衡方程，求解得膨胀珍珠岩侧压力。其中，侧压系数k和摩擦系数μ与膨胀珍珠岩的特性和填充施工工艺相关，可通过现场试验获得。

2）罐壁所受最大外压计算

根据前述罐壁保冷结构，内罐壁与膨胀珍珠岩之间有弹性玻璃棉毡。弹性玻璃棉毡所受侧压力和其压缩率有一一对应的函数关系，且压缩率越大，所受侧压力越大。典型的弹性玻璃棉毡所受侧压力和其压缩率之间的压缩曲线关系见图4-2。

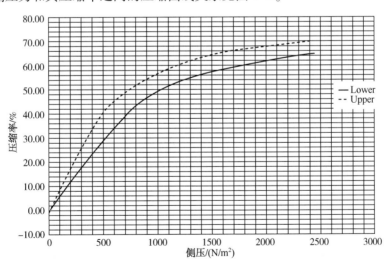

图4-2　典型弹性玻璃棉毡所受侧压力和压缩率之间的压缩曲线图

在膨胀珍珠岩填充阶段，弹性玻璃棉毡在膨胀珍珠岩侧压力作用下，厚度被压缩，此压缩量可以从压缩曲线求得。LNG储罐预冷阶段，内罐由大气温度逐渐降到操作温度，罐壁向内收缩，弹性玻璃棉毡也有一定的回弹补偿，且部分发生径向位移，内外罐环隙空间上方多余的膨胀珍珠岩下降，膨胀珍珠岩厚度随之变化。在正常操作阶段，液化天然气根据需求进罐或出罐，内罐液位随之升高或降低，内罐壁也因此产生向外或向内的径向位移，弹性玻璃棉毡压缩或回弹补偿径向位移。LNG 储罐检修阶段，内罐升温到大气温度，罐壁向外膨胀，弹性玻璃棉毡被进一步压缩。考虑整个过程，反复迭代，计算出内罐壁所受最大膨胀珍珠岩侧压力。

3）罐壁稳定性校核及加强圈设置

在膨胀珍珠岩侧压力作用下，内罐壁应进行稳定性校核，防止由于失稳产生过度屈曲变形。判定罐壁侧压稳定的条件为罐壁许用临界压力 P_{cr} 大于等于设计膨胀珍珠岩侧压力 P_p。

参照美国钢铁协会发布关于板结构设计的章节，将阶梯状变截面的罐壁按截面积相等的原则简化为内径不变、稳定性相同、壁厚均为最小壁厚的假想筒壁，将求解阶梯状截面罐壁的外压稳定问题转化为求解等厚度假想筒壁在均匀侧压下的临界压力问题。内罐壁总的当量高度 H_E 为各层罐壁当量高度的和。

罐壁的许用临界压力计算见式（4-6）。

$$P_{cr} = 2.6E \frac{\left(\dfrac{t_{min}}{D_i}\right)^{2.5}}{\dfrac{L}{D_i} - 0.45\left(\dfrac{t_{min}}{D_i}\right)^{0.5}} \tag{4-6}$$

式中　E——罐壁材料的弹性模量，MPa；

　　　t_{min}——罐壁最小厚度，mm；

　　　D_i——内罐内直径，mm；

　　　L——内罐壁的当量高度，mm。

当 $P_{cr} < P_p$ 时，需要在罐壁上设置一定数量的加强圈，以提高内罐壁的临界压力，使其满足稳定条件。

加强圈的个数 n 按式（4-7）计算。

$$n = INT\left(\frac{P_p}{P_{cr}}\right) \tag{4-7}$$

内罐壁沿高度方向被分割成 $n+1$ 段，每一段当量高度 L_E 按式（4-8）计算。

$$L_E = \frac{H_E}{n+1} \tag{4-8}$$

当加强圈位于最薄的罐壁板上时，加强圈到罐壁顶端的实际距离等于上式计算出的 L_E 值。若加强圈不在最薄圈板上时，须将当量筒壁的假想位置折算成实际筒体的位置。

最后还应校核加强圈的截面积和截面惯性矩，校核时应该计入加强圈有效范围内的罐壁部分。

6. 内罐壁与内罐底连接 T 形焊缝疲劳设计

内罐壁在静液压的作用下会沿径向产生位移，在罐壁和罐底连接处 T 形焊缝受罐底的约束，T 形焊缝处的径向位移受到阻碍，因而在罐壁下端的局部范围内将产生纵向弯曲力矩和水平剪力，T 形焊缝处产生边缘应力，且在焊趾处容易出现高应力点。当 LNG 储罐投入使用，进卸料等反复循环过程可能会导致 T 形焊缝处结构进入疲劳状态，甚至发生疲劳破坏从而影响内罐的使用。

图4-3为一个典型的大脚焊缝处应力分布云图。由图4-3可见，罐壁板中环向应力造成的径向变形(UX)在T形焊缝处受到了罐底边缘板的约束，使其在T形焊缝附近的变形较小、罐壁板向外凸出，因此靠近T形焊缝的罐壁板存在显著的竖向(Y向)弯曲应力。同时罐壁变形作用在罐底板上的弯矩使罐底边缘板向上抬起离开了基础面，罐底边缘板中也存在显著的径向(X向)弯曲应力。T形焊缝内外两侧水平方向上的焊肉延伸长度较小，在此焊趾处出现相当大的峰值应力，此处的高应力(包括峰值应力)将显著影响内罐的许用疲劳循环次数。

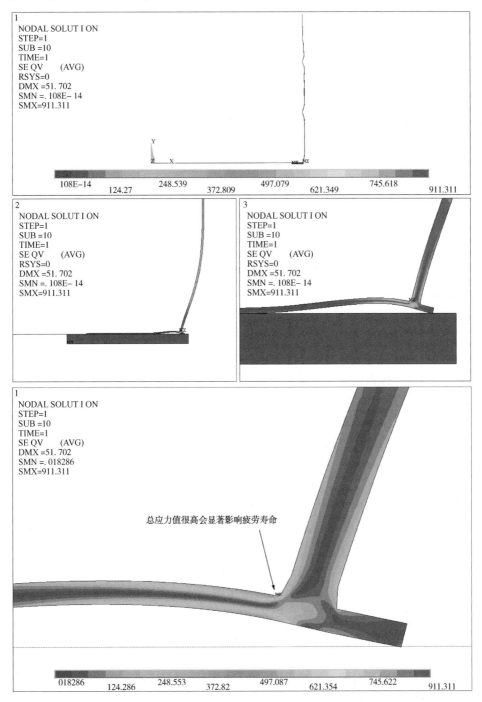

图4-3　典型的T形焊缝等效应力分布云图(变形放大10倍显示)

为了尽量降低疲劳破坏风险，T形焊缝焊脚尺寸设计时应尽量保证形状为缓坡状，并在焊肉与罐壁板和罐底边缘板相交处做打磨圆角处理。

在工程中，T形焊缝的疲劳设计需要考虑设计寿命内介质从最低操作液位到最高操作液位的操作循环工况，水压试验工况与开停工以及检维修等工况的载荷循环次数极少，对于内罐累计疲劳损伤系数的贡献很小可以忽略处理。

目前T形焊缝的疲劳设计大多采用有限元法，因内罐体结构及所受循环载荷等在圆周方向具有对称性，中国石化工程建设有限公司一般建立轴对称模型来进行分析，计算各个循环工况的交变应力强度幅值，然后查询对应的疲劳曲线，计算累计疲劳损伤系数，如累计疲劳损伤系数小于1则疲劳强度校核通过，否则需要修改设计结构重新校核直至校核通过。

7. 内罐罐体抗震设计

内罐储存的深冷LNG属易燃、易爆介质，如果在地震作用下发生破坏可能造成巨大经济损失和安全危害。各国标准对其抗震性能指标都提出了较高要求，通常包含以下两个方面：一是在OBE工况下，内罐应能够维持正常操作；二是在SSE工况下，内罐不被破坏，且储液不会溢出至内罐外。

内罐罐体在抗震设计时，竖向地震影响系数取值应不小于相应的水平地震影响系数最大值的65%。

现有结构地震响应计算方法主要包括底部剪力法、振型分解反应谱法和时程分析法等。工程设计公司大多根据自有技术对LNG储罐进行抗震设计计算，在计算方法的选择、模型简化和参数取值等方面有一些区别。

某工程公司LNG储罐内罐自有抗震技术采用底部剪力法与时程分析法相结合的方法，以底部剪力法作为基本方法，时程分析法作为补充方法。底部剪力法在大多数情况下能够满足工程抗震设计所需精度，是应用较为广泛的计算方法。从理论上讲，时程分析法是一种更为全面和精细的方法，能够得到结构在每个时刻的响应，也不局限于线弹性变形阶段，但是实际操作起来存在一些问题：一是各地实测的能够满足频谱特性、有效峰值和持续时间的地震加速度时程曲线有限，选择合适的地震加速度时程曲线十分困难；二是由于非线性问题的复杂性，时程分析对软硬件及计算人员素质要求很高且计算效率较低，因此在工程抗震设计中将其作为补充。

底部剪力法以公式计算为主，主要依据标准是GB 50011—2010（2016年版）《建筑抗震设计规范》和GB/T 50761—2018《石油化工钢制设备抗震设计标准》。结合国外储罐标准抗震的内容，在OBE+正常操作和SSE+正常操作两种工况下，需要对内罐进行抗震校核和储液晃动计算。主要包括以下计算内容：

（1）根据内罐基本设计参数进行内罐罐液耦联振动基本周期和储液晃动基本周期计算；

（2）根据工程场地地震动安全评价报告给出的场地设计地震动速度反应谱参数，计算OBE、SSE的水平和竖直地震影响系数；

（3）校核储液是否晃出内罐壁，储液考虑一阶对流模态的液晃波高，内罐壁考虑冷缩状态；

（4）校核介质自重及对流、脉冲模态产生的动液压力直接或间接作用在内罐罐壁上对内罐罐壁产生的环向应力、轴向应力以及底部剪力是否满足要求；

（5）内罐罐体倾覆或滑移校核，内罐罐底边缘板提离校核，不满足要求时需要设置内罐锚固带。

时程分析法主要借助有限元手段，对于像 LNG 内罐这样同时具有固体结构和流体介质的模型，完整考虑了固体结构和流体介质的相互耦合作用、内罐结构几何大变形、材料弹塑性及内罐底板与罐底保冷结构的摩擦接触等等非线性情况，使得分析结果更加全面准确。图 4-4～图 4-6 所示分别为某工程 OBE 工况的时程分析法中内罐流固耦合模型示意图、距离罐底 3m 左右高度的位置内力随时间变化情况和几个不同时刻罐内 LNG 晃动情况。从这一组图中可以直观地看到不同时刻内罐结构及储液的地震响应状态。

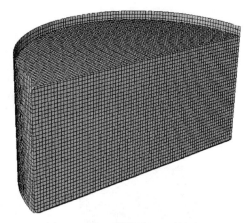

图 4-4 流固耦合模型示意图

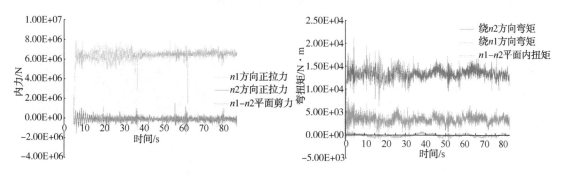

图 4-5 内罐某处内力随时间变化情况示意图

（二）吊顶设计

吊顶（包括保冷层）悬挂在外罐顶下，起到内罐保冷的作用，以减少冷态储存介质与外部环境之间热量传递，降低罐内 LNG 的蒸发率。吊顶由吊盘及吊杆组成，吊盘为铝合金材质，其上方安装保冷材料，吊杆采用不锈钢或铝合金材质，通过螺栓连接把吊盘悬挂在外罐穹顶钢梁上。

吊顶目前主要有两种型式，一种为平板拼焊连接结构，另一种为压型瓦楞板加型材结构。

平板拼焊连接结构型式吊顶的吊盘采用铝合金平板，为提高承载能力及平板的刚度，在平板上焊接同心布置的一圈圈的筋板及径向布置的筋板。吊杆分多圈布置，一般为不锈钢材质，一端通过焊接及螺栓连接在吊盘的筋板上，另一端连接在罐顶钢梁上，它将吊盘上的载荷传导到罐顶上。典型的平板拼焊连接结构型式的吊顶如图 4-7 所示。

压型瓦楞板加型材结构型式吊顶的吊盘由铝合金压型板制成，放置在框架梁上，压型板与压型板之间以及压型板与框架梁之间用铆钉连接。吊杆分多圈布置，一般采用不锈钢材质。典型的压型瓦楞板加型材结构型式的吊顶如图 4-8 所示。

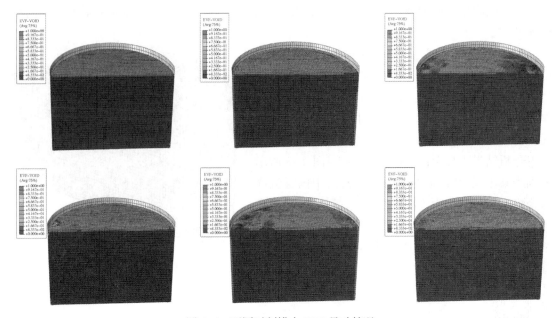

图 4-6　不同时刻罐内 LNG 晃动情况

图 4-7　典型的平板拼焊连接结构型式的吊顶

图 4-8　典型的压型瓦楞板加型材结构型式的吊顶

吊顶的静强度可以按照铝合金结构设计规范进行校核。吊顶的设计温度通常为-170℃。吊顶的设计计算需要考虑以下载荷：

（1）吊盘及其附件重力载荷；

（2）吊盘上方保冷材料的重力载荷；

（3）吊盘上方至少 0.5kN/m² 的均布活载荷；

（4）建造工况人员机具等产生的集中活载荷；

（5）温度载荷；

（6）吊盘上下压差引起的载荷；

（7）吊盘边缘上方膨胀珍珠岩重力载荷；

（8）地震载荷。

另外，在任意一根吊杆失效的情况下，应该仍然能够保证吊顶结构的安全性。

吊杆的上下吊点需要考虑一定的径向位移差，位移差的确定需要考虑储罐冷却过程中吊盘的径向收缩。吊顶上应设置通气孔，以保证吊顶上、下空间的压差不大于吊顶自重，不会发生吊顶提升。

在吊顶和内罐壁顶部设置柔性密封系统，主要用来防止填充罐壁保冷时膨胀珍珠岩进入内罐。柔性密封结构还需要具备两个特性：①柔性结构设计便于补偿内罐壁与吊顶之间的不协调位移，避免附加应力的产生；②该结构不具有气密性，内外罐之间的气相空间应保持连通。

（三）热角保护系统的设计

为了避免内罐泄漏的低温介质直接与外罐底板和外罐壁底部接触，在外罐底板上部和外罐壁底部区域设置热角保护系统。热角保护系统覆盖整个底部和罐壁下部，通常由局部壁板及保冷、第二层底板等组成。

热角保护系统材料选择和设计要求应符合 GB/T 50938—2013《石油化工钢制低温储罐技术规范》和 EN 14620—2006《用于储存操作温度介于 $-165 \sim 0^{\circ}C$ 的低温液化气体的现场建造立式圆筒型平底钢制储罐的设计和建造》的相关条款。

热角保护系统局部壁板的高度应根据外罐壁与基础底板连接处的温度分布和变形能力确定。另外，局部壁板上部通过环形板与预埋件焊接连接。因此，局部壁板的高度还应与外罐壁的整个埋件系统相协调。

工程设计中局部壁板高度大多取为 5m（从外罐底上表面开始计算）。需要注意的是，针对不同设计条件应该进行核算后最终确定壁板高度。局部壁板的材料一般为 06Ni9DR，钢板之间采用对接焊结构。第二层罐底由弓形边缘板和中幅板组成，边缘板之间采用对接焊接结构，边缘板与中幅板、中幅板之间采用搭接焊结构。边缘板和中幅板的材料一般为 06Ni9DR。

（四）接管设计

为降低泄漏风险，LNG 储罐所有工艺管道（含罐内泵泵井）及计量仪表接管通常均设置在罐顶。穿过吊顶板上的接管不能对吊盘施加载荷。接管穿过吊顶的地方应该设置吊顶套管，吊顶套管的设计需要考虑储罐冷却过程中吊盘的径向收缩。位于内罐中的部件应尽量避免采用螺栓连接。如果采用螺栓连接，所有螺栓连接都应防止因震动而发生松动。接管应能承受来自连接管道和附件的载荷。人孔接管最小内径宜为 600mm。泵井应根据泵制造商的要求设计和制作。LNG 罐内泵通过泵井安装在罐内，泵井作为 LNG 罐内泵输送管道，需要承载泵的外输压力，系统属于细长圆筒结构，设计时应防止罐内泵转动与泵井之间产生共振。因此，需要对泵井系统进行整体分析计算。

三、LNG 储罐保冷系统设计

（一）保冷材料

1. 保冷系统作用

维持 LNG 储罐在常压、深冷条件下储存的重要因素是设置了完备的保冷系统。该保冷系统主要由罐壁保冷、罐底保冷、吊顶保冷和接管保冷四部分组成。

保冷系统的主要作用是：

（1）保持 LNG 储罐的蒸发率低于规定上限值；

（2）维持适宜的温度，以保护 LNG 储罐的非低温部分或不能承受低温的材料；

（3）保护 LNG 储罐底部基础不因冻胀而损坏；

（4）防止 LNG 储罐表面结露或结冰。

2. 保冷材料的选用

选择保冷材料时通常考虑下列因素：

（1）储罐正常操作时，尽可能减少因热量传入而导致冷损失；

（2）事故工况时，保冷材料的设计热阻、实际热阻以及设计持续时间；

（3）各方向的静荷载、动荷载对保冷材料的作用；

（4）保冷材料应与所选保冷结构、安装方法及储罐类型等相匹配。

3. 保冷材料及其制品的性能评估

保冷材料及其制品的性能评估至少应包括下列内容：

（1）绝热性能，包括导热系数和因辐射、对流、冷桥导致的冷损失量；

（2）力学性能，应包括短期和长期压缩性能、抗拉和抗剪性能、保冷结构的粘结强度等；

（3）耐温性能，应包括所能承受最高、最低工作温度以及可能的温度变化、膨胀系数以及设计温度下的抗拉强度、拉伸模量等对收缩、膨胀以及可能出现的破裂的影响；

（4）防潮性能，应包括保冷材料的闭孔率、水蒸气渗透性、吸水性等特性以及水和水蒸气渗透产生的热阻降低、水或冻结过程可能对保冷材料产生的结构性破坏的影响。

当考虑储存介质对保冷材料的影响时，应该增加以下几项性能评估：

（1）保冷材料的闭孔率；

（2）介质蒸气的吸收率以及其对保冷材料性能的影响；

（3）对液体介质的吸收性和液体介质对其的渗透性；

（4）长期吸收液体对保冷材料性能的影响；

（5）解吸效应：时间/百分比。

当考虑施工过程中或外部可能发生火灾风险时，还应评估下列特性：

（1）燃烧性能，主要评估可燃性、阻燃性和有毒气体的产生；

（2）保冷材料最高温度极限，主要包括熔化温度，分解温度，燃点温度等。

4. 保冷材料的包装、运输、储存

保冷材料在包装、运输、储存时要防止受潮，且宜提供防水袋和干燥剂。所有的保冷材料在从运输到使用期间都应密封存放在通风、干燥和防水的地方。

常用保冷材料和用途见表 4-5。

表 4-5 大型预应力混凝土全包容 LNG 储罐常用保冷材料及用途

| 材　料 | 环　梁 | 罐底保冷 | 吊顶保冷 | 罐壁保冷 | | 热角保护系统 | 接管保冷 |
				内空间	罐壁侧		
硬木块	√	—	—	—	—	—	—
珍珠岩混凝土块/梁	√	—	—	—	—	—	—
轻质混凝土块/梁	√	—	—	—	—	—	—

续表

材料	环梁	罐底保冷	吊顶保冷	罐壁保冷		热角保护系统	接管保冷
				内空间	罐壁侧		
钢筋混凝土	√①	—	—	—	—	—	—
泡沫玻璃	√②	√	—	—	—	√	—
膨胀珍珠岩	—	—	√	√	—	—	—
矿物棉毡	—	—	√	√③	—	—	√
聚氯乙烯(PVC)泡沫塑料—中密度	—	√	—	—	—	√	√
聚氯乙烯(PVC)泡沫塑料—高密度	√②	√	—	—	—	√	—
聚氨酯泡沫(PUF)/聚异氰尿酸酯(PIR)—中密度块-喷涂类型	—	—	—	—	√④	√	√
聚氨酯泡沫(PUF)/聚异氰尿酸酯(PIR)—高密度块-喷涂类型	√②	√	—	—	√④	√	√
聚氨酯泡沫(PUF)/聚异氰尿酸酯(PIR)—玻璃纤维加强块类型	√②	√	—	—	—	√	√

注：表中，"√"表示适用，"—"表示不适用。

　①　作为荷载分配板，铺垫在保冷材料下方；

　②　用在荷载分配板下；

　③　在膨胀珍珠岩和内罐壁之间，矿物棉毡可作为弹力毡使用；

　④　仅适用于喷涂、无缝、气密性、液密性系统的特定等级。

(二) 保冷结构设计

1. 罐壁保冷

LNG 储罐内罐壁与外罐壁之间的罐壁保冷通常由紧贴罐壁的弹性毡、高强度玻璃纤维布和膨胀珍珠岩等组成。

弹性毡分多层，应牢固地固定在内罐壁外表面或者外罐壁内表面。固定于外罐壁内表面的罐壁保冷结构应能承受自身静荷载及热应力的作用。固定方法可根据保冷材料、外罐壁的收缩或膨胀、保冷系统的气密性和液密性及环隙空间内保冷材料的耐化学性等因素确定。固定于内罐壁外表面的罐壁保冷结构应能承受自身静荷载及热应力的作用，固定方法可根据保冷材料、内罐壁的收缩或膨胀、保冷系统的气密性等因素确定。

外罐与内罐之间剩余的环形空间要用膨胀珍珠岩粉末填满。需要特别注意的是膨胀珍珠岩的沉降问题，珍珠岩充填裕量不应低于 4%。珍珠岩填装期间需要持续监控发泡的粒度及比例、振实密度等要素，将其振实，同时应设置补填膨胀珍珠岩的管口，投产后根据储罐运行情况适时补填。外罐与内罐之间的环形空间上部、吊顶边缘通常设置阻隔板形成珍珠砂储存空间。

罐壁保冷结构也可以采用弹性毡、膨胀珍珠岩、聚氨酯(PUF)组合结构，自内罐壁至外罐壁之间依次为弹性毡、膨胀珍珠岩和PUF。

2. 罐底保冷

罐底保冷应考虑基础底板的平整度、各保冷层的平整度、基础抗冻胀能力，以及材料承载能力进行结构设计。目前，罐底保冷多采用泡沫玻璃砖作为主要保冷材料。罐底保冷厚度方向至少应包括2层泡沫玻璃。每层泡沫玻璃上和下表面应铺设沥青毡。泡沫玻璃的铺设应保证层缝交错排列，各泡沫玻璃层间应设沥青毡中间垫层。处于内罐壁下方的保冷层可采用高强度泡沫玻璃砖，其余部位则采用普通强度泡沫玻璃砖。在内罐壁下方的保冷层中，还设有混凝土环梁。罐底环梁的设计应满足：

（1）结构应能承受内罐收缩和地震引起的侧向力，以及进出料及地震引起内罐壁可能产生的位移影响；

（2）一般具有防水和隔气作用；

（3）穿过环梁的垂直锚固件宜减少冷桥效应，并防止水/水蒸气侵入。

在泡沫玻璃砖与混凝土罐壁和混凝土环梁相接触的部位以及其他需要考虑压缩荷载的部位需设置玻璃纤维毡。另外，需要重点注意热角保护底板下的保冷结构的设计，热角保护壁板和底板与外罐壁板形成冷桥，使外罐壁更容易结露。

3. 吊顶保冷

吊顶保冷层的设计需要满足最大冷渗透量的要求。目前，国内工程中吊顶板的保冷材料多采用玻璃纤维毡。每块玻璃纤维毡的厚度不宜大于150mm。吊顶保冷层初始安装厚度通常应考虑一定裕量，保证正常操作时吊顶保冷层的实际厚度不小于传热计算所需厚度。

4. 接管保冷

储罐内部有低温液体或低温气体流通的接管，如储罐顶部进料管、底部进料管、蒸发气体出口管、泵井等，应该采取保冷措施。接管与穿顶连接部位多采用套管保冷结构。典型的套管保冷结构如图4-9所示，在套管和低温接管间应安装保冷材料，保冷材料可以采用玻璃棉毡结构或硬质保冷材料与玻璃棉毡组合结构等。套管保冷结构的设计需要考虑保冷材料连续密实填充操作的方便性。另外，要特别注意套管外

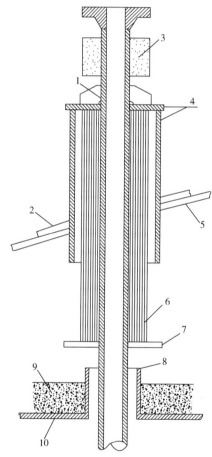

图4-9　罐顶接管典型保冷结构

1—接管(低温)；2—接管补强板(环境温度)；
3—接管外伸侧保冷结构；4—保冷套管(低温)；
5—拱顶(环境温度)；6—接管内伸侧保冷结构；
7—保冷支撑环；8—吊顶套管；
9—吊顶保冷层；10—吊顶

伸于穹顶部分的保冷范围，防止外罐顶温度低于其设计温度以及套管与穹顶连接部位局部结露或结冰。罐顶和吊顶板间的低温钢管应采用保冷材料保护。吊顶套管的设计参见吊顶设计部分的内容。

（三）保冷系统设计计算

1. 储罐传热计算

LNG 储罐保冷系统的设计基于储罐的传热计算，具体的计算要求和方法详见本书第二章第三节中的"储罐传热计算"的内容，此处不再赘述。

2. 局部温度场分析

局部温度场分析建立在储罐整体传热计算的基础上，应重点关注储罐局部结构的保冷设计及结构优化，例如进料管、泵井管等罐顶冷接管的局部温度场分析。根据工程经验，在某些建造地一些罐顶冷接管等的混凝土套管外表面会出现结露、结霜甚至结冰等漏冷现象，使混凝土罐顶安全受到影响。在工程设计时可以通过罐顶冷接管结构的局部温度场分析，判断冷接管结构局部漏冷的可能性和影响因素，实现设计优化。

3. 保冷强度设计计算

保冷系统除满足绝热要求之外，尚应进行强度校核。罐底保冷和热角保护系统应能承受压力载荷。脆性材料在受压时，其许用抗压强度取标准抗压强度除以安全系数，标准抗压强度可按照下列要求取值：

（1）按现行国家标准进行测试，测试结果为最大抗压强度；

（2）取最大抗压强度的平均值为标准抗压强度，但当较低规定极限值（即平均值减两倍标准方差）低于标准抗压强度的67%时，标准抗压强度赢取较低规定极限值的1.5倍。

根据 GB/T 50938—2013《石油化工钢制低温储罐技术规范》，安全系数按下列要求取值：

（1）正常操作工况为 3.00；

（2）水压试验工况为 2.25；

（3）操作基准地震 OBE 工况为 2.00；

（4）安全停运地震 SSE 工况为 1.50。

内罐壁下方的罐底泡沫玻璃砖和其余部位的罐底泡沫玻璃砖宜分别进行设计计算。校核截面可保守考虑为最下层泡沫玻璃砖的底部最小承载面积。罐底保冷系统强度校核计算时需要考虑以下载荷：

（1）设计压力；

（2）试验压力；

（3）罐内介质静压；

（4）液压试验静液压；

（5）内罐壁、加强圈及支撑于罐壁的内部附件的自重；

（6）内罐底自重；

（7）热角保护系统钢板和保冷材料自重；

（8）罐壁保冷材料自重；

（9）底部环梁及罐底其他保冷材料自重；

（10）地震载荷；

（11）其他相关载荷。

第三节　地基处理与外罐工程技术

目前国内已建项目 LNG 储罐罐容大都为 $16×10^4 m^3$，2020 年以后在建和拟建储罐罐容日趋大型化，$22×10^4 m^3$ 和 $27×10^4 m^3$ 逐渐成为主力罐型。以一座 $16×10^4 m^3$ LNG 储罐为例进行计算，如储罐内 LNG 全部泄漏，LNG 气化产生的气体约为 $1×10^8 m^3$，一旦爆炸其危害程度不可估量。因此，对于预应力混凝土外罐其安全设计要求远远高于一般建构筑物，相应对储罐的地基处理要求也远远高于 LNG 接收站其他设备。

预应力混凝土外罐通常需具有下述功能：

（1）在储罐正常操作状态下，承受储罐内气相压力；

（2）当外部发生火灾时，承受火灾产生的热辐射，保持结构必要的承载能力；

（3）当外部爆炸时，承受爆炸面冲击荷载、飞行物件撞击荷载等，保持结构功能完整性；

（4）当地震发生时，承受地震产生的动荷载，并保持结构功能完整性；

（5）内罐在泄漏后，盛装全部 LNG，保持结构必要的承载能力，并依靠预应力混凝土自身结构，保持外罐完整的液密性和气密性，以便在一定的时间内将罐内的 LNG 安全转移。

上述所有工况均需要验算结构及构件的承载力、变形和裂缝宽度等。其中，内罐泄漏工况，主要是验算外罐罐壁的承载力和液密性。

一、地基处理

为便于 LNG 卸船，LNG 接收站通常靠近码头选址，极大增加了在吹填地基及软土地基上建设 LNG 接收站的可能性。LNG 储罐建在吹填造陆软土地基上对其建设、运行安全非常不利，因此可靠的地基处理技术是 LNG 接收站安全运行的基本保障。

常规的地基处理方法有预压、压实、复合（振冲碎石桩、水泥搅拌桩，沉管砂桩、旋喷桩、灰土挤密桩、夯实水泥土桩、水泥粉煤灰碎石桩等）、注浆加固等。采用上述地基处理方法进行地基处理后，对于一般建构筑物而言，大都可以采用天然地基作为地基方案，但对于 LNG 储罐而言，需进行进一步处理方能满足其承载力要求。

基于安全考虑，LNG 储罐抗震设防标准远高于一般建构筑物，相应地基处理的要求也较高，地基处理效果不仅需满足桩基竖向力承载力要求，尚需满足较高的水平承载力要求。

（一）储罐建设场地地基技术要求

软土土层需要进行地基预处理，该类地质条件较差的地基通常采用桩基方案。

1. 软土土层排水固结要求

处理软土土层主要出于两个目的，一是为桩基提供可靠的竖向承载力，二是对于摩擦桩来说降低不均匀沉降的风险。首先，未固结的软弱土层在储罐服役期内会对桩基产生下拉荷载的负摩阻力，导致桩基承载力不满足储罐安全使用要求。其次，由于软弱土层厚度常常有较大差异性，在长期的排水固结过程中，土体的总压缩量差别较大，会产生不均匀沉降，对储罐产生极大的安全隐患。故应对软土层顶在一定上覆荷载作用下的固结度提出要求。

2. 构建硬壳层要求

对于一般建构筑物地表的硬壳层通常可以作为天然地基使用。由于LNG储罐的抗震设防目标远高于一般建构筑物，相应承受的水平地震作用也远高于一般建构筑物。LNG储罐大都采用桩基基础，为提高桩基水平承载力，也需构建硬壳层为桩基提供可靠的侧向约束。

LNG储罐的抗震设防要求高，需进行OBE和SSE工况下的抗震计算，保证其在OBE工况下处于弹性状态，在SSE工况下能安全停运，相应水平地震作用较大，对桩基的水平承载力要求较高。场地地基处理后需形成密实的顶部硬壳层为桩基提供可靠的侧向约束，通常在桩基直径5倍范围内土体的约束对桩基水平承载力贡献较大，硬壳层厚度可参考该值确定。硬壳层的硬度对桩基水平承载力非常关键。由于土体结构较复杂，不确定性较强，目前尚未有成熟的评价理论，硬壳层通常通过填料构成、承载力特征值及压缩模量等进行评价，最终通过试桩进一步检验。

3. 消除地震液化沉陷

因地震引起的振动使饱和砂土或粉土趋于密实，导致孔隙水压力急剧增加，且来不及消散，使有效应力减小，当有效应力完全消失后，砂土颗粒局部或全部处于悬浮状态。当土体液化后，会发生喷砂和地面沉陷，可能会丧失桩基竖向承载力，相应对LNG储罐造成严重的破坏，因此在OBE工况下需消除土体液化，在SSE工况下尽可能消除土体液化。

（二）储罐建设场地地基处理

1. 软土土层排水固结

通过设置塑料排水板或砂井等排水竖井对未固结的软土层形成排水通道。通过真空预压、真空与堆载联合预压让软土土层进行排水固结，施工过程需满足地基承载力和稳定控制的要求，并进行竖向变形、水平位移及孔隙水压力的监测。插塑料排水板与抽真空预压实例见图4-10。

图4-10 插塑料排水板与抽真空预压实例

2. 硬壳层构建

根据地基土性质的特点，可通过压实地基、夯实地基、注浆加固、化学土加固及换填地基等方式构建硬壳层。如采用换填地基构建硬壳层，建议采用级配砂石或中粗砂换填。级配砂石粗骨料材料通常选用含泥量不大于5%的未风化的碎石，粒径不大于50mm，相应材料需清洁，严禁含有植物根茎和垃圾等有机杂物；如采用破碎碎石时，碎石破碎时间不宜过长，表面沾有大量石粉的碎石不能用于施工。骨料材料需具有足够的强度，需满足三级石料的标准。

3. 轻夯多遍地基处理

轻夯多遍地基处理方案在对深层软土地基处理的同时形成硬壳层，具有"一步双效"的特点。该方案既具有静力排水固结方法和动力排水固结方法的绝大部分优点，又克服了处理时间长、效果不稳定等主要缺点。其原因之一是对于附加荷载(含动荷载和静荷载)的作用动荷载法比静力法的超载(填土或真空预压)大几个数量级，而且在多次作用下固结更加充分；二是对于动态效果反射拉伸波的作用使软土的渗透系统增大两个数量级，因而在短短几天内超静孔隙水压力就可以完全消散。

轻夯多遍地基处理方案可根据不同场地软土地基存在的较大差异实时调整施工参数，确保地基处理的整体施工质量，消除地基处理的不均衡性，避免差异性沉降。

从荷载方面分析，施工过程已经用比工后附加载荷大二到三个数量级的载荷多次反复作用，地基已具有预应力，待夯完后间隔一定时间，触变固化完成后，持力层土体强度提高较大。

从变形方面分析，地基已受到多次预应力作用下的变形，因而项目建成后，应消除或极大减小工后差异沉降。因为上层为超固结硬壳层，即使下部土体产生沉降，由于土体有"拱"的效应，表面硬壳层不会反映出这种差异沉降。而其他工法难以在施工过程中预先完成工后沉降，因此轻夯多遍地基的处理方案可以在施工过程中完成此项任务。

因而，轻夯多遍地基处理方案适用于软土地基的处理。此方案可以在较短时间内完成沉降，消除工程完成后的不均匀沉降，同时也消除工程完工后因为不均匀沉降所带来的巨额维修费用，该方案是 LNG 接收站软土地基处理的方法之一。

4. 地震液化沉陷消除

砂土液化(liquefaction of sand)是指饱和的疏松粉、细砂土在振动作用下突然破坏而呈现液态的现象，由于孔隙水压力上升，有效应力减小所导致的砂土从固态到液态的变化现象。其机制是饱和的疏松粉、细砂土体在振动作用下有颗粒移动和变密的趋势，对应力的承受从砂土骨架转向水，由于粉和细砂土的渗透力不良，孔隙水压力会急剧增大，当孔隙水压力达到总应力值时，有效应力降至零，颗粒悬浮在水中，砂土体即发生液化。

LNG 储罐地基土体在地震作用下如果发生液化，会导致桩基丧失水平和竖向承载力，造成 LNG 储罐的倾斜、破坏，其后果是灾难性的。因此，对 LNG 储罐地基土液化的处理至关重要。

浅层土可通过强夯，深层土可通过振动沉管砂桩挤密等方法进行液化处理，也可采用轻夯多遍方案进行处理：将夯锤提升至一定高度自由下落，以一定的冲击能作用在地基上，在地基土里产生巨大的冲击波，以克服土颗粒间的各种阻力，使地基密实，从而提高强度，减小沉降，提高地基土的抗液化能力。

二、储罐抗震分析

由于 LNG 储罐的重要性，其抗震设防的目标也更高。中国现行的抗震设计体系为"三水准、二阶段"，LNG 储罐则是"二水准、三阶段"，其抗震设计理念和要求与常规的土木工程及石化建构筑物差别很大。

（一）一般建构筑物的抗震理念

对于一般建构筑物其设计使用年限为 50 年。在 50 年内超越概率约为 63% 的地震烈度为对应于统计"众值"的烈度，比基本烈度约低一度半，取为第一水准烈度，称为"多遇地震"，也就是俗称的"小震"；50 年超越概率约 10% 的地震烈度取为第二水准烈度，称为"设防地震"，即"中震"；50 年超越概率 2%~3% 的地震烈度，规范取为第三水准烈度，称为"罕遇地震"，即"大震"。简言之，小震、中震和大震在设计使用年限 50 年内发生的概率分别为 63%、10% 和 2%。

1. 一般建构筑物抗震设防目标

一般建构筑物抗震设防目标为"三水准"，是指小震不坏、中震可修、大震不倒。

小震不坏：在遭遇多遇地震影响时，建构筑物处于正常使用状态，即主体结构不受损坏或无需修理可继续使用。从结构抗震分析角度，建构筑物被视为弹性体系，采用弹性反应谱进行弹性分析。

中震可修：在遭遇设防地震影响时，结构进入非弹性工作阶段，但非弹性变形或结构体系的损坏控制在可修复的范围，即主体结构不受损坏或不需修理可继续使用。

大震不倒：在遭遇罕遇地震影响时，结构有较大的非弹性变形，但应控制在规定的范围内，以防止倒塌，即不致倒塌或发生危及生命的严重破坏。

2. 一般建构筑物抗震设防目标的实现手段

一般建构筑物抗震设防目标的实现手段为"二阶段"。

第一阶段设计是承载力验算，取多遇地震地震动参数计算结构的弹性地震作用标准值和相应的地震作用效应，采用分项系数法进行结构构件的截面承载力抗震验算。这样其可靠度既满足了在多遇地震下具有必要的承载力可靠度，又满足设防地震损坏可修的目标。对大多数的结构，可只进行第一阶段设计，而通过概念设计和抗震构造措施来满足罕遇地震（大震不倒）设计要求。

第二阶段设计是弹塑性变形验算，对地震时易倒塌的结构有明显薄弱层的不规则结构以及有专门要求的建筑，除进行第一阶段设计外，还要进行结构薄弱部位的弹塑性层间变形验算，并采取相应的抗震构造措施，实现罕遇地震（大震不倒）的设防要求。

简言之，"二阶段"是指进行小震弹性承载力与大震弹塑性位移验算。

（二）LNG 储罐的抗震理念

LNG 储罐的抗震要求远高于其他一般建构筑物，其反应谱如下：

OBE 的反应谱相当于一般建构筑物所采用的设防地震，即中震（约为小震的 2.8 倍）；

SSE 的反应谱相当于一般建构筑物所采用的罕遇地震，即大震；

ALE 的反应谱加速度值应为 SSE 反应谱加速度值的一半。

1. 储罐抗震设防目标

LNG 储罐的抗震设防目标为"二水准"，是指"中震弹性、大震不屈服"。

中震弹性：在中震（OBE）地震下，外罐处于正常使用状态，从结构抗震分析角度，外罐可以视为弹性系统，采用弹性反应谱进行弹性分析；在中震后不会造成系统损坏、不影响系统重启并继续安全运行。该级别的地震作用不会损害储罐系统运行的完整性，能够保证公共安全。其"弹性"的性能目标可以与前面"不坏"相对应。

大震不屈服：在大震(SSE)下，外罐基本处在弹性工作阶段，构件材料没有屈服；从储罐功能角度，储罐可以安全停运。在大震(SSE)发生后产生余震(ALE)时，仍不会造成系统损坏。

2. LNG 储罐抗震设防目标的实现手段

LNG 储罐抗震设防目标的实现手段为"三阶段"。

第一阶段设计是 OBE 承载力验算，取中震震动参数算结构的弹性地震作用标准值和相应的地震作用效应，采用分项系数法进行结构构件的截面承载力抗震验算，采用线弹性分析方法进行设计，材料的强度指标取设计值，可以考虑抗震调整系数。

第二阶段设计是 SSE 承载力验算，取大震震动参数算结构的弹性地震作用标准值和相应的地震作用效应，采用分项系数法进行结构构件的截面承载力抗震验算，采用弹性时程分析方法进行设计，材料的强度指标取标准值。

第三阶段设计是 ALE 承载力验算，取大震震动反应谱加速度值的一半，计算结构的弹性地震作用标准值和相应的地震作用效应，采用分项系数法进行结构构件的截面承载力抗震验算，采用弹性分析方法进行设计，材料的强度指标取标准值。

（三）LNG 储罐抗震难点

1. LNG 储罐隔震技术

常规结构抗震设计方法关注结构的强度、刚度、稳定性以及延性等指标。传统的结构抗震方法并不是最为理想与合理的。结构刚度大塑性变形能力弱，遭受大地震时易遭到脆性破坏造成人员伤亡。另外，一味地提高结构的承载力是性价比不高的，不仅会带来高昂的造价，而且结构承载力提高常常带来刚度的增加，结构的地震响应也就越大。隔震为工程结构抗震尤其是 LNG 储罐的抗震提供了新的思路。

常规抗震结构在地震过程中，造成人员伤亡和财产损失的主要原因是建筑结构的破坏和倒塌。因此，要减少或避免地震灾害的重要途径是增加建筑结构的韧性，使建筑结构在地震作用下少倒塌或是不倒塌。为了实现这一目标，传统的抗震理论是通过增加建筑结构刚度和强度，并保障结构延性储备，依靠自身强度和塑性变形吸收地震能量，使建筑结构在大震作用下不倒塌。可见常规的抗震结构是通过结构和结构构件来消耗地震能量的，设计时将地震作用作为一种外加荷载，与作用在结构上的其他荷载进行组合来设计和验算结构是否满足设计和使用要求。

对于抗震设防目标较高(地震加速度约为常规结构的 3 倍)的 LNG 储罐，采用传统的抗震方法较难满足要求，即便满足安全要求，也要付出较高的成本代价，隔震技术则提供一条新的途径。这项技术经过实际地震检验，可以有效地减轻地震作用，提升工程抗震能力，对保护人民生命财产安全、减轻震害具有明显的社会效益和经济效益。但是国内的隔震技术在LNG 储罐领域应用却不多，因此，2014 年中国石化率先研发 LNG 储罐隔震技术国产化技术，并实现了工程应用。

隔震结构增加了专门的变形和耗能装置：橡胶隔震支座和阻尼器(如铅阻尼器、油阻尼器、钢棒阻尼器、黏弹性阻尼器、滑板支座等)，橡胶隔震支座具有提供竖向承载能力、弹性复位能力、良好的变形能力等特性，此外铅芯橡胶隔震支座同时还具有消耗地震能量的耗能特性。常规的抗震结构体系中，LNG 储罐基本自振周期与地震动的卓越周期接近，而隔震结构体系通过隔震层的设计，使隔震结构的周期延长到 2~5s，能够有效地降低结构的地震加速度反应。

隔震技术的被动控制中最为成熟和应用广泛的就是基础隔震技术。与传统抗震技术不同，基础隔震技术的设防策略立足于"隔"，采用"拒敌于门外"的防御战术，"以柔克刚"，利用专门的隔震构件，在 LNG 储罐桩或短柱与储罐底板之间设置隔震层，将输入地震波中与结构发生共振的频率段过滤掉，以集中发生在隔震层的较大相对位移为代价，阻隔地震能量向上部结构的传递，大大提高建筑物的可靠性和安全性。可以说，从"抗"到"隔"，是建筑抗震设防策略的一次的重大改变和飞跃。目前大部分采用的隔震支座通常是橡胶隔震支座，摩擦板隔震支座在解决抗拔问题后，运用于高烈度地区的 LNG 储罐隔震设计将更有优势。隔振支座的应用实例见图 4-11。

目前国内 LNG 储罐大都采用橡胶隔震支座，高烈度地区采用摩擦板隔震支座更有优势。采用橡胶隔震支座一是延长自振周期，二是增加阻尼，其抗震作用十分明显。其原理图见图 4-12。

图 4-11　LNG 储罐隔震技术工程应用实例

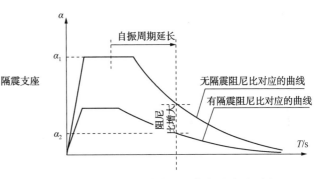

图 4-12　橡胶隔震支座隔震原理图

α—地震影响系数；T—自振周期；

α_1—隔震前地震影响系数；α_2—隔震后地震影响系数

2. 储罐桩基抗震分析

当 LNG 储罐采用桩基础时，为达到中震弹性的抗震设防目标，通常桩基直径较大、桩长较长，且数量较多，相应其造价占整个储罐工程造价比例通常较高。

1）水平地震作用与桩基水平承载力

一般建构筑物抗震第一目标是"小震不坏"，而 LNG 储罐抗震第一目标是"中震弹性"，"不坏"是通俗说法，对结构体系来说就是处于弹性状态，见式（4-9）。

$$S \leq R \tag{4-9}$$

式中　S——地震作用（对储罐而言指水平地震力），kN；

　　　R——结构抗力（对储罐而言指桩基水平承载力），kN。

为使式（4-9）成立，要么增大 R 值，要么降低 S 值。在 R 值不变的条件下，S 对一般建构筑物是小震水平力，而对 LNG 储罐是中震水平力。在 LNG 储罐工程设计中如满足式（4-9）的要求十分困难。

2）桩基弹性

桩基弹性对混凝土构件而言就是桩身钢筋在外力作用下不屈服。从受力和桩身的边界条件而言，桩基与普通混凝土构件静力分析有两点不同，一是边界条件，二是地震作用。

对于边界条件，由于桩基的侧向约束由土体来提供，土体是非弹性体，其刚度随着水平地震力的变化而变化，且产生不可恢复的残余变形。土体刚度的变化会使桩身的内力重新分布，弯矩的反弯点下移，弯矩变大。由于土体具有极大离散性与非线性特点，在中震水平力作用下的桩身弯矩变化只能定性分析，无法进行量化，因此无法保证桩基是否处于弹性状态。

对于地震作用，地震波产生的力为回复力，按照抗震理论地震作用可以简化为简谐振动。土体在回复力作用下的刚度不断退化，其模型难以建立，以几十秒的汶川地震波为例，仅产生最大地震力的波峰波谷就有三个来回，土体经历这样反复作用后的刚度退化情况无法判断，也就无法进行桩基的内力分析，更无法保证桩基弹性。

综上所述，由于按强度分析方法难以实现桩基弹性，现有的结构工程与岩土工程理论无法保证桩身钢筋在地震作用下不屈服，即桩身处于弹性状态。在工程实践中，现行国家规范体系利用刚度分析方法解决桩基弹性问题，即把桩基在水平地震力作用下所需的承载力定义为一定位移下所需水平力。当需要通过更大位移确定承载力时，需要进行裂缝验算。

3）群桩及隔震对桩基水平承载力的影响

LNG储罐群桩效应对桩基水平承载力的影响主要是两方面：一是不利影响，桩间土由于群桩的叠合效应导致对桩身的侧向约束变差，进而导致桩基水平承载力降低；二是有利影响，群桩的承台板作用于桩顶的约束与自由的桩顶相比，其抗侧移刚度更大，即具有更高的水平承载力。对于LNG储罐而言不利影响远大于有利作用，所以群桩效应对桩基水平承载力的降低在工程设计当中应予以重视，以此来保证LNG储罐桩基抗震的本质安全。

隔震技术一方面对于上部结构有较好的隔震效果，另一方面对桩基水平承载力有较大的降低，其原因是在群桩效应下承台板约束提高了桩基的水平承载力，但隔震层不仅降低了该约束，且隔震支座产生的较大变形引起重力二阶效应进一步降低了桩基的水平承载力。为了解决这个问题，双承台加隔震技术应运而生。

三、储罐泄漏工况下的液密性技术

预应力混凝土外罐除起到支撑穹顶、抗爆、抗火、抗震等作用外，在内罐失效条件下还起到盛装LNG的作用，即通常所说的液密性作用。

（一）LNG储罐泄漏工况下的液密性目标

内罐大泄漏工况下，外罐设计主要是验算外罐罐壁的承载力和液密性。下面仅讨论外罐罐壁的液密性有限元分析方法。欧标EN 14620《用于储存操作温度介于-165~0℃的低温液化气体的现场建造 立式圆筒型平底钢制储罐的设计和建造》规定了外罐罐壁截面开裂后其受压区宽度大于等于100mm。如图4-13所示，以800mm厚的外罐罐壁竖向剖面为例，其水平裂缝的深度应不大于700mm，剩余的受压区宽度应大于等于100mm。

（二）内罐完全泄漏工况荷载和低温作用

LNG储罐在正常操作状态下，LNG由内罐盛装，LNG对外罐的作用，仅仅是通过外罐底板上的泡沫玻璃砖保冷层，将LNG的重力传给外罐底板。内罐在完全泄漏后，LNG完全由外罐盛装。LNG对外罐罐壁不仅施加侧向液压，且由于在热角保护顶点至LNG液面之间无保冷层LNG同时对外罐施加超低温度作用。

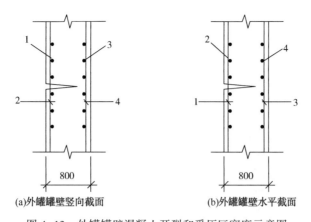

图 4-13　外罐罐壁混凝土开裂和受压区宽度示意图

1—罐壁内侧水平钢筋；2—罐壁内侧竖向钢筋；3—罐壁外侧水平钢筋；4—罐壁内侧竖向钢筋

1. 外罐承受的荷载

（1）内压

内罐完全泄漏后，内外罐壁环形空间充满 LNG，大大降低保冷效果，储罐气化速率加快，内压升高，极易达到储罐安全阀起跳压力导致气体排放。因此，外罐取与内罐相同的设计压力。内压均匀作用于整个外罐内表面，如图 4-14（a）所示。

（2）储罐侧向及竖向压力

储罐侧压沿罐壁高度按三角形线性分布，如图 4-14（b）所示。LNG 密度取 4.8kN/m^3。

（3）预应力荷载

在计算时可在罐壁上、下端表面施加大小相同的竖向预应力荷载，可将环向预应力等效为作用于外罐壁的外表面压力，如图 4-14（c）所示。

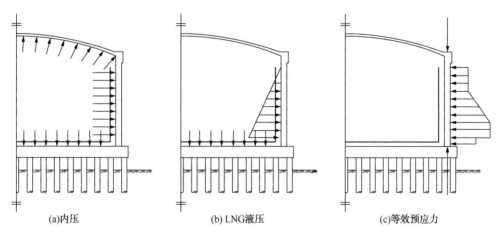

图 4-14　内罐泄漏工况外罐主要荷载示意图

2. 温度作用

LNG 操作温度通常约为-160℃，设计温度通常取-170℃。从热角保护顶点至 LNG 液面之间，外罐罐壁内表面温度按-170℃设计，罐外温度按夏天环境温度考虑，所以外罐壁沿厚度方向按一定温度梯度分布。此外，在热角保护顶点和 LNG 液面处，外罐壁沿壁厚方向和竖向均按一定的梯度分布温度。因此，在进行力学分析前需要先进行温度场分布有限元分析，分析结果给出整个有限元模型中所有节点的温度值，如图4-15所示。

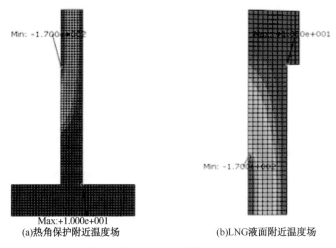

(a)热角保护附近温度场　　　　　　　(b)LNG液面附近温度场

图4-15　外罐罐壁低温温度场有限元分析结果局部示意图

3. 结构及附属材料重力荷载

结构自重由程序根据材料密度和重力加速度自动计算，附属材料重力荷载采用局部提高结构材料密度或另外直接加荷载考虑。

（三）有限元计算模型和计算方法

在LNG储罐及其他低温储罐预应力钢筋混凝土外罐结构设计中采用轴对称实体有限元模型分析液密性，计算模型如图4-16所示。该模型由三部分部件组成，分别为混凝土、钢筋和等效地基三个部件。混凝土部件由外罐底板、外罐罐壁和外罐穹顶等组成，采用轴对称实体单元模拟。钢筋部件由外罐罐壁内、外侧竖向和环向钢筋组成，采用轴对称膜单元或表面单元模拟。等效地基是一个等厚度不等刚度的垫层，采用轴对称实体单元模拟。

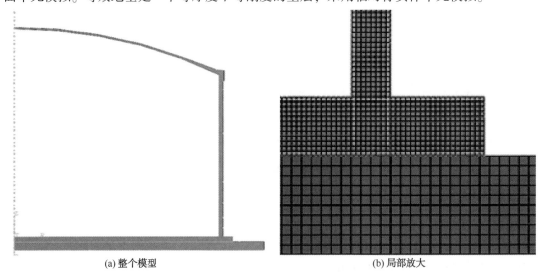

(a) 整个模型　　　　　　　　　　　(b) 局部放大

图4-16　外罐罐壁实体轴对称有限元模型示意

在内罐完全泄漏的工况中，外罐罐壁内表面温度降到-170℃，内外温差较大，将导致混凝土严重开裂，因此需要采用材料非线性分析。由于钢筋采用轴对称膜单元(或表面单元)模拟，故钢筋可采用钢材的弹塑性本构关系。由于混凝土的受拉强度比受压强度小很多，不能采用一般的弹塑性本构关系。在内罐完全泄漏的工况中，处于受拉区域混凝土快速开裂受力失效，其力大部分作用在受拉区钢筋上，而受压区混凝土并未达到受压强度。该方法所采用的混凝土本构关系，如图4-17所示，不仅要模拟受压强化弹塑性本构关系，还要模拟超过抗拉强度开裂的损伤本构关系。图中本构关系曲线的表达式和符号含义详见 GB 50010—2010《混凝土结构设计规范》附录 C。

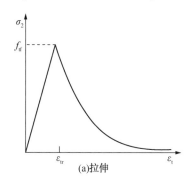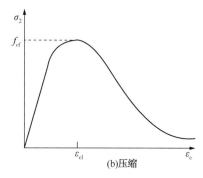

图 4-17　混凝土非线性本构关系曲线

(四) 计算结果与分析

轴对称实体有限元模型计算结果包括外罐变形、应力等，以某实际工程为例，截取罐体变形图和应力云图如图4-18和图4-19所示。通过罐壁混凝土应力云图可以找到水平裂缝和竖向裂缝最严重截面。提取该截面竖向(环向)应力沿厚度变化曲线，见图4-20。图4-20中横坐标表示自内至外罐壁厚度方向的坐标；纵坐标表示混凝土竖向应力。从图中可看出，横坐标 600～800 的 200mm 范围内，应力小于 0，即为受压区；受压区大于 100mm，满足规范要求。同理，可以根据竖向裂缝最不利截面混凝土环向应力沿厚度变化曲线得知受压区的宽度，进而判断是否满足规范要求。影响罐壁混凝土受压区宽度的因素有：

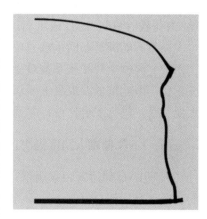

图 4-18　外罐变形放大示意图

（1）内部正压在外罐罐壁内主要产生环向轴拉力、竖向轴拉力，也在罐壁的底部和上部产生一定的弯矩。所以，内压的主要作用是加大外罐罐壁水平截面和竖向截面全截面混凝土拉应力，减小受压区宽度，降低外罐罐壁的液密性。

（2）LNG 侧向压力在外罐罐壁内主要产生环向轴拉力，也在罐壁的底部产生一定的弯矩。所以 LNG 侧向压力的主要作用是加大外罐罐壁竖向截面全截面混凝土拉应力(即环向拉应力)，减小受压区宽度。

（3）在罐内侧低温作用下，外罐罐壁热胀冷缩，内侧竖向和环向都要收缩，但由于外罐各部分之间相互约束，罐壁内侧这种收缩变形受到制约，产生很大的弯矩。所以，内侧低温的主要作用是扩大外罐罐壁水平截面和竖向截面内侧受拉区的宽度，减小外侧受压区宽度。

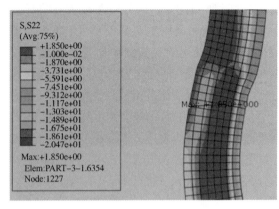

图 4-19　外罐壁混凝土竖向应力云图

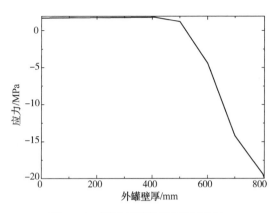

图 4-20　罐壁不利截面混凝土竖向
应力沿厚度变化曲线

为了抵消或减小内压、LNG 侧向压力及内侧低温在外罐罐壁产生的拉应力，结构设计上采用如下措施：

（1）通过布置在外罐罐壁环向和竖向预应力钢绞线的预张拉力，对罐壁提供了环向和竖向轴压力，提供外罐罐壁水平截面和竖向截面的全截面混凝土压应力，增大受压区宽度。

（2）罐壁内侧低温钢筋数量对受压区宽度有直接影响。外罐壁的内力（弯矩和轴向力等）由荷载（内压、LNG 液压和预应力）和低温两部分产生的内力构成。当内侧低温钢筋数量过少以致不能满足截面承载力要求时，裂缝过快发展，罐壁液密性得不到满足。

（3）混凝土线膨胀系数对受压区宽度影响很大。线膨胀系数大小与温度作用下应变大小成正比，因此抗低温混凝土要求的特性之一就是低温下的低线膨胀系数。选用合格的骨料、水泥和水，进行配合比设计并通过低温试验验证可以设计出抗低温混凝土。

四、LNG 储罐大跨度钢穹顶稳定性分析技术

大型 LNG 储罐穹顶采用钢穹顶结构或钢穹顶与混凝土穹顶的组合结构。现有大型储罐的直径已经达到 70~100m，不管采用何种结构形式，钢穹顶的稳定性分析都是重中之重。以 22×10⁴m³ 储罐为例，其穹顶荷载在 8kt 左右。而且对于这样的大跨度结构采用单层网壳是很有挑战的，对于高铁站、航站楼、体育场馆等大跨钢结构，其荷载都非常小属于轻钢结构，且常常采用双层网壳、张玄梁等结构，很少采用单层网壳。由于 LNG 储罐钢穹顶在其上的混凝土形成稳定可靠的结构后，钢穹顶不再受力，所以 LNG 储罐穹顶采用单层网壳结构。

（一）LNG 储罐穹顶稳定性分析过程

JGJ 7—2010《空间网格结构技术规程》有强制性条文规定，单层网壳存在整体失稳的可能性，必须进行整体稳定性分析；对于大型单层网壳结构，要求整体稳定性分析需采用考虑初始缺陷、几何非线性和材料非线性的全过程分析方法。

以某低温储罐钢穹顶为例进行稳定性分析的示例说明。钢穹顶球冠半径 56m，球冠高度约 12.285m，直径约 70m，矢跨比为 1/5.7。钢穹顶整体结构尺寸见图 4-21。

钢穹顶骨架由 H 型钢(材质 Q355B)组成,截面见表 4-6,整个钢穹顶有 6mm 厚蒙皮板包裹。建立 ABAQUS 模型,采用理想弹塑性钢材,即应力达屈服强度 355MPa 后,应变增加应力不再增加。

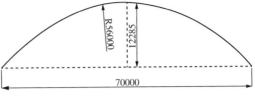

图 4-21　钢穹顶整体尺寸(单位: mm)

1. 提取初始缺陷

对钢穹顶进行屈曲分析,提取最低阶整体失稳模态,作为下一步整体稳定分析的初始缺陷。荷载取水平均布压力 1.2kPa,从分析结果可以看出大部分屈曲模态为蒙皮板局部屈曲,见图 4-22 和图 4-23。

表 4-6　加劲梁截面

名称	型号	标准
径向梁	HN400×200×8×13	GB/T 11263—2017
内 3 圈环梁	WH400×400×12×22	YB 3301—2005
其余环梁	HN400×200×8×13	GB/T 11263—2017

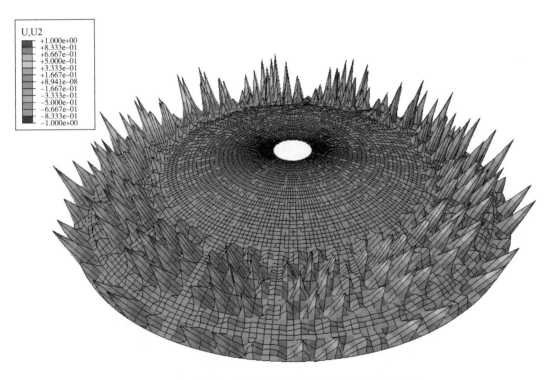

ODB: ENCASTRE-BUCKLE.odb Abaqus/Standard 6.14–4 Mon May 27 13:42:18 GMT+08:00 2019

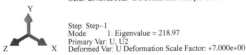

Step: Step-1
Mode　　1: Eigenvalue = 218.97
Primary Var: U, U2
Deformed Var: U Deformation Scale Factor: +7.000e+00

图 4-22　特征值 218.97 的屈曲模态

少量模态为穹顶整体失稳模态,根据 JGJ 7—2010《空间网格结构技术规程》提取其中最低阶整体稳定的屈曲模态作为初始缺陷的形状,见图 4-24。

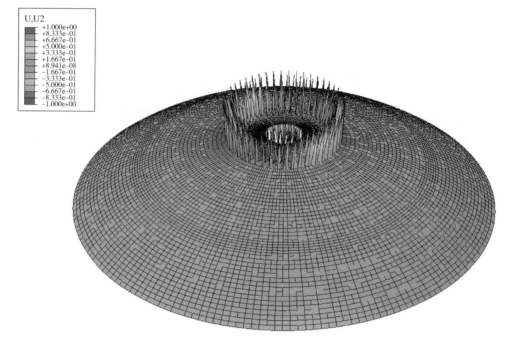

ODB: ENCASTRE–BUCKLE.odb Abaqus/Standard 6.14–4 Mon May 27 13:42:18 GMT+08:00 2019

Step: Step–1
Mode   7: Eigenvalue = 220.93
Primary Var: U, U2
Deformed Var: U Deformation Scale Factor: +7.000e+00

图 4-23　特征值 220.93 的屈曲模态

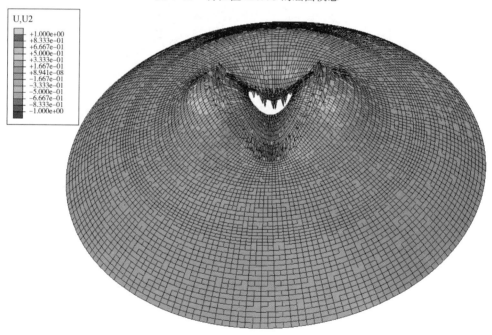

ODB: ENCASTRE–BUCKLE.odb Abaqus/Standard 6.14–4 Mon May 27 13:42:18 GMT+08:00 2019

Step: Step–1
Mode   287: Eigenvalue = 300.57
Primary Var: U, U2
Deformed Var: U Deformation Scale Factor: +7.000e+00

图 4-24　最低阶整体稳定的屈曲模态

2. 整体稳定分析

将屈曲分析得到的最低阶整体失稳模态放大作为初始缺陷，即按最大位移放大至跨度 70m 的 1/300 即 0.23m 作等比例放大。整体稳定分析采用 ABAQUS 内置的弧长法（Modified Riks Method）分析，该方法可以捕捉荷载位移曲线中的荷载下降段。整体稳定分析考虑材料非线性和几何非线性。分析得到荷载比例系数（LPF）曲线如图 4-25 所示，可知极限荷载比例系数为 60，对均布面荷载钢穹顶的极限稳定承载力为 72kPa。

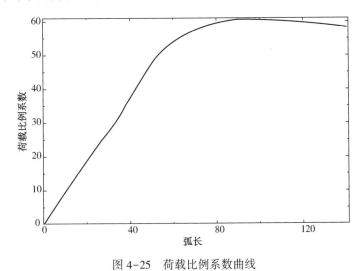

图 4-25　荷载比例系数曲线

（二）LNG 储罐穹顶分析参数对比研究

1. 初始缺陷影响分析

为了研究初始缺陷对整体稳定承载力的影响，对结构赋予不同的初始缺陷，计算其整体稳定承载力。以某实际工程为例进行三种状况分析，分别是初始缺陷为规范要求的 1/300、初始缺陷为规范要求的 2 倍、初始缺陷为规范要求的 3 倍。计算结果比较如表 4-7 所示。

表 4-7　不同初始缺陷的极限稳定承载力

初始缺陷	荷载比例系数	极限稳定荷载/kPa
1/300	60	68
2×1/300	50.6	61
3×1/300	42.2	51

可知初始缺陷的大小对极限稳定承载力有较大影响，越大的初始缺陷，计算得到的极限稳定承载力越低。

2. 蒙皮板厚度影响分析

以某实际工程为例，计算蒙皮板厚度分别为 6mm、8mm、10mm 对穹顶稳定承载力的影响，结果如表 4-8 所示。

由表 4-8 可以看出，蒙皮板因为约束了环向梁和径向梁的变形，对于提高整体稳定承载力有较大贡献。

表 4-8　不同蒙皮板厚度的极限稳定承载力

径向梁和三圈外环向梁	蒙皮板厚度/mm	荷载比例系数	极限稳定荷载/kPa
HN400×200×8×13	6	46.7	56
HN400×200×8×13	8	52.8	63.36
HN400×200×8×13	10	60	72

3. 加劲梁截面影响分析

以某实际工程为例，计算不同规格径向梁和三圈外环向梁对穹顶稳定承载力的影响，结果见表 4-9 所示。

表 4-9　不同加劲梁截面的极限稳定承载力

径向梁和三圈外环向梁	蒙皮板厚度/mm	荷载比例系数	极限稳定荷载/kPa
HN350×175×7×11	10	46.1	55.32
HN400×200×8×13	10	60	72

由表 4-9 可以看出，加大加劲梁的截面，可以提高整体稳定承载力。为了进一步对比加劲梁截面和蒙皮板厚度的影响，可以假设三种设计方案分析对穹顶稳定承载力的影响，相关参数见表 4-10 所示。

表 4-10　不同设计方案的极限稳定承载力

设计方案	径向梁和三圈外环向梁	蒙皮板厚度/mm	极限稳定承载力/kPa
方案一	HN400×200×8×13	6	56
方案二	HN350×175×7×11	10	55.3
方案三	HN400×200×8×13	10	72

方案一和方案二的承载力基本相同，为了达到方案三的承载力，对于方案一而言，需要增加蒙皮板厚度至 10mm，假设穹顶曲率半径为 56m，穹顶高度为 12.285m，相应蒙皮板面积约为 4320m²，用钢量增加为 136t。对于方案二而言，需要加大加劲肋截面，用钢量增加为 69.6t。

计算结果表明，从工程量角度，增加加劲梁的截面，相对于增大蒙皮板厚度，更能提高钢穹顶整体稳定承载力。

（三）储罐穹顶分析结论

（1）通过对 LNG 储罐钢穹顶整体稳定分析的过程进行总结，通过考虑初始缺陷、材料非线性和几何非线性的整体稳定屈曲分析才能保证 LNG 储罐钢穹顶的在施工期及服役期的安全性。

（2）初始缺陷的选取，会较大地影响钢穹顶的整体稳定承载力。初始缺陷增加，会导致穹顶整体稳定承载力降低。应该对钢穹顶的制作、运输、组装、顶升过程作严格要求，以避免意外的缺陷导致承载力降低。

（3）增加蒙皮板厚度和加劲梁截面，均可以增加钢穹顶的整体稳定极限承载力。就用钢量而言，增加加劲梁截面的方法更加具有针对性，能够更有效地增加钢穹顶整体稳定极限承载力。

五、预应力混凝土外储罐设计

在 LNG 混凝土全容罐和 LNG 薄膜罐设计中会采用预应力混凝土外储罐。

(一)设计内容

LNG 储罐预应力混凝土外储罐的设计内容应包括结构布置、材料选用、外储罐设计状况、荷载和荷载组合、结构分析方法、隔震设计、预应力系统设计及构件设计等方面。

(二)结构布置

LNG 预应力混凝土外储罐结构布置包括以下内容:外储罐底板、外储罐壁、加强梁、外储罐穹顶、钢穹顶、储罐顶结构、储罐壁管道支架结构等。

外储罐底板为钢筋混凝土结构,其下底面与桩基或基础短柱相连,其上承载钢内罐,并与混凝土外储罐壁及穹顶组成混凝土外储罐结构。外储罐壁为预应力混凝土结构,并沿圆周在一定角度设置混凝土扶壁柱用于环向预应力张拉锚固。加强梁在外储罐壁与外储罐穹顶相交的部位,其为预应力混凝土结构,主要承载外储罐穹顶产生的水平荷载。外储罐穹顶为钢筋混凝土结构,主要承载上部钢结构及设备管线的荷载。钢穹顶是由环向梁和径向梁形成的单层钢网壳与钢蒙皮板共同组成的大跨钢结构体系,主要承载上部混凝土在浇筑过程中产生的荷载。储罐顶结构为开敞式钢结构,生根混凝土穹顶。储罐壁管道支架结构为钢结构,生根于混凝土外储罐壁,为工艺管线提供支撑。预应力混凝土外储罐结构布置见图 4-26。

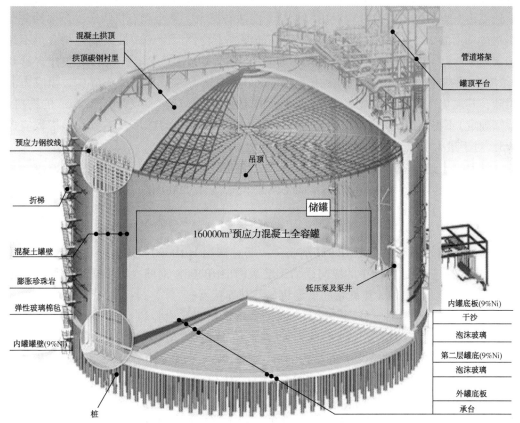

图 4-26　预应力混凝土外储罐结构布置示意图

（三）材料选用

LNG 储罐结构从材料选用上可以分为混凝土、钢筋、低温预应力系统及钢材四大类。

1. 混凝土

桩基、基础短柱、外罐底板采用 C40 或 C40 以上混凝土；外罐壁、加强梁由于在泄漏工况下会与低温 LNG 介质接触，故采用低温混凝土；外罐穹顶作为大体积混凝土，无论在储罐顶施工期间还是正常服役期，其混凝土基材的密实性都对防水的效果及防水层的耐久性起到至关重要的作用，采用纤维混凝土。

水泥采用硅酸盐水泥，其质量必须符合国家标准 GB 175—2007《通用硅酸盐水泥》、SH/T 3564—2017《全容式低温储罐混凝土外罐施工及验收规范》等的规定。水泥强度等级为 42.5、52.5。水泥的氯化物含量不超过质量的 0.05%，硫酸盐含量不超过质量的 0.20%。应注意将碱-硅反应的危险降至最低。不得采用酸溶物大于 0.75% 氢氧化钠类物质的高碱性硅酸盐水泥，但与一定量的粒化高炉矿渣或粉煤灰混合后可以使用。水泥需要做试验。取样应遵守 GB 50204—2015《混凝土结构工程施工质量验收规范》的相应规定。低温混凝土的水泥还应符合 GB 51081—2015《低温环境混凝土应用技术规范》的要求。

混凝土所用的粗、细骨料的质量应符合 JGJ 52—2006《普通混凝土用砂、石质量及检验方法标准》及 SH/T 3564—2017《全容式低温储罐混凝土外罐施工及验收规范》的规定。低温混凝土的水泥还应符合 GB 51081—2015《低温环境混凝土应用技术规范》的要求。极端活性骨料会有发生碱-硅石反应的危险，例如含有肉眼可见的蛋白石、玻璃和煅烧燧石的骨料不能单独使用，也不能与其他骨料混用。骨料不能沾有泥土、肥土和有机物质，需要冲洗至杂质不超过总重的 2%。在盐含量方面，一般钢筋混凝土构件混凝土中最大氯化物含量不超过 0.10%，预应力构件混凝土中最大氯化物含量不超过 0.06%，亚硫酸盐和硫酸盐含量要求 SO_3 浓度小于 1% 的水泥质量。钢筋混凝土用砂，其氯化物含量不超过 0.06%。预应力混凝土用砂，其氯化物含量不超过 0.02%（以干砂的质量百分率计），粒径小于 74μm 的物料（通过湿筛确定）不得超过 3% 的水泥质量。对于最大粒径 22mm 的标尺，颗粒外形指数应大于 0.275；对于最大粒径 32mm 的，取值 0.350。

纤维混凝土建议采用 JGJ/T 221—2010《纤维混凝土应用技术规程》中的增韧纤维，其纤维抗拉强度大于等于 450MPa，初始弹性模量大于等于 5000MPa，断裂伸长率小于等于 30%，掺量约为 1kg/m³。

2. 钢筋

普通纵向受力钢筋采用 HRB400 钢筋，箍筋宜选用 HRB400、HPB300 钢筋。抗震等级为一级、二级、三级的构件中的纵向受力钢筋采用 HRB400E 钢筋。其中罐壁内侧钢筋采用屈服强度特征值为 500MPa 热轧带肋低温钢筋及其连接器。

低温钢筋及其连接器应分别进行卖方对产品质量控制的检验和买方委托第三方的检验，检验均按本说明规定的检验规则进行。买方委托的第三方应为实质独立的第三方检测机构（人员和设备均为第三方）。买方委托的第三方验收时，成分检查可采用光谱分析法。低温钢筋的化学成分熔炼分析和成品分析应符合 Q/SH CG 18008—2016《LNG 储罐用国产低温钢筋采购技术规范》表 1 的规定。成品低温钢筋的化学成分偏差需符合 GB/T 222—2006《钢的成品化学成品允许公差》的规定。在不高于 -165℃ 试验温度下对低温钢筋进行拉伸试验，其低温力学性能要求满足 Q/SHCG 18008—2016《LNG 储罐用国产低温钢筋采购技术规范》第

4.4.2 条的规定。在不高于-165℃试验温度下对低温钢筋进行拉伸试验，其力学性能如缺口灵敏指数、无缺口低温钢筋最大力总延伸率、缺口低温钢筋最大力总延伸率等应满足相应要求。无缺口低温钢筋下屈服强度 ReL 不小于 575MPa。

低温钢筋连接器与低温钢筋装配成接头后进行检验，低温钢筋接头在-165℃或更低温度下的抗拉强度要求和伸长率应满足相应要求。

3. 低温预应力系统

预应力钢绞线 T15 按 GB/T 5224—2014《预应力混凝土用钢绞线》表示方法为 1×7-15.70-1860-GB/T 5224—2014），是指公称直径为 15.7mm、抗拉强度为 1860MPa 的七根钢丝捻制的一束标准型钢绞线。钢绞线应经由具有国家认可的 CMA 资质的检测单位进行低温试验，证明其适用于-165℃低温。钢绞线应满足 GB/T 5224—2014《预应力混凝土用钢绞线》的要求。钢绞线的几何尺寸和特性还应符合表 4-11 要求。

表 4-11 钢绞线的几何尺寸和特性

尺寸或特性	公称值	允许误差
直径/mm	15.7	+0.40/-0.10
截面积/mm^2	150	
质量/（kg/m）	1.172（密度按 7.81g/cm^3 计算）	±2%
中心丝加大/%	≥3.0	
捻距	(14~18)D	
焊接头	无任何形式的接头	
自然矢高/（mm/m）	≤25	
表面	表面不应有有机械损伤和锈蚀情况，表面应涂牌号为壮马士 B（Shell Dramus B）的水溶性防锈油。	
切割松散	切割后不应松散，若离开原来位置，可用手轻松复原位	
抗拉强度/MPa	≥1860	
破断载荷（最小~最大）/kN	279~321	
0.1%非比例延伸载荷/kN	≥246	
弹性模量/MPa	195000	±5%
屈强比	0.85~0.95	
最大力下总伸长率/%	≥3.5	
单丝断裂时的面缩率/%	可见塑性断裂（禁止出现杯锥状断口）≥25	
松弛率/% 初始负荷 0.7Fma，20℃、240h 外推 1000h 初始负荷 0.8Fma，20℃、240h 外推 1000h	≤2.5 ≤4.5	
疲劳应力幅，上限 0.7Rm	190MPa，200 万次脉冲加载不破坏	
应力腐蚀	测试液 A，最小 1.5h，平均 4h	
偏斜拉伸系数 D/%	≤28%	

导管采用镀锌金属波纹管。镀锌金属波纹管的钢带公称壁厚不小于 0.6mm，负公差不得大于 0.06mm。导管的直径需满足 GB 50010—2010（2015 年版）《混凝土结构设计规范》的要求且便于钢绞线安装和控制摩擦系数的要求。导管的材料、构造、管径几何偏差、刚度、抗渗性能、试验方法等尚需符合 JG 225—2007《预应力混凝土用金属波纹管》的要求。

锚具 19T15 是指安装 19 根 T15 钢绞线的抗−165℃低温锚具；锚具 12T15 是指安装 12 根 T15 钢绞线的抗−165℃低温锚具。锚具的主要部件包括承压板、喇叭管、锚板、夹片及螺旋筋、灌浆帽等。锚具采用普通锚垫板，也可采用铸造锚垫板。锚具应满足 JGJ 85—2010《预应力筋用锚具、夹具和连接器应用技术规程》的要求，其中低温性能要求锚具适用于−165℃低温。锚固区的承载力应大于钢绞线的承载力。应进行的计算包括但不限于锚具主要部件强度验算、混凝土局部受压承载力验算、纵向抗劈裂验算、端部抗剥落验算和偏心抗拉验算。验算锚固区承载力时，钢绞线张拉控制应力为 1488MPa。

水泥灌浆料组分除水之外应预先在工厂混合均匀。水泥灌浆料需满足 GB 50204—2015《混凝土结构工程施工质量验收规范》、GB 50666—2011《混凝土结构工程施工规范》、GB/T 50448—2015《水泥基灌浆材料应用技术规范》和 SH/T 3564—2017《全容式低温储罐混凝土外罐施工及验收规范》的要求。

4. 钢材

除内罐专业特殊要求外，钢穹顶、承压环、钢穹顶蒙皮板及内衬板预埋件钢材采用 Q355D，其他位置的钢结构或预埋件所用的型钢根据 GB 50017《钢结构设计标准》的相关要求进行选用。

（四）外储罐设计状况

LNG 预应力混凝土外储罐结构设计状况包括以下几类：

① 持久设计状况：包括正常使用阶段；

② 短暂设计状况：施工过程，充水试压阶段；

③ 地震设计状况：地震（OBE、SSE 和 ALE）作用情况；

④ 偶然设计状况：内储罐泄漏、爆炸、火灾和撞击的情况。

对四种设计状况均需进行承载力极限状态设计；对持久设计状况进行正常使用极限状态设计及耐久性极限状态设计；对短暂设计状况和地震设计状况可根据需要进行正常使用极限状态设计。

1. 荷载和荷载组合

1）荷载类型

LNG 预应力混凝土外储罐设计荷载可分为永久荷载、可变荷载、地震作用和偶然荷载。

（1）永久荷载包括低温钢质内罐自重，预应力混凝土外罐自重、保冷层自重、罐顶钢结构自重、生根在混凝土外储罐上的管线自重等。

（2）可变荷载包括罐顶活荷载、雪荷载、液化天然气自重、风荷载、沉降作用、操作荷载及热效应等。其中，操作荷载包括内部压力、水压试验、气压试验、管线温度力等。

（3）地震作用包括 OBE、SSE 和 ALE。ALE 的反应谱加速度值应为 SSE 反应谱加速度值的一半。当缺乏竖向地震的反应谱时，竖向地震影响系数尖不小于相应的水平地震影响系数最大值的65%。但OBE在荷载组合时按可变荷载进行组合。

（4）偶然荷载包括爆炸荷载、火灾及内罐泄漏时产生的荷载等。

2）荷载组合

荷载组合分为基本组合、标准组合、偶然组合、地震组合、频遇组合及准永久组合。根据不同的极限状态设计时，采用不同的荷载组合。

进行承载力极限状态设计时采用下列组合：

（1）对于持久设计状况或短暂设计状况，采用作用的基本组合；

（2）对于偶然设计状况，采用作用的偶然组合；

（3）对于地震设计状况，采用作用的地震组合；

进行正常使用极限状态设计时采用下列组合：

（1）对于不可逆的正常使用极限状态设计，采用作用的标准组合；

（2）对于可逆的正常使用极限状态设计，采用作用的频遇组合；

（3）对于长期效应是决定性因素的正常使用极限状态设计，采用作用的准永久组合。

荷载组合的表达式、分项系数、组合系数按GB 51006—2014《石油化工建（构）筑物结构荷载规范》及GB 50009—2012《建筑结构荷载规范》选用。但地震荷载分项系数应按表4-12选用外，且OBE作为可变荷载进行荷载组合。

表4-12　地震作用分项系数

地震作用		水平地震作用分项系数 γ_{Eh}	竖向地震作用分项系数 γ_{Ev}
OBE	水平为主	1.05	0.45
	竖向为主	0.45	1.05
SSE	水平为主	1.00	0.4
	竖向为主	0.4	1.00

2. 结构分析方法

1）抗震分析

对于正常运行工况，预应力外罐混凝土外罐采用线弹性分析方法，包括OBE工况，其目的是为了保证LNG储罐在OBE期间及之后仍处于弹性状态且继续运行；对于SSE、ALE和偶然作用工况，预应力混凝土外罐采用弹塑性分析方法进行设计，其目的是为了保证LNG储罐在SSE期间能够安全停行。

2）外储罐壁液密性分析

外储罐壁液密性有限元分析是考虑超低温、液压和预应力等荷载作用下，考虑混凝土开裂后材料非线性的弹塑性分析。预应力混凝土外罐的设计应进行承载力极限状态和正常使用极限状态验算。正常使用极限状态验算应进行结构的开形、裂缝宽度和罐壁在内泄漏情况下的液密性验算。混凝土受压区厚度不小于截面厚度的10%和100mm二者较大值。

3）钢穹顶整体稳定分析

通过对钢穹顶的模态分析，找到最不利位置，施加初始几何缺陷。整体稳定分析采用ABAQUS内置的弧长法（Modified Riks Method）分析，该方法可以捕捉荷载位移曲线中的荷载下降段。整体稳定分析考虑材料非线性和几何非线性。常规网壳整体稳定分析时一般采用最低价屈曲模态作为初始缺陷形状。带蒙皮板的钢穹顶的最低阶屈曲模态为蒙皮板的屈曲，少部分是整体屈曲，确定蒙皮板局部屈曲对钢穹顶整体稳定的影响。

3. 隔震设计

1）减震目标

（1）内罐专业对于外罐底板处的地震加速度有要求。内罐专业要求的外罐底板处的加速度峰值除以地面峰值加速度的比值，就是内罐专业要求的隔震目标。

（2）在 OBE 地震（基准操作地震）和 SSE 地震（安全停运地震）工况下，受制于工程现场的地基情况，基础能够提供的地震承载力是有限的。基础抗震承载能力，除以实际地震力，就是基础承载力要求的隔震目标。

2）隔震支座参数的确定

宜采取时程分析法进行隔震计算。按隔震支座厂家现有产品目录或国家隔震支座产品标准，输入隔震支座的主要支座参数，进行隔震计算。输入适用范围内所有隔震支座产品的参数，确定采用哪一款隔震支座产品。若无法达到隔震目标，则需要继续变更参数，在厂家生产能够满足的参数范围内，进行迭代计算，直到达到隔震设计的目标。

3）时程分析方法

采用有限元分析软件如 ABAQUS、SAP2000 等，建立低温储罐的有限元分析模型，包括隔震的模型和未隔震的模型。根据 GB 50011—2010（2016 年版）《建筑抗震设计规范》选取合适的地震波。

对未隔震的线性模型进行振型分解反应谱法分析和时程分析，确定未隔震的水平地震力，同时按 GB50011—2010（2016 年版）《建筑抗震设计规范》验证地震波选取的适用性。

对隔震的非线性模型进时程分析，获取隔震后的水平地震力和水平位移。

4）其他相关验算

（1）大型低温储罐应按乙类建筑，根据 GB 50011—2010（2016 年版）《建筑抗震设计规范》第 12.2.3 条，在重力荷载代表值下橡胶隔震支座的竖向压应力不应超过 12MPa。

（2）GB 50011—2010（2016 年版）《建筑抗震设计规范》第 12.2.6 条，规定罕遇地震下，隔震支座的水平位移，不应超过有效直径的 0.55 倍和橡胶层总厚度 3 倍二者的较小值。

（3）按 GB 50011—2010（2016 年版）《建筑抗震设计规范》第 12.2.9 条对于隔震层以下的结构和基础进行验算。

4. 预应力系统设计

在预应力钢筋混凝土 LNG 储罐设计中，在内罐泄漏的工况下，为了保证外罐壁的液密性，需要对外罐壁施加环向和竖向预应力。LNG 储罐预应力设计特点是，LNG 泄漏在外罐壁内侧产生液压的同时，还会在外罐壁内外形成温度差，引起附加内力。因此，要求设计的预应力在与低温或普通钢筋配合作用下能够有效控制裂缝发展，并且尽量减少钢筋用量，降低工程成本。

预应力分布的一般布置形式为竖向预应力沿圆周均布；环向预应力因高度不同而变化，主要考虑 LNG 侧向液压和温度效应等荷载，依据预应力钢绞线提供的预应力抗力，进行设计布置。

预应力系统设计主要包括罐壁模型传统计算方法和有限元分析法。

1）简化计算方法

罐壁竖向预应力的计算应考虑下列荷载：

（1）内部蒸汽设计压力作用于罐顶时在罐壁顶部产生的竖向拉力。

（2）罐顶自重、钢结构网壳自重、吊顶自重、吊顶保温材料自重、罐顶上部结构自重及罐顶管道设备自重在罐壁产生的竖向压力。

（3）欧标规定的罐壁的液密性要求所需的 1MPa 残余压应力。

预应力的应力水平不宜小于上述三类荷载组合后的值。

罐壁环向预应力的计算应考虑下列荷载：

（1）内罐泄漏后液体对罐壁的静压力产生的环向拉力。

（2）内部蒸汽设计压力作用于罐壁时产生的环向拉力。

（3）罐顶自重、钢结构网壳自重、吊顶自重、吊顶保温材料自重、罐顶上部。

（4）结构自重、罐顶管道设备自重及罐顶活荷载在罐壁顶部产生的环向拉力。

（5）欧标规定的罐壁的液密性要求所需的 1MPa 残余压应力。

（6）预应力的应力水平不宜小于上述四类荷载组合后的值。

（7）分别在冷角保护顶标高附近，内罐泄漏后液面标高附近分别附加一定的环向预应力。

2）有限元分析法

采用通用有限元软件 ABAQUS 或 ANSYS，根据实际罐体尺寸建立三维模型，并赋予混凝土本构关系，计算泄漏工况下，液压和温度荷载作用下外罐壁的受力情况。三维模型主要结构构件包括：桩、底板、外罐壁和穹顶。泄漏工况下的主要荷载为：混凝土罐体自重和液体液压、容器内保压压强、环向和竖向预应力及温度荷载；其中温度荷载作用用热–固间接耦合方法，参照欧标 EN 14620-3—2006《用于储存操作温度介于–165℃~0℃的低温液化气体的现场建造　立式圆筒型平底钢制储罐的设计和建造》，将所求得的稳态温度场导入结构模型，确定泄漏工况下 LNG 预应力混凝土储罐的内力分布，并与力学荷载结果叠加。有限元方法的优点是计算结果直观，与实际情况接近。

5. 构件设计

（1）外罐底板采用钢筋混凝土结构，外罐罐壁采用预应力钢筋混凝土结构，外罐穹顶采用钢穹顶和钢筋混凝土组合结构。

（2）预应力钢筋混凝土外罐罐壁的环向和竖向均应布置低温预应力钢绞线。罐壁外侧受力钢筋应使用高强度热轧钢筋；罐壁内侧在可能遭受低温作用的部分应使用低温钢筋；用于抗剪的钢筋应使用低温钢筋。

（3）预应力钢筋混凝土外罐罐壁采用低温环境混凝土。

（4）外罐各构件的设计应进行承载力极限状态计算和正常使用极限状态验算；正常使用极限状态验算应进行结构的变形、裂缝宽度和罐壁在内罐泄漏情况下的液密性验算。

（5）外罐各构件的配筋根据最不利荷载组合的内力进行设计，并按抗震等级一级进行抗震措施。

（6）裂缝验算：

① 外罐钢筋混凝土底板、穹顶应符合 GB 50010—2010（2015 年版）《混凝土结构设计规

范》表3.4.5的有关要求，钢筋混凝土结构，裂缝控制等级为三级，最大裂缝宽度允许值为0.20mm；

② 外罐预应力钢筋混凝土壁板应符合GB 50010—2010（2015年版）《混凝土结构设计规范》表3.4.5的有关要求，预应力钢筋混凝土结构，裂缝控制等级为三级，最大裂缝宽度允许值为0.10mm。

（7）内罐泄漏情况下预应力钢筋混凝土外罐罐壁应进行液密性验算，混凝土受压区高度不应小于截面厚度的10%和100mm二者的较大值。

（8）储罐允许的沉降差应符合于列规定：

① 外罐底板边缘任意2个观测点的沉降差不应超过该2个观测点之间弧长的1/1000；

② 同一测量方向内、外罐的相对沉降差不应超过10mm；

③ 任意方向直径的两端沉降差不应超过外罐外径的2/1000；

④ 罐中心与罐边缘的沉降差不应超过储罐外罐外径的3/1000。

（9）外罐钢筋混凝土穹顶采用防水防腐涂层，成膜后应具备高弹性、低温柔性、抗穿刺力强、不蹿水、耐温、抗冻、耐海边大气腐蚀、抗混凝土裂纹、无毒无异味、无环境污染等性能。

（10）外罐钢筋混凝土罐壁采用防腐涂层，成膜后应具备耐温、抗冻、耐海边大气腐蚀、抗混凝土裂纹、无毒无异味、无环境污染等性能。

6. 抗火设计

1）设计目标

当外部发生火灾时，外罐承受热辐射，保持结构必要的承载能力。

2）设计方法

（1）火灾的温度场分析　考虑周边的储罐着火对本罐的影响，进行火灾模拟的温度场分析。罐顶喷射火的发展过程见图4-27，不同热辐射的影响范围见图4-28，进行消防后的喷射火情况见图4-29。

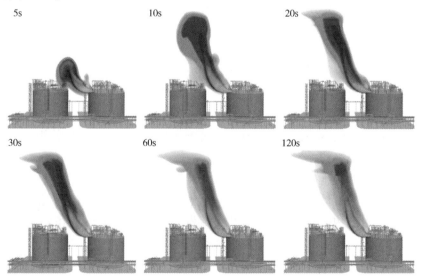

图4-27　罐顶喷射火的发展过程

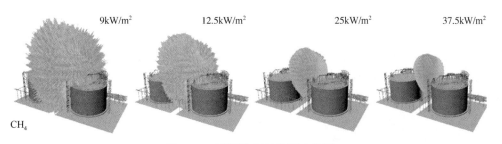

图 4-28　不同热辐射的影响范围

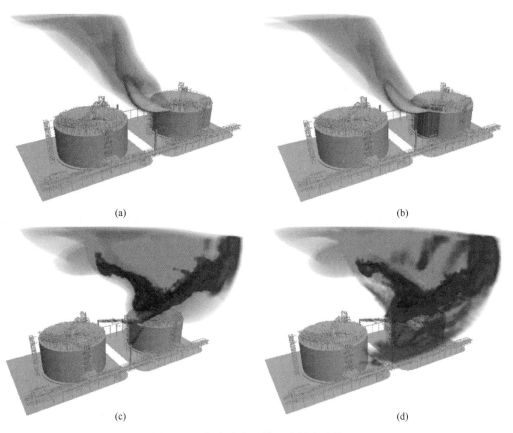

图 4-29　考虑消防后罐顶喷射火的情况

（2）火灾工况的荷载组合　按承载力极限状态下进行荷载偶然组合考虑，考虑永久荷载，火灾荷载按照频遇值考虑，可变荷载按准永久值考虑。荷载组合公式见式（4-10）。

$$S_{\mathrm{d}} = \sum_{j=1}^{m} S_{Gjk} + S_{A_d} + \psi_{f_1} S_{Q_1 K} + \sum_{i=2}^{n} \psi_{qi} S Q_{ik} \qquad (4-10)$$

式中　S_{A_d}——按偶然荷载标准值 A_{d} 计算的荷载效应值；

　　　ψ_{f_1}——第 1 个可变荷载的频遇值系数；

　　　ψ_{qi}——第 i 个可变荷载的准永久值系数。

（3）数值分析　外罐壁抗火计算，本质上是模拟热传导的瞬态温度场分析，从内往外定义内罐壁、弹性毡、珍珠岩、混凝土罐壁及外面的大气热传导物理参数。假设内罐壁保持

-170℃不变，外罐壁外表面承受的热辐射强度为32kW/m²。在2h后外罐壁沿厚度温度场见图4-30。

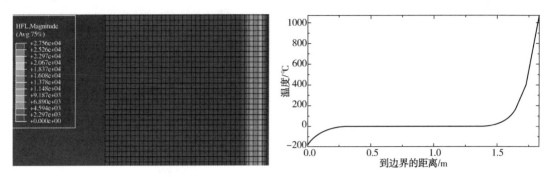

图4-30　混凝土外罐壁在火灾下温度场的变化情况

（4）对结构安全的影响　通过有限元数值分析可以得出，除加强梁外，混凝土外罐结构能够提供足够的承载能力。验算抗火关键部位是外罐壁顶部加强梁，预应力是否失效，加强梁的预应力需要为混凝土穹顶提供稳定约束。

当外部发生火灾时，外罐承受热辐射，除加强梁外，结构能够提供足够的承载能力。通过对加强梁施加足够的预应力及必要的钢筋设计来保证加强的承载能力。

7. 抗爆设计

通过数值方法进行考虑工艺处理区蒸气云爆炸火焰传播过程分析，蒸气云爆炸火焰传播过程见图4-31和图4-32。

图4-31　蒸气云爆炸火焰传播过程

图4-32　工艺处理区蒸气云爆炸超压的变化过程

（1）爆炸工况的荷载组合　按承载力极限状态下进行荷载偶然组合考虑，考虑永久荷载，爆炸荷载按照频遇值考虑，其他可变荷载按准永久值考虑。荷载组合公式见式（4-11）。

$$S_{d} = \sum_{j=1}^{m} S_{G_{j}k} + S_{A_{d}} + \psi_{f_{1}} S_{Q_{1}K} + \sum_{i=2}^{n} \psi_{qi} S Q_{ik} \qquad (4-11)$$

式中 S_{A_d}——按偶然荷载标准值 A_d 计算的荷载效应值;

ψ_{f_1}——第 1 个可变荷载的频遇值系数;

ψ_{qi}——第 i 个可变荷载的准永久值系数。

（2）数值分析 爆炸荷载在结构有限元模型中按如下时程函数输入，荷载分析见图 4-33～图 4-35。

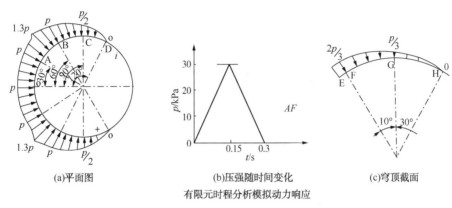

(a)平面图   (b)压强随时间变化   (c)穹顶截面

有限元时程分析模拟动力响应

图 4-33 爆炸荷载的时程函数

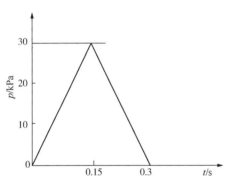

图 4-34 有限元模型爆炸荷载输入

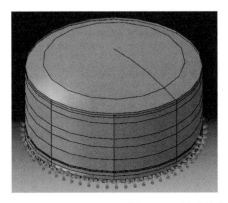

图 4-35 基础约束和有限元网格划分

（3）对结构安全的影响　0.3s 的外部蒸汽云爆炸荷载，结构持续振动约 3s。此外初步判断，除屋面外，其余部位爆炸荷载产生的内力小于 SSE 产生的内力，分析见图 4-36 和图 4-37。

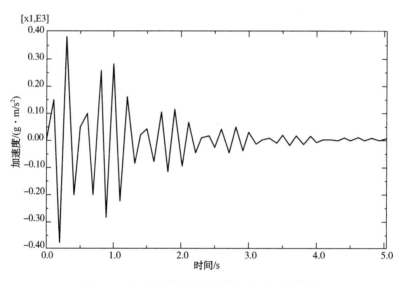

图 4-36　穹顶在爆炸作用下的加速度时程曲线

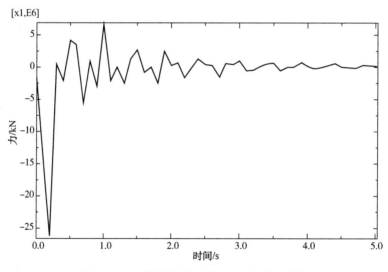

图 4-37　在爆炸作用下的支座反力时程曲线

（4）设计成果　当外部发生爆炸时，除穹顶外，其余部位爆炸荷载产生的内力小于 SSE 产生的内力。通过合适的混凝土结构体系及合理的配筋设计，让结构在强度和延性上均保持一定的性能，以此来保证储罐的抗爆安全性。

第五章 主要装备技术

第一节 概 述

液化天然气(LNG)接收站主要工艺设备分为静设备和动设备两大类。

一、静设备

典型的 LNG 接收站中，工艺静设备主要包括 LNG 气化器、蒸发气体(BOG)再冷凝器、清管器，以及火炬分液罐、凝液收集罐及压缩机入口缓冲罐等，主要工艺静设备及功能详见表 5-1。

表 5-1 主要工艺静设备及功能

名称	形 式	功 能
气化器	开架式海水气化器	以海水为热源，采用外管海水降膜传热技术加热气化管内 LNG 的一种换热设备
	中间介质海水气化器	以海水为热源，采用热泵原理，加热气化丙烷等低沸点中间液相工质，中间液相工质被气化后再加热气化 LNG，中间工质再次被冷凝，形成相变流动传热，LNG 气化后再利用海水进行过热
	浸没燃烧式气化器	以燃料气燃烧后产生的高温热烟气为热源，烟气通过高效喷射鼓泡分布器直接加热软化水后排至大气，软化水再加热气化 LNG
BOG 再冷凝器		BOG 经加压后与罐内低压泵输送的 LNG 直接接触被冷凝的一种设备
清管器		用于站外天然气管道进行清管作业的设备

二、动设备

典型的 LNG 接收站中，主要工艺的动设备种类和数量不多，详见表 5-2。

表 5-2 主要动设备及功能

主要动设备名称	主要动设备功能
LNG 卸船臂/气相返回臂	LNG 卸船臂接收 LNG 运输船的 LNG 并将其输送至 LNG 储罐中，气相返回臂将自储罐中置换出来的 BOG 反输至 LNG 运输船中
LNG 罐内低压泵	将 LNG 输送至外输高压泵和/或再冷凝器和/或装车、装船，并于站内冷循环

续表

主要动设备名称	主要动设备功能
LNG 外输高压泵	接收 LNG 罐内低压泵输送的 LNG, 并将其增压后输送至气化器和/或冷能利用装置
BOG 压缩机	对 BOG 加压外送或送至再冷凝器中利用罐内低压泵输送的 LNG 作冷源将其冷凝
海水泵	输送海水至 LNG 气化器作为 LNG 气化热源
挺杆起重机/曲轨葫芦	用于罐内泵的检维修

第二节　主要静设备

一、液化天然气气化器

(一) 概述

气化器是 LNG 接收站的关键工艺设备。自储罐罐内泵输送的低压 LNG 经外输增压泵增压后送至气化器加热气化, 气化后的天然气输送至用户。

LNG 气化可用热源主要有海水、热烟气、空气、工厂或电厂废热等。以海水为热源的气化器主要有开架式气化器(Open Rack Vaporizer, ORV)、中间介质型气化器(Intermediate Fluid Vaporizer, IFV)和管壳式气化器。以热烟气为热源的气化器主要是浸没燃烧式气化器(Submerged Combustion Vaporizer, SCV)。以空气为热源的气化器主要有空温式气化器, 目前主要用于中小型气化站。如果接收站附近有工厂或电厂的废热(如热水等)可用, 则根据热源温度可选用中间介质型气化器(IFV)或管壳式气化器。

IFV、ORV、SCV 这三种气化器是目前世界上 LNG 接收站应用最普遍的 LNG 气化器。我国大型 LNG 接收站大都建在沿海, 通常选用海水作为热源, ORV 和 IFV 都属于基本负荷气化器, 即在基本负荷下运行时, 只需运行 ORV/IFV。但在 ORV/IFV 维修或应急调峰时, SCV 可并联运行。为了保护海洋生物, ORV/IFV 海水侧允许的温降一般为 5℃, 某些沿海地区的海水允许 4℃温降(如江苏省盐城市)。SCV 通常以天然气为燃料, 操作费用较海水为热源的气化器高很多, 在我国主要用于备用和应急调峰。当冬季海水温度过低或没有海水利用条件时, SCV 也可用作基本负荷气化器。例如美国的海洋保护法不允许接收站使用海水气化 LNG, 所以在美国的接收站主要使用 SCV 作为基本负荷气化器。

截至 2015 年, 国内已建成的 LNG 接收站所采用 ORV、IFV 及 SCV 全部为进口产品, 且设备供货厂家很少, 主要由日本和德国少数公司垄断。其购买费用高, 供货周期长, 在很大程度上影响我国 LNG 接收站的建设成本和建设周期, 严重制约中国 LNG 行业发展。

近年来, 国内许多公司加大了气化器国产化投入力度, 并取得了长足进步。2013 年, 中国石化组建了集产、学、研和用于一体的科研团队, 经联合攻关, 分别创建了 ORV、IFV 及 SCV 设计方法, 成功研制了 ORV、IFV 及 SCV 三种气化器并投入工业化应用, 结束了气化器完全依赖进口的局面。目前, 国产 ORV、IFV 及 SCV 等气化器已在 8 个接收站得到成功应用, 累计共 40 余台。

（二）气化器选型

LNG 气化器选型考虑的主要因素有设计压力、设计温度、LNG 组成、气化能力、热源、成本、操作维护、安全及环保等。

表 5-3 给出了各种气化器的综合比较。IFV、ORV 满负荷时海水入口最低温度一般不低于 6～7℃。如果海水入口温度继续下降，需减负荷运行。ORV 气化器表面的铝锌合金涂层不耐冲蚀，使用时海水固体悬浮物含量不宜过高，一般要求低于 80mg/L，同时应严格限制海水中的铜离子和汞离子浓度，因此可能会增加海水净化的投资。

表 5-3　各类型气化器综合比较

气化器类型	ORV	SCV	IFV
中间介质	—	水	丙烷或醇类溶液
加热介质	海水	燃料气	空气/海水/燃料气
工艺流程	简单	简单	较复杂
设备结构	简单	简单	较复杂
运行控制	简单	简单	简单
占地面积	较少	最少	较少
使用情况	基本负荷	应急调峰	使用少
投资成本系数	1.5	0.5～0.7	3
运行成本系数	2	7～10	0.1

冬季海水温度较低时一般需要监控 ORV 元件气化的表面结冰厚度。SCV 的燃料为清洁的天然气，主要考虑燃烧后烟气排放 NO_x 浓度是否符合国家和地方的大气污染物排放标准。管壳式气化器尤其需要特别关注结冰问题，进口海水或热水温度一般应不低于 25℃；如果海水走壳侧，设计时应避免流动死区。管壳式气化器常采用 J21 型，即海水或热水分两股进入壳体，合并为一股流出。空温式气化器换热效率较低，容易结霜，需要一开一备，占地面积大。当温度过低时，空温式气化器无法满足外输温度要求，故空温式气化器一般用于小型卫星气化站。

国外有个别工程选用管壳式气化器和空温气化器作为 LNG 气化设备，例如，利用热电厂蒸汽透平发电系统的余热把循环水加热至 32℃，作为管壳式气化器的热源，循环水温度降至 10℃后送回。这需要结合建站当地的供能条件。

每种气化器都各有特点，也都有与之相应的运行环境。而为了应对大型 LNG 接收站遇到的各种工况，选择 1～2 种类型的气化器进行组合，既能够发挥各自的优点，也能弥补本身固有的缺陷。目前国内采用比较多的是 ORV 或 IFV 与 SCV 组合，ORV 或 IFV 作为基本负荷气化器，SCV 作为调峰或备用气化器。ORV 和 IFV 使用海水的温度范围比管壳式气化器大，允许使用的时间长，可节约能耗并减少污染物和温室气体排放。

（三）开架式气化器

ORV 具有设计简单、可靠性高、运行成本低、维修方便等优点，在日本、韩国及欧洲被广泛应用。进口 ORV 基本被日本的两家公司垄断。我国已建成投产的大鹏 LNG 接收站、莆田 LNG 接收站、如东 LNG 接收站、青岛 LNG 接收站、珠海 LNG 接收站、深圳 LNG 接收站、海南 LNG 接收站、粤东 LNG 接收站、唐山 LNG 接收站等都采用了进口 ORV 气化器。

中国石化攻关团队通过 CFD 模拟，研究了管外侧海水的流动与传热特性，采用分段优化的组合内插件结构，开发了抑结冰技术。开发了无缝热挤出多翅片铝合金高效换热管，强化海水侧换热。同时设计了海水导流分布系统结构，开发了均匀稳定的海水液膜传热技术，并开发了 ORV 传热计算程序。研制的热喷涂技术和防腐材料应用于换热管上，使用效果符合在海水中固体悬浮物浓度<80mg/kg 的耐腐蚀和磨蚀要求，保证了设备长周期安全操作。

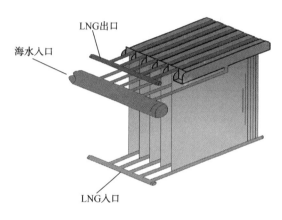

图 5-1　ORV 结构简图

1. 工作原理

ORV 是以海水为热源的 LNG 气化设备，适合用作 LNG 接收站的基本负荷型气化器。ORV 由若干个换热面板和开放的海水喷淋系统组成(见图 5-1)。每个换热面板由若干根铝合金翅片管按照板状平行排列，两端分别与上集管、下集管焊接在一起。

ORV 的工作原理如图 5-2 所示，海水通过安装在上部的开放式溢流槽溢流至板型管束两侧的外表面上形成液膜，依靠重力的作用自上而下流动，LNG 在换热管内自下而上流动。海水将热量传递给 LNG，使其受热气化，换热后的海水经明渠返回大海。

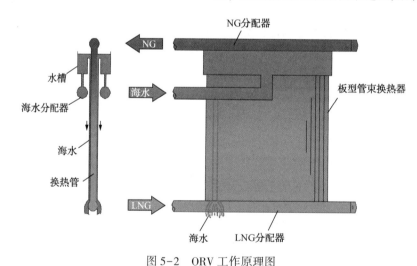

图 5-2　ORV 工作原理图

ORV 具有安全性高、运行费用低、操作和维护容易等优点。早在 20 世纪 60 年代，英国和日本就已经开始使用 ORV。目前 ORV 是应用最广泛的基本负荷型大型 LNG 气化器，约占总量的 70%。

2. 设备结构

典型 ORV 结构由传热模块、海水系统、基础构件三部分构成,见图 5-3。

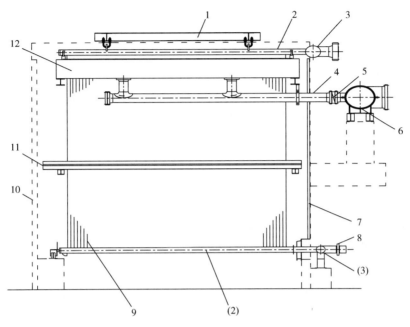

图 5-3 典型 ORV 结构

1—支吊架;2(2)—天然气集管;3(3)—天然气汇管;4—海水集管;5—调节装置;
6—海水汇管;7—挡风板;8—过渡接头;9—换热面板(翅片管);
10—混凝土框架;11—操作平台;12—溢流槽

1)传热模块

传热模块由换热面板(翅片管、天然气集管)、天然气汇管、过渡接头等构成。天然气汇管把每个换热面板连接起来。在传热模块 LNG 入口和 LNG 管道之间,采用过渡接头连接铝合金和不锈钢,除过渡接头外,传热模块的其他部件都由铝合金材料制成。传热模块气化后的天然气(NG)出口用法兰与 NG 管道连接。

传热模块采用了高效换热技术提高换热效率,减小设备尺寸。换热管外表面有纵向高翅片增加换热面积,换热管内表面有纵向低翅片并且内部安装螺旋内插件强化换热[1,2]。

换热管下部 LNG 温度较低的地方容易结冰,换热表面结冰会使气化效率降低。日本某公司研发了结冰少的高效开架式气化器,主要改进之处是在换热管的温度较低的下半部分(蒸发段)采用双层的套管结构,见图 5-4。LNG 同时进入内管和环隙。环隙内的 LNG 直接被海水加热迅速气化,而内管的 LNG 则是被环隙内的气化天然气加热而逐渐气化,使换热管下部的直接气化量降低,减少吸热量,抑制下部结冰过厚、过高[2]。

铝合金传热模块外表面(法兰和过渡接头除外)用热喷涂法覆盖一层作为牺牲阳极的 Al-Zn 合金涂层防止海水对铝合金的腐蚀,涂层厚度为 $150\sim450\mu m$。Al-Zn 合金涂层寿命与海水水质密切相关,ORV 对进入的海水水质要求如下[1,3]:

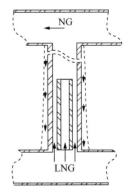

图 5-4 双层换热套管结构

（1）海水中的重金属离子会加速腐蚀铝合金涂层，通常要求 Cu^{2+} 浓度小于 $10\mu g/kg$、Hg^{2+} 小于 $2mg/kg$。

（2）海水中的固体悬浮物浓度通常不高于 $80mg/kg$。

控制海水的固体颗粒含量，是为了防止换热管的铝合金钝化膜被冲蚀破坏而导致腐蚀速率加大。在日本 LNG 接收站，所用海水中的固体悬浮物浓度上限要求为 $10mg/kg$。在此条件下，Al-Zn 合金涂层的使用寿命为 7~8 年，对于高含沙量海水，涂层使用寿命仅为 1~2 年[4~6]，特别是在 ORV 换热面板的下部温度较低区域，腐蚀速率最大[7]。换热面板底部 LNG 集合管及其顶部线以上 300mm 处 LNG 与海水的温差较大，容易导致涂层局部脱落[8]，一般使用 1 年左右这些低温部位就会出现局部涂层剥落。用户应监测涂层局部脱落面积和涂层厚度，及时在现场进行涂层再喷涂修复[9]。

2）海水系统

海水系统安装在面板上部，由海水集管、海水汇管、溢流槽和调节阀等构成。每个溢流槽底部与一个海水集管连接，海水集管上装有蝶阀调节海水流量，使每个换热面板的海水分布均匀。溢流槽由铝合金板加工而成，海水集管和海水汇管则由玻璃钢制成。

3）基础构件

基础构件包括混凝土基础、操作平台和限位支吊架等。传热模块和海水分布系统安装固定在基础构件上。

3. 国产化与工程应用

2013 年，中国石化组建的攻关团队研制 ORV 中试样机并完成中试，2014 年完成工业化设计与制造，成功应用于中国石化某接收站，自投用以来，ORV 运行良好，性能达到国际先进水平，完全替代了进口产品，见图 5-5。

图 5-5　国产 ORV

（四）中间介质气化器

我国已建成的上海 LNG 接收站、宁波 LNG 接收站都选用了进口中间介质气化器（IFV），进口 IFV 被日本某公司独家垄断。

中国石化攻关团队系统研究了不同中间介质热力学特性、资源可获得性、成本因素等，通过对不同介质的冰点、气化潜热、蒸发-冷凝热力学特性及其与冷热源的匹配性综合比较，发现丙烷与海水和 LNG 匹配性好，其气化潜热大，传热效率高，且资源容易获得、成本低、材料相容性好。攻关团队对气化段与过热段多种介质的流动以及热规律进行研究，创建了 IFV 传热计算方法。

1. 工作原理

IFV 由 LNG 气化段和 NG 过热段两部分组成，其工作原理见图 5-6。IFV 热源介质为海水，中间介质一般为丙烷。气化段是壳体内具有双管束的管壳式换热器，壳体内密闭封存一定液位高度的中间介质；下管束 E1 浸没在中间介质液面下方，管内走海水；上管束 E2 位于中间介质液面上方，管内走 LNG。下管束 E1 管内海水加热中间介质使其蒸发气化，气体溢出液面到达上部气相空间遇到上管束 E2，在 E2 管束表面冷凝释放出热量加热 LNG，中间介质冷凝液在重力作用下回到下部液池再次被 E1 管束内海水加热蒸发，从而形成中间介质的"蒸发-冷凝"的内部循环。吸收了中间介质热量的 LNG 升温气化，然后进入 NG 过热段 E3 由海水继续对其加热升温，直至温度达到工艺设计要求。

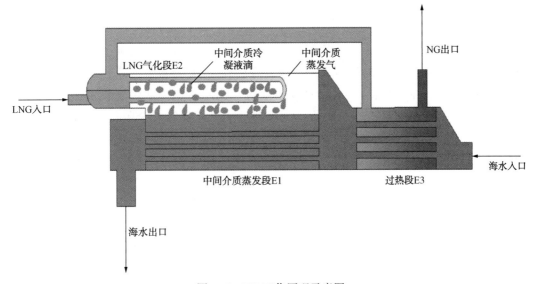

图 5-6　IFV 工作原理示意图

通过中间介质丙烷的蒸发和冷凝，把海水的热量传递给 LNG，可以解决低温 LNG 管束与海水直接接触带来的结冰问题；海水侧采用钛换热管，具有抗冲蚀、耐腐蚀、使用寿命长等特点，对高含沙海水也可适用；钛材表面有致密的氧化膜，氧化膜自修复速度快，耐海水腐蚀和冲蚀性能优异；钛材耐应力腐蚀性能好，在 82℃ 以下无间隙腐蚀和点腐蚀；生物污垢不易在钛材表面生成，可有效防止微生物腐蚀。

IFV 应用范围广泛，利用 LNG 冷能进行发电和制冷等过程也会使用 IFV，但在冷能发电中 LNG 气化段需要与中间介质蒸发段分开，二者通过管道连接。

2. 设备结构

典型 IFV 结构如图 5-7 所示，由 LNG 气化器、中间介质气化/冷凝器、NG 过热器、连通管、海水管箱等部件组成。LNG 气化器与中间介质气化/冷凝器共用一个壳体。LNG 气化器的出口与 NG 过热器进口用连通管连接。NG 过热器与中间介质气化/冷凝器共用一个海水管箱，即海水流经过热器后通过中间海水管箱直接进入中间介质气化/冷凝器。

每个管束的换热管与管板应采用胀接加焊接的连接形式。LNG 气化器管束一般采用可拆式结构，以便于管束抽芯清洗。与 LNG 接触的材料通常采用奥氏体不锈钢，与海水

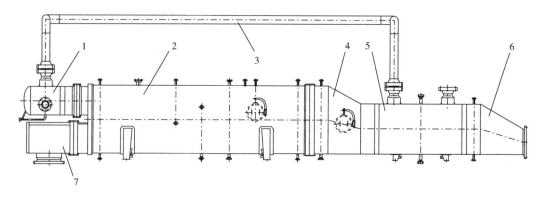

图 5-7　典型 IFV 结构图

1—LNG 气化器；2—中间介质气化/冷凝器；3—连通管；4—中间海水管箱；
5—NG 过热器；6—进口海水管箱；7—出口海水管箱

接触的材料则采用钛材，与中间介质丙烷接触的材料可采用低温碳钢，换热管一般采用强化传热管，而与海水接触的管板采用爆炸复合的钛/钢复合板。海水管箱宜采用钛钢复合材料，且应考虑含固体颗粒海水的冲刷及腐蚀。海水管箱上应设置检修通道。中间介质气化/冷凝器壳侧应设置超压泄放装置、液位计、温度计等安全附件。中间介质气化/冷凝器壳体上应设置人孔便于检维修。连通管应充分考虑设备间的热胀冷缩变形协调及管道支撑，通常采用自然补偿措施。中间介质气化冷凝器和过热器一般都由各自独立的鞍座来支承。

3. 国产化与工程应用

2013 年，中国石化攻关团队研发了 IFV 中试样机并完成了中试验证试验；2014 年，完成了工业化 IFV 设计工作，其设计压力为 15.6MPa，设计温度为 -170℃，气化能力为 193.2t/h；2015 年，完成了工业化制造；2018 年 3 月，正式投入使用。自投运以来，IFV 运行良好，满足了各项生产运行指标要求。冬季海水进口温度低至 1.4℃ 时，天然气相应出口温度为 1.1℃，设备仍能安全平稳运行。

此后，研制的 IFV 陆续应用于中国石化天津 LNG 项目和中国石化青岛 LNG 项目，并推广至新奥舟山 LNG 项目、东莞九丰 LNG 项目及浮式再气化项目，累计应用达 21 台，完全替代了进口 IFV。IFV 应用情况见图 5-8 和图 5-9。

图 5-8　中国石化某 LNG 接收站 IFV(一)

图 5-9　中国石化某 LNG 接收站 IFV(二)

(五) 浸没燃烧式气化器

浸没燃烧式气化器(SCV)的运行水浴温度可小于 20℃，其排烟温度低，热效率高；启动迅速，适合于紧急情况或调峰时的启动要求；低 NO_x 燃烧器可以满足环保要求。目前，我国除广东、广西、福建、海南等海水温度较高地区之外，其他地区的接收站都配备了 SCV，主要在冬季海水温度较低时使用。进口 SCV 主要被日本和德国公司垄断。

中国石化攻关团队针对 SCV 传质传热问题，通过建立 CFD 流场分析模型来确定烟气分布和 LNG 换热系统设计方法，既提高了换热管外传热系数，也避免了烟气对 LNG 管束的冲蚀；并建立了可视化的 SCV 实验装置，用于验证烟气喷射的流动与传热特性；基于预混和喷雾增湿调节火焰温度规律研究，开发出了降低 NO_x 的燃烧器，解决了国产 SCV 卡脖子难题，使烟气中 NO_x 含量满足设计要求，减少了大气污染。

1. 工作原理

SCV 是 LNG 接收站常用的气化器之一，以天然气为燃料，通过燃烧加热浸没在水浴中的 LNG 管束来气化 LNG。虽然其操作费用比以海水为热源的气化器高，但由于 SCV 启动迅速，符合在紧急情况或调峰时的启动要求，当海水使用受限时(冬季或内陆)，SCV 也用作基本负荷气化器。

SCV 主要由 LNG 管束、燃烧器、燃烧室、烟气分布器、堰流箱、烟囱、鼓风机、循环水泵、混凝土水槽、燃气阀撬、供风管道、pH 值调节系统、控制仪表、阀门、燃烧管理控制系统等部分组成。SCV 的工作原理及结构示意图如图 5-10 所示。

LNG 管束浸没于水浴池液位以下，烟气分布器位于 LNG 管束下方。将天然气(NG)与鼓风机输送来的空气送入燃烧器，在炉膛内燃烧，燃烧后产生的高温烟气经过烟气分布器直接排入水浴池中。高温烟气通过分布器的鼓泡管喷射进入水浴与水直接接触换热，大量气泡搅动水浴，促进了烟气与水之间的传热，以及水浴与管束的换热。烟气显热和燃烧产生的水蒸气冷凝放出的潜热传递给水浴，这种气液两相在浮力驱动下产生上升作用，在围堰的限制下，在换热管外侧形成自下而上的循环流动，强化了水与管束的换热。管内的 LNG 被加热气化并过热到要求的外输温度，烟气从水面逸出后经烟囱排入大气。循环水泵把冷却水送入炉膛和燃烧器水夹套对其冷却。

SCV 的运行是在燃烧管理控制系统的自动控制下进行的。SCV 运行时水浴温度一般控制在 15~25℃，烟囱的排烟温度接近水温，高温烟气中的水汽在水浴中冷凝，热能得到全部

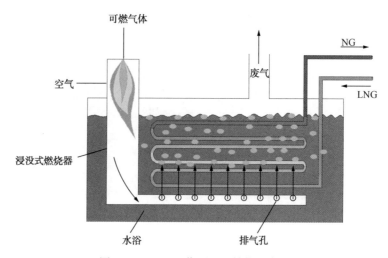

图 5-10　SCV 工作原理及结构示意图

回收，燃烧热效率可高达 99%。

SCV 的主要特点如下：

① 在水浴中加热，水侧不会结冰，管壁温度均匀，安全性好；

② 排烟温度低，一般热效率 95%～99%；

③ 启动迅速，启动时间约 15～30min，适合于紧急情况或调峰时的启动要求；

④ 低 NO_x 燃烧器满足环保要求；

⑤ 控制系统一键启动，自动点火运行，实时监控压力、温度、流量、火焰信号等运行参数，超限报警、自动停机，安全可靠。

2. SCV 热效率计算

SCV 的热效率 E 等于工艺介质吸收的热量 Q_c 除以燃料燃烧释放的热量 Q_h。因为燃烧产生的水蒸气全部在水浴中冷凝，潜热全部传递给水浴，所以 Q_h 按天然气高热值（HHV）计算。燃烧释放的热量除了工艺介质吸收的热量之外，SCV 主要的热损失为烟气排放带走的热量 Q_f。因为烟气与水换热充分，烟气离开水浴的温度约等于水浴温度，带走的热量主要是烟气中近似饱和的水蒸气的潜热。所以 SCV 运行时的水浴温度越低，则烟气带走的热量就越少。近似地 SCV 热效率也可以用烟气带走的热量和燃烧高热值估算[10]，见式（5-1）。

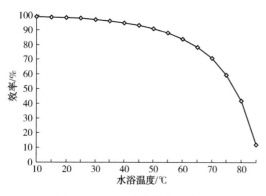

图 5-11　SCV 高热值热效率曲线

$$E = \frac{Q_h - Q_f}{Q_h} \times 100 \qquad (5-1)$$

式中　E——SCV 热效率，%；

　　　Q_h——天然气高热值，kJ；

　　　Q_f——烟气带走的热量，kJ。

图 5-11 给出了典型天然气高热值的 SCV 热效率曲线。当水浴温度等于 51℃时，SCV 热效率等于 90%，此时烟气带走的水量与燃烧产生的冷凝水量平衡。当水浴温度大于 51℃时，烟气带走的水量大于燃烧产生的冷凝水量，水槽需要补水或停车。当水浴温度低于 51℃时，

燃烧产生的冷凝水需要从水槽溢流排掉，维持水槽液位恒定。当水浴温度维持在15℃时，SCV热效率达到99%。正常情况下，只需开车前把水槽充满水，运行过程中不需要再补充水。

3. 设备结构

典型的SCV由燃烧器、管道、消音器、鼓风机、水泵、基础构件（混凝土水槽）、换热管束、加药装置、除沫器、烟囱等部件组成，其结构见图5-12。

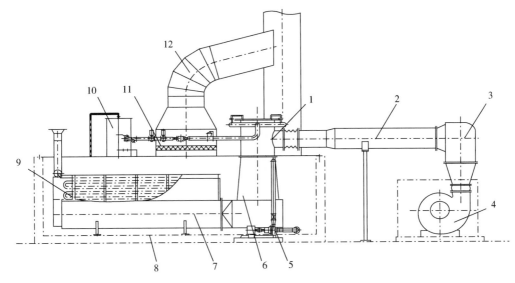

图5-12　典型SCV结构图

1—燃烧器；2—管道（水-气）；3—消音器（罩）；4—鼓风机；5—水泵；6—燃烧室；
7—分布器；8—基础构件；9—换热管束；10—加药罐；11—除沫器；12—烟囱

1）燃烧系统

燃烧系统由燃烧器、燃烧室、燃气阀撬、供风系统、循环冷却水系统组成。燃烧室被固定在混凝土水槽底部，一般燃烧器安装在燃烧室顶部，有的燃烧器安装在燃烧室底部，例如德国某公司的SCV。燃烧器是SCV的核心部件，通常采用单个大燃烧器，因为比起多个较小的燃烧器，采用单个燃烧器更加经济，同时产生的NO_x和CO也更少。

SCV燃烧器需要满足高背压、大功率、火焰短、单位容积热强度高、低氮排放、安全可靠的要求。SCV的燃烧室一般高2~3m，直径1.5~2m，热强度5~8MW/m³。SCV低氮燃烧技术主要有贫燃预混技术和注水降氮技术。通过加大过量空气或向火焰喷水来降低火焰温度，以达到低NO_x排放目的。世界上运行的最大的SCV气化能力为207t/h，需要约41MW的燃烧功率，目前国内缺少这种大功率低氮SCV燃烧器，主要依赖进口。国内某家公司为中国石化天津LNG接收站和青岛LNG接收站设计制造的SCV采用的是美国进口的低氮燃烧器。进口燃烧器NO_x排放指标能够满足在含氧量3%条件下低于70~80mg/Nm³的要求，采用进口燃烧器增加了SCV成本和制造周期。

如果低NO_x燃烧器不能达到某些地区烟气氮氧化物排放的超低氮要求，可对烟气进行脱硝处理，例如采用选择性催化脱硝法（Selective Catalytic Reduction，SCR）[11]。

SCV燃烧器一般采用无耐火衬里结构及不锈钢材料制造，耐火衬里容易受潮损坏。燃烧器冷却主要有风冷和循环水冷却，燃烧室则由水夹套冷却，燃烧器应配置独立的点火器、火焰探测仪、观察孔等。燃烧器配备的燃气阀撬应符合安全规范，需配备燃气切断阀、流量调节阀和压力、流量等仪表，在紧急情况下能够及时切断燃气供应。助燃空气由鼓风机输送，鼓风机出口压力应满足燃烧系统的背压，一般在 20～30kPa。空气管道上应设置流量控制阀门、流量计、压力传感器。

2）换热系统

换热系统包括奥氏体不锈钢的 LNG 蛇形管束、堰流箱、烟气分布器、混凝土水槽内。蛇形管束被固定在堰流箱内，堰流箱除了起支撑固定管束的作用，还会促使堰流箱内外水浴的循环流动，增加传热效率。

3）加药及水质分析系统

加药及水质分析系统包括碱液罐和水质 pH 值在线分析仪。碱液罐安装在水槽上方，依靠重力作用向水槽内加碱液。燃烧时产生的酸性气体 CO_2 和 NO_x 会导致水浴 pH 值呈酸性。为了保护蛇形管束不受腐蚀，间歇地自动加碱液中和水浴，维持水浴 pH 值在 5～9 之间，碱液一般为浓度 20%～25% 的 NaOH 水溶液。

4）排烟及烟气分析系统

排烟及烟气分析系统包括钢制烟囱和在线烟气分析仪。烟囱内衬环氧衬里，带有除雾器、人孔、采样点和仪表管嘴。烟气取样口设置应符合相关固定源废气监测技术规范。在线烟气分析仪放置在 SCV 附近的分析小屋内。

烟气分析系统采样符合环保要求，应能够对颗粒物、NO_x、CO、O_2、流量、温度、湿度、压力进行测量。烟气分析系统包括烟气分析仪、流量计、温度传感器、压力传感器、湿度测量仪等。因为 SCV 的燃料为天然气，燃尽率很高，且烟气经过水浴后进入烟囱，所以一般不用检测烟气颗粒物。烟气分析仪采用红外吸收法测量 CO 和 NO，采用电化学法测量 O_2 浓度。烟气分析仪内置 NO_2/NO 转化器，安装在烟囱取样口上的取样探头和烟气分析仪预处理系统用专用电伴热自动控温式取样管道连接，气体在取样管道内不会产生冷凝。

烟气分析数据能够通过 RS485 远传到 DCS 系统，通过无线网络传输至当地环保局。

5）水槽

水槽可采用混凝土或钢材制成。混凝土水槽内部应进行防渗漏处理，水槽顶部有钢制盖板，盖板上应设置有人孔、观察孔，水槽应设有供检修用的梯子、平台。在最冷月平均温度低于 5℃ 的地区使用，水槽应配备电加热的辅助防冻处理措施。

4. 控制系统

SCV 由燃烧管理控制系统(Burner Management System，BMS)自动控制运行，一键启动，自动点火运行。BMS 控制与监测有关燃烧系统的设备，例如燃烧器、点火枪、火焰检测探头、鼓风机、燃料气(天然气)的切断阀(自保阀)与控制阀、水泵、碱液罐等辅助设备，并进行集中管理。BMS 实时监控压力、温度、流量、液位、火焰信号、pH 值、振动等运行参数，超限报警、自动停机，安全可靠。自动检测水浴 pH 值，自动加碱液中和，防止 LNG 管束酸性腐蚀。

SCV 燃烧管理控制系统包括就地操控表盘和远程单元控制表盘。远程控制表盘安装在位于远端的安全区域控制室(机柜间)，与 DCS 实时通信，可进行远程监控。就地控制表盘安装在现场设备附近，操作简单，可以在现场就地启动、停机与紧急停车、复位，提供了操作气化器的全部功能。就地控制表盘按钮至少包含 SCV 自动启动按钮、停机按钮、紧急停车按钮、复位按钮、指示灯等。现场控制仪表应符合防爆和防护要求，接线箱应隔爆。

BMS 的远程机柜设置在机柜间内，BMS 系统一般包含 HMI(人机界面)，能清晰显示 SCV 的工艺流程、点火过程、燃烧系统的自诊断、温度的控制、操作参数的显示、超限参数的报警、历史趋势显示及存档、系统的紧急停车(ESD)功能。

BMS 系统与 DCS 系统之间采用 Modbus RS485 通信协议进行通信，将 BMS 系统的工艺参数、指示值、设定值、状态值送至 DCS 系统，同时 DCS 可以通过硬接线触点对 BMS 进行紧急停车操作。

BMS 系统与 ESD 安全系统通过硬接线的形式接收 ESD 的紧急停车信号(干触点)进行紧急停车，同时 SCV-BMS 系统将紧急停车信号输入到全厂 ESD 紧急停车系统(SIS 安全系统)。

BMS 提供的报警与停车以及就地显示信号见表 5-4。

表 5-4　BMS 提供的报警与停车要求、就地显示信号表

序号	BMS 系统报警	BMS 系统停车	BMS 系统就地显示
1	助燃空气压力低报警	助燃空气压力低低跳闸	燃气供气压力
2	鼓风机电机轴温高报警	鼓风机电机轴温高高跳闸	调节后的燃气压力
3	鼓风机轴温高报警	鼓风机轴温高高跳闸	调节后的点火装置燃气压力
4	鼓风机电机定子温度高报警	鼓风机电机定子温度高高跳闸	仪表风供气压力
5	鼓风机轴承振动高报警	鼓风机轴承振动高高跳闸	烟气温度
6	水浴 pH 值低报警	燃烧器冷却水流量低低跳闸	助燃空气供气压力
7	水浴 pH 值高报警	水泵出口压力低低跳闸	再循环水泵泵后压力
8	水浴 pH 值低-开始加碱	燃料气供给压力开关低报警跳闸	水浴液位
9	水浴 pH 值正常-停止加碱	燃料气供给压力开关高报警跳闸	水浴温度
10	燃烧器冷却水流量低报警	水浴液位高高跳闸	碱液液位
11	水泵出口压力低报警	水浴液位低低跳闸	pH 值
12	炉膛冷却水出口温度高报警	水浴温度高高跳闸	循环水流量
13	水浴液位高报警	水浴温度低低跳闸	
14	水浴液位低报警	NG 出口温度低低跳闸	
15	水浴温度高报警	烟囱温度高高跳闸	
16	水浴温度低报警	仪表风压力低低跳闸	
17	NG 出口温度低报警		
18	NG 出口温度高报警		
19	烟囱温度高报警		
20	仪表风压力低报警		
21	碱液罐液位高报警		
22	碱液罐液位低报警		

5. 国产化与工程应用

2013年，中国石化攻关团队完成了 SCV 中试样机设计、制造与中试试验；2014年和2015年，分别完成了中国石化 LNG 接收站两套 SCV 的设计与制造，其设计压力分别为12.1MPa 和 15.6MPa，气化能力分别为 207t/h 和 198t/h；两座 LNG 接收站所需的 SCV 分别于 2017年和 2018年正式投用。至今，研制的 SCV 运行良好，排烟温度低于 20℃，热效率高，烟气排放 NO_x 浓度低于进口 SCV，满足了设计要求。SCV 应用情况见图 5-13 和图 5-14。

图 5-13　中国石化 LNG 接收站 SCV

图 5-14　中国石化 LNG 接收站 SCV(左数第 4 台)

二、蒸发气体再冷凝器

LNG 在存储和卸船期间产生大量的蒸发气体(BOG)，为了保持储罐压力稳定，大型LNG 接收站产生的 BOG 一般采用再冷凝工艺进行回收处理。再冷凝器是 LNG 接收站气化工艺的关键设备，在整个工艺中起到承上启下的作用。BOG 经压缩机加压至 0.65~0.85MPa后输送到 BOG 再冷凝器，与自低压泵输出的过冷 LNG 换热冷凝后，再由外输高压泵输送至气化器。

目前，LNG 接收站的 BOG 再冷凝器主要是填料塔式再冷凝器，BOG 与过冷的 LNG 顺流或逆流接触，在填料层内被冷凝为液体。BOG 流量变化范围较大，压力波动也较大。这些是导致 BOG 再冷凝器不能稳定操作的主要因素，需要复杂的控制系统和人工操作来保证设备较平稳运行。中国石化工程建设有限公司（SEI）自主开发了大型 LNG 接收站成套工艺包，其中 BOG 再冷凝工艺应用了管道式新型高效 BOG 再冷凝器，克服了传统的填料塔式再冷凝器冷凝效率低、液位波动大的缺点。

（一）填料塔式再冷凝器

1. 结构形式

填料塔式再冷凝器主要包括上、下两个部分（见图 5-15），再冷凝器上部为填料层，包括液体分布器、气体分布器、填料支撑、填料、液体分布盘等。BOG 在填料层中与过冷的 LNG 直接接触，BOG 被重新冷凝成为 LNG 进入下部的缓冲罐。再冷凝器下部作为 LNG 高压泵入口的缓冲罐，确保进入高压泵的 LNG 过冷度和压力达到要求。

填料塔属于连续接触式气液传质设备，两相组成沿塔高连续变化，在正常操作状态下，气相为连续相，液相为分散相。填料塔以填料作为气、液接触和传质的基本构件，液体在填料表面呈膜状自上而下流动，气体呈连续相自下而上或自上而下与液体作逆向或同向流动，并进行气、液两相间的传质和传热。

再冷凝器的填料一般为散装型填料，常用的有拉西环和鲍尔环（见图 5-16）。鲍尔环填料是针对拉西环的一些主要缺点加以改进而成的，它与拉西环填料的主要区别是在于在侧壁上开有长方形窗孔，窗孔的窗叶弯入环心，由于环壁开孔使得气、液体的分布性能较拉西环得到较大的改善，尤其是环的内表面积能够得以充分利用。气流阻力更小，液体分布更均匀，具有通量大、阻力小、效率高及操作弹性大等优点，在相同压降下处理量可较拉西环提升效率50%以上[12]。

但填料塔也有一些不足之处，如填料造价高，当液体负荷较小时不能有效地润湿填料表面，使传质效率降低，当液体沿填料层向下流动时，有逐渐向塔壁集中的趋势，使得塔壁附近的液体流量逐渐增大，这种壁流效应造成气液两相在填料层中分布不均，从而使传质效率

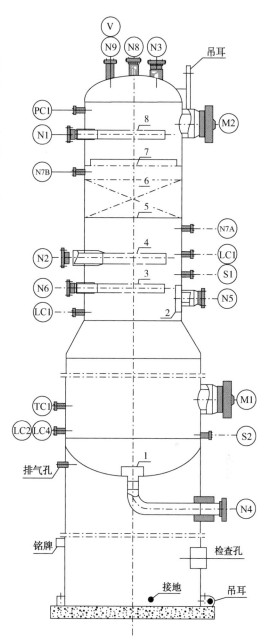

图 5-15　填料塔式再冷凝器结构示意图
1—破涡器；2—液体折流板；3—液体分布器；
4—气体分布器；5—填料支撑；6—填料；
7—液体分布盘；8—液体分布器

下降。因设备持液量小，与 LNG 外输高压泵高度关联，过程控制比较困难。

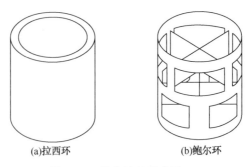

(a)拉西环　　　　　　　(b)鲍尔环

图 5-16　散装填料示意图

填料塔式再冷凝器的建造一般应遵照 GB/T 150.1～150.4—2011《压力容器》和 NB/T 47041—2014《塔式容器》，主要承压件材料为奥氏体不锈钢 304L，钢板应满足 GB/T 24511—2017 标准的要求，固溶状态供货，表面加工状态为 1D 级。

2. 运行

BOG 再冷凝器内的液位稳定是其安全稳定运行的关键，液位应保持在 50%～60%，液位波动会导致系统频繁振动损坏设备，影响 LNG 接收站的安全及稳定运行。接收站在运行过程中，LNG 气化外输量的波动是导致 BOG 再冷凝器液位波动的主要因素。

当下游天然气需求量减少时，运行中关闭部分高压泵会导致液位迅速增加。由于控制信号传输的滞后性和阀门折损的因素，用于冷凝 BOG 的 LNG 不能立即减少和完全关闭，导致过多的 LNG 进入再冷凝器使液位加速升高。高液位时，再冷凝器的填料床层被浸没，从而大大减少了换热能力。因此，BOG 不能完全再冷凝，部分 BOG 沿着放空管反向流向高压泵吸入罐，迫使吸入罐液位下降，导致高压泵发生汽蚀并引起再冷凝系统的振动。一旦液位上升到高报值(如 85%)，系统将用高压补充气体降低液位，如果此时再冷凝器内液体的温度过低，部分补充气会液化导致液位继续增高，甚至会触发液位高高联锁关闭设备[13,14]。

高压泵启动时造成的再冷凝器底部压力和顶部波动也会导致液位波动，LNG 通过高压泵的放空管道倒流到再冷凝器中，可能触发液位高高联锁。当高密度 LNG 混合物中的丁烷与戊烷析出时，高压泵入口过滤器被堵塞使再冷凝器的液位及压力波动变大[15]。

针对导致再冷凝器运行液位和压力波动的原因，需要在压缩机、高压泵等设备的瞬态操作前对再冷凝器进料流量、压力、液位进行人为调整[16]。

针对 LNG 接收站再冷凝器运行过程中出现非设计工况的现象，需建立再冷凝器运行相关调控参数的动态模型，仿真分析造成非设计工况出现的原因，制定可靠的预防控制策略，为保证接收站的平稳运行提供指导[13]。

（二）新型高效管道式再冷凝器

针对传统填料塔式再冷凝工艺和设备的缺点，中国石化联合国内知名的装备企业开发并研制了新型高效管道式再冷凝工艺与装备。新型高效管道式再冷凝技术作为中国石化重大攻关项目"大型 LNG 接收站工程成套技术与工业应用"中的核心技术之一，于 2013 年 12 月被列入中国石化"十条龙"科技攻关项目。攻关团队做了大量基础理论研究和实验验证工作，利用 CFD 软件建立了微气泡冷凝多相流场模型，模拟研究了 BOG 气泡在 LNG 中的冷凝变化规律，获得了不同直径气泡的冷凝速率。搭建了空气-水、蒸气-水可视化试验系统以及氮气-液氮再冷凝试验系统，建立了理论计算与试验相互验证的评价方法。开发了气液错流微界面直接接触混合的 BOG 再冷凝技术，研制了微孔式气液预混与旋流强化混合集成的高效 BOG 再冷凝成套设备。

根据中国石化某 LNG 接收站 BOG 再冷凝工艺设计要求，计算确定了设备的气体分布器结构和混合段结构尺寸。设备总长 8785mm，气体分布器直径 950mm，混合段直径 600mm（见图 5-17），设计压力 1.75MPa，设计温度 -196/65℃，N1 为 BOG 进口，N2 为 LNG 入口，N3 为出口。设备水平安装，设备壳体材料为双牌号不锈钢 304/304L。

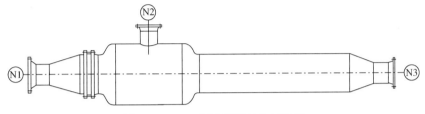

图 5-17　BOG 再冷凝器结构示意图

气体分布器采用不锈钢微孔管束，混合段采用旋流型静态混合器。静态混合器是一种没有运动部件的高效混合设备，利用固定在管内的混合单元改变流体在管内的流动状态，强化了 BOG 和过冷 LNG 直接接触冷凝。BOG 进入微孔管束，通过微孔产生小气泡进入管外的低温 LNG 内，小气泡与低温液体接触后，迅速降温冷凝，与过冷 LNG 在静态混合器充分混合并全部冷凝。BOG 再冷凝后进入高压泵缓冲罐。新型高效管道式再冷凝器与外输高压泵关联度低，不受高压泵的启停影响，不存在填料塔式再冷凝器的液位波动问题，从根本上解决了传统再冷凝器的液位难于稳定控制的问题。

依托中国石化某 LNG 接收站，2016 年为该项目设计制造了一台新型高效 BOG 再冷凝器（见图 5-18），并于 2018 年 3 月投入使用，经运行考核，设备满足了项目设计要求。所开发的新型高效 BOG 再冷凝器体积小，冷凝效率高，安装方便，易于操作控制，运行稳定，维修方便。与传统填料塔式再冷凝器相比，这种高效 BOG 再冷凝器体积减少了 92%，重量减少了 81%，且回收效果好，操作液气比达 6.6，一次再冷凝效率高达 100%，比填料塔式再冷凝器冷凝效率提高了 32%。

图 5-18　中国石化某 LNG 接收站的 BOG 再冷凝器

根据装卸船、装车、气体外输量变化等不同工况下 LNG/BOG 流量比例的影响规律，研发团队创建了自学习、自调整控制系统，通过自动调节 LNG/BOG 比例，实现了大范围流量变化下系统的安全平稳运行，创造了自投产到平稳运行 5h 的最快纪录。

三、清管器

(一) 概述

在 LNG 接收站内，计量设施的下游通常设置清管器，用于天然气输气管道进行清管作业。LNG 接收站通常作为天然气输气管道的首站，清管器的主要功能是向管道进行发球，以便检测管道是否正常。对于智能型清管器而言，其长度需满足该通球要求。

(二) 清管器配套设施

清管器包括发球筒本体和快开盲板，发球筒本体上通常设置压力表、安全阀、压力平衡管道、通球指示仪、氮气吹扫管道和排污管道等。

1. 通球指示仪

通球指示仪需采用防爆设计，一般由清管器自带，现场指示外信号引至中心控制室。通球指示仪可数码显示通球结果，可以随时查看通球情况，显示清管球的通过状态，提供正常时间显示和清管器通过时间显示，指示清晰可靠。

2. 快开盲板

快开盲板性能通常满足如下要求：具有自锁、防震、防松动等功能，开启时可以实现二次泄压；盲板开启和关闭时，密封圈与密封面以及密封面之间无相对转动，密封圈不易损坏，密封面不易被杂质磨损；外部锁环为三瓣卡箍式或整体锁环式，实现锁紧时同时动作，受力均匀，增大咬合面积；丝杆传动，开关灵活；盲板盖与盲板座的咬合受力面积为其接触面积的 90% 以上；快开盲板提供安全联锁机构，清管器升压之前，快开盲板及其锁紧机构在预定操作部位上能全部锁紧，清管器泄压后且快开盲板打开之前，应能使容器的内压全部泄放。

(三) 清管器设计

清管器的设计通常满足如下要求：

(1) 清管器的强度计算与结构设计需满足 GB 150《压力容器》的要求；

(2) 清管器过渡段可采用平底的偏心大小头；

(3) 清管器的大开口处需设置挡条；

(4) 清管器需能适应"普通型"清管球的要求，清管器长度必须满足智能型清管器通过要求；

(5) 清管器外壳的公称直径需与管道直径相匹配；

(6) 清管器至少需设 2 个鞍式支座，其中一个鞍式支座应尽量靠近有快开盲板的一端，且鞍座的每个地脚螺栓应配双螺母；

(7) 支座的设计载荷应选取符合清管器充满水，清管器中装有最重的清管器及最大的外加载荷条件时的组合载荷。

(四) 清管器选材

对于国内大多数接收站而言，天然气输气管道及其配套清管器设计压力通常为 8.0～

10.0MPa，设计温度通常为65℃，输送介质较为洁净，其选材主要满足压力要求，通常满足如下要求：受压元件用钢板需符合 GB 713—2014《锅炉和压力容器用钢板》的有关要求；锻件至少应符合 NB/T 47008—2017《承压设备用碳素钢和合金钢锻件》的要求，设备壳体大法兰及法兰盖需符合Ⅳ级锻件要求，其余为Ⅲ级锻件要求；钢管需符合 GB 6479—2013《化肥设备用高压无缝钢管》的要求；受压元件用钢需做冲击试验（夏比 V 形缺口），实验温度为−20℃，冲击功需符合 3 个试样的平均值≥41J 和允许一个试样的单个值≥31J 两个条件；设备材料的其他检验，热处理状态、无损检测等需符合 TSG R0004《固定式压力容器安全技术监察规程》和 GB 150《压力容器》的要求。

第三节 主要动设备

一、液化天然气卸船臂

（一）概述

LNG 卸船臂（LNG Marine Loading and Unloading Arms）是 LNG 船与接收站连接的装卸设备。LNG 卸船臂的主要功能是接卸 LNG 船舶运输来的 LNG，并通过管道输送至 LNG 储罐。卸船时，先将卸船臂与 LNG 运输船连接好，然后用氮气进行置换并预冷，通过运输船上的输送泵将 LNG 通过卸船臂及系统总管输送至 LNG 储罐。储罐中的 BOG 经气相返回臂返回至 LNG 船舱，开启 BOG 压缩机，自动调节系统压力[17]。卸船结束后，继续用氮气吹扫卸船臂，吹扫结束后卸船臂复位。目前，卸船臂一般参照 ISO 16904 及 OCIMF 标准进行设计、制造、试验、安装、调试。

（二）卸船臂的选型配置原则

典型的 LNG 接收站每个码头一般配备 5 台 16″卸船臂，其中包括 4 台液相臂，1 台气相返回臂。LNG 液相卸船臂一般设置一台备用卸船臂，气相返回臂一般不设置专用备用气相返回臂。正常操作时，开启三台液相臂，一台气相臂来满足正常卸船的要求，但实际卸船操作中，一般会将所有料臂投用，以缩短卸船时间，当气相返回臂故障不能使用时，可利用其中的 1 台 LNG 卸船臂作为气相返回臂使用。近年来，随着 LNG 运输船向大型化发展，LNG 卸船臂也趋于大型化，20″卸船臂在 LNG 接收站中也有部分应用。在进行卸船臂设计时，要综合考虑压力、温度、风载、地震载荷以及氯离子腐蚀等因素。通常与介质接触的部分需考虑强度和韧性的要求，通常使用双牌号不锈钢（304/304L 或 316/316L）。

LNG 卸船臂在选型时要综合考虑船型、码头布置、压降、结构等因素[18]。大型 LNG 船接管法兰通常为 16″，与其相匹配的卸船臂接管尺寸也多为 16″，以减少卸船期间卸船臂与 LNG 运输船变径连接操作。目前，世界上最大的 LNG 运输船型为 Q-MAX，相应船容为 $26.6 \times 10^4 m^3$，船上接管法兰为 20″，如配置与该船型接口尺寸小的卸船臂，卸船期间需通过变径接头进行变径连接。为减小运输船接管法兰受力，通常在卸船臂与运输船之间采用一次变径。部分 LNG 接收站卸船臂除具有卸船作业功能外，尚具有装船功能，装船船容通常为 $1 \times 10^4 \sim 8 \times 10^4 m^3$，主要用于近海运输，相应装卸船臂的操作范围需满足船容为 $1 \times 10^4 \sim 26.6 \times$

$10^4 m^3$ 的运输船，相应干舷范围为 11.1～20m。

同时，接收站码头的最高水位与最低水位、LNG 船的满载或空载情况也会影响卸船臂的操作范围，进而影响卸船臂的选型。通常将高潮位空载的大船位置定为船方卸船总管的最高位置，将低潮位满载的小船位置定为船方卸料总管的最低位置，以此进行卸船臂包络范围的设计。码头的其他参数，同样会影响卸船臂的设计。例如，合理设计卸船臂之间的距离，保证不同卸船臂之间在任何操作情况下相互无干涉；合理设计卸船臂与码头前沿的距离，保证码头前沿有足够的测试与作业空间；合理设计护舷距离，以满足卸船臂的操作范围并兼顾设计船型的靠、离泊操作等。

此外，还要求卸船臂的压降损耗要尽量小，确保 LNG 船用泵的扬程能够满足距离码头最远处储罐的卸料要求。

（三）卸船臂的结构特点

1. 卸船臂的结构及型式

LNG 卸船臂主要由基座立柱、内置臂、外置臂、旋转接头、配重和钢丝绳伸缩系统、紧急脱离系统 ERS（Emergency Release System）、快速连接装置 QCDC（Quick Connect Disconnect Coupler）以及工艺管道及其支撑结构和附件等组成，其典型的结构如图 5-19 所示。

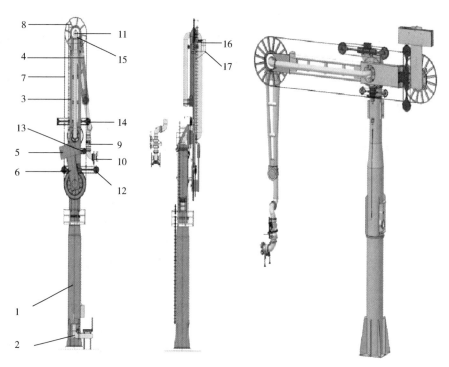

图 5-19　LNG 卸船臂典型结构示意图

1—立柱；2—LNG 管线；3—内臂；4—外臂；5—主配重；6—配重梁；7—钢绳；8—旋转盘；
9—紧急脱离装置；10—快速连接器；11—低温旋转接头；12—外臂液压驱动轮；
13—主轴液压驱动轮；14—内臂液压驱动轮；15—滚珠轴承；16—液氮吹扫线；17—维护平台

按结构形式，卸船臂可以分为全平衡型卸船臂（Fully Balanced Marine Arm，FBMA）、旋转平衡型卸船臂（Rotary Counterweighted Marine Arm，RCMA）、双平衡型卸船臂（Double

Counterweighted Marine Arm，DCMA）。

图 5-20 为全平衡型卸船臂（FBMA）结构示意图[19]。这种卸船臂采用自支撑结构，所有内部、外部载荷和弯矩均由旋转接头承受，作用在 LNG 运输船法兰上的载荷仅有内臂、外臂的介质总量和风载。其旋转接头采用硬质滚道结构，旋转接头尺寸较大，以提升承载能力。该结构卸船臂操作简单、自重轻、占地空间小。但由于 FBMA 装载臂一般为手动操作，且产品管线直径最大不超过 10″，因此常用于潮汐差非常低的河流或航道上的小型船舶、驳船。在大型 LNG 接收站中通常使用旋转平衡型卸船臂（RCMA）和双平衡型卸船臂（DCMA）。

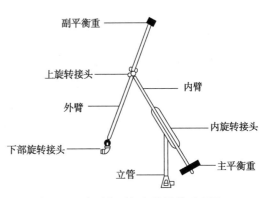

图 5-20　全平衡型卸船臂结构示意图

图 5-21 为旋转平衡型卸船臂（RCMA）结构示意图。这种卸船臂采用自支撑结构，通过耳轴来调整内臂角度，通过调节平衡钢缆将平衡重总成梁调整平行于外臂，从而可以将配重的旋转传递到顶部平衡滑轮以调节顶部角度。其特点是通过组合式内外臂平衡重总成来平衡整个内、外臂系统，内臂和外臂没有独立的平衡重，一旦平衡系统失效，内臂和外臂的平衡都将被破坏。这种卸船臂的结构支撑与卸料管道相对独立，卸料管道可以在结构支撑中自由地收缩或膨胀。其优点是结构轻巧，操作简单，更换密封圈等易损件方便，旋转接头的尺寸与卸料管道的尺寸相同，备件较少。其缺点是配重的运行范围较大，且在紧急脱离时，卸船臂会先向前俯冲，之后才能被升高[19]。

图 5-22 为双平衡型卸船臂（DCMA）结构示意图。这种卸船臂结构与旋转平衡型卸船臂结构类似，其结构支撑与卸料管道也相对独立，但是在平衡重设置上与旋转平衡型卸船臂有明显差异。双平衡型卸船臂是由内臂平衡重总成和外臂平衡重总成分别对内臂和外臂进行独立地平衡，这可以使卸船臂在任何位置均保持平衡。此外，双平衡设计可以减小卸船臂各部分惯性，避免卸船臂产生失衡动态运动，在卸船臂发生紧急脱离时，卸船臂能够立即被抬高，从而避免发生与运输船的碰撞安全隐患。这种结构卸船臂的优点是内臂和外臂独立平衡，操作更加方便，配重运行范围较小，其缺点是卸船臂整体较重，对于基础的载荷较大。

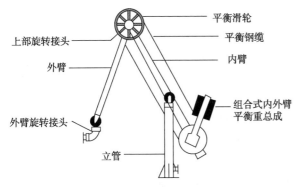

图 5-21　旋转平衡型卸船臂结构示意图

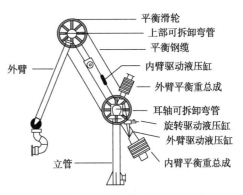

图 5-22　双平衡型卸船臂结构示意图

2. 卸船臂的关键部件

1）旋转接头

旋转接头是 LNG 卸船臂的关键核心部件，由内部密封（主密封）、轴承系统和外部密封（次密封）组成。典型的旋转接头结构如图 5-23 所示（法国 F 公司产品）。主密封的作用是阻止输送物料（LNG）泄漏，次密封的作用是防止主密封失效时输送物料渗入轴承。在主密封和次密封之间的环形空间中要设置检测接口，以监测密封的泄漏情况。旋转接头的主密封和次密封之间不允许过度加压，防止泄漏率超过标准的规定。轴承系统应通入氮气保持干燥，以防止内部结冰。旋转接头的设计应能满足卸料管道在连接面实现 360° 旋转的要求，并且旋转接头本身要满足承载和承压要求，具备防止液体渗漏的功能，达到易操作、安全、低磨损的使用效果。

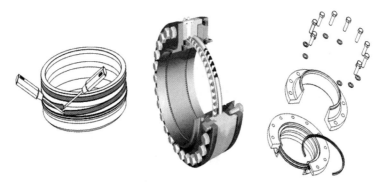

图 5-23　典型的旋转接头结构图

旋转接头应根据标准进行严格的测试，BS EN ISO 16904 标准中规定的主要测试内容有寿命鉴定动态试验以及静水压试验、部分真空和泄漏测试、旋转测试、防潮测试、负载能力测试等内容。

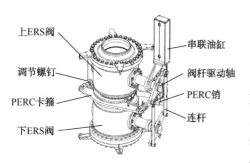

上 ERS 阀　　　　　串联油缸

调节螺钉　　　　　阀杆驱动轴

PERC 卡箍　　　　PERC 销

下 ERS 阀　　　　　连杆

图 5-24　典型的 ERS 系统结构图

2）紧急脱离系统（ERS）

每条卸船臂都应配有一套紧急脱离系统，其典型的结构如图 5-24 所示，主要包括上、下两个互锁的 ERS 阀和之间的动力紧急释放连接器（PERC）。在 LNG 运输船漂移时，该设备可断开与 LNG 运输船的连接而无须事先排空卸船臂。ERS 可以自动或手动激活，激活后互锁的两个 ERS 隔离阀同时关闭，然后进行紧急分离，卸船臂撤离 LNG 运输船，从而达到保护卸船臂的作用。ERS 系统的安全完整性等级（SIL）应满足业主要求，其脱离机构的设计要求能够在低温状态下破除冰层确保彻底分离，并能够重新连接。为了确保 LNG 运输船漂移时 ERS 能够有效断开，ERS 阀的关闭时间应在 5~10s，PERC 打开时间应在 2s 之内。在码头管道的水击压力分析中应考虑此 ERS 阀的关闭时间。

紧急脱离系统根据规范要求需要做静水压试验、气压试验、强度试验、阀门运行试验、脱离性能试验、低温阀座泄漏测试等。

3）快速连接装置（QCDC）

快速连接装置（QCDC）用于卸船臂和 LNG 运输船的连接，可分为手动型 QCDC 和液压型 QCDC。QCDC 包括主体接头直管和安装在直管端部的夹紧机构组成。QCDC 一般至少配有三个夹紧机构，夹紧机构设有颌爪和连接钳，在直管上设有支架，以固定夹紧机构。支架上部设有手动或液压驱动的快速连接/脱离装置。典型的液压型 QCDC 结构，如图 5-25 所示。QCDC 应配备机械或液压锁紧装置，以防止由于人为误操作、压力或振动而造成意外脱离，并要求在液压系统失效时，QCDC 依然能保持与 LNG 运输船接管法兰的安全锁紧。对于液压操作的 QCDC，应提供一个互锁装置，以防止在物料输送过程中或卸船臂带压条件下或 ERS 触发时 QCDC 误打开。若发生液压失效，快速连接装置应可以通过手动松开。对于液压操作的 QCDC，其操作时间应为 $10 \sim 15\text{s}$ 之间，为了保证夹具的安全，操作时间不得少于规定的最短时间。如无其他特殊要求，快速连接装置优先选用液压型。

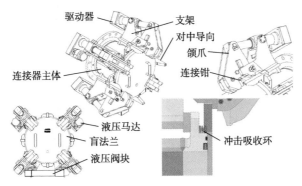

图 5-25　典型的液压型 QCDC 结构图

快速连接装置根据规范要求需要做静水压试验、气压试验、强度试验、紧急泄漏试验、释放性能测试等。

（四）主要制造厂的情况

目前，国际上生产制造卸船臂的厂家主要有法国 F 公司、日本 N 公司、德国 S 公司、英国 W 公司和德国 E 公司等。从卸船臂产品的结构型式不同，基本可以分为三个体系。

第一种是以法国 F 公司为代表生产的卸船臂。此种卸船臂为绳轮式自支撑结构或混合式结构。自支撑结构所有的载荷均由支撑结构承受；混合式结构由支撑结构承受主要载荷，介质管道承受部分外载荷。卸船臂旋转接头内部结构采用不锈钢合成材料制成的嵌入式滚珠轨道，并设有特殊的钢珠保护套，轴承滚珠不会与旋转接头本体发生直接接触，大大减少了旋转接头的磨损，节省了运行维护成本。另外明显不同的是，其液压缸采用两段式液压缸结构，可实现发生紧急脱离后又归位时，还可以继续开启阀门使船与臂重新连接。日本 N 公司的技术与法国 F 公司类似，卸船臂的结构型式和特点与法国 F 公司的产品基本相同。

第二种是以德国 S 公司为代表生产的卸船臂。此种卸船臂为绳轮式自支撑结构。其技术特点是，所有的旋转接头两侧均用法兰连接，便于拆卸，主密封和次密封都可在不拆卸轴承的情况下，从动态密封面进行更换，缩短了维修时间。S 的紧急脱离装置阀门采用可缓冲压力激增的球阀，ERS 系统设有机械联锁装置，以防止阀门在打开状态下分离，紧急脱离后的重新连接简单方便。

第三种是以英国 W 公司、德国 E 公司为代表生产的卸船臂。这种卸船臂为连杆式结构，其材料用量大，对工艺要求高，最大的优点是调整平衡时较为容易，无须每年检验钢丝绳强度。德国 E 公司卸船臂为双配重结构，所有平衡配重都位于底座后部，其结构如图 5-26 所示，该卸船臂旋转接头为摇动型设计。

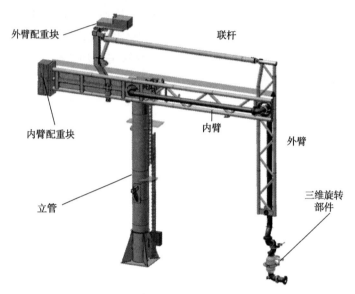

图 5-26 德国 E 公司卸船臂结构图

目前，国内外 LNG 接收站的卸船臂选型以前两种为主。国内设计和生产大口径（16″及以上）LNG 卸船臂的能力逐步提升，设计、制造和检验的主要难点在于耐低温材料深冷处理工艺开发、大口径动态旋转接头设计及低温载荷下的动态试验、紧急脱离装置设计及可靠性、快速连接接头可靠性、智能化管控系统及液压系统设计开发等。近年来，通过持续攻关，已有部分国内制造厂具有大口径 LNG 卸船臂技术储备和大口径低温旋转接头制造能力，中国石化已率先对 LNG 卸船臂进行了国产化立项研制，完成了产品的生产制造和出厂试验，2021 年年底将完成安装并正式投入使用。随着我国 LNG 接收站建设的迅速发展，大口径 LNG 卸船臂国产化将成为必然趋势。

二、液化天然气输送泵

（一）概述

在 LNG 接收站中用于 LNG 输送的泵主要有罐内低压泵和外输高压泵，两者在 LNG 接收站中的工艺流程简图如图 5-27 所示[20]。

LNG 罐内低压泵（简称：罐内泵）是接收站输送系统的重要设备。罐内泵安装在 LNG 储罐的泵井中，其主要作用是将 LNG 自储罐输送至外输高压泵、BOG 再冷凝设施、装船设施及汽车装车设施等，并负责非卸船期间卸船管道冷循环、装车管道冷循环及接收站零输出工况时的站内冷循环。此外，当罐内上下 LNG 密度差和温差较大时，可通过罐内泵将储罐内

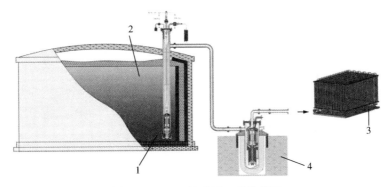

图 5-27　LNG 输送泵工艺流程图

1—罐内低压泵；2—LNG 储罐；3—气化器；4—外输高压泵

LNG 循环到上部或底部，有效防止分层、翻滚现象的产生。

　　LNG 外输高压泵（简称：罐外泵）通常是筒袋式多级离心泵。自 BOG 再冷凝设施排出的 LNG 与罐内泵输送的低压 LNG 混合后，直接进入罐外泵，加压后通过总管输送到气化器或冷能利用装置。罐外泵主要作用是对 LNG 进行增压，为 LNG 气化后外输管道提供足够的压力，保证下游用户能正常使用[21]。

　　为保证罐内泵、罐外泵的正常运行，各泵出口均设有回流管道。当 LNG 输送量变化时，可利用回流管道调节流量。LNG 罐内泵、罐外泵为特殊泵设计，国际上没有统一的标准，各厂家结构及技术各不相同，各有所长，但罐内泵和罐外泵的设计、制造、检验、试验均参照 API 610 标准执行。

（二）选型原则

　　罐内泵采用可移出式低温潜液泵，泵和电机同轴，整体安装在储罐内的泵井中，泵和电机直接潜浸在泵送液体中。该泵不需要密封和冲洗系统，轴承润滑采用泵送液体来润滑，主体材料选用耐低温铝合金或不锈钢，叶轮采用表面硬化处理。典型的罐内泵结构如图 5-28 所示。

　　通常，罐内泵须设置备用泵，泵的维修应不影响接收站的正常外输操作，根据总流量要求一般设置两台或三台主泵。罐内泵输送的介质为 LNG，温度极低，在 -161℃ 左右。由于对罐内泵的汽蚀余量要求严苛，因此均配有诱导轮，目前满足汽蚀余量要求——罐内泵流量一般不大于 600m³/h。由于罐内泵只需要将 LNG 自储罐输送至辅助系统中，该泵的扬程相对不太高，根据 LNG 接收站布置情况，其扬程一般不超过 300m，通常只需要一到两个叶轮即可满足要求。在泵的设计时尤其要关注泵的汽蚀余量，因为 LNG 通常在接近其沸点的温度下储存，即使有略微的温度升高或压力下降，也可能导致 LNG 气化。

　　罐外泵采用立式多级离心泵，电机部分浸泡在低温液体中，壳体设计执行 ASME 标准，主体材料选用耐低温铝合金或不锈钢，叶轮采用表面硬化处理。罐外泵输送介质为 LNG，温度非常低，约为 -156℃。该泵流量相对较大，扬程非常高，采用立式悬臂式结构，选用湿式电机，泵整体完全浸没在介质中。因为需要的出口压力比较高，通常采用多级泵，大型的高压泵流量可达 800m³/h，最高扬程超过 2000m。罐外泵结构如图 5-29 所示[22]。

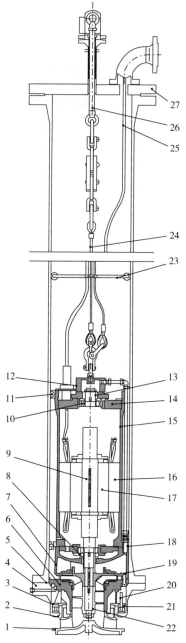

图 5-28　LNG 罐内低压泵结构图

1—底阀体；2—底阀密封；3—盘架；4—底阀座；
5—垫片；6—泵吸入口；7—蜗壳；8—衬套；9—主轴；
10—球轴承；11—导轮；12—盖板；13—平衡套；
14—护板；15—电机外壳；16—电机定子；
17—电机转子；18—护板；19—叶轮；20—导向螺栓；
21—弹簧；22—诱导轮；23—滚轮臂；24—支撑钢缆；
25—低温电缆；26—支撑杆；27—顶盖

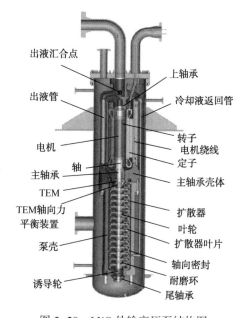

图 5-29　LNG 外输高压泵结构图

（三）结构特点

1. 罐内泵的结构特点

罐内泵的典型结构特点是整个泵与电机共用一根轴，无密封结构，轴承和其他所有组件完全淹没在低温液体之中。泵的电机在浸没的液体中运行，与空气完全隔绝，选用非防爆电机。因此，与带轴端密封电机外置的泵相比，低温潜液泵的安全性能大大增加[23]。罐内泵关键部位的结构特点及功能如下。

1）叶轮和诱导轮

罐内泵的叶轮一般是具有三维叶片的单吸叶轮，使泵的吸入性能更加稳定。在泵叶轮的吸入口设置带有螺旋叶片的诱导轮来降低泵的汽蚀，尽可能把罐内的液体全部输送出去，诱导轮为铸造结构，机械强度高，可靠性高。轴流螺旋式诱导轮，吸入性能佳，操作范围广。

2）轴承

轴承既要满足低温、高转速、长期操作的要求，也要具有能利用泵送介质自润滑的特点。在低温泵电机的上、下两侧都设置为低温环境定制的单列深沟球轴承，来支撑旋转部件。其中一种低温轴承，它的内圈和外圈以及滚珠都是不锈钢材质，保持架是由具有自润滑性能的聚四氟乙烯制成。另外一种低温轴承是氮化硅陶瓷球轴承，它的滚珠为硬质陶瓷球材质，通过在运行中对钢制滚道的不断打磨达到增加表面光洁度的效果，提高轴承寿命。目前，两种轴承在罐内泵中均有使用，不锈钢材质的低温轴承技术成熟，价格相对较低，应用更加广泛；陶瓷轴承价格相对较高，主要用于变频调节，抗电化学腐蚀的场合。

3）推力平衡机构

罐内泵在结构上设置了可变轴向平衡孔和固定径向平衡孔来平衡泵的轴向推力，典型推力平衡机构如图 5-30 所示（不同制造厂的结构略有不同）。图中，下部磨损环的直径比上部磨损环的直径小，使得泵在高速运转时整体合力向上，转动部件向上移动。此时，可变轴向平衡孔缩小，从而引起平衡腔内的压力增大，转动部件向下移动。经过该装置的连续动态调整，可实现泵轴向力的平衡。

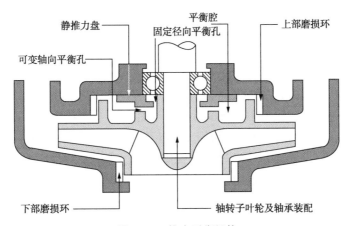

图 5-30　推力平衡机构

4）轴承润滑和电机冷却

罐内泵轴承设置了强制自润滑系统。流体经诱导轮进入叶轮后，在叶轮出口处被分为两股，一小股液体经过小直径的限孔，去往下轴承及电机转子铁芯、定子铁芯的间隙来润滑轴

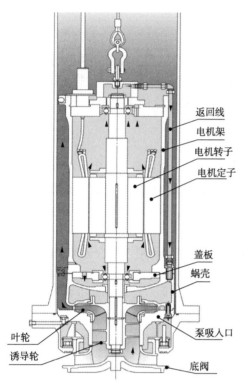

承并给电机冷却，然后流体经上轴承到达轴端顶部，经过返回线返回到泵入口低压侧，另外一股流体则沿着泵井被送往罐外，如图5-31所示。

5）辅助设备

罐内泵的重要辅助设备还包括顶板、底阀、支撑钢缆、起吊钢缆、电气贯穿接头等。顶板安装在泵井的最顶端，用低温螺栓与泵井法兰连接，底阀安装在泵井的最底端，其作用是在泵需要检修时，将泵井与储罐隔离开，减少LNG的挥发损失。支撑钢缆用于承担低压泵电缆和仪表线缆的重量。起吊钢缆与挺杆起重机或曲轨葫芦连接，用于罐内泵的吊装。在罐内泵电缆导道和法兰之间设有电气贯穿接头，将实心铜导体和绝缘层压玻璃纤维合并密封。电气贯穿接头需要做水压、氦气泄漏测试等，现场使用时需要氮气吹扫。

2. 罐外泵的结构特点

罐外泵的设计理念与罐内泵基本相同，结构上也有许多类似之处，如电机与泵的同轴设计、采用介质润滑、轴向力的平衡、诱导轮设计等，但罐外泵没有底阀。为了保证罐外泵的运行稳定性，在罐

图5-31 轴承润滑和电机冷却

外泵的首级叶轮下部安装有尾轴承。罐外泵通过泵盖上的螺栓与容器连接，此容器相当于泵的外壳（泵筒），通过进出口法兰与输配管道相连，外部需采取保冷措施。同时泵筒起到气液分离的作用，气体通过泵筒的排气管排出而不随泵送流体进入下游装置。电气贯穿接头和仪表贯穿接头处使用氮气进行密封，防止泄漏的天然气与电火花接触引起爆炸。在泵体上安装有振动探头，对泵的运行情况进行监控，泵筒内设有温度和液位监测。罐外泵一般整体考虑备泵，备泵必须保证能够随时启动。

（四）工程设计要点

1. 罐内泵的工程设计要点

罐内泵通常安装在储罐底部，每台泵设置一根竖向泵井，泵井与储罐底部之间设置底阀。当泵安装在泵井中时，底阀由于泵的重力作用而打开，储罐空间与泵井连通。当定期巡检或者事故发生时，可以将泵从泵井中提上来进行维修，此时，底阀在弹簧和储罐内静压共同作用下自动关闭，泵井被封住。通过惰性气体置换，排出泵井内的LNG气体，然后将整个泵和电缆用起吊不锈钢缆一起取出泵井外，进行维护和修理。底阀打开或关闭时的状态如图5-32和图5-33所示。理论上，罐内泵底阀打开后距离罐底的距离越近，越能保证储罐的有效容积，但为了保证罐内泵的吸入性能及避免因施工误差造成底阀无法完全打开的情况出现，一般要求底阀完全打开后距离LNG储罐罐底至少50mm。

泵井与泵既要保持一定的安全距离和同心度，又要与罐底保持一定的垂直度，以便泵的安装和液体输送。罐内泵一般都应设有振动监测系统，罐内泵在启动之前，需要通过泵井上的排气管对泵井进行排气，以将泵井压力平衡至LNG储罐的压力。如果泵井内压力过高，

图中标注：返回线、电机架、电机转子、电机定子、盖板、蜗壳、泵吸入口、叶轮、诱导轮、底阀

则泵井的下部(包括泵)可能会完全没有液体，这可能会造成罐内泵无法正常启动。

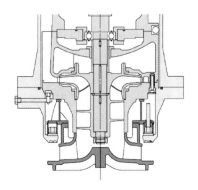

图 5-32　泵安装时底阀位置

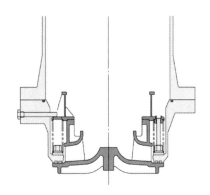

图 5-33　泵拆除时底阀位置

2. 罐外泵的工程设计要点

高压泵安装方式通常有高架安装和埋地安装两种方式[24]。高架安装方式是把泵罐安装在地面以上的框架上，所有仪表、管件也均在地面以上。这种安装方式便于设备维护，但投资和占地面积相对较高。埋地安装方式是把泵罐埋入地面以下，仅泵罐的顶盖在地面之上，部分仪表、管件在地面以下。这种安装方式投资较小，泵及管道振动较小，再冷凝器的安装高度低，但这种安装方式不便于罐外泵的维护。罐外泵的排气非常重要，泵外筒体的排气管道要尽量采取垂直向上的布置方式，并保证排气的末端连接到泵入口低压区域，以便排气顺畅。现场使用时，罐外泵的许多问题都是排气不良造成的。罐外泵的振动探头可以安装在泵体上，也可以安装在顶板上，后者不如前者监测准确，应用较少。

(五) 国内外制造情况

目前，国外能够生产 LNG 输送泵的厂家仅有美国的 N 公司、E 公司，法国的 C 公司等少数公司。2016 年之前，国内接收站项目中罐内泵、罐外泵全部采用进口产品。近年来，国内专业低温泵设备厂家对低温材料、低温潜液电机、罐内泵底阀等进行了深入研究，对低温测试技术、安全运行监测等进行了深入探索，掌握了低温泵设计、制造、运行的关键技术，陆续完成了 LNG 接收站罐内及罐外泵的国产化研制及工程化应用[25]。国产化罐内泵、罐外泵的效率、振动、汽蚀余量等关键参数与进口产品基本相当，在 LNG 接收站中得到越来越多的应用，长周期运行还需时间的检验。

三、蒸发气体压缩机

(一) 概述

泵运转、卸船及环境影响等外部能量输入会使 LNG 储罐产生一定量的蒸发气(BOG)，造成储罐内压力增加。BOG 压缩机的作用一方面是抽出 LNG 储罐中的 BOG，以此控制 LNG 储罐内的压力和温度，保证 LNG 储罐的正常安全运行；另一方面是将 BOG 加压到所需的压力，直接与再冷凝器中的低温 LNG 接触，使 BOG 液化。在 LNG 接收站的蒸发气处理系统中，由于 BOG 量不稳定，操作工况复杂，因此要做好 BOG 压缩机的设计和选型，确保系统安全稳定运行。

（二）选型原则

BOG 压缩机通常在入口温度为-162℃的极限低温条件下运行，且要求在无油条件下操作，这给 BOG 压缩机的制造、运行带来了较大挑战。根据管道及机体的保温情况不同，BOG 压缩机的实际吸入温度一般在-144~-120℃之间，吸入压力在 0.005~0.02MPa 之间，出口压力根据不同工艺需求变化范围较宽，具体根据工艺要求确定。BOG 压缩机根据工艺参数特点通常选择往复式压缩机[26]。往复式 BOG 压缩机技术成熟，机组配置灵活，可满足不同工况下的流量需求，目前，国内 LNG 接收站的 BOG 压缩机均采用往复式，主要有卧式对称平衡型和立式迷宫型两种型式。

（三）两种往复式 BOG 压缩机对比

卧式对称平衡型压缩机与立式迷宫式压缩机在结构形式上各有特点，应根据工艺参数要求、现场条件、运行经济性等方面综合考虑后作出选择。卧式对称平衡型 BOG 压缩机转速和线速度都较低，活塞力的平衡效果更好，在重载工况下的可靠性和稳定性更优，单台机组的处理量较立式迷宫式机型要大一些。立式迷宫式压缩机采用非接触迷宫密封，结构上没有活塞环和支撑环，其转速和线速度更高，一般应用在流量相对较小、低载荷的工况下。就目前应用业绩情况看，在入口压力为 0.005MPa 的条件下，立式迷宫式压缩机最大处理能力约10t/h。两种机型的参数及优缺点对比见表 5-5。

表 5-5　卧式对称平衡型压缩机和立式迷宫式压缩机对比

项目	卧式对称平衡型压缩机	立式迷宫式压缩机
型式	卧式	立式
密封结构	接触式活塞环密封	非接触式迷宫密封
结构特点	导向结构采用支撑环	导向结构采用导向轴承
制造标准	API 618	API 618 带偏离
气缸材质	高镍球铁/不锈钢/低温碳钢	高镍球铁
阀片材质	不锈钢或复合材料	不锈钢或复合材料
布置方式	双层或单层	单层
适用温度	进气-196℃/排气 150℃以下	进气-196℃/排气 200℃以下
气缸润滑	无油	无油
备用机组	需要	需要
最大气缸列数	6	4
最大综合活塞力/kN	500	350
活塞线速度	低	高
转速	低	高
优点	1）对基础的设计要求低，振动小，适合重载条件； 2）容积效率高，轴功率低； 3）拆装相对简便	1）易损件较少，检修周期可以相对长一些； 2）无活塞环和支撑环的磨损碎屑； 3）对微小的颗粒物不敏感

项目	卧式对称平衡型压缩机	立式迷宫式压缩机
缺点	1）易损件比迷宫式压缩机多，检修相对频繁； 2）占地面积略大于立式机组	1）活塞力不能过高，不平衡力大，振动相对高，对基础要求高； 2）容积效率较卧式压缩机低，轴功率稍高； 3）机组精度要求高，拆装相对复杂

（四）结构特点和制造难点

1. 卧式对称平衡型压缩机

卧式对称平衡型压缩机主要由机体、曲轴、中体、十字头、活塞、气缸、气阀等组成，压缩机结构如图 5-34 所示。卧式压缩机通常双层或单层布置，操作简单，维修方便。由于采用卧式平衡型的结构，压缩机本体的惯性力能得到很好的平衡，可靠性和稳定性高，常用特殊的自润滑材料（如特氟龙等）制成的活塞环实现密封和无油润滑。

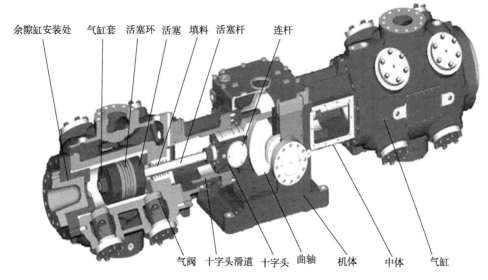

图 5-34　卧式对称平衡型 BOG 压缩机结构示意图

1）机体

卧式往复式压缩机的曲轴箱与中体铸成一体，组成了压缩机的机体，其结构如图 5-35 所示。机体两侧的中体处设置十字头滑道，机体顶部为开口式，通常曲轴箱和中体的选材不耐低温，因此在中体接筒部位设置了专门的隔热腔体，防止低温传导至中体和曲轴箱导致其出现脆性破坏及造成润滑油凝固变质。

2）气缸

卧式往复式压缩机的气缸由缸座、缸体和缸盖三部分组成，其结构如图 5-36 所示。低温介质的特殊性，使得低温气缸通常没有合适的冷却液，因此在低温气缸设计时，优先采用无水套的结构，如因铸造模具等问题无法取消水套，应考虑设置氮气吹扫，避免水套内结冰。为了提升压缩机的运行稳定性，卧式往复式压缩机的气缸容积效率一般控制在 45% 以上，气缸直径不宜超过 ϕ850mm。同时气缸上的低温螺栓应优先采用经应变硬化处理的螺栓，避免低温下变形。

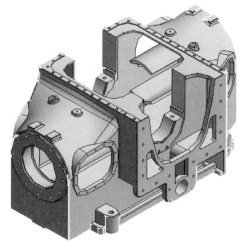

图 5-35　机体结构示意图

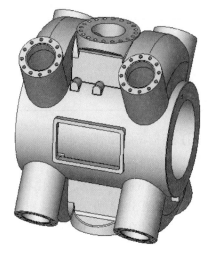

图 5-36　气缸结构示意图

3）曲轴、连杆、十字头、活塞杆、活塞

卧式往复式压缩机的曲轴由主轴颈、曲柄销和曲柄臂三部分组成，功率输入端带有联轴法兰盘，法兰盘与曲轴制成一体，输入扭矩是通过紧固螺栓使法兰盘连接面产生摩擦力或者通过刚性联轴器螺栓承受的剪切力进行传递。连杆由连杆体和连杆大头瓦盖两部分组成，主要作用是连接曲轴和十字头，将曲轴的旋转运动转换为十字头的往复运动，并传递力矩给活塞做功。十字头是连接做摇摆运动的连杆与做往复运动的活塞杆的机件，它具有导向作用。活塞杆的作用是连接活塞和十字头，传递作用在活塞上的力并带动活塞运动，活塞杆的材质通常采用有良好低温韧性的材质。活塞在气缸中做往复运动，需采用能够抵抗快速温度变化的材质。

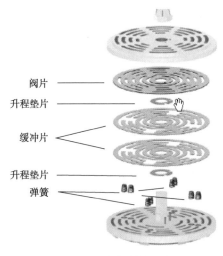

阀片

升程垫片

缓冲片

升程垫片

弹簧

图 5-37　气阀结构示意图

4）气阀

气阀是往复式压缩机中的重要部件，由阀座、阀片、弹簧、升程限制器等组成，其结构如图 5-37 所示。压缩机气阀是自动阀，其启闭是由阀片两边的压力差和弹簧实现。气阀受到反复的载荷冲击，不仅要具有耐低温特性而且还需要抗疲劳强度。

2. 立式迷宫式压缩机

立式迷宫式压缩机主要由曲轴箱、曲轴、十字头、导向轴承、活塞杆、气缸、气阀等组成，压缩机结构如图 5-38 所示。迷宫式压缩机的活塞与气缸以及密封填料与活塞杆之间均采用迷宫密封，没有动静元件的接触，气缸和压力填料无需润滑。迷宫式压缩机运转过程中应维持尽可能小的迷宫间隙，同时又要防止动静部件之间的刮擦，因此对机械加工与装配精度的

要求很高，制造技术难度较大。

1）迷宫密封结构

迷宫密封是由多道齿槽、节流点以及环形密封齿组成，其密封的原理如图 5-39 所示。当微量气体通过极小间隙的节流点从高压侧流向低压侧时，气体的压力能转化为动能；当气体通过节流点进入齿槽后，气体流速急剧下降，气体的动能一部分转化为热能，另一部分转化为涡流能。经过连续不断地重复如上过程，泄漏气体压力逐步降低直至和低压侧压力相等，从而达到密封的目的。

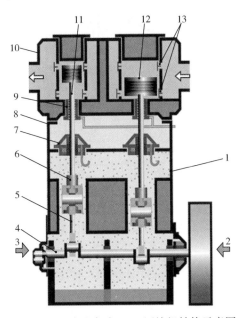

图 5-38　立式迷宫式 BOG 压缩机结构示意图

1—曲轴箱；2—飞轮；3—非驱动端；4—曲轴；

5—连杆；6—十字头；7—导向轴承；8—定距块；

9—填料；10—气缸盖；11—活塞杆；12—活塞；

13—气阀

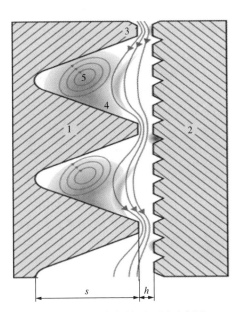

图 5-39　迷宫密封原理图示意图

1—迷宫活塞；2—气缸内壁；

3—节流点；4—密封室；5—涡旋

2）气缸

气缸是迷宫式压缩机最重要的核心部件之一。它与活塞配合将气体进行逐级压缩，一方面要承受活塞往复运动带来的气体力，另一方面要能及时疏散气体被压缩过程中产生的热量，所以气缸要有足够的强度和良好的冷却。为了确保迷宫式压缩机活塞的精确对中，在气缸体下端设置特殊的防水套充当热屏障，以防止首级气缸下方的曲轴箱发生冷变形。

3）导向轴承

为了保证活塞在气缸中的精确运动，密封良好，在气缸与十字头之间设有导向轴承，其结构如图 5-40 所示。该导向轴承用于支撑活塞杆运动，保证其运动的垂直度。导向轴承与活塞杆之间的摩擦热通过导向轴承体中的冷却水进行冷却，防止产生油膜和油雾。在导向轴承中设有刮油环，防止活塞杆与导向轴承的润滑油进入气缸。刮油环端面间隙不宜过大，一般要调整到 0.06~0.10mm 为宜。刮油环刮下来的油通过弯管回到油池中，确保油气不进入压缩机上部气体压缩部分。

4）活塞杆填料

迷宫式压缩机配有石墨制成的径向浮动和自定中心的非接触式无油润滑迷宫密封环，如图 5-41 所示。用 BOG 自身作为密封介质，漏气通过密封环下端的漏气口返回压缩机一级入口。这样保证了整个机体是完全密闭，不会有气体泄漏到环境中。

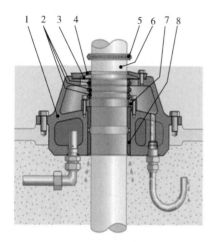 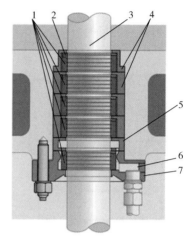

图 5-40　导向轴承结构图

1—轴承体；2—刮油环；3—弹簧座；4—轴承盖；
5—油挡；6—活塞杆；7—压盖；8—轴瓦

图 5-41　活塞杆填料结构图

1—密封环；2—弹簧；3—活塞杆；4—填料压盖；
5—中间活塞环；6—漏气口；7—填料盒

（五）工程设计注意事项

BOG 压缩机主要通过返回线控制和卸荷控制来实现流量调节，其压缩能力通过储罐的压力来调节，可以采用自动控制，也可以采用手动控制。如果系统中 BOG 的总量高于所有配置压缩机的处理能力，储罐和 BOG 总管的压力将升高，当压力升高到一定值时，BOG 总管上的压力控制阀将自动打开，BOG 排至火炬系统。

小型的卧式对称平衡型压缩机一般为撬装结构，电机和压缩机整体成撬，方便整体运输和安装。大型的卧式对称平衡型压缩机一般为非撬装结构，油站、水站等单独成撬。大型卧式对称平衡型压缩机一般为二层平台安装，压缩机安装在二层平台，油站、水站等附属设备安装在一层。

立式迷宫式压缩机一般为集成度较高的撬装式结构，压缩机整撬落地安装，一般不设置二层平台，但压缩机的上部需要留有足够的检修空间，需配套设计部分梯子平台用于日常操作和检修。压缩机曲轴箱、中间接筒为整体铸造，如需更换部件，需要整体更换。由于气缸位置较高，所以工程设计时要做好管线布置，尤其要做好管线的支撑，避免产生较大的振动。压缩机撬内的设备包括油站、控制盘、压缩机、平台梯子等。

（六）国内外制造的情况

目前，国外生产卧式对称平衡型 BOG 压缩机的厂家主要有日本的 I 公司、K 公司和美国 D 公司等。国外生产立式迷宫式 BOG 压缩机的厂家主要有瑞士的 B 公司和日本 J 公司。近年来国内压缩机厂家在低温 BOG 压缩机的设计及制造方面取得了不错的进展，掌握了低温气缸、气阀等设计制造的关键技术，卧式对称平衡型压缩机和立式迷宫式压缩机已经分别得到了国产化应用。

四、海水泵

(一) 概述

海水提升泵(简称海水泵)是 LNG 接收站中海水气化部分的重要设备,其主要作用是为气化器提供海水作为热源以气化 LNG,通过管网输送至下游用户使用,其工艺流程如图 5-42 所示[27]。可以看出海水泵的安全可靠运行直接关系此部分工艺系统的稳定性。

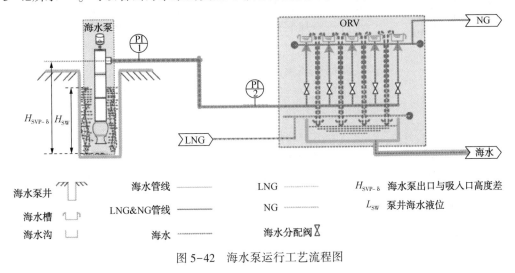

海水泵井	海水管线	LNG	$H_{SVP-\delta}$ 海水泵出口与吸入口高度差
海水槽	LNG&NG管线	NG	L_{SW} 泵井海水液位
海水沟	海水	海水分配阀	

图 5-42　海水泵运行工艺流程图

(二) 选型原则

海水泵的配置需要考虑海水温度及下游用户需求。通常需要根据正常和额定负荷条件灵活配置海水泵的数量来满足运行的需要。海水泵的流量较大,扬程不高,根据其工艺参数特点,一般选用斜流泵或混流泵。海水泵的入口通常浸没在最低海水水位 3~4m 以下,叶轮级数为单级或多级,泵的总长度为 10~13m,单泵设计流量通常为 7000~17000m³/h,扬程约为 28~35m。泵的具体参数取决于外输天然气用量和气化器的进水压力要求,海水泵至少应设置 1 台备用。

(三) 结构特点

海水泵的外形图如图 5-43 所示。海水泵整体为立式竖轴驱动结构、全开式混流叶轮、扩散碗形壳体、空间导叶结构导叶体。泵吸入口垂直向下,吐出口水平布置,海水通过海水泵入口后,由叶轮加压,经过排出口进入海水总管,供气化器使用。根据需要,转子可以设计为可抽出或不可抽出式,泵轴之间通过联轴器连接,泵轴线方向每隔一定长度设置一处导轴承,导轴承一般采用 AR 轴承或赛龙轴承,泵轴上还设有推力轴承,来承受泵轴向推力和转子重量。在泵叶轮旋转配合面处的叶轮和壳体上分别安装有可更换的耐磨环。海水泵的轴端密封采用无石棉的压盖填料密封,海水泵的驱动电机安装在独立钢结构的电机支架上,通过膜片联轴器与泵轴相连。

(四) 工程设计要求

因海水泵在 LNG 接收站中的作用非常重要,其运行介质为海水,腐蚀性较高,因此可靠性和耐腐蚀是海水泵在工程设计中的关键技术指标。

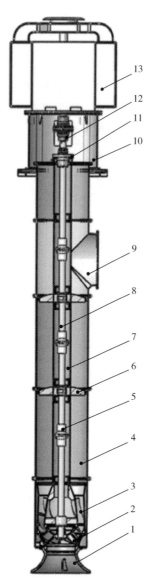

图 5-43　海水泵外形图

1—吸入喇叭口；2—叶轮；
3—导叶体；4—外接管；
5—中间联轴器部件；
6—轴承支架；7—内接管；
8—主轴；9—吐出弯管；
10—电机支架；
11—填料函部件；
12—泵-电机联轴器；13—电机

为了减轻海水中氯离子对泵的腐蚀，海水泵中所有与海水接触的部位都采用双向不锈钢材料，并配置防止腐蚀的电极保护装置，通过外加保护电位来消除海水对泵的电化学腐蚀。

为了保证海水泵的可靠性和运行稳定性，很多业主要求海水泵额外配置润滑冷却系统。该系统以泵出口的海水为润滑冷却介质，通过润滑水泵增压，可以对泵的填料、中间导向轴承和推力轴承装置进行循环冷却润滑。泵启动前一般注入工业淡水进行冷却润滑，正常运行时切换为海水自润滑冷却。该系统可以有效地过滤掉海水中的杂质，达到良好的润滑冷却效果，从而保证轴承的使用寿命。该系统还具备自动反冲洗功能，当过滤单元前后压差超过一定值时，反冲洗功能自动投用对过滤器进行反冲洗。

海水泵的操作流量受季节影响较大。在夏季时，天然气外输的需求相较冬季有所降低，此时气化器需要的海水量较小，可以采用调整海水泵的运行台数或变频调节的方式来调节海水泵的流量。国内接收站普遍通过调整海水泵的运行台数满足夏季的运行需求。同时，在选型时应注意选择稳定运行流量范围较宽的海水泵，以适应海水量较大范围的变化。

此外，海水泵在选型上优先选用节段式结构，内接管的长度将直接影响泵的最大起吊高度和泵房检修吊车的轨顶标高，一般建议每段内接管的长度不超过 3m，以便将最大起吊高度控制在 8m 以内，减少海水泵房的投资。

根据现场的实际情况和需求，海水泵一般采用湿坑式安装，具体可以分为泵吐出口在安装基础之上和之下及双基础等不同的形式，详见图 5-44。

（五）国内外制造情况

2013 年前，海水泵的设计制造技术被美国、日本、德国等少数国家垄断。随着首台国产海水泵在唐山 LNG 项目中成功运行，国内的泵厂对海水泵的研发和国产化研究逐步深入，国产化海水泵在此后被越来越多地应用到 LNG 接收站中，并取得了良好的效果[28]。海水泵的国产化对于提升 LNG 接收站项目自主化水平及控制关键设备投资具有重要意义。

五、曲轨电动葫芦和挺杆起重机

（一）概述

LNG 储罐罐顶起重机械的安装和使用条件苛刻，也是 LNG 接收站中的重要设备。罐顶起重机械有如下特点：一是要满足 LNG 罐罐顶安装位置气体防爆的要求；二是要同时满足在罐顶检修平台作业和地面吊装作业的条件；三是要具备一定的作业覆盖面以满足罐顶环形布置设备的检修要求；四是要有精准的动作定位和较大的高低速比例，以满足罐内泵安装时微速精确定位的要求。基于以上严苛的要求，目前LNG接收站中可作为罐顶起重机械使用的一般有防爆曲轨电动葫芦和防爆挺杆起重机两种。

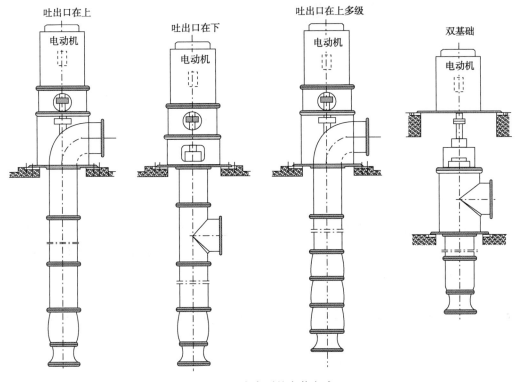

图5-44　海水泵的安装方式

（二）结构特点

1. 曲轨电动葫芦

曲轨电动葫芦一般可分为单卷筒和双卷筒结构。单卷筒电动葫芦主要用于罐内泵的起吊钢缆为分段可拆卸式的钢丝绳形式；双卷筒电动葫芦主要用于罐内泵的起吊钢缆为整根连续式的钢丝绳形式。其中双卷筒结构如图5-45所示，主要由曲线导轨、回转支撑、连接架、卷筒、电动机、钢丝绳等组成。

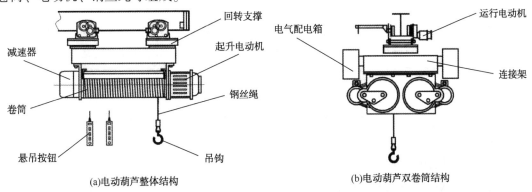

图5-45　双卷筒电动葫芦示意图

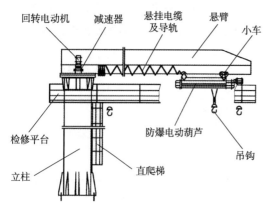

图 5-46　无配重柱式挺杆起重机示意图

曲轨电动葫芦通过运行电动机完成在曲线导轨上的运行；通过回转支撑完成小车在曲轨上的弯转；通过起升电动机带动卷筒缠绕钢丝绳完成设备起吊。

2. 挺杆起重机

应用在 LNG 储罐罐顶的挺杆起重机一般为无配重柱式挺杆起重机[29]，其结构如图 5-46 所示，主要由立柱、悬臂和电动葫芦等组成。该起重机通过绕立柱中心线的 360° 回转和电动葫芦在悬臂梁上运行实现对作业区域的全覆盖；通过单卷筒或双卷筒电动葫芦实现对不同起吊钢缆罐内泵的吊装。

（三）选型原则

LNG 储罐上的曲轨电动葫芦或挺杆起重机主要用于罐内泵和罐顶阀门的吊装检修。目前，$16×10^4 m^3$ 的 LNG 储罐罐内泵质量一般不超过 3.5t，常用的罐顶安全阀质量一般不超过 1t，两种起重机械可以按此起吊重量进行选型。

1. 曲轨电动葫芦

电动葫芦的起吊量一般从 0.5~16t 不等，起重能力可以满足使用要求。但是由于曲轨电动葫芦的运行受到卷筒长度的影响使得曲轨的曲率半径一般不小于 3~5m，大大影响了电动葫芦的工作范围。通常，曲轨葫芦只被应用在罐顶设备间距大且基本呈规则环形布置的 LNG 储罐。

曲轨葫芦的轨道分为罐上和罐外两部分，由多个钢结构柱支撑，因而其垂直载荷能够得到有效分散，且倾覆力矩较小。但是钢结构框架的设计需要考虑能吊装到所有罐内泵等，会使罐顶的设计更为复杂。

2. 挺杆起重机

挺杆起重机的起吊量一般不超过 5t，最大臂长一般不超过 20m，也可以按使用要求特殊设计。由于挺杆起重机的吊臂可以绕立柱中心线旋转，因此其作业区域范围非常大，包括了吊臂旋转能覆盖的所有区域。因此，对于罐顶设备间距小、布置集中的 LNG 储罐，挺杆起重机更适用。

挺杆起重机的垂直载荷主要作用在立柱基础上，因此其垂直载荷较为集中，且由于悬臂的影响，挺杆起重机对储罐的倾覆力矩比曲轨葫芦大很多。罐顶的设计要考虑挺杆起重机基础，除此之外对罐顶无其他额外的设计要求。

综上对比分析，对于大型 LNG 混凝土全包容储罐，优先选用挺杆起重机方案。但是随着 LNG 储罐向大型化发展，罐内泵的大型化及布置的分散化，致使起重机械的起重量增大，工作范围扩大。这需要起重机械厂家开发与之匹配的产品来满足实际使用需求。

（四）国内外制造情况

目前国内 LNG 罐顶起重机械大多为国外进口，挺杆起重机的主要国外供货商包括意大利的 M 公司、德国的 S 公司等，曲轨葫芦的主要国外供货商包括德国的 S 公司等。国内部分起重机械制造商也有两种起重机械的少量应用业绩，但是可靠性和稳定性并不高，要想替代进口产品，国内相关制造厂需要在设备的精细加工、涂漆防腐等方面持续改进提升。

六、装车臂

(一) 概述

目前，国内已投入运营的 LNG 接收站中，LNG 主要出站运输方式为汽车罐车和汽车管箱，个别 LNG 接收站虽然设置了 LNG 装船设施，但实际应用得较少。装车臂作为罐车或罐箱充装作业最重要的设备，近年来其技术在国内已经取得长足的进步，发展过程经历了由常规装车臂到气动辅助装车臂，再到智能装车臂的演变，截至 2020 年年底，已完全实现国产化。

(二) 常规装车臂

装车臂是装车系统的关键设备，目前，国内主流的装车臂结构为双臂立柱结构，主要由立柱、液相臂、气相臂、气液相锁紧机构、气相液相平衡机构、氮气置换吹扫系统、氮气保护与润滑系统、静电接地系统等组成，如图 5-47 所示。其中，气、液相臂沿立柱方向上下安装，分别接罐车液相口和气相口，用于LNG 装车和 BOG 回气。每条装车臂上安装多个旋转接头，确保装车臂旋转自由度更高。每

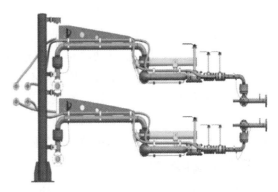

图 5-47　装车臂结构示意图

条装车臂上配置弹簧平衡机构，使得装车臂具备良好的平衡性，操作效果更省力，能轻松实现与罐车系统接口的对接和分离。拉断阀采用碟板结构形式，能确保在拉断前，蝶板是关闭状态，被自动拉断后分为两个封闭的阀体，保证装车臂两端管内液体或气体不会泄漏，从而防止发生意外，避免对人员和设备造成危害。

装车臂材质通常选用 304/304L(沿海地区宜采用 316L)，旋转接头的材料必须进行深冷加工处理，保证其强度和耐磨性。每条装车臂上都安装切断球阀，在非装车状态时切断该球阀。装车臂前端旁路安装氮气吹扫阀，装车前用于吹扫装车臂切断球阀前端的空气，并在装车后吹扫装车臂切断阀内的 LNG。装车臂的旋转接头一般采用氮气密封结构，使其滚珠轴承内处于干燥的氮气环境，防止空气进入后水汽凝结，造成滚珠轴承冻结，使得装车臂无法正常操作。

典型的装车臂工艺参数如表 5-6 所示。

表 5-6　典型的装车臂工艺参数

产品		LNG	产品		LNG
压力/MPa	工作	0.2~0.65	温度/℃	工作	−159
	设计	1.75		设计	−170/65
	气压试验	2.01	最大设计流量/(m³/h)		80

（三）气动辅助装车臂

气动辅助装车臂是在传统装车臂的基础上进行升级换代的产品，该产品将手动阀门改为气动阀门，并增加了平衡系统、气动驱动系统、控制系统和手动操作把手。气动辅助装车臂有5个旋转轴，其中第一、二、四轴在竖直方向旋转，可调整装车臂接口在水平面内的位置及方向，第三、五轴在水平方向旋转，可调整装车臂接口在高度（Z方向）的位置。

气动辅助装车臂可实现1人操作，操作人员可将装车臂自由移动至与罐车对接位置、快速与罐车接口连接罐车，气、液相装车臂的氮气吹扫与阀门的开关可自动控制，降低操作强度，提升作业效率，提高作业安全可靠性，实现连接、充装的自动化、智能化水平。

气动辅助装车臂由装车臂本体设备、气动辅助系统、弹簧平衡系统、快速对接系统和其他辅助设备等组成。装车臂本体设备包括液相装车臂和气相臂，液相装车臂与气相臂结构相同，以下介绍不再区分气相臂与液相臂。气动辅助系统包括助力气缸、助力控制系统；弹簧平衡系统包括轴3平衡缸、轴5平衡缸；快速对接系统包括DCC干式快速接头、罐车对接工装；其他辅助设备包括气动球阀、氮气吹扫气动球阀、排气气动球阀、操作把手等。

气动装车臂与传统装车臂相比，具有以下优势：采用新型气动辅助装车臂的人力需求方面，仅需1人可以完成整个装车流程，节约了1人；装车过程中，采用新型气动辅助装车臂的累计有效时间大幅度减少，仅需约6.3s可完成装车流程操作；采用新型气动辅助装车臂的装车过程与传统相比，总步数略有下降。

（四）智能装车臂

智能装车臂是在传统装车及气动辅助装车的基础上发展而来。其在采用全气动阀门自动开关及吹扫，新型DCC快速旋转式接头连接的同时，增加了平衡系统、液压系统，整体自动化程度较高，并且兼容自动模式和手动模式。

对于智能装车臂系统，操作人员通过控制系统的"一键到位"功能可以控制装车臂自动完成与罐车连接工作的90%，人工只需在末端将装车臂与罐车接口对接上，拧紧即可，全程不超过5min，采用智能化装车系统一人可以负责5~6台装卸臂，大大减少了人工的工作量。

参 考 文 献

[1] 中国石油唐山LNG项目经理部. 液化天然气（LNG）接收站重要设备材料手册[M]. 北京：石油工业出版社，2007.

[2] 株式会社神户製鋼所. 低温液体の気化装置：特開平8-29075[P]. 平成8年（1996）2月2日.

[3] C. C. Yang and Zupeng Huang. Lower Emission LNG Vaporization[J]. LNG Journal，2004，（11/12）：24-26.

[4] 陈伟，陈锦岭，李萌. LNG接收站中各类型气化器的比较与选择[J]. 中国造船，2007，48（增11）：281-288.

[5] 裴栋. LNG项目气化器的选型[J]. 化工设计，2011，21（4）：19-22.

[6] 张成伟，马铁轮，盖晓峰，等. LNG接收站开架式气化器在高含沙海水工况下使用的探讨[J]. 石油工程建设，2007，（12）：8-10.

[7] Tsuyoshi Masugata. Investigation on Electrochemical Behavior of Al-Zn Alloy Thermal-Spryed Coat in Flowing Sea-Water at Low Temperature[J]. J. Soc. Mat. Sci.，1994，43（494）：1422-1426.

[8] 吴永忠. LNG接收站海水开架式气化器（ORV）涂层失效分析和可靠性评估[J]. 中国特种设备安全，

2014，30（增13）：96-99.

[9] 胡锦武，罗玉亮．海水开架式汽化器（ORV）涂层腐蚀分析及修复办法[J]．石油化工与设备，2017，（3）：81-84.

[10] J. L. Bagley. Consider Submerged Combustion for Hot Water Production[J]. CEP Magazine, 2002, (3): 48-51.

[11] M. J. Rosetta, D. H. Martens. Vaporization of LNG Using Fired Heaters With Waste Heat Recovery, 2008 ASME Pressure Vessel and Piping Conference July 27-31, 2008, Chicago, Illinois, USA, 1-5.

[12] 王松汉．石油化工设计手册[M]．北京：化学工业出版社，2002.

[13] 邓励强，李宁，郭开华．LNG接收站再冷凝器非设计工况运行动态模拟分析[J]．石油与天然气化工，2016，45（4）：31-37.

[14] Yajun Li, Mingyang Wen. Design and dynamic optimization of BOG two-stage compression and recondensation process at LNG receiving terminal[J]. Chemical Engineering & Technology, 2017, 40(1): 18-27.

[15] 王雪颖，曹耀中，翟广琳．江苏LNG接收站再冷凝器操作工艺优化[J]．天然气技术与经济，2017，（增1）：28-31.

[16] 李昭新，孙骥姝．LNG接收站BOG再冷凝器系统不稳定问题探讨[J]．石油规划设计，2014，25（5）：37-39.

[17] Querol E, Gonzalez-Reguera B, García-Torrent J, et al. Boil off gas（BOG）management in Spanish liquid natural gas（LNG）terminals[J]. Applied Energy, 2010, 87(11): 3384-3392.

[18] 黄显峰，叶芬，焦鹏．LNG卸船臂大型化带来问题的探讨[C]．第三届中国LNG论坛．2012，1220401.

[19] 刘云，杨亮，静玉晓．LNG装卸系统技术现状研究与分析[J]．石油和化工设备，2020，23（04）：44-48.

[20] 万学丽，曹天帅，冷志强，等．国内首台LNG接收站用大型LNG高压外输泵的国产化工程应用[J]．通用机械，2019，（09）：28-29，32.

[21] 王海．LNG接收站低温潜液泵应用[J]．云南化工，2019，46（09）：158-159.

[22] 王卫晓．LNG接收站高压泵加级研究[J]．石油工程建设，2020，46（03）：72-77.

[23] 张宇鹏．低温潜液泵结构与应用研究[J]．水泵技术，2018，（02）：1-5.

[24] 尹瞳．LNG接收站低温泵常见故障分析与处理[C]//中国土木工程学会燃气分会．中国燃气运营与安全研讨会（第十届）暨中国土木工程学会燃气分会2019年学术年会论文集（下册）[J]．煤气与热力，2019：250-252.

[25] 肖海涛，万学丽，郑全，等．LNG接收站用大型罐内潜液泵的国产化工程应用[J]．通用机械，2018，（08）：13-15.

[26] 李宁．BOG压缩机的选型优化探讨[J]．石油化工设备技术，2019，40（04）：20-23，5-6.

[27] 李鑫，陈帅．LNG接收站海水泵及高压泵变频节能探究[J]．石油与天然气化工，2016，45（05）：100-106.

[28] 陈林斌，水明星，贾银凤．国产海水泵在LNG接收站的应用[J]．天然气技术与经济，2016，10（03）：53-56，83.

[29] 江苏三马起重机械制造有限公司，北京起重运输机械设计研究院．JB/T 8906—2014悬臂起重机[S]．北京：工业和信息化部，2014.

第六章 给排水技术

第一节 概 述

液化天然气（LNG）接收站的给水排水技术方案应安全可靠、节水节能。应充分考虑项目所在地区的水源条件，满足当地排水要求，根据接收站生产、生活、消防用水的水量、水压和水质要求及生产、生活污水水量、水质要求，在保证生产和安全的基础上，经技术经济综合比较后确定。

LNG 接收站多数建设于沿海地区，其给水系统一般采用分质供水，即生产、生活用水采用淡水，LNG 气化、消防用水采用海水，在满足生产、生活用水需求，保证安全供水的前提下，最大程度地节约淡水资源。其排水系统依据清污分流、污污分流的原则，强化系统划分，加强污水处理，提高污水回用率，以达到节水节能的目标。

第二节 给 水

给水工程是由相互联系的一系列给水单元和输配水管网组成。它的任务是从水源取水，按照用户对水质的要求进行处理，然后将水输送到用户并向用户配水[1]。

LNG 接收站给水系统的设置，应根据生产、生活、消防用水的水量、水压和水质要求，结合当地水源条件，在保证生产和安全的基础上，经技术经济综合比较后确定。水源宜采用市政给水、地表水等，供水水质需分别满足生活饮用水、生产用水水质的要求；当水源供水水质、水量、水压不能满足要求时，需结合使用要求，在接收站内设置水处理、存储或加压设施。

建设于港区或内陆工业园区内的 LNG 接收站，其公用工程配套相对比较完备，生产、生活用水一般由港区或园区的市政自来水厂供给，不需要自建取水构筑物、原水处理设施等，仅需要综合考虑市政供水压力、水量、水质等情况，酌情设置加压泵站、储水设施或水质深度处理装置等。对于一些淡水资源严重缺乏的沿海地区，经过技术经济综合比较后可采用海水淡化工艺制取淡水，供给站内生产、生活用水。LNG 接收站如采用海水作为气化器用水或取用海水进行消防时，需要设置海水取水构筑物、海水泵站等设施。因此，LNG 接收站的给水系统通常由下列工程设施组成：

（1）海水取水构筑物，用于从选定的海水区域取水。

（2）泵站，用于将所需水量提升至用户，包括给水加压泵站、海水泵站等。

（3）配水管网，是将符合用户要求的水送至各个用户的管道系统。

（4）调节设施，主要包括各种类型的储水设施，比如给水罐、给水池等，用于储存水量，满足水源检维修时用户的安全用水。

一、取水

水源选择和取水构筑物的设置是给水工程的重要部分。所选择的水源应当水质好，水量充沛，便于防护。并根据 GB 3838—2002《地表水环境质量标准》和 GB 3097—1997《海水水质标准》判别水源水质的优劣及是否符合使用要求。水源水质不仅要考虑现状，还要考虑远期变化趋势，对于水量而言，除保证当前需水量外，也要满足远期发展所必需的水量。

取水构筑物是给水工程的重要设施。它的任务是从水源取水，送至水处理单元或者用户。由于水源不同，使得取水构筑物对整个给水工程的组成、布局、投资及维护运行等的经济性和安全可靠性产生重大影响。取水构筑物一般分为地下水取水构筑物和地表水取水构筑物。

地表水取水构筑物因地表水水源的种类、性质和取水条件不同，有多种形式。按水源分，则有河流、湖泊、水库、海水取水构筑物；按取水构筑物的构造形式分则有固定式和活动式两种。

沿海地区的 LNG 接收站，通常会使用海水作为 LNG 气化器的气化用水。同时为了减少淡水消耗，火灾时，还会采用海水作为消防用水。接收站需要设置海水取水构筑物，海水取水构筑物属于地表水取水构筑物的一种形式。本节仅介绍海水水源的选择及海水取水构筑物的设置。

（一）海水水源选择[1]

考察水源时应考虑与给水工程有关的各种条件，如当地的水文、水文地质、工程地质、地形、卫生、施工等方面的条件。

海水水源选择的要求如下：

（1）海水水源的水质符合现行国家标准 GB 3097—1997《海水水质标准》中第三类以上的海水水质标准。

（2）要求海水水量充沛。在筑堤设闸时，应考虑进海水量大于抽海水量 3~5 倍。

（3）海水水源的水深通常应具有最低潮位以下大于 4m 的水深。对小型取水设备，水深可按大于 3m 考虑。周围宜设 50~100m 海域水面作为保护区。

（4）不宜选择风浪区、死水区和菌、藻、贝类繁殖区的水域。

（5）宜选择海面无固体、液体漂浮物，海水中悬浮物和胶体含量较小及周期性变化幅度较小的海水水源。

（6）寒冷、严寒地区应考虑海水冰冻和冰凌对取水的影响，宜从冰层以下取用海水，并设置格栅等防护设施。

（二）海水取水的特点[2]

接收站在设置海水取水构筑物时，还需要了解海水的特点、海岸的地质条件等，以综合确定取水位置和取水方式。

1. 海水含盐量及腐蚀

海水含有较高的盐分，一般为 3.5%，其盐分主要是氯化钠，其次是氯化镁和少量的硫酸镁、硫酸钙等。因此，海水的腐蚀性很强，硬度很高。

海水对碳钢的腐蚀率较高，对铸铁的腐蚀则较小，海水管道宜采用铸铁管和非金属管。

防止海水对碳钢腐蚀的主要措施有：

（1）水泵叶轮、阀门丝杆和密封圈等采用耐腐蚀材料，如青铜、镍铜、钛合金铜等制作；

（2）海水管道内外壁涂刷防腐涂料，如酚醛清漆、富锌漆、环氧沥青漆等；

（3）采取阴极保护。

为了防止海水对混凝土的腐蚀，宜用标号较高的抗硫酸盐水泥或普通水泥混凝土表面上涂刷防腐涂料等。

2. 海生物的影响与防治

海水中的生物，如海虹（紫贻贝）、牡蛎、海蛏、海藻等大量繁殖，易造成取水头部、格网和管道阻塞，不易清除，会对取水安全造成很大威胁。特别是海虹极易大量黏附在管壁上，使管径缩小，降低了输水能力。青岛、大连等地取用海水的管道内壁上，海虹堆积厚度每年可达 5~10cm。

防治和清除海生生物的方法有加氯法、加碱法、加热法、机械刮除、密封窒息、含毒涂料、电极保护等，其中以加氯法采用最多，效果较好。水中余氯保持在 0.5mg/L 左右，即可抑制海生物的繁殖。

3. 潮汐和波浪

潮汐是发生在沿海地区的一种自然现象，是指海水在天体（主要是月球和太阳）引潮力作用下所产生的周期性运动。海水潮汐平均每隔 12h25min 出现一次高潮，在高潮之后6h12min 出现一次低潮。我国沿海地区潮差高度各地不同，渤海一带一般在 2~3m，长江口到台湾海峡一带在 3m 以上，南海一带在 2m 左右。

海水的波浪是由风力引起的。风力大、历时长，则会形成巨浪，会产生很大的冲击力和破坏力。因此，海水取水构筑物宜设在避风的位置，并对潮汐和波浪造成的水位波动及冲击力有足够的考虑。

4. 泥砂淤积

海滨是潮汐和波浪交替作用的地带，海滨区域特别是在淤泥质海滩，漂砂随潮汐运动而流动，可能造成取水口及引水管渠严重淤积。因此，取水口应避开漂砂的地方，最好设在岩石海岸、海湾或防波堤内。

（三）海水取水位置选择[1]

海水取水位置的选择除应考虑海水取水量和海水取水构筑物的要求外，还应考虑下列几点要求：

（1）海水取水位置应靠近 LNG 接收站场区，便于运行管理；

（2）宜选潮位差小，有足够水深，受台风、海浪影响小的海岸；

（3）海岸应具有一定承载力的地质构造，适宜海水取水构筑物的建造；

（4）要求海岸、海床稳定，如海岸或海滩是砂质或碎石型地质结构，经挖井勘测和计算进水量、进水流速满足要求时，可选为管井式海水取水位置；

（5）一般不宜在码头、造船厂、海水养殖场附近设海水取水位置；

（6）海水取水位置应距离污水排海口上游100m以上，下游1km以外；

（7）不宜妨碍海上交通运输、海洋渔业和其他工程的作业；

（8）应考虑海水取水设施的施工、运行、维护和管理可行性。

（四）海水取水构筑物组成[1]

海水取水构筑物通常由取水头部、海水输送管道（渠）、集水井、格栅、滤网和泵站等组成。可根据取水量大小、水质和海岸环境等情况，选取或组合海水取水构筑物的构成。

海水取水构筑物建于沿海岸或海岛，因海水中氯离子含量大于19000mg/L，对钢铁的腐蚀率为0.5~1mm/a，且空气湿度较大，含有盐分，其设施和设备需采用耐海水腐蚀的材质，或进行防腐处理。

海水中泥砂含量较大时，会对泵叶、泵壳产生磨损；当流速较小时，泥砂还会在输水管道中沉积，因此，取水头部宜设置预沉池去除大颗粒泥砂。

（五）海水取水构筑物形式和适用条件[1]

海水取水方法与江河地表水取水方法基本相似，主要有表6-1所示的几种形式。

表6-1　海水取水构筑物基本型式、特点与适用条件

型式	示意图	特点	适用条件
自流管式海水取水		①海水取水量大，取水稳定可靠，自流管理方便； ②施工量大，投资高； ③自流管内易沉积泥砂，且不易清除	①适用大型海水取水； ②适用于厂房离海岸较远，海岸稳定，沿途的地质条件易于开挖埋管； ③海水不易冰冻，适于严寒地区； ④海水漂浮物少，泥砂含量低； ⑤取水头部应设于受风浪、潮汐影响较小的海域
直接吸水式海水取水	 1—栈桥；　2—取水头部；　3—取水泵； 4—出水管；5—泵房	①适宜取水量范围为500~1500m³/h； ②可不设集水井，投资低； ③取水头部需固定，周围设拦网； ④宜在取水头部设置投加消毒杀菌药剂	①适用于中、大型海水取水； ②海岸平坦，非岩石地质结构，潮差水位变化不宜过大； ③对于含泥砂的海水，宜采用开式离心泵； ④取水管不宜过长，不漏气，可附设抽真空装置； ⑤吸水管末端宜设冲洗用阀

续表

型式	示意图	特点	适用条件
栈桥式海水取水	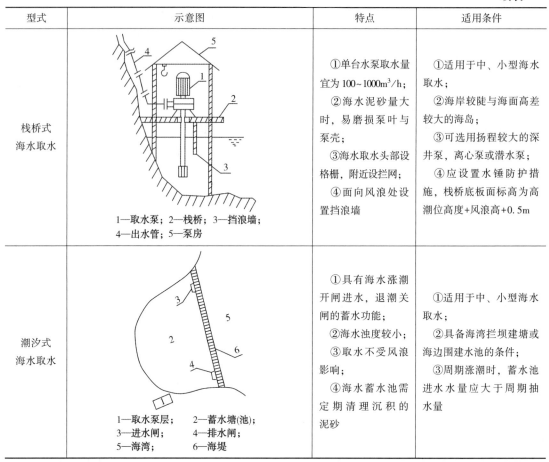 1—取水泵；2—栈桥；3—挡浪墙； 4—出水管；5—泵房	①单台水泵取水量宜为100~1000m³/h； ②海水泥砂量大时，易磨损泵叶与泵壳； ③海水取水头部设格栅，附近设拦网； ④面向风浪处设置挡浪墙	①适用于中、小型海水取水； ②海岸较陡与海面高差较大的海岛； ③可选用扬程较大的深井泵，离心泵或潜水泵； ④应设置水锤防护措施，栈桥底板面标高为高潮位高度+风浪高+0.5m
潮汐式海水取水	3 2 5 6 4 1—取水泵层； 2—蓄水塘(池)； 3—进水闸； 4—排水闸； 5—海湾； 6—海堤	①具有海水涨潮开闸进水，退潮关闸的蓄水功能； ②海水浊度较小； ③取水不受风浪影响； ④海水蓄水池需定期清理沉积的泥砂	①适用于中、小型海水取水； ②具备海湾拦坝建塘或海边围建水池的条件； ③周期涨潮时，蓄水池进水水量应大于周期抽水量

图6-1是某LNG接收站设置的圆形取水头部及输水箱涵。

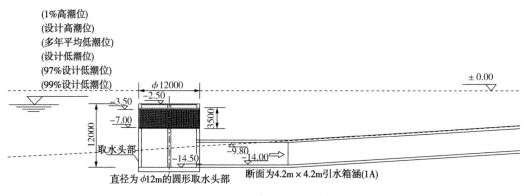

图6-1　圆形取水头部及输水箱涵

二、给水处理

（一）给水处理方法概述

给水处理的任务是通过必要的处理方法去除水中的杂质、细菌、藻贝类、臭和味等，使之符合用户使用所要求的水质。一般有以下几种处理方法。

1. 澄清和消毒[2]

澄清和消毒是以地表水为水源制取生活饮用水的常用处理工艺。但生产用水也常常需要设置澄清工艺。

1）澄清工艺

澄清工艺通常包括混凝、沉淀和过滤。处理对象主要是水中的悬浮物和胶体杂质。在原水中投加药剂后，经混凝，使水中悬浮物和胶体形成大颗粒絮凝体，而后通过沉淀池进行重力分离。过滤是利用粒状滤料截留水中杂质的处理手段，常置于混凝和沉淀构筑物之后，用以进一步降低原水的浊度。经过有效的混凝、沉淀和过滤过程后，不仅能有效降低原水的浊度，对水中某些有机物、细菌及病毒等的去除也是有一定效果的。

根据原水水质不同，在上述澄清工艺系统中还可适当增加或减少某些处理构筑物。例如，处理高浊度原水时，往往需设置泥沙预沉池或沉沙池；原水浊度很低时，可以省去沉淀构筑物，将加药后的原水直接进行过滤。但在生活饮用水的处理过程中，过滤是必不可少的。大多数工业用水也往往采用澄清工艺作为预处理过程。如果工业用水对澄清要求不高，可以省去过滤而仅需混凝、沉淀即可。

2）消毒工艺

消毒工艺是灭活水中致病微生物的过程，通常在过滤以后进行。主要消毒方法是在水中投加消毒剂以杀灭致病微生物。当前我国普遍采用的消毒剂是氯，也有采用漂白粉、二氧化氯及次氯酸钠等。臭氧消毒也是一种消毒方法。

2. 除臭、除味[2]

这是生活饮用水净化过程中所需的特殊处理工艺。当原水中臭和味严重，而采用澄清和消毒工艺系统又不能达到水质要求时采用。除臭、除味的方法取决于水中臭和味的来源。例如，对于水中有机物所产生的臭和味，可用活性炭吸附或氧化法去除；对于溶解性气体或挥发性有机物所产生的臭和味，可采用曝气法去除；因藻类繁殖而产生的臭和味，可采用微滤机或气浮法去除藻类，也可在水中投加除藻药剂；因溶解盐类所产生的臭和味，可采用适当的除盐措施等。

3. 淡化和除盐[2]

淡化和除盐工艺的处理对象是水中各种溶解盐类，包括阴、阳离子。可将高含盐量的水，如海水及"苦咸水"处理到符合生活饮用或生产使用要求，这种处理过程一般称为咸水淡化。制取纯水、高纯水的处理过程称为水的除盐。

淡化和除盐工艺的主要方法有：蒸馏法、离子交换法、电渗析法及反渗透法等。离子交换法需经过阳离子和阴离子交换剂两种交换过程；电渗析法是利用阴、阳离子交换膜能够分别透过阴、阳离子的特性，在外加直流电场作用下使水中阴、阳离子被分离出去；反渗透法是利用高于渗透压的压力施于含盐水以使水通过半渗透膜而盐类离子被阻留下来。电渗析法和反渗透法属于膜分离法，通常用于高含盐量水的淡化或离子交换法的前序处理工艺。

4. 腐蚀和结垢控制

在某些情况下，水在使用过程中会对金属材质的管道或容器产生腐蚀和结垢现象，在循环使用的水系统中尤为突出。因此，对这类用水的水质须加以改善，并进行水质调理，以控制腐蚀和结垢的发生。水质调理往往是通过在水中投加化学药剂来完成。控制腐蚀的药剂称缓蚀剂，控制结垢的药剂称阻垢剂。有时也通过去除水中产生腐蚀和沉积物的成分来达到水质调理的目的。

5. 预处理和深度处理[2]

对于未受污染的天然地表水源而言，处理对象主要是水中悬浮物、胶体和致病微生物。对此，常规处理工艺（即混凝、沉淀、过滤、消毒）是十分有效的。但对于污染水源而言，水中溶解性的有毒有害物质，特别是对具有致癌、致畸、致突变的有机污染物（简称"三致物质"）或"三致"的前体物（如腐殖酸等），是常规处理方法难以解决的。需要在常规处理工艺的基础上增加预处理和深度处理工艺。

6. 微生物的控制

水中常见的微生物有真菌、细菌、藻类、贝类、原生动物等。由于循环使用，或适宜的水温、阳光等因素，微生物在取水构筑物、管道或容器内繁殖生长，使得水质恶化，而且微生物还会和其他有机或无机杂质形成黏垢沉积在系统内，增加水流阻力，降低换热效果，减少通水能力，而且还会促进腐蚀过程。

微生物的控制一般有以下几种方法：

（1）防止日光照射　可以在水池上加盖。

（2）采用过滤装置　设置格栅、滤网等过滤设施，可去除水中大块的悬浮物和藻类。

（3）投加杀生剂　这是目前抑制微生物生长的通行办法。所投加的杀生剂应具有广谱性，藻类、真菌、细菌等均能杀灭，同时微生物的粘泥有穿透性和分散性。杀生剂的使用要经济合理、操作安全。

（二）液化天然气接收站常用的水处理工艺

如前所述，建设于港区或内陆工业园区内的 LNG 接收站，其公用工程配套相对比较完备，生产、生活用水可直接由港区或园区的市政自来水厂供给，供水水质应分别满足生活饮用水、生产用水水质的要求，接收站一般不需要增建水处理设施等。

由于沿海地区的 LNG 接收站常采用海水作为气化器用水或取用海水进行消防，在海水的使用和取用过程中，海生藻类、贝类会附着在海水取水构筑物、管道或容器内壁繁殖，堵塞输水通道，污染水质，危害取水安全。因此，需要设置加药设施对海水中的藻类、贝类等微生物进行控制。对于一些淡水资源严重缺乏的沿海地区的接收站，还可能会用到海水淡化工艺制取淡水，供给站内生产、生活用水。LNG 接收站常用的水处理工艺为海水微生物的控制和海水淡化工艺。

1. 海水微生物的控制

在海水的取水工程中，为了避免海水中的生物，如海虹（紫贻贝）、牡蛎、海蛏、海藻等大量繁殖，造成取水头部、格网和管道等阻塞，接收站内海水取水构筑物应设置加药设施，通常做法是在取水头部或吸水池内定期投加杀生剂，如氯气、次氯酸钠、二氧化氯等。

控制微生物生长的杀生剂有很多种，按化学成分可分为无机杀生剂和有机杀生剂两类。按机理一般分为氧化型杀生剂和非氧化型杀生剂两类。例如，氯气、二氧化氯、次氯酸钠、次氯酸钙、臭氧等属于无机杀生剂，同时也是氧化型杀生剂。其中以氧化型杀生剂应用最广，其中氯及其化合物杀生剂尤为通用，其次是臭氧。以下是几种常用杀生剂的对比：

1）氯气

氯气的效果好，且费用较其他杀生方法低。但由于近年来水源水质中各种有机物含量的增加，运用氯消毒会产生一些有害健康的副产物，例如三氯甲烷等。

2）二氧化氯

由于二氧化氯不会与有机物反应生成三氯甲烷，所以应用越来越广泛。二氧化氯杀生剂的安全性被世界卫生组织（WHO）列为 A1 级，被认定为氯系杀生剂最理想的更新换代产品。

但由于二氧化氯水溶液易挥发，对压力、温度和光线敏感，所以不能压缩进行液化储存和运输，只能在使用时现场制备，立即使用。二氧化氯的制备方法有电解食盐法、化学反应法、离子交换法等。其中电解法和化学法在生产上应用较多。

3）次氯酸钠

次氯酸钠是强氧化剂和杀生剂，但杀生效果不如氯强。由于次氯酸钠易分解，通常采用次氯酸钠发生器现场电解食盐制取，就地投加，不易储存。对于海水资源丰富的沿海地区，通常就地取材采用电解海水制取次氯酸钠对所取海水进行杀菌除藻处理。

电解海水制氯系统主要包括海水升压系统、过滤装置单元、电解海水制次氯酸钠单元、次氯酸钠储存及加药单元、电解槽清洗单元等。

4）臭氧

臭氧杀生的优点是不会产生三氯甲烷等副产物，其杀菌和氧化能力均比氯气强。但由于臭氧在水中不稳定，易消失，故在臭氧杀生后，仍需投加少量氯气、二氧化氯或氯胺以维持水中剩余杀生剂浓度。臭氧生产设备较复杂，投资较大，电耗较高。

2. 海水淡化[1]

海水淡化是从海水中制取淡水的技术和过程，它是通过物理、化学或物理化学方法等实现的。主要途径有两条，一是从海水中取出水的方法，二是从海水中取出盐的方法。前者有蒸馏法、反渗透法、冰冻法、水合物法和溶剂萃取法等，后者有离子交换法、电渗析法、电容吸附法和压渗法等。但实际规模应用的仅有蒸馏法、反渗透法和电渗析法。常用的海水淡化方法见表6-2。

表6-2　海水淡化方法

类　　别	方　　法		
从海水中分离水	蒸馏法 　1. 多级闪急蒸馏法 　2. 多效蒸发法 　3. 蒸汽压缩蒸馏法 　4. 太阳能蒸馏法 　5. 多级-多效联合蒸馏法 　6. 膜蒸馏		
	冷冻法 　1. 间接冷冻法 　2. 直接冷冻法	结晶法	
	水合物法		
	溶剂萃取法		
从海水中分离盐	反渗透法	膜法	
	正渗透法		
	电渗析法		
	离子交换法		

主要海水淡化方法的现状及发展动向见表6-3。

表6-3 主要海水淡化方法的现状及发展动向

方 法	现 况	发 展 动 向
多效蒸发法(低温多效蒸发)	实际应用	热力学及流体力学研究 污垢控制的研究 材料设备的研究 与多级闪急蒸馏相结合的开发
多级闪急蒸馏法	实际应用	最宜大型化、与原子能发电相结合的超大型装置的开发
蒸汽压缩蒸馏法	实际应用	多用于船中的中、小型规模
太阳能蒸馏法	研究发展和小型试验(应用)	日照强烈地区应用
结晶法	研究发展中已有中、小型试验工厂	淤浆的生成、输送及细冰分离洗涤的研究,溶剂及水合剂的选择与回收的研究
电渗析法	咸水淡化和浓缩制盐已实际应用	膜的研究 高温电渗析法的研究 淡化与综合利用相结合的发展
反渗透法	实际应用	半透膜及膜组器的研究 新工艺和能量回收的研究
溶剂萃取法	研究发展中	溶剂和溶剂回收的研究
离子交换法	纯水制备已实际应用	树脂合成及再生方法的研究

1)蒸馏法

海水为易挥发的水和难挥发的溶盐所组成的水盐体系(在所讨论的温度范围内,可以认为溶盐是不挥发的),蒸馏法淡化是使海水受热汽化,然后使蒸汽冷凝,从而得到淡水,按其过程实质,应称之为"蒸发"。但一般所说蒸发,其产品为蒸发罐中的溶液,而海水淡化,其产品为罐顶排出的蒸汽,从蒸馏塔塔顶获取有价值的低沸点馏分,浓海水则像热电厂蒸馏塔底排出的高沸点残液。因此,这一淡化方法特称为"蒸馏"法(Distillation),但其过程实质则与蒸发无异,因此有时也称为蒸发法。

(1)蒸馏法种类 蒸馏法依据所用能源、设备及流程不同,分为很多种,其中主要有以下四种:多级闪急蒸馏(Multi-Stage Flash Distillation,MSF)、多效蒸馏(Multiple Effect Distillation,ME)、蒸汽压缩蒸馏(Vapor Compression Distillation,VC)和太阳能蒸馏(Solar Distillation,SD)等。此外,还有以上几种方法的组合,特别是多级闪急蒸馏与其他方法的组合,目前日益受到重视。

(2)多级闪急蒸馏(MSF) 又称多级闪蒸,是海水经过加热,依次通过多个温度、压力逐级降低的闪蒸室,进行蒸发冷凝的蒸馏淡化方法,如图6-2所示。

(3)多效蒸馏和低温多效蒸馏 多效蒸馏(ME)是将几个蒸发器串联进行蒸发操作,以节省热量的蒸馏淡化方法。化工中又称多效蒸发。低温多效蒸馏(LTME):第1效的蒸发温度低于70℃的特定多效蒸发过程。多效蒸馏过程如图6-3所示。

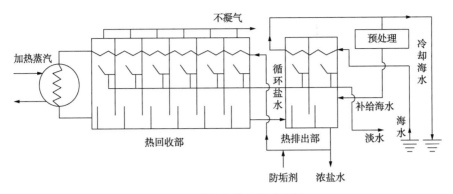

图 6-2　多级闪蒸过程示意图

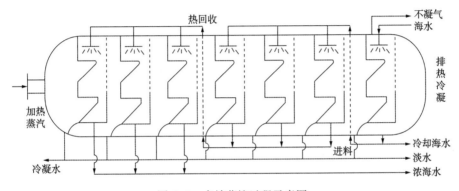

图 6-3　多效蒸馏过程示意图

2) 反渗透法

反渗透(RO)是在压力驱动下，海水通过半透膜进入膜的低压侧，而溶液中的其他组分(如盐)被阻挡在膜的高压侧并随浓缩水排出，从而达到有效分离的过程。海水淡化时，于海水一侧施加大于海水渗透压的外压，则海水中的纯水将反向渗透至淡水中，此即反渗透海水淡化原理。为了取得必要的淡化速率，实际操作压力大于 5.5MPa。

3) 海水淡化方法的集成

为了充分发挥各方法的特长及合理利用能量，以上几种海水淡化的方法可以根据情况进行组合、集成，从而提高淡水产量、降低成本，获取综合效益。例如，采用多段多级的反渗透或电渗析，以达到提高回收率或提高产水质量的目的；采用多级闪蒸与多效蒸发的集成，多级闪蒸与蒸汽压缩的集成，纳滤、反渗透与多级闪蒸的集成，反渗透与电渗析的集成等，以提高热、电的利用率，降低制淡水成本。

三、给水泵站

(一) 泵站的分类与特点[3]

按照泵机组设置的位置与地面的相对标高关系，泵站可分为地面式泵站、地下式泵站与半地下式泵站。按泵站在给水系统中的作用，主要分为取水泵站、加压泵站两种。LNG 接受站通常根据水源情况、供水水压需要等设置海水取水泵站、给水加压泵站。本节将重点介绍海水取水泵站。

取水泵站也称一级泵站。在地面水水源中，取水泵站一般由吸水井、泵房及闸阀井（又称闸阀切换井）三部分组成。其工艺流程如图6-4所示。

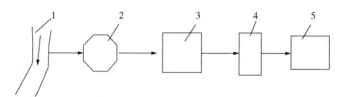

图6-4 地面水取水泵站工艺流程图

1—水源；2—吸水井；3—取水泵房；4—闸阀井（即切换井）；5—净化场

1. 取水泵站的特点

（1）靠近水域；

（2）海岸、河道的水文、水运、地质以及航道的变化等都会直接影响到取水泵站本身的埋深、结构形式以及工程造价等；

（3）为保证泵站能在最枯水位抽水的可能性，以及保证在最高洪水位时，泵房筒体不被淹没进水，整个泵房标高会比较高；

（4）泵房平面面积的大小对泵站的工程造价影响很大。

2. 泵房设计应注意的问题

（1）机组及各辅助设施的布置应尽可能地充分利用泵房内的面积，泵机组及电动闸阀的控制尽可能集中在泵房，便于集中管理；

（2）土建结构方面应考虑到海岸、河道的稳定性；

（3）取水泵站由于扩建比较困难，因此泵房内机组的配置应综合考虑近、远期的要求，对于机组的基础、吸压水管的穿墙套管以及电气容量都应该考虑远期扩建的可能性。

3. 海水取水泵站的设计

海水取水泵站设置于海岸边，用于抽取海水，是沿海地区的接收站常见的构筑物，其设计应符合下列规定[4]：

（1）工艺海水泵及海水消防泵宜集中布置，共用取水设施；

（2）工艺海水泵的配置应根据项目分期建设情况、气化器运行情况及数量等因素综合确定；工艺海水泵的配置不宜多于2种，备用泵数量不宜少于1台，且备用泵能力宜与最大1台工作泵能力相同；

（3）海水泵宜采用立式泵，设计工况下的泵效率不宜低于85%；每台立式泵吸入口应设置单独的吸水导流板；

（4）水泵进水流道应通过水工模型验证；

（5）泵站设计宜进行停泵水锤计算，当停泵水锤压力值超过管道试验压力值时，应采取消除水锤的措施；

（6）海水泵及海水系统应设置防超压设施；

（7）岸边式取水泵站进口室内地坪的设计标高，应为设计最高水位加浪高再加0.5m，并应设置防止海浪爬高的设施；

（8）当海水泵采用室内布置时，泵房高度应满足海水泵抽芯检修的要求；

（9）海水泵站应设置电动起重设备；

（10）宜在海水拦污设施前后及海水泵吸入口前等位置设置检修闸门，并应设置检修起重设备；

（11）海水泵过流部件材质应耐海水腐蚀，宜选用双相不锈钢、超级双相不锈钢等耐海水腐蚀的材质；当露天布置时，海水泵外部材质应耐盐雾腐蚀；

（12）海水泵进出水管道应采用耐海水腐蚀的材质，当采用金属管道时宜同时采取阴极保护措施。

图 6-5 是某 LNG 接收站的海水取水泵房的平面布置图。

图 6-6 是某 LNG 接收站的海水取水泵房的剖面图。

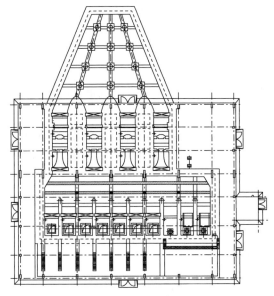

图 6-5　某海水取水泵房平面图

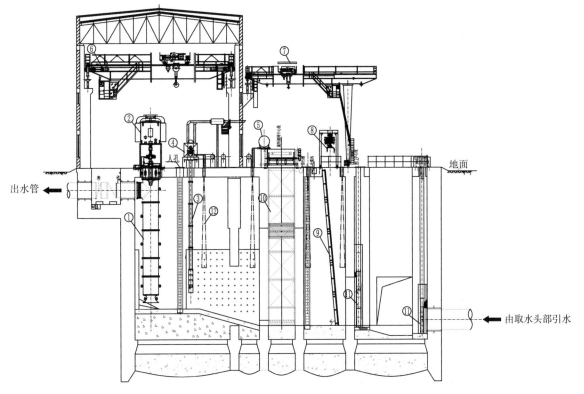

图 6-6　某海水取水泵房剖面图

（二）泵的选择[3]

1. 选泵的主要依据

选泵的主要依据是所需的流量、扬程以及其变化规律。为了减小取水构筑物、输水管道和净水构筑物的尺寸，节约基建投资，在这种情况下，通常要求一级泵站中的泵昼夜均匀工作，因此，泵站的设计流量应为：

$$Q = \frac{\alpha Q_d}{T} \qquad (6-1)$$

式中　Q——一级泵站的设计流量，m^3/h；

　　　　Q_d——供水对象最高日流量，m^3/d；

　　　　α——计及输水管漏损和净水构筑物自身用水而加的系数，一般取 $\alpha = 1.05 \sim 1.1$；

　　　　T——一级泵站在一昼夜内工作小时数。

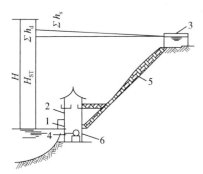

图 6-7　一级泵站供水到用户的流程
1—吸水井；2—泵房；3—水池；
4—吸水管路；5—输水管路；6—泵

一级泵站中泵送水至用户，如图 6-7 所示，泵站所需的扬程按式(6-2)计算：

$$H = H_{ST} + \sum h_s + \sum h_d \qquad (6-2)$$

式中　H——泵站的扬程，m；

　　　　H_{ST}——静扬程，采用吸水井的最枯水位(或最低动水位)与用户进口水面标高差，m；

　　　　$\sum h_s$——吸压水管路的水头损失，m；

　　　　$\sum h_d$——输水管路的水头损失，m。

此外，计算时还应考虑增加一定的安全水头，一般 $1 \sim 2m$。

2. 选泵要点

选泵就是要确定泵的型号和台数。对于各种不同功能的泵站，选泵时考虑问题的侧重点也有所不同，一般可归纳如下：

(1) 大小兼顾，调配灵活；

(2) 型号整齐，互为备用；

(3) 合理地用尽各泵的高效段；

(4) 考虑近、远期结合。

3. 选泵还需考虑的其他因素

选泵时尚需考虑的其他因素，有下列几点：

(1) 泵的构造形式对泵房的大小、结构形式和泵房内部布置等有影响，因而对泵站造价有很大关系。

(2) 应保证泵的正常吸水条件。在保证不发生气蚀的前提下，应充分利用泵的允许吸上真空高度，以减少泵站的埋深，降低工程造价。同时应避免泵站内各泵安装高度相差太大，致使各泵的基础埋深参差不齐或整个泵站埋深增加。

(3) 应选用效率较高的泵，如尽量选用大泵，因为一般而言大泵比小泵的效率高。

(4) 根据供水对象对供水可靠性的不同要求，选用一定数量的备用泵，以满足在事故情况下的用水要求。

(5) 备用泵和其他工作泵一样，应处于随时可以启动的状态。

(三)吸水管路与出水管路[3]

1. 对吸水管路的要求

对于水泵吸水管路的基本要求有三点：

（1）不漏气　吸水管路是不允许漏气的，否则会使泵的工作发生严重故障。

实践证明，当进入空气时，泵的出水量将减少，甚至吸不上水。因此，吸水管路一般采用钢管，因钢管强度高，接口可焊接，密封性胜于铸铁管。钢管埋于地下时应涂刷沥青防腐层。当然也有不少泵站采用铸铁管的，但施工时接头一定要严密。

（2）不积气　泵吸水管内真空值达到一定值时，水中溶解气体就会因管路内压力减小而不断逸出，如果吸水管路的设计考虑欠妥，就会在吸水管道的某段（或某处）上出现积气，形成气囊，影响过水能力，严重时会破坏真空吸水。为了使泵能及时排走吸水管路内的空气，吸水管应有沿水流方向连续上升的坡度 i，一般大于 0.005，以免形成气囊，见图 6-8。

由图 6-8 可见，为了避免产生气囊，应使吸水管路的最高点在泵吸入口的顶端。吸水管的断面一般应大于泵吸入口的断面，这样可减小管路水头损失。吸水管路上的变径管宜采用偏心渐缩管（即偏心大小头），保持渐缩管的上边水平，以免形成气囊。

（3）不吸气　吸水管路进口淹没深度不够时，由于进口处水流产生漩涡、吸水时带进大量空气。严重时也将破坏泵正常吸水。这类情形，多见于取水泵房在枯水位情况下吸水。为了避免吸水井（池）水面产生漩涡，使泵吸入空气，吸水管进口在最低水位下的淹没深度 h 不应小于 0.5～1.0m。若淹没深度不能满足要求时，则应在管子末端装置水平隔板，如图 6-9 所示。

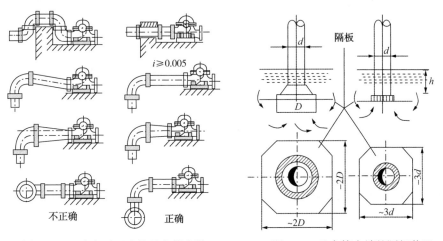

图 6-8　正确和不正确的吸水管安装　　　图 6-9　吸水管末端的隔板装置

2. 对出水管路的要求

泵站内的出水管路经常承受高压（尤其是发生水锤时），所以要求坚固而不漏水，通常采用钢管，并尽量采用焊接接口，但为便于拆装与检修，在适当地点可设法兰接口。

为了方便安装和避免管路的应力（如由于管道受温度变化或水锤作用所产生的应力）传至泵，一般应在吸水管路和出水管路上需设置伸缩节。为了承受管路中内压力所造成的推力，在一定的部位上（各弯头处）应设置专门的支墩或拉杆。出水管道需做好水锤防护。

第三节　排　　水

排水的收集、输送、处理、利用，以及排放等设施以一定方式组合成的总体，称为排水系统。排水系统通常由管道系统(或称排水管网)和污水处理系统(即污水处理场)组成。管道系统是收集和输送废水的设施,把废水从产生处输送至污水厂或出水口,包括排水设备、检查井、管道、泵站等设施。污水处理系统是处理和利用废水的设施,包括污水场中各种处理构筑物及除害设施等。

排水系统应依据清污分流、污污分流的原则,强化系统划分,同时加强污水处理,提高污水回用率,以达到节水、节能的目标。

一、排水系统

按照来源不同,LNG 接收站内排水系统可分为生活污水系统、生产污水系统、雨水系统和海水排放系统 4 类。

1. 排水系统划分

1)生活污水

生活污水是指日常生活中用过的水,包括从卫生间、浴室、盥洗室、食堂和洗衣房等排出的水。

生活污水一般含有较多的有机物,如蛋白质、动植物脂肪、碳水化合物、尿素和氨氮等,还含有肥皂和合成洗涤剂等,以及常在粪便中出现的病原微生物等。这类污水需要经过处理后才能排外部环境或再利用。

2)生产污水

生产污水是指在使用过程中受到较严重污染的水。这类水多半具有危害性。这类污水都需要经过处理后才能排放。

3)降水[5]

即大气降水,包括液态降水(如雨露)和固态降水(如雪、冰雹、霜等)。前者通常主要是指降雨。雨水一般比较清洁,但其形成的径流量大,如不及时排泄,则会使 LNG 接收站遭受淹没、积水危害。通常暴雨的危害最严重,是排水的主要对象之一。降雨初期,雨水径流会挟带着工艺单元地面、设备本体外壁的各种污染物质,使其受到污染,所以形成初期雨水,是雨水污染最严重的部分。这部分雨水需要单独收集,经监测合格后排放。

4)海水排放

生产过程中使用自然海水作为 LNG 接收站气化装置的热源。由于只用于热交换,海水水质未受到污染,只是在换热后海水温度降低,排出的海水温度低于自然海水温度 4~5℃,符合海域海水排放标准要求,可以直接在海水排放口排入大海。

2. 排水系统的主要组成部分

1)生活污水系统的主要组成部分

生活污水系统由下列几个主要部分组成:

(1)室内污水管道系统及设备　其作用是收集生活污水,并将其排送至室外污水管道中去。

(2)室外污水管道系统　分布在地面下的依靠重力流输送污水至污水提升泵站的管道系统称室外污水管道系统。包含管道系统上的附属构筑物,如检查井、化粪池、水封井等。

(3)污水提升泵站及压力管道　LNG 接收站内的生产管理区等办公建筑集中的区域会设置生活污水提升泵站,收集重力流的生活污水至污水泵站的提升池,生活污水经泵提升送至污水处理场。压送从泵站出来的污水至污水处理场的承压管段，称压力管道。

2）生产污水系统的主要组成部分

生产污水系统由下列几个主要部分组成：

（1）工艺单元内部的管道系统　主要用于收集各生产设备排出的污水、废水，并将其排送至单元外部的系统管网中去。

（2）系统管网　敷设在站场内，用以收集并输送各装置或单元排出的污废水的管道系统。系统管网可根据污水的性质不同设置若干个独立的管道系统。

（3）污水提升泵站及压力管道。

3）雨水排水系统的主要组成部分

LNG 接收站雨水排水系统一般采用明渠收集地面雨水，这样做的优点是防范液化天然气泄漏后，易燃易爆气体在封闭空间内积聚的危害。

雨水排水系统由下列几个主要部分组成：

（1）建筑物的雨水管道系统和设备　设置雨水斗或天沟收集建筑物屋面的雨水，经雨落管汇流后进入雨水排水系统。

（2）站场雨水管渠系统　敷设在站场内，用以收集并输送各单元排出的雨水。

（3）事故排水储存设施　为了防止受污染的雨水排至外部环境，造成污染或危害，LNG 接收站的雨水在排出站场前必须经过在线监测，监控停留时间一般取 10～30min。监测合格方可外排，监控不合格则需要视污染情况送至污水处理场进行处理。事故排水储存设施的容量不应低于一次最大计算事故水量。事故水储存设施总有效容积计算方法如下[6]：

$$V_T = (V_1 + V_2 - V_3)_{max} + V_4 + V_5 \qquad (6-3)$$

式中　V_T——事故储存设施总有效容积，m^3；

　　　V_1——收集系统范围内发生事故的一个罐组或一套单元的物料量，m^3；

　　　V_2——发生事故的储罐或装置的消防水量，m^3；

$$V_2 = \sum Q_{wi} \times t_{wi}$$

　　　Q_{wi}——发生事故的储罐或装置的同时使用的消防设施给水流量，m^3/h；

　　　t_{wi}——消防设施对应的设计消防历时，h；

　　　V_3——发生事故时可以转输到其他储存或处理设施的物料量，m^3；

　　　V_4——发生事故时仍应进入该收集系统的工业废水量，m^3；

　　　V_5——发生事故时可能进入该收集系统的降雨量，m^3；

$$V_5 = 10q \times F \qquad (6-4)$$

　　　F——应进入事故废水收集系统的雨水汇水面积，ha；

　　　q——降雨强度，按平均日降雨量，mm；

$$q = q_a / n \qquad (6-5)$$

　　　q_a——年平均降雨量，mm；

　　　n——年平均降雨日数，d。

（4）集液池的雨水排放系统　LNG 接收站码头区、储罐区、装车区、工艺处理区还应设置物料泄漏收集系统，泄漏收集系统的导液沟和集液池须为敞开式设计。同时为了保证集液池的有效容积，并避免泄漏的 LNG 遇水急剧气化产生爆炸危害，集液池需要设置雨水排水设施。集液池内的雨水或消防排水经泵提升，根据水质情况排放至附近雨水沟或采用槽车外运处理。

4）海水排放系统的主要组成部分

海水排放系统主要有海水排放管渠及海水排放口组成。海水排放管渠做法类似雨水管渠。在海岸设置排水出水口时，应综合考虑项目所在地海域的潮位变化、水流方向、波浪情况、当地主导风向、海岸与海底高程的变迁情况、水产情况、周围是否有码头泊岸设施、是否为风景游览区和游泳区等，选择适当的位置、高程和形式，以保证出水口的使用安全，不影响水运，保持海岸附近地带的环境。

二、污水管道系统

1. 污水管道中污水流动的特点[5]

污水由支管流入干管，由干管流入主干管，由主干管流入污水提升池，管道由小到大，分布类似河流，呈树枝状。污水在管道中一般是靠管道两端的水面高差从高处向低处流动。在大多数情况，管道内部是不承受压力的，即靠重力流动。

流入污水管道的污水中含有一定数量的有机物和无机物，其中密度小的漂浮在水面并随污水漂流；较重的分布在水流断面上并呈悬浮状态流动；密度最大的沿着管底移动或淤积在管壁上。这种情况与清水的流动略有不同，但总的说来，污水中水分一般在99%以上，所含悬浮物质的比例极少，因此可假定污水的流动按照一般液体流动的规律，并假定管道内水流是均匀流。

但在污水管道中实测流速的结果表明管内的流速是有变化的。这主要是因为管道中水流流经转弯、交叉、变径、跌水等地点时水流状态发生改变，流速也就不断变化，同时流量也在变化，因此污水管道内水流不是均匀流。但在直线管段上，当流量没有很大变化又无沉淀物时，管内污水的流动状态可接近均匀流。如果在设计与施工中，注意改善管道的水力条件，则可使管内水流尽可能接近均匀流。

2. 水力计算的基本公式

污水管道水力计算的目的，在于经济合理地选择管道断面尺寸、坡度和埋深。由于这种计算是根据水力学规律，所以称作管道的水力计算。根据前面所述，如果在设计与施工中注意改善管道的水力条件，可使管内污水的流动状态尽可能地接近均匀流（见图 6-10）以及变速流公式计算的复杂性和污水流动的变化不定，即使采用变速流公式计算也很难保证精确。

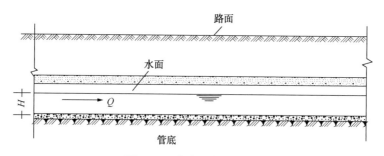

图 6-10　均匀流管段示意

因此，为了简化计算工作，目前在排水管道的水力计算中仍采用均匀流公式。常用的均匀流基本公式有：

流量公式

$$Q = Av \tag{6-6}$$

流速公式

$$v = C\sqrt{RI} \tag{6-7}$$

式中　Q——流量，m^3/s；

　　　A——过水断面面积，m^2；

　　　v——流速，m/s；

　　　R——水力半径(过水断面面积与湿周的比值)，m；

　　　I——水力坡度(等于水面坡度，也等于管底坡度)；

　　　C——流速系数或称谢才系数。

C值一般按曼宁公式计算，即：

$$C = \frac{1}{n} R^{\frac{1}{6}} \tag{6-8}$$

则：

$$v = \frac{1}{n} R^{\frac{2}{3}} I^{\frac{1}{2}} \tag{6-9}$$

$$Q = \frac{1}{n} A R^{\frac{2}{3}} I^{\frac{1}{2}} \tag{6-10}$$

式中　n——罐壁粗糙系数。该值根据管道材料而定，见表6-4[7]。

表6-4　排水管渠粗糙系数表

管渠类别	粗糙系数 n	管渠类别	粗糙系数 n
UPVC 管、PE 管、玻璃钢管	0.009~0.011	浆砌砖渠道	0.015
陶土管、铸铁管	0.013	浆砌块石渠道	0.017
混凝土管、钢筋混凝土管、水泥砂浆抹面渠道	0.013~0.014	干砌块石渠道	0.020~0.025
石棉水泥管、钢管	0.012	土明渠(包括带草皮)	0.025~0.030

3. 污水管道水力计算的设计数据

从水力计算公式可知，设计流量与设计流速及过水断面面积有关，而流速则是管壁粗糙系数、水力半径和水力坡度的函数。为了保证污水管道的正常运行，在《室外排水设计规范》中对这些因素做了规定，在污水管道进行水力计算时应予以遵守。

(1) 设计充满度　在设计流量下，污水在管道中的水深 h 和管道直径 D 的比值称为设计充满度(或水深比)，如图6-11所示。当 $\frac{h}{D}=1$ 时称为满流；$\frac{h}{D}<1$ 时称为不满流。

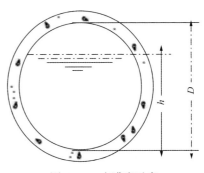

图 6-11　充满度示意

污水管道的设计有按满流和不满流两种方法。我国按不满流进行设计，其最大设计充满度的规定如表6-5所示[7]。

表6-5 最大设计充满度

管径(D)或暗渠高(H)/mm	最大设计充满度($\frac{h}{D}$或$\frac{h}{H}$)
200~300	0.55
350~450	0.65
500~900	0.70
≥1000	0.75

在计算污水管道充满度时，不包括短时间内突然增加的污水量，但当管径小于或等于300mm时，应按满流复核。这样规定的原因是：

① 污水流量时刻在变化，很难精确计算，而且雨水或地下水可能通过检查井盖或管道接口渗入污水管道。因此，有必要保留一部分管道断面，为未预见水量的增长留有余地，避免污水溢出影响环境卫生。

② 污水管道内沉积的污泥可能分解析出一些有害气体。此外，污水中如含有汽油、苯、石油等易燃液体时，可能形成爆炸性气体。因此需要留出适当的空间，利于管道的通风，排除有害气体，对防止可燃气体积聚，引起爆炸，有良好效果。

③ 便于管道的疏通和维护管理。

（2）设计流速　和设计流量、设计充满度相应的水流平均速度叫作设计流速。污水在管内流动缓慢时，污水中所含杂质可能下沉，产生淤积；当污水流速增大时，可能产生冲刷现象，甚至损坏管道。为了防止管道中产生淤积或冲刷，设计流速不宜过小或过大，应在最大和最小设计流速范围之内。

最小设计流速是保证管道内不致发生淤积的流速。这一最低的限值与污水中所含悬浮物的成分和粒度有关；与管道的水力半径，管壁的粗糙系数有关。从实际运行情况看，流速是防止管道中污水所含悬浮物沉淀的重要因素，但不是唯一的因素。引起污水中悬浮物沉淀的决定因素是充满度，即水深。一般小管道水量变化大，水深变小时就容易产生沉淀。大管道水量大、动量大，水深变化小，不易产生沉淀。因此不需要按管径大小分别规定最小设计流速。根据国内污水管道实际运行情况的观测数据并参考国外经验，污水管道的最小设计流速定为0.6m/s。含有金属、矿物固体或重油杂质的生产污水管道，其最小设计流速宜适当加大，其便要根据试验或运行经验确定。

最大设计流速是保证管道不被冲刷损坏的流速。该值与管道材料有关，通常金属管道的最大设计流速为10m/s，非金属管道的最大设计流速为5m/s。

（3）最小管径　一般在污水管道系统的上游部分，设计污水流量很小，若根据流量计算，则管径会很小。根据养护经验证明，管径过小极易堵塞，比如150mm支管的堵塞次数，有时达到200mm支管堵塞次数的两倍，导致养护管道的费用增加。而200mm与150mm管道在同样埋深下，施工费用又相差不多。此外，采用较大的管径，可选用较小的坡度，使管道埋深减小。因此，为了养护工作方便，常规定一个允许的最小管径。在街区和厂区内最小管径为200mm，在街道下为300mm。在进行管道水力计算时，上游管段由于服务的排水面积小，因而设计流量小，按此流量计算得出的管径小于最小管径，此时就采用最小管径值。因此，一般可根据最小管径在最小设计流速和最大充满度情况下能通过的最大流量值，从而进一步估算出设计管段服务的排水面积。若设计管段服务的排水面积小于此值，即直接采用最小管径和相应的最小坡度而不再进行水力计算。这种管段称为不计算管段。在这些管段中，当有适当的冲洗水源时，可考虑设置冲洗井。

（4）最小设计坡度　在污水管道系统设计时，通常管道埋设坡度与设计地区的地面坡度基本一致，但管道坡度造成的流速应等于或大于最小设计流速，以防止管道内产生沉淀。这一点在地势平坦或管道走向与地面坡度相反时尤为重要。因此，将相应于管内流速为最小设计流速时的管道坡度叫作最小设计坡度。

从水力计算公式看出，设计坡度与设计流速的平方成正比，与水力半径的2/3次方成反比。由于水力半径是过水断面积与湿周的比值，因此不同管径的污水管道应有不同的最小坡度。管径相同的管道，因充满度不同，其最小坡度也不同。当在给定设计充满度条件下，管径越大，相应的最小设计坡度值也就越小。所以只需规定最小管径的最小设计坡度值即可。具体规定是：管径200mm的最小设计坡度为0.004；管径300mm的最小设计坡度为0.003。

在给定管径和坡度的圆形管道中，满流与半满流运行时的流速是相等的，处于满流与半满流之间的理论流速则略大一些，而随着水深降至半满流以下，则其流速逐渐下降。故在确定最小管径的最小坡度时采用的设计充满度为0.5。

4. 污水管道的埋设深度

通常，污水管网占污水工程总投资的50%~75%，而构成污水管道造价的挖填沟槽，沟槽支撑，湿土排水，管道基础，管道铺设各部分的比重，与管道的埋设深度及开槽支撑方式有很大关系。在实际工程中，同一直径的管道，采用的管材、接口和基础型式均相同，因其埋设深度不同，管道单位长度的工程费用相差较大。因此，合理地确定管道埋深对于降低工程造价是十分重要的。在土质较差、地下水位较高的地区，若能设法减小管道埋深，对于降低工程造价尤为明显。

管道埋设深度有两个意义：

（1）覆土厚度是指管道外壁顶部到地面的距离；

（2）埋设深度是指管道内壁底到地面的距离。

这两个数值都能说明管道的埋设深度。为了降低造价，缩短施工期，管道埋设深度愈小愈好。但覆土厚度应有一个最小的限值，否则就不能满足技术上的要求。这个最小限值称为最小覆土厚度。

污水管道的最小覆土厚度，一般应满足下述三个因素的要求：

（1）必须防止管道内污水冰冻和因土壤冻胀而损坏管道；

（2）必须防止管壁因地面荷载而受到破坏；

（3）必须满足街区污水连接管衔接的要求。

管顶最小覆土深度，应根据管材强度、外部荷载、土壤冰冻深度和土壤性质等条件，结合当地埋管经验确定。管顶最小覆土深度宜为：人行道下0.6m，车行道下0.7m[7]。

三、雨水管渠系统

全年降雨绝大部分多集中在夏季，且常为大雨或暴雨，从而容易在极短时间内形成大量的地面径流，若不能及时地进行排除，便会造成淹没、积水的危害。

雨水管渠系统是由雨水口、雨水管渠、检查井、出水口等构筑物所组成的一整套工程设施。雨水管渠系统的任务就是及时地汇集并排除暴雨形成的地面径流，防止厂区受淹，以保障城市人民的生命安全和生活生产的正常秩序。

1. 雨量分析与暴雨强度公式[5]

任何一场暴雨都可用自记雨量计记录中的两个基本数值（降雨量和降雨历时）表示其降雨过程。通过对降雨过程的多年（一般具有 10 年以上）资料的统计和分析，找出表示暴雨特征的降雨历时暴雨强度与降雨重现期之间的相互关系，作为雨水管渠设计的依据，这就是雨量分析的目的。

1) 雨量分析的几个要素

(1) 降雨量 是指降雨的绝对量，即降雨深度，用 H 表示，单位以 mm 计；也可用单位面积上的降雨体积(L/ha)表示。在研究降雨量时，很少以一场雨为对象，而常以单位时间表示，例如：

年平均降雨量：指多年观测所得的各年降雨量的平均值。

月平均降雨量：指多年观测所得的各月降雨量的平均值。

年最大日降雨量：指多年观测所得的一年中降雨量最大一日的绝对量。

(2) 降雨历时 是指连续降雨的时段，可以指场雨全部降雨的时间，也可以指其中个别的连续时段。用 t 表示，以 h 计。

(3) 暴雨强度 是指某一连续降雨时段内的平均降雨量，即单位时间的平均降雨深度，用 i 表示。

$$i = \frac{H}{t} (\text{mm/min}) \tag{6-11}$$

在工程上，暴雨强度也常用单位时间内单位面积上的降雨体积 $q[\text{L/(s·ha)}]$ 表示。q 与 i 之间的换算关系是将每分钟的降雨深度换算成每公顷面积上每秒钟的降雨体积，即：

$$q = \frac{10000 \times 1000i}{1000 \times 60} = 167i \tag{6-12}$$

式中　q——暴雨强度，L/(s·ha)；

167——换算系数。

暴雨强度是描述暴雨特征的重要指标，也是决定雨水设计流量的主要因素。所以有必要研究暴雨强度与降雨历时之间的关系。在一场暴雨中，暴雨强度是随降雨历时变化的。如果所取历时长，则与这个历时对应的暴雨强度将小于短历时对应的暴雨强度在推求暴雨强度公式时，降雨历时常采用 5min、10min、15min、20min、30min、45min、60min、90min、120min 9 个时段，自记雨量曲线实际上是降雨量累积曲线。曲线上任一点的斜率表示降雨过程中任一瞬时的强度，称为瞬时暴雨强度。由于曲线上各点的斜率是变化的，表明暴雨强度是变化的。曲线愈陡，暴雨强度愈大。因此，在分析暴雨资料时，必须选用对应各降雨历时最陡那段曲线，即最大降雨量。但由于在各降雨历时内每个时刻的暴雨强度也是不同的，因此计算出的各历时暴雨强度称为最大平均暴雨强度。

(4) 降雨面积和汇水面积 降雨面积是指降雨所笼罩的面积，汇水面积是指雨水管渠汇集雨水的面积。用 F 表示，以公顷或平方公里(ha 或 km²)为单位。

任一场暴雨在降雨面积上各点的暴雨强度是不相等的，就是说，降雨是非均匀分布的。但厂区的雨水管渠或排洪沟汇水面积较小，一般小于 $100km^2$，最远点的集水时间不会超过 $60 \sim 120min$。在这种小汇水面积上，降雨不均匀分布的影响较小，即在降雨面积内各点的降雨量相等，从而可以认为，雨量计所测得的降雨量资料可以代表整个小汇水面积的雨量资料，即不考虑降雨在面积上的不均匀性。

（5）降雨的频率和重现期 某特定值暴雨强度的频率是指等于或大于该值的暴雨强度出现的次数 m 与观测资料总项数 n 之比的百分数，即：

$$P_n = \frac{m}{n} \times 100\% \tag{6-13}$$

② 某特定值暴雨强度的重现期是指等于或大于该值的暴雨强度可能出现一次的平均间隔时间，单位用年（a）表示。重现期 P 与频率 P_n 互为倒数，即：

$$P = \frac{1}{P_n} \tag{6-14}$$

2）暴雨强度公式

暴雨强度公式是在各地雨量记录分析整理的基础上，按一定的方法推理出来的。暴雨强度公式是暴雨强度 i（或 q）—降雨历时 t—重现期 P 三者间关系的数学表达式，是设计雨水管渠的依据。我国常用的暴雨强度公式形式为：

$$q = \frac{167 A_1 (1 + c \lg P)}{(t+b)^n} \tag{6-15}$$

式中　　q——设计暴雨强度，$L/(s \cdot ha)$；

P——设计重现期，a；

t——降雨历时，min；

A_1，c，b，n——地方参数，根据统计方法进行计算确定。

2. 雨水管渠设计流量的确定

雨水设计流量是确定雨水管渠断面尺寸的重要依据。厂区排除雨水的管渠由于汇集雨水径流的面积较小，所以可采用小汇水面积上其他排水构筑物计算设计流量的推理公式来计算雨水管渠的设计流量。

1）雨水管渠设计流量计算公式

雨水设计流量按下式计算：

$$Q = \Psi q F \tag{6-16}$$

式中　Q——雨水设计流量，L/s；

Ψ——径流系数，其数值小于1；

F——汇水面积，ha；

q——设计暴雨强度，$L/(s \cdot ha)$。

各设计管段的雨水设计流量等于该管段承担的全部汇水面积和设计暴雨强度的乘积，而各管段的设计暴雨强度则是相应于该管段设计断面的集水时间的暴雨强度。由于各管段的集水时间不同，所以各管段的设计暴雨强度亦不同。

2）径流系数 Ψ 的确定

降落在地面上的雨水，一部分被植物和地面的洼地截留，一部分渗入土壤，余下的部分沿地面流入雨水管渠，进入雨水管渠的雨水量称作径流量。径流量与降雨量的比值称作径流系数 Ψ，其数值常小于 1。

径流系数的值因汇水面积的地面覆盖情况，地面坡度、地面建筑密度的分布、路面铺砌等情况的不同而异。如屋面为不透水材料覆盖，Ψ 值大；沥青路面的 Ψ 值也大；而非铺砌的土路面 Ψ 值就较小。地形坡度大，雨水流动较快，其 Ψ 值也大；种植植物的庭院，由于植物本身能截留一部分雨水，其 Ψ 值就小等等。但影响 Ψ 值的主要因素则为地面覆盖种类的透水性。此外，还与降雨历时、暴雨强度及暴雨雨型有关。如降雨历时较长，由于地面渗透损失减少，Ψ 就大些，暴雨强度大，其 Ψ 值也大；最大强度发生在降雨前期的雨型，前期雨大的，Ψ 值也大。

由于影响因素很多，要精确地确定其值是很困难的。目前在雨水管渠设计中，径流系数通常采用按地面覆盖种类确定的经验数值。径流系数 Ψ 值见表 6-6。

表 6-6　径流系数 Ψ 值

地面种类	Ψ 值	地面种类	Ψ 值
各种屋面混凝土和沥青路面	0.90	干砌砖石和碎石路面	0.40
大块石铺砌路面和沥青表面处理的碎石路面	0.60	非铺砌土路面	0.30
级配碎石路面	0.45	公园和绿地	0.15

通常汇水面积是由各种性质的地面覆盖所组成，随着它们占有的面积比例变化，Ψ 值也各异，所以整个汇水面积上的平均径流系数 Ψ_{av} 值是按各类地面面积用加权平均法计算而得到，即：

$$\Psi_{av} = \frac{\sum F_i \cdot \Psi_i}{F} \tag{6-17}$$

式中　F_i——汇水面积上各类地面的面积；

　　　Ψ_i——相应于各类地面的径流系数；

　　　F——全部汇水面积。

3）设计重现期 P 的确定

从暴雨强度公式可知，暴雨强度随着重现期的不同而不同。在雨水管渠设计中，若选用较高的设计重现期，计算所得设计暴雨强度大，相应的雨水设计流量大，管渠的断面相应大。这对防止地面积水是有利的，安全性高，但经济上则因管渠设计断面的增大而增加了工程造价；若选用较低的设计重现期，管渠断面可相应减小，这样虽然可以降低工程造价，但可能会经常发生排水不畅，地面积水，甚至给生产造成危害。因此，必须从技术和经济方面统一考虑。

雨水管渠设计重现期的选用，应根据汇水面积的地区地面性质、地形特点、汇水面积和气象特点等因素确定，一般选用 0.5~3 年，对于短期积水即能引起较严重损失的地区，宜采用较高的设计重现期，一般选用 2~5 年。对于特别重要的地区可酌情增加，而且在同一排水系统中也可采用同一设计重现期或不同的设计重现期。

4）降雨历时 t 的确定

计算雨水设计流量时，通常用汇水面积最远点的雨水流至设计断面的时间作为设计降雨历时 t。

对管道的某一设计断面来说，降雨历时 t 由地面集水时间 t_1 和管渠内雨水流行时间 t_2 两部分组成。可用公式表述如下[7]：

$$t = t_1 + t_2 \qquad (6-18)$$

（1）地面集水时间 t_1 的确定 地面集水时间是指雨水从汇水面积上最远点流到第1个雨水口的时间。地面集水时间受地形坡度、地面铺砌、地面种植情况、水流路程、道路纵坡和宽度等因素的影响，这些因素直接决定着水流沿地面或边沟的速度。此外，也与暴雨强度有关，因为暴雨强度大，水流时间就短。但在上述各因素中，地面集水时间主要取决于雨水流行距离的长短和地面坡度，一般采用 $5 \sim 15\text{min}$。这一经验值是根据国内外的资料确定的。

按照经验，一般对在建筑密度较大、地形较陡，雨水口分布较密的地区或街区内设置的雨水暗管，宜采用较小的 t_1 值，可取 $t_1 = 5 \sim 8\text{min}$。而在建筑密度较小、汇水面积较大地形较平坦、雨水口布置较稀疏的地区，宜采用较大值，一般可取 $t_1 = 10 \sim 15\text{min}$。起点井上游地面流行距离以不超过 $120 \sim 150\text{m}$ 为宜。

（2）管渠内雨水流行时间 t_2 的确定 t_2 是指雨水在管渠内的流行时间，即：

$$t_2 = \sum \frac{L}{60v} \ (\text{min}) \qquad (6-19)$$

式中 L——各管段的长度，m；

v——各管段满流时的水流速度，m/s。

四、排水管道系统上的构筑物

为了排除污水、雨水，除管渠本身外，还需在管渠系统上设置某些附属构筑物，这些构筑物包括雨水口、连接暗井、检查井、跌水井、水封井、倒虹管、冲洗井、防潮门、出水口等。

1. 雨水口

雨水口是在雨水管渠上收集雨水的构筑物。路面的雨水首先经雨水口通过连接管流入排水管渠。雨水口的设置位置，应能保证迅速有效地收集地面雨水。一般应在交叉路口、路侧边沟的一定距离处以及没有道路边石的低洼地方设置，以防止雨水漫过道路或造成道路及低洼地区积水。雨水口的形式和数量，通常应按汇水面积所产生的径流量和雨水口的泄水能力确定。一般一个平箅雨水口可排泄 $15 \sim 20\text{L/s}$ 的地面径流量。在路侧边沟上及路边低洼地点，雨水口的设置间距还要考虑道路的纵坡和路边石的高度。道路上雨水口的间距一般为 $25 \sim 50\text{m}$（视汇水面积大小而定），在低洼和易积水的地段，应根据需要适当增加雨水口的数量。

雨水口的构造包括进水箅、井筒和连接管3部分。雨水口的进水箅可用铸铁或钢筋混凝土、石料制成。铸铁箅子排水能力最好，因此最为常用。雨水口的井筒可用砖砌或用钢筋混凝土预制，也可采用预制的混凝土管。雨水口的深度一般不宜大于 1m，在有冻胀影响的地区，雨水口的深度可根据经验适当加大。雨水口的底部可根据需要做成有沉泥井（也称截留井）或无沉泥井的形式。

雨水口以连接管与街道排水管渠的检查井相连。连接管的最小管径为 200mm，坡度一般为 0.01，长度不宜超过 25m，接在同一连接管上的雨水口一般不宜超过3个。

2. 检查井、跌水井、水封井、换气井

为便于对管渠系统作定期检查和清通,必须设置检查井。当检查井内衔接的上、下游管渠的管底标高跌落差大于 1m 时,为消减水流速度,防止冲刷,在检查井内应有消能措施,这种检查井称跌水井。当检查井内具有水封设施,以便隔绝易爆、易燃气体进入排水管渠,使排水管渠在进入可能遇火的场地时不致引起爆炸或火灾,这样的检查井称为水封井。后两种检查井属于特殊形式的检查井,或称为特种检查井。

1)检查井

检查井井底材料一般采用低标号混凝土,基础采用碎石、卵石夯实或低标号混凝土。为使水流流过检查井时阻力较小,井底宜设半圆形或弧形流槽。污水管道的检查井流槽顶与上、下游管道的管顶相平,或与 0.85 倍大管管径处相平,雨水管渠和合流管渠的检查井流槽顶可与 0.5 倍大管管径处相平。流槽两侧至检查井壁间的底板(称沟肩)应有一定宽度,一般应不小于 20cm,以便养护人员下井时立足,并应有 0.02~0.05 的坡度坡向流槽,以防检查井积水时淤泥沉积。在管渠转弯或几条管渠交汇处,为使水流通顺,流槽中心线的弯曲半径应按转角大小和管径大小确定,但不得小于大管的管径。

检查井井身的材料可采用砖、石、混凝土或钢筋混凝土。井身的平面形状一般为圆形,但在大直径管道的连接处或交汇处,可做成方形、矩形或其他各种不同的形状。

检查井井盖可采用铸铁或钢筋混凝土材料,在车行道上一般采用铸铁。为防止雨水流入,盖顶略高出地面。盖座采用铸铁、钢筋混凝土或混凝土材料制作。

2)跌水井

跌水井是设有消能设施的检查井。目前常用的跌水井有两种型式:竖管式(或矩形竖槽式)和溢流堰式。前者适用于直径等于或小于 400mm 的管道,后者适用于 400mm 以上的管道。当上、下游管底标高落差小于 1m 时,一般只将检查井底部做成斜坡,不采取专门的跌水措施。

竖管式跌水井一般不作水力计算。当管径不大于 200mm 时,一次落差不宜超过 6m。当管径为 300~400mm 时,一次落差不宜超过 4m。

溢流堰式跌水井的主要尺寸(包括井长、跌水水头高度)及跌水方式等均应通过水力计算求得。这种跌水井也可用阶梯形跌水方式代替。

3)水封井

当生产污水能产生引起爆炸或火灾的气体时,其废水管道系统中必须设水封井。水封井的位置应设在产生上述废水的生产装置、储罐区、原料储运场地、成品仓库、容器洗涤单元等的废水排出口处以及适当距离的污水干管上。水封井不宜设在车行道和行人众多的地段,并应适当远离产生明火的场地。水封深度一般采用 0.25m。井顶宜设通风管,井底宜设沉泥槽。

4)换气井

生活污水中的有机物常在管渠中沉积而厌气发酵,发酵分解产生的甲烷、硫化氢、二氧化碳等气体,如与一定体积的空气混合,在点火条件下将产生爆炸,甚至引起火灾。为防止此类偶然事故发生,同时也为保证在检修排水管渠时工作人员能较安全地进行操作,有时在街道排水管的检查井上设置通风管,使此类有害气体在竖管的抽风作用下,随同空气排入大气中。这种设有通风管的检查井称换气井。

3. 倒虹管

排水管渠遇到障碍物时，不能按原有的坡度埋设，而是按下凹的折线方式从障碍物下通过，这种管道称为倒虹管。倒虹管由进水井、下行管、平行管、上行管和出水井等组成。

由于倒虹管的清通比一般管道困难得多，因此必须采取各种措施来防止倒虹管内污泥的淤积。在设计时，可采取以下措施：

（1）提高倒虹管内的流速，一般采用 1.2~1.5m/s，在条件困难时可适当降低，但不宜小于 0.9m/s，且不得小于上游管渠中的流速。当管内流速达不到 0.9m/s 时，应加定期冲洗措施，冲洗流速不得小于 1.2m/s。

（2）最小管径采用 200mm。

（3）在进水井中设置冲洗设施。

（4）在上游管渠靠近进水井的检查井底部做沉泥槽。

（5）倒虹管的上、下行管与水平线夹角应不大于 30°。

污水在倒虹管内的流动是依靠上、下游管道中的水面高差（进、出水井的水面高差）H 进行的，该高差用以克服污水通过倒虹管时的阻力损失。倒虹管内的阻力损失值可按下式计算：

$$H_1 = iL + \sum \xi \frac{v^2}{2g} \tag{6-20}$$

式中 i——倒虹管每米长度的阻力损失；

   L——倒虹管的总长度，m；

   ξ——局部阻力系数（包括进口、出口、转弯处）；

   v——倒虹管内污水流速，m/s；

   g——重力加速度，m/s^2。

4. 冲洗井、防潮门

1）冲洗井

当污水管内的流速不能保证自清时，为防止淤塞，可设置冲洗井。冲洗井有两种做法：人工冲洗和自动冲洗。自动冲洗井一般采用虹吸式，其构造复杂，造价很高，目前已很少采用。

人工冲洗井的构造比较简单，是一个具有一定容积的普通检查井。冲洗井出流管道上设有闸门，井内设有溢流管以防止井中水深过大。冲洗水可利用上游来的污水或自来水。用自来水时，供水管的出口必须高于溢流管管顶，以免污染自来水。

冲洗井一般适用于小于 400mm 管径的较小管道上，冲洗管道的长度一般为 250m 左右。

2）防潮门

临海或河城市的排水管渠往往受潮汐或水位的影响，为防止涨潮或高水位时潮水倒灌，在排水管渠出水口上游的适当位置上应设置装有防潮门（或平板闸门）的检查井，如图 6-12 所示。

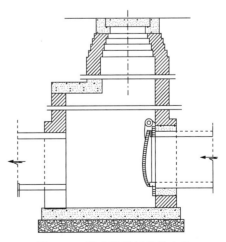

图 6-12   装有防潮门的检查井

防潮门一般用铁制，其座子口部略带倾斜，倾斜度一般为 $1:10\sim1:20$。当排水管渠中无水时，防潮门靠自重密闭。当上游排水管渠来水时，水流顶开防潮门排入水体。涨潮时，防潮门靠下游潮水压力密闭，使潮水不会倒灌入排水管渠。

设置防潮门的检查井井口应高出最高潮水位或最高河水位，或者井口用螺栓和盖板密封，以免潮水或河水从井口倒灌。为使防潮门工作可靠有效，必须加强维护管理，经常清除防潮门座口上的杂物。

5. 出水口

排水管渠排入水体的出水口的位置和形式，应根据污水水质、下游用水情况、水体的水位变化幅度、水流方向、波浪情况、地形变迁和主导风向等因素确定。出水口与水体岸边连接处应采取防冲、加固等措施，一般用浆砌块石做护墙和铺底，在受冻胀影响的地区，出水口应考虑用耐冻胀材料砌筑，其基础必须设置在冰冻线以下。

雨水管渠出水口可以采用非淹没式，其底标高最好在水体最高水位以上，一般在常水位以上，以免水体水倒灌。当出水口标高比水体水面高出太多时，应考虑设置单级或多级跌水。

参 考 文 献

[1] 高从堦，阮国岭. 海水淡化技术与工程[M]. 北京：化学工业出版社，2015.

[2] 严煦世，范瑾初. 给水工程[M]. 4版. 北京：中国建筑工业出版社，1999.

[3] 姜乃昌. 泵与泵站[M]. 5版. 北京：中国建筑工业出版社，2007.

[4] 王红，何龙辉，白改玲，等. GB 51156—2015 液化天然气接收站工程设计规范[S]. 中国计划出版社，2016，57.

[5] 孙慧修. 排水工程(上册)[M]. 4版. 北京：中国建筑工业出版社，1999.

[6] 刘进龙，何小娟，李瑾，等. SH/T 3024—2017 石油化工环境保护设计规范[S]. 北京：中国石化出版社，2018.

[7] 张辰，李艺，陈嫣，等. GB 50014—2006(2016年版)室外排水设计规范[S]. 北京：中国计划出版社，2016.

第七章 安全消防技术

第一节 概 述

在工程设计中，采取必要的安全消防技术和措施来预防火灾和减少火灾危害、保障生产平稳运行、保护人身和财产安全，是工程设计的基本消防安全目标。

安全技术是通过公式推演、软件模拟、火灾试验、事故统计等技术手段，分析各种事故的原因，研究防止各种事故的办法，并在工程设计、施工、管理等方面综合应用，多维度实施，以保障工艺、设备安全运行。

消防技术是与防火和灭火相关的技术体系，是将安全技术的研究内容付诸实际的一种手段，可简单地划分为防火技术和灭火技术。防火技术是指火灾发生前所采取的预防火灾发生的技术，包括区域规划设计、建(构)筑物的总平面布局设计、建筑工程的防火设计、火灾的预警设计、供配电设计、建筑材料的阻燃设计等。灭火技术是指火灾发生后所采取的扑救火灾的技术、灾后调查和鉴定的技术等。扑救火灾的技术包括在防火设计中预先设置的自动探测、识别系统和灭火系统，以及在扑救火灾过程中利用自动探测、识别系统和灭火系统进行灭火的作战技术等。

设计人员在确定消防安全技术方案时，应遵循国家有关安全、环保、节能、节水等政策和工程建设的基本要求，贯彻"预防为主，防消结合"的消防方针，从全局出发，针对生产工艺特点和防火、灭火需求，结合工程所在地的自然条件、经济水平和消防救援力量等实际情况进行综合考虑，同时辅以设计人员对消防安全技术基础理论的熟知，对先进、成熟的防火、灭火技术手段和措施的掌握，做出经济、安全、合理的技术方案，正确处理好生产工艺要求或建筑功能要求与消防安全的关系。

第二节 安全技术

液化天然气(LNG)接收站主要涉及的危险化学品包括 LNG、天然气等。其主要成分甲烷具有爆炸下限较高、爆炸极限较窄、自燃温度高等特点。LNG 膨胀倍数约为 600 倍，一旦发生泄漏、扩散，会造成较大范围的危害。有关 LNG 火灾热辐射和爆炸的影响范围均有相关经验公式，也可利用计算流体力学(CFD)软件进行模拟。

LNG 储罐泄漏时，液体自泄漏点喷出，起初会发生剧烈沸腾蒸发，随后蒸发率迅速衰减至一个固定值，气体沿地面流动，并自环境吸热不断扩散，周围空气被冷却至露点以下，形成可见云团。LNG 的泄漏速率及泄漏量可根据公式进行计算，其扩散可根据泄漏速率、泄漏量并通过高斯烟羽模型等数学模型进行模拟，以确定其扩散范围。

当容器或管道裂口较小时，LNG 发生泄漏后会立即蒸发，在压差作用下以较高速度喷射至大气中。如发生火灾，应采取先切断泄漏源再灭火的方式，否则在火焰熄灭时 LNG 蒸气与空气的混合物会形成"气云"，增加爆炸危险性。

当容器或管道裂口中等大小时，LNG 将以喷射流的方式喷洒到大气中，若被点燃，则发生喷射火灾。此刻若采用水枪灭火，水与 LNG 之间剧烈地热交换，引发 LNG 强烈气化，体积迅速膨胀，产生爆炸性效果，火势难以控制，必将导致更大的灾难。当容器或管道裂口很大时，LNG 大量泄漏积聚并流向低洼处或在围堰内形成液池，若延迟点燃或远处点燃，则回燃至液池内引起池火。

池火是 LNG 火灾中最严重、最危险的类型，其热辐射会对远距离的人和设施造成损害。根据某燃气公司《危险化学品重大危险源安全评估报告》，规模为 1912.5t LNG 泄漏，火灾产生的强烈热辐射会导致 454m(侧风向)范围内的人员死亡。火灾的燃烧范围、火焰高度及破坏性与 LNG 泄漏速率、泄漏总量、周边环境及气象条件等有关。

在火灾巨大热量与 LNG 的超低温交替作用下，容易对 LNG 储存、运输低温容器产生二次损害。当火灾产生的热辐射强度足够大时，可使周围的物体变形或燃烧。此刻若采用水枪灭火，引发液池内的 LNG 更加强烈气化，发生爆炸性体积膨胀，将引发毁灭性的大灾难。因此一旦发生泄漏或受到火灾影响时，应首先采取切断气源、降低压力或降温控火等方法控制火势。可伴随切断气源进行灭火作业并应防止复燃。LNG 泄漏着火后，特别是大量液态 LNG 泄漏时，不得直接灭火。当 LNG 泄漏着火区域周边设施受到火焰灼热威胁时，应对未着火的储罐、设备和管道进行隔热、降温处理。

一、危险有害因素分析

(一)危险化学品分析

1. 危险化学品

LNG 接收站主要涉及的危险化学品包括 LNG、天然气、甲烷、乙烷、丙烷、丁烷、氢氧化钠、盐酸、氮气、次氯酸钠。气态天然气密度比空气轻，泄漏后容易扩散，而液化石油气反之；天然气的爆炸极限为 5%~15%，其下限较液化石油气的 1%要高，也就是说，引起爆炸的气体泄漏量要大，危险性要小一些；另外，LNG 在低温下储存，更安全。

按照《国家安全监管总局关于公布首批重点监管的危险化学品名录的通知》[安监总管三(2011)95 号]、《国家安全监管总局关于公布第二批重点监管危险化学品名录的通知》[安监总管三(2013)12 号]，涉及的重点监管的危险化学品主要有：甲烷、乙烷、丙烷、丁烷、硫化氢等。

LNG 为接收站的主要原料及产品，通过装车或装船外运，天然气(NG)是 LNG 气化形成的，主要通过管道外输。天然气具有易燃易爆性，爆炸下限低(5%)，泄漏到空气中能形成爆炸性混合物，遇明火、高热极易爆炸。

天然气与空气可形成爆炸性混合物，遇明火、高热引起燃烧爆炸；与氧化剂发生强烈反应；流速过快容易产生和积聚静电；蒸气比空气重，在较低处可扩散到相当远的地方，遇火源着火回燃。天然气主要成分甲烷属甲类火灾危险物质，闪点很低，空气中只要很小的点火能量就会闪光燃烧，火灾特点是：火焰传播速度较快；质量燃烧速率大[地上和水上燃烧速率分别达到 0.106kg/（m²·s）和 0.258kg/（m²·s），约为汽油的 2 倍]；火焰温度高、辐射热强；易形成大面积火灾；具有复燃、复爆性；难于扑灭。LNG 沸点为 -161.5℃，常温下极易蒸发，易产生燃烧爆炸所需蒸气量。一旦泄漏，一小部分立即急剧气化成蒸气，剩下的泄漏到地面，沸腾气化后与周围空气混合生成冷蒸气雾，在空气中冷凝形成白烟，再稀释受热后与空气形成爆炸性混合物。爆炸性混合物若遇到点火源（最小点火能量为 0.28MJ）将引发闪火或蒸气云爆炸。如果泄漏的 LNG 量较大，会在地面上形成液池。若无围护设施会沿地面流淌，遇点火源可引发池火。皮肤接触液化天然气还可能冻伤。LNG 也会导致管材、焊缝、设备、结构等脆裂、变形。

装置开停工过程中和大修时，需用水蒸气或氮气吹扫容器，如工人进入吹扫过的容器内作业时，如果未采取正确隔离检测措施，工人未按操作规程操作，致使作业环境中氧气浓度不够，会引起单纯性窒息。当环境中氧气含量低于 16% 时，人会出现窒息症状，表现为头晕、头痛、呼吸困难、胸部压迫感、肢体麻木，甚至失去知觉；严重者会出现昏迷等缺氧症状，严重时危及生命安全。

2. 低温特性及对人体的影响

LNG 的储存温度极低（-162℃），在该温度条件下，其蒸发气密度高于周围空气的密度。接触 LNG 主要的危害为冻伤，此外，接触液氮也会发生冻伤。皮肤直接与低温物体表面接触会产生严重的冻伤。直接接触时，皮肤表面的潮气会凝结，并粘在低温物体表面上。皮肤及皮肤以下组织冻结，很容易撕裂，并留下伤口，所以当戴湿手套工作时应特别注意。

如果没有足够的保护措施，人们在低于 10℃ 的环境下久待，就会面临低温麻醉的风险，体温会下降，生理功能和智力活动会下降，心力衰竭，进一步下降会导致死亡。

由于 LNG 的温度极低，泄漏会吸收周围地面、空气及附近设备、管道和基础的大量热量，从而对附近设备，管道和基础造成低温危害。在严重情况下，泄漏点附近的设备、管道和基础发生脆性形变和破裂，造成更严重的二次灾害。

1977 年，LNG Delta 海中的铝制阀门故障导致 LNG 泄漏，一人冻死。1965 年，Cinderella 船和 Methane Princess 船也均发生过 LNG 溢出事故，造成船舱盖板和甲板受损。

3. 重大危险源分析

依据 GB 18218—2018《危险化学品重大危险源辨识》，生产单元、储存单元内存在危险化学品的数量等于或超过标准中规定的临界量，即被定为重大危险源。

1) 危险化学品重大危险源辨识方法

生产单元指危险化学品的生产、加工及使用等装置及设施，当装置及设施之间有切断阀时，以切断阀作为分隔界限划分为独立的单元；储存单元指用于储存危险化学品的储罐相对独立的区域，储罐区以罐区防火堤为界限划分为独立的单元。规范不适用于厂外运输，因此，对于 LNG 接收站来说，汽车装车及天然气计量外输不属于危险化学品重大危险源的辨识范围，根据总平面布置及分布情况，LNG 接收站主要需要辨识 LNG 储罐区及工艺处理设施单元。

单元内存在的危险化学品的数量根据危险化学品种类的多少区分为以下两种情况：生产单元、储存单元内存在的危险化学品为单一品种，该危险化学品的数量即为单元内危险化学品的总量，若等于或超过相应的临界量，则定为重大危险源。

生产单元、储存单元内存在的危险化学品为多品种时，则按下式计算，若满足下面公式，则定为重大危险源：

$$S = q_1/Q_1 + q_2/Q_2 \cdots + q_n/Q_n \geqslant 1 \tag{7-1}$$

式中　　　S——重大危险源辨识指标；

$q_1, q_2, \cdots, q_n$——每种危险化学品的实际存在量，t；

$Q_1, Q_2, \cdots, Q_n$——与危险化学品相对应的临界量，t。

2）危险化学品重大危险源分级方法

根据 GB 18218—2018《危险化学品重大危险源辨识》，将危险化学品重大危险源的级别按其危险程度，分为一级、二级、三级和四级，一级为最高级别。

3）重大危险源分级指标

采用单元内各种危险化学品实际存在量与其在 GB 18218—2018《危险化学品重大危险源辨识》中规定的临界量比值，经校正系数校正后的比值之和 R 作为分级指标。

4）重大危险源分级指标的计算方法

$$R = \alpha \left(\beta_1 \frac{q_1}{Q_1} + \beta_2 \frac{q_2}{Q_2} + \cdots + \beta_n \frac{q_n}{Q_n} \right) \tag{7-2}$$

式中　　　R——重大危险源分级指标；

$q_1, q_2 \cdots q_n$——每种危险化学品实际存在量，t；

$Q_1, Q_2 \cdots Q_n$——与每种危险化学品相对应的临界量，t；

$\beta_1, \beta_2 \cdots \beta_n$——与每种危险化学品相对应的校正系数；

α——该危险化学品重大危险源厂区外暴露人员的校正系数。

5）校正系数 β 的确定

根据危险化学品的类别设定校正系数 β 值，其取值执行 GB 18218—2018《危险化学品重大危险源辨识》的有关要求，具体情况见表7-1。

表7-1　毒性气体校正系数 β 取值

名称	β	名称	β
一氧化碳	2	硫化氢	5
二氧化硫	2	氟化氢	5
氨	2	二氧化氮	10
环氧乙烷	2	氰化氢	10
氯化氢	3	碳酰氯	20
溴甲烷	3	磷化氢	20
氯	4	异氰酸甲酯	20

未在表 7-1 范围内的危险化学品，β 取值详见表 7-2。

表 7-2　危险化学品校正系数 β 取值

类别	序号	β 校正系数	类别	序号	β 校正系数
急性毒性	J1	4	易燃液体	W5.3	1
	J2	1		W5.4	1
	J3	2	自反应物质和混合物	W6.1	1.5
	J4	2		W6.2	1
	J5	1	有机过氧化物	W7.1	1.5
爆炸物	W1.1	2		W7.2	1
	W1.2	2	自燃液体和自燃固体	W8	1
	W1.3	2	氧化性固体和液体	W9.1	1
易燃气体	W2	1.5		W9.2	1
气溶胶	W3	1	易燃固体	W10	1
氧化性气体	W4	1	遇水放出易燃气体的物质和混合物	W11	1
易燃液体	W5.1	1.5			
	W5.2	1			

6）校正系数 α 的取值

根据重大危险源的厂区边界向外扩展 500m 范围内常住人口数量，设定厂外暴露人员校正系数 α 值，见表 7-3。

表 7-3　校正系数 α 取值

厂外可能暴露人员数量	α	厂外可能暴露人员数量	α
100 人以上	2.0	1~29 人	1.0
50~99 人	1.5	0 人	0.5
30~49 人	1.2		

7）分级标准

根据计算出来的 R 值，按表 7-4 确定危险化学品重大危险源的级别。

表 7-4　危险化学品重大危险源级别和 R 值的对应关系

危险化学品重大危险源级别	R 值	危险化学品重大危险源级别	R 值
一级	$R \geqslant 100$	三级	$50 > R \geqslant 10$
二级	$100 > R \geqslant 50$	四级	$R < 10$

（二）事故类型分析

1. 三种事故类型

自 1944 年首起重大事故——美国克利夫兰 LNG 储气站火灾爆炸后，全世界共发生详细记录的 LNG 事故超过 20 起。本节对国内外 LNG 接收站燃爆事故进行统计，总结事故原因，分析爆炸事故类型及机理，为国内相关产业安全生产与事故预防提供借鉴。以 10 年为区间，从 1944 年到 2010 年，建立事故数量的直方图，如图 7-1 所示。

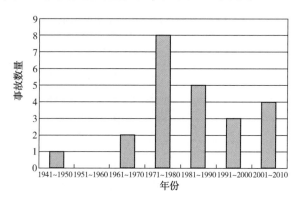

图 7-1　LNG 罐区事故数量统计

由图 7-1 可知，自 1944 年以来，LNG 事故已近 30 年处于低潮状态，事故较少。LNG 事故在 1971~1980 年随着世界商业贸易的快速发展而达到高峰。此后，事故发生率保持稳定，平均每 10 年 4 起，伴有递减趋势。

通过分析事故的发展过程，形成机理和事故后果，将 LNG 接收站的事故分为火灾、化学爆炸和储罐超压物理爆炸三类。

1）火灾

LNG 泄漏后迅速闪蒸并与空气混合形成蒸气云，其中以甲烷和水的液滴为主。当浓度进入爆炸极限时，蒸气云遇火源即产生火焰：蒸气量较少时，发生闪火；泄漏量较多时，蒸气点燃后发生回燃，在液池表面燃烧，发生池火；高压泄漏时在泄漏口直接被点燃，发生喷射火。如：1985 年美国亚拉巴马州 LNG 接收站，蒸气云扩散进入控制室，被引燃起火；1989 年英国 LNG 调峰站，泄漏后形成蒸气云被引燃，产生的闪火长达 40m[1]。

2）化学爆炸

LNG 化学爆炸分为两种情况：①蒸气云爆炸，LNG 泄漏挥发气与空气混合，并随空气流动，在拥塞空间内遇火源，形成蒸气云爆炸；②沸腾液体膨胀蒸气爆炸，当储罐受到火源烘烤、撞击或机械故障时，储罐受压后开裂，大量 LNG 由罐内喷射出来，同时发生剧烈相变，遇火源则会发生爆炸，或者储罐发生超压物理爆炸后，大量 LNG 蒸气泄漏，遇火源发生爆炸。如：1944 年美国克利夫兰储气站火灾爆炸事故；1987 年美国试验基地 LNG 蒸气云爆炸；2004 年阿尔及利亚斯基克达地区液化厂 LNG 蒸气云爆炸事故[2]。

3）储罐超压物理爆炸

储存的低温液体如果储存温度在沸点以下，当容器压力保持不变时，可以保持恒温，储罐内的介质为气、液两相共存。在储存过程中，当进出液体时，罐内液体易滚动，形成漩涡间歇泉或水锤等现象，导致罐内 LNG 大量挥发，当多余的 LNG 蒸气不能及时排出时，罐内压力会继续上升，当超过罐的设计压力时，即引发罐内超压发生物理爆炸。例如，1971 年意大利接收站事故就是罐内液体翻滚造成的天然气排空事故。

LNG 接收站主要燃烧爆炸事故模式有：闪火、喷射火、池火、蒸气云爆炸、沸腾液体蒸发爆炸（Boiled Liquid Evaporate Vapor Explosion，BLEVE）。LNG 接收站主要燃爆事故流程图如图 7-2 所示。

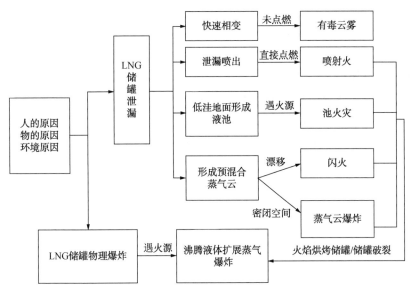

图 7-2　LNG 罐区燃爆事故流程

2. 液化天然气储存分层及翻滚

LNG 储罐内介质的分层翻滚过程，是一种特殊的热对流现象。热对流是指由于流体的宏观运动而引起的流体各部分之间发生相对位移，冷、热流体相互掺混所导致的热量传递过程。冷热流体之间的温差引起流体间密度差从而产生流动叫自然对流，例如锅炉表面附近空气受热向上流动。强制对流是由于使用机械施加的外力产生的压差作用使流体产生流动的现象，例如空冷器等。

重力作用下，引起流体流动的主要原因是密封空间部分流体密度差，一般可用计算流体力学或数值传热研究密封空间对流换热。由温差引起的自然对流有水平温差驱动和垂直温差驱动之分。垂直温差（可由底部加热或顶部冷却或两个热边界条件同时加载产生）驱动的自然对流，即所谓的瑞利-贝纳德对流（Rayleigh-Bénard 对流），RBC[3]。LNG 储罐内部的对流就是 RBC。

在 LNG 的综合利用过程中，需要进行长距离运输并储存。随产地不同 LNG 组成小有差异，温度、密度会受产地和运输影响，一个储罐里装有几种不同密度的流体时，就有可能产生分层。当分层处理不当就会引起翻滚，翻滚会严重威胁储罐的安全运行。由于翻滚的直接原因就是分层，因此需要对分层进行研究。一般造成分层的原因有两种，其机理是不相同的，下面分别加以介绍[3]。

1）充装引起的分层

LNG 存储温度约为-162℃，常压下 LNG 储罐的设计温度通常为-170℃。使用过程中一般会预留一部分 LNG 在罐里以便使 LNG 储罐维持低温状态和避免充注时造成冷损失，若新充装的 LNG 与罐内残存的 LNG 密度差较大时就会发生分层，储罐内不同层的 LNG 在自己的流域形成自然循环，各层之间的边界处会发生能量和物质交换，分层的 LNG 不融合时间过长，就形成稳定分层。若充注位置不合适或速度较快，就会诱发分层，进一步还会造成涡旋现象的发生，危害 LNG 储罐的安全。如果新加入的 LNG 密度大于罐内 LNG 的密度，从底部充装会形成稳定的分层；或者新加入的 LNG 密度小于罐内 LNG 的密度，从顶部充装有利于形成稳定的分层。

LNG 罐内温度远远低于外界，热量有可能在侧壁和罐底同时进入。上层 LNG 吸收热量通过气-液界面蒸发散失掉一部分，剩余热量致使其温度升高。下层 LNG 吸收的热量一部分通过液-液界面传递给上层 LNG，一部分自己吸收，此时会出现两种情况：下层 LNG 通过液-液界面传递给上层液体的热量小于从罐壁吸收的热量，此时，下层 LNG 温度升高，密度减小，如图 7-3 所示；下层 LNG 通过液-液界面传递给上层液体的热量大于从罐壁吸收的热量，下层 LNG 温度减小，密度增大，如图 7-4 所示。

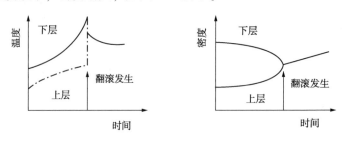

图 7-3　LNG 翻滚过程示意（第一种情况）

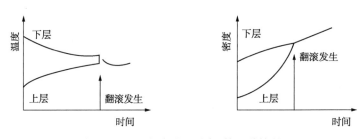

图 7-4　LNG 翻滚过程示意（第二种情况）

随着漏热的发展，LNG 的顶层温度升高，密度增大。第一种情况，由于底层吸收的热量大于向上层 LNG 传输的热量，因此温度升高，底层液体受到上层液体的重力抑制作用，罐底吸收的热量无法通过蒸发散热，达到过热状态，底层 LNG 的密度随着温度的升高不断减小。顶层 LNG 在吸收底层 LNG 热量和侧壁漏热的同时，不断通过气-液界面向气相空间蒸发散热，温度逐渐升高，密度也逐渐增大，当上下两层液体的密度差接近于零时，分界面消失，原处于过热状态的下层 LNG 大量蒸发，储罐内发生翻滚。第二种情况，LNG 底层的温度降低，密度逐渐增大，储罐顶部 LNG 温度呈上升趋势，密度快速增大，直到两者的密度差接近于零时，罐内发生翻滚。

1971 年 8 月 21 日，位于意大利 La Spezia 的 SNAM LNG 接收站发生的翻滚事故造成总计2000t LNG 通过安全阀排放，罐顶有轻度破坏，所幸没有发生火灾和人员伤亡。究其原因在于翻滚使储罐压力迅速升高，导致安全阀持续开启。因此在之后的安全阀设计均留有较多余量，同时在 LNG 操作时制定了严格的流程。

2）自动分层

对于初始时混合得较好的 LNG，如果其中的含氮量较高，也会发生一种自动分层现象。LNG 是一种多组分的混合物，主要成分是甲烷，含有少量的氮，甲烷的沸点是-161℃，液氮的沸点-196.56℃，液氮会先于烃类首先蒸发。根据 LNG 中氮含量的多少分为两种情况：

如果LNG中的氮含量较多，其大量蒸发，使得饱和LNG液体密度减小，由于上层LNG的密度减小，无法向下流动形成稳定的自然对流循环，经过一段时间后液体实现了分层；氮含量较少时，甲烷相对蒸发量较大，蒸发后的液体饱和温度和密度都增大，上层LNG向下运动，分层界面被破坏，发生翻滚。

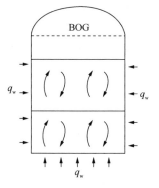

图7-5　储罐分层翻滚示意

分层是导致翻滚的直接原因，罐内分层情况如图7-5所示。一般情况下，来自不同产地的LNG充装到一个储罐中，即使初始混合均匀的LNG也会发生分层，含氮量较低时主要由密度差产生分层，LNG含氮量高(大于1%)时，LNG中的氮随着漏热的进行源源不断通过气-液界面优先大量蒸发，使LNG的密度减小，随着漏热的发展，轻质液层形成并产生分层，如处理不当就会造成翻滚事故。

在LNG储运发展史上，发生了多起事故。1970~1982年的13年中，在22个工厂内发生过91次涡旋事故，还不包括蒸发量较小而未引起注意的涡旋事故，其中大部分是因为充装引起的，少部分是由于氮蒸发引起的。其中一起是1971年8月21日发生在意大利La Spezia SNAMLNG储配站的一次翻滚事故，见表7-5。此次事故是由充装引起的，从罐底充装密度较大、温度较高的LNG在充装结束后18h发生翻滚事故。在此次事故中，安全阀门持续打开一个多小时，放气阀高速排气超过3h，共造成318m³的LNG放空。另外一次典型的事故发生在英国天然气公司(BG)的一个LNG储配站，翻滚发生时的蒸汽流量测试表明蒸发率比正常状态大20倍，事故中大约损失了160000m³的天然气，造成了大额的经济损失。

表7-5　La Spezia 翻滚事故状态记录

状态	持续时间/h	LNG 蒸发量/kg
翻滚状态	13	11300
翻滚状态	18	15900
翻滚之后	1.25	149000
翻滚之后	2	25000

3. 快速相变

快速相变，也称冷爆炸。如果LNG接收站周围有水体或LNG管道流经水体，发生泄漏后就会流入水中，或运输工具发生事故导致LNG与水相接触；浸没燃烧式蒸发器如果发生内漏，也会导致LNG与水相接触。这种接触可使LNG蒸发速度剧增，蒸发的气体迅速膨胀，产生巨大声音、喷出水雾，产生快速相态转变现象，此现象具有爆炸的特性。如果快速相变发生在设备内部等狭小空间，就有可能因物理爆炸造成设备损坏。

4. 间歇泉

正确充装新的LNG至残留有液相LNG储罐中的方法如下：设置喷嘴管或多孔管，密度大的从上部充装，密度小的或等重的从下部充装。温度和压力传感器必须设置，当上下层LNG的温度差大于0.2 K或密度差大于0.5kg/m³时，罐内LNG可能已经发生分层，需要采用搅拌或用泵循环的方法消除[4]。

在首次投用LNG储罐或向置换过的储罐充装LNG前，可用少量LNG进行降温，防止因罐壁温度高而使 LNG 大量闪蒸。如果储罐底部存在较长的垂直管路且存有 LNG 时，管内流体受热而产生蒸发气体，有可能造成定期发生 LNG 喷发的现象。其原因是：管内的气体不能及时上升到液面，因而温度不断升高，密度减小，当气体产生的浮力大到足以克服 LNG 液位高度的压力时，气体就有可能突然喷发。气体上升时，同时将管内的 LNG 也推入储罐，因垂直管段内的 LNG 温度比储罐内的液体温度高，使罐内液相短时内大量气化，罐内压力迅速升高。如果垂直管路的下部存在较长的水平管路，这种现象就会加重。管内 LNG 被推入储罐后，管内压力下降，容器内的 LNG 补充进去，开始重新聚集能量，经过一段时间，再次喷发。这种连续间断性的喷发就是间歇泉。

罐内压力骤然上升，可能导致储罐超压，虽然有安全阀但也应避免。因为安全阀的起跳是需要一定响应时间的。垂直管段内的 LNG 被周期性的减压和增压，导致液体不断地排空和充装，管路中产生的烃类蒸气被外界进入的 LNG 二次冷凝，形成水锤现象，产生很大的瞬间高压。产生的高压可能造成管路中管件损坏。为防止发生间歇泉，储罐内应避免设置过长的管路。若必须设置，应能在流程上设置截止阀以便关闭垂直管段的底部。

5. 低温灼伤、低温麻醉、窒息

LNG 的汽化潜热为 510.25kJ/kg，当 LNG 发生泄漏时，液相泄漏会发生相变，从周围环境吸收大量热量，温度最低有可能降到零下 -162℃，LNG 喷溅到人体会造成严重冻伤。液相 LNG 无论以何种方式泄漏接触到皮肤，急速气化后产生的低温都会对人体造成低温灼伤或者叫冻伤，冻伤程度分为 Ⅰ～Ⅲ 度，见表 7-6。

表 7-6 冻伤分级

级别	名称	症状
Ⅰ度 红斑性冻伤	皮肤浅层冻伤	局部皮肤发白，继后红肿，可有局部发痒、刺痛、感觉异常
Ⅱ度 小泡性冻伤	皮肤全层冻伤	损伤达皮肤深处，局部红肿明显，可有水泡出现，内有血清样或血性液体，疼痛剧烈，数日内水泡干枯，2 至 3 周内形成黑色干痂，脱落后创面愈合
Ⅲ度 坏死性冻伤	皮肤和皮下组织冻伤	损伤达皮肤深处、皮下组织或肌肉骨骼，损伤部位呈紫黑色，周围组织水肿，疼痛剧烈，创面愈合慢，常留下瘢痕与功能障碍

液化天然气致中毒主要是麻醉中毒和窒息。一般来说，当空气中气态 LNG 的体积分数高于 10%时（此时氧的整体分压占整个体系的 19%左右），就会使人头晕恶心产生窒息感，甚至窒息死亡。常压下烷烃类化合物对机体的生理功能没有影响，但空气中 LNG 含量较高，使空气中氧气浓度下降时就可引起窒息。

LNG 另一种作用是低温麻醉，在无任何保护措施的情况下，人若长时间处于低于 10℃ 的环境中，生理功能和智力活动会随着体温的下降而下降，进而导致低温麻醉。体温下降至 35℃ 以下就会导致心脏功能衰竭甚至死亡。当 LNG 从储罐泄漏出来时，其密度远远大于空气，但随着与大气环境的接触，LNG 首先会大量吸收热量完成闪蒸（由于液体自身的热量而迅速蒸发），而闪蒸过程存在于整个液体中[5]。闪蒸后 LNG 会变为温度较低且密度较大的气体，又使其周围空气温度降低而形成小液滴，这样，就形成了密度较大的气体、液滴混合的低温两相云团。在此云团内工作的救援人员就会受到此低温的影响。

6. 火灾及爆炸

1）泄漏扩散

（1）泄漏方式 LNG泄漏会产生巨大危害，它有两种泄漏方式，分别是连续泄漏和瞬时泄漏。连续泄漏就是连续不间断、时间较长的泄漏，泄漏量较少。瞬时泄漏一般就是短时间内泄漏出大量的气体、液体或气液两相。因此当LNG储罐发生瞬时泄漏时，危害比连续泄漏大得多。瞬时泄漏是由于储罐内的总压下降过快，导致LNG液体温度高于饱和蒸气温度，处于过热状态，迅速蒸发形成气体，储罐承受不住如此高的压力，因而产生爆炸。

（2）扩散方式 气体的扩散方式一般分为两种：重气扩散和非重气扩散，这是通过泄漏后气云的密度决定的。重气扩散就是泄漏出来的气云密度比空气密度大，泄漏后会首先有向下沉降的过程，类似丙烷、丁烷的泄漏。非重气泄漏就是气云密度比空气小或与空气密度相等的泄漏方式，例如氨气泄漏、天然气泄漏等。重气泄漏一般利用板模型来分析泄漏方式，非重气泄漏一般利用高斯烟羽模型来分析。

（3）泄漏物理过程分析 当LNG从储罐泄漏出来时，首先会大量吸收热量完成闪蒸，其密度远远大于空气。闪蒸后LNG会变为温度较低且密度较大的气体，又使其周围空气温度降低而形成小液滴，这样，就形成了密度较大的两相云团，云团由气体、液滴混合。两相云团在重力作用下发生沉降而贴近地面扩散[6]。同时，由于大气湍流的运动，大量的空气被卷吸入云团内部，云团也在持续与大气环境、地面交换热量。由于甲烷的密度会随着温度的升高而降低，因此当云团温度达到大约166K时，甲烷密度与空气密度相等。进而重气云团转变为非重气云团，开始向上空运动。LNG混合云团的扩散过程主要分为四个阶段，如图7-6所示。

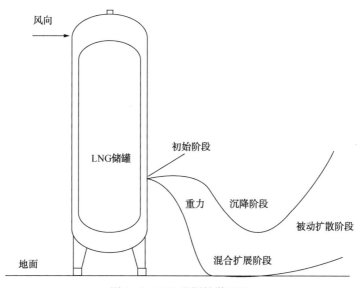

图7-6 LNG泄漏扩散过程

① 初始阶段。不同的泄漏形式决定了云团不同的形状，它对泄漏扩散过程有着重要影响。对于瞬时泄漏，云团将会作为一个整体在大气中进行扩散。水平喷射不会产生云团的抬升运动。垂直喷射云团会抬升至最大高度，之后进行扩散。

② 重力沉降阶段。由于混合云团受重力与浮力的影响，初始混合云团密度较大，在重

力作用下沿着地表运动。随着云团继续扩散，空气与云团逐渐混合传热传质使其浓度降低，大气湍流作用比重气效应弱。

③ 混合扩展阶段。在此阶段，混合云团继续与大气混合，相互传导热量，云团逐渐被稀释，浓度逐渐降低，温度继续升高，云团持续扩展。此时，大气湍流作用增大，重力效果减小。

④ 被动扩散阶段。云团继续与空气环境混合，进一步被稀释，密度继续减小直至比空气轻。此时，云团进入非重气泄漏阶段，大气湍流将取代重气效应占据主导地位。云团也将随着大气湍流向上空运动。

（4）泄漏形式　在LNG储存过程中，储罐内一般都会留存一定气相空间，因此储罐内一般会同时存在气相与液相两种物质状态。当LNG储罐发生破裂而导致泄漏时，根据破损的位置和泄漏口大小等因素都会引起不同的泄漏形式。液相、气相、气液两相是三种主要泄漏形式。

当储罐较高出现破裂时，若发生瞬时泄漏，那么储罐将会产生巨大裂痕，LNG全部闪蒸成为气体，引起灾难性后果。当储罐液位较低气相空间位置受到外力破坏而产生孔洞时，由于孔洞面积相对LNG横截面积较小，罐内气体便会从孔洞喷出而引起小孔连续气相泄漏。当储罐低液位液相空间位置受到外力破坏而产生孔洞时，LNG将与空气接触传递热量，LNG将出现过热沸腾状态。若是液体储存的热量能满足完全闪蒸需要的热量，那么LNG就会闪蒸成为气态，形成气相泄漏。若是热量不满足完全闪蒸需要的热量，那么LNG会部分闪蒸，剩下液体形成液池，造成气液两相泄漏。

① 液相泄漏。当储罐破裂时，由于LNG不能完全闪蒸，因此泄漏出来的是液态天然气。但实际情况却相对复杂，随着泄漏的进行，LNG不断与空气进行热量交换，部分LNG气化变为气体，部分未气化的则形成液池。

根据流体力学相关知识，小孔泄漏的液相质量速率为：

$$Q = C_0 AP \sqrt{2gh + \frac{2(P - P_0)}{\rho}} \tag{7-3}$$

式中　Q——LNG液体泄漏质量速率，kg/s；

C_0——泄漏孔的流量系数，与泄漏口形状与雷诺数有关，无量纲常数，取值可参考表7-7；

A——泄漏孔的流通面积，m^2；

ρ——液化气密度，kg/m^3；

g——重力加速度，m/s^2；

h——液面与泄漏口的高度差，m；

P——LNG储罐液面上方的压力，Pa；

P_0——大气压力，101325Pa。

表7-7　泄漏孔流量系数 C_0 取值

雷诺数 Re	泄漏口形状		
	圆形	长方形	三角形
$Re > 100$	0.65	0.55	0.6
$Re \leqslant 100$	0.5	0.4	0.45

通过式(7-3)可知，液体泄漏质量速率主要与储罐内外压强有关，而和液面与泄漏口高度差 h 关系不大。随着泄漏的进行，储罐内 LNG 的量也在随时变化，因而罐内压强也在变化，这就使得泄漏的质量速率时刻改变。

② 气相泄漏。当 LNG 储罐破裂时，由于泄漏出的 LNG 完全闪蒸变为气态并与空气混合，因此泄漏出来的为混合气体。计算泄漏速率的方法很多，不同的流态有不同的计算方法。只有先对气体的流动状态进行分析，才能够计算小孔连续性泄漏的质量速率。因此，LNG 气体泄漏质量流量为：

$$Q_{gas} = C_d AP \left\{ \frac{2k}{k-1} \times \frac{M}{RT} \left[\left(\frac{p_0}{p} \right)^{\frac{2}{k}} - \left(\frac{p_0}{p} \right)^{\frac{k+1}{k}} \right]^{\frac{1}{2}} \right\} \tag{7-4}$$

式中　p_0——大气环境压力，Pa；

p——储罐内压力，Pa；

k——气体绝热系数，LNG 为 1.32；

A——泄漏口面积，m^2；

M——气体相对分子质量；

R——通用气体常数，8.314J/(mol·K)

T——储罐内气体温度，K；

C_d——气体泄漏系数，根据表 7-8 进行取值；

Q_{gas}——气体质量速率，kg/s。

表 7-8　气体泄漏系数取值

系数	形状				
	圆形孔	三角形孔	矩形孔	渐缩孔	渐扩孔
C_d	1.0	0.95	0.9	0.9~1.0	0.6~0.9

当泄漏气体为音速流动时，即当 $\frac{p_0}{p} \le \left(\frac{2}{k+1} \right)^{\frac{k}{k-1}}$ 时，气体质量速率为：

$$Q_{gas} = C_d Ap \sqrt{\frac{Mk}{RT} \left(\frac{2}{k+1} \right)^{\frac{k+1}{k-1}}} \tag{7-5}$$

当泄漏气体为亚音速流动时，即当 $\frac{p_0}{p} > \left(\frac{2}{k+1} \right)^{\frac{k}{k-1}}$，气体质量速率为：

$$Q_{gas} = YC_d Ap \sqrt{\frac{Mk}{RT} \left(\frac{2}{k+1} \right)^{\frac{k+1}{k-1}}} \tag{7-6}$$

其中，气体膨胀因子 Y 的计算方法为：

$$Y = \sqrt{\left(\frac{1}{k-1} \right) \left(\frac{k+1}{2} \right)^{\frac{k+1}{k-1}} \left(\frac{p}{p_0} \right)^{\frac{2}{k}} \left[1 - \left(\frac{p}{p_0} \right)^{\frac{k-1}{k}} \right]} \tag{7-7}$$

公式适用对象均为理想气体绝热不可逆过程。

③ 气液两相泄漏。由于储罐破裂，部分液体闪蒸变为气态，剩下的液体则泄漏出在地面低洼处形成液池，液池继续与空气进行热量交换，蒸发成气体后在空气中随着大气湍流逐

渐扩散。一般的，要判断闪蒸的情况，就首先要计算蒸发的液体在泄漏液体中所占比重 F_v。

2）喷射火

喷射火模型：由于液化天然气或天然气在接收站内是带压输送，会以射流的形式向外泄漏，一旦遭遇具有点火能量的火源，则会形成射流火焰，即喷射火。高压 LNG 泄漏时在喷口会发生闪蒸，形成的射流会更猛烈。喷射火灾释放的大量热辐射和火焰形态均是对事故灾害后果起决定性影响的因素，其火焰形态主要受射流和风速的影响。

天然气泄漏时形成喷射火，其热辐射公式如下：

$$q = \eta Q_0 HC \qquad (7-8)$$

式中　q——点热源热辐射功率，W；

　　　η——效率因子，可取 035；

　　　Q_0——泄漏速度，kg/s；

　　　H——燃烧热，Jg；

　　　C——灰体的辐射系数。

射流轴线上某点热源：到距离该点 x 处的热辐射强度为：

$$I_i = \frac{qR}{4\pi^2} \qquad (7-9)$$

式中　I_i——点热源 i 至目标点 x 处的热辐射强度，W/m^2；

　　　q——点热源的辐射功率，W；

　　　R——辐射率，可取 0.2；

　　　x——点热源到目标点的距离，m。

某一目标点处的热辐射强度等于喷射火的全部点热源对目标的热射强度的总和：

$$I = \sum_1^n I_i \qquad (7-10)$$

式中　n——计算时选取的点火源数，一般取 $n=5$。

经计算求得喷射轴线上某点的热辐射强度危害距离见表 7-9。

表 7-9　辐射危害距离

热辐射强度/（kW/m^2）	对设备的损坏	对人的伤害	发生危害的距离/m
37.5	操作设备损坏	1%死亡（10s） 100%死亡（60s）	3.17
25.0	在无火焰，长时间辐射下木材燃烧的最小能量	重大烧伤（10s） 100%死亡（60s）	3.89
12.5	有火焰时，木材燃烧及塑料熔化的最低能量	I 度烧伤（10s） 1%死亡（60s）	5.52
6.3	—	在 8s 内裸露皮肤有痛感；无热辐射屏蔽设施时，操作人员穿上防护服可停留 60s	
4.7	—	暴露 16s，裸露皮肤有痛感；无热辐射屏蔽设施时，操作人员穿上防护服可停留几分钟	9.75
1.58	—	长时间暴露无不适感	15.42

表 7-9 中所列数据为一种极端状态，在实际中，管道内的压力不会始终维持在 0.35MPa，随着输气管道上下游被切断，管道内的压力会越来越低，泄漏量逐渐减少，并且大部分的天然气会很快扩散到大气中，扩散速度受地形、风速、大气稳定度等诸多因素影响。

喷射的天然气一旦被点燃，在火焰作用下，承重构件截面积缩小，承载能力和刚度下降，承受不了原设计的荷载而发生垮塌或变形量超过规定值，则构件失去支撑稳定性。在火焰作用下，构件发生爆裂或局部塌落，形成孔隙或穿透性裂缝。火焰和高温气体穿过构件，使其背面可燃物发生燃烧或炭化，构件的完整性被破坏。为了避免喷射火的影响，因此需要设置消防降温系统，这点将在本章第三节消防技术中进行详细说明。

3）蒸气云爆炸

TNO 多能法是以 TNO 模型为基础而进行的改进，将局部约束、湍流加速、气体活性等因素纳入考虑范围，是一维的数值模型。假定在半球形的蒸气云中心处点火，以恒定的火焰速度传播。需要注意的是，仅当有约束存在时，才有强烈的爆炸波产生，无约束处只是单纯地进行燃烧，对爆炸波无显著的影响。

① 计算爆炸源的燃烧能 E：

$$E = V_{爆炸源} \times 3.5 \times 10^6 \qquad (7-11)$$

式中　E——爆炸源内燃料-空气混合物的燃烧能，J；

　　　V——爆炸源中燃料与空气混合物体积，m^3。

估计爆炸源的强度 R_0，取值范围为 1~10，如：对气云中未受约束或未受阻碍的部分，取 1；对喷射时强扰动的气云部分，取 3；典型工艺单元，取 7~9；最大爆炸源强度取 10。

② 计算比拟距离 $\overline{R}$：

$$\overline{R} = \frac{R}{(E/p_0)^{2/3}} \qquad (7-12)$$

式中　$\overline{R}$——爆炸源的 Sachs 比拟距离（无量纲）；

　　　R——距爆炸源中心的距离，m；

　　　E——爆炸源的燃烧能，J；

　　　p_0——环境大气压，Pa。

③ 计算爆炸超压：

查图 7-7 可得 Sachs 比拟爆炸超压 $\Delta \overline{p}_S$ 爆炸超压的计算，见式（7-13）：

$$p = \Delta \overline{p}_S p_0 \qquad (7-13)$$

式中　p——爆炸超压，Pa；

　　　$\Delta \overline{p}_S$——Sachs 比拟爆炸超压，无量纲；

　　　p_0——环境大气压，Pa。

4）池火

LNG 池火特征与烃类燃料基本类似，可以采用汽油、丙烷等通用模型进行分析研究。但需要注意的是，LNG 池火也有其自身的独特性：第一，LNG 池火呈现明亮的火，相似规模的油类池火往往伴随大量黑色浓烟，这是因为甲烷碳链短，燃烧更充分，随着碳链增长，重烃燃料往往由于氧化不足产生大量的炭黑粒子，这是构成黑烟的主体；第二，LNG 池火

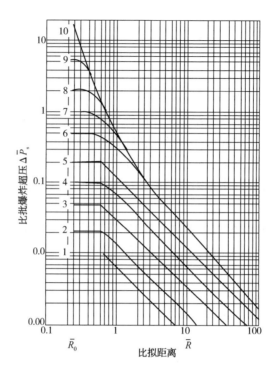

图 7-7　TNO 模型 Sachs 比拟超压

形状比油类池火更细长，这是因为 LNG 燃烧速率高，而且气化后变成密度较小的甲烷，受到火焰浮力的影响更甚。因此 LNG 泄漏形成的火灾在水平方向扩散距离较短，在竖直方向燃烧距离很长。

5）沸腾液体扩展蒸汽爆炸

由于 LNG 低温特性和储罐材质及其他条件的影响，在大多数情况下易发生的事故包括蒸气云爆炸（VCE）、沸腾液体扩展蒸气爆炸（BLEVE）和池火灾三种类型。因此本节重点对 LNG 储罐区发生的 BLEVE 事故进行分析。

沸腾液体扩展为蒸汽爆炸的主要危险，是火球产生的强烈热辐射所致。由于实验条件不同，不同的研究人员提出的火球模型和热辐射通量计算方法也不完全相同。文献经常提到的三个沸腾液体扩展为蒸汽爆炸模型为国际劳工组织（ILO）提出的模型、H. R. Greenberg 和 J. J. Cramer 提出的模型，以及 A. F. Roberts 提出的模型。通过分析比较，笔者认为 Greenberg 和 Cramer 模型比较合理一些，因此本评价方法采用 Greenberg 和 Cramer 模型，并对其热剂量的计算公式进行修正。

（1）火球半径

$$D = 2.665 W^{0.327} \tag{7-14}$$

式中　D——火球半径，m；

　　　W——火球中消耗的可燃质量，kg。对单罐储存，W 取罐容量的 50%；对双罐储存，W 取罐容量的 70%；对多罐储存，W 取罐容量的 90%。

（2）火球持续时间

$$t = 1.089 W^{0.327} \tag{7-15}$$

式中　t——火球持续时间，s；

　　　W——火球中消耗的可燃物质量，kg。

（3）火球抬升高度　火球在燃烧时，将抬升到一定高度，火球中心距离地面的高度 H 可由式（7-16）估计：

$$H = D \qquad (7-16)$$

（4）火球表面热辐射能量　假设火球表面辐射能量是均匀扩散的，火球表面热辐射能量 SEP 由式（7-17）计算：

$$SEP = F_S W H_a (\pi D^2 t) \qquad (7-17)$$

式中　F_S——火球表面辐射能量比；

　　　H_a——火球的有效燃烧热，J/kg。

F_S 与储罐破裂瞬间储存燃料的饱和蒸汽压力 P（MPa）有关：

$$F_S = 0.27 p^{0.32} \qquad (7-18)$$

对于因外部火灾引起的 BLEVE 事故，式（7-18）中的 p 值可取储罐安全阀启动压力 p_n 的 1.21 倍，即：$p = 1.21 p_n$。

H_a 由式（7-19）求得：

$$H_a = H_c - H_u - C_p T \qquad (7-19)$$

式中　H_c——液化气体的燃烧热，J/kg；

　　　H_u——液化气体常沸点下的蒸发热，J/kg；

　　　C_p——液化气体的恒压比热，J/（kg·K）；

　　　T——火球表面的火焰温度与环境温度之差，K，一般来说取 $T = 1700K$。

（5）视角系数　视角系数 F 的计算公式如下：

$$F = [(D/2)/r]^2 \qquad (7-20)$$

式中　r——目标到火球中心的距离，m。

假设目标到储罐的水平距离为 x（m），故：

$$r = (x^2 + H^2)^{0.5} \qquad (7-21)$$

（6）大气热传递系数　火球表面辐射的热能在大气中传输时，由于空气的吸收及散射作用，一部分能量损失掉了，假定能量损失比例为 a，则大气热传递系数 $t_a = 1 - a$，a 和大气中的二氧化碳和水蒸气的含量、热传输距离及辐射光谱的特性等因素有关。t_a 可由以下经验公式求取：

$$t_a = 2.02 (P_W^0 RH r_1)^{-0.09} \qquad (7-22)$$

式中　P_W^0——环境温度下的饱和水蒸气压，N/m²；

　　　RH——相对湿度，%；

　　　r_1——目标至火球的距离，m。

（三）安全生产技术特点与防范措施

天然气是优质、高效、洁净的能源，液化天然气可以像石油一样安全方便地储存及运输。LNG 的安全生产主要体现在总平面布置上留有足够间距，工艺方面注意防火防爆防火，同时管理措施要跟上，另外低温冻伤等其他危险有害因素也应当充分关注。

1. 总平面布置

1）装置间距满足防火间距规定

液化天然气接收站总平面布置应符合现行国家标准 GB 51156—2015《液化天然气接收站工程设计防火规范》、GB 50183—2015《石油天然气工程设计防火规范》的有关规定，同时满足 GB/T 20368—2021《液化天然气(LNG)生产、储运和装运》的规定。主体工艺装置与周围设施的防火间距设置情况详见表 7-10。

表 7-10　主体工艺装置与周围设施的防火间距

名称	周围设置	《石油天然气工程设计防火规范》规定防火间距/m	实际设计间距/m
主体工艺装置 （设备）	压缩机厂房	9(装置内部)	≥9
	全厂重要设施 （如综合楼、35kV 变电所等）	25	≥25
	辅助生产设施	15	≥20
	有明火的密闭 工艺装置及加热炉	20	≥20
	锅炉房	25	≥25
	火炬	90	120

2）总图其他安全设施

① 厂区道路。厂内设环形消防车道，车行道路采用带路牙混凝土路面，路面宽度为 6.0m，转弯半径为 12m。

② 在厂区人员比较集中区域设置全厂主要出入口，方便厂区人员及消防车进出。另外在厂区靠近装车区设置第二出入口，便于紧急情况下，消防车可以从另外一个入口进入厂区。

③ 应急门。在厂前区应设置应急逃生小门，方便在紧急情况下疏散。

④ 变电站单独成区，并用 1.8m 高围栏围合。

⑤ 明火或散发火花的设施布置在厂区边沿。

⑥ 周围设置不低于 2.2m 的非燃烧体围墙。

⑦ 内绿化区域为非油性植被草皮。

⑧ 工艺装置区和储罐区与周围的消防车道之间，不种植树木。

2. 防火、防爆

1）安全泄放系统

根据 SH/T 3009—2013《石油化工可燃性气体排放系统设计规范》等相关规定，用以计算事故放空时火炬筒体尺寸。根据 SH/T 3009—2013《石油化工企业燃料气系统和可燃性气体排放系统设计规范》及 GB 50183—2015《石油天然气工程设计防火规范》等的规定，计算火炬高度。

为了确保工艺装置及火炬本身的安全，应采用吹扫气，其吹扫气为燃料气。火炬头上应设置稳火圈和挡风板。吹扫气管上设置有限流孔板。

安全阀：根据 GB 50183—2015《石油天然气工程设计防火规范》和 GB 150—2011《压力容器》的规定，各压力容器和系统均设有安全阀，在超压时泄压以保护设备和系统的安全。

2）火灾及可燃气体检测系统

全厂应设置独立的气体与火灾检测报警系统，以实现全厂火灾、可燃气体和有毒气体的泄漏检测、报警及安全保护，并与 DCS 建立有效的通信。可燃气体（CH_4）探头应根据泄漏的四个不同阶段安装在释放源上方和下方以及可燃气体易于积聚的地方。

气体与火灾检测报警系统的显示报警系统安装在中心控制室。当任一个检测仪检测出可燃气体指标越限时，在气体与火灾检测报警系统控制面板上报警，提醒操作人员进行处理。如发生火灾报警，经操作员查证落实后，启动消防水泵，通知消防部门。根据火情启动 ESD 关闭全厂天然气进出装置切断阀并对生产装置进行泄压处理。

3）建（构）筑物的防火、防爆设计

LNG 接收站各类用房应通风良好、尽量减少有毒气体对人体的危害，便于人员安全疏散。另外可通过设置移动式灭火器材，以及时扑灭小型初期火灾，保证员工安全。办公楼内控制室、机柜间为抗爆结构。厂区设备用房内装修均采用燃烧性能为 A 级的建筑装修材料。压缩机房用轻质墙体及屋面围护，易于泄压。厂房内设置必要的可燃气体检测系统、气源切断装置、蒸气灭火系统。

4）电气设施的防火、防爆措施

根据 GB/T 20368—2021《液化天然气（LNG）生产、储存和装运》及 SY/T 0025—1995《石油设施电气装置场所分类》，进行生产设施爆炸危险场所区域的划分和范围确定。爆炸危险环境内电气设备的选择和线路敷设应严格执行 GB 50058—2014《爆炸危险环境电力装置设计规范》的规定。

5）应急照明

下列重要场所，如变电所、低压配电室、控制室、中央控制室、消防泵房、工艺装置区，在正常照明故障时可能发生危险的，应装设应急照明，应急照明容量按正常照明的25%考虑。

3. 防毒、防化学伤害

防毒、防化学伤害必须严格执行 GBZ 1—2010《工业企业设计卫生标准》规定。生产操作尽可能密闭化，使作业场所有害气体的浓度低于 GBZ 2.1—2019《工作场所有害因素职业接触限值》（化学有害因素）的规定。

① 接收站原料均在密闭状态下使用；排出的废气（含甲烷等）密闭送至火炬系统焚烧或作燃料气使用；经分析化验室流出的少量酸、碱液由管道密闭输送和使用，不与人员接触，保证职工健康不受损害。

② 装设通风设施、应急救援设施和通信报警装置；定期对使用有毒物品作业场所职业中毒危害因素进行检测、评价。

③ 针对有毒物质，在工艺控制中采用密闭操作，减少有毒物质的泄漏，并加强通风；职工要穿戴劳动保护用品，设置洗眼器、喷淋等卫生设施。

④ 采用先进的工艺流程，自动化操作。采用 DCS 集中控制，设置集中控制室、工人操作值班室，与工艺生产设备隔离。

⑤ 选用先进可靠的机泵、阀门、管道、管件，对受压操作的设备和管道，除对焊缝进行严格探查外，应进行压力试验和泄漏性试验，加强维护与管理，严禁跑、冒、滴、漏现象发生，使岗位介质浓度控制在国家标准以内。

⑥ 加强操作工人的个体防护。车间常备救护用具及药品。

4. 管理措施

LNG 项目工艺介质温度低、压力高，安全风险级别高，管理难度大，为了有效推进 LNG 接收站的安全风险管理工作，需要建立一套完善的安全风险保障机制，使安全风险管理工作能够落到实处。安全风险管理保障体系包括组织保障、技术保障、制度保障、经费保障和文化保障等多方面。

1）组织保障

安全风险管理必须依赖一个健全的风险管理体系，LNG 接收站的安全风险点多，安全风险管理工作必须是在一个沟通顺畅、责任明确、分工协同的组织架构下，多部门配合才能完成好。

目前，LNG 接收站应成立多部门联合安全管理领导小组，包括机动安全部、保卫部、生产部、工程技术部等。联合安全管理领导小组的主要职责是负责落实安全法律法规，制定安全规章制度和操作规程，监督检查安全管理工作，及时消除安全隐患，制定安全风险应急救援预案，同时负责安全宣传工作。

2）技术保障

随着科学技术的不断发展，油气领域的安全风险管理的技术手段也在不断创新，根据 LNG 接收站的安全风险管理要求，提炼 LNG 安全风险管理模式，应对 LNG 安全风险的不断变化，必须要有强大的技术支撑，在安全风险识别、评估、监测等技术手段上，不断发掘，安全风险管理水平才能得以保障。

3）制度保障

安全管理的主要目标就是预防风险，因此，安全制度也可通过安全风险来制定，制定各类安全管理规章制度，使安全风险管理工作做到有法可依，有章可循。LNG 接收站的安全管理制度，建议在充分认识企业重大危险源、安全风险评价结果的基础上，从以下几个方面完善：

① 组织机构。不断优化现有安全管理组织机构，明确安全风险管理职责，通过制定相关制度，形成强有力的监督机制。

② 安全防范。安全防范事关 LNG 接收站生存和发展、安全防范制度的完善、安全风险防范措施的细化，为形成有效的安全风险防范机制提供保障。

③ 检查整改。丰富安全检查形式，走出"当局者迷，旁观者清"的安全管理盲区，通过安全检查，及时发现潜在的问题，把隐患消灭在萌芽状态，把安全工作做得更好更扎实。对于发现的问题，责令有关单位限期进行有效的整改。如此，既能发现解决存在的问题，也可以使基层员工从心理上产生紧迫感，更清醒认识和看到工作中确实存在的不足与疏漏，时刻保持居安思危、防患于未然的空杯心态。

④ 奖励处罚。建立安全管理奖惩机制，完善奖励惩罚制度，将奖惩措施作为促进安全管理有效推进的手段，以奖为主，以罚为辅，奖罚分明。通过奖惩激励，使员工的安全意识不断巩固，安全生产工作不断强化。

⑤ 教育培训。安全管理要以人为本，而教育培训是使"安全第一"深入人心的有效途径。教育培训的主要内容分为思想教育、法律法规教育、安全技术教育。思想教育主要是正面介绍，正面宣传；法律法规教育，是学习有关文件、条例和已制定的具体规定、制度；安全技术教育，主要是本厂安全技术知识、消防知识、危险点和设备安全防护以及注意事项。如：

电气安全技术和触电预防，急救知识，高温、粉尘、有毒、有害作业的防护，运输安全知识，防护用品正确使用知识等。

4）经费保障

要保证安全生产，必须有一定的物质基础。没有一定的资金保证，提高劳动者的安全意识和安全操作技能，改善劳动者的劳动条件，为劳动者提供必要的劳动防护用品，进行安全风险应急演练等安全生产条件和方案将很难实现。因此，生产经营单位的安全生产经费问题，是关系到本法是否能够得到有效实施的一个重要问题。只有严格管理安全经费将其用于安全技术措施、安全培训、职业危害预防、安全风险隐患的整改等领域，安全风险管理才能有效推进。

5）文化保障

企业安全文化是指企业在长期安全生产和经营活动中，逐步形成的，或有意识塑造的又为全体职工接受、遵循的，具有企业特色的安全思想和意识、安全作风和态度、安全管理机制及行为规范；是保护员工身心健康、尊重员工生命、实现员工价值的文化，得到企业每个员工自觉接受、认同并自觉遵守的。企业安全文化体现为每一个人、每一个单位、每一个群体对安全的态度、思维及采取的行为方式。

企业安全文化有多种表现形式，如安全文明生产环境与秩序，健全的安全管理体制及安全生产规章与制度的建设，沉淀于企业及员工心灵中的安全意识形态、安全思维方式、安全行为准则、安全道德观、安全价值观等。归根结底，企业安全文化的内涵可以浓缩成两点：一是创造安全的工作环境；二是培养员工做出正确的安全决定的能力。建设企业安全文化，一是要加强全员安全思想教育，二是要加强员工安全知识教育，三是要强化企业安全文化氛围。

建立企业安全文化有四个要点：领导重视是关键、以人为本是基础、先进的文化理念是导向、规范管理是保证。企业只有在安全管理方面的力度和效率提高，安全文化意识深入人心之后，才能有效地杜绝大量安全隐患，将安全生产工作真正意义上落实到位。

5. 其他危险有害因素

1）高温危害防护

① 防烫伤。对设备、管道及其附件表面温度超过50℃时，采取节能隔热设施，使之不对环境造成影响；工艺生产中不需保温的设备、管道及其附件，其外表温度超过60℃，均做防烫处理，即距地面或工作台高度2.1m以内者，距操作平台周围0.75m以内者，均设有防烫隔热层，并合理配管，以防介质从管接头处喷出而引起烫伤。

② 通风设施。以自然通风为主，机械通风为辅。对自然通风可以满足生产及卫生要求的厂房，采用自然通风进行换气。泵房为排除设备泄漏可能产生的有害物，设置事故排风系统，在墙上设置轴流通风机进行通风换气。变压器室及配电间为夏季排除设备散热，兼变压器事故通风，以自然通风为主，并设置定期开启的排风机。化验室按工艺要求设通风柜、排气罩局部排风。

③ 空调设施。控制室要求恒温，设置分体式恒温空调机来满足控制设备对室温的要求；另外对于办公室、变配电室等辅助设施内需设置柜式或分体式空调器，以满足设备对环境的要求，同时改善员工的工作环境。经采取以上措施后，上述场所的温度均可满足 GB 50019—2015《采暖通风与空气调节设计规范》有关规定。

2）低温危害防护

当建设地区冬季寒冷，且极端最低气温达到-28.5℃时，设计中需对设备、管道、仪表等均考虑防冻措施，室外设备、管道设保温层。

3）劳动卫生方面的对策措施

进入岗位和作业区人员必须穿戴劳保服（防静电）、劳保鞋（防静电），佩戴安全帽等，各工种作业人员按《石油企业职工个人劳动防护用品管理及配备规定》定期发放劳动保护用品；厂区总平面布置要做到功能分区明显，各区按功能分开布置，装置的布置要做到工艺流程衔接紧密，管道走向顺畅；人流和物流要分开，方便投产后的生产管理、运输和消防。

生产工艺及设备布局各站场设备尽可能露天布置，采用自然通风，UPS室、配电室、泵房等建筑采取强制通风措施，排除有害气体及室内余热。职业病危害特征相同的生产装置尽量集中布置，做到高温与低温区分开，有毒和无毒分开，高噪声与低噪声区分开布置，减少相互的影响。

（四）应急救援

LNG接收站因需要码头支持且危险品存量较大，大多建设在化工园区内相对偏远的位置，社会救援力量相距较远，更多的要依靠企业自身的应急救援资源，所以企业从业人员的应急抢险能力尤为重要。

① 制度保障。建立健全突发事件应急救援预案，通过预案划清应急救援组织责任，明确应急响应流程，作为突发事件发生时的指导文件，做到应急工作有据可依、有迹可循；同时向地方政府进行报备，融入属地应急救援预案体系。

② 资源保障。根据液化天然气（LNG）物料理化性质特殊性，要求应急救援队伍充分了解其危害，在最短的时间内采取最合理的施救措施，在完全依托地方应急救援组织的情况下，例如：医院、消防队等，需要进行充分沟通避免应急状态下的错误施救，导致人员救治不及、事故后果加重；在周边应急资源距离较远无法满足LNG接收站应急需求的前提下，LNG接收站要加强企业应急队伍的建设，救小、救早，遏制事故扩大，在享受周边应急资源的同时，为地区应急救援提供主力。

③ 信息保障。设置多种报警、监控系统，监测现场可燃气体、火焰等险情，能够第一时间发现突发事件并能通过扩音对讲、无线对讲、现场手动报警等多种途径进行反馈，将现场险情信息第一时间传达至应急指挥系统；建立健全应急报告机制，在发生突发事件时能及时向上级单位、关联单位、政府部门进行报告求援并指挥现场进行先期处置，在应急过程中能及时沟通。

④ 技术保障。现场关键设备设施能够实现一键式远程关断，在发生事故时由中控室进行紧急切断，防止物料大量泄漏，同时对工艺处置流程进行优化、固化，并按要求定期进行应急培训与演练，提升人员应急水平，在事故发生前期进行最有效的处置，降低、消除事故损害；现场干粉灭火系统、泡沫系统、喷淋系统等均可一键式远程启动，能够针对现场可能发生泄漏、火灾的点位进行扑救；码头水炮、干粉炮能实现远程启停和远程控制，对船舶火灾进行精准扑救。

⑤ 物资保障。结合现场工艺及设备，配备相应的应急物资及抢修物资，配备消防救援车辆冗余的干粉和泡沫等消防物料，为消防人员、工艺处置人员、抢修人员配备防化服、防冻服、空气呼吸器等应急防护用品，为抢修工作配备相应的防爆工具、支撑装备等，并进行

定期的维护、补充。同时建立多座接收站的物资共享，在发生事故后能够进行及时的救援、抢修，调集所需物资，以最快的速度恢复生产，避免因生产无法及时恢复导致储罐、管道回温等严重的生产事故。

（五）国内外相关标准规范

LNG 工程的相关标准国外起步较早，很多标准在 20 世纪 90 年代就已经完成，标准数量也较多，国内近年来也逐步完善了标准体系，相关常用标准见表 7-11。

表 7-11　国内外常用标准规范

序号	标准编号	标准名称
国内标准		
1	GB 50183—2015	《石油天然气工程设计防火规范》
2	GB 50016—2014（2018 年版）	《建筑设计防火规范》
3	GB/T 20368—2021	《液化天然气(LNG)生产、储存和装运》
4	GB 50156—2021	《汽车加油加气加氢站技术标准》
5	GB 50231—2009	《机械设备安装工程施工施工及验收通用规范》
欧洲标准		
1	EN 1160—1996	《液化天然气设备和安装——液化天然气的一般性能》
2	EN 12065—1997	《液化天然气设备和安装——未产生液化天然气火焰灭火粉末及产生中高膨胀泡沫的泡沫浓缩物的试验》
3	EN 12066—1997	《液化天然气设备和安装 —— 液化天然气蓄气区域用绝缘套管的试验》
4	EN 12308—1998	《液化天然气设备和安装——液化天然气管道中法兰接头垫圈设计适配性试验》
5	EN 12838—2000	《液化天然气设备和安装——LNG 采样系统适应性检验》
6	EN 13423—2000	《压缩天然气车辆操作》
7	EN 13942—20039	《石油和天然气工业——管道运输系统管道阀门》
8	EN 14163—2001	《石油和天然气工业——管道运输系统管道焊接》
9	EN 1473—2016	《液化天然气设备和安装——陆上装置设置》
10	EN 14174—1997 2008	《液化天然气设备和安装——近海安装的设计》
11	EN 1776—1998 2015	《供气天然气测量站——功能要求》
12	EN ISO 13705—2001 2012	《石油和天然气工业 ——一般精馏厂的燃烧式加热器》
13	EN ISO 13706—2000	《石油和天然气工业——风冷式热交换器》
美国标准		
1	NFPA 57—2018	《液化天然气(LNG)车辆燃料系统规范》
2	NFPA 59A—2009	《液化天然气(LNG)生产、储存和装运》
3	49CFR，Part 193	《联邦安全法规：液化天然气设施》
4	33 CFR 127	《装卸液化天然气和危险气体的码头设备》

序号	标准编号	标准名称
5	33 CFR 165	《安全区/控制区的界定及安全措施》
6	ANSI NGV4.8—2002	《天然气机车加气站压缩机使用指南》
7	ANSI/AGA NGV3.1—1995	《天然气动力车辆用燃料系统元件》
8	ANSI/API 521—2006	《石油、石化产品和天然气工业压力泄放系统》
9	ANSI/ASTM F2138—2001	《天然气动力车辆燃料系统元件》
10	ANSI/IAS NGV1b—1998	《天然气车辆燃料填充设施》
11	ANSI/IAS NGV4.1—1999	《天然气分配系统》
12	ANSI/IAS NGV4.2—1999	《天然气车辆与分装系统用软管》
13	ANSI/IAS NGV4.4—1999	《天然气分配管和系统断路装置》
14	ANSI/IAS NGV4.7—1999	《天然气分装系统用自动压力控制阀》
日本标准		
1	—	《高压气体安全保障法》
2	JGA-108-02	《LNG 地上储罐指南》
3	JGA -102-03	《LNG 接收站设备指南》
4	KHK/KLKS 0850-7(2005)	《安全检查标准》
5	KHK/KLKS 1850-7(2005)	《定期自主检查指南》
6	JEAC 3709	《液化气设备规程》
7	—	《港湾设施在技术上的基本的省令》

1. 国内标准

(1) GB 50016—2014(2018 年版)《建筑设计防火规范》　该标准为国内建筑物防火主要标准规范之一，是一项综合性的防火技术标准，涉及面广，同时适用于民用和工业建筑物，主要关注建筑物的防火、消防等方面设计内容，主要内容包括火灾危险性等级分类以及相应的防火设计、建筑材料耐火等级、消防设计等内容。

该规范共分为 12 章和 3 个附录，主要内容有：生产和储存的火灾危险性分类、高层公共建筑的分类要求，厂房、仓库、住宅建筑和公共建筑等工业与民用建筑的建筑耐火等级分级及其建筑构件的耐火极限、平面布置防火分区与防火分隔、建筑防火构造、防火间距和消防设施设置的基本要求，工业建筑防爆的基本措施与要求；工业与民用建筑的疏散距离、疏散宽度、疏散楼梯设置形式、应急照明和疏散指示标志以及安全出口和疏散门设置的基本要求；甲、乙、丙类液体、气体储罐(区)和可燃材料堆场的防火间距、成组布置和储量的基本要求；木结构建筑和城市交通隧道工程防火设计的基本要求，以及为满足灭火救援要求设置的救援场地、消防车道、消防电梯等设施的基本要求，建筑供暖、通风、空气调节和电气等方面的防火要求以及消防用电设备的电源与配电线路等基本要求。

(2) GB 50183—2015《石油天然气工程设计防火规范》　适用于新建、扩建、改建的陆上油气田工程、管道站场工程和海洋油气田陆上终端工程的防火设计。该规范共分为 10 章和 3 个附录，主要内容有：总则、术语、基本规定、区域布置、石油天然气站场总平面布置、石油天然气站场生产设施、油气田内部集输管道、消防设施、电气、液化天然气站场等。

该标准涵盖了原油、成品油、天然气、液化气等的储存设施平面布置，储存相关设备、管道的安全性要求，以及配套的消防、电气规定。该标准的要求更倾向于防火设计，针对石油行业，LNG 站场只是其中一部分。

（3）GB/T 20368—2021《液化天然气（LNG）生产、储存和装运》　该标准参考 NFPA 59 A，适用于 LNG 产业的设计、选址、施工、操作、设施维护和人员培训。NFPA 59 A 具有很高的权威性，在国际上获得高度认可并广泛使用。

（4）GB 50156—2021《汽车加油加气加氢站技术标准》　该标准共包含 15 章和 4 个附录，主要内容有：总则，术语，基本规定，站址选择，站内平面布置，加油工艺及设施，LPG 加气工艺及设施，CNG 加气工艺及设施，LNG 和 L-CNG 加气工艺及设施，高压储氢加氢工艺及设施，液氢储存工艺及设施，消防设施及给排水，电气、报警和紧急切断系统，采暖通风、建筑购物、绿化、工程施工。该规范是综合性技术规范，对加油加气加氢站特有问题进行了规定。

（5）GB 50231—2009《机械设备安装工程施工施工及验收通用规范》　该标准共包含 8 章和 10 个附录，主要内容有：总则，施工条件，防线、就位、找正和调平，地脚螺栓、垫铁和灌浆，装配，液压、气动和润滑管道的安装，试运转，工程验收，适用于各类机械设备安装工程施工及验收的通用性部分。该标准涵盖了机械设备施工准备、基础、装配连接、关键部件安装、试运行、调试和验收整个流程。

2. 欧洲

（1）EN 1160—1996《液化天然气设备和安装——液化天然气的一般性能》　该标准对液化天然气(LNG)及 LNG 工业中使用的低温材料特性提供了指导，同时包含健康和安全方面的内容。该标准的制定实施主要目的是作为 CEN/TC 282《液化天然气装置和设备》其他标准的引用标准，为 LNG 设施的设计或操作提供参考。

（2）EN 12065—1997《液化天然气设备和安装——未产生液化天然气火焰灭火粉末及产生中高膨胀泡沫的泡沫浓缩物的试验》　该标准规定了一种实验方法，用于评估液化天然气(LNG)火灾中膨胀泡沫(由符合 prEN 1561 标准的泡沫浓缩液制成)、高膨胀泡沫(由符合 prEN 15668-2 的泡沫浓缩液制成)和灭火干粉(符合 EN 615 标准)单独或联合作为灭火手段的有效性。

（3）EN 12066—1997《液化天然气设备和安装——液化天然气蓄气区域用绝缘套管的试验》　该标准规定了 LNG 蓄气区域用绝缘套管的选用原则，为每种橡胶、塑料材质软管的最大、最小尺寸提出了限定值。为了满足上述要求，该标准根据生产工艺将软管分为四类。针对不同的工业和自动化应用，该标准还规定了定尺公差数值。该标准主要用于软管的选择，但如果项目规定选用本标准外尺寸软管或本标准外内径软管，可以不执行本标准。

（4）EN 12308—1998《液化天然气设备和安装——液化天然气管道中法兰接头垫圈设计适配性试验》　该标准规定了 LNG 管件法兰连接面垫片适用性的评价方法，适用垫片范围：$DN10 \sim 1000$，$PN16 \sim 100$，等级 $150 \sim 900$，法兰等级/公称直径范围 NPS 1/4-42。

（5）EN 12838—2000《液化天然气设备和安装——LNG 采样系统适应性检验》　该标准规定了用于 LNG 组成测定的采样系统适用性测试方法(通常与色谱等分析工具联合应用)。

（6）EN 13423—2000《压缩天然气车辆操作》　针对以天然气为燃料的车辆或操作压力超过 20MPa(15℃)的燃料系统，本标准提出了一系列建议措施。此外，本标准还适用于压力更高的操作系统，但同时要考虑与高压相关的安全因素，如通风速率、危险区域要求等。该标准适用于 ISO/DIS 15501-1：2000 和 ISO/DIS 15501-2：2000 标准体系的车辆和 prEN 13638：1999 标准体系的加气站。

（7）EN 13942—20039《石油和天然气工业——管道运输系统管道阀门》 本欧洲标准针对满足 ISO 13623 要求的石油和天然气工业管道系统，对球阀、止回阀、闸阀和旋塞阀的设计、制造、测试和文件编制提出要求和建议。陆地天然气供应行业使用的陆上供应系统不在本标准范围内。本标准不包括压力等级超过 PN420（2500 级）的阀门。在订购阀门方面，本标准附录 A 为买方选择阀门类型和满足具体要求规范方面提供了指导意见。

（8）EN 14163—2001《石油和天然气工业——管道运输系统管道焊接》 本标准针对满足 ISO 13623 要求的石油和天然气工业管道输送系统，规定了管道的环焊缝、连接焊缝和角焊缝操作和检验要求。陆地天然气供应行业使用的陆上供应系统不在本标准范围内。本标准适用于碳钢和低合金钢管的焊接要求，该标准仅适用于直径大于等于 20mm，壁厚大于等于 3mm，且额定最小屈服强度不超过 555 MPa 的管道。此外，该标准也适用于管道焊接，如管段、立管、发射器/接收器、配件、法兰、短管和管道阀门连接。该标准涵盖的焊接工艺包括焊条电弧焊、钨极气体保护焊、气体保护金属极电弧焊、有保护气体和无保护气体的药芯焊丝电弧焊以及埋弧焊。该标准不适用于闪光环缝焊、电阻焊、固相焊或其他一次性焊接工艺，也不适用于管道或管件的纵向焊缝、在役管道的"热抽头"焊接或 ISO 13623 范围外的工艺管道焊接。

（9）EN 1473—2021 1997《液化天然气设备和安装——陆上装置设置》[7] 该标准主要用于规范和指导 LNG 装置的设计、建造和运行，以陆地 LNG 工厂、接收站设施的子系统或设备、管道、仪表为规范对象，以安全为目标，规范 LNG 工厂选址、设备与管道的设计与安装、生产、储存、转运和装运，重点对有危险性的设备与装置的安全性进行了要求。

该标准涉及地震、易燃易爆物的泄漏、溢出、扩散、爆炸、燃烧（火灾、热辐射）、超压、中毒、加热蒸发等危险因素和现象的防范，设备和管道的真空、低温、潮湿、腐蚀预防，电气安全要求，还包括排放物、声、光等物质的安全控制，对设备翻滚、表面冷凝、脆裂的预防。

与 NFPA 59A 类似，该标准主要应用于陆地设备，但与 NFPA 59A 不同的是，EN 1473 更多是与运行相关的规范，而且要求对 LNG 设施首先进行安全分析，并在此基础上进行设计。因此 EN1473 更详细且更具约束性。主要内容：①LNG 系统规范，包括液化站、接收站、气化站等；②工艺设备规范，包括 LNG 泵、气化器、管路、控制设备等；③LNG 储罐设计规范[8]。

EN 1473 对安全性要素和场合，在标准中并不提出具体限定值，而是要求进行危险评价。评估与采取安全措施的目标是风险范围内的事故危害不超过可接受值。

（10）EN 1776—2015《供气天然气测量站——功能要求》 该标准规定了新建及大规模改扩建气体测量站的设计、施工、测试、启用/停用、操作、维护和校准（如适用）的要求。还规定了测量系统的精度等级和适用于这些等级的阈值。该标准通过选择、安装和使用适当的测量仪器以及计算文件来证明气体测量系统的合规性。

（11）EN ISO 13705—2012《石油和天然气工业 ——一般精馏厂的燃烧式加热器》 本国际标准规定了一般炼油厂用火焰加热器、空气加热器（APH）、风机和燃烧器的设计、材料、制造、检验、试验、船运准备和安装的要求和建议。该标准不适用于蒸汽转化炉或热解炉的设计。

（12）EN ISO 13706—2000《石油和天然气工业——风冷式热交换器》　该标准提出了石油和天然气工业用空冷式热交换器的设计、材料、制造、检验、测试和装运准备的要求和建议，适用于带水平管束的风冷换热器，其基本概念也可应用于其他结构的风冷式换热器。

3. 美国

（1）NFPA 57—2018《液化天然气（LNG）车辆燃料系统规范》　该标准规定的汽车燃料系统包括"材料、容器、容器附件、管汇、泵与压缩机、气化器、部件合格标准、安装、标签、充气接头"等内容，指导 LNG 汽车燃料系统各部件设计、制造与安装、检验。加气站设施包括"建设地点、室内加气、汽车加气（应可手控紧急切断以保护汽车不受损害）、固定式容器、液体水平面测试表、设备、维护"等内容，用以指导 LNG 加气站的设计、建造和运营。

（2）NFPA 59A—2009《液化天然气（LNG）生产、储存和装运》[9]　该标准以岸上 LNG 工厂、接收站设施的子系统或设备、管道、仪表为规范对象，以安全为目标，规范 LNG 工厂选址、设备与管道的设计与安装、LNG 生产、储存、转运和装运，重点对有危险性的设备与装置的安全性进行了要求。是 LNG 生产、储存和装运、操作标准，以安全限制值为主线，以过程、安全要素为规范目标。主要包括：设备布置及间隔；工艺设备如储罐、气化设施、管路、控制设备以及消防设备等的要求、设备防震设计、培训等。

该标准涉及地震、易燃易爆物的泄漏、溢出、扩散、爆炸、燃烧（火灾、热辐射）、超压、中毒、加热蒸发等危险因素和现象的防范，设备和管道的真空、低温、潮湿、腐蚀预防、电气安全、操作、维护培训要求及设计者和制造商资格要求。

NFPA 59A 基于已有理论、特定模型、计算公式、历史数据和经验，不仅提出安全研究内容与目标，还直接提供了安全措施、推荐模型或计算公式，或直接提出详细、定量的安全指标或限定值。安全限制内容多、具体、分类明细，安全性定量指标或要求也较多，但危险情形分类难以述及所有实际情况。

与 49 CFR 193 相比，NFPA 59A 是对工程建设、运行全过程提出可操作的、详细的实施措施，可以理解为一部从技术层面保证安全的标准。

（3）49 CFR 193《联邦安全法规：液化天然气设施》　该标准是美国 LNG 装置的强制性安全标准，与 NFPA 59A—2009 相比，更侧重于程序方面的要求，可以理解为一部从法律层面保证安全的标准。该标准主要针对大型调峰站及接收站，对小型接收站及小型设施未作详细规定。因此，该标准不能直接应用于小型卫星站。其内容主要包括：站区要求及设计、设备运行及维护、人员培训、消防及保卫、LNG 设施与居民区的距离、安全警卫区设置等。

（4）33 CFR 127《装卸液化天然气和危险气体的码头设备》　该标准适用于美国海岸警卫队管理进出港的 LNG 船舶及其他水上 LNG 设施。其内容主要基于 NFPA59A，尤其是 LNG 储罐、管路系统、仪表、电控和输运设施等。主要内容包括：LNG 水上设施操作规范、水上危险液化气体的输运规范等[8]。

33 CFR 127 "处理 LNG 和 LHG 的岸边设施"共分以下 3 个子辑[9]：

①"A 子辑总则"是通用原则，除定义外，规定了处理 LNG 或处理 LHG 的岸边设施运输操作前的基本程序和内容，规定了经营者和管理者的职责和要求，相关利益人的权利与程

序等。

② B 子辑处理 LNG 的岸边设施分 7 个部分，分别是设计与施工、设备、操作、维护、人员培训、保安、消防。其中"操作"和"消防"部分内容较详细，其余内容较简略。B 子辑主要规定了码头基础、电力系统、照明系统、通信系统等基本设施和消防主系统、监测与警报系统、手册等安保设施的基本要求；规定了一些基本内容，如员工培训内容，操作手册和应急手册必须包含的内容，初步检查的内容等；还规定了经营者和运输操作负责人的基本安全职责、要求及应确保的事项。

③ C 子辑处理 LHG 的岸边设施不适用于 LNG 设施。

（5）33 CFR 165《安全区/控制区的界定及安全措施》 该标准为美国海岸警卫队执行的水域通航、安全区、控制区划分法规。

（6）ANSI NGV4.8—2002《天然气机车加气站压缩机使用指南》 该标准详细说明了天然气加气站天然气压缩机的结构和性能要求。压缩机组应包括但不限于从隔离阀上游入口连接到分装商指定排放连接之间的所有必要设备。

（7）ANSI/AGA NGV3.1—1995《天然气动力车辆用燃料系统元件》 本标准适用于全新天然气燃料车的车辆燃料系统部件安全性能。本标准不适用于以下各项：

① 位于汽化器上游的液化天然气燃料系统部件，包括气化器；

② 机动车中包含用于天然气燃料系统、按照联邦机动车安全标准（FMVSS）和加拿大机动车安全标准（CMVSS）制造的部件；

③ 燃料容器；

④ 固定式气体发动机；

⑤ 容器安装硬件；

⑥ 管道和配件。

（8）ANSI/API 521—2006《石油、石化产品和天然气工业压力泄放系统》 该标准适用于减压和蒸汽减压系统，主要针对炼油厂，但也适用于石化设施、天然气厂、液化天然气（LNG）设施和油气生产设施。该标准旨在帮助选择最适合不同装置的风险、环境系统。

（9）ANSI/ASTM F2138—2001《天然气动力车辆燃料系统元件》 本标准规定了热塑性天然气管道系统用溢流阀的要求和试验方法。根据本规范要求制造的溢流阀也可用于其他天然气管道系统。该标准规定的溢流阀设计用于天然气系统的部件中，如管道、管道或配件，尺寸 1/2 CTS 至 2 IPS。标准要求的试验旨在确定安装在直管段中的溢流阀性能特征。

（10）ANSI/IAS NGV1b—1998《天然气车辆燃料填充设施》。

（11）ANSI/IAS NGV4.1—1999《天然气分配系统》该标准详细说明了：

① 为车辆（NGV）分配天然气（NGV）的新制造系统（主要用于将燃料直接分配到车辆的燃料储存容器中）机械和电气特性；

② 单个外壳中的 NGV 加气机；

③ 包含在多个壳体中，用于计量和登记设备、远程电子设备、软管和喷嘴的 NGV 分配器。

（12）ANSI/IAS NGV4.2—1999《天然气车辆与分装系统用软管》 该标准对于 NGV 加气站中加气机与加油嘴连接的压缩天然气软管、车载燃油系统以及将排放气体回输至安全位置燃气管道的软管进行了规定。根据本标准制作的软管总成可在散装软管制造点或散装软管制造商授权的软管装配设施进行组装。

（13）ANSI/IAS NGV4.4—1999《天然气分配管和系统断路装置》　该标准适用于新生产压缩天然气燃料车辆（NGV）加气机剪切阀和软管紧急分离切断装置。

（14）ANSI/IAS NGV4.7—1999《天然气分装系统用自动压力控制阀》　该标准适用于高压天然气装置的自动压力控制阀。

4. 日本[10]

（1）《高压气体安全保障法》　日本 LNG 设备安全方面的基本规范，规定内容非常详细，主要针对既向燃气发电厂供气又向城市燃气供气的 LNG 接收站。

（2）JGA（日本燃气协会）-108-02《LNG 地上储罐指南》　以日本《燃气企业法》为基础的 LNG 技术标准，《燃气企业法》主要针对由城市燃气公司投资、主要用于解决城市居民和工业企业用气 LNG 接收站的安全规范。

该标准适用于低温、低压设置在地上的金属双壁 LNG 地上式储罐以及预应力混凝土 LNG 地上式储罐的计划、设计、建造以及维修管理。储罐类型包括铝质内罐的 LNG 储罐，但不包括带吊顶的 LNG 储罐和地上 LNG 薄膜罐。

《LNG 地上式储罐指南》不包括预应力混凝土内罐罐型，是作为在施工、试验、运行、操作（包括故障）以及停止使用期间"容器"的结构设计指定原则和使用规定。地震计算与 EN 14620—2006 大致相同。

（3）JGA-102-03《LNG 接收站设备指南》　以日本《燃气企业法》为基础的 LNG 技术标准。以确保 LNG 接收站的安全为目的，是对于站内 LNG 设备从规划、设计、建设到运营管理、维护管理各方面进行规定的综合性的技术指南。本指南适用于 LNG 接收站内除了 LNG 低温储罐以外的 LNG 设备，以及附属设备。

主要内容包括：总则、LNG 栈桥设备、LNG 气化器、LNG 容器和 LNG 热交换器、LNG 配管、LNG 泵、BOG 处理设备、LNG 货车出货设备、LNG 电气设备 LNG 配管、LNG 计量监测设备、接收站站址基础、接收站站址布置、LNG 安全设施、运转管理、日常维护管理。该规范数据详细、具体、便于操作，相当于我国石油化工企业的技术手册。

从标准适用的范围看 JGA-102-03 只是适用于 LNG 接收站，从标准规定的内容看 JGA-102-03 涵盖设计、施工、试运行和投产后的运营管理。从标准规定的深度看 JGA-102-03 详细、具体，便于设计、施工和日常管理的技术人员使用。

（4）KHK/KLKS 0850-7（2005）《安全检查标准》　以日本《高压气体安全保障法》为基础的 LNG 技术标准，《高压气体安全保障法》主要针对既向燃气发电厂供气又向城市燃气供气的 LNG 接收站。

适用于液化天然气接收站内各种设施的安全检查工作。主要包括以下各种设施的检查内容：警戒标志的检查、安全距离及设施布局的检查、高压气体设备的基础、抗震设计结构等的检查、燃气设备的检查、计量仪器和控制装置及电气设备的检查、安全和防灾设备的检查、管道的检查等。

该标准有助于编制预防性维护计划，对于保证接收站的稳定和安全的运行大有帮助，但是这个标准不够全面，需要各个接收站根据厂家设备使用和维修保养手册补充编制。我国广东大鹏液化天然气有限责任公司预防性维护计划与该标准内容接近，该项工作由维修部门用计算机管理软件 Maximo 实现。

（5）KHK/KLKS 1850-7（2005）《定期自主检查指南》 以日本《高压气体安全保障法》为基础的 LNG 技术标准。主要是对各种设备的检查位置、检查项目、检查方法和检查周期的具体要求。这些设备包括 LNG 栈桥设备、气化器、储罐、泵、BOG 压缩机、回流鼓风机和管道等。对于以上每种设备在《定期自主检查指南》中都给出了详细的表格，注明其检查位置、检查项目、检查方法和检查周期等的要求。在这些表格之后，《定期自主检查指南》还给出了对这些表格进行解释说明的内容，具体说明如何检查，有可能遇到的情况以及发现异常应如何处理等。

《定期自主检查指南（LNG 接收站）》属安全生产和管理规范，对于特种设备和仪表的检查（国内称检定或校验）我国有专门的法律法规和标准。本标准对 LNG 生产运行中所使用的各种设备的检查方法作了比较详细的规定，从安全维护的角度出发，提出了一套行之有效的检查方法。对于充实和完善从业者的自主安全检查和安全维护是不可缺少的，此标准有很好的借鉴价值。

（6）JEAC 3709《液化气设备规程》 以日本《电气企业法》为基础的 LNG 技术标准，《电气企业法》是针对电力公司投资建设、主要用户是联合燃气发电厂 LNG 接收站的安全规范。

《液化气设备规程》由日本电力协会火力专业部编写，对接收站的总图布置、靠泊设备、卸载设备、通道、蒸发器回收装置、鼓风机、取样系统、装卸管道、消防系统、船舶补给系统、安全防灾设备有详细的技术要求。

该规程专门针对设置在发电厂内接收站的 LNG 设备，因此，在总图的布置、靠泊设备、卸载设备、通道、蒸发器回收装置、鼓风机、取样系统、装卸管道、安全消防系统、船舶补给系统有特殊考虑，在安全的距离和消防系统方面与 EN1473《液化天然气设备与安装》、GB/T 20368—2006《液化天然气生产、储存和装运》有所不同，有必要深入研究。

（7）《港湾设施在技术上的基本的省令》 在进行港湾设施的设计时，应根据其中规定的方法对于自然条件及其他的有关该设施所处各种条件进行研究，主要章节如下：总则、水域设施、外部设施、系泊设施、其他港湾设施，国内相关标准有《液化天然气码头设计规程》。

第三节 消防技术

一、消防技术在液化天然气接收站中的应用

天然气是一种优质高效的能源，是保护大气环境的最理想燃料。随着世界经济、科学技术的日益发展和人类环保意识的不断增强，天然气作为清洁能源、重要的化工原料，得到了广泛应用。世界各国把推广利用天然气，提高天然气在一次能源消费中的比重，作为优化能源结构，改善人类生存环境，实现经济、社会和环境协调发展的重要途径。全球已探明的天然气储量约占石油储量的 80%。天然气已成为世界经济的主要能源，成为仅次于石油的第二大能源。随着勘探、开采技术的发展，液化天然气的储存、海路运输优势的突显，低温冷冻技术的不断成熟和低温设备安全管理工作的不断完善，液化天然气（LNG）的工业应用得到了广泛的发展。我国原有能源结构以煤为主，不仅能源利用效率低，而且严重污染环境。

随着我国天然气开发和利用步伐的加快，天然气在我国能源消费中的比重逐步增大，液化天然气市场的发展对我国经济的重要性也日益增加。目前，国内已建、在建、扩建的 LNG 接收站约 60 多座，大部分位于沿海地带。

LNG 产业在亚太地区已经开展了十多年，但对设计人员来说依然是一个新兴领域。设计人员需要不断深入了解 LNG 接收站工艺生产、操作特点，辨析火灾危险性，增强对其火灾发生机理的科学认识，才能有的放矢，因地制宜地采取适当的防火、灭火技术手段，制定出经济、安全、合理的消防方案。

但是 LNG 接收站的消防安全不能单纯依赖于消防技术、职业健康保护、应急防护等措施，更多的还是取决于工艺的本质安全、自动控制和紧急停车系统的可靠性、设备的完整性等各专业的安全消防设计。

（一）液化天然气接收站火灾危险性及特点

液化天然气接收站通过码头装卸臂及辅助设施将液化天然气（LNG）从专用 LNG 运输船卸至接收站内的 LNG 储罐内。LNG 由装卸站采用槽车向下游用户输送或装船外运，或经加热气化成为天然气（NG），计量后由首站采用管道向下游用户输送。LNG 接收站以液化天然气为原料，产品为外输天然气（NG）和液化天然气（LNG），生产方法为低温接卸、低温储存、低温加压、低温装车（船）、加热气化及管道输送。从 LNG 接收、储存、气化到外输，整个过程进行的是单纯的物理变化，无化学反应及化学变化。

LNG 和 NG 的主要组分为甲烷，LNG 富液中含有少量乙烷、丙烷及丁烷组分，天然气主要来源于气田和油井伴生气，通常是作为燃料使用的。其火灾危险性分类为甲类。液化天然气的危险特性主要有气液膨胀比大、低温、易燃易爆。其火灾的特点是：火灾爆炸危险性大，高度易燃，容易被气体、火花或火焰点燃；火焰温度高、辐射热强、易形成大面积火灾；会与空气形成爆炸性混合物，具有复燃、复爆性。

液化天然气接收、储存、气化及输送过程中可能存在的主要泄漏事故、火灾爆炸事故环节有：

1. 泄漏事故

由于液化天然气是低温深冷储存，其泄漏与一般液化烃有所不同。液化天然气一旦从储罐、管道或阀门泄漏，一小部分立即急剧气化成蒸气，剩下的泄漏到地面，沸腾气化后与周围的空气混合成冷蒸气雾，在空气中冷凝形成白烟，再稀释受热后与空气形成爆炸性混合物。形成的爆炸性混合物若遇到点火源，极易引发火灾及爆炸。

液化天然气泄漏后形成的冷气体在初期比周围空气浓度大，易形成云层或层流。泄漏的液化天然气的气化量取决于土壤、大气的热量供给，刚泄漏时气化率很高，一段时间以后趋近于一个常数，这时泄漏的液化天然气就会在地面上形成一种液流。若无围护设施，则泄漏的液化天然气就会沿地面扩散，遇到点火源就可引发火灾及爆炸。

当处于事故状态时，设备的安全释放设施排放的液化天然气遇到点火源，也可能引发火灾。

常见的泄漏事故有：

① 液化天然气（LNG）储罐罐顶管道及阀门发生的泄漏；

② 低压、高压泵和高压外输设备发生的泄漏；

③ 接收站的液化天然气（LNG）或天然气（NG）输送管道发生的泄漏；

④ 液化天然气(LNG)码头设备、管道发生的泄漏;

⑤ 船舶突遇恶劣天气发生碰撞,导致 LNG、船用燃料油大量泄漏;

⑥ 人员操作失误导致 LNG 泄漏。

2. 火灾事故

① LNG 大量泄漏到地面或水面上形成液池后,遇到点火源被点燃,产生的池火灾;

② LNG 输送设施、管道内的 LNG 泄漏时,遇到点火源被点燃,产生的喷射火灾;

③ LNG 泄漏后形成的 LNG 蒸气云遇到点火源被点燃,产生的闪火。

(二)液化天然气接收站主要设备火灾危险性

1. 液化天然气储罐

液化天然气(LNG)一般储存在 LNG 储罐中,LNG 储罐罐容和储罐类型与采用的标准及接收站的站址条件有关。LNG 储罐分为地上罐和地下罐两种。目前,国内 LNG 接收站多选用地上罐。地上储罐通常采用地上架空式基础和加热落地式基础,按其结构分为单容罐、双容罐、全容罐、薄膜罐及复合混凝土低温罐(Composite Concrete Cryogenic Tank,简称 C3T)等。因为 LNG 是低温深冷储存,对于单容罐或钢制外壁的双容罐,一旦钢制罐壁绝热性能下降,储罐压力剧增,会造成储罐破裂事故[14]。

2. 气化器

液化天然气接收站接收站常用的气化器有:开架式气化器(ORV)、中间介质气化器(IFV)、浸没燃烧式气化器(SCV)、管壳式气化器等。其主要作用是 LNG 液流经气化器换热发生相变,转化为气体并提高温度,经过调压器调节压力后进入管网,然后送给用户。因为进入气化器的是液化天然气,在气化之前一旦发生泄漏极易造成火灾爆炸事故[14]。

3. BOG 再冷凝器

目前液化天然气接收站的 BOG 再冷凝器主要是填料塔式再冷凝器,该冷凝器用来储存 LNG 储罐罐顶蒸发气体(BOG)和卸船期间产生的 BOG,主要用来平衡 LNG 储罐的压力,一旦 LNG 储罐温度发生波动,气化出的气体便进入该冷凝器。因此 BOG 再冷凝器应有配套的液化回收系统或放空设施,避免超压造成泄漏事故[14]。

4. 装卸设施

液化天然气接收站储存的液化天然气,一般是由 LNG 罐车运输到各个用户,运载状态一般是常压。LNG 罐车有压力输送和泵送液体等两种输液方式,接卸过程中极易发生泄漏事故,同时罐车运输过程的安全性非常重要。

5. 码头卸船设施

码头卸船区是通过码头装卸臂及辅助设施将 LNG 从专用 LNG 运输船卸至接收站内的操作区域。卸料臂及配套设施因维护保养不周,易造成液化天然气泄漏事故。

(三)国内外常用的灭火系统与消防设施

消防技术就是保障灭火和防火有效进行所采取的措施。本节所介绍的消防技术主要是指灭火技术中为扑救火灾,预先设置的自动探测、识别系统(火灾自动报警系统)和灭火系统。其中,火灾自动报警系统的内容见本节第(五)部分。

灭火系统涵盖的消防设施种类多、功能全、使用范围广。灭火系统的一个显著特点是:

除了干粉灭火系统、气体灭火系统外，其他灭火系统均采用水作为主要或辅助灭火剂。常用的灭火系统与设施按其使用功能不同，可划分为以下几类：

1. 消防给水系统

水是扑救火灾的主要灭火剂，消防给水系统的可靠与否，直接影响着火灾扑救的效果。消防水源是保证消防给水系统可靠工作的必要条件，能否确保消防给水水源，也直接影响着火灾扑救的效果。消防水源除了市政给水外，还可以采用天然水源、人工水体等，多样化的水源选择可以提高消防水源的可靠性。我国的很多城镇都有着丰富的天然水源，若能充分利用这些水体作为消防用水，使其在消防中发挥应有的作用，将为保证消防用水提供一个较好的解决办法。工程项目特别是沿海（江）工程项目应充分利用江河、湖泊、水库等天然水源以及景观水池、泳池等人工水体作为消防水源或备用水源，以保证消防给水、减少投资，提高企业自防自救的能力。

消防给水应无污染、无腐蚀、无悬浮物。可由市政供水或企业的生产、消防给水管道供给，也可由消防水池或天然水源供给，并应确保火灾延续时间内的用水量。与生活用水合用的消防水罐（池），其储水水质应符合饮用水标准。为保证消防时可靠供水，当消防给水与生产、生活水合用消防水罐（池）时，消防水必须采取有效措施防止挪作他用。严寒与寒冷地区，系统中易受冰冻影响的部分，还应采取防冻措施。

消防给水系统包括消防水源、消防水泵、消防供水管道、增（稳）压设备等[12]。

消防给水系统根据设置位置不同，可分为室内消防给水系统和室外消防给水系统。

室外消防给水系统根据供水压力不同，分为以下4种类型：

1）高压消防给水系统

管网内经常保持能够灭火所需的压力和流量，扑救火灾时，不需要临时启动消防水泵加压而直接使用灭火设备进行灭火。这种给水系统因受地形限制，或者能耗高，不常用。一般用于地形条件适合在高处设置消防给水设施的工程或小型工程。

2）临时高压消防给水系统

管网内最不利点的平时水压和流量不能满足灭火的需要。一旦着火，启动消防水泵使管网内的压力和流量达到灭火的要求。这种给水系统一般用于市政工程或建筑物的消防给水。

3）稳高压消防给水系统

该系统与临时高压消防给水系统相仿，只是管道系统上增设了稳压设施。平时维持管网压力不小于0.7MPa，但此时系统不能满足消防用水量的要求。火灾时管网向外供水，系统压力下降，泵站内的消防水泵自动启动，使管网内压力和流量均达到灭火的要求。一般石油化工企业采用此类消防给水系统，既能快速、安全供水，管网又不需要长期保持高压运行，异致能耗增加，也避免了临时高压消防给水系统启泵达标供水时间长的问题。

4）低压消防给水系统

管网内平时压力较低，其压力根据市政给水管网和其他给水管网的系统工作压力确定。灭火时要求的水压、流量由消防车或是其他方式加压来满足，系统工作压力不低于0.6MPa。一般用于建筑物消防供水。

2. 自动喷水灭火系统

自动喷水灭火系统就是火灾时，能自动喷水灭火，以保障人身和财产安全的一种灭火系统，其特征是通过给水加压设备将水送入管网至带有热敏元件的喷头处，热敏元件受热破裂，喷头自动出水扑救火灾。

自动喷水灭火系统发展至今已有200多年的历史，最早是由英国人发明的，在我国应用也有近100年的历史。是目前世界上使用最广泛的固定式自动灭火系统，主要用在高层建筑、公共建筑等火灾危险性较大的建筑物中，该系统灭火、控火率很高，在保护人身、财产安全方面有着其他系统无可比拟的优点[13]。

根据被保护建筑物的性质和火灾发生、发展特性的不同，自动喷水灭火系统有多种系统形式。通常根据系统中所使用的喷头形式的不同，分为闭式自动喷水灭火系统和开式自动喷水灭火系统两种。自动喷水灭火系统可以实现自动启动、远程手动启动和现场手动启动三种控制方式，控制阀一般采用湿式报警阀、干式报警阀、雨淋阀等。

1）闭式自动喷水灭火系统

闭式自动喷水灭火系统采用闭式喷头，这是一种带有感温闭锁装置的喷头，只有在特定温度下感温闭锁装置才会脱落，从而开启喷头。因此，发生火灾时，只有处于火场或临近火源的喷头才会开启喷水。根据设置环境或使用要求，闭式自动喷水灭火系统可细分为湿式自动喷水灭火系统、干式自动喷水灭火系统、预作用自动喷水灭火系统。其中，湿式自动喷水灭火系统是世界上使用时间最长，应用最广泛，控火、灭火中使用频率最高的一种闭式自动喷水灭火系统，目前世界上已安装的自动喷水灭火系统中有70%以上采用了湿式自动喷水灭火系统。

2）开式自动喷水灭火系统

开式自动喷水灭火系统采用开式喷头，开式喷头为常开状态，不带感温闭锁装置。发生火灾时，系统保护区域内的所有喷头会一起喷水灭火。根据使用要求和保护对象不同，开式自动喷水灭火系统可分为雨淋系统和水幕系统。其中，雨淋系统适用于燃烧猛烈、火灾蔓延迅速的严重危险级建筑构成的场所，如剧院舞台上部、大型演播室、电影摄影棚等。水幕系统是自动喷水灭火系统中唯一的一种不以灭火为主要目的的系统，可安装在门窗、孔洞处用来阻火或隔断火源，使火灾不致通过这些开口部位蔓延。水幕系统还可以配合防火卷帘、防火幕等一起使用，用来冷却这些防火隔断物，以增强它们的耐火性能。

LNG接收站码头的操作平台前沿、登船梯前侧工作区域常采用水幕系统，用于隔断火源，保证人员安全疏散，保障人身安全。水幕系统根据作用不同，分为防火分隔水幕系统和防护冷却水幕系统。防火分隔水幕系统是利用密集喷洒形成的"水墙"或多层水帘，来阻挡火灾和烟气的蔓延；防护冷却水幕系统则是利用喷洒在分隔物（防火卷帘、防火幕等）表面形成的水膜，控制分隔物的温度，使分隔物免遭火灾破坏，起到防火阻燃的作用。LNG接收站码头采用的水幕系统就是防火分隔水幕系统。图7-8为建筑物内洞口设置的防火分隔水幕系统布置示意及效果图。

3. 水喷雾灭火系统

水喷雾灭火系统是固定式自动灭火系统的一种类型，是在自动喷水灭火系统的基础上发展起来的。水喷雾灭火系统是高压水通过特殊构造的水雾喷头，呈雾状喷出，水雾喷向燃烧物。在灭火过程中，细小的水雾滴可完全汽化而获得最佳的冷却效果，与此同时膨胀的水蒸气可形成窒息的环境条件。该系统借用水的冷却、窒息、稀释等作用扑灭火灾。当水喷雾灭火系统用于扑救不溶于水的可燃液体火灾时，水雾滴的冲击搅拌作用可使可燃液体表层产生不燃烧乳化层；当用于扑救溶于水的可燃液体时，可产生稀释冲淡的效果。冷却、窒息、乳

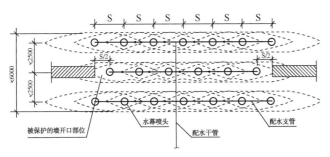

图7-8　防火分隔水幕系统布置示意及效果图

化和稀释这四种特性在扑救过程中单独或同时发生作用，均可获得良好的灭火结果。另外，水雾自身具有电绝缘性能，可安全地用于电气火灾的扑救。这些特点是自动喷水灭火系统所不能比拟的。但由于水喷雾灭火系统要求的供水压力比较高，用水量较大，使得造价较高，因此使用范围也受到一些制约。

水喷雾灭火系统适用范围有以下三方面：

① 灭火。适用于固体火灾、电气火灾和闪点高于45℃的液体火灾。

② 控制燃烧。适用于气体火灾和闪点低于45℃的液体火灾。

③ 防护冷却。适用于可燃气体和甲、乙、丙类液体的生产、输送、储存装置或其他金属结构设备在发生火灾时的防护冷却。

水喷雾灭火系统的应用范围目前集中在工业领域，保护对象主要为大型变压器、液化烃全压力式及半冷冻储罐、塔器、机泵、阀组、码头栈桥、压缩机、皮带输送机等。水喷雾灭火系统可以实现自动启动、远程手动启动和现场手动启动三种控制方式，控制阀一般采用雨淋阀。图7-9为液化烃球罐水喷雾灭火系统实景图。

图7-9　液化烃球罐水喷雾灭火系统实景图

4. 泡沫灭火系统

目前我国的泡沫灭火系统以采用空气泡沫灭火剂为主，是泡沫液依靠机械作用与水以一定的比例混合，经泡沫产生器与空气混合形成充满空气的膜状气泡，覆盖在燃烧物体的表面或淹没发生火灾的整个空间，通过泡沫层的冷却、隔绝氧气和抑制蒸发等作用，达到扑灭火灾的目的。

泡沫灭火系统已在国内外得到广泛应用，在我国也有50多年的应用历史。该系统具有安全可靠、经济实用、灭火效率高的特点，对B类（液体）火灾尤其是油品类火灾的扑救有很大的优越性。国内石油化工行业、油库、飞机库、煤矿、车库等均有应用[13]。

泡沫灭火系统根据泡沫灭火剂发泡性能的不同分为低倍数泡沫灭火系统、中倍数泡沫灭火系统和高倍数泡沫灭火系统。这三种泡沫灭火系统又根据喷射方式不同（液上、液下）、设备与管道的安装方式不同（固定、半固定、移动式）及灭火范围不同（全淹没式、局部应用式)组成各种形式的泡沫灭火系统。固定式的泡沫灭火系统可以实现自动启动、远程手动启动和现场手动启动三种控制方式，控制阀一般采用电动阀。半固定式、移动式泡沫灭火系统的泡沫混合液一般由泡沫消防车供给。

1) 低倍数泡沫灭火系统

低倍数泡沫灭火系统的泡沫剂发泡倍数小于 20 倍，适用于扑救原油、汽油、煤油、柴油、甲醇等可燃液体，常用于炼油厂、化工厂、油田、油库、油品装卸站、油品码头、燃油锅炉房等场所，是一种应用比较成熟的灭火方式。根据设备与管道的设置方式分为固定式、半固定式和移动式三种低倍数泡沫灭火系统。固定式低倍数泡沫灭火系统可选用平衡式、机械泵入式、囊式压力比例混合装置。该灭火系统可以实现自动启动、远程手动启动和现场手动启动三种控制方式，其控制阀一般采用电动阀。

2) 高倍数泡沫灭火系统

高倍数泡沫灭火系统的泡沫剂发泡倍数大于 200 倍，最早在煤矿矿井开始使用，经过不断地研究和实践，研制出了多种高倍数泡沫液和高倍数泡沫发生器，开始在固体物资仓库、易燃液体仓库、飞机库、地下工程、汽车库、码头、隧道等场所应用。

高倍数泡沫灭火系统不仅可以扑救可燃、易燃液体、液化石油气和液化天然气的流淌火灾，还可以扑救固体火灾。

高倍数泡沫灭火系统与低、中倍数泡沫灭火系统相比，具有混合液供给强度小、气泡比表面积大、发泡量大、淹没速度快、灭火迅速等特点。还具有良好的隔热作用，该系统耗水量小，无毒，无腐蚀性，灭火后水渍损失小，易于清除，容易恢复工作，并可以在远离火场的安全地点进行施救等特点[14]。由于泡沫液用量很少，因此灭火的成本大大降低，在现代消防中得到广泛的应用。尽管高倍数泡沫的热稳定性稍差，泡沫易遭火焰破坏、易受室外自然风的影响，但单位时间内泡沫生成量远远大于泡沫破坏量，从而可以迅速充满燃烧空间，将火焰扑灭。但是该系统不适用于扑救立式油罐的火灾。高倍数泡沫灭火系统采用的泡沫产生器与低倍数泡沫灭火系统的也不同，其型式如图 7-10 所示。

高倍数泡沫灭火系统根据灭火范围不同，分为全淹没式、局部应用式高倍数泡沫灭火系统。全淹没式高倍数泡沫灭火系统主要用于大型的封闭空间，或设有阻止泡沫流失的固定围墙或其他围挡设施的大型场所，如飞机库、地下工程等。局部应用式高倍数泡沫灭火系统服务范围小，主要用于四周不完全封闭的空间，或局部设有阻止泡沫流失的围挡设施的场所，如 LNG 事故集液池等。

设计高倍数泡沫灭火系统时，泡沫的淹没深度是必须重视的参数。根据 GB 50151—2021《泡沫灭火系统技术标准》的要求，扑救 A 类火灾，泡沫淹没深度应高于起火部位 0.6m以上，扑救汽油、煤油、柴油或苯类火灾，泡沫淹没深度应高于起火部位 2m 以上。

固定式高倍数泡沫灭火系统可选用平衡式、机械泵入式、囊式压力比例混合装置。该灭火系统可以实现自动启动、远程手动启动和现场手动启动三种控制方式，其控制阀一般采用电动阀。

3) 中倍数泡沫灭火系统

中倍数泡沫灭火系统的泡沫发泡倍数为 20~200 倍。其灭火原理及使用场所与高倍数泡沫灭火系统基本相同。凡高倍数泡沫灭火系统不适用的场所，中倍数泡沫灭火系统一般也不适用，但是该系统可以用于扑救油罐火灾。全淹没式中倍数泡沫灭火系统主要用于小型封闭

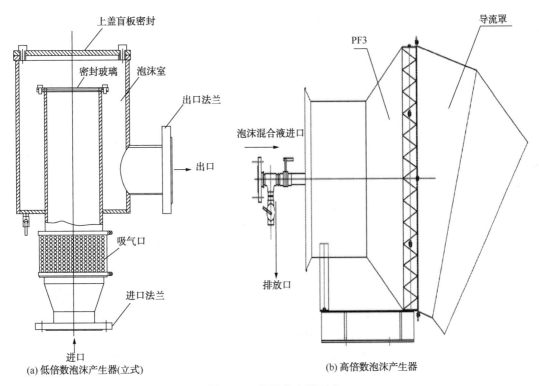

图 7-10 泡沫产生器型式

空间、设有阻止泡沫流失的固定围墙或其他围挡设施的小型场所。局部应用式中倍数泡沫灭火系统主要用于面积不大于 $100m^2$ 可燃液体流淌火灾的场所。中倍数泡沫灭火系统由于国内配套的泡沫液、泡沫发生器产品极少，除个别必须使用中倍数泡沫灭火系统的场所(如电子工业的多晶硅生产)外，已经很少使用。

5. 气体灭火系统

气体灭火系统是用一种或多种气体作为灭火介质，在保护对象的封闭空间内或保护对象周围的局部区域内形成有效扑灭火灾的灭火剂浓度，并将灭火浓度保持一段时间实现灭火的系统。气体灭火系统具有灭火效率高、灭火速度快、不导电、被保护对象无污损等优点。目前常用的气体灭火剂有二氧化碳、七氟丙烷、IG-541 混合气体等。

气体灭火系统可以实现自动启动、远程手动启动、现场手动启动三种控制方式，控制阀一般采用电动阀。

1) 二氧化碳气体灭火系统

二氧化碳是一种惰性气体，具有良好的窒息和冷却作用。在常温常压下，其物态为气相，储存在高压气瓶中时，为气、液两相共存。灭火过程中，从钢瓶中喷出的二氧化碳由液体变为气体，分布于燃烧区内，稀释氧气。由于其储存方式、本身微毒等原因，该系统有应用限制。

2) 七氟丙烷气体灭火系统

七氟丙烷系统灭火机理是化学灭火，在气体释放过程中周围环境温度会降低 10℃ 以上。该系统的优点在于七氟丙烷具有抑制链式反应自由基的作用，能迅速灭火。

七氟丙烷在大气中存留时间为 31~42 年，不破坏臭氧层，但对大气温室效应有影响。

七氟丙烷在设计浓度范围内不会对人体有影响，但在高温下容易分解，分解产物为氢氟酸、烟气、CO，分解产物会对人体造成不良影响。毒性测试表明，七氟丙烷是一种低毒的灭火剂，但灭火过程中会造成保护区缺氧，对人体不利。

七氟丙烷灭火剂是呈液态储存在钢瓶中，气体释放时会吸收大量热量，发生相变，凝聚空中的 H_2O，产生结露现象，容易造成电子设备的短路，会产生遮挡人员逃生路线的雾状物。

由于会造成温室效应、有低毒，七氟丙烷灭火系统在欧洲一些国家已经限制使用。根据2016 年的《蒙特利尔议定书》，七氟丙烷被列入限控清单，我国也将在 2024 年前退出七氟丙烷市场。

3）IG-541 混合气体灭火系统

IG-541 气体系统灭火机理是物理灭火，在气体释放过程中周围环境温度仅降低 $2\sim3℃$。该气体不会对自然造成任何影响，不破坏大气臭氧层，不会造成温室效应，在高温下不会发生分解；在设计浓度内不会对人体造成任何影响，它是唯一一种经过了 50 年人体试验的灭火气体。

IG-541 灭火剂呈气态储存在钢瓶中，气体喷放时，不发生相变，不吸收周围环境的热量，不会造成结露现象，对精密电子设备不会产生影响，也不会产生遮挡人员逃生的雾状物。

IG-541 适用于有人工作的场所、无人工作的场所、电子计算机房、电子设备间、磁介质库、通讯机房、控制室、配电机房、博物馆、资料库、档案库、发电机房等场所。

4）气溶胶灭火系统

气溶胶是液体或固体微粒悬浮于气体分散介质中形成的一种溶胶。气体与固体产物的占比约为 6∶4，其中固体颗粒主要是金属氧化物、碳酸盐或碳酸氢盐、炭粒以及少量金属碳化物；气体产物主要是 N_2、少量的 CO_2 和 CO。一般认为，固体颗粒气溶胶同干粉灭火剂一样，是通过若干种机理发挥灭火作用的，如吸热分解的降温作用、气相和固相的化学抑制作用以及惰性气体驱使局部氧含量下降的作用等。

气溶胶灭火剂可以分为两种类型，一种是在气溶胶灭火剂释放之前，气体分散介质和被分散介质是稳定存在的，气溶胶灭火剂的释放即气体分散液体或固体灭火剂形成气溶胶的过程；另一种是气溶胶灭火剂的释放经过了燃烧反应，反应产物中既有固体又有气体，气体分散固体颗粒形成气溶胶。

根据产生气溶胶时的温度可分为冷气溶胶和热气溶胶。反应温度大于 $300℃$ 时称为热气溶胶，反之是冷气溶胶。

热气溶胶灭火系统在使用过程中，引发过次生灾害，目前国内用得较少。

6. 干粉灭火系统

干粉灭火系统是干粉在氮气或二氧化碳气体的推动下，通过固定的输送管路与喷嘴连接，或通过输送软管与干粉喷枪、干粉炮连接，由喷嘴、干粉枪、干粉炮喷射干粉的灭火系统。干粉在灭火过程中，粉雾与火焰接触、混合，发生一系列物理和化学作用，既有化学灭火剂的作用，同时又有物理抑制剂的作用。干粉是通过隔离、冷却、窒息和化学抑制等作用，达到扑救火灾的目的。但是干粉不能有效地解决复燃问题，在确定设计方案时，对有复燃危险的场所宜采用干粉、泡沫或水联用。

干粉灭火装置是固定安装在防护区内，能通过自动或手动启动，由驱动气体驱动干粉灭火剂实施灭火的定型装置，是干粉灭火系统的一种补充应用形式，适用于小空间或室外特殊场合的消防保护。例如，在 LNG 储罐罐顶安全阀、LNG 装卸站、LNG 码头泊位附近设置干粉灭火装置。图7-11 为干粉灭火装置设备组成及 LNG 装卸站干粉灭火装置实景图。

(a) 干粉灭火装置设备组成

(b) LNG装卸站干粉灭火装置实景图

图 7-11　干粉灭火装置设备组成及 LNG 装卸站干粉灭火装置实景图

干粉灭火系统适用于 A、B、C、D 四类火灾，但大量的还是用于B、C类火灾，即液体和气体火灾。

干粉灭火系统的适用范围：

① 易燃、可燃液体和可熔化的固体火灾。如：油品装卸站、加油站等。

② 可燃气体和可燃液体压力喷射产生的火灾。如：液化石油气场站、天然气井、液化天然气储罐等。

③ 电气火灾。由于干粉灭火剂有很好的绝缘性能，可以在不切断电源的条件下扑救电气火灾，尤其适用于含油的电气设备火灾，如油浸式变压器火灾。

④ 木材、纸张等的 A 类火灾。但扑救这类火灾时，宜与消防冷却水配合使用，干粉迅速控制明火，降低火势和辐射热，用水扑灭余火，防止复燃。

⑤ D 类(金属)火灾。如钾、钠、镁、烷基铝等的火灾。扑救这类火灾，须注意选择专用干粉灭火剂。

7. 消防炮类

消防炮类一般包括普通消防水炮、远控高架消防水泡、干粉炮、泡沫炮等。远控消防水炮有液压驱动、电力驱动、气压驱动型。图 7-12 为码头用远控高架消防水炮实景图。

图 7-12　远控高架消防水炮实景图

消防水炮可以对大部分需要在着火时冷却的设备提供消防冷却水，每个员工都可以操作。水炮分为普通水炮和远控高架水泡。普通水炮安装于地面上，人员可以直接操作。远控高架水炮安装于炮塔或当相当于炮塔的构架平台上，可远程控制。接收站设置的普通水炮，出流量一般采用 40L/s、50L/s、60L/s。码头设置的远控高架水炮流量根据码头靠泊的最大设计船型确定，可以达到 100~200L/s。

8. 移动式灭火设施

移动式灭火设施一般包括室外消火栓、小型灭火器、消防车等。

室外消火栓主要用于为消防车提供补水。有经验的人员也可以直接使用水枪用于局部区域的消防冷却。日前工业企业的消火栓主要采用室外地上型，按照口径划分主要为 DN100 和 DN150 二种消火栓。DN100 的消火栓有一个 DN100 的出水口和 2 个 DN65 的出水口。DN150 的消火栓有一个 DN150 的出水口和 2 个 DN80 的出水口。DN100/150 的出水口主要用于消防车补水，DN65/80 的出水口可以直接连接水带/水枪使用，也可以为消防车补水。

小型灭火器主要针对偶发的小型着火事件，可以快速有效地控制扑灭初起火灾，避免不会扩大火灾事故。小型灭火器有手提式和推车式两种形式。根据所充装的灭火剂类型分为干粉灭火器、气体灭火器、泡沫灭火器、水基型灭火器等。

（四）液化天然气接收站适用的灭火系统及设施

液化天然气接收站应设置与装卸、储存、运输物料的火灾危险性类别、操作条件、邻近单位或工艺设施情况相适应的消防设施，供专职消防人员和岗位操作人员使用。

LNG 接收站所配备的消防设施应能满足扑救接收站、码头火灾和辅助扑救靠泊船型初起火灾的要求。

根据上一节火灾危险性分析，LNG 接收站主要的火灾危害为 LNG 的气体火灾、液体火灾，其他为少量的固体火灾和电气类火灾。在实际设计过程中，确定了具体的生产和储存物品的火灾危险性类别、火灾类型后，才能按照所属的火灾危险性类别、火灾类型采取对应的防火和灭火措施，如确定建筑物耐火等级，设置必要的防火分隔物，设置防爆泄压设施、灭火系统及消防设施、防排烟设施、火灾和可燃气体报警设施，以及确定与周围建筑之间的防火间距、规划总平面布局等。有关 LNG 接收站安全消防其他部分的内容如总平面布置、安全泄放系统、火灾及可燃气体检测系统、建(构)筑物防火防爆设计、电气设备防火防爆措施及防毒、防化学伤害等内容见本章第二节安全技术部分。

1. 消防给水系统

消防给水系统的消防水源除了由市政供水外，还可以采用天然水源、人工水体等，水源的多样化可以提高消防水源的可靠性。我国的很多城镇都有着丰富的天然水源，若能充分利用这些水体作为消防用水，使其在消防中发挥应有的作用，将为保证项目消防用水提供一个较好的解决办法，既节省了储水设施的占地与投资，又有源源不断的水量供给，提高了企业自防自救的能力。

LNG 接收站大部分建于沿海地区，临近海域，为采用海水消防提供了良好的实践基础。海水作为消防水源具有水源稳定、水温适宜、耗能低、受季节影响小的特点。但由于海水的腐蚀性和海生物的附着会对管道及一部分消防设施(如消防管网、自动喷水灭火系统)产生破坏作用，因此不宜作为居住和公用建筑的室内消防用水，也不宜去扑救有贵重设备、精密仪器及重要资料的部门，如变电站、化验室、控制室、办公室、档案室及科研单位等场所的火灾。海水可主要用于扑救用水量大的码头、储罐、工艺处理设施等区域发生的火灾。

在沿海地区，利用海水消防是一种积极的措施。利用临海优势，采用海水替代淡水，将大海作为超大体量的消防水池，设置海水稳高压消防给水系统，可减轻淡水资源不足的问题。系统无需建设消防水罐（池），仅设置消防泵房及海水消防泵，既节约了土地资源和建设费用，也大大提高了消防系统的可靠性。

当采用天然水源时，要采取适当的技术措施保障水质、水量安全可靠性。对于有消防需要的天然水源，应建设取水和过滤设施，方便消防车取水。采用海水消防时，还应注意消防管材、消防水泵过流部分的材质选用问题。海水消防泵应采用专用泵。

采用海水消防时，LNG 接收站建议设置两套独立的消防水系统，接收站办公区等区域采用低压消防给水系统，为淡水消防给水系统。码头及接收站工艺处理设施、罐区等采用稳高压消防给水系统，主要供给消火栓、消防水炮、高倍数泡沫灭火系统、水幕系统、水喷雾灭火系统等处的用水，火灾时采用海水消防，平时采用淡水保压、淡水试压。淡水保压主要用于保证平时管网压力，及平时对小流量消防水的使用，包括水罐车充水、消防演练等。这种方案的优点是：水源充足、供水安全可靠；对火灾可作出快速反应，减小火灾造成的损失，同时可降低对消防管道的腐蚀，延长系统使用寿命。

2. 干粉灭火系统

在正常工况下，LNG 储罐产生的蒸发气（BOG）通过冷凝器进行回收，不排至大气。事故状态下，LNG 储罐区采用两级泄压系统，当 LNG 储罐气相空间的压力达到调节阀组的第一级设定压力时，通过调节阀组将储罐泄放的烃类气体送入火炬系统燃烧，排入大气；当 LNG 储罐气相空间的压力继续升高，达到第二级设定压力时，罐顶安全阀打开，泄放气体直接由罐顶的放空管就地进行冷排放。

LNG 通过安全阀向大气释放时，由于相态的急剧变化可能形成射流，如果在出口处遇火源、高热或剧烈摩擦生热被点燃，会形成喷射火。扑救气体火灾最佳的灭火剂是干粉，能实现快速灭火、迅速降温的目的。储罐罐顶通向大气的安全阀出口处应设置固定式局部应用干粉灭火系统。

另外，由可燃气体引起的火灾，扑救或灭火的最重要、最基本的措施是迅速切断气源。进料总管上设有紧急切断阀，紧急状态时可以切断进料，是确保事故时能迅速切断气源的重要措施。确定切断气源后，才能开启干粉灭火系统扑救火灾。图 7-13 为某 LNG 接收站 LNG 储罐上设置的干粉灭火装置。

3. 高倍数泡沫灭火系统

液化天然气的危险特性之一是气液膨胀比大，当储罐破裂或者卸料臂泄漏或者工艺处理设备发生泄漏时，泄漏量大，LNG 不能完全闪蒸。随着泄漏的进行，LNG 不断与空气进行热量交换，部分 LNG 气化变为气体，部分未气化的形成液池，这时遇到引火源，会形成池火。为了有效地控制泄漏的液化天然气流淌火灾，储罐区、装卸区、工艺处理区及码头卸料区等可能泄漏液化天然气的区域，应设置事故集液池，有序引导泄漏的液化天然气进入集液池。为了避免液化天然气的继续蒸发，造成更大的损失，在事故集液池附近应设置局部应用式高倍数泡沫灭火系统。高倍数泡沫系统发泡量大、淹没速度快，能迅速隔绝空气，有效延缓泄漏的液化天然气继续蒸发，避免造成火灾事故扩大、蔓延。图 7-14 为某 LNG 接收站高倍数泡沫灭火系统典型流程图及泡沫灭火测试场景。

图 7-13　LNG 储罐上干粉灭火装置

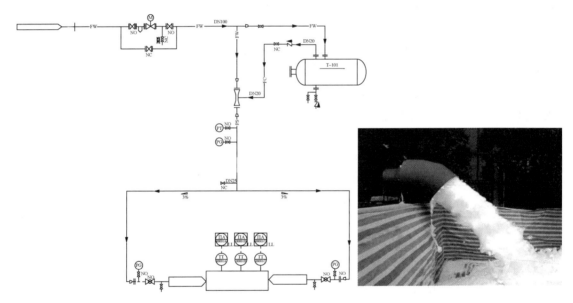

图 7-14　高倍数泡沫灭火系统典型流程图及泡沫灭火测试场景

4. 水喷雾（淋）系统

液化天然气预应力钢筋混凝土全容罐的罐顶泵出口、仪表、阀门、安全阀平台及检修通道处应设置固定式水喷雾系统，其罐顶和罐壁可不考虑冷却；单容罐、双容罐和外罐为钢质的全容罐罐顶和罐壁应设置固定式水喷淋系统，其罐顶泵出口、仪表、阀门、安全阀平台及检修通道处应设置固定式水喷雾系统，罐顶和罐壁的固定式水喷淋系统应分开设置。

码头工作平台范围内的疏散逃生通道应设置固定式水喷雾系统，喷头应采用水雾型喷头。

5. 水幕系统

水幕系统设置于码头操作平台前沿、登船梯前侧工作区域等处，用于隔离来船和码头的热传递，防止火灾扩大。其作用是将热辐射隔离于撤离通道外，防止人员受辐射伤害。

6. 消防站

LNG 接收站的消防设施，应根据其规模、重要程度、储存物料性质、容量、储存方式、储存温度、火灾危险性及项目所在区域消防站布局、消防站装备情况及外部协作条件等综合因素，通过技术经济比较确定。对容量大、火灾危险性大、站场性质和所处地理位置重要、地形复杂的站场，应适当提高消防设施的标准。反之，应从降低基建投资出发，适当降低消防设施的标准。但这一切，必须因地制宜，结合国情，通过经济技术比较来确定，使节省投资和安全生产这一对应的矛盾得到有机的统一。

LNG 接收站发生的火灾，具有热值高、辐射热强、扑救难度大的特点。实践证明，扑救这类火灾需要载重量大、供给强度大、射程远的大功率消防车。设置消防站时，还应考虑我国东部和西部的具体情况，从实际出发，实事求是，统配、选配车型可根据实际需要调整。

7. 其他灭火系统及消防设施

工艺处理设施内的设备群附近设置固定消防水炮和消火栓。

远控高架消防水炮是设置于接收站码头前沿的主要消防设备之一，该消防水炮流量大、射程远。在发生火灾时，主要用于降低码头前沿包括来船的温度，使其与热辐射隔离，保护未受火灾威胁的设备，防止火灾扩大。消防水炮的高度、出口压力及流量的设计应考虑码头设计水位、来船的高度、长度满载/空载吃水深度等参数，设置的水炮应有效覆盖整个靠岸船舶。

码头控制室、配电间等建筑物内可根据需要设置气体灭火系统，用于扑救电气类火灾。

（五）液化天然气接收站火灾自动报警系统

液化天然气接收站的消防安全工作是一项系统工程，需要考虑人、机、物、环境等诸多因素。

消防设计的原则是以防预为主，防消结合。落实到火灾自动报警系统的设计工作中，第一是防止火灾发生。利用生产区设置的多个可燃气体报警探头探测可燃气体，和储罐液相出口紧急切断阀联锁，一旦发现泄漏，紧急切断阀可立即关闭，防止 LNG 大量泄出；第二是一旦发生火灾能自救。及时启动消防设施消灭初期火灾，控制较大火灾，防止火灾扩大，给消防队员前来灭火争取时间。

为有效预防火灾，及时发现和通报火情，迅速组织和实施灭火，保障生产和人身安全，LNG 接收站应设置火灾自动报警系统。火灾自动报警系统包括以下内容：

1. 电话报警

电话交换机设有火警电话专用号"119"报警系统，接收站工程的各行政电话分机均可拨打"119"专用号向站内消防站值班室报警。在消防站内设受警电话设备，电话应具备显示报警主叫号码和录音的功能。在中心控制室、总变电所主控室、调控值班中心消防控制室、码头控制室、装车设施控制室、给水泵站、海水泵房控制室内设火警专用电话机，与消防站的"119"受警电话直通。

2. 火灾信号报警

接收站工程内设置 1 套全站性火灾自动报警系统，系统由火灾报警控制器、火灾显示盘、图形显示终端、火灾探测器、手动报警按钮、声光警报器、线性感温电缆、光纤环网等组成。

火灾报警控制器、图形显示终端等设备通过组成无主从、对等式全站性光纤环网结构，实现在中控室、消防站、总变电所等处实时显示所管辖范围内的火警、故障信息及进行相应的消防设施远程控制功能。

在厂内较重要及火灾危险性较大的建筑物内，设置点式火灾探测器、手动报警按钮和声光警报器；在变电所电缆夹层的电缆桥架上设置线性感温探测器；在仓库等大空间场所设置线性感烟探测器；火灾报警控制器应设置在有人值班或建筑物内易于被看见的场所。探测器、按钮、声光警报等设备，就近接入相应的火灾报警控制器；建筑物内的空调机、空调系统防火阀、报警阀等受控设备的控制和状态监视，均应纳入相应区域的火灾报警控制器中。

储罐区可能产生天然气泄漏的区域应按 GB/T 50493《石油化工可燃气体和有毒气体检测报警设计标准》设置可燃气体检测器用于监测报警，详见本书第二章(控制部分)。在工艺处理设施、LNG 罐顶泵区、仪表平台和安全阀处等容易形成喷射火的地方设置火焰探测器；在 LNG 罐区、工艺处理设施、火炬设施、装车设施等主要出入口设置防爆手动报警按钮、防爆型声光警报器；在主要消防道路旁设置手动报警按钮。

3. 消防联动控制

一旦有物料泄漏或发生火灾，将信号送至控制室的报警控制系统，使操作人员能够及早发现并采取措施。相关措施主要有启动相关消防系统，如水喷雾(淋)系统、干粉灭火系统、高倍数泡沫灭火系统等，以及启动应急预案等。

1) 干粉灭火系统

液化天然气储罐罐顶通向大气的安全阀出口处设置固定式局部应用干粉灭火系统。

干粉灭火系统具备自动、远程手动和现场应急启动三种控制方式。只有同时接收到两个独立的探测器发出的火灾报警信号时，系统才自动开启。系统动作信号和火警信号送至消防控制室火灾自动报警控制盘，现场同时声光报警。

① 自动启动。火灾发生时，两个独立的火灾探测器发出火灾报警信号，信号送至消防控制室火灾自动报警控制盘，同时声光报警，火灾自动报警控制盘发出启动信号至干粉灭火控制盘，干粉灭火控制盘经过一定延时(一般为30s，可调)，自动发出系统启动指令，启动瓶被开启，瓶中启动气体经启动气管把驱动气瓶阀打开。驱动气瓶内高压气体进入减压阀，气体被减至规定值(1.5MPa)，由输气管进入干粉罐，罐内灭火剂被搅动、疏松。当干粉罐内气压达到规定值(1.5MPa)时，反馈压力信号至干粉灭火控制盘，同时发送阀门开启信号，出口阀门打开，高速气粉混合物经管网从喷嘴喷出，实施灭火。出口阀门完全打开后，自动发送开到位信号至干粉灭火控制盘。干粉灭火控制盘发出灭火系统运行成功信号至火灾自动报警控制盘。

② 远程手动启动。火灾发生时，两个独立的火灾探测器发出火灾报警信号，信号送至消防控制室火灾自动报警控制盘，同时声光报警，工程师在控制室内手动启动干粉灭火控制盘按钮，启动干粉灭火系统进行灭火。

③ 现场应急启动。可在现场通过启动干粉灭火装置内的应急按钮，实施灭火。

2) 高倍数泡沫灭火系统

液化天然气工艺处理区、储罐区、码头卸船区的事故集液池设置固定式局部应用高倍数泡沫灭火系统,并应与低温探测报警装置联锁。

高倍数泡沫灭火系统具备自动、远程手动和现场应急启动三种控制方式。只有火灾自动报警盘同时接收到两个低温探测器发出的火灾报警信号后,火灾自动报警盘发出系统启动信号至消防水进口阀门,系统自动开启,现场同时声光报警。泡沫混合液出口发送压力信号(≥0.4MPa)至火灾自动报警盘。

① 自动启动。泄漏发生时,事故集液池中的 2 个低温探测器发出报警信号,信号送至消防控制室,同时声光报警,经过一定延时(一般为30s,可调),自动打开消防水进水阀,消防水经过负压式比例混合器,使形成负压,将泡沫原液吸入至比例混合器中与消防水形成一定比例的泡沫混合液,经由高倍数泡沫产生器喷出灭火。系统动作信号送至消防控制室。

② 远程手动启动。泄漏发生时,2 个低温探测器发出报警信号,信号送至消防控制室,同时声光报警,工程师在控制室内使用按钮手动打开消防水进水阀,启动系统,实施灭火。系统动作信号送至消防控制室。

③ 现场应急启动。可在现场通过手动开启消防水进水阀,启动系统,实施灭火。系统动作信号送至消防控制室。

3) 水幕系统

液化天然气码头操作平台前沿、登船梯前侧工作区域和消防炮塔设置防火分隔水幕系统。

水幕系统具备自动、远程手动和现场应急启动三种控制方式。只有同时接收到两个独立火灾探测器或电视监视系统(CCTV)发出的报警信号时,系统才自动开启。系统动作信号送至消防控制室火灾自动报警控制盘,现场同时声光报警。

① 自动启动。火灾发生时,设置水幕系统的区域附近的两个独立的火灾探测器或 CCTV 发出报警信号,信号送至消防控制室火灾自动报警控制盘,同时声光报警,火灾自动报警控制盘自动开启水幕系统控制阀,系统喷水实施保护。控制阀回馈开启信号至火灾自动报警控制盘。

② 远程手动启动。火灾发生时,两个独立的火灾探测器或 CCTV 发出报警信号,信号送至消防控制室火灾自动报警控制盘,同时声光报警,工程师在控制室内手动启动水幕系统控制阀按钮,启动水幕系统喷水实施保护。

③ 现场应急启动。可在现场手动开启水幕系统的控制阀,系统喷水实施保护。

4) 水喷雾(淋)系统

预应力钢筋混凝土全容罐的罐顶泵出口、仪表、阀门、安全阀平台及检修通道处设置固定式水喷雾系统,其罐顶和罐壁可不考虑冷却;单容罐、双容罐和外罐为钢质的全容罐罐顶和罐壁应设置固定式水喷淋系统,其罐顶泵出口、仪表、阀门、安全阀平台及检修通道处应设置固定式水喷雾系统。

码头工作平台范围内的疏散逃生通道应设置固定式水喷雾系统。

水喷雾(淋)系统具备自动、远程手动和现场应急启动三种控制方式。只有同时接收到两个独立的火灾探测器发出的火灾报警信号时,系统才自动开启。系统动作信号送至消防控制室火灾自动报警控制盘,现场同时声光报警。

① 自动启动。火灾发生时,两个独立的火灾探测器或 CCTV 发出报警信号,信号送至

消防控制室火灾自动报警控制盘，同时声光报警，火灾自动报警控制盘自动开启水喷雾（淋）系统控制阀，系统喷水实施保护。控制阀回馈开启信号至火灾自动报警控制盘。

② 远程手动启动。火灾发生时，两个独立的火灾探测器或 CCTV 发出报警信号，信号送至消防控制室火灾自动报警控制盘，同时声光报警，工程师在控制室内手动开启水喷雾（淋）系统控制阀按钮，系统喷水实施保护。

③ 现场应急启动。可在现场手动开启水喷雾（淋）系统的控制阀，系统喷水实施保护。

5）与其他系统联动

火灾自动报警系统与扩音对讲系统、电视监视系统、门禁系统均应实现可靠联动。

二、国内项目案例

（一）项目概况

中国石化建设的某液化天然气（LNG）项目接卸由 LNG 远洋运输船运来的 LNG，在 LNG 储罐内储存，气化后的天然气通过输气管道送至用户，主要向京津冀鲁地区供气，以缓解该地区天然气供求紧张的局面。该项目包括码头及陆域形成工程、接收站工程、输气干线工程三部分。

该接收站工程分两期建设，一期工程建设规模为 6Mt/a；二期工程建设规模为 10.8Mt/a，一期工程相应配套建设 4 座 $16×10^4 m^3$ LNG 储罐，二期工程增建 5 座 $20×10^4 m^3$ LNG 储罐。

码头工程一期建设 1 个 $266000 m^3$ LNG 船的泊位（设计代表船型 $80000 \sim 266000 m^3$ LNG 船，兼顾 $30000 m^3$ LNG 船）、1 个工作船码头及相应的配套设施，最大接转能力为 6.25Mt/a；二期工程增建 1 个 $266000 m^3$ LNG 船的泊位、1 个工作船码头及相应配套设施的位置。航道工程充分利用深水港航道设施，满足 LNG 船舶通航要求。

输气干线工程的输气规模与接收站工程的供气能力相匹配，一期工程为 $40×10^8 m^3/a$，二期工程为 $136×10^8 m^3/a$。

（二）配套灭火系统及消防设施

1. 接收站

接收站设置两套消防水系统。接收站辅助生产设施及 HSE 中心、调控值班中心、生活区等建筑物设置低压消防水系统，采用淡水消防。接收站其他区域及码头设置稳高压消防给水系统，火灾时，启动海水消防泵，采用海水消防。平时消防管道采用淡水保压。由于消防时采用海水，接收站不设置消防水储存设施，消防水储罐中的淡水仅用于消防管网的稳压，消防管网的清洗、试压用水及低压消防系统用水等。稳高压消防水系统为环状布置，沿道路边设置有室外地上式调压型消火栓。

2. 罐区

根据液化天然气的特性及规范要求，LNG 罐区设置了室外消火栓和水炮、固定式水喷雾系统、高倍数泡沫系统、干粉灭火系统及小型灭火器等设施。

在 LNG 储罐罐顶泵平台钢结构、管道、仪表阀门、安全阀或其他阀门、通道处设置固定式水喷雾灭火系统。系统为自动控制，同时具有遥控和就地控制的功能。

在 LNG 储罐罐顶的安全释放阀处设置固定式干粉灭火系统，用于扑救安全阀（释放阀）

出口处的火灾，系统为自动控制。

罐区的 LNG 事故集液池处设置高倍数泡沫灭火系统，控制泄漏到 LNG 集液池内的液化天然气挥发产生的爆炸隐患。泡沫液选用耐海水、耐低温、耐烟型。高倍数泡沫灭火系统采用自动控制方式，根据低温探测器的报警信号联锁启动。该系统同时具备远程手动和现场应急启动的控制方式。

罐区周围设置固定式直流–喷雾消防水炮，水炮为手动操作。

LNG 罐区内还配置了手提式及推车式干粉灭火器，用于扑救初起火灾。

3. 工艺处理设施

工艺处理设施单元的 LNG 事故集液池处设置高倍数泡沫灭火系统，采用自动控制方式，根据低温探测器的报警信号联锁启动。该系统同时具备远程手动和现场应急启动的控制方式。

该单元内还配置了手提式及推车式干粉灭火器，用于扑灭初救火灾。

4. 汽车装卸设施

LNG 汽车装车设施单元的 LNG 事故集液池处设置高倍数泡沫灭火系统，采用自动控制方式，根据低温探测器的报警信号联锁启动。该系统同时具备远程手动和现场应急启动的控制方式。

LNG 汽车装车设施单元附近设有干粉灭火装置，用于扑救初起火灾，装置包括干粉储罐、驱动气瓶及软管卷盘、喷枪等。当确认发生火灾后，采用现场手动启动。

该单元内还配置了手提式及推车式干粉灭火器，用于扑救灭初起火灾。

5. 码头

液化天然气码头所配备的灭火系统及消防设施应能满足扑救码头火灾和辅助扑救靠泊设计船型船舶火灾的要求。

根据码头火灾危险性，液化天然气码头的消防采用干粉作为灭火介质，消防水作为主要冷却介质。码头消防设施包括远控高架消防水炮、水幕系统、水喷雾系统、高倍数泡沫灭火系统等固定式消防设施和消防船或拖消两用船等可移动的消防设施。

LNG 码头两侧靠船墩上设置消防炮塔，每座炮塔设有 1 台固定式液动大流量远控消防水炮，炮塔自身带有水幕，采用直流–喷雾式喷嘴。

码头操作平台前沿设置水幕系统，垂直方向可覆盖码头工作平台到装卸臂顶点，水平方向覆盖范围不小于工作平台长度。

码头消防控制室内设置有远控高架消防炮的操作台，可远程手动操作消防炮。控制室内还设置有高倍数泡沫系统、干粉灭火装置、水喷雾及水幕系统的控制盘，可远程手动开启相应系统的控制阀，进行消防。

码头平台、引桥的消防水管道上设置室外地上式调压型消火栓。

码头平台设置干粉灭火装置，每套干粉灭火装置配 1 台干粉炮和 2 只干粉枪。采用手动控制和遥控控制。

码头 LNG 事故集液池处设置高倍数泡沫灭火系统，采用自动控制方式，根据低温探测器的报警信号联锁启动。该系统同时具备远程手动和现场应急启动的控制方式。

码头配置移动式消防水炮，消防水管上设双阀双出口消火栓。

码头控制室、配电室设置柜式气体灭火系统。

码头还配置了手提式及推车式干粉灭火器，码头控制室、配电室还设置有二氧化碳灭火器，用于扑救初起火灾。

6. HSE 中心

液化天然气接收站设置的 HSE 中心含消防站(含气体防护站)一座。站内设置 7 个车位，其中消防车车位 5 个，急救车车位 1 个，检修车车位 1 个。消防车型为重型高倍数泡沫消防车、干粉与泡沫联用车、举高喷射消防车、通讯指挥车及抢险救援车各 1 辆。

参 考 文 献

[1] 张琴兰. LNG 动力船燃料泄漏危害定量评估模型研究[D]. 武汉：武汉理工大学，2014.

[2] 孙晓平，朱渊，陈国明，等. 国内外 LNG 罐区燃爆事故分析及防控措施建议[J]. 天然气工业，2013，33(5)：126-131.

[3] 钱瑶虹. 储罐内 LNG 分层与翻滚的数值分析及实测验证[D]. 上海：华南理工大学，2018.

[4] 王文彦. LNG 储存中的安全问题[J]. 油气储运，2013，32(12)：1301-1303.

[5] 游古平. 液化天然气(LNG)储罐预冷方式比较研究[D]. 重庆：重庆交通大学，2018.

[6] 段林林，刘岑凡，金柱文，等. 重气瞬时泄漏扩散的湍流模型验证[J]. 中国特种设备安全，2018，34(10)：24-28，35.

[7] 王健敏，皇甫立霞，郭开华. 美、欧 LNG 标准 NFPA59A 和 EN1473 的比较分析[J]. 天然气工业，2010，30(1)：114-115.

[8] 李廷勋，郭开华. LNG 安全规范现状[J]. 天然气工业，2007，27(6)：130-132.

[9] 王健敏，皇甫立霞，郭开华. 美国 LNG 项目安全法规标准及其启示[J]. 天然气工业，2011，31(6)：111-114.

[10] 殷虹，陈峰. 日本液化天然气法规和技术标准体系研究[J]. 中国石油和化工标准与质量，2008，28(4)：21-27.

[11] 陈伟民，杨建民. 消防安全技术实务[M]. 北京：机械工业出版社，2014.

[12] 程远平. 消防工程学[M]. 北京：中国矿业大学出版社，2002.

[13] 王忠. LNG 站消防设计探讨[J]. 消防科学与技术，2001(4)：10-12.

[14] 郭伟华. 高倍数泡沫灭火技术探讨[J]. 给水排水，1999，25(6)：53-55.

第八章　节能环保技术

第一节　概　述

在全球能源结构向清洁化、低碳化转型背景下，"十四五"是我国生态文明建设进入以降碳为重点战略方向、推动减污降碳协同增效、促进经济社会发展全面绿色转型、实现生态环境质量改善由量变到质变的关键时期。天然气作为一种优质、清洁、高效的低碳能源，其利用是降低温室气体排放、实现低碳工业的重要途径，在世界一次能源结构中的占比不断攀升。LNG 接收站作为天然气供应的重要一环，承担着接卸 LNG、外输天然气、外送 LNG 的重要作用。对 LNG 接收站进行能耗、污染物分析，开发应用节能与环保新技术，进一步降低 LNG 接收站的综合能耗，提高 LNG 接收站整体环保技术水平，是践行、落实国家碳达峰、碳中和理念的重要举措。

第二节　节能技术

一、用能分析

（一）前言

我国天然气资源匮乏，近年来天然气进口量持续增加，其中 2019 年液化天然气（LNG）进口量同比增长 12%，天然气一次能源占比仅为 8.1%。因此，加快 LNG 接收站建设有利于推广使用新型清洁能源，有利于调整、改善我国能源消费结构不尽合理、煤炭消费比例过高的现状，有利于节能和环境保护。

在天然气需求量大、应急调峰能力要求高的环渤海、长三角、东南沿海地区，优先考虑增大已建 LNG 接收站储转能力，或适度新建 LNG 接收站。为满足中心城市及辐射地区的应急调峰需求，鼓励已建 LNG 接收站在现有站址上进一步扩大规模。

大力发展 LNG 产业，建设 LNG 接收站符合国家产业政策。LNG 接收站自身会有一定的能耗，因此应该对 LNG 接收站进行全面的用能分析，充分考虑节能措施，降低其能耗。

（二）能耗及其占比

LNG 接收站所需能源主要包括燃料气、电、水。

1. 燃料气

接收站内燃料气来源于 LNG 经气化的天然气和经压缩机增压后的蒸发气体(BOG)。

我国 LNG 接收站分布地区广泛,从北纬 20°到北纬 40°均建有 LNG 接收站。由于南北地区冬季海水温度差异较大,LNG 气化器配置也存在较大差异,在北方地区通常需设置海水气化器和浸没燃烧式气化器(SCV),海水温度较高时运行海水气化器,海水温度较低时运行 SCV;在南方地区仅需设置海水气化器即可满足 LNG 气化需求,无需设置 SCV。SCV 燃料气消耗较大,其工作原理是利用燃料气燃烧产生的热烟气加热并气化 LNG,满足向站外输气需求。另外,冬季取暖、食堂和浴室也会消耗少量燃料气。以中国石化为例,北方地区某 LNG 接收站 SCV 作为冬季海水温度较低时段唯一 LNG 气化器,燃料气消耗较大,其能耗占接收站总综合能耗(当量值)的 67%以上;南方地区某 LNG 接收站(拟建)可常年利用海水作为 LNG 气化热源,不需设置 SCV,燃料气消耗较小,其能耗占接收站总综合能耗(当量值)的 2%以下。

2. 电

LNG 接收站的电力消耗主要源自罐内低压泵、外输高压泵、海水泵、BOG 压缩机、空压机、SCV 配套用鼓风机等,少量源自行政管理设施和辅助生产设施。

机泵是通过电能转化为机械能(压能),满足流体介质的输送要求。罐内低压泵需满足接收站内 LNG 装车、装船、低压外输、站内冷循环、码头冷循环、装车冷循环等需求,同时为 BOG 再冷凝设施提供冷源。外输高压泵对罐内低压泵输送的 LNG 进一步增压,以满足天然气外输要求。海水泵主要为海水气化器提供热源,同时也可为站内工艺设施提供消防水。

BOG 压缩机需满足 BOG 处理要求。根据 BOG 处理方式不同,目前 BOG 压缩机配置主要有两种方式:一种是配置高压压缩机,BOG 通过压缩机加压后作为产品直接输送至天然气管网;另一种是配置低压压缩机,BOG 通过压缩机加压后,利用罐内低压泵输送的低压 LNG 作冷源与其混合,从而将其冷凝为液体,然后与罐内低压泵输送的低压 LNG 送至外输高压泵进一步增压,在有条件时也可由低压压缩机直接送至低压燃料气管网。在大型 LNG 接收站中,由于天然气管网压力很高,第二种方式较第一种方式能耗低,得到了普遍的采用。

LNG 接收站中配置的空压站(含 PSA 制氮设施)主要为接收站提供净化风、非净化风及氮气等,国内部分 LNG 接收站还配有液氮接卸、储运及气化设施,为接收站提供氮气。主要耗电设备包括空压机、润滑油泵及液氮泵(如有)。

SCV 配套用鼓风机,主要是自大气中抽取助燃空气进行增压后,使空气与燃料气(一般为天然气)混合后进入燃烧器并在炉膛内燃烧。鼓风机出口压力需满足燃烧系统的背压要求,一般为 20~30kPa。

LNG 接收站的电能消耗随项目建设地点和项目功能配置不同而存在较大差异,相应地,在不同接收站中所占能耗比例也会有所不同。例如,在我国北方地区建设的 LNG 接收站中,通常需设置 SCV,冬季某一时段内需连续运行,其风机耗电较多。

就电能消耗占比而言,北方地区电能消耗占整个接收站综合能耗的比例要低于南方地区的 LNG 接收站。以中国石化为例,北方地区某 LNG 接收站总电能消耗约占接收站总综合能耗(当量值)的 30%;南方地区某 LNG 接收站(拟建),总电能消耗约占接收站总综合能耗

(当量值)的 98%。

3. 水

在大型 LNG 接收站中,海水主要为 LNG 气化提供热源,并作为站内工艺生产设施的消防水;淡水主要为软化水站(如有)提供水源,并作为站内行政管理设施、辅助生产设施的消防水,同时也作为生活用水、冲洗地面用水及绿化用水。接收站总淡水用量较少,通常占接收站总综合能耗的 3% 以下。

(三) LNG 接收站综合能耗分析

根据《综合能耗计算通则》,电力等价值按当年火电发电标准煤耗计算[1]。以 2016 年为例,根据中国电力企业联合会公布的 2016 年 1~11 月全国电力工业统计数据一览表,供电标准煤耗 0.3130kgce/(kW·h)、综合厂用电率 5%,测算当年火电发电标准煤耗 0.2974kgce/(kW·h)。因此,电力折标煤系数等价值取发电煤耗 0.2974kgce/(kW·h),当量值取 0.1229kgce/(kW·h)。水资源按照新水考虑,折算标煤系数为 0.0857kgce/t。按照某 LNG 接收站贫液实际组分的平均低位发热量 35885kJ/m³ 计算,得到燃料气(天然气)折标煤系数为 1.2245kgce/m³。

以中国石化北方地区建设的某接收站能耗分析为例,各指标见表 8-1。

表 8-1　中国石化某接收站能耗分析

项目	实物消耗量		折标系数	标煤/tce	备注
	单位	数量			
电	$10^4(kW·h)/a$	23212.30	0.1229kgce/(kW·h)	28527.92	当量值
			0.2974kgce/(kW·h)	69033.38	等价值
水	t/a	345112.95	0.0857kgce/t	2957.62	—
燃料气	$10^4 m^3$	5343.90	1.2245kgce/m³	65436.06	—
综合能源消耗量	—			96921.60	当量值
				137427.06	等价值

从表 8-1 可以看出,该 LNG 接收站中天然气能耗占总能耗比重较大,达到 67% 左右(当量值),主要用于 SCV,少部分用于接收站食堂和洗浴;其次是电能消耗占整个接收站能量消耗的 30%(当量值),水资源消耗大约占接收站的 3%(当量值)。

二、节能设计基本原则与途径

(一) 节能原则

1. 工艺原则

(1) 工艺技术选择先进成熟可靠的技术,充分结合项目特点、公用工程及辅助设施区域资源优化,选用有利于提高效能的工艺方案,符合节能设计标准及相关规定。

(2) 保冷技术应在经济允许的前提下尽量满足低能耗需求。

(3) BOG 宜采用再冷凝技术。

(4) 气化外输应以海水利用最大化为原则。

(5) 工艺系统设计应尽量减少火炬气的排放。

（6）工艺管道、公用工程管道摩阻计算应尽量做到精确，以降低动力源的压头。

2. 布置原则

（1）项目建设选址应合理，水、电等外部能源供应便捷；码头、公路等外部运输设施成熟可靠。

（2）满足工艺要求前提下，采用流程式布置，兼顾同类设备相对集中。

（3）生产设施宜布置在一个街区或相邻的街区内；当采用阶梯式布置时，宜布置在同一台阶或相邻台阶上。

（4）设备及管道布置尽量紧凑，减少介质阻力损失及冷损失。

（5）氮气站、空压站宜集中布置，并靠近主要负荷中心。

（6）辅助设施从全站出发，合理优化布局，达到节能效果。

3. 设备原则

（1）采用新型节能型机泵，并进行合理选型，以提高效率、节约能源。合理选择变压器容量，使其运行在较高效率范围内。

（2）气化器选取需结合海水条件，优先选用开架式气化器（ORV）或带中间介质的海水气化器（IFV），尽可能利用海水的热量。

（3）BOG 再冷凝设备应尽可能选用高效再冷凝成套设备，降低再冷凝过程中的能耗。

（4）选择环保和高效节能的新型设备和设施。

4. 建筑原则

（1）建筑选材优先采用技术成熟，符合国家节能、环保政策及政府推广使用的建筑材料及产品。

（2）建筑物的建设标准应结合建设地实际情况，选择经济、环保、节能、适用的建筑材料和构造。

5. 采暖、通风原则

（1）LNG 接收站内宜采用集中供暖的方式，供暖热媒宜采用热水，不同建筑物采用的温度应根据实际需要进行设计。

（2）空压机房、海水泵房、消防水泵房和锅炉房等宜采用自然通风，当自然通风达不到要求时，可辅以机械通风或采用机械通风。

（二）节能途径与措施

1. 工艺

1）LNG 储存工艺

目前国内外 LNG 接收站普遍采用全容罐或薄膜罐储存 LNG，较少站场采用单容罐、双容罐。大型化是 LNG 储罐的发展趋势，大型化 LNG 储罐单位容积造价和运行费用都较低，且总占地面积也会相对减少，经济效益明显。预应力混凝土全容罐和薄膜罐允许的操作压力较高，相对于操作压力较低的金属罐而言，可以一定程度上降低 BOG 处理的运行能耗。

2）BOG 处理工艺

由于环境热量输入、储罐体积置换、动设备产生的热能转化等因素，LNG 接收站不可避免地会产生 BOG，BOG 的处理需要耗费电能。合理选取 BOG 处理工艺对于 LNG 接收站降低运行能耗具有重要意义。

BOG 处理工艺通常有以下三种：

（1）BOG 加压并网　BOG 经高压压缩机增压后直接并入天然气外输管网，该工艺因并网压力高，能耗也相对高。目前国内已建 LNG 接收站很少设置高压压缩机，若设置，也仅用于项目投产初期，用于应对天然气消费市场不成熟的情况，天然气以最小量外输。

（2）BOG 直接冷凝气化　BOG 经压缩机加压后，利用接收站内低压外输的 LNG 将其直接冷凝再加压气化外输。BOG 再冷凝工艺利用 LNG 低压外输的部分冷量，把 BOG 在较低压力下进行冷凝，冷凝后经外输高压泵进一步增压并气化外输。该工艺较第一种工艺增加了冷凝后增压和气化能耗，较 BOG 加压并网工艺能耗低，目前该工艺已被国内外普遍采用。

（3）BOG 低压外输　接收站周边如有燃料气低压用户，BOG 经加压复热后作为燃料气直接外送。该工艺能耗最低，应优先采用。

3）气化外输工艺

LNG 在气化器中被气化为天然气，计量后经输气管线送往各用户。LNG 气化常用热源主要有海水、空气、燃料、工厂或电厂废热等。根据热源不同，LNG 气化器主要分为气体加热型和液体加热型。以空气为热源的气化器主要有空温式气化器和强制通风式气化器，目前主要用于中小型气化站。以海水为热源的气化器如 ORV 和 IFV。以燃料为热源的气化器主要有 SCV 和热水浴式气化器，SCV 以天然气为燃料通过加热水浴来气化 LNG，主要用在调峰和海水温度过低不能利用时。热水浴式气化器热效率低，SCV 热效率高被普遍采用。

目前我国大型 LNG 接收站主要建在海边，一般选用海水作为热源。LNG 接收站相关规范规定[3]，"海水的温降通常不应大于 5℃"。对于气化器类型的选取，通常当海水中固体悬浮物含量不大于 80mg/L 时，选用 ORV；当海水中固体悬浮物含量大于 80mg/L 时，选用 IFV。SCV 需要消耗一定的燃料气，其消耗量通常为 LNG 气化量的 1.3%~1.5%，能耗较海水气化器高约 16 倍。因此最大化地利用海水热量可以大大降低 LNG 接收站的运行能耗，是 LNG 接收站节能技术的重要环节。

4）冷能综合利用

LNG 蕴含巨大的冷能资源，充分挖掘 LNG 冷能资源是 LNG 接收站节能的重要措施。目前 LNG 冷能利用的途径主要有冷能空分、冷冻仓库、冷能发电、制取液化 CO_2 和干冰、低温粉碎废弃物以及海水淡化等。其中 LNG 冷能发电、冷能海水淡化可以为接收站提供电能和淡水资源，有效降低 LNG 接收站的综合能耗，是未来接收站发展的一个重要方向。

2. 平面布置

在 LNG 接收站平面布置时，尽可能分区布置，流程顺畅，主要用能设备尽可能靠近动力中心，以有效降低接收站整体能耗。码头区、罐区、工艺处理区、外输区尽可能靠近，顺序布置，便于 LNG 接收和输送，有效减少 LNG 接卸、储运过程中的能耗；海水泵与用水设备、用水设备与排水口在满足工艺要求的前提下，距离尽量短，以降低海水取排水过程的能耗；冷能利用区、装车区布置在利于产品外送的区域，减少产品外运中的能量消耗。

3. 设备、材料节能途径与措施

1）LNG 储罐

LNG 储罐是 LNG 接收站最为关键的设备之一。储罐的保冷设计是储罐节能技术的关键。目前国内最为常用的储罐保冷系统主要包括罐底绝热层、罐壁绝热层、吊顶保冷层等。内罐底部由承载环梁和泡沫玻璃绝热层组成，内罐与外罐之间的罐壁环形空间的绝热采用膨胀珍珠岩与玻璃纤维毡；顶部的吊顶采用玻璃纤维毡作为绝热层。上述保冷材料是目前 LNG 工程主要的保冷材料，导热系数较低，保冷效果较好，有利于 LNG 工程生产高效运行。良好的储罐保冷设计方案有助于减少储罐 BOG 的产生，进而减少 BOG 处理的运行能耗，达到节能的目的。

2）LNG 输送泵

LNG 接收站中输送 LNG 介质的动设备主要是罐内低压泵和外输高压泵。机泵主要靠消耗电能来获得压能和动能，是接收站最主要的耗能设备之一。因此需要对机泵进行能效评价。能效评价的方法通常按照《石油化工离心泵能效限定值及能效等级》执行，机泵宜选用达到 2 级及以上能效水平的电机[3]。

3）气化设备

气化器是 LNG 接收站外输系统最重要的设备设备之一。LNG 气化器优先选用可以利用海水资源的开架式气化器（ORV）或者带中间介质的海水气化器（IFV），海水气化器可以大大节约 LNG 气化所需要的能耗，节能效果明显。同时，由于 SCV 具有启动快、调节负荷及时等优点，LNG 接收站通常设置 SCV 用于调峰或者备用。SCV 需选用高效燃烧器，且水浴操作温度尽可能低，以节约燃料气，降低能耗。

4）BOG 压缩机

BOG 压缩机是 BOG 处理的最关键设备。目前，国内已建 LNG 接收站多采用往复式压缩机，其工作原理是利用连杆推动活塞进行往复运动使气体增压外输。随着储罐内挥发气体的增多，储罐内压力不断上升，为维持储罐压力在允许的范围内，一般需要把 BOG 压缩再冷凝成液体或压缩后直接输出。BOG 压缩机吸入气体温度通常为 $-145 \sim -120℃$，压缩机一级缸体、活塞等部件需耐低温，并防止结冰。压缩机主要通过逐级调节来实现流量控制，其压缩能力通常通过储罐压力调节，但确定 BOG 压缩机参数时尽可能满足 LNG 接收站正常运行工况下满负荷运行，以降低其运行能耗。

4. 辅助生产和附属

1）水资源

SCV 需要采用软化水作为中间传热工质，软化水通常由除盐水站制取。除盐水站采用离子交换除盐工艺，流程简单、操作维护容易，产水率正常达 90% 以上；双滤料过滤器运行中压差要设定在科学合理的最佳范围，压差高对出水水质控制不利，压差低则反洗频繁、浪费水；阴离子交换器出水电导不宜控制太高，满足除盐水用户水质指标要求即可；将双滤料过滤器的反洗水和阳、阴离子交换器、混合离子交换器的正洗水收集，分别用以反洗双滤料过滤器和阳、阴离子交换器。

空气压缩机采用空气冷却，可以节约大量循环水；尽量减少新鲜水供应点，从而减少新鲜水用量。

2）建筑结构

建筑设计在满足建筑采光、通风等功能要求的同时，需要严格控制建筑开窗面积，将建筑的"窗墙面积比"指标控制在合理范围内且不大于 0.7。建筑采用的外保温材料需要满足 A 级防火要求。房屋窗户可选用双层玻璃，起到隔热效果。隔热材料可以选用挤塑聚苯板，该材料具有高热阻、低线性、膨胀比低的特点，导热系数达到 $0.028 \sim 0.03 W/(m \cdot K)$，属环保节能型建材，有利于降低建筑物能耗。

3）采暖通风

通风设备应该选择高效节能型的产品，设计时应使风机的工作点处于高效区；空调设备应该选择高效节能型的产品，室内设温控器，设备能效等级应在 4 级以上。

4）仪表电气

仪表选择时，需按照工艺需求尽可能采用低功耗电磁阀及低压损流量仪表，降低能源消耗；并采用先进的控制系统及控制方案，提高控制精度，从而减少能量损失。

电气设备在选择时，需尽量在负荷规范要求的前提下，选用高效节能的电动机、电光源、变压器，对于负荷变化大的电动机可以采用变频器调速的方式来降低电气设备的运行能耗。

5. 能源计量器具配备方案节能

1）能源计量范围

根据 GB/T 20901—2007《石油石化行业能源计量器具配备和管理要求》的有关要求，企业能源计量的层级分为用能单位、次级用能单位和基本用能单元。项目能源计量的范围包括：输入的能源及载能工质；输出的能源及载能工质；使用（消耗）的能源及载能工质[4]。

2）能源计量

LNG 接收站主要包括 LNG 卸船、LNG 装车、天然气外输等计量。另外，还包括站内天然气、净化空气、氮气、生活用水、生产水、用电等计量。

3）能源计量器具的配备

根据《石油石化行业能源计量器具配备和管理要求》，能源计量器具配备率按下式计算[4]：

$$R_P = \frac{N_S}{N_1} \times 100 \tag{8-1}$$

式中　R_P——能源计量器具配备率，%；

N_S——能源计量器具实际配备数量；

N_1——能源计量器具理论需要数量。

项目电力、天然气和清水等能源及耗能工质的计量器具配备率应达到 100%，以满足用能单位、次级用能单位和基本用能单元能源计量器具配备标准要求。

三、节能评估

（一）综合能耗计算

项目综合能耗是指用能单位生产活动过程中实际消耗的各种能源，不得重计、漏计。能源和耗能工质在用能单位内部储存、转换及分配供应（包括外销），除损耗计入综合能耗外，其他不再计入项目综合能耗。综合能耗计算方法应该按照相关规范实施，如《综合能耗计算通则》。计算 LNG 接收站综合能耗时，需要对电、水、天然气分别进行计算，按照相应的折标系数进行换算后，统计核算综合能源消耗量。

（二）能效水平评估

LNG 接收站需要进行单位产量综合能耗计算，测算公式见式（8-2）。

$$e = \frac{E}{P} \tag{8-2}$$

式中 e——单位产量综合能耗，kgce/t；

E——综合能源消耗量，kgce/a；

P——产量，t/a。

据不完全统计，目前国内 LNG 接收站单位综合能耗通常在 8~13kgce/t 范围内。以国内某 LNG 接收站为例，单位综合能耗可以达到 8.97kgce/t。

（三）节能影响

根据国家节能中心节能评审评价指标通告（第 1 号），项目新增能源消费量对所在地能源消费量的影响程度判别指标见表 8-2。

表 8-2　项目新增能源消费量对所在地能源消费的影响程度判别指标

项目新增能源消费量占所在地某段时间能源消费增量控制比例（m）/%	项目增加值能耗影响所在地单位 GDP 能耗的比例（n）/%	影响程度
$m \leq 1$	$n \leq 0.1$	影响较小
$1 < m \leq 3$	$0.1 < n \leq 0.3$	一定影响
$3 < m \leq 10$	$0.3 < n \leq 1$	较大影响
$10 < m \leq 20$	$1 < n \leq 3.5$	重大影响
$m > 20$	$n > 3.5$	决定性影响

m 计算公式如下：

$$m = \frac{a}{b - c} \times 100\% \tag{8-3}$$

式中 m——项目新增能源消费量占所在地能源消费增量控制比例；

a——项目年综合能源消费量增量（等价值），tce；

b——项目所在地某段时间终止年能源消费总量预测值，tce；

c——项目所在地某段时间起始年能源消费总量，tce。

n 计算公式为：

$$n = \frac{\dfrac{a + d}{b + e} - c}{c} \times 100\% \tag{8-4}$$

式中 n——项目增加值能耗影响所在地单位 GDP 能耗的比例；

a——某年所在地能源消费总量，tce；

b——某年所在地生产总值，万元；

c——某年所在地单位 GDP 能耗，tce/万元；

d——项目年综合能源消费量增量（等价值），tce；

e——项目年工业增加值，万元。

通过以上核算结果可以判别项目对所在地完成节能目标影响的大小。

第三节 环保技术

一、环保全过程控制

大型 LNG 接收站应在项目整个生命周期每一个环节均做到本质环保，才能防止环境污染和生态破坏，实现企业与环境的和谐共存。因此需要采用绿色工艺技术，生产环境友好产品，同时在工程建设中以清洁生产为原则，精细管控污染，从而构建资源和能源消耗低、循环经济水平高的大型 LNG 接收站。

在工程立项、建设过程中，需要对建设期和生产运营期可能对环境产生的影响进行预测、分析和评价，科学评估建设地区相关资源、各环境要素的承载力和环境容量等可能的制约因素。根据评价结果采取相应适合的工程环保策略和污染防控措施，满足项目所在地环境质量和项目环境目标的要求。

在工程设计阶段，要落实防治环境污染和生态破坏的各项措施；工程建设期间进行专项环境监理；竣工后对项目的环保设施依法合规验收；运营过程中监管排污口、厂界环境，执行排污许可制度，规范运营环保设施。

为了构建清洁环保的大型 LNG 接收站，在工程建设过程中需要统筹考虑各项环保策略和措施，搞清污染物来源、分布及性质，明确执行环境质量标准、排放标准、技术标准，尽最大可能减少污染物的产生，对不可避免产生的污染物进行有效防控，将对环境的影响降至最低。

二、污染物来源、分布及性质

LNG 接收站工程的污染一般包括废气、废水、固体废物及噪声。

（一）废气

1. 有组织排放

1）液化天然气储存过程中排放的气态污染物

LNG 储罐通常设置两级超压保护系统。第一级超压保护排火炬：当储罐压力达到一定值（通常为 26kPa）时，控制阀打开，气体排入火炬系统；第二级超压保护排大气：当储罐压力继续升高，达到一定值（通常为 29kPa）时，储罐安全泄放阀打开，气体直接排至大气。

2）气化过程排放的气态污染物

LNG 在气化器中气化为天然气，计量后经输气管道送往各用户，气化后的天然气温度不应低于 0℃。

我国北方地区 LNG 气化器通常采用 IFV（或 ORV）与 SCV 组合配置方式，即春夏秋季独立使用 IFV（或 ORV）；当冬季海水温度低至无法使用 IFV（或 ORV）时，独立使用 SCV。SCV 燃烧会产生烟气排放，烟气中会含有 NO_x、烟尘等污染物。

3）火炬系统排放的气态污染物

火炬系统接收并燃烧处理 BOG 总管超压排放的可燃气体，处理的气体排至大气，排放气中含有 NO_x、烟尘等污染物。

2. 无组织排放

输送或接触LNG及其相关气体的工艺设备和管道(主要包括泵、压缩机、阀、泄压设施、取样连接系统、法兰、连接件等)的动静密封点会有微量挥发性有机物VOCs泄漏并逸散到大气中,形成无组织排放。

以建设规模为13.0Mt/a某LNG接收站为例,经统计,其排放的废气及污染物情况见表8-3。

表8-3 某LNG接收站废气排放表

污染源名称	废气量/($10^4 Nm^3/h$)		排放规律	主要污染物			排放去向
	正常	最大		NO_x	SO_2	其他	
SCV	15.12	—	冬季运行期间连续	低于40mg/kg	—	N_2: 88.9% CO_2: 11.1%	大气
火炬	—	11.2	间断	低于40mg/kg	—	CO_2: 100%	大气
火炬长明灯	0.0048	—	连续	低于40mg/kg	—	CO_2: 100%	大气
无组织排放	—	—	连续	CH_4气体			大气
LNG储罐区	—	18.2	事故,紧急泄放	CH_4气体			大气

(二) 废水

LNG接收站通常建设在沿海地区,其主力气化器均以海水为热源,气化器通常选用IFV或ORV。海水是LNG接收站工程在海水气化器运行期间唯一连续排放的生产污水,排放海水会有一定的温降。

设置SCV的LNG接收站,SCV运行期间会产生含化学需氧量(COD)、无机盐类的生产废水。

LNG接收站工程机泵和SCV检维修、地面冲洗时也会间断排放一定量的污水。SCV采用软化水作为中间工质,用于吸收热烟气释放的热量,加热后的软化水再加热气化LNG。设置SCV的LNG接收站,通常配套设置软化水站,软化水站在运行期间,会产生含无机盐类的生产废水。

另外,事故情况下还会有事故排水,LNG接收站的人员办公区域也会产生一定的生活污水。

以建设规模为13.0Mt/a某LNG接收站为例,经统计,其排放的废水及污染物情况见表8-4。

表8-4 某LNG接收站废水排放表

排放源	污水种类	排放规律	排放量/(t/h)		主要污染物/(mg/L)	排放去向
			正常	最大		
IFV	海水排水	连续	22400	25500	低温、余氯	排海
机泵检修、地面冲洗	生产污水	间断		1	COD 300、油 100	污水收集池

排放源	污水种类	排放规律	排放量/(t/h)		主要污染物 /(mg/L)	排放去向
			正常	最大		
SCV	生产废水	冬季运行期间连续		25	无机盐类	雨水沟排海
SCV	生产废水	检修，一年一次		5	COD、无机盐类	污水收集池
软化水站	生产废水	间断		3	无机盐类	雨水沟排海
事故池排水	生产污水	事故		2	COD	污水处理场
生活污水	生活污水	间断		4	COD 300、氨氮 40	污水收集池

（三）固体废物

LNG 接收站工程固体废物产生类别较少，量也较小。配套建设有深冷的空分装置会产生废分子筛，由于接触到的介质属于非危险废物，因此该类废分子筛按一般固废进行管理和处置。

（四）噪声

LNG 接收站工程噪声源主要为机泵、压缩机、空压机、火炬等。各类噪声源的相关信息见表 8-5。

表 8-5　噪声排放表

噪声源	排放方式、规律	减（防）噪措施	降噪后噪声值/dB（A）
BOG 压缩机	室外，连续	选用低噪声设备、进出口管道柔性连接	≤85
机泵	室外，连续	选用低噪声设备	≤85
火炬放空	室外，非连续	低噪声火炬头	≤110
管道、安全阀排气	室外，非连续	—	≤110
SCV	室外，仅冬季	选用低噪声设备	≤95
空压机	室外，连续	选用低噪声设备、进出口管道柔性连接	≤95

三、执行的环保标准

LNG 接收站工程在设计、建设及运营过程中，应执行污染物排放标准、环境质量标准及环保技术标准等三类标准。

满足工程排放的污染物达到国家、行业及地方标准、规范要求的各类污染物排放限值，是一个项目成立的先决条件，也是基本条件。

项目在建成投产后，在排放达标的基础上，尚需满足项目所在地周边的环境质量符合标准要求，这存在着两种情况：一是项目建设前环境质量现状达标，建成后也应该不改变目前的环境功能区划要求，这也分两种情况：一种是项目污染物刚刚达标排放即可满足环境功能区划要求，另一种就是项目污染物刚刚达标排放不能满足环境功能区划要求，那么就需要进一步削减污染排放，直至能满足环境功能区划要求为止；二是项目建设前环境质量现状不达标，建成后应通过项目本身污染物的控制和减排，加之区域污染物削减，实现超标因子的环境质量有向好的趋势。

为实现污染物排放达标并满足项目所在地对于污染物、环境质量管控要求，在工程设计和建设过程中，污染防控设施及措施应执行相应的环境技术标准规范。

在通常情况下，LNG 接收站需执行的环境质量标准包括：GB 3095—2012（23018）《环境空气质量标准》、GB 3838—2002《地表水环境质量标准》、GB 3096—2008《声环境质量标准》、GB 3097—1997《海水水质标准》等，最终应执行的标准需要根据项目涉及的环境要素进行确定，执行的标准等级需要根据项目所在地各环境要素的环境功能区划进行确定。

LNG 接收站需执行的排放标准包括：GB 8978—1996（1999）《污水综合排放标准》、GB 18918—2002（2006）《城镇污水处理厂污染物排放标准》、GB 16297—1996《大气污染物综合排放标准》、GB 12348—2008《工业企业厂界环境噪声排放标准》、GB 9078—1996《工业炉窑大气污染物排放标准》等，最终应执行的标准类别需要根据项目涉及的污染源进行确定。根据污水最终排入纳污水体，还是排入依托的污水处理场，确定项目执行废水污染物直接排放限值还是间接排放限值。工程产生的一般固废在工厂储存过程中需执行 GB 18599—2020《一般工业固体废物贮存和填埋污染控制标准》。

应执行的技术标准一般包括：GB/T 50934—2013《石油化工工程防渗技术规范》等。

四、污染防治与清洁生产

LNG 接收站工程在运营过程中污染物的产生是不可避免的，因此应加强污染物的预防与治理，从源头、过程及末端进行全过程控制。

（一）废气

1. 有组织排放

1）储存过程排放的气态污染物

LNG 储罐压力达到设定值时，控制阀打开，气体排入火炬系统，通过火炬系统的燃烧将绝大部分有机污染物转化为无机物，减小对环境空气的影响；当储罐压力继续升高至设定值时，储罐上安全泄放阀打开，气体直接排入大气，在工程设计及实际操作中需加强管理，尽量避免该情况发生，即减少有机污染物直排对环境空气带来的不利影响。

正常工况下，LNG 储罐产生的 BOG 通过再冷凝器进行回收，不排至大气。

2）气化过程排放的气态污染物

SCV 所需燃料采用压缩机加压后的 BOG 或 LNG 气化减压后的天然气，该燃料均属于清洁燃料气，可大幅减少烟气中 SO_x、NO_x、烟尘等污染物的排放，采用低氮燃烧技术可进一步降低 NO_x 污染物的排放。

3）火炬系统排放的气态污染物

火炬系统接收并燃烧处理 BOG 总管超压排放的可燃气体。火炬配置点火装置，采用地面爆燃和自动点火两种方式，达到双保险，确保点火万无一失，可以有效降低有机废气对环境的污染。

另外，应尽量避免火炬气通过 LNG 储罐安全阀直接排入大气的情况发生，当不可避免发生此类情况时，应按排污许可等环保管理要求向当地生态环境管理部门进行报备。

2. 无组织排放

对于动静密封点形成的无组织排放，可通过选用先进的设备和加强管理控制，通过执行泄漏检测与修复（LDAR）计划来降低其排放量。

生产过程无组织排放废气控制措施如下：

（1）管道　输送 LNG 及其气化气体管道除与设备、仪表、阀门等可采用法兰连接外，其他均宜采用焊接连接。

（2）设备　储存 LNG 及其气化气体的设备和接管法兰的密封面及其垫片宜提高密封等级，必要时采用焊接连接。设备的液面计及视镜尽可能地加设保护设施。所有转动设备进行有效的设计，尽可能防止 LNG 及其气化气体物料泄漏。通过采用机械密封、提高密封等级（如增加停车密封、干气密封、串联密封等）等方法减少物料泄漏。

（3）停工检修阶段　根据各停工检修工艺单元特点，采用氮气吹扫排火炬方式，管道检修后进行气密性试验。

（4）建立 LDAR 系统　生产过程中各单元无组织排放气体是指装置阀门、管道、泵等在运行中因跑、冒、滴、漏逸散到大气中的废气。其排放量与操作管理水平、设备状况等有很大关系，可通过选用先进的设备、提高材质等级和加强管理等措施来降低其排放量。为了控制这些挥发性有机物的排放，LNG 接收站需实行 LDAR 计划。LDAR 的基本流程是通过对潜在的可能泄漏点进行周期性的检测，尽早发现泄漏的设备和管件并加以维修，从而减少 VOCs 的排放。

（5）加强管理　储罐设计选择耐低温的材料以及可靠的密封技术，以减少 LNG 及其气化气体的泄漏，发现泄漏，及时检修。

（二）废水

LNG 接收站没有连续排放的污水需要处理，因此一般不建立独立的污水处理场，而是采用依托方式进行处理。

污水主要来自设备清洗和维修以及污染地面的冲洗水等，其中污染物为石油类、悬浮物（SS）的污水首先进入污水收集池；接收站职工生产、生活中产生的生活污水进入生活污水收集池。两类污水由槽车或管道运送或输送至外委污水处理场进行处理，达到排放标准或回用标准后排放或回用。

由 SCV 产生的排放污水（仅在冬季或者海水气化器维修时产生）以及软化水站的排污水，其中主要污染物为无机盐类。SCV 的生产废水与海水气化器使用后排出的海水一同进入海水排水系统排海；脱盐水站的生产废水进入清净雨水系统排海。

海水排放系统对海域环境的主要影响为温降和余氯。为有利于污染物扩散和温降，排海管道排放口为开敞式喇叭口形状，同时设置一定的底坡以防止泥沙淤积。排海管道上一般要求设置余氯在线监测设施。

（三）固体废物

LNG 接收站工程配套的空分空压装置产生的废分子筛，按一般固废进行管理和处置。

在厂内暂存时需满足 GB 18599—2020《一般工业固体废物贮存和填埋污染控制标准》的有关要求。

LNG 接收站产生的少量生活垃圾，由当地环卫部门统一处理。

(四) 噪声

为了减少工程噪声对外界的影响，LNG 接收站一般采取如下措施：在生产允许的条件下，尽可能选用低噪声设备，如机泵、空冷器风机等；对大型的压缩机、风机等设备采取减振措施，如加隔振垫；管道的适当地方安装弹簧支、吊架，缓解振动；空气放空口、引风机入口加设消声器；SCV 采用低噪声燃烧器。

通过以上措施，使工程的工业噪声对厂界的影响满足 GB 12348—2008《工业企业厂界环境噪声排放标准》的有关要求。

(五) 防渗

LNG 接收站工程一般应参考 GB/T 50934—2013《石油化工工程防渗技术规范》，根据工艺物料特点及受污染后被发现的难易程度，LNG 接收站防渗分区如表 8-6 所示。

表 8-6　LNG 接收站防渗分区

装置、单元名称	污染防治区域及部位	污染防治区类别
地下管道	生产污水(污染雨水)、污油等地下管道	重点
污水收集单元	生产污水收集池底板及壁板	重点
工艺处理设施	润滑油站地面及边沟的底板及壁板	一般
制氯间(化学品库)	地面	一般
总变电所和区域变电所	总事故油池的底板及壁板	重点
	湿式变压器的油池	重点
应急柴油机发电机房	机房地面及储油间地面	一般
事故消防水收集池	水池的底板及壁板	一般

一般污染防治区防渗层的防渗性能不应低于 1.5m 厚、渗透系数为 1.0×10^{-7} cm/s 的黏土层的防渗性能，重点污染防治区防渗层的防渗性能不应低于 6.0m 厚、渗透系数为 1.0×10^{-7} cm/s 的黏土层的防渗性能。具体做法参照 GB/T 50934—2013《石油化工工程防渗技术规范》或根据项目环境影响评价文件及其批复的要求进行。

(六) 环境监测

LNG 接收站通常设置环境监测站，配套设置环境分析室、办公及资料室、药品贮存间、气瓶、更衣室、杂品间、气瓶间等。分析室内布置有单面化验台、中央化验台及通风柜、化验盆等。

对于 LNG 接收站的环境监测，需要对污染源、厂界处进行监测，根据项目污染排放特点及相关标准规范确定监测项目和监测频次，为了更好地进行全过程污染控制，也需要对污染物生产过程中产生的污染物进行监测，例如，对污水收集池中的各常规污染物和特征污染物进行监测，具体见表 8-7。

表 8-7　LNG 接收站环境监测要求

监测内容	监测点布设	监测项目	主要仪器	监测频次
废气	厂界站场下风向设 3 个点	非甲烷总烃总烃	气相色谱仪	1 次/半年，每次 2 天
	SCV 排气筒	烟尘、SO_2、NO_x	烟气分析仪、烟尘采样器、天平、分光光度计、气相色谱仪	1 次/月
废水	污水收集池	pH 值、石油类、COD、生物需氧量（BOD）、NH_3-N、SS	pH 计、红外油分析仪、COD 分析仪、BOD 分析仪、分光光度计	1 次/季度
	低温水排放口附近距离排放口 100m、200m、300m 处	水温余氯	温度计余氯测定仪	1 次/季度 1 次/季度
噪声	厂界	噪声	噪声仪	1 次/半年，每次 2 天

（七）清洁生产

所谓清洁生产，是指不断采取改进设计，使用清洁的能源和原料，采用先进的工艺技术与设备，改善管理、综合利用，从源头削减污染，提高资源利用效率，减少或者避免生产、服务和使用过程中污染物的产生和排放，以减轻或消除对人类健康和环境的危害。

LNG 接收站的建设和运营不仅要考虑经济效益，还要考虑生产清洁的产品，并将生产中产生、排放的污染物降至最低，达到全生命周期实现清洁生产的要求，全方位减少排入到环境中的污染物量，以尽最大可能减少或避免对环境的负面影响。

1. 清洁工艺

LNG 储罐通常选用安全、可靠的全包容式储罐。这种储罐具有双重罐壁，内罐为 9% 镍钢钢罐，外罐为预应力混凝土罐壁。该种罐型具有安全性高、技术成熟、可靠性高、结构完整、占地少的特点。此外，全包容式储罐所有管道和仪表的接口均设置在罐顶，有效防止、减少 LNG 泄漏。

2. 使用清洁燃料

LNG 接收站使用的燃料来自高压外输减压后的气体及 BOG 压缩机加压后的气体，为清洁燃料，较其他燃料（如煤、燃料油等）可明显降低烟尘、SO_x、NO_x 和 CO_2 的产生量和排放量。

3. 清洁产品

LNG 接收站运行后，可替代目标市场使用的燃煤或燃油，LNG 气体燃烧所产生的二氧化硫和氮氧化物等污染物量分别约占燃煤、燃油排放量的 20% 和 40%，区域环境效益显著。LNG 的利用对优化能源结构、改善生态环境、实现可持续发展具有重要意义。

4. 回收利用

LNG 蕴藏着大量的低温能量，在被用于燃料或化工原料之前，需要进行热交换将其气化为常温气体。LNG 气化过程中，其释放的冷能可采用直接或间接的方法加以利用。利用

LNG 冷能进行空气分离就是利用 LNG 的冷能，配合空气分离装置，主要可以生产液氮、液氧和液氩；LNG 冷能发电是利用 LNG 气化为气体状态过程中释放的冷量进行发电，可以提高冷能利用率，降低 LNG 气化成本和气化过程中对周围环境造成的影响。

5. 减少污染物排放

SCV 要消耗一定量的天然气。LNG 接收站尽量利用海水的温度为气化提供热源，SCV 仅在冬季或者海水气化器检修时使用，减少尾气排放。

五、LNG 与温室气体减排

碳中和，是指人类活动排放的二氧化碳被人为作用和自然过程所吸收。研究显示，当前全球每年排放约 40Gt 二氧化碳，其中 14% 来自土地利用，86% 源于化石燃料利用。这意味着，实现碳中和，必须变革以化石能源为主导的能源体系，构建以风、光、水、核等为主体的非碳能源新结构。

碳中和硬约束下，并非摒弃化石能源。为降低化石能源使用过程中的碳排放，科研人员正在探索清洁化利用技术。同时，在交通、工业等领域，研究用氢能、电能等替代化石能源，多管齐下，支撑减排降碳。

据统计，我国一次能源消费中，非碳能源只占 15%，另外 85% 主要是煤、油、气。其中，煤炭在一次能源消费中占比接近 60%。

近年来，煤炭占我国一次能源消费的比重持续下降，但未来一段时间内，煤炭在能源结构中依旧重要。在此情况下，有必要研究煤炭清洁利用，减少二氧化碳排放，煤化工被认为是一条路径。

以煤为原料制备化学品，离不开碳、氢、氧三个元素的反应变换。因此，煤的结构及反应过程，决定其燃烧一定会产生二氧化碳。据测算，燃烧 1t 煤大约排放 3t 二氧化碳，且煤化工项目又是用水大户，煤气化、合成及后续产品纯化、分离等环节，均离不开水。

"精准剪接"煤分子，完成煤炭清洁利用，实现这一构想离不开先进、高效的催化剂，同时还要摒弃传统的氧助气化过程，有"绿氢"的帮助才能做到。

氢气在自然界不存在，需要人工获取，还要储存、转换和应用。所谓"绿氢"，是指通过风能、光能等可再生能源发电，再用清洁的电力分解水制备出的氢气。这被认为是未来获取氢能的主要方式。但电解水制氢的成本比较高，全球每年消耗的 50Mt 左右氢气中，仅有 4% 来自电解水，而且所用电能也非全部来自可再生能源。大多数氢气来自化石能源，其中又以煤制氢价格最便宜。但以煤制氢，又免不了排放二氧化碳。

科研人员正在开发高效、便利、低成本获取"绿氢"的途径。比如，发展大规模、低能耗、高稳定性的电解水制氢新技术，通过材料和过程的创新降低能耗和成本等。专家认为，如果人们能够比较经济地获得"绿氢"，未来就能形成一条比较完善的氢能产业链，推动氢能在各个行业的应用，最终甚至会形成一套独立于石油天然气和电力的新体系。

氢气的价值远不止助力煤炭清洁利用。专家认为，氢能利用效率高、无污染，还能与多种能源耦合，是实现碳中和目标的关键。当今能源体系是由化石能源产生电力、液体燃料，再到达最终用户。在未来能源构架中，氢能将与电力一起居于核心位置，为终端用户供能。

在能量释放效率上，氢燃料电池技术比内燃机更高，氢气有潜力取代汽油，在交通领域有广阔的应用前景。

氢能要想大规模使用，除了需降低制备成本外，储存和运输也是必须克服的难题。针对这一痛点，我国科研人员探索"液态阳光甲醇"技术路线，即将"绿氢"与二氧化碳结合制成液态甲醇。将太阳能等可再生能源储存在甲醇中，提供了一条可再生能源储存和运输的新模式。这样不仅可以解决氢气储运问题，还能中和二氧化碳。此外，甲醇使用后分解得到的二氧化碳和水，又是下一轮循环的载体。

我国太阳能资源十分丰富。据专家测算，在我国有条件的农村屋顶都装上光伏，初步估计将有 $20×10^8kW$ 的安装容量。这意味着一年能发电 $3×10^{12}kW\cdot h$，占未来全国总电力需求的 20% 左右。

实现碳中和，必须构建以风、光、水等为主体的非碳能源新结构。然而，以风、光等为代表的可再生能源，存在发电波动性和间歇性等短板，如果规模化并网，会影响电网的稳定运行。为支撑大规模并网，可再生能源必须与有效的储能结合起来。作为能源存储转换的关键，储能系统能够提高多元能源系统的安全性、灵活性和可调性。

目前，大规模储能技术也存在一些缺陷。除了成本比较高之外，安全也是储能产业的瓶颈。针对这些痛点，科技界和产业界正在探索大容量、安全、稳定的储能技术。

从碳达峰走向碳中和，发达国家一般要用 45~70 年，我国仅预留了 30 年时间，困难更大，富有挑战性。

通过以上分析可知，目前我国的一次能源结构短期内不能得到根本性改变，绿色煤化工也需要技术上的突破，"绿氢"的制备、储存和运输在技术经济上也存在一定问题，因此 LNG 在一段时期内仍然是重要的过渡性能源，需要在储存和使用中降低温室气体的排放。

LNG 与温室气体减排关系密切，主要表现在以下三个方面：一是 LNG 是清洁高效能源，与燃料煤、燃料油相比，燃烧过程可减少 CO_2 的排放；二是 LNG 接收站运维过程中会有有组织排放，其中会有 CO_2 的排放，通过相应措施可降低排放；三是 LNG 主要成分是甲烷，接收站过程减少无组织排放，即是最大地减少温室气体排放。下面进行详细叙述。

（一）燃烧减排

1. 各种燃料的比较

煤中有机质是复杂的高分子有机化合物，主要由碳、氢、氧、氮、硫和磷等元素组成，而碳、氢、氧三者总和约占有机质的 95% 以上。煤中的无机质也含有少量的碳、氢、氧、硫等元素。碳是煤中最重要的组分，其含量随煤化程度的加深而增高。泥炭中碳含量为 50%~60%，褐煤为 60%~70%，烟煤为 74%~92%，无烟煤为 90%~98%。

中国的燃料油行业标准中，规定了 7 种牌号燃料油的不同物化性能要求。其中 1 号和 2 号是馏分燃料油，适用于家用或工业小型燃烧器使用。4 号轻和 4 号是重质馏分燃料油或是馏分燃料油和残渣燃料油混合而成的燃料油。5 号轻、5 号重、6 号和 7 号是黏度和馏程范围递增的残渣燃料油，为了装卸和正常雾化，在温度低时一般都需要预热。中国使用最多的是 5 号轻、5 号重、6 号和 7 号燃料油。5~7 号燃料油黏度控制和分牌号是按 100℃ 运动黏度来划分的。

LNG 由甲烷、乙烷、丙烷、异丁烷、正丁烷、氮气等组成，目前国际主流资源中最轻 LNG 到最重 LNG 中，各种组成成分含量不同，如甲烷含量 99.87%~85.56%，乙烷含量 0.01%~12.06%，丙烷含量 0~1.85%。

2. 不同燃料燃烧 CO_2 的排放

（1）以煤的燃烧为例，碳的燃烧可按完全燃烧反应计算，燃烧过程产生的飞灰中往往还夹杂着小部分碳，故可以按式(8-5)进行计算煤燃烧产生的二氧化碳：

$$W_{CO_2}^C = W_C \times \frac{C}{100} \times \frac{MW_{CO_2}}{MW_C} \times \left(1 - \frac{C_A}{100} \times \frac{C_C}{100}\right) \qquad (8-5)$$

式中　　$W_{CO_2}^C$ ——煤燃烧排放 CO_2；

　　　　W_C ——煤消耗量；

　　　　C ——煤含碳量；

　　　MW_{CO_2} ——二氧化碳的摩尔质量；

　　　MW_C ——碳的摩尔质量；

　　　　C_A ——燃煤平均灰分；

　　　　C_C ——飞灰含碳量。

（2）以 LNG 的燃烧为例，其燃烧产生的二氧化碳可按式(8-6)进行计算：

$$W_{CO_2}^{LNG} = W_{CH_4} \times \frac{MW_{CO_2}}{MW_{CH_4}} + 2W_{C_2H_6} \times \frac{MW_{CO_2}}{MW_{C_2H_6}} + 3W_{C_3H_8} \times \frac{MW_{CO_2}}{MW_{C_3H_8}} \qquad (8-6)$$

式中　　$W_{CO_2}^{LNG}$ ——LNG 燃烧排放 CO_2；

　　　　W_{CH_4} ——LNG 中 CH_4 的消耗量；

　　　　$W_{C_2H_6}$ ——LNG 中 C_2H_6 的消耗量；

　　　　$W_{C_3H_8}$ ——LNG 中 C_3H_8 的消耗量；

　　　MW_{CO_2} ——二氧化碳的摩尔质量；

　　　MW_{CH_4} ——CH_4 的摩尔质量；

　　　$MW_{C_2H_6}$ ——C_2H_6 的摩尔质量；

　　　$MW_{C_3H_8}$ ——C_3H_8 的摩尔质量。

LNG 的单位热值含碳量比煤低 40% 左右，因此，在完全燃烧的情况下获取同样的热量，燃烧 LNG 排放的 CO_2 比煤低约 40%，如果是用于发电，同时考虑燃气电厂的循环效率要比燃煤机组高，每产生一度电，燃烧 LNG 的电厂 CO_2 的排放量比燃煤电厂可降低 60% 左右。

而 LNG 接收站储存的 LNG 最终用途就是通过燃烧获取热量或用于发电，燃烧过程比用煤可减排 40%~60% 的 CO_2，温室气体的减排效应非常明显。因此，在迈向清洁能源的征途中，LNG 是一种非常重要的过渡性能源。

（二）LNG 接收站有组织排放减排

1）储存过程排放的温室气体

LNG 由甲烷、乙烷等组成，而甲烷是一种温室效应较大的温室气体，因此需要对储存过程中的有组织排放进行有效控制。

为此，LNG 储罐通常正压设置了两级保护系统，当储罐压力达到一定值（通常为 26kPa）时，控制阀打开，气体首先排入火炬系统；当储罐压力继续升高，达到一定值（通常为 29kPa）时，储罐上安全泄放阀才打开，气体直接排入大气。为减少超压排放，在设计建设中选用精密控制仪表，在运营中进行精准操作。

2）气化过程排放的温室气体

LNG 在气化器中气化为天然气，计量后经输气管道送往各用户，气化后的天然气温度不应低于 0℃。

我国北方地区 LNG 气化器通常采用 IFV 或 ORV 与 SCV 组合配置方式，即春、夏、秋季独立使用 IFV 或 ORV；当冬季海水温度低至无法使用 IFV 或 ORV 时，独立使用 SCV。SCV 燃烧会排放烟气，烟气中会含有 CO_2，为减少 CO_2 的排放，应提高 SCV 的燃烧效率和热效率，减少燃料使用量和烟气排放量，从而减少温室气体的排放量。

3）火炬系统排放的温室气体

火炬系统接收并燃烧处理 BOG 总管超压排放的可燃气体，处理的气体排至大气，排放气中含有 CO_2 及未燃尽的 BOG 气体。为减少此类排放，应从两方面着手，一是在设计、建设过程中选用燃烧效率高的火炬系统，参照《石油化工环境保护设计规范》中的相关要求，火炬的最小燃烧效率应不小于 98%；二是在运营过程中科学操作，尽量减少甚至避免超压情况。

（三）LNG 接收站无组织排放减排

根据《挥发性有机物无组织排放控制标准》中的定义，无组织排放是指大气污染物不经过排气筒的无规则排放，包括开放式作业场所逸散，以及通过缝隙、通风口、敞开门窗和类似开口(孔)的排放等。

根据《石化行业 VOCs 污染源排查工作指南》，石化行业无组织排放包括设备动静密封点泄漏、有机液体储存与调和挥发损失、有机液体装卸挥发损失、废水集输、储存、处理处置过程逸散、冷却塔/循环水冷却系统释放、非正常工况(含开停工及维修)排放、工艺无组织排放、采样过程排放、事故排放等 9 种情况。对于 LNG 接收站，涉及的无组织排放包括设备动静密封点泄漏、废水集输、储存、处理处置过程逸散、非正常工况(含开停工及维修)排放、采样过程排放、事故排放等情况。

而 LNG 中的主要组分甲烷的全球变暖潜能值(GWP)远大于二氧化碳，具体见表 8-8。

表 8-8　甲烷的全球变暖潜能值

气体名称	特定时间跨度的全球变暖潜能值(GWP)		
	20 年	100 年	500 年
二氧化碳	1	1	1
甲烷	72	25	7.6

因此，控制好 LNG 接收站的无组织排放，也是控制温室气体很重要的一个环节。

1）设备动静密封点泄漏

设备动静密封点泄漏，是指 LNG 接收站动、静密封点排放的 VOCs，主要包括泵、压缩机、搅拌器、阀门、泄压设备、取样连接系统、开口阀或开口管线、法兰、连接件等，为减少排放，在项目设计建设中应尽可能减少此类密封点。另外，在 LDAR 工作中，增加泄漏检测修复的频次也可减少泄漏。

2）废水集输、储存、处理处置过程逸散

废水收集系统通常包括排水口、收集井、隔油井、水封井、检查井、排水管道、集水井及泵站等；处理系统通常包括调节罐、均质池、隔油池、气浮池、生化处理池、澄清池、浮渣池、污泥消化池和脱水干化设施等。因此，废水集输、储存、处理处置过程逸散控制，通常要做好这些过程各个环节，尤其是 VOCs 产生浓度较高的废气的密闭、收集和处理工作。

3）非正常工况（含开停工及维修）排放

在开、停车过程中，工艺操作属于非正常状态。在开车过程中，操作温度可能不满足工艺过程的需要，或工艺物料流量低于正常操作条件。在这些情况下，正常不排气的工艺过程可能会有大量的排放。在停车过程中，工艺容器需要泄压和吹扫，亦会排放 VOCs。需要对这些过程进行精细科学管理，以减少非正常工况排放。

4）采样过程排放

LNG 接收站应采用密闭采样方式，减少采样过程温室气体的排放。

5）事故排放

事故排放通过火炬进行处理时，火炬气通过焚烧可去除大部分的可燃有机物质，但当其燃烧效果不好时，排放废气中仍包含未完全燃烧的烃或未处理的有机废气以及中间产物。

当储罐压力继续升高，达到一定值（通常为 29kPa）时，储罐上安全泄放阀打开，气体直接排入大气。

这两种情况均会有甲烷、二氧化碳排放到大气中，为减少排放，在设计建设中应选用精密控制仪表，在运营中应进行精准操作。

参 考 文 献

[1] GB 2589—2008 全国能源基础与管理标准化技术委员会. 综合能耗计算通则[S]. 北京：中国标准出版社，2008.

[2] GB 51156—2015 中华人民共和国住房和城乡建设部. 液化天然气接收站工程设计规范[S]. 北京：中国计划出版社：2016.

[3] GB 32284—2015 全国能源基础与管理标准化技术委员会. 石油化工离心泵能效限定值及能效等级[S]. 北京：中国质检出版社，2015.

[4] GB/T 20901—2007 全国能源基础与管理标准化技术委员会. 石油石化行业能源计量器具配备和管理要求[S]. 北京：中国标准出版社，2007.

第九章 技术经济分析

中国经济的蓬勃发展催生了沿海省份进口天然气的机遇。中国目前尚不能完全依靠扩大国内生产和运输来满足国民经济中高速发展对能源的需求，必须依靠进口能源来满足当前及未来的需求。中国进口能源最快捷和可行的方式就是通过海岸线由海运进口石油和液化天然气（LNG）。

建设 LNG 接收站是进口 LNG 的前提条件之一，是保障我国能源安全、优化能源结构和环境保护的需要，有利于相关产业的发展和促进区域经济社会可持续发展。通过对 LNG 接收站的技术经济特性的分析，可以认知和掌握影响其投资、成本及效益的各种因素，从而在实践中趋利避害，不断优化项目效益，提高整体竞争力。

为使读者对 LNG 接收站的经济性有一个全面的了解，本章将介绍投资估算及财务评价的基本知识和方法，并从投资分析、成本分析和财务分析这三个方面入手，详细阐述 LNG 接收站的技术经济特性。

第一节 概 述

一、投资估算基本知识

（一）总投资的构成及表达方式

项目总投资由建设投资、建设期利息和流动资金构成[1]。

1. 建设投资

建设投资是指在项目筹建与建设期间所花费的全部费用，按概算法分类包括工程费用、工程建设其他费用和预备费用。其中，工程费用包括建筑工程费、设备购置费和安装工程费；预备费用包括基本预备费和涨价预备费。建设投资也可按照形成资产法分类，分为形成固定资产的费用、形成无形资产的费用、形成其他资产的费用(分别简称固定资产费用、无形资产费用、其他资产费用)和预备费用四类。目前石化行业投资估算一般选择后者，即按形成资产法分类。

2. 建设期利息

建设期利息是债务资金在建设期内发生的，按照相关规定应计入固定资产原值的利息，包括借款(或债券)利息以及手续费、承诺费、管理费等其他融资费用。

3. 流动资金

流动资金是项目运营期内长期占用并周转使用的营运资金。项目总投资的构成(按形成资产法分类），即投资估算的具体内容如图9-1所示。

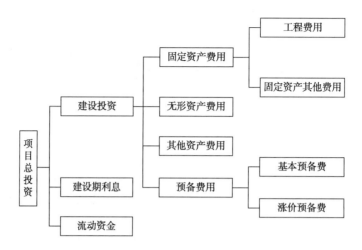

图9-1 项目总投资构成(按形成资产法分类)

项目总投资在内资项目、中外合资经营项目(包括中外合资/合作、外商独资项目)中的表达方式有所不同。内资项目中将包含建设投资、建设期利息、流动资金的投资概念称为项目总投资；中外合资经营项目中将包含建设投资、建设期利息、流动资金的投资概念称为项目投资总额。

内资项目总投资按用途又可分为评价总投资与报批总投资。评价总投资包含建设投资、建设期利息和流动资金；而报批总投资则包含建设投资、建设期利息和铺底流动资金(为全额流动资金的30%)。依据国家有关规定，新建、扩建项目必须将项目建成投产后所需的30%的流动资金(称为铺底流动资金)纳入投资计划。凡铺底流动资金不落实的，国家不予批准立项，银行不予贷款。因此，项目流动资金分为30%的自筹流动资金和70%的流动资金借款。需要注意的是，中外合资项目的投资总额没有评价投资总额与报批投资总额的区别。

从2009年开始，国家实行消费型增值税政策，投资中所含的设备材料增值税进项税额可与项目运营期进项税额一并进行抵扣。2016年，我国全面推行营业税改征增值税(以下简称"营改增")试点，并从2018年5月1日开始实施"营改增"政策。因而，项目总投资按是否含税也可分为含进项税额的总投资和不含进项税额的总投资。

（二）建设投资估算

1. 建设投资估算方法

LNG接收站建设投资的估算方法很多，包括单位生产能力估算法、生产能力指数法、比例估算法(以拟建项目的设备购置费为基数进行估算)、系数估算法(包括朗格系数法、设备及厂房系数法)和各类指标估算法等。其中，指标估算法根据指标制定依据的范围和粗略程度又分为估算指标法、概算指标法等多种。在可行性研究阶段，投资估算精度要求较高，一般需通过工程量的计算，采用相对准确的估算方法进行分类估算。在实践中根据所掌握的信息资料和工作深度，也可将上述几种方法结合使用。

2. 建设投资的估算步骤

建设投资估算，应针对其构成分类估算，即对工程费用(含设备购置费、主要材料费、安装费和建筑工程费)、固定资产其他费用、无形资产费用、其他资产费用和预备费(含基本预备费和涨价预备费)分类进行估算。

① 估算 LNG 接收站所需的设备购置费、主要材料费、安装费和建筑工程费。

② 在工程费用的基础上估算固定资产其他费用、无形资产和其他资产费用。

③ 以工程费用、固定资产其他费用、无形资产和其他资产费用为基础估算基本预备费。

④ 在确定工程费用分年投资计划的基础上估算涨价预备费。

⑤ 加总求和得出建设投资。

3. 工程费用

工程费用分为设备购置费、主要材料费、安装费和建筑工程费[2]。

(1) 设备购置费　指需要安装和不需要安装的全部设备、仪器、仪表等和必要的备品备件购置及工器具、生产家具购置费用，也包括一次装入的填充物(如带中间介质海水气化器填充的丙烷)、催化剂及化学药品等的购置费。设备购置费由设备原价、进口从属费、设备运杂费等组成。

(2) 主要材料费　由材料出厂价、运杂费和税金三部分构成。主要材料费根据编制投资估算时所依据的工程量和价格计算。

(3) 安装费　指各单项工程中需要安装的工艺设备、机械设备、动力设备及电气、电信、自控仪表、管道、填料、衬里防腐、隔热、电缆等的安装费。安装工程费由直接工程费、间接费、利润、税金及特定条件下发生的费用等组成。

(4) 建筑工程费　指建设项目设计范围内的建设场地平整、竖向布置土石方工程费；各类房屋建筑及其附属的室内供水、供热、卫生、电气、燃气、通风空调、弱电等设备及管线安装工程费；各类设备基础、地沟、水池、冷却塔、烟囱烟道、水塔、栈桥、管架、挡土墙、围墙、厂区道路、绿化等工程费；铁路专用线、厂外道路、码头等工程费。建筑工程费由直接工程费、间接费、利润、技术装备费、税金等组成；一般按造价指标估算。例如建筑物可按"元/m²"估算，总图竖向布置和构筑物按"砼元/m³""土石方元/m³""道路元/m²"估算。条件不具备的，也可参照历史资料，并考虑物价上涨因素、不同地区及地质条件，按其占工程费用的百分比估算。

4. 固定资产其他费用

固定资产其他费用是指建设投资中除设备购置费、主要材料费、安装费、建筑工程费以外，为保证工程建设顺利完成和交付使用后能够正常发挥效用而发生的，同时按相关规定又可在项目竣工时与工程费用一道形成固定资产原值的各项费用。在投资构成中，固定资产其他费用与工程费用合称为固定资产费用。它主要包括土地使用费、超限设备运输特殊措施费、特殊设备安全监督检验费、进口设备材料国内检验费、工程保险费、工程监理费、建设管理费、前期工作费、勘察设计费、研究试验费、环境影响评价费、劳动安全卫生评价费、临时设施费、市政公用设施建设及绿化费、联合试运转费等。固定资产其他费用的具体科目及取费标准，应根据有关规定并结合项目的具体情况确定。上述各项费用并不是每个项目都必定发生的费用，可根据项目具体情况选择估算。

5. 无形资产费用

无形资产费用是指按规定应在项目竣工时形成无形资产原值的费用。按照相关规定，工业产权费用(包括专利权费用、商标权使用费等)、专有技术使用费、商誉(除合并企业外,商誉不能作价计入投资)、土地使用权出让金及契税等应计入无形资产费用。

6. 其他资产费用

其他资产费用(原称递延资产)是指按规定应在项目竣工时形成其他资产原值的费用。按照有关规定,形成其他资产原值的费用主要有生产准备费(包括提前进厂人员费、培训费、办公和生活用具购置费)、出国人员费用(包括培训费)、外国工程技术人员来华费用、银行担保费、图纸资料翻译复制费等开办费性质的费用。

7. 建设投资中的增值税进项税额

根据《关于全国实施增值税转型改革若干问题的通知》(财税〔2008〕170号)的规定,自2009年1月1日起,我国增值税一般纳税人购进(包括接受捐赠、实物投资)或者自制(包括改扩建、安装)固定资产发生的进项税额,可根据《中华人民共和国增值税暂行条例》(国务院令第538号)和《中华人民共和国增值税暂行条例实施细则》(财政部、国家税务总局令第50号)的有关规定,凭增值税扣税凭证从销项税额中抵扣,即从2009年1月1日开始,我国增值税税收政策正式由生产型转变为消费型。

从2016年开始,我国全面推行营业税改征增值税试点。根据《国务院关于废止〈中华人民共和国营业税暂行条例〉〉《修改〈中华人民共和国增值税暂行条例〉的决定》(国务院令第691号)和《财政部、税务总局关于调整增值税税率的通知》(财税〔2018〕32号)等规定,从2018年5月1日开始,工程项目投资构成中的建筑安装工程费、设备购置费、工程建设其他费用中所含增值税进项税额,应根据国家增值税相关规定实施抵扣。

建设投资估算应对可抵扣增值税进项税额进行测算并单独列示,以便财务评价中正确计算各类资产原值和应纳增值税。

8. 预备费用

(1)基本预备费 也称不可预见费,是指在项目实施中可能发生,但在项目前评价阶段难以具体估算的,需要事先预留的费用,又称工程建设不可预见费。一般由下列三项内容构成:

① 在批准的设计范围内,技术设计、施工图设计及施工过程中所增加的工程费用;经批准的设计变更、工程变更、材料代用、局部地基处理等增加的费用;

② 一般自然灾害造成的损失和预防自然灾害所采取的措施费用;

③ 竣工验收时为鉴定工程质量对隐蔽工程进行必要的挖掘和修复费用。

基本预备费以固定资产费用、无形资产费用与其他资产费用之和为基数计取。计算公式为:

$$基本预备费=(固定资产费用+无形资产费用+其他资产费用)\times 基本预备费费率 \quad (9-1)$$

或

$$基本预备费=(工程费用+工程建设其他费用)\times 基本预备费费率 \quad (9-2)$$

注:工程建设其他费用是指建设投资中除建筑工程费用、设备购置费、安装工程费以外的,为保证工程建设顺利完成和交付使用后能够正常发挥效用而发生的各项费用。工程建设其他费用由固定资产其他费用、无形资产费用和其他资产费用构成。

LNG接收站基本预备费费率通常可按表9-1标准计取[3]。

表 9-1 LNG 接收站基本预备费费率

项目阶段	人民币	外汇
可行性研究阶段	10%～12%	2%～4%(综合及无同类 LNG 接收站)； 8%～10%(已建有同类 LNG 接收站)
预可行性研究阶段	12%～15%	4%～6%

（2）涨价预备费 也称价差预备费，是对建设工期较长的项目，由于在建设期(含准备期)内可能发生材料、设备、人工、机械台班等价格上涨引起投资增加，需要事先预留的费用，亦称价格变动不可预见费、价差预备费。涨价预备费一般以分年的工程费用为计算基数，计算公式为：

$$PC = \sum_{t=1}^{n} I_t \left[(1+f)^t - 1 \right] \qquad (9-3)$$

式中　PC——涨价预备费；

　　　I_t——第 t 年的工程费用；

　　　f——建设期(含准备期)价格上涨指数；

　　　n——建设期(含准备期)；

　　　t——年份。

建设期价格上涨指数，执行政府主管部门的有关规定，没有规定的由工程咨询人员合理预测。目前 LNG 接收站一般取 0%，但特殊情况下可适当考虑。

（三）流动资金估算

流动资金是指项目运营期内长期占用并周转使用的营运资金，不包括运营中临时性需要的资金。项目评价中需要估算并预先筹措的是从流动资产中扣除流动负债(即短期信用融资，包括应付账款和预收账款)后的流动资金。流动资金估算的基础主要是营业收入和经营成本。

流动资金估算可按前期研究的不同阶段选用扩大指标估算法或分项详细估算法估算。

1. 扩大指标估算法

扩大指标估算法简便易行，但准确度不如分项详细估算法，一般在项目建议书、预可行性研究阶段可采用扩大指标估算法。

扩大指标估算法是参照同类企业流动资金占营业收入的比例(营业收入资金率)、流动资金占经营成本的比例(经营成本资金率)，或单位产量占用流动资金的数额来估算流动资金。计算公式分别为：

$$流动资金 = 年营业收入额 \times 营业收入资金率 \qquad (9-4)$$

$$流动资金 = 年经营成本 \times 经营成本资金率 \qquad (9-5)$$

$$流动资金 = 年产量 \times 单位产量占用流动资金额 \qquad (9-6)$$

2. 分项详细估算法

分项详细估算法工作量较大，但是准确度较高，一般项目在可行性研究阶段应采用此法。

分项详细估算法是对流动资产和流动负债主要构成要素，即存货、现金、应收账款、预付账款、应付账款、预收账款等项内容分项进行估算，最后得出项目所需的流动资金数额。计算公式为：

$$流动资金 = 流动资产 - 流动负债 \qquad (9-7)$$

$$流动资产 = 应收账款 + 预付账款 + 存货 + 现金 \qquad (9-8)$$

$$流动负债 = 应付账款 + 预收账款 \qquad (9-9)$$

$$流动资金本年增加额 = 本年流动资金 - 上年流动资金 \qquad (9-10)$$

流动资金估算的具体步骤是，首先确定各分项的最低周转天数，然后计算出各分项的年周转次数，最后分项估算占用资金额。

3. 流动资金估算注意事项

① 在投入和产出的成本估算中，当采用不含增值税销项税额和进项税额的价格时，流动资金估算应注意将该销项税额和进项税额分别包含在相应的收入和成本支出中。

② LNG 接收站投产初期所需流动资金在实际工作中应在 LNG 接收站投产前筹措。为简化计算，项目评价中流动资金可从投产第一年开始安排，并随运营负荷的增长而增加。

③ 当采用分项详细估算法估算流动资金时，运营期各年的流动资金数额应依照上述公式分年进行估算，不能简单地按 100% 运营负荷下的流动资金乘以投产期运营负荷估算。

④ LNG 接收站的建设期有时会有"n 年+m 个月"的情况，这种情况下投产当年（顺序年）包含了 m 个月的建设期和（$12-m$）个月的生产期。对该年流动资金的测算，应考虑 LNG 接收站一个生产周期与（$12-m$）个月（即该年的生产月数）的大小。若一个生产周期小于等于该年的生产月数，则当年的流动资金就应当计为全额流动资金；反之，当年的流动资金可按生产月数与生产周期的比值打折计算。由于 LNG 接收站的一个生产周期往往不足一个月，半年生产期（投产当年）的流动资金就应按全额考虑。

（四）建设期利息估算

建设期利息是债务资金在建设期内发生的，按照相关规定可计入固定资产原值的利息，包括借款（或债券）利息及手续费、承诺费、发行费、管理费等融资费用。

我国于 2009 年增值税转型和 2018 年"营改增"之后，允许从项目销项税额中抵扣投资所含增值税进项税额。需要注意的是，投资中所含可抵扣增值税进项税不得计入各类资产原值。

1. 建设期利息估算的前提条件

进行建设期利息估算，必须先完成以下各项工作：

① 建设投资估算及其分年投资计划；

② 确定项目资本金（注册资本）数额及其分年投入计划；

③ 确定项目债务资金的筹措方式（银行贷款或企业债券）及债务资金成本率（银行贷款利率或企业债券利率及发行手续费率等）。

2. 建设期利息的估算方法

估算建设期利息应注意有效利率和名义利率的区别。

项目在建设期内如能用非债务资金按期支付利息，应按单利计息；在建设期内如不支付利息，或用借款支付利息应按复利计息。

在项目评价中对当年借款额在年内按月、按季均衡发生的项目，为了简化计算，通常假设借款发生当年均在年中使用，按半年计息，其后年份按全年计息。

对借款额在建设期各年年初发生的项目，则应按全年计息。

建设期利息的计算要根据借款在建设期各年年初发生或者在各年年内均衡发生的情况，采用不同的计算公式。

① 借款额在建设期各年年初发生，建设期利息的计算公式为：

$$Q = \sum_{t=1}^{n} [(P_{t-1} + A_t) \times i] \tag{9-11}$$

式中　Q——建设期利息；

P_{t-1}——按单利计息，为建设期第 $t-1$ 年末借款累计；按复利计息，为建设期第 $t-1$ 年末借款本息累计；

A_t——建设期第 t 年借款额；

i——借款年利率；

t——年份。

② 借款额在建设期各年年内均衡发生，建设期利息的计算公式为：

$$Q = \sum_{t=1}^{n} \left[\left(P_{t-1} + \frac{A_t}{2} \right) \times i \right] \tag{9-12}$$

在项目评价中估算建设期利息，一般采用借款额在各年年内均衡发生的建设期利息计算公式；根据项目实际情况，也可采用借款额在各年年初发生的建设期利息计算公式。

有多种借款资金来源，且每笔借款的年利率各不相同的项目，既可分别计算每笔借款的利息，也可先计算出各笔借款加权平均的年利率，并以此年利率计算全部借款的利息。

（五）投资计划与资金筹措

在估算出项目建设投资、建设期利息和流动资金后，应根据项目计划进度的安排，编制分年投资计划表，如表9-2所示。该表中的分年建设投资可以作为安排融资计划、估算建设期利息的基础。由此估算的建设期利息列入该表。流动资金本来就是分年估算的，可由流动资金估算表转入。分年投资计划表是编制项目资金筹措计划表的基础。

表9-2　分年投资计划表

序号	项　　目	人民币/万元			外币/万美元		
		第1年	第2年	……	第1年	第2年	……
1	建设投资						
2	建设期利息						
3	流动资金						
	项目总投资(1+2+3)						

在实际工作中往往将项目分年投资计划表和资金筹措表合二为一，编制"项目总投资使用计划与资金筹措表"。

项目建设期资金使用计划应根据项目实施规划进行安排，在未做出具体实施安排时，LNG 接收站的建设投资可参照下列比例分配：

项目建设期	分年投入比例
二年	40%，60%
三年	20%，50%，30%
四年	15%，30%，35%，20%

二、财务评价基本知识

财务评价，也称财务分析，是项目前评价中为判定项目财务可行性所进行的一项重要工作。财务评价是在现行会计规定、税收法规和价格体系下，通过财务效益与费用（收益与支出）的预测，编制财务报表，计算评价指标，考察和分析项目的财务盈利能力、偿债能力和财务生存能力，据以判断项目的财务可行性，明确项目对财务主体及投资者的价值贡献。

财务评价的作用体现在：财务评价是项目前评价的重要组成部分，是投资项目决策的重要依据，在项目或方案比选中起着重要作用，也可配合投资各方谈判、促进平等合作等。

财务评价的内容主要包括：选择分析方法；识别财务效益与费用范围；选定基础数据，估算财务效益与费用；编制财务评价报表和计算财务评价指标进行财务评价，主要包括盈利能力分析、偿债能力分析和财务生存能力分析；进行盈亏平衡分析和敏感性分析。常常需要将财务评价的结果进行反馈，优化原初步设定的建设方案，有时需要对原建设方案进行较大的调整。

财务评价应遵循的基本原则包括：费用与效益计算口径的一致性原则；费用与效益识别的有无对比原则；动态分析与静态分析相结合，以动态分析为主的原则；基础数据确定的稳妥原则。

财务评价的步骤以及各部分的关系，包括财务评价与投资估算和融资方案的关系见图 9-2。

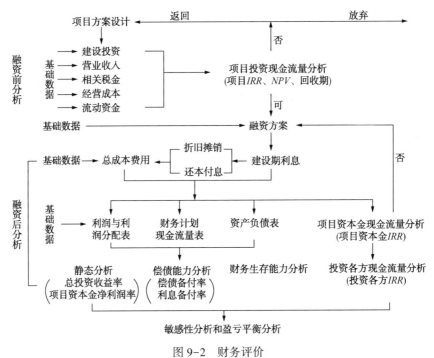

图 9-2　财务评价

IRR——项目投资财务内部收益率；*NPV*——项目投资财务净现值

投资估算和融资方案是财务评价的基础。在实际操作过程中，三者互有交叉。首先要做的是融资前的项目投资现金流量分析，其结果体现项目方案本身设计的合理性，用于投资决策以及方案或项目的比选。也就是说用于考察项目是否基本可行，并值得去为之融资。

如果第一步分析的结论是"可"，那么才有必要考虑融资方案，进行项目的融资后分析，包括项目资本金现金流量分析、偿债能力分析和财务生存能力分析等。融资后分析是比选融资方案、进行融资决策和投资者最终出资的依据。

如果融资前分析结果不能满足要求，可返回对项目建设方案进行修改；若多次修改后分析结果仍不能满足要求，可以做出放弃或暂时放弃项目的建议。

（一）财务效益与费用估算

1. 营业收入

营业收入是指销售产品或提供服务所取得的收入。对于 LNG 接收站，营业收入包括销售收入或服务费用。在评价中，通常假定当年的产品（扣除自用量）当年全部销售，即当年商品量等于当年销售量。

1）合理确定运营负荷

运营负荷（或称生产能力利用率、开工率）是指项目运营过程中负荷达到设计能力的百分数，其高低与项目复杂程度、产品生命周期、技术成熟程度、市场开发程度、原材料供应、配套条件、管理因素等都有关系。在市场经济条件下，如果其他方面无大问题，运营负荷的高低应主要取决于市场。

2）编制营业收入估算表

LNG 接收站项目营业收入的估算依据，主要包括全厂及 LNG 接收站的物料平衡流程图、产品数量及规格（含性状、质量及用途等）、产品销售价格、服务收费等。

产品价格应为企业出厂价格，并应注明是否含税（增值税销项税），同时保证投入（原料等）与产出（产品）的价格口径一致。作为财务评价所用的产品销售价格，原则上应采用以现行价格体系为基础的预测价格，即销售价格按预测到项目投产期初的水平计取。服务收费应按数量乘以服务单价计算。

2. 成本与费用

1）成本与费用的种类

在项目评价中，成本与费用按其计算范围可分为单位产品成本和总成本费用；按成本与产量的关系分为固定成本和可变成本；按会计核算的要求有生产成本（或称制造成本）和期间费用；按财务评价的特定要求有经营成本。

2）成本与费用估算要求

其要求如下：

① 成本与费用的估算，原则上应遵循国家现行《企业会计准则》和/或《企业会计制度》的相关规定，同时应遵循有关税收法规中准予在所得税前列支科目的规定。当两者相矛盾时，一般应按从税的原则处理。

② 结合运营负荷，分年确定各种投入的数量，注意成本费用与收入计算口径对应一致。

③ 合理确定各项投入的价格，并注意与产出价格体系的一致性。

④ 各项费用划分清楚，防止重复计算或低估漏算。

3）总成本费用估算

总成本费用是指在一定时期（项目评价中一般指一年）为生产和销售产品或提供服务而发生的全部费用。财务评价中总成本费用通常有以下两种表达方法：

① 生产成本加期间费用法：

$$总成本费用 = 生产成本 + 期间费用 \tag{9-13}$$

其中：

$$生产成本 = 直接材料费 + 直接燃料和动力费 + 直接工资或薪酬 + 其他直接支出 + 制造费用 \tag{9-14}$$

$$期间费用 = 管理费用 + 财务费用 + 营业费用 \tag{9-15}$$

项目评价中财务费用一般只考虑利息支出，上式可改写为：

$$期间费用 = 管理费用 + 利息支出 + 营业费用 \tag{9-16}$$

② 生产要素估算法：

$$总成本费用 = 外购原材料、燃料及动力费 + 工资或薪酬 +$$
$$折旧费 + 摊销费 + 修理费 + 利息支出 + 其他费用 \tag{9-17}$$

企业在财务核算中，制造费用、管理费用和营业费用中均包括多项费用，为了估算简便，财务评价中可将其归类估算，上式其他费用系指由这三项费用中分别扣除工资或薪酬、折旧费、摊销费、修理费以后的其余部分。

4）总成本费用各分项的估算

以生产成本加期间费用法为例，按生产成本、管理费用、财务费用和营业费用分别进行估算。

（1）生产成本　生产成本包括原材料、燃料和动力、工资及福利费、制造费用等。

① 原材料：项目原料及主要材料包括经过加工构成产品实体的各种原材料和外购半成品。

原料及主要材料的价格，原则上采用预测到项目投产初期的价格水平，并按到厂价计列，一般可按如下原则确定：

a. 国内采购的为其出厂价加运杂费；

b. 进口原料及主要材料的价格按到岸价加各种税费及国内运杂费等确定。

需要说明的是，大宗原材料的成本估算应该考虑途耗和库耗问题，考虑方式主要有两种，一是在消耗中考虑，另一是在价格上考虑。

② 燃料和动力：燃料动力费用的计算应基于燃料动力的消耗指标，并需注明项目自产自用部分的数量。一般考虑为外购的燃料和动力，项目范围内自产自用的燃料和动力在财务评价中通常既不作为成本，也不作为收入，即经项目平衡后的缺口部分计入成本费用，燃料动力的单价一般根据企业提供的实际价格确定。

③ 工资及福利费：工资及福利费（或人员费用）包括职工工资、奖金、津贴和补贴以及职工福利费等，其标准由企业提供或参照企业人员最近的水平确定。该费用可按全部定员计算，此时在其他制造费用与其他管理费用中不再计取。

④ 制造费用：制造费用包括企业各个生产单位（分厂、车间）为组织和管理生产所发生的各项间接费用。在财务评价中，制造费用按大类分为折旧费、修理费和其他制造费用。

a. 折旧费是指固定资产在使用过程中的价值损耗，通过提取折旧的方式补偿。石化项目一般采用年限平均法，对某些机器设备也可采用快速折旧法，包括双倍余额递减法或年数总和法等。其中，年限平均法的折旧计算公式为：

$$\text{年折旧额} = \text{固定资产原值} \times \text{年折旧率} \tag{9-18}$$

$$\text{年折旧率} = \frac{1 - \text{预计净残值率}}{\text{折旧年限}} \times 100\% \tag{9-19}$$

$$\text{固定资产原值} = \text{固定资产费用} + \text{预备费} + \text{建设期利息} \tag{9-20}$$

应当注意的是，我国增值税在转型改革后，允许抵扣投资所含增值税进项税额。该部分可抵扣的增值税进项税额不得计入固定资产、无形资产和其他资产原值。

项目的折旧年限一般可按国家规定的资产分类确定。当 LNG 接收站资产分类较多、折旧年限各不相同时，也可按综合折旧年限考虑。在不具备确定折旧年限的条件下或为简化计算时，折旧年限可取 15 年或参照企业现行的综合折旧率计算项目的折旧费。

固定资产预计净残值应根据行业规定及企业性质予以确定。目前，LNG 接收站项目预计净残值均按固定资产原值的 3% 计取。

b. 修理费是指为保持固定资产的正常运转和使用，充分发挥其使用效能，在运营期内对其进行必要修理所发生的费用。修理费应按行业标准并结合项目具体情况计算，也可参照企业现行的修理费实际水平计取。计算公式为：

$$\text{修理费} = \text{固定资产原值}(\text{扣除建设期利息}) \times \text{修理费费率} \tag{9-21}$$

通常 LNG 接收站项目修理费费率应按项目构成分别计取，如管道部分按管道执行、码头部分按码头执行、接收站按炼油化工执行。

c. 为简化计算，对于新建企业，除折旧费、修理费以外的其他制造费用，合并计算。例如，中国石化与中国石油的其他制造费用计算公式如下：

$$\text{中国石化：其他制造费用} = \text{总定员} \times \text{其他制造费用定额} \tag{9-22}$$

中国石化 LNG 接收站目前其他制造费用定额标准为 12600~46400 元/(人·年)。

$$\text{中国石油：其他制造费用} = \text{固定资产原值} \times \text{其他制造费费率} \tag{9-23}$$

中国石油 LNG 接收站目前其他制造费费率标准为 1%~3%，通常可以取低限。

式中，其他制造费用定额/费率可根据行业标准及项目具体情况予以确定。现有企业的项目应根据企业的实际情况计取其他制造费用。

（2）管理费用　在财务评价中，管理费用按大类分为摊销费和其他管理费用。

① 摊销费：包括无形资产摊销和其他资产摊销。无形资产和其他资产均按规定期限平均摊销，在不具备确定摊销年限的条件下，无形资产可按不少于 10 年分期摊销，其他资产可按不少于 5 年分期摊销。

② 安全生产费用：根据财政部、安全监管局关于印发《企业安全生产费用提取和使用管理办法》的通知（财企〔2012〕16 号），在中华人民共和国境内从事矿山开采、建筑施工、危险品生产及道路交通运输的企业以及其他经济组织应当建立安全生产费用管理制度。安全生产费用是按照规定标准提取并在成本中列支，专门用于完善和改进企业安全生产条件的资金。

LNG 接收站属于危险品生产企业，其安全生产费用按式（9-24）计取。

$$\text{安全生产费用} = \text{安全生产费用计算基数} \times \text{费率} \tag{9-24}$$

安全生产费用按超额累退方式考虑，计费基数及费率见表 9-3。

表9-3　安全生产费用计取标准

序号	项　目	计费基数	费　率
	危险品生产企业(逐月提取)		
1	1000万元以下(含)		4%
2	1000万~10000万元(含)	年度实际营业收入	2%
3	10000万~100000万元(含)		0.5%
4	100000万元以上		0.2%

注：表中LNG接收站的营业收入，仅包括与危险品生产相关的收入。

③ 其他管理费用：为简化计算，对于新建企业，除摊销费、安全生产费用等以外的其他费用可按式(9-25)计取。

$$其他管理费用 = 总定员 \times 其他管理费用定额 \qquad (9-25)$$

中国石化LNG接收站项目其他管理费用定额为28000~63000元/(人·年)；中国石油LNG接收站其他管理费用定额为20000~30000元/(人·年)。

式中，其他管理费用定额应依据行业标准及项目具体情况予以确定。现有企业的项目应根据企业实际情况计取其他管理费用。

（3）财务费用　包括企业生产经营期间发生的利息净支出(包括长期借款利息、流动资金借款利息和短期借款利息)、汇兑净损失、金融机构手续费以及筹资发生的其他财务费用等。

（4）营业费用　该费用的估算应根据产品价格的内涵及项目的具体情况予以确定，也可参照同类企业营业费用占营业收入的比例确定。通常经营型LNG接收站项目的营业费用可按营业收入的0.5%~1%进行估算。

5）经营成本

经营成本是经济评价的现金流量分析所采用的一个特定概念。经营成本与融资方案无关，其计算公式如下：

$$经营成本 = 外购原材料费 + 外购辅助材料费 + 外购燃料及动力费 +$$
$$工资或薪酬 + 修理费 + 其他费用 \qquad (9-26)$$
$$或 \qquad 经营成本 = 总成本费用 - 折旧费 - 摊销费 - 利息支出 \qquad (9-27)$$

6）固定成本与可变成本

根据成本费用与产量的关系可以将总成本费用分解为可变成本、固定成本和半可变(或半固定)成本。固定成本是指不随产品产量变化的各项成本费用，可变成本是指随产品产量增减而成正比例变化的各项成本费用。有些成本费用属于半可变(或半固定)成本，例如工资或人员费用、营业费用和流动资金利息等，需要进一步分解，最终划分为可变成本和固定成本。

在LNG接收站项目财务评价中，通常将外购原材料、燃料及动力费和计件工资等列入可变成本，将工资或人员费用(计件工资除外)、折旧费、摊销费、修理费、利息费用和其他费用等列入固定成本。

固定成本与可变成本的划分为进行盈亏平衡分析创造了条件。

7）维持运营的投资费用

在运营期内发生的固定资产更新费用，应计作维持运营的投资费用，并在现金流量表中将其作为现金流出。

8）成本与费用估算的有关表格

编制成本费用估算表，包括总成本费用估算表和各分项成本费用估算表。为了编制总成本费用估算表，还需配套编制"外购原材料费估算表""外购燃料和动力费估算表""固定资产折旧费估算表""无形资产和其他资产摊销费估算表"，以及"长期借款利息估算表"（可与"借款还本付息计划表"合二为一）等表格。

3. 相关税费估算

项目财务评价应考虑的税种主要有增值税、营业税金及附加和所得税。

1）增值税

增值税的计算公式为：

$$增值税 = （当期）销项税 - （当期）进项税 \qquad (9-28)$$

销项税以按出厂价格估算的不含税营业收入为计税基础，参照相应税率计算，对于石化产品，税率一般为13%（但液化气等为9%）。

进项税以原辅材料、燃料动力的不含税费用为计税基础，参照相应税率计算，目前税率通常为13%（除新鲜水、天然气、煤气、蒸汽、自来水、热水等为9%外），但运输费用的税率为6%。

根据《关于全国实施增值税转型改革若干问题的通知》，自2009年1月1日起，我国增值税税收政策正式由生产型转变为了消费型，即允许企业将投资中所含设备材料进项税从企业销项税中抵扣。有些企业（如中国石化、中国石油等）发布了与此对应的处理办法，可参照执行。

从2011年开始，我国进行"营改增"改革的试点。从2016年开始，我国全面推行营业税改征增值税试点，并从2018年5月1日开始实施"营改增"政策。在2009年增值税转型改革的基础上，石化项目投资中可抵扣增值税的范围扩大了，数额有所增加，对项目财务效益的正向影响也增大了，应按相关规定正确计算。

2）税金及附加

石化项目税金及附加包括消费税、城市维护建设税、教育费附加和地方教育附加。

① 消费税：从2014年11月开始，国家对成品油消费税几经调整，按照财政部、国家税务总局《关于提高成品油消费税的通知》（财税〔2015〕11号），对于一般石化企业，目前应税产品及税额归纳如表9-4所示。

表9-4 目前应税产品及税率

序　号	应税产品名称	标准税额/ （元/L）	计量换算标准/ （L/t）	实际税额/ （元/t）
1	汽油	1.52	1388	2109.8
2	柴油	1.20	1176	1411.2
3	航空煤油	1.20	1246	1495.2（暂缓征收）
4	石脑油	1.52	1385	2105.2
5	溶剂油	1.52	1282	1948.6
6	润滑油	1.52	1126	1711.5
7	燃料油	1.20	1015	1218

自 2011 年 10 月 1 日起，生产企业自产石脑油、燃料油用于生产乙烯、芳烃类化工产品的，按实际耗用数量暂免征消费税；对使用石脑油、燃料油用于生产乙烯、芳烃类化工产品的企业购进并用于生产乙烯、芳烃类化工产品的石脑油、燃料油，按实际耗用数量暂退还所含消费税。

② 城市维护建设税：以增值税和消费税之和为计税基础，根据项目所在地的不同，在市区、县城或镇，或不在市区、县城或镇的，税率有所不同，一般分别为 7%、5% 或 1%。

③ 教育费附加：以增值税和消费税之和为计税基础，税率为 3%。

④ 地方教育附加：以增值税和消费税之和为计税基础，税率为 2%。

对其他税额极微的税种，如房产税、车船使用税、印花税等，允许简化处理，一般可包含在建设单位管理费及管理费用中其他管理费内，不必单独计算。

⑤ 所得税：所得税基准税率为 25%，以应纳税所得额为基础计取。计算公式如下：

$$利润总额 = 营业收入 - 增值税(如有) - 税金及附加 - 总成本费用 + 补贴收入 \qquad (9-29)$$

$$应纳税所得额 = 利润总额 - 弥补以前年度亏损 \qquad (9-30)$$

$$所得税 = 应纳税所得额 \times 所得税税率 \qquad (9-31)$$

(二) 盈利能力分析

盈利能力分析的主要指标包括内部收益率、净现值、投资回收期、总投资收益率、资本金净利润率、占用资本收益率等。

1. 项目投资财务净现值 (NPV)

项目投资财务净现值是指按设定的折现率 i_c 计算的项目计算期内各年净现金流量的现值之和。计算公式为：

$$FNPV = \sum_{t=1}^{n} (CI - CO)_t (1 + i_c)^{-t} \qquad (9-32)$$

式中　　CI——现金流入；

　　　　CO——现金流出；

　　$(CI-CO)_t$——第 t 年的净现金流量；

　　　　n——计算期年数；

　　　　i_c——设定的折现率，通常可选用财务内部收益率的基准值(可称财务基准收益率、最低可接受收益率等)。

NPV 值是考察项目盈利能力的绝对量指标，它反映项目在满足按设定折现率要求的盈利之外所能获得的超额盈利的现值。NPV 值等于或大于零，表明项目的盈利能力达到或超过了设定折现率所要求的盈利水平，该项目财务效益可以被接受。

2. 项目投资财务内部收益率 (IRR)

项目投资财务内部收益率是指使项目在整个计算期内各年净现金流量现值累计等于零时的折现率，它是考察项目盈利能力的相对量指标。其表达式为：

$$\sum_{t=1}^{n} (CI - CO)_t (1 + FIRR)^{-t} = 0 \qquad (9-33)$$

式中　$FIRR$——欲求取的项目投资财务内部收益率。

一般通过计算机软件中配置的财务函数计算，将求得的 IRR 与设定的基准参数 (i_c) 进行比较，当 $FIRR \geq i_c$ 时，即认为项目的盈利性能够满足要求，该项目财务效益可以被接受。

$FIRR$ 代表行业内投资项目应达到的最低财务盈利水平，是项目财务内部收益率的基准判据，也是被用作计算财务净现值的折现率。当前各石油公司规定的 LNG 接收站的 $FIRR$ 基准值各不相同，如中国石化的 $FIRR$ 为 8%（税后），中国石油的则为 6%（税后）。

3. 项目投资回收期（P_t）

项目投资回收期是指以项目的净收益回收项目投资所需要的时间，一般以年为单位。其表达式为：

$$\sum_{t=1}^{P_t} (CI - CO)_t = 0 \tag{9-34}$$

项目现金流量表中累计净现金流量由负值变为零时的时点，即为项目投资回收期。其计算公式为：

$$P_t = 累计净现金流量开始出现正值的年份数 - 1 +$$
$$（上年累计净现金流量的绝对值/当年净现金流量） \tag{9-35}$$

财务评价中测算的 P_t 通常为静态投资回收期。当投资回收期小于或等于设定的基准投资回收期时，表明投资回收速度符合要求。例如，中国石化炼油项目的投资回收期基准值为：项目总投资 10 亿元以下为 6 年，10 亿~70 亿元为 8 年，70 亿元以上为 9 年（年数均包括建设期）。

4. 总投资收益率

总投资收益率表示总投资的盈利水平，是指项目达到设计能力后正常年份的年息税前利润（$EBIT$）或运营期内年平均息税前利润与项目总投资的比率。其计算式为：

$$总投资收益率 = \frac{EBIT}{项目总投资} \times 100\% \tag{9-36}$$

其中

$$EBIT = 利润总额 + 支付的全部利息 \tag{9-37}$$

或

$$EBIT = 营业收入 - 营业税金及附加 - 经营成本 - 折旧和摊销 \tag{9-38}$$

总投资收益率不低于同行业的收益率参考值，表明用总投资收益率表示的盈利能力满足要求。

5. 项目资本金净利润率

项目资本金净利润率表示项目资本金的盈利水平，是指项目达到设计能力后正常年份的年净利润或运营期内年平均净利润与项目资本金的比率。其计算式为：

$$项目资本金净利润率 = \frac{年净利润}{项目资本金} \times 100\% \tag{9-39}$$

项目资本金净利润率高于同行业的净利润率参考值，表明用项目资本金净利润率表示的盈利能力满足要求。

6. 占用资本收益率（ROCE）

占用资本收益率表明企业（或全厂性项目）在一定资本和融资结构情况下的税后利润收益状况，是体现企业（或全厂性项目）资源运用效率的综合指标。其计算式为：

$$ROCE = 税后经营利润/已占用资本 \tag{9-40}$$

（三）偿债能力分析

偿债能力分析主要是通过编制相关报表，计算利息备付率、偿债备付率等比率指标，分析企业（项目）是否能够按计划偿还为项目所筹措的债务资金，判断其偿债能力。

1. 利息备付率

利息备付率是指在借款偿还期内的息税前利润与当年应付利息的比值，它从付息资金来源的充裕性角度反映支付债务利息的能力。息税前利润等于利润总额和当年应付利息之和，当年应付利息是指计入总成本费用的全部利息。计算公式如下：

$$利息备付率 = \frac{息税前利润}{应付利息额} \tag{9-41}$$

利息备付率应分年计算，分别计算在债务偿还期内各年的利息备付率。

利息备付率表示利息支付的保证倍率，对于正常经营的企业，利息备付率至少应当大于1，一般不宜低于2，并结合债权人的要求确定。利息备付率高，说明利息支付的保证度大，偿债风险小；利息备付率低于1，表示没有足够资金支付利息，偿债风险很大。

2. 偿债备付率

偿债备付率是从偿债资金来源的充裕性角度反映偿付债务本息的能力，是指在债务偿还期内，可用于计算还本付息的资金与当年应还本付息额的比值，可用于计算还本付息的资金是指息税折旧摊销前利润（EBITDA，息税前利润加上折旧和摊销）减去所得税后的余额；当年应还本付息金额包括还本金额及计入总成本费用的全部利息。

$$偿债备付率 = \frac{息税折旧摊销前利润 - 所得税}{应还本付息额} \tag{9-42}$$

如果运营期间支出了维持运营的投资费用，应从分子中扣减。

偿债备付率应分年计算，分别计算在债务偿还期内各年的偿债备付率。偿债备付率表示偿付债务本息的保证倍率，至少应大于1，一般不宜低于1.3，并结合债权人的要求确定。偿债备付率低，说明偿付债务本息的资金不充足，偿债风险大；当这一指标小于1时，表示可用于计算还本付息的资金不足以偿付当年债务。

3. 资产负债率

资产负债率是指企业的某个时点负债总额同资产总额的比率，项目财务评价中通常按年末数据进行计算。其计算公式为：

$$资产负债率 = （负债总额/资产总额）×100\% \tag{9-43}$$

资产负债率表示企业总资产中有多少是通过负债得来的，是评价企业负债水平的综合指标。适度的资产负债率既能表明企业投资人、债权人的风险较小，又能表明企业经营安全、稳健、有效，具有较强的融资能力。过高的资产负债率表明企业财务风险太大；过低的资产负债率则表明企业对财务杠杆利用不够。

（四）财务生存能力分析

财务生存能力分析是在利润与利润分配表及某些相关辅助报表的基础上，通过编制财务计划现金流量表，考察项目计算期内各年的投资、融资和经营活动所产生的各项现金流入和流出，计算净现金流量和累计盈余资金，分析项目是否能为企业创造足够的净现金流量以维持正常运营，进而考察实现财务可持续性的能力。

财务生存能力分析应结合偿债能力分析和利润分配计划进行，包括两个方面：一是分析是否有足够的净现金流量维持正常运营；二是各年累计盈余资金不出现负值是财务上可持续的必要条件。

（五）不确定性分析

不确定性分析是对影响项目的不确定性因素进行分析，测算它们的增减变化对项目效益的影响，找出最主要的敏感因素及其临界点的过程。

1. 敏感性分析

敏感性分析用以考察项目涉及的各种不确定因素对项目基本方案经济评价指标的影响，找出敏感因素，估计项目效益对它们的敏感程度，粗略预测项目可能承担的风险。

敏感性分析通常是改变一种或多种不确定因素的数值，计算其对项目效益指标的影响，通过计算敏感度系数和临界点，估计项目效益指标对它们的敏感程度，进而确定关键的敏感因素。敏感性分析包括单因素敏感性分析和多因素敏感性分析。

1）敏感度系数

敏感度系数是项目效益指标变化的百分率与不确定因素变化的百分率之比，反映项目效益对该不确定因素变动的敏感程度，计算公式如下：

$$E = (\Delta A/A)/(\Delta F/F) \tag{9-44}$$

式中　E——评价指标 A 对于不确定因素 F 的敏感度系数；

$\Delta A/A$——当不确定因素 F 发生 $\Delta F/F$ 变化时，评价指标 A 的相应变化率，%；

$\Delta F/F$——不确定因素 F 的变化率，%。

$E>0$，表示评价指标与不确定因素呈同方向变化；$E<0$，表示评价指标与不确定因素呈反方向变化。$|E|$ 较大者敏感程度高。

必要时还应进行双因素或多因素敏感性分析，用以测算两个或多个因素同时变化时给项目效益指标带来的影响。

2）临界点

临界点是指不确定因素的极限变化，即不确定因素的变化使项目由可行变为不可行的临界数值，也可以说是该不确定因素使内部收益率等于基准收益率或净现值变为零时的变化率，临界点也可用该百分率对应的具体数值(临界值或转换值)表示。

临界点的高低与设定的基准收益率有关，对于同一个投资项目，随着设定基准收益率的提高，临界点的绝对值就会变小(即临界点表示的不确定因素的极限变化变小)；而在一定的基准收益率下，临界点的绝对值越小，说明该因素对项目效益指标影响越大，项目对该因素就越敏感。

2. 盈亏平衡分析

1）定义

盈亏平衡分析是根据达到设计生产能力时的成本费用与收入数据，求取盈亏平衡点，即企业盈利与亏损的转折点，称为盈亏平衡点(BEP)。在这一点上，销售收入(扣除销售税金与附加)等于总成本费用，刚好盈亏平衡。

2）作用

通过盈亏平衡分析可以找出盈亏平衡点，考察企业（或项目）对市场变化的适应能力和抗风险能力。盈亏平衡点越低，表明企业抗风险能力越强。盈亏平衡分析只适宜在财务评价中应用。

3）计算方法

盈亏平衡点的计算方法分为公式计算法和图解法。

① 公式计算法：盈亏平衡点计算公式如下。

$$BEP(生产能力利用率)=年总固定成本/(年销售收入-年总可变成本-年税金及附加)\times100\% \tag{9-45}$$

$$BEP(产量)=BEP(生产能力利用率)\times设计生产能力 \tag{9-46}$$

$$BEP(产品售价)=(年总固定成本/设计生产能力)+ \\ 单位产品可变成本+单位产品税金及附加 \tag{9-47}$$

注：以上计算公式中的收入和成本均为不含增值税销项税额和进项税额的价格（简称不含税价格）。如果采用含税价格，式（9-45）分母中应再减去年增值税；式（9-47）中应加上单位产品增值税。

② 图解法：盈亏平衡点可以采用图解法求得，见图9-3。图中销售收入线（如果收入和成本都是按含税价格计算的，销售收入中还应减去增值税）与总成本费用线的交点即为盈亏平衡点，这一点所对应的产量即为 BEP（产量），也可换算为 BEP（生产能力利用率）。

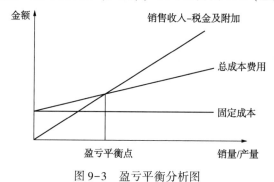

图9-3 盈亏平衡分析图

三、液化天然气接收站运营模式及其财务评价方法

（一）液化天然气接收站的运营模式

LNG 接收站的运营模式主要有经营型、服务型和租赁型三种。经营型是由接收站公司作为买方向上游端采购 LNG 资源，同步与下游用户签订天然气购销合同，将其购得的特定数量 LNG 资源自行加工外输至下游端。服务型是接收站公司在该模式下不参与资源的买卖，仅利用其所拥有的接收站和储罐设施能力与需求方签订接收站使用协议。需求方需支付相应对价，接收站公司则提供储存、加工外输等服务。租赁型则是出租方将 LNG 接收站整体交付给租赁方，收取租赁费用，租赁方负责运营。

以上几种方式也可能存在交叉或者混合的情况，混合经营的情况是各种模式的综合，不展开分析。

（二）液化天然气接收站财务评价采用的方法

LNG 接收站的经济效益通常可以采用"单独评价"方法和"有无对比"方法进行评价。

"单独评价"方法又分为新建项目法和直接增量法。新建项目法主要适用于新建的 LNG

接收站，依据该 LNG 接收站的直接投入和产出对其进行评价；直接增量法则是针对 LNG 接收站改扩建情况下的一种评价方法，一般以该 LNG 接收站为评价范围，将 LNG 接收站改造后数据与不改造的情况进行对比，采用增量投资和增量投入产出直接进行分析评价。"单独评价"方法比较直观明了，在条件具备的情况下多采用此方法。

为了全面客观地测算 LNG 接收站的经济效益，可采用"有无对比法"对全厂（或项目范围内）对 LNG 接收站改扩建的情况进行分析。

"有无对比法"是通过对"有项目"和"无项目"两种情况效益和费用的比较，求得增量的效益和费用数据，并计算效益指标，作为投资决策的依据。因此可能涉及以下五套数据：

（1）"现状"数据　反映项目实施起点时的效益和费用情况，是单一的状态值。现状数据的时点应定在建设期初。

（2）"无项目"数据　指不实施该项目时，在现状基础上考虑计算期内效益和费用的变化趋势（其变化值可能大于、等于或小于零），经合理预测得出的数值序列。

（3）"有项目"数据　指实施该项目后计算期内的总量效益和费用数据，是数值序列。

（4）新增数据　是"有项目"相对"现状"的变化额，即有项目效益和费用数据与现状数据的差额，例如新增投资，加上现状数据得出有项目数据。

（5）增量数据　是"有项目"与"无项目"的效益和费用数据的差额，即"有无对比"出的数据，是数值序列。

四、LNG 接收站技术经济特性指标

不同的 LNG 接收站由于其规模组成不同、运营方式不同、发挥的作用不同，各自具有其与投资、成本和效益相关的独特的技术经济特性。

（一）投资费用

LNG 接收站最为重要的投资指标是单位能力建设投资，由 LNG 接收站建设投资除以 LNG 接收站储运能力求得。LNG 接收站的一次性初始投资（建设投资）将在生产期转化为项目的固定成本，例如直接形成折旧、摊销，同时也决定了修理费、保险费和财务费用等的高低。

除建设投资外，LNG 接收站流动资金也是总投资的重要组成部分，而进出物料的储备费用和在产品占用的资金是其流动资金的主要构成。一般采用"分项详细估算法"测算 LNG 接收站的流动资金，按中间物料及在产品的储备天数、应收（付）账款天数等计算。

通常而言，在其他条件既定的情况下，LNG 接收站流动资金的大小与其年周转次数成反比，即周转次数越大，所需流动资金越少。

（二）成本费用

对于 LNG 接收站的成本费用，一般重点考察其单位操作费用，包括完全操作费用和现金操作费用。LNG 接收站的单位操作费用越低，反映其在同类 LNG 接收站中的竞争力越强。

LNG 接收站的操作费用一般分为完全操作费用和现金操作费用。计算公式分别为[4]：

完全操作费用=（外购燃料费+外购动力费+工资及福利费+折旧费+修理费+

其他制造费用+管理费用+财务费用）/ 原料储运量　　　　（9-48）

现金操作费用=（外购燃料费+外购动力费+工资及福利费+修理费+

其他制造费用+其他管理费用)／原料储运量　　　　　　　　　（9-49）

式中，完全操作费用和现金操作费用单位均为"元／t"。

由上述公式可看出，完全操作费用反映了项目对周转单位原料的总费用支出（总成本费用中仅扣除了原料费用和营业费用）；现金操作费用则只考虑生产经营中直接付现的部分，即在完全操作费用的基础上，不考虑折旧费、摊销费（列支在管理费用项下）和财务费用等先期因素，以反映企业现实的生产管理水平。

（三）财务效益

对大型 LNG 接收站而言，大多是采用新建项目评价的方法进行财务评价，根据 LNG 接收站采用的运营模式，如经营型、服务型和租赁型等，分别进行评价。对于改扩建项目，财务分析方法包括"有无对比"增量评价、"直接"增量评价和总量评价。

第二节　液化天然气接收站投资特性分析

一、建设投资分析

新建 LNG 接收站的建设投资与 LNG 接收站规模、产品要求、工艺技术和建设现场条件有关。

以华北某 LNG 接收站为例，此站建设 4 座 $22 \times 10^4 m^3$ 储罐，配套接卸设施和气化设施，规模为年外输量 6Mt／a，其建设投资中（不含码头投资）各种投资费用的比例如图 9-4 所示。

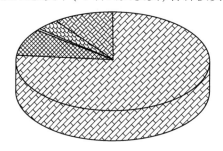

☑ 工程费:76.35%　　　☒ 固定资产其他费用:8.75%
☐ 其他资产投资:0.39%　　☒ 预备费:4.25%
☒ 增值税:10.26%

图 9-4　典型 LNG 接收站建设投资费用构成

由图 9-4 可知，典型 LNG 接收站建设投资中，固定资产投资是主体，占 85.10%，其中工程费占比 76.35%，固定资产其他费用占比 8.75%；其他资产占比 0.39%；预备费占 4.25%；增值税占 10.26%。建设投资中通常也含有占比为百分之十几的外汇部分，主要集中在引进设备材料方面。

对于 LNG 接收站改扩建而言，其建设投资因情而异，差别较大。一般而言，LNG 接收站的改扩建或利用增量调动存量；或因脱瓶颈而贯通流程，扩大 LNG 接收站总体规模；或为改变运营模式等而进行的改扩建，其需要的投资费用也有很大差别。

建设投资随接收站的规模不同差异较大，表 9-5 列出了不同规模下 LNG 接收站的储罐、码头和建设投资。可以看出规模越大，需要的储罐越多，码头也越大，投资也越高。其中，接收站主体工程及配套工程是经济评价范围的主体，也是投资占比最大的部分，一般占到80%以上。

表 9-4　不同规模接收站建设投资比较

项　　目	项目 A	项目 B	项目 C	项目 D
规模/(Mt/a)	6	7	10.8	11
储罐	4 座 $22 \times 10^4 m^3$	4 座 $27 \times 10^4 m^3$	4 座 $16 \times 10^4 m^3$ 5 座 $22 \times 10^4 m^3$	6 座 $16 \times 10^4 m^3$ 1 座 $27 \times 10^4 m^3$
码头	1 个码头， 接卸量 6Mt/a	1 个码头， 接卸量 7Mt/a	2 个码头， 接卸量 10.8Mt/a	2 个码头， 接卸量 11Mt/a
建设投资/亿元	基准	+25%	+57%	+37%

二、工程费用分析

工程费用是建设投资中的主要部分和其他费用的计算基础，约占建设投资的 76%，是影响投资高低的决定性因素。工程费用中各项费用的构成比例各项目不尽相同，但差别不大。以上述 LNG 接收站为例，储运工程费用占比最大，为 85.22%，其次是辅助设施和公用工程，占 7.18%，其他占比均在 3% 以下，如图 9-5 所示。

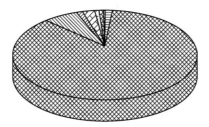

□总图运输:1.6%　　　　　　　　　　▨储运工程:85.22%
▨辅助设施和公用工程:7.18%　　　　▨生产管理设施:1.25%
▨厂外工程:2.77%　　　　　　　　　　□特定条件下费用:0.73%
▨安全生产费:1.10%　　　　　　　　　□生产工器具及家具购置费:0.01%
▨水土保持:0.13%

图 9-5　典型 LNG 接收站工程费用构成

LNG 接收站的储运工程费用中，占比最大的是 LNG 储罐，约为 52.22%，其他依次为工艺处理设施 26.95%，天然气外输及计量设施 3.77%，LNG 码头卸料设施 3.08%，工艺及热力管网 2.57%，汽车装车设施 2.2%，火炬设施 1.34%，空压站 0.5%。如图 9-6 所示。

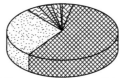

□LNG码头卸料设施:3.08%　　　　▨LNG罐区:52.22%
□工艺处理设施:26.95%　　　　　　▨天然气外输及计量设施:3.77%
▨汽车装车设施:2.2%　　　　　　　□火炬设施:1.34%
▨工艺及热力管网:2.57%　　　　　　▨空压站:0.5%

图 9-6　典型 LNG 接收站储运工程投资构成

LNG 储罐是 LNG 接收站的重要设施和资产，不同规模储罐的投资差别较大，如以 $16\times10^4\mathrm{m}^3$ 储罐的单位投资为基准（元/ m^3 ）， $22\times10^4\mathrm{m}^3$ 储罐的单位投资约可降低 5%，而 $27\times10^4\mathrm{m}^3$ 储罐的单位投资月可降低 13%。见表 9-6。

表 9-6 不同规模储罐工程费用比较

规 模/ $10^4\mathrm{m}^3$	16	22	27
罐 容/ $10^4\mathrm{m}^3$	16	22	27
单位罐容投资/（元/ m^3 ）	基准	-5%	-13%

三、影响投资的主要因素分析

影响 LNG 接收站投资的因素很多，综合来看，主要分为内在因素和外在因素两类。

（一）内在因素

1. LNG 接收站的工程规模

建设 LNG 接收站首先要确定的就是接收站的规模。由于规模对投资的影响较大，应根据市场需求和建设条件，实事求是地科学地确定。对于技术条件及其他参数相同，仅仅由于 LNG 接收站规模不同的 A、B 两个 LNG 接收站，其投资关系可以用下式表示：

$$\frac{C_{\mathrm{A}}}{C_{\mathrm{B}}} = \left(\frac{Q_{\mathrm{A}}}{Q_{\mathrm{B}}}\right)^x \qquad (9-50)$$

式中　C——建设投资；

　　　Q——LNG 接收站工程规模；

　　　x——生产能力指数，也叫做规模指数，LNG 接收站的生产能力指数通常取 0.7。

上述公式也反映出一个基本规律，就是 LNG 接收站的投资与其工程规模呈曲线正相关关系，即 LNG 接收站工程规模越大，其单位周转能力的投资就越低。

2. 工程与技术方案

LNG 接收站采用的工程与技术方案对投资的影响有正负两种可能性。有些工程与技术的改进对降低投资是有利的，如采用紧凑布置设备、采用高效换热设备等，既提高了技术水平又降低了投资。另外有些技术改进，其目的是提高收率或者节能，能否降低投资就不一定，大多数情况下投资需要增加，但综合经济效益应当是有利的。

3. 新建与改、扩建

利用原有的 LNG 接收站改、扩建，充分挖掘现有设备的潜力，对节约投资是十分有利的，有条件时应当优先予以考虑。当然，改、扩建与新建相比究竟能否节省投资和节省多少投资，与具体条件有关，例如原有 LNG 接收站的设计余量、新技术的选择、场地条件等。并非所有 LNG 接收站都具备相同的条件，应具体问题具体分析。

4. 设备材料国产化

LNG 接收站设备多、储罐多，设备材料价格的高低对投资影响很大。在目前条件下国产设备材料通常比引进便宜，因此，在性能基本相当的情况下，建议优先考虑采用国产设备和材料。目前国内设备材料制造能力已具备相当高的水平，LNG 接收站的绝大部分设备和材料都可以由国内制造供应。设备材料国产化是节约投资的重要途径，具有重要的经济效益和社会效益。

（二）外在因素

1. 物价因素

LNG 接收站的投资水平受到物价因素的影响，由于不同年份的设备材料和劳动力价格水平的不同，同一地点工程内涵相同的两个 LNG 接收站的工程造价在不同时期会体现出较大的差异。

为测算这种差异的大小，中国石化工程建设有限公司采用"炼化项目工程费用价格指数（Capex Escalation Index，简称 CEI）"来表示。所谓炼化项目工程费用价格指数，是基于不同时间（不同年份、月份等）价格水平测算的炼化项目的投资水平之比。2003 年至 2019 年 CEI 同比价格指数见图 9-7。

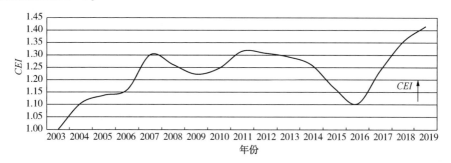

图 9-7　2003~2019 年 CEI 同比价格指数

通常工程费用价格指数（CEI）与固定资产投资价格指数（PII）、消费者物价指数（CPI）、生产者物价指数（PPI）的走势是基本一致的。从图 9-7 可以看出，相对于 2003 年，2019 年的 CEI 指数达到 1.41，即 CEI 在 2003 年价格指数的基础上提高了 41%。其中，近几年的涨跌变化尤其明显，如 2015 年、2016 年环比指数均是下跌的，而 2017 年、2018 年则是大幅上涨，环比涨幅分别达到 12% 和 9%，至 2019 年年中也达到了 5%。

2. 地区因素

LNG 接收站的投资水平也受到地区因素的影响。由于各地区自然环境的差别、地区经济和行业经济发展的不平衡、人员素质及工资水平的差异，以及税收政策等投资环境各不相同，从而导致不同地区的建安材料价格、设备材料的运输条件、劳动力价格水平及管理费用不同，以及土地费用、地质条件和气候条件等的不同。因而，同一时期工程内涵相同的两个 LNG 接收站的工程造价在不同地区会体现出一定的差异。这种差异的大小可以用"地区因子调整系数"来表示。

在我国，除边远地区之外，LNG 接收站建设投资的地区差异主要体现在建安材料价格、设备材料的运杂费和劳动力价格等方面。因此，在各地区发布的建筑材料预算价格、人工费用单价及运杂费率的基础上，可大致估算出同类 LNG 接收站建设投资在不同地区的差异程度，也就是地区因子调整系数的大小。有关测算及统计数据表明，我国炼化项目的地区因子调整系数一般都在 10% 以内。除特殊情况外，我国不同地区建设的同类 LNG 接收站的建设投资的差异基本上不超过 10%。

四、合理控制投资的方法分析

LNG 接收站的投资水平的高低，将直接影响企业未来完全操作费用中的折旧费、修理费、保险费等，对项目的经济效益会产生直接的影响。因此，应严格控制投资，特别是要加强项目设计与实施过程中的投资控制。

首先，要把好设计关。设计阶段决定了项目工程造价的 75% 以上，是有效控制工程造价的关键，应实行限额设计。各专业设计人员都应具备基本的经济概念，掌握价值工程的分析方法。以技术先进、稳妥可靠、经济合理的原则选择技术、设备和材料，坚决去掉不必要的设计余量和超过需要的设计标准；对于采购和施工，应充分依托当地条件，对采购与施工实行公开招标，从中选优；同时，费用控制工程师应严把投资审核关。

其次，要做好质量控制和进度控制。工程承包方应严把设备、材料采购关；实行建设监理，对设备、材料选购和施工作业进行全面的跟踪和控制，避免以次充好、偷工减料，避免"豆腐渣工程"，避免企业未来生产中的非计划停减产损失和修理费的大幅增长；在进度控制方面，应避免各种人为因素的影响，准备好对主要可能发生的不可抗力影响的应对预案，力争早投产、早见效益。

然而，投资控制也不是越低越好，如果不把握好投资控制的度，导致批复投资低于乃至大幅低于实际投资水平，就会适得其反，给接收站项目的工程建设及未来的生产运营，带来很大的负面影响。另外，过度压低投资的危害是显而易见的，极有可能会延缓工程进度，影响工程质量，带来各种风险和隐患，反而会增大实际总投资，带来较大的延期投产效益损失，从项目全寿命周期的角度看是得不偿失的。

在影响接收站项目投资的因素中，内在因素通常是可以人为把控的，而外在物价因素的影响通常难以掌控。因此，需要准确预测未来物价指数的变化，在物价指数大幅超过预期的情况下，动态调整投资额度是保持投资合理性的必要措施。

为此，在接收站项目的工程建设中，应区分情况，分清主次，抓住主要矛盾和矛盾的主要方面，以设定合理、可行的投资额度来为项目顺利建成投产保驾护航。

第三节　液化天然气接收站成本特性分析

一、成本构成要素

对 LNG 接收站而言，不同的运营模式对应不同的成本构成。服务型的成本费用主要是完全操作费用，经营型的成本费用还需加上原料费用，而租赁型的成本费用最为简单，主要是一次性投资转化而来的固定成本。

经营型 LNG 接收站的总成本费用包括以下内容：

① 原料费用：根据 LNG 接收站原料进料量及其价格计算。

② 燃料动力费：根据水、电、燃料、压缩空气等的用量及价格计算。

③ 工资及福利费：人员工资及福利费用。

④ 制造费用：包括折旧费、修理费和其他制造费。

⑤ 管理费用：包括无形资产及其他资产摊销、其他管理费，一般为分摊费用。

⑥ 财务费用：包括流动资金借款利息和长期借款利息。

⑦ 营业费用：一般按营业收入的一定比例计取(按全厂分摊考虑)。

除原料费用外，其他各项，如上述②~⑦项均可归集到加工费的范畴(相当于广义的完全操作费用)。

本书对于 LNG 接收站项目成本费用中几个影响较大的参数，分别考虑为：折旧年限 15 年，修理费按照固定资产原值(扣除建设期利息)的 2% 取值，资本金按照 30% 考虑，长期借款利息按照 5 年以上期借款利率 4.9% 计算，还款方式考虑等额本息 8 年还款，生产负荷均为 100% 等。保持成本参数的客观与统一，可以在同一基础上比较不同 LNG 项目的优劣，便于分析判断。

二、成本构成分析

在经营型 LNG 接收站的成本构成中，原料费用占比通常超过 90%。由于 LNG 接收站的主要原料为购入的 LNG，主要产品为售出的 LNG 和气化后的天然气，两者的价格高度相关，经营型 LNG 接收站的经济效益主要体现为周转差价与操作费用的相对关系。因此，原料价格仅对流动资金会有影响，对 LNG 接收站的经济效益影响不大。

服务型接收站的总成本费用不包含原料，其总成本费用与完全操作费用相当。从服务型接收站总成本费用中固定成本与可变成本的对比来看，期初固定成本占比较高(其中折旧和长期借款利息在固定成本中占比较大)，超过 80%，而可变成本占比较低，不足 20%；随着长期贷款的偿还和折旧提取完成，固定成本占比逐步下降，至项目后期，固定成本占比下降为 20%，而可变成本占比提高至 80%。总体来看，LNG 接收站项目属于重资产项目，成本中固定资产因素占比较大，见图 9-8。

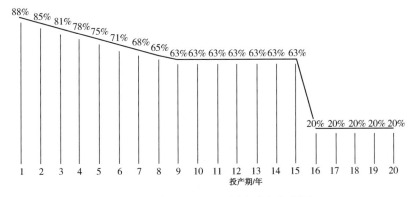

图 9-8 项目 A(6Mt/a)固定成本占比图

LNG 接收站的主要公用工程消耗为淡水、电、天然气。北方与南方相比，由于冬季温度较低，LNG 气化过程的热交换需要消耗更多的天然气。如两个规模均为 6Mt/a 的 LNG 接收站项目，分别位于山东和浙江，天然气的消耗量浙江接收站仅为 $20\times10^4 m^3/a$，而山东接收站达到 $3140\times10^4 m^3/a$。可见，不同地区气温上的差异对 LNG 接收站天然气的消耗影响巨大。

LNG 接收站项目必然涉及 LNG 船的接卸，相关码头费用也是其成本构成的重要一环，包括清淤费、轮船拖轮费、港口维护费等，通常年费用在几千万元以上。

三、操作费用分析

经营型接收站的成本费用除原料之外，便是操作费用；而服务型接收站的成本费用不含原料费用，可以全部视为操作费用。以下对接收站的操作费用展开分析。

（单位）操作费用反映了项目在生产中对于加工（单位）原料的总费用支出。在项目运营方案已定的前提下，操作费用的降低直接体现为 LNG 接收站税前利润的增加，体现为竞争力的增强。作为主要技术经济指标之一，操作费用的高低目前已成为衡量一个 LNG 接收站在同类项目中先进性的重要标尺。

操作费用一般分为完全操作费用和现金操作费用。计算公式分别为：

完全操作费用=（外购燃料+外购动力+工资及福利费+折旧费+修理费+

其他制造费用+管理费用+财务费用）/原料加工量 　　　　（9-51）

现金操作费用=（外购燃料+外购动力+工资及福利费+修理费+

其他制造费用+其他管理费用）/原料加工量 　　　　（9-52）

式中，完全操作费用及现金操作费用单位均为元/t 原料。

由上述公式可看出，完全操作费用反映了项目对加工单位原料的总费用支出（总成本费用中仅扣除了原料费用和营业费用）；现金操作费用则只考虑生产经营中直接付现的部分，即在完全操作费用的基础上，不考虑折旧费、摊销费（列支在管理费用项下）和财务费用等先期因素，以反映企业现实的生产管理水平。

对于 LNG 接收站的成本费用，一般重点考察其单位操作费用，包括完全操作费用和现金操作费用。

以前述 6Mt/a LNG 接收站为例，按运营期内均值计算，其单位完全操作费用约为 150 元/t 或 0.11 元/m³，单位现金操作费用为 69 元/t 或 0.05 元/m³。

如某 LNG 接收站项目的完全操作费用（生产期均值）构成如图 9-9 所示。

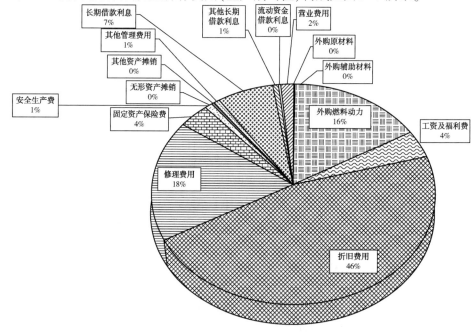

图 9-9　典型项目完全操作费用构成

以 20 年生产期均值计算，完全操作费用中各分项占比从高至低分别为：折旧费 46%、修理费 18%、外购燃料动力 16%、长期借款利息 7%、固定资产保险费 4%、人员工资福利费 4%，其他各项均在 2% 以下。

综合而言，在项目期初完全操作费用中，折旧和长期借款占比较高，随着长期借款的偿还和折旧的提取完成，项目完全操作费用大幅下降，至项目后期修理费和外购燃料动力费占比升高，成为完全操作费用的主要成分。如某项目期初的年完全操作费用高达 12.6 亿元，而项目期末仅为 4.2 亿元。

在 LNG 接收站完全操作费用的构成中，费用最高的前 6 位分别为折旧费、修理费、外购燃料动力费、长期借款利息、固定资产保险费和人员工资福利费。其中，折旧费由项目投资形成的固定资产转化而来，项目的投资水平直接决定了年均折旧费的高低，受各种条件影响同规模 LNG 接收站的投资水平也存在一定差异；修理费则由项目的投资水平和采用的大修方式决定；燃料动力费用由燃料动力消耗量及其价格决定；长期借款利息由项目借贷资金数量和利率决定；固定资产保险费由项目一次性投资水平决定；人员工资及福利费则由项目定员和工资水平决定。

四、降低操作费用的途径分析

以下对 LNG 接收站的完全操作费用各分项构成逐一进行分析，探讨降低操作费用的有效途径。

1. 燃料动力费

LNG 接收站需要外供燃料，一般是就近利用天然气作为燃料。接收站燃料的消耗与当地气温条件关系密切。

LNG 接收站所需动力消耗主要是水、电、汽、风等，其中以电的消耗最大。为降低配套投资、节省费用，全厂公用工程有众多技术方案可供选择。例如：设在当地工业园区的企业，如有条件可充分依托园区的公用工程中心；有条件的企业可考虑采用煤、石油焦或天然气自发电等。当然，降低燃料动力费用的根本途径还是在于节能降耗。

2. 人员工资及福利费

采用新厂新模式，优化定员配置，实行一专多能，严格控制 LNG 接收站定员，减少工资总额支出。

3. 折旧费

在 LNG 接收站完全操作费用的构成中，折旧费约占 46%，是完全操作费用的主要部分。影响折旧费的因素是项目形成的固定资产原值，而固定资产原值包括工程费用、预备费及建设期内发生的利息。在固定资产原值既定的情况下，虽然采用不同的折旧办法，如直线折旧法、年数总和法、双倍余额递减法等，可以改变不同年份的折旧额，但寿命期内的折旧总额是不会改变的，因此降低折旧费用的根本办法就是降低项目的一次性投资。为此，应进行全员动员、全过程投资控制，以有效控制和降低项目工程造价。

4. 修理费

在 LNG 接收站完全操作费用的构成中，修理费（大修费）约占 18%。修理费的高低与项目的固定资产原值、大修间隔年数、采用的大修方式等有关。为此，在设计、采购环节应以设备的寿命周期费用最低为原则选用设备，也可采用外委的方式进行大修（更加专业并节省费用），注重日常中小修理，延长连续开工时间。

5. 摊销费

摊销费主要是无形资产(土地使用权出让金等)和其他资产(生产准备费、出国人员费用等待摊费用)的分期摊销。应从设计和工程管理的角度，控制和降低费用的发生。

6. 其他费用

其他费用包括其他制造费用(车间级管理费用)和其他管理费用(分摊的企业级管理费用)，主要有办公费、差旅费、运输费、保险费、公司经费、工会经费、职工教育经费、劳动保险费、咨询费、土地使用费、土地损失补偿费、业务招待费等。费用的高低与定员多少相关，与管理体制相关。

7. 财务费用

财务费用主要是汇兑损益和生产年份发生的借款利息，包括(建设投资借款形成的)长期借款利息和(流动资金借款形成的)短期借款利息。在控制建设投资和流动资金总额的基础上，适当增加资本金的比例，可有效地降低财务费用，增强抗风险能力。此外，由具有资质的集团公司出面为下属企业集中供贷，一般可获得贷款银行的优惠利率。

综上所述，对操作费用影响最大的是折旧费，因而有效地控制投资，是降低操作费用的首要措施；其次是燃料动力费，因而节能降耗无疑是降低 LNG 接收站操作费用的重要措施；修理费、摊销费随投资的变化而变化，工资及福利费则与 LNG 接收站定员有关。

第四节　液化天然气接收站财务特性分析

一、液化天然气接收站财务评价范围

LNG 接收站的财务评价范围一般包括三部分：接收站工程、码头工程和管道工程。接收站工程主要包括 LNG 储罐在内的 LNG 工艺设施，以及配套的公用工程、辅助生产设施和行政管理设施等；码头工程主要包括 LNG 码头港池及航道挖泥、水工建筑、助航设施、靠系泊辅助设施、码头生产及辅助设施、码头上的工艺设施及相关的控制系统等；管道工程是与 LNG 接收站相配套的站外管道工程。管道工程若是公共管网应单独予以评价，另外收取管输费；若是 LNG 接收站工程的配套部分，则应与 LNG 接收站一同纳入财务评价范围。

一般来说，LNG 接收站既承载了接卸远洋来的 LNG 的任务，同时又有一定的存储、调峰作用。对于 LNG 储罐来说，周转次数越多，利用率越高，单位固定成本就会越低，效益也就越好。

但是根据实际使用情况，天然气的需求存在波峰与波谷。在波谷期内，需求少，储罐周转率低，船期宽松；在波峰期内，需求多，储罐周转率高，船期紧张，进出港频繁(如北方的冬季)，此时码头接卸能力有可能成为 LNG 接收站的制约因素(或瓶颈)。因此，每个 LNG 接收站都应配套适宜的码头，以满足其在最大周转率时的 LNG 供应能力。

二、液化天然气接收站财务分析原则与基本方法

LNG 接收站财务评价的目的是为了确定接收站合理的收费/差价、规模以及运行机制，

在有限的土地和资金情况下，在满足天然气供应、调峰和商业化运作的多重需求的同时，尽可能使效益最大化。LNG 接收站财务评价参数的合理性和统一性，是客观分析和比较不同 LNG 接收站的经济性和竞争力的前提和基础。

LNG 接收站项目的建设期应根据实际情况确定，有一次性建成也有分期建设的。其中，建设周期最长的部分是 LNG 储罐，通常预应力混凝土全容式 LNG 储罐的建设周期长达 36 个月，是项目建设期的制约因素。通常一次建成的项目建设期按照 3 年考虑。

LNG 接收站项目运营期通常按照 20 年考虑。相关的管道工程则分两种情况考虑，如果是为该 LNG 接收站的专用管道，那么应该在财务评价中与 LNG 接收站一并考虑，运营期按 20 年计算；如果管道是天然气管网主干线，由不同的接收站和储气库共同使用，应该单独核算其经济效益，运营期按 30 年考虑。

三、液化天然气接收站不同运营模式下的财务分析

对 LNG 接收站而言，不同运营模式的盈利机理各不相同。服务型接收站是通过仓储设施收取综合气化费，经营型接收站是承担买卖天然气的媒介，获取利润，租赁型接收站则是当作仓库出租。

（一）服务型接收站的财务评价

当前，LNG 接收站大多当做仓储设施来考虑，作为服务型接收站运营。服务型接收站的效益主要来源于"综合气化费"，LNG 自轮船接卸至储罐，由气化设施气化后进入管道或直接装车、船外售，将天然气或 LNG 运输到目标市场，通过向下游用户收取"综合气化费"来回收投资并产生效益。

目前 LNG 接收站的气化费用有两种计算方式，方式一是根据行业或企业对 LNG 接收站项目投资财务基准收益率的规定（如中国石化对 LNG 接收站项目投资所得税后内部收益率基准值为 8%），反推气化费；方式二是根据设定/给定的综合气化费，计算项目投资内部收益率。对于已经核准的 LNG 接收站改扩建项目，可以按照已核准的气化费计算，同时随着 LNG 接收站的不断扩建，可以进一步核算综合气化费的变化情况。

（二）经营型接收站的财务评价

经营型 LNG 接收站按 LNG 经营模式考虑，即投资者作为 LNG 经营主体，利用接收站买入 LNG，卖出天然气，赚取差价获利。一般来说，原料 LNG 的价格（"入站"价格）可以依据可能的气源价格确定（通常将长约气源、预测的现货气源按照一定比例分配），产品天然气的价格（"出站"价格）需根据接收站对应的市场区域，结合国家天然气定价机制给定的销售价格确定。在此基础上进行效益测算，考察投资项目在此差价下是否能达到基准收益率。

经营模式下计算气化费与服务模式下用"综合气化费"测算效益最大的不同在于，按照经营项目测算时，需要购买大量的原料 LNG，并外售天然气，造成流动资金大幅上升，从而使总投资增大和资金成本增加。以某项目为例，按照经营模式计算与按照服务模式计算相比，前者流动资金为后者的 13.65 倍。

（三）不同运营模式下财务评价比较

【例 9-1】华北某 LNG 接收站项目原有能力为 10.8Mt/a（气化能力 10.8Mt/a，码头泊位能力 11.45Mt/a），计划在原有基础上扩建 3 座 $27×10^4 m^3$ 和 2 座 $30×10^4 m^3$ LNG 储罐，配套

建设 15Mt/a 气化设施，新增罐容 $141×10^4 m^3$。

如依托原有码头，扩建后该接收站码头泊位能力仍为 11.45Mt/a，储罐周转能力为 71.82Mt/a，外输气化设施能力为 25Mt/a，受码头能力制约，此时接收站总规模为 11.45Mt/a；也可通过新建 10Mt/a 码头，与新增储罐配合运营，总规模可达到 21.45Mt/a。下面比较不同运营模式下 LNG 接收站的财务分析。

方案1：扩建部分作为仓储库对外收取综合气化费。受码头能力限制，扩建储罐和气化设施的能力没有得到充分利用，因此该方案下考虑增加 10Mt/a 码头设施，以满足新增储罐的周转需求，如每年周转 17.81 次，年周转 10.65Mt LNG，新增 LNG 外输规模达到 10.65Mt/a。当综合气化费为 0.13 元/m^3（含税），便能达到基准收益率 8%，这个综合气化费是非常有竞争力的。

方案2：扩建部分按照经营模式买卖 LNG。该方案下，同样考虑增加 10Mt/a 码头设施，以满足储罐的周转需求，如每年周转 17.81 次，年周转 10.65Mt，新增 LNG 外输能力 10.65Mt/a。当进出气差价为 0.45 元/m^3（含税），才能达到基准收益率 8%，可见经营模式下对差价的要求远高于综合气化费。

由此可见，在同样的条件下，经营模式造成了流动资金和总投资的增加，也带来了项目风险的增长，对项目毛利提出了更高的要求。

方案3：新增部分作为仓储设施对外出租（不扩建码头）。该方案下，以融资租出方式考虑，出租方年收取租金 8 亿元，可达到基准收益率 8%。

承租方按融资租入考虑，如果每年周转 1 次，年周转 $83697.6×10^4 m^3$ 的天然气（折合 597840t），仓储成本高达 1.66 元/m^3（折合 2326 元/t）。承租方须新建与储罐能力相配套的码头，按照方案1或者方案2的模式运营，大幅提高其周转率，才能收回仓储成本，获得盈利。

从以上方案比较可以看出，方案1通过增加码头泊位能力，增加接收站的总体能力（总规模），计算求得临界点综合气化费仅为 0.13 元/m^3，具有较好的市场竞争力。方案2通过 LNG 买卖赚取差价，计算求得临界点差价为 0.45 元/m^3，比方案1高出很多。方案3运营方（融资租入方）如果仅仅作为仓储库，每年周转 1 次的仓储费高达 1.66 元/m^3，需要通过增加年周转次数以降低成本和提高效益。

综上，方案1是成本最低、风险最小、最灵活的接收站运营模式，在运营阶段，接收站提供综合气化服务，通过增加年周转次数，提高了项目效益。同时也应看到，储罐的增加虽然可以增加 LNG 储存能力，但如果码头配套能力或者外输气化能力没有同步提升，其总的周转能力也不能得以提升，仍然无法实现好的效益。

当然这并不意味着 LNG 接收站所有的液态原料都需要气化才能获得收益，LNG 通过槽车运输也可以成为 LNG 储罐周转的一部分。作为 LNG 的集散点，LNG 接收站必须提高周转率才能进一步提高项目效益，同时也可规避 LNG 贸易中的价格波动风险。

此外，还有一种特殊的方式——夏买冬卖经营模式（不扩建码头）。依照该方案如果年周转 1 次，按照夏买冬卖的原则，每年周转 $81850.5×10^4 m^3$ 的天然气，经计算只有当天然气的进出差价为 1.86 元/m^3（折合 2604 元/t）才能达到基准收益率 8%。这样的价差并非可以长久（即 20 年运营期）获得，只有在天然气资源供需不平衡情况下才会短暂出现，需要天然气在冬季和夏季有足够的差价才能支撑。随着国内接收站布局的不断完善，这种机会越来越少，因此存在一定的风险，不建议采用。

四、环境与社会效益分析

目前，我国一次能源消费中仍以煤炭为主，而天然气仅作为边缘能源或过渡能源进行使用。根据电力设计规划总院发布的《中国能源发展报告2018》数据显示，2018年我国天然气消费总量占一次能源消费量的比重只有7.8%，远低于煤炭59.0%的占比。而根据BP公司的统计，2017年全球一次能源消费中天然气的占比达到了23.4%，亚太地区也有11.5%，均远高于我国现有水平。

相对于清洁能源而言，煤燃烧后会产生大量污染物，在当前煤炭占主流的能源消费结构下，我国部分地区能源生产消费的环境承载能力已经接近上限，大气污染形势愈发严峻。

中国政府根据中国国情、发展阶段、可持续发展战略和国际责任，确定了到2030年的自主行动目标，包括二氧化碳排放2030年左右达到峰值并争取尽早达峰；单位国内生产总值二氧化碳排放比2005年下降60%~65%。在充分开发利用好国内低碳能源的同时，加大天然气引进力度，大力提高天然气在国家一次能源消耗中的比例，有利于更好地实现上述目标。

天然气作为一种环境友好型燃料，燃烧产物中各空气污染物单位排放量均低于煤和石油，如大型燃气-蒸汽联合循环机组二氧化硫排放浓度几乎为零，氮氧化物排放量是超低排放煤电机组的73%，且其热值、利用效率等方面均明显优于煤炭。LNG作为清洁能源，其燃烧所产生的SO_2、NO_x和CO_2的排放量分别为燃煤、燃油排放量的19.2%和42.1%。

加大天然气的使用力度是我国目前改善环境质量最为有效的举措之一。利用好LNG，可优化能源消费结构，改善环境空气质量，维护经济和社会可持续发展；增强天然气供应的安全性和平稳性，有助于解决能源安全和生态环境保护的双重问题。

建设天然气接收站，完善储运设施和调控能力，是完善区域供气网络，提高供气安全的需要；是优化能源消费结构，促进区域经济社会可持续发展的需要；有助于实现国际国内业务整体协调发展和增强供应保障能力，加快推进海上油气战略通道和国内油气骨干管网建设，对形成油气资源多元、调度灵活、供应稳定的全国性管网和供应格局具有重要意义。

五、提高液化天然气接收站经济效益的主要途径分析

（一）液化天然气接收站工程规模应符合经济规模

LNG接收站项目是典型的装置工业，其单位周转能力投资与成本费用随项目工程规模（储存与周转能力）的增大而降低的趋势十分明显[5]。

确定LNG接收站储存能力的因素较多，如LNG运输船的船容、LNG接收站的外输要求、LNG运输船延期运输、恶劣天气影响等。一般LNG接收站项目的储存能力按以下因素综合确定：LNG运输船的有效容积[LNG主力运输船船容通常为$(17.2~26.6)×10^4m^3$]和船运安排、储罐安全余量、满足调峰任务的存储量，以及其他计划的事件（如液化天然气运输船的延期或维修）或不可预料事件（如气候突然变化）所需的存储量等。

如表9-7所示，以项目C为例，规模为3Mt/a时，综合气化费为0.3元/m^3；规模为6Mt/a时，气化费为0.21元/m^3；规模为10.8Mt/a时，综合气化费为0.18元/m^3。可见，随着储存规模的扩大（伴随着码头扩能），综合气化费逐渐降低。

表 9-7　LNG 接收站规模与综合气化费

项　目	项目 A	项目 B	项目 C	项目 D
规　模/(Mt/a)	6	7	10.8	11
年均总成本费用/(万元/a)	90616	101465	154789	133885
单位完全成本/(元/m³)	0.12	0.10	0.10	0.09
达产时年周转次数/(次/a)	16.08	14.93	14.64	18.48
按照 8%反算综合气化费/(元/m³)	0.195	0.198	0.18	0.15

综合来看，随着 LNG 接收站规模扩大，单位完全成本和综合气化费整体呈下降趋势。表 9-6 中规模为 6Mt/a 的项目 A 的单位完全成本高于规模为 7Mt/a 的项目 B，但是其综合气化费却低于项目 B，这说明单位完全成本低并不代表综合气化费低，这是因为单位完全成本的计算并未考虑投资收益，而综合气化费是按照项目投资达到基准收益率 8%反算得出（即在单位完全成本的基础上增加考虑临界点投资收益）。相对于项目 B，项目 A 总罐容虽小，但建设投资低，年周转率高，临界点综合气化费反而更低。

LNG 接收站的规模，在满足保供要求的前提下，首先应该从经济的角度考虑，尽可能以较少的投资，建设较大的年输出规模，以增强其竞争力。投资越少，周转次数越高，项目单位完全成本就会越低，在给定的综合气化费下，其项目投资内部收益率也就越高。考虑到占地、储罐大小与数量、码头等综合因素，建议 LNG 接收站的经济规模应不低于 6Mt/a。

（二）脱除能力瓶颈，提高年周转率

表 9-6 中项目 C 与项目 D 规模相当，但项目 D 总罐容较小，建设投资较低，年周转次数较高，无论是单位完全成本，还是临界点综合气化费均优于项目 C。

因此，为优化 LNG 接收站的投资、成本与效益，应尽可能提高储罐的年周转次数（从而降低储罐容量，减少投资）。为此，应提高码头的接卸能力与外输气化能力，与 LNG 储罐的周转要求相匹配。提高 LNG 接收站年周转率，等价于提高接收站总体周转能力（负荷），对降低接收站单位完全成本和综合气化费用作用显著。

（三）降低公用工程消耗[6]

LNG 接收站的燃料动力等公用工程消耗约占其完全操作费用的 16%（以华北某项目为例）。因此，降低 LNG 接收站的公用工程消耗，减少燃料、电等的用量，对降低成本、提高经济效益具有重要意义。为此，需要优化工艺过程，重点关注提高加热炉效率和新型节能技术与设备的利用，提高 LNG 接收站的热利用效率。

（四）提高液化天然气接收站设备材料可靠性

提高设备材料可靠性和完好率，实现“安、稳、长、满、优”运行，延长 LNG 接收站生产操作周期等，对降低成本和持续获得效益都具有重要意义。因此，它是提高技术经济效益的一个重要方面。

（五）提高运营效率，尽可能减少损失[6]

周转损失率也是 LNG 接收站主要技术经济指标之一。损失率高，一方面影响了综合商品率，影响了项目的经济效益，另一方面也可能会对环境有一定影响。在实际的生产操作中，原料的周转损失或多或少是客观存在的，但是通过优化和完善工程设计、加强生产管理等，可尽量避免上述损失的发生，从而为 LNG 接收站带来经济效益。

（六）做好冷能利用

LNG 接收站储存的 LNG 温度约为 $-160℃$，蕴含着大量的冷能。为此，在 LNG 建站伊始，可以考虑将 LNG 冷能加以利用。例如，通过 LNG 冷能发电来减少接收站压缩机、泵等设备的用电量，实现项目本质上的节能，从而进一步提高 LNG 接收站的经济性。

参　考　文　献

[1] 国家发展改革委、建设部．建设项目经济评价方法与参数（第三版）[M]．北京：中国计划出版社，2006．

[2] 全国注册咨询工程师（投资）资格考试参考教材编写委员会．现代咨询方法与实务（2019 年版）[M]．北京：中国统计出版社，2018．

[3] 中国石油化工项目可行性研究技术经济参数与数据 2019．中国石油化工集团公司经济技术研究院，2019．

[4] 赵文忠，孙丽丽．对炼油项目操作费用指标的思考[J]．当代石油石化，2006，14(9)：28-30．

[5] 赵文忠，孙丽丽．炼油厂规模经济研究[J]．当代石油石化，2019，27(3)：7-14．

[6] 赵文忠．提高炼油项目经济效益的途径分析[J]．当代石油石化，2005，13(6)：34-37，44．

第十章 工程设计

第一节 总平面布置

一、总平面布置

(一)总平面布置原则

总平面布置是液化天然气(LNG)接收站工程设计中的一个重要方面。根据接收站的生产规模、工艺流程、自然条件等因素，合理地布置生产设施、LNG储罐、LNG汽车装车设施、公用工程及辅助生产设施、生产及行政管理设施和码头设施，做到生产流程顺畅短捷、运输便利，有利于生产管理，提高站场的经济效益，为接收站安全生产、管理先进、环境良好创造条件。

(1)按功能分区，合理布局，提供一个流程顺畅、管道短捷、运行安全和检维修方便的接收站。

(2)设置安全及消防通道，为火灾和紧急停车期间站内工作人员安全顺畅疏散和消防人员灭火救灾提供便利条件。

(3)贯彻"以人为本"和重要设施重点保护的理念，对发生火灾或爆炸可能造成全站停车或重大人身伤亡的设施重点保护，人员集中场所远离火灾和爆炸危险性较大的场所。

(4)在主要设施之间提供足够的间距，以确保一个设施发生事故时不对其他设施造成重大损坏，热辐射不危及人员和相邻设施(设备)安全。

(5)LNG泄漏的蒸气云着火爆炸时确保对周围设施(设备)的影响在可接受的范围。

(6)公用工程设施靠近负荷中心或负荷较大的设施布置，以降低能耗。

(7)接收站可分期建设，分期建设的接收站前期工程和后续工程应统一规划，合理衔接。

(8)在满足上述要求的同时尽可能降低工程投资和运营成本。

(二)总平面布置

LNG接收站的总平面布置应按功能分区布置，一般分为生产设施区、LNG储罐区、汽车装车区、公用工程及辅助生产设施区、生产及行政管理区和码头区，见表10-1。

表 10-1　接收站分区及主要建构筑物或设施

序号	分　区		区内主要建(构)筑物或设施
1	生产设施区	工艺处理区	外输高压泵、BOG 压缩机、气化器、再冷凝器、变配电间、现场机柜间等
		外输计量区	计量设施、清管器等
2	LNG 储罐区		LNG 储罐、集液池、泡沫站等
3	汽车装车区		汽车装车鹤管、汽车衡、营业用房、配电间、机柜间、集液池等
4	公用工程及辅助生产设施区	公用工程区	总变电所、区域变电所、锅炉房、氮气站、空压站、给水泵站
		辅助设施区	综合仓库、维修间、污水处理设施、事故排水储存设施等
		海水取排水区	海水泵站、加药间、取水口、排水口等
		火炬区	高架火炬或地面火炬、分液罐等
5	生产及行政管理区		调控值班中心、中央控制室、化验室、食堂、倒班宿舍、HSE 中心(含消防站)等
6	码头区		LNG 泊位、工作船泊位、操作平台、栈桥、卸船臂、配电间、机柜间、集液池等

LNG 接收站总平面布置符合 GB 51156—2015《液化天然气接收站工程设计规范》和 GB 50183—2004《石油天然气工程设计防火规范》的有关规定。

1. 生产设施区

生产设施包括工艺处理设施和外输计量设施，生产设施集中布置在一个街区或相邻的街区内，靠近 LNG 储罐区布置。外输计量设施布置与站外天然气管道走向相协调，尽量缩短天然气外输管道的长度。泵区、压缩机区等产生环境噪声污染的设施远离人员集中和有安静要求的场所。

工艺处理区设环形消防道路，受地形限制时，要设置有回车场的尽头式消防车道，回车场的面积按接收站所配消防车辆的车型来确定，不小于 15m×15m。

2. 液化天然气储罐区

LNG 储罐区靠近 LNG 码头布置，并要远离站外的居民区和公共福利设施。LNG 储罐与码头操作平台净距不小于 150m。

罐区尽量布置在接收站人员集中活动场所和明火或散发火花地点全年最小频率风向的上风侧，并尽量避免布置在窝风地段。

罐区尽量布置在工程地质良好的地段，不能毗邻布置在高于工艺处理区、接收站重要设施或人员集中场所的阶梯上；受条件限制不能满足要求时，采取防止泄漏的 LNG 流入工艺处理区、接收站重要设施或人员集中场所的措施。

LNG 罐区临近江河、海岸布置时，采取措施防止泄漏液体流入水域。

3. 汽车装车区

汽车装车区位于接收站边缘或接收站外，并避开人员集中活动场所、明火和散发火花的地点及厂区主要人流出入口。汽车装车区设围墙独立成区，并设置 2 个出入口。汽车装车区附近设置汽车停车场。汽车装车区设置汽车衡，汽车衡尽量位于称重汽车主要行驶方向的右侧。

4. 公用工程及辅助生产设施区

采用架空电力线路进出接收站的总变电所布置在厂区边缘。区域变配电所靠近区域负荷中心。变配电设施尽量布置在有水雾场所冬季主导风向的上风侧。

锅炉房布置靠近用热负荷中心，并尽量位于可能散发可燃气体的场所的全年最小频率风向的下风侧。

氮气站、空压站布置在空气洁净地段。空压机的吸风口尽量位于 LNG 罐区、工艺处理区和汽车装车区等设施的全年最小频率风向的下风侧。

污水处理场、事故排水储存设施可联合布置在厂区边缘地势较低处。

火炬区靠近站区边缘布置。高架火炬尽量位于生产设施全年最小频率风向的上风侧；地面火炬尽量位于生产设施全年最小频率风向的下风侧。

海水取水、排水区尽量靠近护岸布置，并且要结合海域生态环境影响评价的结论综合确定。

维修间集中布置在接收站一侧，并有较方便的交通运输条件，避免机修车间的噪声、振动及粉尘对周围设施的影响，其防振间距符合 GB 50187—2012《工业企业总平面设计规范》的有关规定。

5. 生产及行政管理区

生产及行政管理区应布置在 LNG 接收站主要人员入口处，宜位于 LNG 接收站全年最小频率风向的下风侧，且环境洁净的地段。管理区应远离爆炸危险源和有毒气体泄漏源，并宜布置在地势较高处。

消防站的位置应能迅速方便地通往站内各街区。消防站的服务范围至火灾危险场所最远点行车路程不宜大于 2.5km，并且接到火警后消防车到达火场的时间不宜超过 5min。消防站布置宜远离噪声场所，宜位于站内生产设施全年最小频率风向的下风侧。

6. 码头区

LNG 码头的选址应符合港口总体规划，LNG 码头应远离居民区和公共福利设施。码头区的布置应与接收站陆域布置统筹考虑。

栈桥布置应满足管廊的宽度及检修车辆通行的要求，栈桥的宽度不宜小于 15m。

（三）接收站总平面布置实例

1. 实例一

某接收站总平面布置示意图如图 10-1 所示，接收站内各设施按功能区分区布置。

（1）工艺处理区和外输计量区　工艺处理区包括增压系统、再冷凝器及 BOG 压缩机、海水气化器、浸没燃烧式气化器。工艺处理区紧邻 LNG 罐区西侧布置。外输计量区紧靠工艺处理区南侧布置，物料管道短捷便利，节约物料管道的投资。

（2）LNG 储罐区　LNG 储罐区位于接收站的东北角，布置了 9 台 LNG 储罐。LNG 储罐区靠近码头布置，缩短卸船管道，节约投资。储罐采用全包容式混凝土外壁地上储罐，储罐外壁与储罐外壁之间的间距最小为 45m，满足 GB 50183—2004《石油天然气工程设计防火规范》对于罐间距(不小于相邻两个储罐直径之和的 1/4)的要求。

（3）汽车装车区　LNG 汽车装车设施布置在接收站的西南角，该区考虑了 20 个 LNG 汽车装车位，LNG 装车位西侧布置了停车场。汽车装车区独立成区，设置围墙与站区其他设施隔开，减少了对接收站其他设施的干扰。

（4）公用工程及辅助设施区　公用工程及辅助设施区布置在罐区的南侧，西侧紧邻工艺处理区布置了空压站、锅炉房及软化水站、区域变电所一和现场机柜室一等。东侧北部布置了维修车间、给水泵站、综合仓库和总变电所。

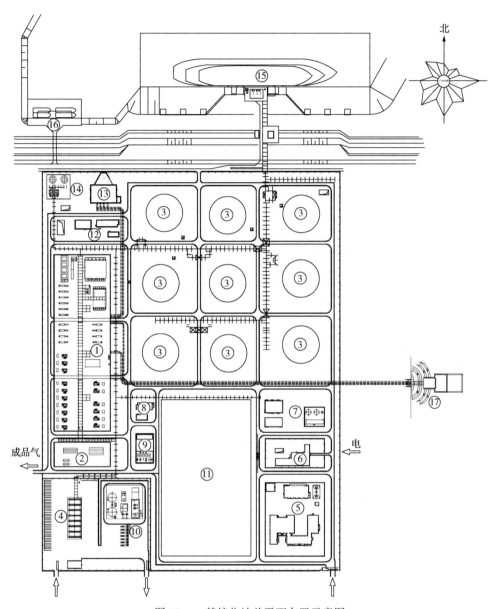

图 10-1　某接收站总平面布置示意图

①—工艺处理区；②—外输计量设施；③—LNG 储罐区；④—汽车装车区；⑤—生产及行政管理区；
⑥—总变电所；⑦—综合仓库、维修车间、给水泵站；⑧—区域变电所、现场机柜室一；⑨—锅炉房、空压站；
⑩—氮气站；⑪—冷能利用预留地；⑫—区域变电所、现场机柜室二、制氯间；
⑬—海水泵站；⑭—地面火炬；⑮—LNG 码头；⑯—工作船码头；⑰—海水排放口

（5）生产及行政管理区。生产及行政管理区包括站内调控值班中心、中心控制室、HSE 中心、中心化验室及环保监测站，布置在站区东南角，靠近公路，交通便捷，便于职工上下班出行。

生产及行政管理区为接收站人员集中场所，远离 LNG 储罐区、工艺处理区和汽车装车区等危险场所布置，为职工提供了安全环保的工作环境。

（6）火炬区。全封闭式地面火炬布置在站区的西北角，此区域还布置了海水泵站、污水收集设施和区域变电所二、机柜室二等设施。

（7）码头区。在 LNG 罐区北侧布置 LNG 泊位，卸船管道短捷。LNG 泊位西侧设置了工作船码头。

2. 实例二

某接收站总平面布置示意图如图 10-2 所示，接收站内各设施按功能区分区布置。

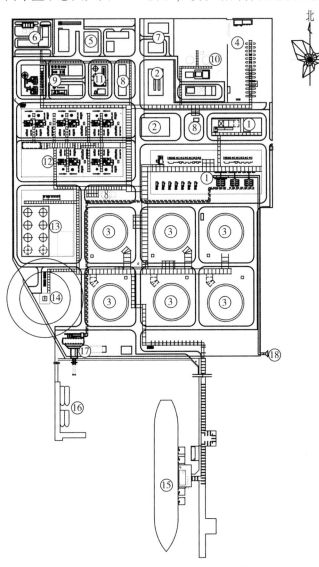

图 10-2　某接收站总平面布置示意图

①—工艺处理区；②—外输计量设施；③—LNG 储罐区；④—汽车装车区；⑤—生产及行政管理区；

⑥—总变电所；⑦—综合仓库、维修车间；⑧—区域变电所、现场机柜室；⑨—锅炉房、空压站；⑩—氮气站；

⑪—给水泵站、污水处理场；⑫—轻烃回收装置；⑬—轻烃罐区；⑭—高架火炬；⑮—LNG 码头；

⑯—工作船码头；⑰—海水泵站；⑱—海水排放口

（1）工艺处理区和外输计量区　工艺处理区、外输计量设施布置在接收站中部东侧。轻烃回收装置和轻烃罐区布置在接收站中部西侧。轻烃回收装置和 LNG 气化设施靠近 LNG 罐区布置，缩短了它们之间联系的管道，减少了能耗。

（2）LNG 储罐区　LNG 储罐区布置在接收站南端，靠近码头，以缩短卸船管道，节约投资。

（3）汽车装车区　汽车装车区布置在接收站的东北角，靠近站外道路，方便 LNG 的运输，减少了运输车辆对于站区的干扰。

（4）公用工程及辅助设施区　装车设施西侧布置了氮气站。锅炉房、空压站、软化水站、给水泵站、区域变配电所和机柜间等公用工程布置在轻烃回收装置的北侧，靠近负荷中心。总变电所布置在接收站的西北角，靠近站区边缘布置，便于架空高压线的接入。海水泵站布置在接收站南端，靠近取水点。

（5）生产及行政管理区　生产及行政管理区包括 HSE 中心、中心控制室、站内办公楼（含化验室和食堂）、综合维修和综合仓库等，集中布置在接收站北侧，靠近站外道路，为职工上下班提供便利的交通条件。

（6）火炬区　高架火炬布置在站区的西南角，减少了火炬辐射热对其他设施的影响。

（7）码头区　LNG 泊位布置在 LNG 罐区南侧，泊位靠近 LNG 罐区布置，缩短卸船管道。工作船泊位布置在接收站西南侧。

二、单元平面布置

LNG 接收站主要工艺单元包括 LNG 码头卸船设施、LNG 储罐区、工艺处理设施、天然气外输及计量设施和 LNG 汽车装车设施等单元。

单元平面布置一般包括单元内部工艺设备、管廊、建筑物、构筑物和通道的布置。设备平面布置设计可以分为基础工程设计和详细工程设计两个阶段。基础工程设计阶段的设备平面布置一般是在可行性研究或总体设计阶段的总体规划和平面布置方案的基础上，根据上游专业资料特别是工艺流程图、工艺管道和仪表流程图、工艺设备表等进行的平面布置设计；详细工程设计阶段的设备平面布置则是在基础工程设计平面布置、用户确认、审批意见和上游专业改动与调整的基础上，在接收站总平面上所划定的位置与所限定的占地面积内进行的平面布置设计。由于生产设施是 LNG 接收站的核心之一，设备平面布置时需要考虑将生产设施布置在合适的位置，且设施内部设备布置也需要考虑安全、经济、合理等因素，以保证整个接收站的安全生产。

LNG 接收站的生产过程是由工艺设计确定的，各单元设备布置需以工艺设计为依据。由于生产原料和产品属于易燃易爆物质，具有火灾和爆炸的潜在危险性，安全生产对接收站长期平稳运行特别重要，因此，布置单元设备时需予以重点考虑，采取三重安全措施：首先预防一次危险引起的次生危险；其次是一旦发生次生危险后需尽可能限制其危害程度和范围；最后是次生危险发生后能为及时抢救和安全疏散提供方便条件。同时，各单元设备平面布置需与接收站总平面布置相协调并符合总平面布置的要求。

（一）单元设备平面布置

在布置各单元设备时，需考虑满足工艺流程、安全生产、环境保护、接收站总平面布置等要求，以及操作、检维修、施工、消防、合理用地、减少能耗、节约投资以及预留扩建用地等要求。

单元设备平面布置需根据各单元在 LNG 接收站总平面中的位置，以及与其相关的单元、罐区、系统管廊、道路等相对位置确定，并与相邻单元的布置相协调，使原料、产品的储运系统和公用工程系统的管道布置合理，各单元在布置风格方面相互协调。

单元内设备、建筑物和构筑物的布置需符合下列原则：

（1）根据全年频率风向条件确定设备与建筑物的相对位置。

（2）受工艺特点或自然条件限制的设备可布置在建筑物内。

（3）根据地质条件，合理布置荷载大和有振动的设备。

（4）设备、建筑物和构筑物宜布置在同一地平面上；当受地形限制采用阶梯式布置时，需将控制室、机柜间、变配电所、化验室和办公室等布置在较高的阶梯上，工艺设备和储罐等宜布置在较低的阶梯上。

设备需按工艺流程顺序和同类设备适当集中相结合的原则进行布置，并宜按流程顺序布置在管廊两侧，以满足设备露天化和流程化布置的发展要求，并使设备布置紧凑，节省管道。

设备、建筑物平面布置的防火间距需符合 GB 50183—2004《石油天然气工程设计防火规范》的有关规定。

利用电力驱动的设备和电气设备的布置，需符合 GB 50058—2014《爆炸危险环境电力装置设计规范》的有关规定。

产生噪声的设备宜远离人员集中的场所布置，噪声控制需符合 GB/T 50087—2013《工业企业噪声控制设计规范》的有关规定。

设备、建筑物、构筑物需按生产特点和火灾危险性类别分区布置。有工艺要求的相关设备，可根据相关规定靠近布置。在布置设备时，根据施工、检修、操作和消防的需要，综合考虑设备必要的操作通道和检修场地，利用通道把不同的防火区分隔开。

压缩机的分液罐、缓冲罐等与压缩机以及其他与主体设备密切相关的设备，可直接连接或靠近布置。

产生有害气体的设备，宜远离人员集中的场所布置，并符合环境保护的要求，体现"预防为主"的卫生工作方针，保证接收站的设计符合卫生要求，控制生产过程产生的各类职业危害因素，改善劳动条件以保证人员的身体健康。

设备宜露天或半露天布置，并宜缩小爆炸危险区域的范围。爆炸危险区域的范围需符合 GB 50058—2014《爆炸危险环境电力装置设计规范》的有关规定。在进行设备布置设计时，采用露天或半露天布置，一方面可以节省投资，另一方面便于可燃气体扩散，同时，将不同等级的爆炸危险介质和非爆炸危险区、明火设备等分别布置在各自的界区内，减少爆炸危险区域，保障生产安全。

设备的间距除需符合防火和防爆的要求外，还需考虑下列因素：

（1）操作、检维修、装卸和吊装所需的场地和通道。

（2）梯子和平台的布置。

（3）设备基础、地下埋设的管道、管沟、电缆沟和排水井的布置。

（4）管道和仪表的安装。

对于需分期建设或预留发展用地的单元，需根据 LNG 接收站总体布置的要求、生产过程的性质和设备特点确定预留区的位置。既要考虑前期工程的设施不影响后续工程的施工，还要考虑后续工程的施工不影响或者尽量少影响先期工程设施的正常生产运行。

设备的竖面布置需符合下列要求：

（1）工艺流程中没有对放置高度提出特殊要求的设备宜落地布置。

（2）由泵抽吸的容器以及真空、重力流等设备，需按工艺流程的要求，布置在合适的高层位置。

（3）当单元的面积受限制或经济上更为合理时，可将设备布置在构架上。

设备基础标高和地下受液容器的位置及标高，需结合单元的竖向布置和管道布置确定。在确定设备、建筑物和构筑物的位置时，其地下部分的基础不宜超出单元边界线。

LNG码头卸船设施、LNG储罐区、工艺处理设施、LNG汽车装车设施等工艺单元需设置LNG泄漏收集系统，泄漏收集系统的设计需符合相关现行国家标准的要求。

（二）单元中管廊布置

管廊的形式需根据设备平面布置的要求，考虑生产设施所处的位置、占地面积、地形地貌、周围环境等因素，按下列原则确定：

（1）设备较少的单元可采用一端式或直通式管廊；设备较多的单元可根据需要采用"L"形、"T"形或"Π"形等形式的管廊。

（2）多单元联合布置可采用主管廊与支管廊组合的结构形式。

管廊需布置在单元的适中位置，且宜平行于长方形单元的长边，并处于能联系主要设备的位置，以能尽量多地联系设备为宜，同时考虑尽量缩短管廊的长度，在管廊两侧布置设备，以有效利用管廊空间。

管廊的布置需满足道路和消防的需要，以及与地下管道、电缆沟、建筑物、构筑物等的间距要求，并避开设备的检修场地。

管廊上方可布置安全阀和热泄放阀组，下方可布置小型设备，但需符合相关规范要求。

管廊可以布置成单层或多层，最下一层的净空需按管廊下设备高度、设备连接管道的高度和操作、检修通道要求的高度确定。

管廊下方作为消防通道时，管廊至地面的最小净高不小于5.0m。当管廊有桁架时，管廊的净高需按桁架底高计算，且净高需满足相关规范要求。

管廊的宽度由下列因素确定：

（1）管道的数量、管径及其间距。

（2）架空敷设的仪表电缆和电气电缆的槽架及检修通道所需的宽度。

（3）预留管道所需的宽度，一般预留10%~20%的裕量。

管廊的柱距需满足大多数管道的跨距要求，宜为6~9m。如小直径管道较多时，可在两根柱子之间设置副梁使管道跨距缩小。另外，管廊的柱间距应尽量与设备构架的柱间距一致且对齐，以方便管道通过。

多层管廊的层间距根据管径大小和管廊结构确定，上下层间距宜为2.5~3.5m。当管廊改变方向或两管廊成直角相交时，管廊宜错层布置，错层的高差宜为1.25~1.75m。

（三）单元中建筑物的布置

单元的控制室、化验室、办公室等宜布置在单元外，并宜与全厂性或区域性设施统一设置。当单元的控制室、机柜间、变配电所、化验室、办公室等布置在单元内时，需布置在单元的一侧，位于爆炸危险区范围以外，并宜位于甲类设备全年最小频率风向的下风侧。控制室、机柜间、变配电所的布置宜靠近负荷中心。

单元内的控制室、机柜间、变配电所、化验室、办公室等不得与设有甲类设备的房间布置在同一建筑物内。单元的控制室与其他建筑物合建时，应设置独立的防火分区。

布置在单元内的控制室、机柜间、变配电所、化验室、办公室等的布置需符合下列规定：

(1) 控制室或机柜间可单独设置，也可与办公室、化验室毗邻。

(2) 控制室宜设在建筑物的底层。

(3) 平面布置位于附加2区的办公室、化验室内地面及控制室、机柜间、变配电所的设备层地面需高于室外地面，且高差不小于0.6m。

(4) 控制室、机柜间面向有火灾危险性设备侧的外墙需为无门窗洞口、耐火极限不低于3h 的不燃烧材料实体墙。

(5) 化验室、办公室等面向有火灾危险性设备侧的外墙宜为无门窗洞口、不燃烧材料实体墙；当确需设置门窗时，需采用防火门窗。

(6) 控制室或化验室的室内不得安装可燃气体、可燃液体的在线分析仪器。

(7) 控制室、机柜间、变配电所的布置宜靠近负荷中心。

(8) 控制室或机柜间远离产生振动和噪声的设备，否则采取隔振和防噪声措施。

(9) 控制室或机柜间避开电磁干扰的区域，否则应采取防护措施。

(10) 变配电所布置需便于引接电源和电缆的敷设。

压缩机或泵等的专用控制室或不大于10kV 的专用变配电所，可与该压缩机房或泵房等共用一幢建筑物，但专用控制室或变配电所的门窗需位于爆炸危险区范围之外，且专用控制室或变配电所与压缩机房或泵房等的中间隔墙需为无门窗洞口的防火墙。

在两层或两层以上的生产厂房内布置设备时，厂房结构需考虑设备吊装的要求，并按设备检修部件的大小和吊装机具行程的死点位置设置吊装孔和通道。吊装孔的位置设在厂房出入口附近或便于搬运的地方。多层楼面的吊装孔在各楼层的平面位置需相同。

建筑物的出入口布置需符合下列要求：

(1) 便于操作人员通行。

(2) 至少需有1 个门可通过设备的最大部件。

(3) 有检修车辆进出的厂房出入口，其宽度和高度需能使车辆方便通过。

(4) 便于事故时安全疏散。

(5) 建筑物的安全疏散的门需向外开启。甲、乙、丙类房间的安全疏散门，不少于2个；但面积小于或等于100m² 的房间可只设1 个。

建筑物室内地面高出室外地面不小于200mm。

建筑物的正压通风设施的取风口宜位于甲类设备的全年最小频率风向的下风侧，且取风口高度需高出地面9m 以上或爆炸危险区1.5m 以上，两者中取较大值。取风质量按GB 50019—2015《工业建筑供暖通风与空气调节设计规范》的有关规定执行。

（四）单元中构筑物的布置

1. 构架

在构架上布置设备时，需结合结构设计布置设备的支座梁，且宜尽量将尺寸相同或相近的设备布置在同一层构架上。

靠近管廊的构架立柱宜与管廊立柱对齐，以便于布置管道。

构架的层高需符合生产过程要求设备布置的高度、设备操作和检修的必要高度和管道布置的高度（包括与管廊相连管道的高度）等要求。

可燃气体、可燃液体设备采用多层构架布置时，除工艺要求外，其构架不宜超过 4 层。

2. 平台和梯子

（1）在需要操作和经常检修的场所需设置平台或梯子，并按安全和疏散要求设置安全疏散梯。平台和梯子的布置需符合下列要求：

① 在设备和管道上，需要操作、检修、检查、调节和观察的地点需设置平台或梯子。

② 相邻立式容器的平台标高宜一致，以便布置成联合平台。

③ 设备上的平台不能妨碍设备的检修，否则需做成可拆卸的。

（2）平台的尺寸和标高设置需符合下列规定：

① 平台通道宽度不小于 0.8m，平台上的净空高度不宜小于 2.2m。

② 设备人孔中心线距平台的距离宜为 0.8~1.0m，设备手孔中心线距平台的距离宜为 1.0~1.5m。

③ 法兰连接的立式设备的平台与法兰面的距离不宜大于 1.5m。

（3）除厂房和构架的主要操作平台及操作频繁的平台需采用斜梯外，其他场合宜采用直梯。

（4）高度超过 3m 的直梯需设置安全护笼，护笼下端距地面或平台面不小于 2.1m，护笼上端高出平台面，需与栏杆高度一致。

（5）设备上的直梯宜从侧面通向平台。单段梯高不宜大于 10m，攀登高度大于 10m 时宜采用多段梯，梯段水平交错布置，并设梯间平台，平台的垂直间距宜为 6m。直梯作为安全疏散梯时，梯段高度不大于 15m。

（6）平台的防护栏杆高度不小于 1.05m，距地面 20m 以上的平台的防护栏杆高度不小于 1.2m。防护栏杆为固定式防护设施，影响检修的栏杆需为可拆卸的。

（7）在设置平台有困难而又需要操作和检修的地方可设置直梯或活动平台。

（五）单元中通道的布置

单元内道路的设置需符合总体布置和总平面布置的要求，且与竖向布置、管道规划、厂容和绿化相协调，同时需满足施工、检修、操作、消防和人行等的需要，并设置必要的通道和场地。

单元布置需将施工、操作、检修和消防所需要的通道、场地、空间结合起来综合考虑。单元内的消防通道和检修通道需合并设置，并与接收站内的道路衔接。

通道的净宽和净高根据接收站规模、通行机具的规格确定。通道的尺寸符合表 10-2 的规定。

表 10-2　单元内通道的最小净宽和最小净高　　　　　　　　　　m

序号	通道名称	最小净宽	最小净高
1	主要道路	6	5
2	消防通道	6[①]	5[①]
3	检修通道	4[①]	4.5[①]
4	操作通道	0.8	2.2

[①] 对于可能有大型消防车或大型通行机具通过的通道，通道的净宽和净高需加大。

1. 消防通道

单元内消防通道的设置需符合下列规定：

（1）单元内设贯通式道路，道路有不少于 2 个出入口，且 2 个出入口宜位于不同方向。当单元外两侧消防道路间距不大于 120m 时，单元内可不设贯通式道路。单元内的不贯通式道路需设回车场地；

（2）道路的路面宽度不小于 6m，管架与路面边缘净距不小于 1m，路面内缘转弯半径不宜小于 6m，路面上的净空高度不小于 5m。对于大型装置，道路路面宽度、净空高度及路面内缘转弯半径，可根据需要适当增加。

2. 检修通道

检修通道需满足检修机具对道路的宽度、转弯半径和承受荷载的要求，并能通向设备检修的吊装孔。

3. 操作通道

操作通道需根据生产操作、巡回检查、小型检修等频繁程度和操作点的分布设置。

4. 设备构架或平台安全疏散通道

设备的构架或平台的安全疏散通道，需符合下列规定：

（1）可燃气体、可燃液体设备的联合平台或设备的构架平台需设置不少于 2 个通往地面的梯子，作为安全疏散通道。但在下列情况可设 1 个通往地面的梯子。

① 甲类气体或甲、乙 A 类液体设备构架平台的长度小于或等于 8m。

② 甲类气体或甲、乙 A 类液体设备联合平台的长度小于或等于 15m。

（2）相邻的构架、平台宜用走桥连通，与相邻平台连通的走桥可作为 1 个安全疏散通道；

（3）相邻安全疏散通道之间的距离不大于 50m，且平台上任一点距疏散口的距离不宜大于 25m。

（六）接收站中主要设施的布置

1. 码头区

码头区一般由码头工作平台和栈桥两部分组成，码头工作平台的大小需要根据布置在上面的卸船臂数量、操作平台大小、消防炮的布置、登船梯的大小和布置、泡沫及干粉等设施的布置、氮气吹扫罐的布置(如果有)、码头 LNG 集液池的布置、控制室的大小和布置，以及以上各种设施之间的安全间距等因素综合确定。

1) 操作平台

由于 LNG 密度小，LNG 船舶的尺度大、干舷较高，需要在码头工作平台上设置有一定高度的操作平台，包含阀门的管段局部布置在操作平台上，没有阀门的管段可布置在操作平台下，操作人员主要在操作平台上进行作业。操作平台的平面布置和高度可结合设计船型管汇(卸船臂出口接管)的位置、装船臂仪电操控系统和动力系统的布置、检修通道需要、操作平台下管道布置及平台下设备布置所需的净空来确定，操作平台距码头工作平台的高度一般为5.5~7.5m。码头操作平台与码头平台前沿的间距由LNG船在当地最大潮差和波浪变动范围内安全作业要求计算确定，必须保障平台结构和上面所有设施在LNG船发生任何方向和高度偏移时不会与船体有任何碰撞。

2）卸船臂

卸船臂的布置由卸船臂本身的结构、臂转动范围和LNG运输船的漂移范围综合决定。在复位状态时，相邻液体卸船臂的最小净距应大于600mm；在作业状态时，卸船臂的任何部位与码头平台上的建构筑物、设备、管道等最小间距需大于300mm。

3）登船梯

由于LNG船舶尺度大、干舷较高，使用舷梯较危险，为保证船、码头之间人员方便、安全上下，设置登船梯是必要的。登船梯一般布置在码头工作平台一侧靠近码头前沿的位置。

4）栈桥

栈桥的长度主要取决于码头的位置和栈桥接陆点的选择，栈桥较长时，沿途管道需设置一定数量的膨胀弯。出于安全距离的考虑，除码头控制室外，码头附属设施如配电间、雨淋阀室、工具可布置在栈桥膨胀弯内。

栈桥宽度应考虑管廊的宽度，检修车辆的通道一般不宜小于15m，并在栈桥尽端考虑车辆调头问题，栈桥还需要考虑消防车的通行和荷载。

5）伸缩缝

整个码头工作平台的面积很大，很难完成整体浇注，因此整个平台常由几块结构组成，每块之间保留一定的伸缩缝。码头上的设备、结构柱脚都不能放置在伸缩缝上。如果不同的平台之间的沉降量不同，则还需要考虑这些不同的沉降量给设备、平台、管道带来的影响。

栈桥也是由一系列的墩台组成，墩台之间也存在伸缩缝，因此管墩(架)布置时，在满足管道跨距的基础上应错开所有伸缩缝。

6）集液池

码头操作区在可能出现LNG泄漏的地点(如卸船臂出口法兰、法兰连接阀门等)应设置收集系统，收集系统由积液盘、收集汇管或导液沟、集液池组成。

7）主要设施安全间距

码头区主要设施之间的安全间距由下列因素决定：

(1)码头与人口密集的区域保持必要的安全距离，安全距离由安全评价确定。

(2)满足相关规范中防火间距的要求。

(3)集液池发生池火对周围设施的辐射热强度应满足相应规范要求。

(4)对码头控制室等关键建筑物可能承受的爆炸超压值和持续时间进行模拟计算和评估，以此进一步优化关键建筑物的布置，明确其抗爆设计要求。

码头主要设施间的防火间距见表10-3。

表 10-3　码头主要设施防火间距

项　目	防火间距/m	引自规范
码头相邻卸船臂净距	0.6	GB 51156—2015《液化天然气接收站工程设计规范》第 8.1.2 条
装卸管道紧急切断阀与码头前沿距离	20	GB 51156—2015《液化天然气接收站工程设计规范》第 5.2.3 条
卸船臂与码头事故集液池距离	15	GB 20368—2021《液化天然气（LNG）生产、储存和装运》第 5.6.3 条
卸船臂与码头控制室、机柜间、变配电所、化验室距离	15	GB 20368—2021《液化天然气（LNG）生产、储存和装运》第 5.6.3 条
码头控制室、机柜间、变配电所、化验室与码头事故集液池距离	15	GB 20368—2021《液化天然气（LNG）生产、储存和装运》第 5.8.3 条

8）码头区平面布置示例

如图 10-3 所示为某接收站码头区平面布置图，图 10-4 所示为某接收站码头工作平台布置图。

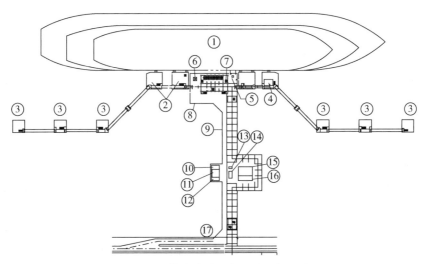

图 10-3　某接收站码头区平面布置图

①—LNG 码头；②—系靠船墩；③—系缆船墩；④—集液池；⑤—泡沫撬块；⑥—登船梯；⑦—干粉罐；⑧—码头工作平台；⑨—栈桥；⑩—UPS 室；⑪—控制室；⑫—工具间；⑬—采样小屋；⑭—分析小屋；⑮—配电室；⑯—雨淋阀室；⑰—接岸处

图 10-4　某接收站码头工作平台布置图

2. 液化天然气储罐区

LNG 储罐区需要根据其储罐数量和接收站场地地形来进行布置，尽量将 LNG 储罐布置到地基条件较好的位置上，以降低储罐桩基的投资。罐区常见的布置方式有一字形、L 字形、田字形等。田字形罐区内配套的管廊会出现交叉，需要规划好各向管廊的位置及标高；相比之下，一字形和 L 字形罐区配套管廊的布置就相对简单。在满足管道柔性的前提下应使 LNG 管道的长度尽量短，弯头尽量少，且应减少"液袋"，管道低点无法避免时应设置合理的排凝措施。

储罐周围设有环形道路，满足施工、检修和消防车辆通行的要求。设有举高喷射消防车的接收站，通常在储罐罐顶平台附近的消防车道设置不小于 20m×10m 的消防救援场地。

出于安全考虑，LNG 储罐所有的管道接口均布置在罐顶，在罐内低压泵、阀门、仪表集中的区域设有操作平台。储罐除设置一个供操作人员正常上、下的折转梯外，在其对应方向上还应设置逃生梯。操作平台与逃生梯之间设有安全通道，操作平台和安全通道上均设有水幕保护。为方便罐内低压泵的检修，罐顶还需要考虑设置固定吊装装置，通常采用挺杆起重机或钢结构框架两种形式。如图 10-5 所示是某接收站 LNG 储罐罐顶平面布置图。

罐区的布置还需充分考虑预留发展用地，罐区内管廊的走向及布置不仅要满足前期工程的需求，还需要为后续扩建工程可能增设的管道预留出位置

图 10-5 LNG 储罐罐顶布置图

及接口，扩建区域的管廊走向、主要配管方案也应和前期工程一同规划好。

和码头区一样，LNG 罐区也需要设置泄漏收集系统。集液池距 LNG 储罐的间距不小于 15m，且集液池发生池火对储罐及周围设施的辐射热强度应满足相应规范要求。

3. 工艺处理区

工艺处理设施单元是 LNG 接收站中最主要的生产单元之一。工艺处理设施单元中主要有外输高压泵、带中间介质气化器、浸没燃烧式气化器和 BOG 压缩机等设备。在进行设备平面布置设计时，需按工艺流程顺序和同类设备适当集中相结合的原则进行布置，将各类设备适当集中并根据工艺流程顺序布置在管廊两侧，并按不同功能进行区块化、模块化和标准化的方式进行设备平面布置设计。

1) LNG 外输高压泵的布置

外输高压泵一般采用露天布置，可根据需要进行架空布置或埋地布置，图 10-6 所示是外输高压泵架空布置形式，图 10-7 所示是外输高压泵埋地布置形式。

图 10-6 外输高压泵架空布置形式　　　　图 10-7 外输高压泵埋地布置形式

外输高压泵的布置需满足下列要求：

(1) 泵架空布置时，泵所在的混凝土构架平台上需考虑必要的穿洞以及埋件，以方便管

道、电缆等穿过平台以及方便对其进行必要的支撑。

（2）多台外输高压泵尽量成排布置，且按泵中心线对齐进行布置。

（3）泵区通道的净宽和净高需符合相关标准规范的规定，泵前操作通道的宽度不小于1m。

（4）泵的基础面高出地面一般不小于100mm；在泵吸入口前安装过滤器时，泵基础高度需满足过滤器滤芯的检修要求。

（5）泵的上方留出泵体安装和检修所需的空间，一般在其上方不布置其他设备。

（6）泵的布置需满足连接管道的柔性设计要求，并满足管道上阀门、仪表元件及其平台梯子的布置要求。

2）气化器的布置

在进行气化器布置时，尽量考虑将带中间介质气化器（IFV）与浸没燃烧式气化器（SCV）布置在装置一端的主管廊两侧，以使低温管道始终保持运行状态，而不会因季节不同投用不同的类型气化器而使管道末端出现盲区。气化器的布置需满足下列要求：

（1）气化器宜按工艺流程顺序布置在管廊附近；气化器的布置及防火间距需符合GB 50183—2004《石油天然气工程设计防火规范》的有关规定。

（2）气化器距站场围墙距离需大于30m；内置加热式气化器距拦蓄堤、集液池、工艺设备的距离大于15m；如果气化器热源介质是可燃介质，则气化器和其主要热源距任何火源至少15m，在多组气化器的情况下，邻近的气化器或主热源不视为火源。

（3）气化器可按一端基础中心线对齐，或按设备中心线对齐；多组气化器之间的净距不小于1.5m。

（4）SCV按明火设备考虑且尽量集中布置在装置的边缘并靠近消防通道，并位于可燃气体和甲类可燃液体设备的全年最小频率风向的下风侧，SCV与露天布置的甲A类设备的防火间距不小于22.5m。图10-8所示是SCV布置形式。

（5）IFV构架高度需能满足气化器的管箱和浮头的头盖吊装需要，并保证管道距离地面的净空高度不小于150mm，放净阀端部距离地面的净空高度不小于150mm。图10-9所示是IFV布置形式。

图10-8　SCV布置形式　　　　　　图10-9　IFV布置形式

3）BOG压缩机的布置

BOG压缩机尽量布置在敞开或半敞开式厂房内。压缩机及其附属设备的布置需满足制造厂的特殊安装要求，且布置在被抽吸的设备附近，其附属设备靠近机组布置。多级压缩机的各级气液分离罐靠近压缩机布置；高位油箱宜布置在压缩机厂房的构架上，并设置平台和直梯；润滑油和密封油系统靠近压缩机布置，并满足管道布置的要求和油冷却器的检修要求。

BOG压缩机的布置及其厂房的设计需符合下列要求：

（1）压缩机与其他设备、设施的间距，需符合GB 50183—2004《石油天然气工程设计防火规范》的有关规定；压缩机的上方不得布置可燃气体及可燃液体工艺设备，但自用的高位润滑油箱不受此限制。

（2）压缩机厂房的顶部需采取通风措施；除检修承重区外，压缩机厂房的楼板尽量采用透空钢格板；该透空钢格板的面积可不计入所在防火分区的建筑面积内。

（3）单层布置的压缩机，当基础较高时，需设置操作平台。

（4）压缩机的安装高度需根据其结构特点确定，进出口都在底部的压缩机的安装高度，需满足进出口管道距地面的净空要求以及与管廊上管道的连接高度要求，同时还需满足进口管道上过滤器的安装高度与尺寸的要求。

（5）往复式压缩机的安装高度除满足相关规范要求外，为了减少振动，安装高度需尽量低。

（6）布置在厂房内的压缩机，除考虑压缩机本身的占地要求外，尚需符合下列要求：

① 机组与厂房墙壁的净距需满足压缩机或驱动机的活塞、曲轴、转子等部件的检修要求，并不小于2m。

② 机组一侧需有检修时放置机组部件的场地，其大小需能放置机组最大部件并能进行检修作业，多台机组可考虑合用检修场地。

③ 双层布置的厂房需按机组的最大检修部件设置吊装孔和选用吊装设施。

④ 压缩机和驱动机的一次仪表盘，如制造厂无特殊要求，尽量布置在靠近驱动机的侧面或端部，仪表盘与驱动机之间需有检修通道。

⑤ 厂房需考虑机组最大检修部件的进出。

（7）压缩机的基础需与厂房结构的基础分开。

4）工艺处理设施防火间距

工艺处理设施中主要设备的防火间距见表10-4。

表10-4 工艺处理设施中主要设备的防火间距

项 目	防火间距/m	引自规范条款
浸没燃烧式气化器与场站围墙间距离	30	GB 50183—2004《石油天然气工程设计防火规范》第10.3.7条； GB 20368—2021《液化天然气（LNG）生产、储存和装运》第5.4.1条； SY/T 6711—2014《液化天然气接收站技术规范》第5.2.15条
浸没燃烧式气化器与拦蓄堤、集液池之间净距	15	GB 50183—2004《石油天然气工程设计防火规范》第10.3.7条； GB20368—2021《液化天然气（LNG）生产、储存和装运》第5.4.4条； SY/T 6711—2014《液化天然气接收站技术规范》第5.2.15条

项　目	防火间距/m	引自规范条款
浸没燃烧式气化器与其一次热源之间净距	15	GB 20368—2021《液化天然气（LNG）生产、储存和装运》第5.4.3条； SY/T 6711—2014《液化天然气接收站技术规范》第5.2.14条
浸没燃烧式气化器与甲A类工艺设备之间净距	22.5	GB 50183—2004《石油天然气工程设计防火规范》第5.2.2条中表5.2.2-2
浸没燃烧式气化器与浸没燃烧式气化器之间净距	1.5	GB 20368—2021《液化天然气（LNG）生产、储存和装运》第5.4.2条； SY/T 6711—2014《液化天然气接收站技术规范》第5.2.16条
带中间介质的气化器与装置红线间距离	30	GB 50183—2004《石油天然气工程设计防火规范》第10.3.7条； GB 20368—2021《液化天然气（LNG）生产、储存和装运》第5.4.1条
带中间介质的气化器与带中间介质的气化器之间净距	1.5	GB 20368—2021《液化天然气（LNG）生产、储存和装运》第5.4.2条； SY/T 6711—2014《液化天然气接收站技术规范》第5.2.16条
BOG压缩机与甲A类工艺设备之间净距	9	GB 50183—2004《石油天然气工程设计防火规范》第5.2.2条中表5.2.2-2
LNG、可燃气体设备与建筑红线间距离	30	GB 20368—2021《液化天然气（LNG）生产、储存和装运》第5.4.1条
集液池与建筑物、构筑物、工艺设备间距离	15	GB 20368—2021《液化天然气（LNG）生产、储存和装运》第5.5.1条；另外，具体安全距离需由安全专业计算后提供。
浸没燃烧式气化器与其进出口管线上的切断阀之间距离	15	GB 20368—2021《液化天然气（LNG）生产、储存和装运》第5.4.7条和第6.3.8条； GB 51156—2015《液化天然气接收站工程设计规范》第5.6.5条； SY/T 6711—2014《液化天然气接收站技术规范》第8.3.5条
带中间介质的气化器与其进出口管线上的切断阀之间距离	15	GB 20368—2021《液化天然气（LNG）生产、储存和装运》第5.4.8条和第6.3.11条； GB 51156—2015《液化天然气接收站工程设计规范》第5.6.5条； SY/T 6711—2014《液化天然气接收站技术规范》第8.3.5条

4. 外输计量区

外输计量区主要包括计量设施和清管器等设备。

在布置计量设施时，需考虑各路计量设施上阀门和管道的支撑以及各路计量设施之间的操作通道设置；同时需考虑计量设施中流量计的拆卸和检修空间。

在布置清管器时，需考虑收发球筒上的快开盲板正对面的安全间距问题，在没有设置防爆墙的情况下，快开盲板不能正对间距小于或等于60m的重要建筑物。

5. 汽车装车区

1）装车区布置

LNG汽车装车区一般独立成区，周围设置围墙或围栏，以使槽车无需进入接收站内生产区就能直接到达汽车装车区，有利于整个接收站的人员和安全管理。其出入口可根据装车站规模、场地情况来确定，推荐设两个出入口，使槽车按规定线路行驶，降低事故的发生率。

汽车衡位于汽车行驶方向的右侧，如装车量较大时，进出口可分别设置汽车衡，进出车端的平坡直线段长度不小于一辆车长。

装车车位采用通过式，当受到场地条件限制时，亦可采用旁靠式。

LNG 汽车装车主要有单侧装车和双侧装车两种形式，大多数 LNG 槽车的充装口位于槽车尾部。单侧装车是指每个装车岛一侧安装装车撬，槽车均靠近装车撬一侧装车，平面布置如图 10-10 所示。双侧装车指在装车岛前后安装装车撬，槽车可位于装车岛的两侧装车，平面布置如图 10-11 所示。

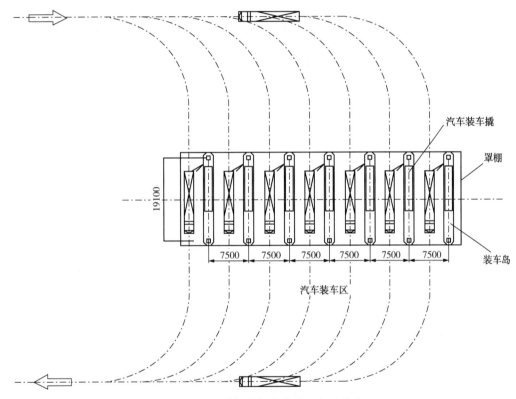

图 10-10 单侧尾部装车平面布置形式

目前 LNG 汽车装车设施大多采用一体化撬装结构，即将一对液相和气相鹤管、流量计、装车流量控制阀、静电报警控制器、压力变送器、紧急切断阀、相关管道和批量控制器等集成在一个钢制框架内，在工厂内实现工厂化预制、集成组装和测试，从而加快项目建设进程。原来只有单撬单臂产品，近几年还出现了单撬双臂产品，两者相比，单撬双臂可以节省部分管线和占地，减少罩棚面积及装车岛长度，但需要加大相邻装车岛的中心距，实际工程中可根据装车站具体用地情况加以选择。

2）装车区综合用房

LNG 汽车装车区内通常设有综合用房，综合用房包含警卫室、控制室、机柜间、配电间、UPS 室、办公室、维修间、卫生间等功能间。

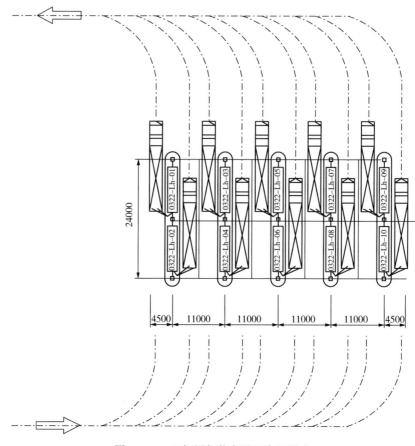

图 10-11　双侧尾部装车平面布置形式

装车站装车鹤位到控制室、办公室、维修间等人员集中场所的距离不小于 15m，同时对装车站综合用房等关键建筑物可能承受的爆炸超压值和持续时间需要进行模拟计算和评估，以此进一步优化关键建筑物的布置，明确其抗爆设计要求。装车鹤位之间的距离不小于 4m。

3）其他设施

装车区域还设有导液沟和集液池。地面坡向导液沟，以保证装车过程中一旦出现 LNG泄漏的情况，可使其迅速通过导液沟自流进入集液池进行收集，当低温探测器探测到集液池内有泄漏的 LNG 后，即联锁向集液池内喷射高倍数泡沫，以减缓 LNG 气化速度。导液沟的坡度通常不小于 3%，集液池的容量扣除消防泡沫的容量后至少不小于最大一辆槽车的充装量。集液池与装车鹤位的距离不小于 15m，且集液池发生池火时对周围设施的辐射热强度需满足相应规范要求。

第二节　管道设计原则及要求

管道设计一般包括管道材料选择、管道布置设计和管道应力分析设计三部分内容，这三部分内容既相对独立又密切关联，本节将从 LNG 接收站工程设计方面，对上述三部分内容做简要概述。

一、管道材料选择

（一）管道材料选择的原则

（1）管道材料的选用需符合 TSG D0001—2009《压力管道安全技术监察规程——工业管道》的要求。

（2）国内管道材料按 GB/T 20801.1~6—2020《压力管道规范 工业管道》、SH/T 3059—2012《石油化工管道设计器材选用规范》等标准规范进行设计和选用，国外管道材料按 ASME B31.3—2016《工艺管道》、ASME B31.1—2016《动力管道》等标准规范进行设计和选用。

（3）按照 GB/T 20801.1~6—2020《压力管道规范 工业管道》、SH/T 3059—2012《石油化工管道设计器材选用规范》等标准规范进行设计和选用的管道组成件，需满足现行国家、行业标准的相关要求。按照 ASME B31.3—2016《工艺管道》、ASME B31.1—2016《动力管道》等标准规范进行设计和选用的管道组成件，需满足 ASTM、ASME、API、MSS 等标准的相应要求。

（4）当采用未形成国家标准、行业标准及国外标准的新材料时，研制生产单位应当提供试验验证资料和第三方检测报告等技术资料，向国家相关行政管理部门申报，由国家相关行政管理部门委托安全技术咨询机构或者相关专业机构进行技术评审，方可投入生产、使用，并需取得业主的确认和批准。

（二）管道材料选择的一般要求

（1）管道材料需根据管道的设计条件（如管道级别、设计温度、设计压力和介质特殊要求等），以及材料的耐腐蚀性能、加工工艺性能、焊接性能和经济合理性等进行选用，并需满足使用条件下材料韧度的要求。

（2）输送 LNG 的压力管道需采用优质钢制造；输送可燃介质的管道不得采用沸腾钢和低熔点金属进行制造。

（3）含碳量大于 0.30% 的材料，不宜用于有缝管子及焊制管件。

（4）设计温度低于或等于 -20℃ 的低温管道用钢材，除含碳量小于和等于 0.10%，且符合标准的铬镍奥氏体不锈钢在材料使用温度不低于 -196℃ 时不做低温冲击试验外，其余钢材均需做夏比（V 形缺口）低温冲击试验。试验要求需符合 GB/T 20801.1~6—2020《压力管道规范 工业管道》的规定。ASTM 材料的低温管道设计需符合 ASME B31.3—2016《工艺管道》中的相关规定。

（5）低温管道组成件不使用脆性金属材料。低温不锈钢管道组成件宜选用双证奥氏体不锈钢材料，经固溶处理并酸洗后交货。

（6）需根据工艺物料的特性和工艺要求确定管道连接形式：

① 除安装、维护、检修必须拆卸外，管道需采用焊接连接。

② LNG 管道需尽可能采用对焊连接，且不允许采用承插焊连接，尽量减少法兰连接，不采用螺纹连接。

③ 润滑油管道、干气密封管道需采用对焊连接或法兰连接。

④ 由于振动、压力脉动及温度变化等可能产生交变荷载的部位，不采用螺纹连接。

（7）管子的选用要求如下：

① 管子公称直径，按 SH/T 3405—2017《石油化工钢管尺寸系列》进行选用，不推荐使用公称直径为 DN65、DN125、DN550 等的管子。

② 国内材料的管子壁厚需按照 SH/T 3059—2012《石油化工管道设计器材选用规范》计算；国外材料的管子壁厚需按照 ASME B31.3—2016《工艺管道》或 ASME B31.1—2016《动力管道》计算。

③ 当选用国内材料时，管子的外径和壁厚需执行 SH/T 3405—2017《石油化工钢管尺寸系列》标准。但对于清管系统发球筒出口管道，由于与长输管道执行标准不同，管道壁厚不一致，为满足清管球通过要求，该管道内径需与长输管道内径一致，需按控制内径的要求来考虑。

④ 当选用国外材料时，对于碳钢和低合金钢管子，其外径和壁厚需执行 ASME B36.10M—2018《焊接和无缝轧制钢管》标准。对于奥氏体不锈钢、非铁素体金属材料的管子，其外径和壁厚需执行 ASME B36.19M—2018《不锈钢管》标准。当管子的外径和壁厚范围超出 ASME B36.19M—2018《不锈钢管》标准，则执行 ASME B36.10M—2018《焊接和无缝轧制钢管》标准。

⑤ 输送可燃介质或压力温度参数较高或承受机械振动、压力脉动及温度剧烈变化的管道，选用无缝钢管。

⑥ 焊接管子的焊缝采用电熔焊工艺，且为直缝焊，焊缝系数取 1.0。公称直径大于 DN100 的焊接管子的焊缝需按照 GB/T 3323.1~2—2019《焊缝无损检测 射线检测》的规定进行 100% 的射线检测，验收等级为 Ⅱ 级合格。

⑦ 公称直径大于等于 DN600 的管子，其最小壁厚不小于 6mm。

（8）管件的选用要求如下：

① 弯头、三通、异径管、管帽等管件的材质、压力等级或壁厚规格需与所连接管子一致或相当。

② 弯头选用 R = 1.5DN 的长半径弯头；当采用短半径弯头时，其最高工作压力不超过同规格长半径弯头的 0.8 倍。

③ 公称直径小于或等于 DN50(NPS2) 的镀锌管道采用镀锌螺纹管件。

④ 焊接管件的焊缝采用电熔焊工艺，且为直缝焊，焊缝系数宜取 1.0。公称直径大于 DN100 的焊接管件的焊缝需按照 GB/T 3323.1~2—2019《焊缝无损检测 射线检测》的规定进行 100% 的射线检测，验收等级为 Ⅱ 级合格。

⑤ 公称直径大于等于 DN600 的管件，最小壁厚不小于 6mm。

（9）法兰的选用要求如下：

① 可燃介质管道不采用板式平焊法兰。

② 烃类介质和剧烈循环工况下的管道，需选用对焊法兰，不能选用活套法兰。

③ 法兰的材质需与所连接管子的材质一致或相当。对焊法兰焊接端外径和壁厚需与相连接的管子外径和壁厚一致。

④ 突面法兰密封面(RF)粗糙度 Ra 为 3.2~6.3μm，环槽面法兰环封面(RJ)粗糙度 Ra 为 0.4~1.6μm。

⑤ 压力等级 PN110(Class 600) 及以下的管道法兰密封面采用突面(RF)，PN150(Class

900)及以上的管道法兰密封面采用环槽面(RJ)。

⑥ 管道法兰的密封面需与其相接的阀门或设备管口法兰的密封面相匹配。

⑦ 法兰温压曲线执行 HG/T 20615—2009《钢制管法兰(Class 系列)》或 ASME B16.5—2017《管法兰和法兰管件(NPS1/2 至 NPS24 公制/英制标准)》等标准。

⑧ LNG 管道上公称直径大于 $DN600$ 的法兰,选用 ASMEB16.47—2017《大直径钢法兰(NPS 26 至 NPS 60 公制/英制标准)》B 系列法兰。

⑨ LNG 管道上的法兰采用锻件,且不能进行焊补。

(10)垫片的选用要求如下:

① 柔性石墨复合垫片和金属波纹柔性石墨复合垫片以及齿形复合垫片的芯板采用奥氏体不锈钢。

② 低温管道上突面法兰的缠绕垫片,需带有内外定位环,且内、外定位环不能拼接。

③ 碳钢管道缠绕垫片的金属缠绕带及内环材料采用奥氏体不锈钢。

④ 低温介质管道,缠绕垫片的内外定位环材料采用奥氏体不锈钢。

⑤ 不能使用石棉垫片或含有石棉的垫片;

⑥ 金属环垫采用锻件或无缝管材,不能焊接和补焊。

⑦ 用于盐雾腐蚀环境的垫片,其使用的金属材料需提供耐盐雾试验报告。

(11)紧固件的选用要求如下:

① 紧固件需符合 HG/T 20634—2009《钢制管法兰用紧固件(Class 系列)》的规定。

② 低温介质管道的合金钢紧固件的材料需进行低温冲击试验。

③ 压力等级大于或等于 PN110(Class 600)的不锈钢紧固件需进行固溶或硬化处理。

④ 螺栓选用全螺纹螺柱,并带有两个螺母,螺母选用Ⅱ型($m=1.0d$)六角螺母。

(12)低温管道上的盲板采用分体式盲板和垫环。

(13)阀门的选用要求如下:

① LNG 管道上的阀门,其主体材质选用奥氏体不锈钢,阀门内件材质需满足低温韧性要求。阀门铸件需符合 JB/T 7248—2008《阀门用低温钢铸件技术条件》的规定;铸件的外观质量需符合 JB/T 7927—2014《阀门铸钢件外观质量要求》的规定。

② LNG 管道上的阀门,其阀体和阀瓣堆焊硬质合金后需进行深冷处理。堆焊硬质合金需符合 JB/T 6438—2011《阀门密封面等离子弧堆焊技术要求》的规定;锻件材料缺陷不能进行补焊处理。

③ LNG 管道上的阀门,其压力-温度额定值需符合 GB/T 12224—2015《钢制阀门一般要求》的规定,其最小壁厚需符合 GB/T 26640—2011《阀门壳体最小壁厚尺寸要求规范》的规定。

④ LNG 管道上使用的阀门采用整体式阀体。上装式阀门的结构需满足在线维修的要求,不能采用带螺纹阀盖。

⑤ LNG 管道上使用软密封阀门时,选用具有防(耐)火、防静电型结构的阀门,其密封件的压力、温度参数需符合设计条件的要求。软密封阀门需按照 API 607—2016《转 1/4 周阀门和非金属阀座阀门的耐火试验》或 API 6FA—2018《阀门防火试验标准》的要求进行防火设计和认证。

⑥ 低温介质管道上的阀门(除止回阀外)采用延长阀盖设计,延长阀盖通过浇铸或预制

成型，其所有焊接部位需进行100%射线检测。阀门的长颈阀盖处需设置有滴水盘，滴水盘直径需足以遮挡住冷凝物落入保冷层中。

⑦ LNG 管道上阀门及阀门上的操作系统，需在结冰的情况下仍可操作。

⑧ LNG 管道上阀门阀腔内有可能集聚气体，需设置腔内泄压设施，泄压方向需满足工艺要求。闸阀需在其关闭时的高压侧开一个泄压孔，球阀在其关闭时的高压侧需有泄压结构或泄压孔。

⑨ 低温阀门需在阀杆竖直向上或偏离竖直向上方向±45°内安装时，阀门都能够正常操作，不存在泄漏或滞塞的危险。

⑩ 对焊阀门两端均需装配有袖管。

⑪ 阀门内件材料的耐腐蚀性能需不低于阀体材质，并具有与阀体匹配的机械性能；填料和密封材料需适合所接触的流体介质，并满足其最高和最低设计温度要求。

⑫ 低温球阀为全通径、固定球、顶装式、中腔自泄压阀座，一个双向密封和一个单向密封阀座(DIB-2型)、低泄漏填料密封、整体延长阀盖设计，球阀的阀芯和阀座可在线维护。

⑬ 蝶阀为侧顶装式，采用扭矩密封的三偏心结构、双向密封、整体延长阀盖、低泄漏填料密封设计。

⑭ 清管系统发球筒出口管道上的球阀选用全通径球阀，以满足清管球通过要求，阀门内径与长输管道内径一致。

二、管道布置设计

(一) 管道布置设计的原则

(1) 管道布置设计需符合 TSG D0001—2009《压力管道安全技术监察规程——工业管道》的要求。

(2) 管道布置设计需符合 GB 50183—2004《石油天然气工程设计防火规范》、GB 51156—2015《液化天然气接收站工程设计规范》、GB/T 51257—2017《液化天然气低温管道设计规范》、GB/T 20368—2021《液化天然气(LNG)生产、储存和装运》、GB/T 20801.1~6—2020《压力管道规范 工业管道》和 SH 3012—2011《石油化工金属管道布置设计规范》等标准规范。

(3) 管道的抗震设计需符合 SH/T 3039—2018《石油化工非埋地管道抗震设计规范》的有关规定。

(4) 管道布置设计需符合工艺、管道及仪表流程图(包括 P&ID 和 U&ID)的要求。

(5) 管道布置需统筹规划，做到安全可靠、经济合理、整齐美观，满足施工、操作和检修等方面的要求。

(6) 对于需要分期施工的工程，管道的布置设计需应统一规划，做到施工、生产、检修互不影响。

(7) 管道布置根据介质特性需采取相应安全措施。

(二) 管道布置设计的一般要求

(1) 管道布置需满足管道柔性设计要求及设备、机泵管口允许的作用力和力矩要求，且使管道短、弯头数量少。

（2）永久性的地上、地下管道不得穿越或跨越与其无关的单元或储罐组；在跨越罐区的可燃气体和可燃液体的管道上不能设置阀门及易发生泄漏的管道附件；可燃气体和可燃液体的管道不得穿过与其无关的建筑物。

（3）站内管道不能沿道路敷设在路面下或路肩上下。站内管道尽量地上敷设，与站内的单元、道路、建筑物、构筑物等协调；沿地面或架空敷设的管道不能环绕工艺单元或储罐组布置，且需减少与道路的交叉，不能妨碍消防车的通行。

（4）进出单元的管道方位与敷设方式需做到内外协调。

（5）管道尽量集中成排布置；地上敷设的管道需布置在管廊或管墩上。沿地面敷设的管道，穿越人行通道时，需设置跨越桥。如确有需要，可埋地或敷设在管沟内。在管廊或管墩上布置管道时，尽量使管廊或管墩所受的垂直荷载、水平荷载均衡。

（6）管道布置不能妨碍设备、机泵及其内部构件的安装、检修。

（7）管道布置尽量做到"步步高"或"步步低"，减少"气袋"或"液袋"，减少管道布置死区。

（8）高压介质管道的布置需避免由于阀门及易发生泄漏的管道附件造成对人身和设备的危害。易发生泄漏部位不能布置在人行通道或机泵上方，否则需设安全防护。

（9）对于跨越、穿越站内道路的管道，在其跨越段或穿越段上不能设置阀门及易发生泄漏的管道附件。

（10）系统管道的敷设需有坡度，管道的坡度不小于 0.002，且尽量与地面坡度一致。管道变坡点设在管道的转弯处。

（11）重力流水平管道顺介质流向的坡度不小于 0.003。

（12）气体支管从主管的顶部连接，公称直径小于 $DN50$ 的水管道尽量从主管的顶部连接。

（13）输送低温介质、大直径管道的布置，需符合设备布置设计的要求。

（14）与转动机械设备连接管道的布置需满足柔性设计及设备管口允许的作用力和力矩要求，否则可采取改变管道走向、增强自然补偿能力、设置限位架、选用弹簧支吊架、选用金属波纹管补偿器（LNG 管道除外）等措施。

（15）往复式压缩机等出口易产生振动的管道的转弯处，采用曲率半径不小于 1.5 倍公称直径的弯头。振动管道上的分支管不能从弯矩大的部位引出。从有可能产生振动的管道上引出公称直径小于或等于 $DN40$ 的支管时，无论支管上有无阀门，连接处均需采取加强措施。

（16）管道布置尽量利用管道的自身形状实现自然补偿。

（17）管道布置和支承点设置需同时考虑。支承需可靠，不能发生管道与其支承件脱离、管道扭曲、下垂或立管不垂直等现象。

（18）管道穿过建筑物的楼板、屋顶或墙面时，设置套管，套管与管道间的空隙宜密封。套管的直径大于管道绝热层的外径，并不得影响管道的移动。管道上的焊缝不能布置在套管内，与套管端部的距离不小于 150mm。套管需高出楼板或屋顶面 50mm 以上。管道穿过屋顶时需设防雨罩。

（19）软管站根据需要设置，站内可包括净化空气和氮气，其服务半径的范围不大于 20m。

（20）管道除与阀门、仪表、设备等需要用法兰或螺纹连接者外，需采用焊接连接。但下列场合可采用法兰、螺纹或其他可拆卸连接：

① 检修、清洗或吹扫需拆卸的场合。

② 非金属管道。

③ 管道由两段异种材料组成且不宜用焊接连接者。

④ 公称直径小于 DN80 的镀锌管道。

⑤ 设置盲板(包括"8"字盲板、单盲板和单垫环)的位置。

（21）管道焊缝的设置要求如下：

① 除定型弯管外，管道对接焊口的中心与弯管起弯点的距离不小于管子外径，且不小于 100mm。

② 除定型管件外，管道上两条对接焊缝间的距离，不小于 3 倍管子的壁厚，需焊后热处理时，不小于 6 倍管子的壁厚，同时公称直径小于 DN150 的管道，焊缝间距不小于管子外径，且不小于 50mm；公称直径等于或大于 DN150 的管道，焊缝间距不小于 150mm。

（三）低温管道布置设计的补充要求

（1）LNG 管道尽量地上敷设。当采用管沟敷设时，需采取防止 LNG 在管沟内集聚和溢流的措施。

（2）在两端有可能关闭且因外界影响可能导致升压的 LNG 管道上，需采取安全措施。

（3）LNG 管道尽量利用管道自然形状达到自然补偿，如需采用 π 形补偿时，管道采用水平拐弯，避免出现低点或液袋，不允许使用膨胀节。

（4）LNG 管道尽可能采用焊接连接，减少法兰连接，阀门选用带袖管的焊接阀门。采用焊接连接时，LNG 管道只允许采用对焊连接，不允许采用承插焊连接。

（5）LNG 管道的允许跨距小于一般钢制管道的允许跨距。

（6）LNG 管道上的阀门需安装在水平管道上，阀杆方向竖直向上或在与竖直方向成 45°的范围内，以保证低温介质不冻坏阀杆填料函，保证阀杆密封。

（7）LNG 不能就地排放，严禁将 LNG 排入封闭的排水沟(管)内。

（8）低温介质管道需布置在管廊的下层，且不能布置在热介质管道的上方或与不保温的热介质管道相邻。

（9）低温介质管道间距需根据保冷后法兰、阀门、测量元件的厚度及管道的侧向位移确定。

（10）低温介质管道上的法兰尽量不与弯头或三通直接焊接，需留有一定长度的直管段，直管段的最小距离要求(焊缝、绝热层间的距离)如图 10-12 所示。

（11）沿立式设备敷设的低温介质管道与设备间的间距需根据管架的尺寸或净空确定，且净空不小于 250mm。

（12）LNG 接收站内就地排放的可燃气体排气筒或放空管的高度需符合 GB 50183—2004《石油天然气工程设计防火规范》的相关规定。

（13）低温介质管道上的排液和放空距管道或阀门的距离需根据保冷厚度确定，并满足阀门手轮的操作。

（14）低温介质管道上仪表嘴子的保冷层长度不小于管道保冷厚度的 4 倍。

（15）低温介质管道的分支需选用成型三通或加强管接头。

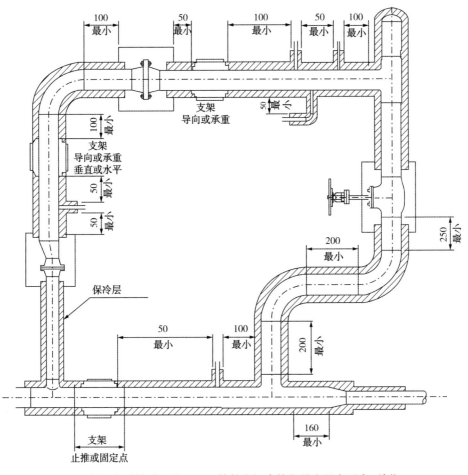

图 10-12 低温介质管道上的法兰、管件之间直管段最小距离要求(单位：mm)

（16）低温介质物料的采样需经过加热，取样口高度离操作人员站立面尽量不超过 1.3m。

（17）管墩或管廊上以及管沟内的低温介质管道及其附件的保冷层外侧与相邻管道的净距不小于200mm。低温介质管道及其附件的保冷层外侧距管廊或构架的立柱、建筑物墙壁及管沟内壁的净距不小于250mm。

（18）压力等级等于或高于 $PN110$（Class 600）的低温介质管道，其大气放空口需设置两道截断阀。

（19）低温介质管道水平布置时，尽量采用底平的偏心异径管。

（20）低温介质安全阀入口管道尽量设置一段无保冷的直管段。

（21）低温介质管道需采用保冷管托，且管托的长度需满足位移量要求。

（22）非保冷的低温介质管道，在操作人员可能接触的部位需设置防冻伤保护措施；低温介质管道与非低温介质管道的连接处需设置有切断阀，切断阀需靠近低温介质管道侧并采取保冷措施。

（四）典型设施（设备）的管道布置设计

1. 液化天然气装卸船管道

（1）复位状态时，相邻液体卸船臂的最小净距不小于0.6m；作业状态时，液体卸船臂的任何部位与码头建筑物、设备、管道等的最小净距不小于 0.3m。

（2）卸船臂管道的紧急切断阀距码头前沿的距离不小于 20m。紧急切断阀宜布置在栈桥根部陆域侧且在紧急情况时易于接近。

（3）装卸船码头和栈桥上的管道布置需满足车辆通行的要求，且不能沿主通道上方布置。管道尽量靠栈桥一侧布置；当管道较多时可分层布置，层间距不小于 2.0m；低温管道布置在下层，与地面的净距不小于 0.4m。

（4）装卸船码头平台上液化天然气管道的易泄漏部位需设置液体收集系统。

（5）装卸船码头逃生通道需设置水喷雾系统，操作平台前沿需设置水幕系统。

2. 液化天然气储罐管道

（1）进出储罐的管道集中布置在罐顶靠近边沿的同一区域内，且支撑在沿罐外壁设置的构架上。

（2）储罐顶部安全阀尽量布置在储罐进出管道相对侧的罐顶边沿区域。安全阀的出口管道直接排向大气时需位于安全的区域，其出口管道垂直向上且需设置防积水设施。

（3）储罐顶部罐内低压泵、管道及构架布置需与罐顶起吊设备的位置相协调，并留出泵体安装和检修所需的空间。

（4）沿储罐外壁敷设的低温介质管道与储罐间的间距需根据管架的尺寸或净空确定，且净空不小于 250mm。

（5）储罐顶平台上 LNG 管道易泄漏的部位需设置液体收集系统。

3. 液化天然气外输高压泵管道

（1）泵的进出口管道对管口的作用力和力矩需符合制造厂或 API Std 610—2010《石油、石化及天然气工业用离心泵》的要求。

（2）泵进口管道的压力降需满足工艺要求，且不能存在"气袋"。

（3）当进口管道有变径时，偏心异径管与泵的进口间尽量设置一段直管段。当管道从下向上进泵时，采用顶平安装；当管道从上向下进泵时，采用底平安装。泵出口管道上的异径管靠近泵的出口安装。

（4）泵进口管道上的过滤器周围需留有滤网抽出的空间。若在泵进口设置临时过滤器时，进口管道需设置一段带法兰的短管，并备有一个与临时过滤器同厚的垫环。

（5）泵进出口管道上的支架布置需满足泵检修时支承的要求，管道的布置需留出泵体安装和检修所需的空间；管道沿地面或平台敷设时，需设置操作通道。

（6）在泵进出口管道上的易泄漏部位和泵体管口部位需设置液体收集系统。

4. 气化器管道

（1）气化器的进出口管道尽量沿地面敷设，不要布置在气化器的正上方，并设置操作通道。

（2）气化器周围管道上的阀门、仪表和调节阀需靠近气化器的操作通道布置，操作通道宽度不小于 0.8m。

（3）加热气化器进出口管道上的切断阀距离气化器不小于 15m，气化器布置在建筑物内时，切断阀距该建筑物不小于 15m。

（4）气化器或加热气化器进口管道如需配备自动切断阀，自动切断阀的设置需符合 GB/T 20368—2021《液化天然气（LNG）生产、储存和装运》的相关规定。

（5）开架式气化器和中间介质气化器的进口管道需与出口管道、海水管道等统筹规划，协调布置。

（6）中间介质气化器的管道布置不能妨碍管箱端及封头端的拆卸，并在管束的抽出方向留出操作和检修的空间。

（7）多台气化器并排布置时，管道和阀门尽量按相同或对称方式布置。

5. 蒸发气体压缩机管道

（1）压缩机周围的管道布置不能影响压缩机的吊装及检修，并留有检修空间。

（2）压缩机进出口管道的布置在满足管道柔性及管口的作用力和力矩的条件下，尽量使得管道短、弯头数量少。

（3）压缩机进口管道上的过滤器设置在水平管道上。若设置临时过滤器，在进口管道上需设置一段可拆卸的短管，在此短管上不能设置仪表管口和分支管。

（4）往复式压缩机进出口管道需进行振动分析，使管道的固有频率避开管道的气柱固有频率及机器的激振频率。必要时可采取增设防振支架、扩大管道直径、增设脉动衰减器或孔板、合理设置缓冲器、避开共振管长、减少弯头数量等措施。

（5）往复式压缩机进口管道需有坡度，并坡向进口分液罐或进口集合管，管道尽量从集合管的顶部引出。压缩机各段间分液罐的管道需设坡度，并坡向分液罐。

（6）往复式压缩机进出口管道尽量沿地面敷设，并增加支架的刚度。

6. 外输计量区管道

（1）计量设施的阀门及其管道需予以支撑，各路计量设施之间需设置操作通道。

（2）计量设施的流量计需可拆卸检修，流量计采用法兰连接形式，其法兰密封面采用突面（RF）。

（3）收发球筒出口端及出口端管道内径需与长输管道内径一致。

7. 汽车装车区管道

（1）汽车装车区内 LNG 和蒸发气体（BOG）总管需设置紧急切断阀，紧急切断阀与装车臂距离不小于 10m，紧急切断阀在紧急情况下需易于接近。

（2）汽车装车区易泄漏部位需设置液体收集系统。

三、管道应力分析设计

（一）管道应力分析设计的原则

（1）管道应力分析设计需符合 TSG D0001—2009《压力管道安全技术监察规程——工业管道》的要求。

（2）管道应力分析设计需符合 GB 51156—2015《液化天然气接收站工程设计规范》、GB/T 51257—2017《液化天然气低温管道设计规范》、GB/T 20801.1~6—2020《压力管道规范 工业管道》和 SH/T 3041—2016《石油化工管道柔性设计规范》等标准规范。

（3）管道的抗震设计需符合国家现行标准 SH/T 3039—2018《石油化工非埋地管道抗震设计规范》的有关规定。

（4）管道应力设计需确保管道系统在各种工况下具有足够的柔性，不得因热胀冷缩、端点附加位移、管道支承设置不当等造成下列问题：

① 管道应力过大或金属疲劳引起管道破坏。

② 管道接头处泄漏。

③ 管道作用在设备上的荷载过大，使与其相连接的设备产生过大的应力或变形，影响设备正常运行。

④ 管道作用在支吊架上的荷载过大，引起管道支吊架破坏。

⑤ 管道位移量过大，引起支架发生非预期的脱落。

⑥ 机械振动、声学振动、流体锤、压力脉动、安全阀泄放等动荷载造成的管道振动和破坏。

（5）在管道柔性设计中，除需计算管道本身的热胀冷缩外，还需考虑下列管道端点的附加位移：

① 动设备和静设备热胀冷缩对连接管道施加的附加位移。

② 因海浪使栈桥摆动而施加给管道的附加位移。

③ 储罐等设备基础沉降对连接管道施加的附加位移。

④ 地震工况下，储罐与其相连管道相位不同产生的水平附加位移。

⑤ 支管不与主管一起分析时，主管对支管施加的附加位移。

（6）对于复杂的管道系统，可用固定点将其划分成几个形状较为简单的管系，再进行分析计算。

（7）确定管道固定点位置时，需使两固定点间的管道能够满足柔性要求。

（8）管道设计尽量利用改变管道走向增加柔性。当受条件限制时，可采用补偿器增加柔性。

（9）可燃介质管道不能采用填料函式补偿器。

（10）采用π形补偿器时，π形补偿器尽量设置在管道两固定点中部。

（11）采取冷紧措施可减小管道对设备、法兰以及固定架的作用力和力矩，但与转动机器连接的管道不能采用冷紧。管道采用冷紧时，冷紧有效系数宜取2/3。

（12）在管道柔性设计中，需考虑支架摩擦力的影响，摩擦系数需按表10-5的规定选取。

表10-5 不同接触面的摩擦系数

摩擦类型	接触面	摩擦系数
滑动摩擦	钢-混凝土	0.6
	钢-钢	0.3
	聚四氟乙烯-不锈钢	0.1
滚动摩擦	钢-钢	0.1

（13）当采用吊杆或弹簧吊架承受管道荷载时，可不考虑摩擦力的影响。

（14）往复式压缩机进出口管道除需进行柔性设计外，还需进行振动分析。

（15）管道柔性设计需考虑下列动荷载：

① 水力冲击、流体流速变化和柱塞流等情形产生的冲击力。

② 露天布置的管道受到的风荷载。

③ 地震荷载。

④ 流体排放产生的反作用力。

（16）管道应力分析需包括管道断面的底部与顶部之间存在的温度梯度因素。

（二）管道柔性设计的分析方法和范围

（1）管道柔性设计包括经验判断、简化分析方法和计算机分析方法。分析方法需根据管道所连接的设备类型、管道操作温度和公称直径等条件确定。

（2）下列管道采用计算机分析方法进行柔性设计：

① 卸船总管和气相返回总管。

② 火炬排放总管。

③ 有瞬态流荷载及两相流的管道。

④ 预期寿命内冷循环次数超过 7000 次的管道。

⑤ 进出气化器的低温工艺管道和海水管道等。

⑥ 进出 BOG 压缩机的低温工艺管道。

⑦ 设备管口有特殊受力要求的管道。

⑧ 利用简化分析方法分析后，需要进一步详细分析的管道。

⑨ 操作温度低于或等于−60℃的管道。

⑩ 操作温度低于−70℃且管道公称直径大于或等于 $DN150$ 的泵管道。

⑪ 操作温度等于或低于表 10-6 的不锈钢管道。

表 10-6　不锈钢管道应力分析范围

管道公称直径/mm	100	150	≥200
管道操作温度/℃	−140	−100	−70

（3）下列管道可不进行柔性计算：

① 与运行良好的管道柔性相同或基本相当的管道；

② 和已分析的管道比较，确认有足够柔性的管道。

（三）管道柔性设计的计算参数

（1）管道计算温度需根据工艺条件及下列规定确定：

① 对于无绝热层管道，介质温度低于65℃时，计算温度取介质温度；介质温度等于或高于65℃时，计算温度取介质温度的95%。

② 对于有绝热层管道，除另有计算或经验数据外，计算温度取介质温度。

③ 对于安全泄压管道，计算温度取排放时可能出现的最高或最低温度。

④ 进行管道柔性设计时，计算温度的选取需考虑正常操作温度，还需考虑开、停车等工况的温度。

（2）在计算管道的位移应力范围时，热管道需计算最高温度与最低环境温度之间的位移应力范围；冷管道需计算最低温度与最高环境温度之间的位移应力范围。

（3）管道计算压力取管道的设计压力。

（4）计算位移应力范围时，管道材料的弹性模量取安装温度下钢材的弹性模量。

（四）管道应力评定标准

（1）持续荷载作用下一次应力需符合下列规定：

① 管道组成件的壁厚包括补强符合相关要求时，由内压产生的应力是安全的。

② 管道组成件的壁厚及其刚度符合相关要求时，由外压产生的应力是安全的。

（2）管道系统由于压力、重力等持续荷载产生的应力之和，不能超过材料在对应循环工况最高金属温度下的许用应力。

（3）偶然荷载与持续荷载共同作用下一次应力的校核条件需符合下列规定：

① 管道在工作状态下，由内压和自重等持续荷载以及风或地震等偶然载荷所产生的纵向应力之和，当偶然荷载作用时间每次不超过 10h，且每年累计不超过 100h 时，可取材料许用应力的 1.33 倍；当偶然荷载作用时间每次不超过 50h，且每年累计不超过 500h 时，可取材料许用应力的 1.2 倍。

② 管道地震验算需符合 SH/T 3039—2018《石油化工非埋地管道抗震设计规范》的规定。

③ 风荷载和地震荷载不需同时考虑。

（4）管道由于热胀冷缩和其他位移受约束而产生的最大的计算位移应力范围不大于计算的允许位移应力范围。

（5）弯头、三通等连接处需考虑柔度系数和应力增强系数。

（6）剧烈循环工况的管道，当管道法兰连接承受较大附加外荷载时，需校核法兰的承载能力。

（7）容器、气化器和 LNG 外输泵的管口受力需满足相关专业或相关标准以及制造商规定的允许值，如计算结果确实满足不了相关允许值，则需相关专业或制造商确定。

（8）往复式压缩机管道需按照 API Std 618—2016《石油化工和天然气工业用往复式压缩机》的要求进行振动分析，管系固有频率需高于机器激振频率的 1.2 倍。

（五）管道支吊架的设计原则

（1）管道支吊架设计需符合 GB/T 51257—2017《液化天然气低温管道设计规范》、GB/T 20801.1～6—2020《压力管道规范 工业管道》、GB/T 17116.1～3—2018《管道支吊架》和 SH/T 3073—2016《石油化工管道支吊架设计规范》等标准规范。

（2）管道支吊架需能承受管道持续荷载、位移荷载和偶然荷载，并满足管道位移的要求；管道设计及其支吊架的设置不能出现以下情况：

① 管道应力超过允许的应力。

② 管道接头处泄漏。

③ 与管道连接的设备上出现过大的推力和力矩。

④ 支承件或约束件中出现过大的应力。

⑤ 管道系统发生共振。

⑥ 管道柔性不足。

⑦ 有坡度要求的管道过度下垂。

⑧ 引起支架发生非预期的脱落。

⑨ 支承件温度超过材料的允许温度。

（3）支吊架的结构件需有足够的强度和刚度，且简单。

（4）支架的间距要求如下：

① 支吊架的间距小于或等于管道的允许跨距。

② 管道上有阀门等集中荷载较大的管道组成件时，需核算支吊架间距。

③ 对有压力脉冲的管道，确定支架间距时，需核算管道固有频率，防止管道产生共振。

（5）管道支吊架的设置要求如下：

① 靠近设备管口设置支吊架。

② 直接与设备管口相接或靠近设备管口的公称直径等于或大于 $DN150$ 的水平安装阀门，在阀门附近的管道上设置支架。

③ 在靠近阀门等集中荷载处设置支吊架。

④ 在弯管和大直径三通分支的附近设置支吊架。

⑤ 在阀门、法兰、活接头等拆卸管件的附近设置支吊架。

⑥ 往复式压缩机的进出口管道以及其他有剧烈振动的管道单独设计支架，支架设置需防止管道产生共振。

⑦ 对于复杂管系，尤其是需要做详细应力计算的管系，需根据计算结果调整其支吊架的位置和型式。

⑧ 支吊架的设置不能妨碍管道与设备的安装和检修。

⑨ 支吊架的设置需使支管连接点的应力和法兰接头处所承受的荷载控制在允许范围内。

（6）水平敷设在支架上有绝热层的管道，需设置管托；垂直敷设的有绝热层的管道，在支架处需设置能保护绝热层的筋板或支耳等结构。

（7）下列管道的支吊架尽量不采用焊接型支吊架：

① 输送冷冻介质的管道。

② 需要进行焊后热处理的管道。

③ 不锈钢材质的管道。

④ 非金属管道。

⑤ 生产中需要经常拆卸检修的管道。

⑥ 不易焊接施工的管道和不宜与管托、管吊直接焊接的管道。

⑦ 管道压力等级大于等于 $PN150$（Class 900）的高压管道。

（8）支吊架设计时，优先选用标准的管卡、管托和管吊等支吊架。

（9）对管道位移有限制时，需选用导向支架或限位支架。

（10）可能产生振动的管道需有减振措施。

（11）安全阀出口放空管设置刚性支架。

（12）往复式压缩机进出口管道的支架基础需与建筑物的基础分开。

（13）对于执行机构较重的阀门，需根据需要对执行机构设置支架。

（14）管道支吊架需有防止冷桥产生的措施。

第三节　设备和管道保冷设计

对 LNG 管道及设备进行大规模工程化深冷绝热，是整个 LNG 接收站技术及工程中的关键技术之一，以防止管道及设备内超低温 LNG 的冷量向外扩散，以及周围环境的热量进入到管道及设备内部，保证天然气最终以液态的形式到达目的地；同时防止 LNG 因为温度升高到气化温度以上而导致重新气化、体积骤增而造成危险。绝热保冷的常用方式是采用保冷材料和保冷管支架。

一、保冷材料

(一) 保冷材料的选择原则

由于 LNG 设备和管道长期运行温度为-161℃及以下，其设备和管道深冷绝热材料必须具有如下特性：

（1）保冷材料的最低安全使用温度应低于正常操作时介质最低温度。

（2）具有较低的导热系数。

（3）吸水吸湿性小，水蒸气透湿系数低。

（4）阻燃性能好，烟密度小，无气味，对人体无害。

（5）在超低温和常温下达到一定的强度要求，抗冻性强，深冷条件下不开裂，低温线膨胀系数小。

工程选材应考虑保冷材料的经济性、重量轻、施工便利性等，保冷材料还应具备良好的现场切割或裁剪加工性能，施工便捷，减轻现场安装难度；同时减少保冷系统投产后的日常维护工作量，提高材料的再利用率。

(二) 常用保冷材料及性能参数

常见的深冷绝热材料有聚异氰脲酸酯泡沫（PIR）、泡沫玻璃（FG）、纳米气凝胶毡（SA）、柔性橡塑泡沫（LT+LTD）等，其性能参数见表 10-7。

表 10-7　常用保冷材料的性能参数

性能	PIR(聚异氰脲酸酯泡沫)	FG(泡沫玻璃)	SA(纳米气凝胶毡)	LT+LTD (柔性橡塑泡沫)
密度/(kg/m^3)	40~50	125±10%	200±10%	40~50
抗压强度(常温)/kPa	≥220	≥490	10%时，102kPa 20%时，183kPa	300(拉)
导热系数(常温)/[$W/(m·K)$]	≤0.02	≤0.045	≤0.020	≤0.033
体积吸水率/%	1.5	0.5	0.5	0.5
水蒸气透性/[$g/(m^2·h)$]	≤0.5	0	憎水率99.8%，按重量水蒸气吸附率2.25%	0
氯离子含量/(mg/L)	≤50	25	通过在奥氏体不锈钢保温测试	通过在奥氏体不锈钢保温测试
可燃性	火焰蔓延率<25	火焰扩张指数<5	火焰扩张指数<5	火焰蔓延率<25
燃烧等级	B1 级	A 级	A 级	B1
线性膨胀系数/[$10^{-6}m/(m·K)$]	55	9	13.1	较大

从表 10-7 可以看出，纳米气凝胶毡、聚异氰脲酸酯泡沫具有最佳的保温效果，导热系数最小；纳米气凝胶毡、泡沫玻璃阻燃性能好，都达到 A 级不燃性能要求，聚异氰脲酸酯泡沫和柔性橡塑泡沫阻燃等级为 B1 级；几种材料的力学性能、吸水率和氯离子含量都能满

足要求；尺寸稳定性方面，柔性橡塑泡沫材料的线性膨胀系数较大，尺寸稳定性较差。目前，LNG工程中常采用的保冷材料有硬质聚异氰脲酸酯泡沫、泡沫玻璃、纳米气凝胶毡等。

1. 聚异氰脲酸酯泡沫

聚异氰脲酸酯泡沫，简称三聚酯泡沫(PIR)，实物如图10-13所示。是由聚合异氰酸酯与聚酯多元醇为主原料，再加上催化剂、阻燃剂及发泡剂，经专门配方和在严格工艺条件下充分混合、反应、发泡生成的闭孔硬质泡沫聚合体。是聚氨酯发泡绝热材料(PUR)的改良产品。PIR系列产品具有重量轻、导热系数低、尺寸稳定性好、安全防火等优点，使用温度范围在-196~120℃，加工方便，可以模具发泡工厂切割也可以现场喷涂和裁切，满足大型设备、复杂管件或设备的保温需求。

图10-13　聚异氰脲酸酯泡沫实物图

2. 纳米气凝胶毡

纳米气凝胶毡(SA)是以二氧化硅气凝胶为主体材料，并复合于增强性纤维中，通过特殊工艺合成的柔性保温材料。因其纳米多孔结构，具有低导热系数、高比表面积(500~1000m²/g)等特点。首先，SA具有优异的隔热效果，隔热效果比传统隔热材料优越2~5倍，而且寿命更长；其次，SA绝对疏水和防火，防止水分进入毡体内部，防火性能达到A1不燃等级；再次，SA操作简单，质轻，容易裁剪、缝制以适应复杂、弯曲及其他特殊形状及表面，安装所需时间及人力更少；最后，SA为卷材，更少的包装体积及更轻的重量会大大降低物流成本，节省运输费用。SA防火及憎水性试验如图10-14所示。

图10-14　纳米气凝胶毡(SA)防火及憎水性试验

3. 泡沫玻璃

泡沫玻璃(FG)是一种以玻璃为主要原料，掺入适量发泡剂等辅料，通过窑炉高温焙烧和退火冷却后制得，具有均匀的独立密闭气孔结构的无机绝热材料。我国目前对于FG材料，建材行业执行JC/T 647《泡沫玻璃绝热制品》标准，石化、LNG行业多执行ASTM C552-

21a《Standard Specification for Celluar Glass Thermal Insulation》，后者对产品密度和导热系数要求更高。FG 材料充满封闭的玻璃薄膜气孔，具有吸水率小、水蒸气透湿系数极低、不燃烧、线膨胀系数小、安全、使用温度范围广等优点，其主要缺点是易脆、耐磨性差、导热系数稍高。泡沫玻璃耐火性试验如图 10-15 所示。

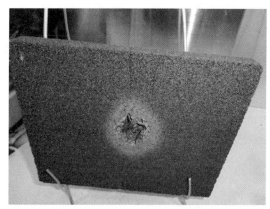

图 10-15　泡沫玻璃(FG)耐火性试验

4. 柔性橡塑泡沫

柔性橡塑泡沫主要由丁腈橡胶聚合物发泡(LT)和二烯烃泡沫(LTD)组成。LT 耐温范围 $-50 \sim 105℃$，LTD 耐温范围 $-196 \sim 120℃$；柔性橡塑泡沫密度为 $40 \sim 60 kg/m^3$，属轻质材料，管道荷载小；热导率在 0℃时为 0.033W/(m·K)；防火性能为难燃级(B 级)，弹性材料易于安装，即使复杂设备也可以轻松包覆，接缝很少，有利于隔汽绝热，施工效率高，但是 LTD 材料阻湿性差，LT 材料耐低温性差，低温下产品尺寸变化比硬质泡沫塑料大，材料的使用寿命较短。LT 和 LTD 材料实物如图 10-16 所示。

图 10-16　丁腈橡胶聚合物发泡(LT)和二烯烃泡沫(LTD)

二、保冷管支架

保冷管支架在保冷管道系统中起支撑和绝热作用。保冷管支架主要由三部分组成：保冷块、钢结构、附属结构。保冷块的主要作用是将荷载传递至钢结构上，同时隔断"冷桥"，减少冷能损失；钢结构的主要作用是将荷载传递到周围的钢结构，通过碟簧自紧控制管夹将管道抱紧防止脱开；附属结构包括金属保护层、防潮层、粘接剂、弹性密封条、螺柱、螺母、碟簧。保冷支架结构示意图如图 10-17 所示。

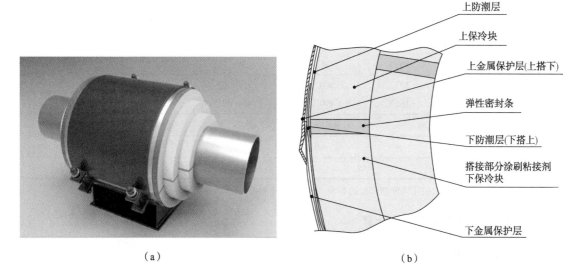

（a）　　　　　　　　　　　　　　　　（b）

图 10-17　保冷支架示意图

（一）保冷管支架类型

保冷管支架主要类型有：滑动保冷管支架、导向保冷管支架、轴向限位/固定保冷管支架、假腿型保冷管支架、垂直导向保冷管支架、吊架用保冷管支架、减振保冷管支架、设备支座保冷垫块。各类支架示意图见图 10-18（a）~（f）。

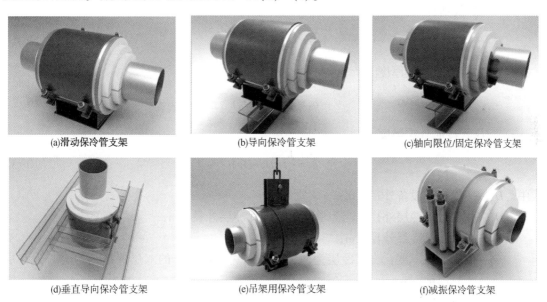

(a)滑动保冷管支架　　　　(b)导向保冷管支架　　　　(c)轴向限位/固定保冷管支架

(d)垂直导向保冷管支架　　　　(e)吊架用保冷管支架　　　　(f)减振保冷管支架

图 10-18　保冷管支架

（二）保冷块

保冷块采用高效隔冷材料高密度聚异氰脲酸酯和聚氨酯，即 HD-PIR 和 HD-PU，该隔冷材料封闭、多孔、高阻燃，具有高效隔冷的特点，同时，高密度聚氨酯具有较高的抗压强度，可承受管道系统载荷，在低温管道系统中起承重及支撑作用。保冷块性能指标要求见表 10-8。

表 10-8　保冷块性能指标要求

性能指标	测试温度	保冷块			设备垫块
密度/(kg/m³)	—	160	224	320	>500
抗压强度/MPa	20℃	≥2.5	≥4.0	≥7.5	≥20
	−165℃	≥3.5	≥6.5	≥11.5	≥25
导热系数/[W/(m·K)]	20℃	≤0.030	≤0.033	≤0.040	≤0.050
	−165℃	≤0.022	≤0.025	≤0.034	≤0.042
线性膨胀系数/(1/K)	—	≤62×10⁻⁶	≤62×10⁻⁶	≤62×10⁻⁶	≤62×10⁻⁶
闭孔率/%	—	>95	>95	>95	>95
氧指数	—	≥30			

注：保冷块的设计强度取抗压强度测试值的 1/5，有效承压角度按 ≤60° 考虑。

三、管道及设备保冷绝热计算

（一）保冷绝热计算

（1）保冷计算根据工艺要求确定保冷计算参数，当无特殊工艺要求时，保冷厚度采用最大允许冷损失计算单层绝热材料及双层绝热材料的保冷厚度，并用经济厚度校核。

（2）用经济厚度计算的保冷厚度需用防凝露厚度进行校核。

（二）保冷绝热厚度

1. 圆筒形保冷层厚度计算

1）单层保冷时厚度

$$\delta = \frac{K}{2}(D_1 - D_0) \tag{10-1}$$

2）双层保冷时内层厚度

$$\delta_1 = \frac{K}{2}(D_1 - D_0) \tag{10-2}$$

3）双层保冷时外层厚度

$$\delta_2 = \frac{K}{2}(D_2 - D_1) \tag{10-3}$$

式中　D_0——管道或设备外径，m；

D_1——内层保冷层外径，当为单层时，即保冷层外径，m；

D_2——外层保冷层外径，m；

δ——保冷层厚度，当保冷层为两种不同绝热材料组合的双层保冷结构时，为双层总厚度，m；

δ_1——内层保冷层厚度，m；

δ_2——外层保冷层厚度，m；

K——保冷厚度修正系数。

2. 经济厚度法计算保冷厚度

1）圆筒形保冷层经济厚度

计算中，保冷层外径 D_1 满足下式要求：

$$D_1 \ln \frac{D_1}{D_0} = 3.795 \times 10^{-3} \sqrt{\frac{P_E \lambda t |T_0 - T_a|}{P_T S}} - \frac{2\lambda}{\alpha_s} \qquad (10-4)$$

式中　P_E——能量价格，元/GJ；

　　　P_T——绝热结构单位造价，元/m³；

　　　α_s——保冷层外表面与周围空气的换热系数；

　　　t——年运行时间，h；

　　　T_0——管道或设备的外表面温度，℃；

　　　T_a——环境温度，℃；

　　　S——绝热工程投资年摊销率，在设计使用年限内按复利率计算，%。

2）平面形绝热层经济厚度计算

$$\delta = 1.8975 \times 10^{-3} \sqrt{\frac{P_E \lambda t |T_0 - T_a|}{P_T S}} - \frac{\lambda}{\alpha_s} \qquad (10-5)$$

3. 最大允许冷损失法计算保冷厚度

1）圆筒形单层最大允许冷损失下保冷层厚度

（1）最大允许冷损失量确定后，保冷层厚度计算中，应使其外径 D_1 满足下式要求：

$$D_1 \ln \frac{D_1}{D_0} = 2\lambda \left(\frac{T_0 - T_a}{[Q]} - \frac{1}{\alpha_s} \right) \qquad (10-6)$$

式中　$[Q]$——每平方米绝热层外表面积最大允许冷损失量，$[Q]$ 为负值，W/m²。

（2）当工艺要求允许冷损失量按照每米管道长度的冷损失量计算时，保冷层厚度计算中，应使外径 D_1 满足下式要求：

$$\ln \frac{D_1}{D_0} = \frac{2\pi\lambda(T_0 - T_a)}{[q]} - \frac{2\lambda}{D_1 \alpha_s} \qquad (10-7)$$

式中　$[q]$——每米管道长度最大允许冷损失量，$[q]$ 为负值，W/m。

2）圆筒形不同材料双层最大允许冷损失下保冷层厚度

（1）最大允许冷损失量按每平方米保冷层外表面积为单位确定后：

不同材料双层保冷层总厚度 δ 计算中，外层保冷层外径 D_2 满足下式要求：

$$D_2 \ln \frac{D_2}{D_0} = 2\left[\frac{\lambda_1(T_0 - T_1) + \lambda_2(T_1 - T_a)}{[Q]} - \frac{\lambda_2}{\alpha_s} \right] \qquad (10-8)$$

内层厚度 δ_1 计算中，应使内层保冷层外径 D_1 满足下式要求：

$$\ln \frac{D_1}{D_0} = \frac{2\lambda_1}{D_2} \times \frac{T_0 - T_1}{[Q]} \qquad (10-9)$$

式中　T_1——内层保冷层外表面温度，℃。

外层厚度 δ_2 应按式（10-3）计算。

（2）当工艺要求允许冷损失量按照每米管道长度的冷损失量计算时：

不同材料双层保冷层总厚度 δ 计算中，外层保冷外径 D_2 满足下式要求：

$$\ln \frac{D_2}{D_0} = \frac{2\pi[\lambda_1(T_0 - T_1) + \lambda_2(T_1 - T_a)]}{[q]} - \frac{2\lambda_2}{D_2 \alpha_s} \qquad (10-10)$$

内层厚度 δ_1 计算中，内层保冷层外径 D_1 满足下式要求：

$$\ln\frac{D_1}{D_0} = 2\pi\lambda_1 \times \frac{T_0 - T_1}{[q]} \tag{10-11}$$

外层厚度 δ_2 应按式 (10-3) 计算。

3）平面形单层最大允许冷损失下保冷层厚度

$$\delta = \lambda\left(\frac{T_0 - T_a}{[Q]} - \frac{1}{\alpha_s}\right) \tag{10-12}$$

4）平面形双层最大允许冷损失下保冷层厚度

（1）内层厚度 δ_1 按下式计算：

$$\delta_1 = \frac{\lambda_1(T_0 - T_1)}{[Q]} \tag{10-13}$$

（2）外层厚度 δ_2 按下式计算：

$$\delta_2 = \lambda_2\left(\frac{T_1 - T_a}{[Q]} - \frac{1}{\alpha_s}\right) \tag{10-14}$$

4. 防结露法计算保冷厚度

1）圆筒型单层绝热表面防结露法计算保冷层厚度

$$D_1\ln\frac{D_1}{D_0} = \frac{2\lambda}{\alpha_s} \times \frac{T_s - T_0}{T_a - T_s} \tag{10-15}$$

式中 T_s——保冷层外表面温度，℃。

2）圆筒形不同材料双层绝热表面防结露法计算保冷层厚度

（1）不同材料双层保冷层总厚度 δ 的计算中，外层保冷层外径 D_2 满足下式要求：

$$D_2\ln\frac{D_2}{D_0} = \frac{2}{\alpha_s} \times \frac{\lambda_1(T_1 - T_0) + \lambda_2(T_s - T_1)}{T_a - T_s} \tag{10-16}$$

（2）内层厚度 δ_1 的计算中，内层保冷层外径 D_1 满足下式要求：

$$\ln\frac{D_1}{D_0} = \frac{2\lambda_1}{D_2\alpha_s} \times \frac{T_1 - T_0}{T_a - T_s} \tag{10-17}$$

（3）外层厚度 δ_2 的计算中，内层保冷层外径 D_1 满足下式要求：

$$\ln\frac{D_2}{D_1} = \frac{2\lambda_2}{D_2\alpha_s} \times \frac{T_s - T_1}{T_a - T_s} \tag{10-18}$$

3）平面形单层绝热表面防结露法计算保冷厚度

$$\delta = \frac{K\lambda}{\alpha_s} \times \frac{T_s - T_0}{T_a - T_s} \tag{10-19}$$

4）平面形不同材料双层绝热表面防结露法计算保冷层厚度

（1）内层厚度 δ_1 应按下式计算：

$$\delta_1 = \frac{K\lambda_1}{\alpha_s} \times \frac{T_1 - T_0}{T_a - T_s} \tag{10-20}$$

（2）外层厚度 δ_2 应按下式计算：

$$\delta_2 = \frac{K\lambda_2}{\alpha_s} \times \frac{T_s - T_1}{T_a - T_s} \tag{10-21}$$

5. 球形容器保冷层厚度

$$\frac{D_1}{D_0}\delta=\frac{\lambda}{\alpha_s}\times\frac{T_0-T_s}{T_s-T_a} \tag{7-22}$$

$$\delta=\frac{1}{2}\times(D_1-D_0) \tag{7-23}$$

（三）冷损失量计算

1. 最大允许冷损失量计算

当 $T_a-T_d\leqslant4.5$ 时：

$$[Q]=-(T_a-T_d)\alpha_s \tag{7-24}$$

当 $T_a-T_d>4.5$ 时：

$$[Q]=-4.5\alpha_s \tag{7-25}$$

式中　T_d——当地气象条件下最热月的露点温度，℃。

2. 绝热层的冷损失计算

（1）圆筒形单层绝热结构冷损失量按下式计算：

$$Q=\frac{T_0-T_a}{\dfrac{D_1}{2\lambda}\ln\dfrac{D_1}{D_0}+\dfrac{1}{\alpha_s}} \tag{7-26}$$

（2）两种不同冷损失单位之间的数值转换，采用下式计算：

$$q=\pi D_1 Q \tag{7-27}$$

式中　Q——每平方米绝热层外表面积的冷损失量，Q 为负值，W/m^2；

　　　q——每米管道长度的冷损失量，q 为负值，W/m。

（3）圆筒形不同材料双层绝热结构冷损失量按下式计算：

$$Q=\frac{T_0-T_a}{\dfrac{D_2}{2\lambda_1}\ln\dfrac{D_1}{D_0}+\dfrac{D_2}{2\lambda_2}\ln\dfrac{D_2}{D_1}+\dfrac{1}{\alpha_s}} \tag{7-28}$$

（4）两种不同冷损失单位之间的数值转换，采用下式计算：

$$q=\pi D_2 Q \tag{7-29}$$

（5）平面形单层绝热结构冷损失量按下式计算：

$$Q=\frac{T_0-T_a}{\dfrac{\delta}{\lambda}+\dfrac{1}{\alpha_s}} \tag{7-30}$$

（6）平面形不同材料双层绝热结构冷损失量按下式计算：

$$Q=\frac{T_0-T_a}{\dfrac{\delta_1}{\lambda_1}+\dfrac{\delta_2}{\lambda_2}+\dfrac{1}{\alpha_s}} \tag{7-31}$$

（7）球形容器冷损失量按下列公式计算（单层保冷层）：

$$Q_1=\pi D_1^2\alpha_s(T_s-T_a) \tag{7-32}$$

式中　Q_1——球形容器保冷层表面冷量总损失量，W。

（四）绝热层外表面温度计算

（1）对 Q 以 W/m^2 计的圆筒、平面，其单双层绝热结构的外表面温度按下式计算：

$$T_s = \frac{Q}{\alpha_s} + T_a \tag{7-33}$$

（2）对 q 以 W/m 计的圆筒，其单双层绝热结构的外表面温度按下式计算：

$$T_s = \frac{q}{\pi D_2 \alpha_s} + T_a \tag{7-34}$$

（3）对 Q_1 以 W 计的球形容器，其单层保冷结构的外表面温度按下式计算：

$$T_s = \frac{Q_1}{\pi D_1^2 \alpha_s} + T_a \tag{7-35}$$

式中　Q_1——球形容器保冷层表面冷量总损失量，W。

（五）双层绝热时内外层界面温度计算

（1）圆筒形不同材料双层绝热结构层间界面温度 T_1 应按下式计算：

$$T_1 = \frac{\lambda_1 T_0 \ln \dfrac{D_2}{D_1} + \lambda_2 T_s \ln \dfrac{D_1}{D_0}}{\lambda_1 \ln \dfrac{D_2}{D_1} + \lambda_2 \ln \dfrac{D_1}{D_0}} \tag{7-36}$$

（2）平面形不同材料双层绝热结构层间界面温度 T_1 应按下式计算：

$$T_1 = \frac{\lambda_1 T_0 \delta_2 + \lambda_2 T_s \delta_1}{\lambda_1 \delta_2 + \lambda_2 \delta_1} \tag{7-37}$$

（六）保冷计算的参数

1. 温度的选取

1）设备及管道外表面温度 T_0

保冷层计算时设备及管道外表面温度 T_0 取介质的最低操作温度。

2）环境温度 T_a

环境温度 T_a 的取值符合下列规定：

（1）防结露厚度计算和最大允许冷损失下的厚度计算时，环境温度 T_a 应取夏季空气调节室外计算干球温度。

（2）经济厚度计算时，当常年运行时，环境温度 T_a 取历年年平均温度的平均值；当季节运行时，取历年运行期日平均温度的平均值。

（3）表面温度和热量损失的计算中，T_a 取厚度计算时的对应值。

3）露点温度 T_d

露点温度 T_d 根据夏季空气调节室外计算干球温度和最热月月平均相对湿度的数值查环境温度、相对湿度、露点对照表确定。

4）保冷层外表面温度 T_s

在只防结露保冷厚度计算中，保冷层外表面温度 T_s 应为露点温度 T_d+0.3℃。

5）内层绝热层外面温度 T_1

内层绝热层外面温度 T_1 符合下列规定：

（1）复合保冷结构的内层绝热层外面温度 T_1 的绝对值应小于或等于外层保冷材料的推荐使用温度下限值绝对值的 0.9 倍。

（2）有热介质扫线要求的保冷结构，内层绝热层外面温度不得超过保冷材料的推荐使用温度上限值的 0.9 倍。

2. 导热系数选取

导热系数 λ 取绝热材料在平均温度 T_m 下的导热系数，对软质材料取使用密度下的导热系数。

3. 保冷结构表面换热系数选取

保冷结构表面换热系数 α_s 取值符合下列规定：

（1）防结露保冷厚度计算和允许冷损失量的厚度计算中，α_s 取值为 8.141W/（m² · K）。

（2）经济厚度计算中，α_s 取值符合下列公式：

① 并排敷设：

$$\alpha_s = 7 + 3.5\sqrt{W} \tag{7-38}$$

② 单根敷设：

$$\alpha_s = 11.63 + 7\sqrt{W} \tag{7-39}$$

式中 W——历年年平均风速，m/s。

（3）表面温度、冷量损失计算中，α_s 应取厚度计算时的对应值。

（4）保冷厚度修正系数 K，按表 10-9 取值。

表 10-9 保冷厚度修正系数 K

材 料	修正系数 K	材 料	修正系数 K
聚苯乙烯	1.2~1.4	泡沫玻璃	1.1~1.2
聚氨酯	1.2~1.4	泡沫塑料	1.2~1.4
聚异氰脲酸酯	1.2~1.4	酚醛	1.2~1.4

四、保冷结构设计

为保证 LNG 管道在深冷环境下的长期安全、稳定运行，其保冷结构的设计需要着重考虑两个方面：一是解决传热问题，二是解决防潮问题。

（一）保冷结构组成

保冷结构一般由保冷层、防潮层和保护层组成。

（二）保冷层

（1）法兰、阀门、人孔等需要拆卸检修的部位，采用可拆卸保冷结构；设备筒体、管段等无需检修部位，采用固定绝热结构。

（2）保冷层厚度应以 10mm 为单位进行分档，硬质泡沫塑料最小厚度可做到 20mm，其他硬质绝热材料制品最小厚度可做到 30mm。

（3）除浇注型和填充型绝热结构外，绝热层按下列规定分层：

① 保冷层厚度大于 80mm 时，分两层或多层施工。

② 当内、外层为同种绝热材料时，内、外层厚度近似相等；当内、外层为不同绝热材

料时，内、外层厚度的比例需保证内、外层界面处温度绝对值不超过外层材料推荐使用温度 T_2 下限值的 0.9 倍。

③ 在经济合理前提下，深冷介质设备和管道的绝热保冷，可选用不同绝热材料的复合结构。

（4）公称直径小于等于 DN350 的管道硬质保冷材料，采用两半式管壳保冷；管道公称直径大于 DN350 时，采用 4 块曲面保冷块，并应使现场保冷块的切割最小。

（5）保冷层铺设采用同层错缝、内外层压缝方式敷设，内外层接缝应错开 100~150mm，对尺寸偏小的绝热层，其错缝距离可适当减小，水平安装的设备及管道最外层的纵向接缝位置不得布置在设备管道垂直中心线两侧 45° 范围内。对大直径设备及管道，当采用多块硬质成型绝热制品时，绝热层的纵向接缝位置可超出垂直中心线两侧 45° 范围，但需偏离管道垂直中心线位置。

（6）方形设备的绝热层，其四角角缝应做成封盖式搭缝，不得形成垂直通缝。

（7）保冷结构的硬质或半硬质制品的拼缝宽度不大于 2mm。

（8）保冷设备及管道上的裙座、支吊架、仪表管座等附件，需进行保冷，其保冷层长度不小于保冷层厚度的 4 倍或至垫块处，保冷层厚度为相连管道或设备的保冷厚度。

（9）立式设备、水平夹角大于 45° 的管道、平壁面和立卧式设备底面上的绝热结构，宜设支承件。其支承件的设计符合下列规定：

① 支承件的承面宽度小于保冷厚度 10~20mm，支承件的厚度宜为 3~6mm。

② 支承件的间距符合：平壁和圆筒支承件的间距均不大于 5m；卧式设备当其外径 D_0 大于 2m，且使用硬质绝热制品时，在水平中心线处设支承架。

③ 立式圆筒保冷层可用环形钢板、管卡顶焊半环钢板和角铁顶面焊钢筋等做成的支承件支承。

④ 保冷层支承件选冷桥断面小的结构形式，管卡式支承环的螺孔端头伸出保冷层外时，将外露处的保冷层加厚至封住外露端头。

⑤ 支承件的位置避开法兰、配件或阀门；对立式设备和管道，支承件设在阀门、法兰等的上方，其位置不能影响螺栓的拆卸。

⑥ 不锈钢设备及管道上的支承件，采用抱箍型结构；直接焊于不锈钢设备及管道上的支承件采用不锈钢制作；当支承件采用碳钢制作时，加焊不锈钢垫板。

（10）保冷层不宜使用钢制钩钉结构。

（三）伸缩缝

硬质保冷结构，施工过程中需预留伸缩缝。伸缩缝需填塞与硬质材料厚度相同、耐温性能和导热系数相近的软质绝热材料。

（1）水平直管或设备直段最大间距 6m 设置一伸缩缝，垂直管道或设备最大间距 4.5m 设置一伸缩缝。

（2）保冷结构层为双层或多层时，其各层均应设置伸缩缝，各层伸缩缝错开间距不宜小于 100mm。

（3）伸缩缝可采用弹性玻璃纤维填充，对于内层和中间层，未压缩的玻璃纤维厚度应为 2 倍伸缩节长度。安装时，玻璃纤维压缩至其自然厚度的 1/2；对于外层，玻璃纤维应压缩至其自然厚度的 1/4。

（4）外层伸缩缝填充后采用丁基橡胶板覆盖，覆盖层为伸缩缝宽度值加上100mm，两边采用钢带绑扎。

（四）防潮层

（1）设备和管道的保冷层外表面设置防潮层，双层或多层保冷结构需设置一级防潮层和二级防潮层。

（2）在环境变化或振动情况下，防潮层应能保持机构的完整性和密封性。

（3）防潮层外如需使用捆扎件，不得损坏防潮层，并且防潮层上不能有裂缝、孔洞、细点和开口。

（4）防潮层可分为以下几种：

① 内层为石油沥青玛蹄脂，中间为有碱粗格平纹玻璃布，外层为石油沥青玛蹄脂。

② 橡胶沥青防水冷胶玻璃布防潮层。

③ 新型冷胶料卷材防潮层、冷涂料防潮层。

④ 自粘型丁基橡胶加铝箔防潮层卷材。

（五）捆扎结构

（1）保冷层的捆扎需符合下列规定：

① 保冷层捆扎以不损伤保冷层为原则，捆扎材料不宜用铁丝，宜采用带状材料；多层保冷时需逐层捆扎，捆扎材料采用不锈钢带或增强纤维胶带。

② 单层保冷层或多层保冷层的外保冷层材料采用不锈钢带固定，双层或多层保冷层的内保冷层材料可采用增强纤维胶带固定。

③ 保冷层捆扎带的中心间隔大约为250mm，每一节保冷管壳或保冷块需至少安装两条固定带。当捆扎材料采用不锈钢时，其规格可按表10-10确定。

表10-10　不锈钢捆扎材料选用一览表

序号	材料	标准	规格/mm	应用
1	不锈钢带	GB/T 3280	12×0.4（宽×厚）	绝热外径≤500mm 的设备和管道
			19×0.5（宽×厚）	绝热外径>500mm 的设备和管道
2	不锈钢扣	—	—	0.8mm 厚的不锈钢扣用来固定钢带

（2）设备封头的各层捆扎，可利用活动环和固定环呈辐射形固定或"十"字形固定。

（3）球形容器的捆扎从赤道放射向两极，在赤道带处捆扎间距不超过300mm；球形容器单层保冷采用不锈钢带捆扎，多层保冷内层采用不锈钢带捆扎。

（4）严禁用螺旋缠绕法捆扎；对有振动的部位，需加强捆扎。

（六）保护层

（1）保护层需严密、防水、抗大气腐蚀和光照老化，方便安装，外表整齐美观；有足够的机械强度，使用寿命长，在环境变化和振动的情况下，不渗水、不开裂、不散缝、不坠落。

（2）保护层通常选用金属材料，腐蚀性环境下采用耐腐蚀材料作保护层，有防火要求的设备及管道选用不锈钢薄板作保护层。

（3）金属保护层接缝形式可根据具体情况，选用搭接、插接、咬接及嵌接形式，并符合下列规定：

① 保冷结构的金属保护层接缝通常采用咬合或钢带捆扎结构，禁止使用自攻螺钉或铆钉固定外保护层，以免刺破防潮层。

② 伸出金属保护层的管口和支架等的开口处，尽可能无缝隙；对于有缝隙的地方，需用硅树脂密封剂以阻止湿气的进入。

③ 水平管道和设备上的纵向搭接需在水平中心线下方与垂直中心线两侧成45°的范围内，以避雨水。

④ 金属保护层环向最小搭接量为75mm，纵向最小搭接量为50mm。

⑤ 垂直安装的金属保护层需有防坠落措施；垂直管上的金属保护层用20mm宽、1mm厚的不锈钢"S"卡支撑。

（4）直管段上为热膨胀而设置的金属保护层环向接缝，采用活动搭接形式，活动搭接余量能满足热膨胀的要求，且不小于100mm。

（5）弯头外保护层分段按虾米状排列，相邻段间接头需防水。公称直径小于等于DN350弯头最少4段，公称直径大于DN350弯头最少5段。每段外保护层用不锈钢带扎紧。当使用铆钉时，在金属保护层安装之前钻孔，并在接缝下的防潮层上安装75mm宽、1mm厚的铝衬带，以免刺破防潮层。

（6）设备金属保护层的安装需符合下列规定：

① 容器封头的金属保护层是一块板制成，或用三角板拼接。对于小直径容器，用一块平板在边缘弯曲制成。封头的金属保护层搭接在壳体金属保护层的外面，搭接量为100mm。封头保护层使用19mm×0.5mm钢带扎紧，每个三角拼板用一条钢带。

② 当需要使用铆钉固定金属保护层（如容器封头）时，在金属保护层安装前钻孔，并在金属保护层下安装75mm宽、0.6mm厚的铝衬带。

③ 垂直容器上的金属保护层使用20mm宽、1mm厚的不锈钢的"S"卡支撑，其中心间距为300mm。

④ 垂直容器上的金属保护层上的中间绑带用20mm宽、1mm厚的不锈钢"U"形夹固定，"U"形夹的中心间距为1200mm。

五、典型保冷结构

对于硬质保冷材料和柔性保冷材料而言，各自性质的差异也决定了彼此的保冷结构设计及施工工艺也有所不同。

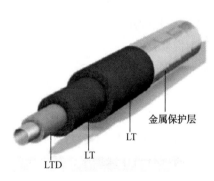

图10-19 柔性橡塑泡沫保冷结构

（一）柔性橡塑泡沫保冷结构

管道和设备温度高于-50℃时，采用丁腈橡胶聚合物发泡（LT）保冷材料；管道和设备温度等于或低于-50℃时，内层采用二烯烃泡沫（LTD）保冷材料，外层采用LT保冷材料（若干层）。LT材料具有很高的防潮能力，不需再采用其他防潮层，金属保护层可直接安装在LT保冷层外，柔性橡塑泡沫保冷结构如图10-19所示。

该结构主要特点：LT材料阻湿性能高，LTD材料低温下弹性好，该结构可不设防潮层，减少了施工工序，安装施工方便，可根据管子外形进行放样预制，特别是异形管件保冷施工方便，局部损坏修复方便，施工周期短。但该结构施工质量难以控制，材料价格较高，工程造价高，寿命短，使用年限 3~5 年；LTD 材料阻湿性差，LT 材料耐低温性差，材料尺寸稳定性差，热胀冷缩严重，导致金属外保护层胀开，大管径及垂直管道材料容易下垂导致保冷失效。

（二）聚异氰脲酸酯泡沫保冷结构

采用聚异氰脲酸酯（PIR）泡沫保冷结构是以 PIR 作为保冷层，低温玻璃棉填塞伸缩缝，保冷层外设防潮层，最后用金属外护板作保护层，其保冷结构如图 10-20 所示。

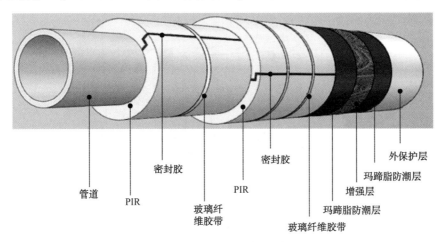

图 10-20 多层 PIR 保冷结构

该结构的主要特点：在 LNG 行业广泛应用，材料热导率低，保冷效果优秀，保冷厚度小；PIR 材料容重轻，该结构的载荷最小，质量轻；PIR 管壳、弯头、三通等工厂预制，可现场裁剪，阀门、法兰等异形件可现场发泡，施工方便，工期较短；工程总投资少，经济性好，使用寿命长，使用年限 15~20 年；防火性能一般，可以阻止火势蔓延，防火等级 B1 级，氧指数能达到 30%；PIR 材料吸水，保冷结构需设置防潮层。

（三）聚异氰脲酸酯泡沫与泡沫玻璃复合保冷结构

PIR 与 FG 复合保冷结构是内层为 PIR 层，外层为泡沫玻璃层，低温玻璃棉填塞伸缩缝，保冷层外再敷设防潮层，最后用金属外护板作保护层，其保冷结构如图 10-21 所示。

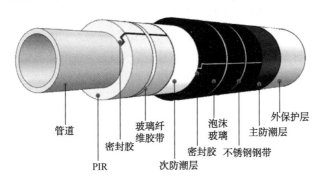

图 10-21 PIR+FG 复合保冷结构

该结构主要特点：在 LNG 行业广泛应用，抗压强度好；安全性好，能高效阻燃，达到 A 级不燃的防火等级；由于泡沫玻璃导热系数大，导致该结构保冷性能一般，保冷厚度过厚，安装空间大，金属外护材料及保冷胶辅材用量多；FG 材料本身不易吸水，但由于拼接缝过多，接缝处理又较困难，因此保冷结构需设置防潮层；由于 FG 材料硬脆、质量重、载荷大，安装较困难，切割易造成玻璃屑污染，施工时需要特别防护，施工垃圾较多；施工周期长，工程总投资较高，使用寿命长，使用年限 15～20 年。

（四）聚异氰脲酸酯泡沫与纳米气凝胶毡复合保冷结构

PIR 与 SA 复合保冷结构是在 PIR 保冷结构外加一层纳米气凝胶毡层，低温玻璃棉填塞伸缩缝，保冷层外再敷设防潮层卷材，最后用金属外护板作保护层，其保冷结构如图 10-22 所示。

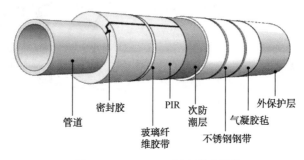

图 10-22　PIR+SA 复合保冷结构

该结构的主要特点：SA 主要应用于航空航天等军工行业，导热系数低，防火性能好。该结构在国外已广泛应用，在国内 LNG 行业属于新型保冷结构，保冷效果优异；防火性能好，能高效阻燃，达到 A 级不燃的防火等级；拼接缝少，SA 为毡状，有效阻止冷量损失，可现场裁剪，施工方便，施工周期较短；SA 价格较贵，但其用量少，保冷厚度小，节约空间，金属外护和保冷胶辅材用量少，工程总造价适中；使用寿命长，使用年限 15～20 年；SA 为憎水材料，但其易吸潮，保冷结构需设置防潮层。

六、LNG 管道保冷效果检测与评估

（一）引用标准及规范

低温设备、管道保冷效果的测试、评价主要依据的国家和行业标准有：GB/T 4272—2008《设备及管道绝热技术通则》，GB/T 8174—2008《设备及管道绝热效果的测试与评价》，GB/T 8175—2008《设备及管道绝热设计导则》，GB/T 17357—2008《设备及管道绝热层表面热损失现场测定 热流计法和表面温度法》，GB/T 50441—2016《石油化工设计能耗计算标准》，SH3010—2013《石油化工设备和管道绝热工程设计规范》。

（二）测试方法

1. 表面温度测试方法

1）热电偶法

是将热电偶直接紧密贴敷在绝热结构外表面以测量其表面温度的方法。这是测试绝热结构外表面温度的基本方法。

2）表面温度计法

是将热电偶、热电阻等形式表面温度计的传感器与被测绝热结构外表面接触以测量其外表面温度的方法。这是测试绝热结构表面温度的常用方法，在测量时应根据仪表的特性和不

同的绝热结构外表面进行测点处理和读数修正，必要时用热电偶法对照进行。

3）红外辐射温度计法

是用红外辐射温度计瞄准被测绝热结构外表面以测量其表面温度的方法。用低温红外线辐射温度计进行测量时，需正确确定被测表面热发射率值，并选择合理的距离和发射角。此法一般适用于非接触测量及运动中物体的测量。

4）红外热像法

是用红外热像仪对被测绝热结构外表面进行扫描，反映出绝热结构外表面温度分布的方法。此法一般用于被测绝热结构外表面温度的分布分析，在普查或远距离测量时使用。

2. 表面冷损失测试方法

1）热平衡法

是用热平衡原理通过测量和计算得到冷损失值的方法。此法是测试绝热结构表面冷损失的一种基本方法。

（1）设备可用正反平衡法通过测量和计算得到绝热结构表面冷损失数值。

（2）管道可用焓差法或能量平衡原理通过测量和计算得到保温结构表面冷损失数值。

2）热流计法

采用热阻式热流计，将其传感器埋设在绝热结构内或贴敷在绝热结构外表面直接测量得到冷损失数值。此法是测试绝热结构表面冷损失的常用方法。

（1）当热流计的传感器埋设在绝热结构内时，将测得的结果换算成绝热结构外表面的冷损失值。

（2）当热流计的传感器紧密贴敷在绝热结构外表面时，应使传感器的表面发射率与被测表面的热发射率一致，并尽可能减少传感器与被测表面间的接触热阻。

（3）当被测保冷结构外表面有凝露现象，且热流计贴敷在绝热结构外表面时，凝露表面冷损失按照湿空气性质和传热学理论计算出冷损失。

3）表面温度法

是根据所测得的表面温度、环境温度、风速、表面热发射率以及绝热结构外形尺寸等参数值，按照传热理论计算出冷损失数值的方法。

4）温差法

是通过测试绝热结构内外表面温度、绝热结构厚度及绝热结构在使用温度下的传热性能，按照传热理论计算出冷损失数值的方法。

5）凝露表面冷损失量的测试

根据所测得的表面温度、环境温度、风速、湿度、表面热发射率以及保冷结构外形尺寸等参数值，按照湿空气性质和传热理论计算得出冷损失值。

（三）测试要求

1. 测试参数

（1）绝热结构外表面温度。

（2）绝热结构外表面冷损失。

（3）环境温度、风速。

（4）设备、管道及其附件外表面温度。对于无内衬金属壁面的设备、管道及其附件外表面温度，可以测试其介质温度视为外表面温度。

2. 测点布置要求

（1）正确地、有代表性地反映被测参数。

（2）符合测试仪器、仪表的使用条件。

（3）满足测试方法的原理要求和测量准确度的要求。

3. 测试条件

LNG 管道及设备均为露天布置，温度测试时受气象条件的影响较大，因此尽量排除和减少外界因素的干扰，满足测试标准要求。

（1）选择在风速小于或等于 0.5m/s 的条件下进行测试，如不能满足，增加挡风装置。

（2）对设备和管道测试需选择在阴天或夜间进行，以避开太阳辐射的影响，如不能满足应加遮阳装置，稳定一段时间后测试。

（3）室外测试避免在雨雪天气条件下进行。

（4）环境温度应在距离被测位置 1m 处测得，并避免其他热源的影响。

（5）其他条件需满足测试方法的要求。

（四）数据处理

（1）对所测数据按下列方法处理：

① 管道保冷结构表面温度和冷损失量均按求算术平均值的方法处理，当用表面温度法测试冷损失量时，可从平均表面温度计算出表面冷损失值。

② 设备保冷结构的表面温度和冷损失量均按求表面积加权平均值的方法处理。

③ 表面凝露部分冷损失量以凝露部分面积占总面积的百分比计入平均值。

（2）对于设备、管道及其附件保冷防凝露要求，需将保冷结构外表面温度测试值换算到设计工况下的相应值。

任何测试条件均得不到完全吻合设计条件的气象参数，必须考虑测试工况的操作条件和气象参数的影响，把测得的表面温度按式（7-40）或式（7-41）转化到设计工况下的当量表面温度，然后再与设计要求表面温度比较，从而判断保冷效果是否合格。其中式（7-40）适用于高于测试工况下的露点温度，式（7-41）适用于低于测试工况下的露点温度。

$$T_s = \frac{T_f - T_a}{T_f' - T_a'}(T_s' - T_a') + T_a \tag{7-40}$$

$$T_s = \frac{T_f - T_a}{T_f' - T_a'} \times \frac{\alpha'}{\alpha} \times (T_s' - T_a') + T_a \tag{7-41}$$

式中　T_s——设计工况下保冷结构外表面温度，℃；

　　　T_s'——测试工况下保冷结构外表面温度，℃；

　　　T_f——设计工况下介质温度，℃；

　　　T_f'——测试工况下介质温度，℃；

　　　T_a——设计工况下环境温度，℃；

　　　T_a'——测试工况下环境温度，℃；

　　　α——设计工况下表面换热系数，W/(m²·K)；

　　　α'——测试工况下表面换热系数，W/(m²·K)。

（3）测试条件下保冷结构外表面冷量损失 Q 计算公式为：

$$Q' = (T_s' - T_a') \times \alpha' \qquad (7\text{-}42)$$

对于设备、管道及附件保冷的减少冷损失要求，应将保冷结构冷损失测试值按式(7-43)或式(7-44)换算成设计工况下的相应值。

① 设备或公称直径大于 $DN1000$ 的管道：

$$Q = \frac{T_f - T_a}{T_f' - T_a'} \times \frac{R' + \dfrac{1}{\alpha'}}{R + \dfrac{1}{\alpha}} \times Q' \qquad (7\text{-}43)$$

② 公称直径小于 $DN1000$ 的管道：

$$Q = \frac{T_f - T_a}{T_f' - T_a'} \times \frac{R' + \dfrac{1}{\pi \times D_s' \times \alpha'}}{R + \dfrac{1}{\pi \times D_s \times \alpha}} \times Q' \qquad (7\text{-}44)$$

式中　Q——设计工况下的冷损失，W/m^2；

$\quad\quad Q'$——测试工况下的冷损失，W/m^2；

$\quad\quad R$——设计工况下保冷结构热阻，$(m^2 \cdot K)/W$；

$\quad\quad R'$——测试工况下保冷结构热阻，$(m^2 \cdot K)/W$；

$\quad\quad D_s$——设计工况下保冷结构外径，m；

$\quad\quad D_s'$——测试工况下保冷结构外径，m。

（五）保冷效果评价

测试结果可以按照 GB/T 4272—2008《设备及管道绝热技术通则》和 GB/T 8175—2008《设备及管道绝热设计导则》的有关规定进行分析与评价：

（1）凡采用经济厚度法设计的保冷结构外表面温度换算后高于设计工况下露点温度的视为防凝露指标合格，对其保冷层厚度的经济性做出评价。

（2）凡为防外表面凝露设计的保冷结构外表面温度换算后高于设计工况下露点温度的视为合格。

（3）凡是允许冷损失量设计的保冷结构外表面温度换算后高于设计工况下露点温度，同时冷损失量小于设计工况的允许冷损失量视为合格。

第四节　给水排水和消防设计

一、概述

目前国内已建、在建的液化天然气（LNG）接收站多数位于沿海工业园区，用于接收海运 LNG，其公用工程配套相对比较成熟和完善，设计基础资料也较为齐全。

在进行接收站给排水和消防设计时，首先需要调查、收集、整理有关基础资料作为设计输入条件，一般包括：

(1) 当地自然条件。

(2) 当地环保部门、资源部门允许建厂、取水、排水的批文。

(3) 当地的环保标准和环保要求。

(4) 环境评价报告。

(5) 原水及供水水质、水质标准等。

(6) 取水许可证及取水口型式、取水位置的确认。

(7) 排水许可证及排污口型式、排放点的确认。

(8) 当地消防力量和设施的配备。

(9) 当地环保、渔业、旅游、灌溉等情况。

为了了解接收站设计用水状况，还需要根据给排水系统的划分，整理并统计各系统用水/排水量，采用水量表的方式表达接收站用水/排水状况。需要收集的用水/排水水量资料一般包括：

(1) 生产用水量/生产污水量。

(2) 生活用水量/生活污水量。

(3) 消防用水量/消防补充水量。

(4) 雨水量等。

依据整理的水量表，可绘制水量平衡图。水量平衡图能直观反映接收站用水及排水的关系，以便为水资源分析论证环节提供设计合理性依据，对进一步研究分析用水的合理性、可行性及指导制定节水方案提供数据支持。

二、给水设计

(一) 设计内容

LNG 接收站用水主要包括储运设施生产用水、除盐水站用水、气化加热用水、绿化及冲洗道路用水、生活用水、消防水补充用水等，按照供水水质、水温和水压的不同，一般分为生活给水系统、生产给水系统、消防给水系统等。根据系统划分，LNG 接收站的给水系统工程通常包括以下内容：

(1) 给水加压泵站工程：包括生产给水、生活给水的储存和加压输送。

(2) 海水泵站工程：包括海水取水和加压输送。

(3) 消防水泵站工程：包括消防水储水池(罐)、消防水提升泵及稳压设施等。

(4) 给水系统管网工程。

(二) 给水系统划分

1. 划分原则

应严格控制新鲜水用量，尽量少用或不用新鲜水，以减少污水排放量。除盐水站用水应考虑二次用水，冷却后终温不高的冷却水，应考虑二次或多次利用的可能。

2. 划分要求

LNG 接收站一般包括以下给水系统：

（1）生产给水系统

供给工艺处理区、罐区、码头、公用工程及辅助生产设施等的生产用水，制取软化水、冲洗地面用水，配制药剂用水，消防水系统试压、稳压、消防后管网清洗用水及低压消防水系统补充水等。

（2）生活给水系统

供给站内生活饮用水、卫生器具用水、淋浴用水及洗眼器用水等。

生产给水和生活给水的供水压力应根据接收站的地形、用水点对水压的要求来确定，一般为 0.3~0.4MPa。个别用水点要求供水压力较高时，可采取局部加压的方式供水。

如园区市政供水管网的供水压力、供水量满足接收站用水点的用水要求，接收站内可不设置给水加压泵站，直接由市政供水管网供水。

（3）消防给水系统

接收站及码头一般共用一套消防给水系统，消防给水系统的供水能力按照全站最大消防用水量及水压要求确定。消防给水系统采用稳高压消防水系统，主要供给消火栓、消防水炮、高倍数泡沫灭火系统、固定式水喷雾灭火系统、水幕系统等用水。稳高压消防水系统压力宜为 0.7~1.2MPa。

沿海地带的接收站设置消防给水系统时，可充分利用海水资源作为消防水源。正常工况时，采用淡水稳压、淡水试压；火灾工况时，采用海水消防。这一方案的优点是水源充足，且供水安全可靠，对火灾可做出快速反应，减小火灾造成的损失，同时也可降低海水对消防管道的腐蚀，延长消防给水系统的使用寿命。缺点是采用海水消防后，会对办公环境、精密仪器、设施设备等形成盐渍，难以清理。因此，接收站办公区域的建筑物消防给水系统可单独设置，采用淡水消防。根据建筑物消防设施的用水要求，该系统一般为低压消防水系统，压力不小于 0.6MPa。

（三）水源工程

1. 水源来源

设计中要详细说明可供项目使用的水源来源，原水水量、水质、供水保证率，备用水源情况等，说明项目供水的安全性和可靠性，并要求建设方提供取水或用水合同以保证项目的可实施性。

2. 水源工程

接收站用水水源通常依托园区的市政供水管网。如果接收站先于园区建设或所在园区公用工程配套不完善，接收站还需要根据水源情况以及园区总体规划，自建取水设施、输水管网、水处理设施等水源工程。水源工程通常包括取水、输水和净化水场工程 3 个部分。

3. 海水利用工程

随着经济建设发展的需要和全球水荒的加剧，海水利用和淡化问题引起了国家的高度重视。沿海地区和城市水资源非常短缺，需要把海水利用作为战略问题来考虑。

海水利用有多种形式，如海水直接冷却、海水间接冷却、通过海水淡化替代新鲜水等。海水在 LNG 接收站还可以直接作为热源，为 LNG 气化提供热量。既满足了 LNG 气化需求，也节约了淡水资源。

（四）给水系统工程设计

1. 给水加压泵站设计

1）一般规定

（1）给水加压泵站向接收站及码头提供安全可靠的生产用水。泵站至生产给水管网的输水管应为两条。当泵站设有安全水池（罐）且输水管道为钢管时，可为一条。安全水池（罐）的容积应不小于8h的生产给水用量。

（2）生活给水水池（罐）应与生产给水水池（罐）分开设置。

（3）生活给水水池（罐）内储水更新时间不宜超过48h。

（4）生活给水水池（罐）应设置消毒装置。

（5）泵站的出水压力，应满足用水点的水压要求，管网压力一般为0.3～0.4MPa。

（6）加压泵站泵房的耐火等级不应低于二级。

2）水泵的选择

（1）应根据各单元所需要的生产/生活给水量、水压以及水温、水质等条件来选择水泵。

（2）水泵宜正压启动。

（3）水泵总扬程的计算应包括下列各项数值之和：

① 水泵吸水管处的允许最低水位标高（或最低水压标高）与系统内最不利点处地形标高的标高差。

② 最不利点处所要求的工作水压。

③ 水泵吸水管及出水管（包括系统管道）的水头损失（包括沿程损失及局部损失）。

（4）生产/生活给水泵应选用普通离心清水泵，泵的流量扬程曲线应比较平缓。

（5）根据各个不同单元的生产用水量，可考虑生产给水泵大小搭配，但型号不宜多于两种，且应选用效率高的节能型水泵。最大水量工况下其工作泵台数不宜少于2台。

（6）生产/生活给水泵应设有备用泵。备用泵的备用能力不得小于最大一台泵的能力。

（7）生产/生活给水泵采用电动机驱动。电动机的选择应适应工程项目所在地的自然条件。

3）水泵机组及阀门的布置

（1）水泵机组的布置形式：

① 立式离心泵的泵房：水泵机组一般宜单排布置。

② 卧式离心泵的泵房：当水泵机组较小时，机泵的轴线宜与泵房长方向垂直布置；当水泵机组较大时，机泵的轴线宜与泵房长方向平行布置，当进出水管道一侧布置时，应采用垂直布置。

（2）水泵机组的间距及机组与墙、管道等的间距要求：

① 相邻两机组基础间的净空：电动机容量不大于55kW时，不得小于0.8m；电动机容量大于55kW时，不得小于1.2m。

② 相邻两机组的突出部分的净空：应保证泵轴和电动机转子在检修时能拆卸，并不得小于0.7m；如电动机容量大于55kW，则不得小于1.0m。

③ 机组突出部分与相邻机组的管道或法兰、阀门突出部分的净空不得小于0.7m。

④ 机组突出部分与墙或梯子间的净空，应保证泵轴和电动机转子在检修时能拆卸，并不得小于0.7m；如电动机容量大于55kW，则不得小于1.0m。

（3）泵房主要通道净宽要求：

① 不考虑拖运机组设备时，应不小于 1.2m。

② 需考虑拖运机组设备时，应大于最大机组宽度 0.5m。

③ 水泵与配电柜不能放置在同一间房内。

4）吸水管的布置

（1）每台泵宜从水池（罐）直接吸水，其长度应尽量短，尽量少拐弯。

（2）每台泵的吸水管路上必须设置阀门。当采用闸阀时，阀门必须采用明杆闸阀；当采用蝶阀时，必须具备明显的启闭标志。

（3）吸水管必须有向水泵不断上升的坡度（坡度 $i \geq 0.005$）。严禁吸水管内积聚空气形成气囊。

（4）水平吸水管段上的大小头应采用偏心异径管，管顶取平。

（5）吸水管上不设置过滤器和底阀。

（6）管径小于 250mm 时，管内流速为 1.0~1.2m/s；管径大于或等于 250mm 时，管内流速为 1.2~1.6m/s。

5）出水管的布置

（1）每台泵的出水管上应设置出口闸阀和止回阀。可设置有止回阀和出口闸阀一体化功能的水力控制阀。

（2）出水管上的止回阀应安装在闸阀和水泵之间。当选用旋启式止回阀时，应优先安装在水平管道上。

（3）出水管上应设置同心异径管。

（4）管径小于 250mm 时，管内流速为 1.5~2.0m/s；管径大于或等于 250mm 时，管内流速为 2.0~2.5m/s。

（5）出水管道需设置回流管道、泄压管道和试泵用管道，根据情况可将其中一部分管道合并设置。

（6）至少应有 2 条泵站出水总管与生产给水管道管网连接，两连接点间应设阀门。当 1 条出水管检修时，其余出水管应能输送 70% 生产用水量。

6）阀门的安装

（1）当出口闸阀和止回阀单独设置时，出口阀可选择电动闸阀，以利于自动控制。

（2）电动闸阀阀门适宜于全开或全关，不宜作为调节流量用。

（3）电动闸阀的传动装置必须符合工程项目所在地的使用条件。并且应具备停电后能手动打开的功能。

（4）阀门的位置应便于操作检修。

（5）阀杆不得朝下安装。

（6）立管上阀门中心距离地面的高度宜为 1.2m。

（7）阀门手轮中心高于地面 1.5m 时，应设操作平台，或设可移动的梯子。

（8）相邻管道的阀门，非通道处，手轮净空不小于 100mm；通道处，突出部分的净空不小于 600mm。

（9）采用明杆闸阀时，在丝杆移动方向应有足够空间。

（10）架空管道应在靠近泵的管段处设支吊架。沿地面敷设的大于或等于 $DN100$ 的阀门及止回阀下应设支墩或支架。

7）管道的敷设

（1）泵房内的吸水管道和出水管道应采用钢管。水质对管材有特殊要求时，应根据水质确定管材。

（2）埋地钢管应根据土壤腐蚀等级采取相应的防腐蚀措施。

（3）地面以上的管道（包括管沟内管道），应根据相关设计标准进行防腐与涂色。

（4）给水管道可以埋地敷设、管沟敷设或地上敷设。埋地管道与泵基础及泵房基础的净距，必须保证管道施工、检修时不影响基础下土壤的稳定性。埋地管道上的阀门应设置在便于检修的阀门井内，不得直接埋地。管沟敷设时管沟盖板宜采用便于揭开的钢盖板。

8）泵房内起重设备的选择

（1）起重量小于5t时，宜设置手动单梁悬挂式起重机或手动单梁起重机。

（2）起重量5~10t时，宜设置电动单梁起重机。

（3）起吊高度大、吊运距离长、起吊次数多和水泵双行排列的泵房，可提高起重设备的水平。

9）水泵的控制

（1）压力：

① 每台泵的吸水管上应装有压力真空表。压力真空表应安装在泵入口法兰与阀门之间的短管或管件上。

② 每台泵的出水管上应装有压力表。压力表应安装在泵出口法兰与阀门之间的短管或管件上。

③ 每条出水总管上都应安装压力表，并引入控制室内的仪表盘上或就地显示。

（2）控制信号：集中控制的生产/生活给水泵，应将电动机的电流表和泵的启动、停止按钮集中布置在控制室内的操作盘上，同时就地设置泵电动机的电流表和泵的启动、停止按钮。

控制室内的仪表盘及操作盘安装的仪表、信号及控制开关应有：总管流量指示；总管压力指示；水池（罐）水位指示，最高、最低报警信号；水泵机组开、停按钮及指示灯；水泵、加药等设备运行状况的指示等。

10）泵房的采暖通风

（1）采暖温度一般不低于5℃。

（2）泵房内一般采用自然通风，控制室可设置空调。

11）泵房的采光、照明

（1）泵房应有充足的自然采光。

（2）操作场所均应设置符合操作要求的照明。

（3）泵房内应设置应急照明。

12）泵房的通讯

泵房控制室内应设置调度电话、行政电话。

三、排水设计

（一）设计内容

液化天然气接收站排水主要包括：生产污水、生活污水和雨水的收集，污水处理及污水、雨水的外排输送。由于 LNG 接收站没有连续排放的污水需要处理，因此一般不建设独立的污水处理场，采用依托方式进行处理。接收站的排水系统设计中，通常包括有以下设计内容：

（1）单元内的污水收集设施、排水管道及提升设施。

（2）事故排水的收集及处置。

（3）全站污水、雨水的外排输送。

（4）排水系统管网的设计。

（二）设计原则

（1）清污分流、层层把关。排水应清污分流、污污分流，按质分类，并结合污水处理方案确定。

（2）污染区和非污染区的划分。生产、储存、运输、装卸等区域由于泄漏、检修、事故及消防等原因有可能发生污染的区域，均被划分为污染区，其他不会发生上述情形的区域为非污染区。

（3）贯彻分级控制、分质处理、特殊污水在装置内就近预处理的原则。

（4）根据国家、地方环保部门的要求和技术经济上合理可行的原则考虑排水方案，最终由环保部门确定排放水量、水质及排放点和排放方式。

（三）排水系统设计

1. 生活污水系统

用于收集站内卫生间等的生活污水，经化粪池预处理后，可重力流排至一体化生活污水处理设施，处理后用于绿化、浇洒道路或定期由槽车外运，亦可采用污水池进行收集，经泵提升至依托的污水处理场进行后续处理。

2. 生产污水排水系统

各种生产污水排水系统按照其含有主要污染物性质分为以下两个系统。

1）生产污水系统

主要来源于设备清洗和维修废水及污染地面的冲洗水、化验室生产污水等，非连续排放，其中主要污染物为石油类及其他有机污染物和悬浮固体。污水经污水池收集后，经泵提升送至园区污水处理场或定期槽车外运至园区污水处理场。

2）生产废水系统

水质符合现行国家标准 GB 8978—1996（1999）《污水综合排放标准》的生产排水，应排入生产废水管道。生产废水一般来自：浸没燃烧式气化器含酸废水中和后的排水；水池（罐）放空水、溢流水等。

3. 海水排水系统

用于收集和排放 LNG 气化单元排出的海水，采用管道排放的方式，海水在气化器中加热 LNG 后温度降低，就近排海将使循环的海水短路，并可能影响海洋环境，故采取远离取水口排入大海的方法排放冷海水。

4. 雨水排水系统

结合站区周围道路、建筑物场地标高，沿马路修建排水明渠，站内的雨水通过明渠收集，有组织地排往临海一侧。

5. 污水提升泵站

1）设置要求

为防止因污水管道接口及污水井渗漏，致使地下水和土壤受到污染，生产污水管道宜采用密闭重力流敷设。为此，污水提升池和提升泵的设置将随单元一起考虑设置。可在全站的各个单元内根据需要设置污水提升池。污水经提升泵加压后，送往污水处理场处理或采用槽车外运。

2）设施配置

污水提升池兼有调节污水量的功能，因此，在设计提升池时需要考虑连续排放量和最大排放量之间的关系，并在满足水泵运行容积及液位的因素下综合考虑池子的大小；水泵的选择同样需要考虑连续排放量和最大排放量的因素，并根据系统要求压力选择提升泵。

6. 防止事故水排放的措施

LNG 接收站不同于其他石油化工企业，其原料和产品均为清洁介质，天然气的挥发性、扩散性好，发生泄漏事故时不会以液态形式长久留存，也不会在消防时与水溶合。但是工艺处理设施等区域发生火灾时，消防排水或雨水中可能夹杂少量设备本体的油污，且火灾事故时，由于使用干粉、泡沫等灭火剂，也可能混杂在消防排水中。为防止事故排水（消防排水）造成周围水体污染，站内可根据总图竖向布置，在雨水总出口或工艺处理区设置事故排水储存设施，储存设施内设置在线监测仪表。事故工况时，消防排水经雨水明渠排入事故排水储存设施储存。根据水质监测情况，确定排放方式。

四、给水排水管网设计

按照划分的不同系统绘制站场内给水排水管网平面流程图，以此为基础绘制站场给水排水管网平面布置图，并列出站场给水排水管网设备材料表。

（一）管道布置原则

（1）消防给水管道应环状布置。

（2）给水排水、消防管道不能平行布置在站场工艺、热力管道的管架、管墩下。南方地区最低温度高于 0℃ 时，可考虑将生产给水管道、生活给水管道架空敷设。

（3）给水排水管道、消防管道不能穿越站场发展用地、露天堆场及与其无关的单元和建构筑物以及设备基础。

（4）消防给水管道应靠近道路一侧布置。

（二）管道水力计算

（1）压力流管道公称直径与流速关系按表 10-11 考虑。

表 10-11 压力流管道公称直径与流速关系

管道公称直径 DN/mm	流速/(m/s)	管道公称直径 DN/mm	流速/(m/s)
≤80	0.7	350~500	1.2~1.7
100~150	0.7~1.2	≥600	1.5~2.0
200~300	0.8~1.5		

注：消防或事故时，消防给水管道流速可加大到 2.5~3.0m/s。

（2）重力流管道最小设计坡度由表 10-12 查取。

表 10-12 重力流管道最小设计坡度

管道公称直径 DN/mm	50	100	150	200	250	300
最小设计坡度 i	0.02	0.01	0.007	0.005	0.004	0.003
管道公称直径 DN/mm	350	400	500	600	700	≥800
最小设计坡度 i	0.0025	0.002	0.0017	0.0015	0.0012	0.001

（3）重力流管道最大设计充满度见表 10-13。

表 10-13 重力流管道最大设计充满度

管道公称直径 DN/mm	≤300	350~400	500~900	≥1000
各种污水管道	0.55	0.65	0.70	0.75

（三）埋地管道间距

1. 埋地系统管道间距表

（1）压力流管道间距由表 10-14 查取。

表 10-14 压力流管道间距表 m

压力流管道公称直径 DN	压力流管道公称直径 DN											
	100mm	150mm	200mm	250mm	300mm	350mm	400mm	500mm	600mm	700mm	800mm	900mm
100mm	1.0	1.0	1.1	1.1	1.2	1.2	1.2	1.4	1.5	1.5	1.6	1.7
150mm	1.0	1.1	1.1	1.2	1.3	1.3	1.3	1.4	1.5	1.5	1.7	1.8
200mm	1.1	1.1	1.2	1.2	1.3	1.3	1.3	1.4	1.6	1.6	1.7	1.8
250mm	1.1	1.2	1.2	1.2	1.3	1.3	1.3	1.5	1.6	1.6	1.7	1.8
300mm	1.2	1.3	1.3	1.3	1.4	1.4	1.4	1.5	1.6	1.6	1.8	1.9
350mm	1.2	1.3	1.3	1.3	1.4	1.4	1.4	1.5	1.6	1.7	1.8	1.9
400mm	1.2	1.3	1.3	1.3	1.4	1.4	1.4	1.6	1.6	1.7	1.8	1.9
500mm	1.4	1.4	1.4	1.5	1.5	1.5	1.6	1.6	1.7	1.7	1.8	1.9
600mm	1.5	1.5	1.6	1.6	1.6	1.6	1.6	1.7	1.7	1.8	1.9	2.0
700mm	1.5	1.5	1.6	1.6	1.6	1.7	1.7	1.7	1.8	1.8	1.9	2.0
800mm	1.6	1.7	1.7	1.7	1.8	1.8	1.8	1.8	1.9	1.9	2.0	2.1
900mm	1.7	1.8	1.8	1.8	1.9	1.9	1.9	1.9	2.0	2.0	2.1	2.1

（2）压力流管道与重力流管道间距由表 10-15 查取。

表 10-15 压力流管道与重力流管道间距表 m

重力流管道公称直径 DN	压力流管道公称直径 DN											
	100mm	150mm	200mm	250mm	300mm	350mm	400mm	500mm	600mm	700mm	800mm	900mm
100mm	1.0	1.0	1.1	1.1	1.2	1.2	1.2	1.4	1.5	1.5	1.6	1.7
150mm	1.0	1.0	1.1	1.1	1.3	1.3	1.3	1.4	1.6	1.6	1.7	1.8
200mm	1.0	1.0	1.2	1.2	1.3	1.3	1.3	1.4	1.6	1.6	1.7	1.8

重力流管道公称直径 DN	压力流管道公称直径 DN											
	100mm	150mm	200mm	250mm	300mm	350mm	400mm	500mm	600mm	700mm	800mm	900mm
250mm	1.1	1.1	1.2	1.2	1.3	1.3	1.3	1.5	1.6	1.6	1.7	1.8
300mm	1.1	1.1	1.2	1.2	1.3	1.3	1.3	1.5	1.6	1.6	1.7	1.8
350mm	1.1	1.1	1.3	1.3	1.4	1.4	1.4	1.5	1.7	1.7	1.8	1.9
400mm	1.1	1.1	1.3	1.3	1.4	1.4	1.4	1.5	1.7	1.7	1.8	1.9
500mm	1.2	1.2	1.3	1.3	1.4	1.4	1.4	1.6	1.7	1.7	1.8	1.9
600mm	1.2	1.2	1.4	1.4	1.5	1.5	1.5	1.6	1.7	1.7	1.9	2.0
700mm	1.3	1.3	1.4	1.4	1.5	1.5	1.5	1.7	1.8	1.8	1.9	2.0
800mm	1.3	1.3	1.5	1.5	1.6	1.6	1.6	1.7	1.8	1.8	2.0	2.1
900mm	1.4	1.4	1.5	1.5	1.6	1.6	1.6	1.8	1.9	1.9	2.0	2.1

注：重力流管道为金属管材，若为非金属管材应适当加大。

（3）重力流管道与重力流管道间距由表 10-16 查取。

表 10-16 重力流管道与重力流管道间距表　　　　　　　　　　　m

重力流管道公称直径 DN	重力流管道公称直径 DN										
	150mm	200mm	250mm	300mm	350mm	400mm	500mm	600mm	700mm	800mm	900mm
150mm	1.0	1.0	1.0	1.0	1.0	1.0	1.1	1.1	1.1	1.1	1.2
200mm	1.0	1.0	1.0	1.0	1.0	1.0	1.2	1.2	1.2	1.2	1.3
250mm	1.1	1.1	1.1	1.1	1.1	1.1	1.2	1.2	1.2	1.2	1.3
300mm	1.1	1.1	1.1	1.1	1.1	1.1	1.2	1.2	1.2	1.2	1.3
350mm	1.1	1.1	1.1	1.1	1.1	1.1	1.3	1.3	1.3	1.3	1.4
400mm	1.1	1.1	1.1	1.1	1.1	1.1	1.3	1.3	1.3	1.3	1.4
500mm	1.2	1.2	1.2	1.2	1.2	1.2	1.3	1.3	1.3	1.3	1.4
600mm	1.2	1.2	1.2	1.2	1.2	1.2	1.4	1.4	1.4	1.4	1.5
700mm	1.3	1.3	1.3	1.3	1.3	1.3	1.4	1.4	1.4	1.4	1.5
800mm	1.3	1.3	1.3	1.3	1.3	1.3	1.5	1.5	1.5	1.5	1.6
900mm	1.4	1.4	1.4	1.4	1.4	1.4	1.5	1.5	1.5	1.5	1.6

2. 管道间距表补充说明

（1）阀门井井壁厚度按 250mm 考虑。

（2）若相邻管道做联合阀井时，间距可适当缩小。

（3）当两平行管道无阀门时，净距要求如下：

① 室外管道 $DN \leqslant 200mm$，采用 0.35m。

② 室外管道 $DN \geqslant 250mm$，采用 0.5～1.0m。

（四）管道选材

1. 压力流管道的选材要求

压力流管道一般采用钢管。接收站外长距离输水管道可选用钢管、球墨铸铁管，特殊情况下可选用预应力钢筋混凝土管。工艺海水管道可采用玻璃钢管道、预应力钢筒混凝土管道、碳钢内衬管道。

2. 重力流管道的选材要求

（1）雨水管道，采用钢筋混凝土管、球墨铸铁管。

（2）生活污水管道，采用非金属管材、球墨铸铁管。

（3）海水排水管道，采用玻璃钢管道、预应力钢筒混凝土管道、碳钢内衬管道。

（4）生产污水管道，采用钢管。

（5）其他重力流管道，均采用球墨铸铁管或非金属管材。

3. 污水管道的选材要求

输送含腐蚀介质的污水管道应采用玻璃钢管、U-PVC 管、聚丙烯管、复合钢管或内衬防腐材料的铸铁管。

（五）管道埋深

（1）给水排水管道的埋设深度，应根据土壤冰冻深度、外部荷载、管径、管材、管内介质温度及管道交叉等因素确定。

（2）不考虑季节性冻土地区，道路结构层下管顶覆土不宜小于 0.7m，当小于 0.7m 时，应采取加固措施。非铺砌面结构层下管顶覆土可酌情减少。埋地管道的管顶距铁路轨底结构层不小于 1.2m。

（3）季节性冻土地区管道埋深规定：

① 管径小于或等于 400mm 的压力流管道，管顶宜在土壤冰冻线以下。

② 管径大于或等于 500mm 的压力流管道，其管底可敷设在土壤冰冻线以下 0.5 倍的管径处。

③ 生活污水管道、生产污水管道等重力流管道的干管、支干管管底可在土壤冰冻线以上 0.15m，也可根据当地经验予以确定。

④ 消防水给水管应埋设在冰冻线以下，管顶距冰冻线不应小于 0.15m。

（六）管道附属设备

1. 阀门井

（1）阀门的设置原则可参见有关规定。

（2）阀门井内阀门法兰外缘至井内壁的最小距离可按表 10-17 考虑。

表 10-17　阀门井内阀门法兰外缘至井内壁的最小距离

公称直径/mm	最小距离/m
≤300	≥0.3
350～500	≥0.6
≥600	≥0.8

（3）阀门井内阀门法兰外缘至井底的最小距离可按表 10-18 考虑。

表 10-18　阀门井内阀门法兰外缘至井底的最小距离

公称直径/mm	最小距离/m
≤300	≥0.3
350～500	≥0.5
≥600	≥0.8

(4) 当阀门为闸阀,且 $DN \geq 200mm$ 时,阀下宜设支墩;当阀门为蝶阀,且 $DN \geq 400mm$ 时,蝶阀两端的管道下宜设支墩。

(5) 阀门井阀门顶部(含明杆阀门全开启后丝杆顶部)距盖板或梁净尺寸不小于100mm。

2. 检查井、水封井

(1) 排水管线应设检查井、水封井。

(2) 甲式水封井和间距为5~7m的乙式水封井,水头损失均按0.05m计。

(3) 检查井宜设置200mm的沉砂段。

(4) 直线管段上2座检查井最大间距可按表10-19考虑。

表10-19 直线管段两检查井最大间距

管道名称	公称直径/mm	最大间距/m
各种污水管道	200~400	30
	500~700	50
	800~1000	70
	1100~1500	90
	≥1600	100
雨水管道	200~400	40
	500~700	60
	800~1000	80
	1100~1500	100
	≥1600	120

3. 排气阀

在压力流管道的最高点及管段的某些隆起点,应设置自动排气阀门或手动排气阀门。排气阀的公称直径应根据管道的管径及管段长度确定,可按表10-20选取。

表10-20 排气阀公称直径选择

管道公称直径 DN/mm	100~150	200~250	300~350	400~500	600~800	900~1200
排气阀公称直径 DN/mm	15	20	25	50	80	100

4. 放水阀

在管道低洼处的阀井内应设放水阀,以利于管道检修。放水阀口径应根据管道的管径及管段长度确定,可按表10-21选取。

表10-21 放水阀公称直径选择

管道公称 DN/mm	100~150	200~350	400~600	700~900	1000~1200
放水阀公称直径 DN/mm	32~40	40~50	80~100	100~150	200

(七)管道连接

(1) 埋地敷设的钢管,应采用焊接连接;地上敷设的钢管,可采用焊接、法兰、螺纹连接。

(2) 铸铁管应采用承插式接口,接口填塞材料宜采用纯水泥接口或橡胶圈接口,在特殊情况下可采用青铅接口。污水管道采用橡胶圈接口时,应采用耐油橡胶圈。

（3）混凝土管或钢筋混凝土管，宜采用套环接口或承插式接口，接口填塞材料宜采用纯水泥、橡胶圈水泥砂浆等。若必须采用抹带接口时，管下需做混凝土带形基础。

（4）玻璃钢管可采用承插连接、法兰连接、手糊对接等。

（八）管道外防腐

（1）埋地钢管的外防腐等级需按土壤腐蚀性程度等因素确定，可按表10-22选用。

表10-22　埋地钢管的防腐蚀等级

土壤腐蚀性程度	pH值	含盐量/%	电阻率/（Ω·m）	电流密度/（mA/cm²）	含水量/%	防腐蚀等级
弱	4.5~5.5	<0.05	>100	<0.025	<5	普通级
中	3.5~4.5	0.05~0.75	50~100	0.30~0.025	5~12	加强级
强	<3.5	>0.75	<50	>0.30	>12	特加强级

注：土壤对钢材表面的腐蚀性评价，取各项指标中防腐蚀等级中最高者。其中任何一项超过本表所列指标时，防腐蚀等级应提高一级。

（2）埋地钢管外防腐层可采用环氧煤沥青或聚乙烯胶粘带防腐。

① 环氧煤沥青防腐层等级与结构应符合表10-23的规定。

表10-23　环氧煤沥青防腐层等级与结构

防腐蚀等级	防腐结构		防腐层总厚度/mm
	溶剂型	无溶剂型	
普通级	底漆+多层面漆	单层或多层	≥0.4
加强级	底漆+多层面漆	单层或多层	≥0.6
	底漆+多层面漆+纤维增强材料+多层面漆	多层涂料+纤维增强材料+单层或多层涂料	
特加强级	底漆+多层面漆+纤维增强材料+多层面漆	多层涂料+纤维增强材料+单层或多层涂料	≥0.8

注：环氧煤沥青的底漆和面漆可为"底面合一"型涂料。

纤维增强材料可采用玻璃布或丙纶无纺布，纤维增强材料一道，层间搭接10%~55%。

环氧煤沥青涂料的使用温度不应超过80℃。

② 聚乙烯胶粘带防腐层等级与结构应符合表10-24的规定。

表10-24　聚乙烯胶粘带防腐层等级与结构

防腐蚀层等级	防腐层结构	防腐层总厚度/mm
普通级	环氧类底漆-防腐内带-保护外带 （胶粘带搭接，内、外层压缝，搭接量为50%~55%）	≥0.7
加强级	环氧类底漆-防腐内带-保护外带 （胶粘带搭接，内、外层压缝，搭接量为50%~55%）	≥1.4
特加强级	环氧类底漆-防腐内带-保护外带 （胶粘带搭接，内、外层压缝，搭接量为50%~55%）	≥2.0

注：①聚乙烯胶粘带防腐层可采用底漆、内带和外带组成的复合防腐层结构，也可采用底漆和厚胶型组成的防腐层结构；

②聚丙烯胶粘带防腐层应由底漆和厚胶型聚乙烯胶粘带组成；

③底漆应由胶带厂家配套提供；

④聚烯烃胶粘带防腐涂层的使用温度应为-5~70℃；

⑤焊缝处的防腐层厚度应不少于设计厚度的85%。

五、消防设计

液化天然气接收站储存、运消防输大量易燃易爆的危险物料，对消防应提出了严格的要求，应坚持贯彻"预防为主、防消结合"的消防方针，采用成熟可靠、先进的技术和消防设施，以确保企业生产有安全可靠的保障。

（一）消防水源和消防泵站

1. 消防水源

消防水源必须有足够的供水保证，一般与生产给水的水源相同，可以取自市政供水、地面水等，沿海城市可采用海水作为消防水源。

消防用水由园区市政给水管网直接供给时，接收站给水管网的进水管不少于两条。当其中一条发生事故时，另一条应能通过100%的消防用水和70%的生产、生活用水的总量。

消防水罐（池）宜与生产水罐（池）合并设置，水罐（池）宜设置消防车取水措施。

消防用水由消防水罐（池）供给时，接收站给水管网的进水管应能通过消防水罐（池）的补充水和100%的生产、生活用水的总量。

水罐（池）的容量应满足火灾延续时间内消防用水总量的要求。当发生火灾能保证向水池连续补水时，其容量可减去火灾延续时间内的补充水量。

水罐（池）的补水时间不宜超过48h，当消防水池与生产水罐（池）合建时，应有消防用水不挪作他用的技术措施。

当采用海水消防时，消防给水系统应符合下列规定[5]：

（1）消防给水系统宜采用消防时用海水、平时用淡水保压的方式，并设置消防后淡水冲洗及放净设施。

（2）海水消防系统的管道及设备材料应能够耐受海水腐蚀。

（3）海水消防泵宜与其他海水工艺泵统一布置，共用取水设施。

2. 消防泵站

1）消防用水量

接收站同一时间内的火灾处数应按一处考虑。接收站陆域部分消防用水量应为同一时间内各功能区发生单次火灾所需最大消防用水量加上60L/s的移动消防水量。码头部分的消防用水量应为其火灾所需最大消防用水量加上60L/s的移动消防水量。

2）火灾延续供水时间

接收站工艺处理区、装车区的火灾延续供水时间不应小于3h；LNG罐区火灾延续供水时间不小于6h；辅助生产设施火灾延续供水时间不小于2h；码头火灾延续供水时间不小于6h。

3）消防水压力

LNG接收站陆域部分的消防给水系统应为稳高压系统，其压力宜为0.7~1.2MPa。接收站HSE中心、调控值班中心等单元的室外消火栓系统可采用低压消防水系统，其压力应需确保灭火时最不利点消火栓的水压不低于0.15MPa（自地面算起）。管网压力不小于0.6MPa。

4）消防泵站设计要点

（1）消防水泵应采用自灌式引水系统。

（2）消防水泵、稳压泵应分别设置备用泵，备用泵的能力不得小于最大一台泵的能力。消防水备用泵应选用柴油机消防泵。

（3）消防水泵房应设双动力源，消防泵不宜全部采用柴油机作为消防动力源。当采用柴油机作为备用动力源时，柴油机的油料储备量应能满足机组连续运行的要求，并考虑柴油机回油散热因素。柴油机回油散热采用增大油箱容积方式时，油箱容积可按不小于 5.0L/kW 并考虑 5% 的膨胀容积和 5% 的沉淀容积配备；回油散热采用热交换器冷却器冷却方式时，应保证柴油回油温度不大于 55℃，油箱容积可按不小于 3L/kW 并考虑 5% 的膨胀容积和 5% 的沉淀容积来确定。

柴油机的安装、布置、通风、散热等条件应满足柴油机的要求。

（4）当采用海水消防时，泵宜采用立式消防泵。

（5）消防水泵的吸水管、出水管应符合下列规定：

① 每台消防水泵宜有独立的吸水管。2 台以上成组布置时，其吸水管不少于 2 条，当其中 1 条检修时，其余吸水管应能确保吸取全部消防用水量。

② 成组布置的水泵，至少应有 2 条出水管与环状消防水管道连接，两连接点间应设阀门。当 1 条出水管检修时，其余出水管应能输送全部消防用水量。

（二）消防水管网系统

1. 消防水系统的划分

LNG 接收站码头与陆域部分宜共用一套消防给水系统，消防给水系统供水能力应满足最大消防用水量及水压要求；当码头和陆域部分分别采用独立的消防给水系统时，应分别满足码头、陆域部分的最大消防用水量及水压要求。供码头的消防给水管道可设置为一根，应保持充水状态；寒冷地区消防给水管道应设置防冻设施。

LNG 接收站消防水管道按供水压力不同，分为以下两种类型。

1）稳高压消防给水系统

设置稳压设施，正常工况时，维持管网压力为 0.7MPa。火灾工况时管网向外供水，系统压力下降，消防水泵自动启动。使管网内压力和流量达到灭火的要求。陆域部分消防给水系统应为稳高压系统。

2）低压消防给水系统

管网内平时压力较低，但不小于 0.6MPa。接收站 HSE 中心、调控值班中心等单元的室外消火栓系统可采用低压消防水系统。

2. 消火栓和消防炮的设置要求

（1）除非业主或当地审查部门要求，一般情况下首选室外地上式消火栓。

（2）当采用低压消防给水系统时，所选消火栓公称压力为 1.0MPa（PN10）；当采用稳高压消防水系统时，所选消火栓公称压力为 1.6MPa（PN16）。

（3）消火栓按其进水口的公称直径可分为 DN100 和 DN150 两种，工艺处理区、罐区、装车区等应设 DN150 的消火栓，建筑物室外消火栓系统可采用 DN100 的消火栓。

（4）系统管道上，固定水炮的设置位置和数量应根据工艺单元或罐区的要求确定。

（5）环状消防管道应用阀门分成若干独立管段，每段设置消火栓的数量不宜超过 5 个。

（6）消火栓的保护半径不超过 120m，罐区及工艺处理区的消火栓应在其四周道路边设置，消火栓的间距不宜超过 60m，或根据业主、当地审查部门要求确定。

（三）固定式水喷雾系统

预应力混凝土全容式 LNG 储罐的罐顶泵出口、仪表、阀门、安全阀平台及检修通道处和码头逃生通道处应设置固定水喷雾系统；单容式罐、双容式罐和外罐为钢质的全容式储罐罐顶和罐壁应设置固定消防冷却水系统，罐顶平台重要阀门和设备法兰接口应设水喷雾喷头保护，罐顶和罐壁的固定消防冷却水系统应分开设置。

预应力混凝土全容式储罐罐顶的固定水喷雾系统，检修通道处的供水强度不小于 $10.2L/(min \cdot m^2)$，罐顶泵出口、仪表、阀门、安全阀平台的供水强度不小于 $20.4L/(min \cdot m^2)$。

单容式储罐、双容式储罐和外罐为钢质的全容式储罐罐壁冷却水供给强度不小于 $2.5L/(min \cdot m^2)$，罐顶冷却水强度不小于 $4L/(min \cdot m^2)$。

码头逃生通道的水喷雾冷却水系统冷却供水强度不宜小于 $10.2L/(min \cdot m^2)$。

水喷雾系统为自动控制，同时具有远程手动及现场应急启动控制的功能。当探测器探测到火灾信号后，传输信号至火灾报警控制盘，通过火灾报警控制盘的联锁控制信号启动雨淋阀，从而开启水喷雾系统。

（四）水幕系统

码头操作平台前沿、登船梯前侧工作区域和消防水炮塔等处设置水幕系统。在码头操作平台前沿设置的水幕系统，水平方向覆盖范围应不小于工作平台长度。当发生火灾时，可将码头装卸设备及灭火设施与着火区域进行隔离防护，有效保护码头设施，保障人员安全撤离。水幕强度采用 $2L/(s \cdot m)$，火灾延续时间按 1h 考虑。

（五）高倍数泡沫灭火系统

为了控制集液池内 LNG 的挥发，集液池应设置固定式高倍数泡沫灭火系统，并应符合下列规定：

（1）应选择固定式系统，并应设置导泡筒。

（2）宜采用发泡倍数为 300~500 的水力驱动型高倍数泡沫产生器，且其发泡网应为奥氏体不锈钢材料。

（3）使用海水的高倍数泡沫灭火系统宜采用负压式比例混合器。

（4）当采用海水作为消防水源时，应选用适用于海水的泡沫原液。

（5）泡沫混合液供给强度应根据阻止形成蒸汽云和降低热辐射强度试验确定，并应取两项试验的较大值；当缺乏试验数据时，泡沫混合液供给强度不宜小于 $7.2L/(min \cdot m^2)$。

（6）泡沫连续供给时间应根据所需的控制时间确定，且不宜小于 40min。

（7）保护场所应有适合设置导泡筒的位置。

高倍数泡沫灭火系统具备自动、远程手动及现场应急启动三种控制方式。只有同时接收到 2 个低温探测器发出的报警信号后，火灾自动报警控制盘才联锁启动高倍数泡沫灭火系统，向集液池内喷射泡沫混合液。系统动作信号和报警信号送至消防控制室，现场同时声光报警。

配制泡沫混合液的供水要求如下：

（1）用于配制泡沫混合液的水源，应按泡沫液适宜的水质要求配备，严禁使用影响泡沫灭火性能的水源，如含有洗涤剂或被油品污染了的水。

（2）各类泡沫液配制泡沫混合液，均能使用淡水。是否能使用海水，取决于生产配方，因此当采用海水配制泡沫混合液时，必须选用厂家标明的耐海水型泡沫液，同时在设计说明中注明此项要求。

（3）配制泡沫混合液的水温宜为 4~35℃。

（六）干粉灭火系统

LNG 储罐罐顶的安全阀处设置固定式干粉灭火系统，用于扑救安全阀出口处的火灾。

码头泊位、LNG 装卸区域设置干粉炮装置，干粉量应经过计算确定，每套喷射量不小于 3000kg。设计时应注意以下要点：

（1）启动干粉灭火系统之前或同时，应切断气体、液体的供应源。

（2）保护对象周围的空气流动速度不大于 2m/s。必要时，应采取挡风措施。

（3）在喷头和保护对象之间，喷头喷射角范围内不应有遮挡物。

（4）宜采用碳酸氢钠干粉灭火剂。

（5）干粉灭火剂喷放后 48h 内不能恢复到正常工作状态时，灭火剂应有备用量，且备用量不小于系统设计的储存量。备用干粉储存容器应与系统管网相连，并能与主用干粉储存容器切换使用。

（6）干粉连续供给时间不应小于 60s。

（7）保护对象的计算体积应采用假定的封闭罩的体积。封闭罩的底应是实际底面；封闭罩的侧面及顶部当无实际围护结构时，它们至保护对象外缘的距离不小于 1.5m。

（8）干粉设计用量应按下列公式计算：

$$m = V_1 \times q_v \times t \tag{7-45}$$

$$q_v = 0.04 - 0.006 A_p / A_t \tag{7-46}$$

式中　V_1——保护对象的计算体积，m^3；

q_v——单位体积的喷射速率，$kg/(s \cdot m^3)$；

A_p——在假定封闭罩中存在的实体墙等实际围封面面积，m^2；

A_t——假定封闭罩的侧面围封面面积，m^2。

（9）喷头的布置应使喷射的干粉完全覆盖保护对象，并应满足单位体积的喷射速率和设计用量的要求。

（10）干粉灭火系统应设有自动控制、远程手动及现场应急启动控制三种启动方式。

（11）局部应用干粉灭火系统的手动启动装置应设在保护对象附近的安全位置。手动启动装置的安装高度距地面宜为 1.5m。所有手动启动装置都应明显标示出其对应的防护区或保护对象的名称。

（七）灭火器

液化天然气接收站应设置手提式灭火器，危险的、重要的场所宜增设推车式灭火器，以利于扑救初起火灾。

（1）单个灭火器的规格宜按表 10-25 选用。

表 10-25　灭火器的规格

灭火器类型	干　粉		二氧化碳	
	手提式	推车式	手提式	推车式
灭火剂充装量/kg	6 或 8	20 或 50	7	30

（2）干粉型灭火器的选型及配置应符合下列规定。

① 扑救可燃气体火灾宜选用钠盐干粉灭火剂。

② 工艺处理区、储罐区、装车区、码头平台、操作平台及装卸区等处的手提式灭火器的最大保护距离不宜超过 9m，推车式灭火器的最大保护距离不宜超过 18m。

③ 液化天然气码头卸船臂 15m 范围内宜设置 1 辆推车式干粉灭火器。

④ 每一配置点的灭火器数量不少于 2 具，多层构架应分层配置。

（八）消防站

LNG 接收站内消防站的规模应结合园区总体规划、接收站规模、固定消防设施设置情况以及邻近单位消防协作条件等因素确定。如园区消防站距接收站在接到火灾报警后 30min 内能够到达，且该消防站的装备满足接收站消防要求时，接收站可不单独设置消防站。否则，接收站应设置企业专职消防站。

1. 消防站布置和服务范围

1）消防站布置

消防站通常与气防站合建，并布置在主要道路旁，以便消防车辆迅速通往火灾危险性大的工艺处理单元、罐区等。消防站布置宜远离噪声场所，并应位于站内生产设施全年最小频率风向的下风侧；消防站的出入口与接收站的行政办公及生活服务设施等人员集中活动场所的主要疏散出口的距离，不宜小于 50m。

2）服务范围

消防站的服务范围至火灾危险场所最远点行车路程不宜大于 2.5km，且接到火警后消防车到达火场的时间不宜超过 30min。

2. 消防站规模和主要组成

1）消防站规模

应根据火灾时的消防用水量、灭火剂用量、消防车辆台数、消防人员数、采用灭火设施的类型（固定式、半固定式或移动式）以及消防协作条件等因素综合考虑确定。

2）消防站主要组成

消防站一般由车库、办公室、值勤宿舍、电话通讯室、药剂器材库、蓄电池室、会议室、盥洗室、厕所、训练塔、训练场地以及生活设施等组成。

3. 消防车辆的配置

1）配置原则

消防车辆的车型配置应结合 LNG 接收站内被保护对象的性质确定，宜配置举高喷射消防车、重型高倍数泡沫消防车、重型干粉消防车或泡沫干粉联用消防车。

2）配置选择

LNG 接收站消防车辆配置可参考表 10-26。

表 10-26 接收站消防车辆配置

序　号	车　型	消防站
1	多功能通讯指挥消防车	√
2	抢险救援车	可根据需求选配
3	重型干粉消防车或泡沫干粉联用消防车	√
4	重型高倍数泡沫消防车	√
5	举高喷射消防车	√
6	重型水罐消防车	可根据需求选配

4. 通讯报警

（1）消防站通讯室内应设工业电视、控制台，控制台上设火灾报警盘、工业电视键盘、广播操作盘、电话受警盘、警铃按键、警灯讯号等。

（2）通讯室内应设火警电话（均为录音电话）、调度电话、直通电话、行政电话。直通电话至消防控制室、消防加压泵站、泡沫泵站、总变、配电所等。可根据实际情况，设1台直通电话至全站中控室、消防控制室或指挥控制中心。

（3）消防站内最高建筑物顶部应设通讯天线。

（4）消防站内应配置手持电话机。

（5）为了在火灾发生时能迅速组织并指挥消防人员投入灭火工作，消防站内设置有线广播系统、站内警报系统。有线广播系统主要由设在走廊、宿舍、车库、训练场等处的音箱或扬声器组成，负责人工或自动播放警报信息，指导站内人员行动。警报系统由设在走廊的警铃和车库门外的声光警报器组成，负责接警后警示相关人员及时采取行动，车库门外人员及时避让车辆。

5. 消防人员的编制

消防站一个班次执勤人员配备，可按所配消防车每台平均定员6人确定，其他人员配备应按有关规定执行。

消防车辆具体定员可参考表10-27中的编制人员数确定。

表10-27　消防车辆定员编制表

序　号	常见消防车型	车辆定员/人	编制人员数（24h值班制两班轮体）/人
1	多功能通讯指挥消防车	2	4
2	抢险救援车	7	14
3	重型干粉消防车或泡沫干粉联用消防车	6	12
4	重型高倍数泡沫消防车	6	12
5	举高喷射消防车	3	6
6	重型水罐消防车	3	6

（九）火灾报警系统

1. 设计原则

为有效预防火灾，及时发现和通报火情，保障生产和人身安全，液化天然气接收站的工艺处理区、储罐区、公用及辅助生产设施、全厂性重要设施和区域性重要设施的火灾危险场所必须设置火灾自动报警系统和火灾电话报警。消防站内应设置可受理不少于2处同时报警的火灾受警录音电话，且应设置无线通信设备；在消防控制室、消防加压泵站、泡沫泵站中央控制室、总变、配电所等重要场所应设置与消防站直通的专用电话。

2. 火灾报警方式

1）自动电话报警

行政电话交换机设有火警电话专用号"119"报警系统，接收站及码头的各行政电话分机均可拨打"119"专用号向站内消防控制室及HSE中心（含消防站）值班室报警。在消防控制室设置消防专用电话总机。

2）无线电话机报警

为保证安全生产，及时报告事故隐患和灾情，巡检人员配备防爆型无线对讲机，且其防爆等级适合可能进入的防爆要求最高的场所。为保障火灾、爆炸等紧急情况下消防战斗人员与消防站的通信联系，在消防站及消防车辆内均设置车载台，消防人员配备防爆无线对讲机。

3）火灾自动报警和消防控制系统

LNG 接收站通常设置集中型火灾自动报警系统，消防控制室设置在调控值班中心。在消防控制室、中控室操作大厅、安全管理指挥中心、HSE 中心、总变电所控制室内，分别设置火灾报警系统的图形显示终端，监控和管理整个接收站的火灾报警情况。站内所有火灾报警控制器采用无主从对等网络结构，通过单模光纤环形联网，线路敷设结构采用星形。全站火灾报警信号送至消防控制室、中控室、消防泵站和 HSE 中心等与消防控制管理有关的岗位。

火灾自动报警系统由各类报警装置、警报装置、火灾报警控制器和图形显示终端组成。

火灾报警控制器一般设在有人值班的控制室、值班室、操作室内或建筑物内易于观察的场所。当区域火灾报警控制器设置在无人值守的区域时，其全部信息应通过网络上传至消防控制室，且该区域内消防手动控制装置设置在消防控制室。

火灾自动报警系统与电视监视系统、广播对讲系统联网。

当发生火警时，报警信号送至所连接的火灾报警控制器上，并在消防控制室火灾报警控制器和各控制终端上显示，同时联锁广播对讲系统及消防应急广播系统做出应急广播指示。火灾报警后联动控制附近的摄像机转向报警区域，自动启动或在消防控制室手动启动消防设施；消防站通过图像确认火情后，组织消防人员投入灭火工作。

第五节　标准化设计

一、标准化设计的意义

标准化是为在一定的范围内获得最佳秩序，对实际的或潜在的问题制定共同的和重复使用的规则的活动。标准化设计是形成技术先进、通用性强、可充分利用已有设计成果的系列化设计文件（例如设计规定、标准图等）的过程，既包括设计标准的标准化，也包括设计文件的标准化，即对复杂性事物，通过局部单体的标准化设计降低复杂性，固化成熟技术的过程。推进标准化设计，可以实现以下主要目的：

（1）促进工程技术进步　一方面总结同类项目设计成果进行固化，通过优选、推广的过程实现总体技术进步；另一方面标准化设计成果也需要不断修订、提高，从而不断推动技术进步。

（2）保证设计产品质量　简化设计产品，可以减少重复劳动，加快设计速度。

（3）提高工程经济效益　有利于节约建设材料，归类简化材料品种，提高采购效率，降低工程造价，形成规模效益。

传统的工程建设理念是以独立工程为对象，为实现项目唯一性目标开展设计和建设，实现项目最优化目标。在工程建设与高质量、安全、效率、效益的驱动下，通过标准化设计可以达到建设标准统一化、工厂规模系列化、工艺流程通用化、平面布置模块化，设备选型和设计风格统一的效果。标准化设计可以尽可能规避设计人员设计思路、设计水平、设计风格和手段的不一致带来的设计产品质量问题，以形成的各类模板性设计文件为成果，提高设计质量和效率，缩短建设周期，降低工程投资，降低采购成本，方便后期运行和维护，便于员工培训并统一操作规程，促进生产管理水平提升。

标准化设计并不是局限于以往的设计成果，伴随着法律法规和标准规范的更新、工艺技术进步、制造能力的提高、工厂管理模式的改变，标准化设计业也要与时俱进。

实施标准化设计与差异化、个性化设计服务是协调统一的，各个 LNG 接收站的自然环境地质条件不同，公用工程依托不同，需要针对具体情况，以合同为基础，提供客户量体裁衣的个性化设计服务。

二、液化天然气接收站标准化设计

在标准化设计过程中，贯穿着统一、简化、互换性、协调、选优的原则，形成以"方案最优、投资最省"为核心的标准化设计体系。结合 LNG 接收站的工艺特点、组成单元，从设计规定、设计范围、工艺流程、辅助设施配套、平面布置、建筑物设置、模块化施工、管道材料等级、统一请购要求等方面开展标准化设计。

（一）设计规定

设计标准规范的选择决定了接收站的建设档次、造价和安全性级别，设计规定关系到设计原则和设计习惯的统一，是实施标准化设计的有效手段。建立协调统一的设计规定体系，才能规范项目各设计承包商、各专业设计人员的工作，保证满足项目合同要求，设计基础资料、设计数据选用正确，标准、规范应用协调一致，统一工程设计、文件编制风格。

从项目管理的角度讲，为本项目执行所编制的标准可以统称为项目规定，包括设计管理、协调程序、进度控制、费用控制等各方面。对于其中设计规定可以分为设计管理规定和设计统一规定两大部分，设计统一规定又可分为通用规定和专项规定（专业规定）两个层级，设计规定的组成具体见表 10-28。

表 10-28　设计规定的组成

设计规定										
设计管理规定				设计统一规定						
编制工作程序	文件编制规定	文件编号规定	文件格式规定	通用规定						专项规定
				工程概况	设计原则	主项表	设计基础数据	设计文件编制规定	设计单体编号规定	各专业设计统一规定	标准规范清单

1. 设计管理规定

设计管理规定至少包括以下内容：

（1）编制工作程序　规定设计统一规定的编制、校审、批准以及发布流程、岗位职责和签署要求等。

（2）文件编制规定　规定设计统一规定的一般编制方法，包括编制规定的基础、编制方法、结构和编写要求等。

（3）文件格式规定　规定设计统一规定的文件格式，包括封面页、目录、签署页和正文页的格式要求，以及版次修改标识的要求等。

（4）文件编号规定　规定设计统一规定的编号组成及形式，包括编号内容、名称和代号、编号方式等。

2. 设计统一规定

1）通用规定

通用规定要包括以下几个方面，具体规定编制时可以适当合并。

① 工程概况：说明工程项目名称、地点、范围、主要特点和批复文件等。

② 设计原则：设计运行时间、设计使用年限、工艺设备配置等。在确定接收站工程设计原则时，要充分考虑统筹规划、分步实施的建设特点，如尽可能考虑在不停车状况下进行扩建的需求。接收站工程要与码头工程及输气工程的建设规模协调一致，并为未来发展留有余地。LNG 储罐设计运行年限为 50 年，接收站年操作天数与站外输气管道相协调，以维修期间接收站和输气管道实现不间断供气为原则，同时充分考虑在正常生产及施工建设期间对周围现有企业及居民区带来的影响，并以零危害作为设计原则，考虑季节调峰和日调峰需求。

③ 主项表：即设计工作包分解的基础级，标准设计范围内的单元(主项)表，定义设计单元范围和编号。

④ 设计基础数据：包括现场条件、气象条件、原料与产品、公用工程条件、环境保护基础资料和企业生产现状等。

⑤ 设计文件编制规定：设计文件组成、格式、名称和编号填写方法等。

⑥ 设计单体编号规定，设备、管道、仪表、电气、介质、隔热类型等编号要求。以管道编号为例，可以按以下方式编排：

$$D-XXX-PPPPYY-M-I$$

其中，D——管道公称直径；

　XXX——管内介质代号，以字母表示，可以按照工艺介质、制冷系统、空气系统、排放系统、蒸汽和冷凝系统、火炬系统、气体系统、水系统等分别定义代号；

　PPPP——管道起始点所在 P&ID 编号，但对公用工程(如水、蒸汽、风等)管道以终点所在 P&ID 编号；

　YY——在 PPPP 编号的 PID 中同类介质管道的顺序号，用 2 位阿拉伯数字表示；

　M——管道等级号，按项目提供的管道等级规定；

　I——绝热/伴热形式代号，用字母表示如下：

AH——隔音保温；

AC——隔音保冷；

CC——保冷；

AD——防结露；

HC——保温；

PP——人员保护；

ST——蒸汽伴热；

SJ——夹套伴热；

N——不保温；

FP——防火。

2）专项规定

专业设计统一规定，按照设计专业或专项编制，包括设计依据、设计范围、设计原则、设计技术规定和其他规定等。设计依据包括合同文件、设计委托、试验研究报告、有关会议纪要及信函等主要文件中与本专业有关的内容，项目特殊要求及地方规定中与本专业有关的内容，上一设计阶段设计文件及审批纪要、批文中与本专业有关的内容，开工报告中与本专业有关的内容；其他设计输入文件中有关内容。

结合天然气接收站的建设地点环境情况、工艺特点、物料种类等，通过制定各专业设计统一规定，规范设计人员的设计行为，保证标准化设计的实现，体现技术先进性，突出规定的可操作性。例如在配管专业设计统一规定中，除了设备布置、管道布置等规定外，还包括设备和管道隔热、涂漆、表面色设计规定、管道材料规定、管道应力规定等内容；工艺专业设计统一规定中，除了阐明设计原则等，还可以细化编制气化器、泵的计算及选型、LNG 低温储罐选型、BOG 压缩机、安全泄压系统、工艺流程中吹扫、排液及排气等工艺设计规定以及 LNG 汽车装车设施、火炬设施等工艺设备、设施的设计规定。

标准规范清单即本项目各专业采用的标准、规范清单，包括法律法规、国行标、企业标准和其他标准等。

（二）设计范围标准化

LNG 接收站主体工程一般包括 LNG 卸船设施、LNG 储存设施、BOG 工艺处理设施、LNG 气化设施、天然气计量外输设施、LNG 汽车装车设施、火炬设施、行政管理设施、辅助生产设施、公用工程设施等。接收站整体工程还有 LNG 专用船码头、工作船码头、海水取排水设施等码头工程，有时还包括输气干线工程。

设计范围的标准化可以为投资比对、决策提供统一衡量标杆，为总图布置、设计文件构成、编排提出要求，也为工厂统一运营维护的人员组织机构建立和人员配置提供基础。

下面以主体工程和码头工程为例，结合总图及设备布置的标准化做进一步的阐述。接收站工程单元的标准化可以参照表 10-29 进行制定。

表 10-29 接收站工程单元一览表

序号	单元名称	单元号	设计单位	备注
一	总图运输			
1	接收站总平面布置	101		
2	竖向布置及道路	102		
3	管道综合	103		
4	围墙、大门及守卫室	104		
二	轻烃回收装置	201		
三	储运设施			
1	LNG 码头卸船设施	301		
2	LNG 罐区	302		
3	工艺处理设施	303		

续表

序号	单元名称	单元号	设计单位	备注
4	天然气外输及计量设施	304		
5	LNG 汽车装车设施	305		
6	火炬设施	306		
7	轻烃罐区	307		
8	工艺及热力管网	308		
四	冷能综合利用			
1	冷能利用空分设施	401		
2	冷能发电设施	402		
五	公用工程			
(一)	给水排水及消防系统			
1	海水泵站	511		含加药间
2	给水及消防加压泵站	512		
3	给水排水及消防管网	513		
4	污水提升泵站	514		
5	事故排水储存设施	515		
(二)	环保设施			
1	危废暂存间	521		
2	污水处理设施	522		
(三)	电力系统			
1	总变配电所	531		
2	厂区供电及照明	532		
3	应急发电机房	533		
4	区域变配电所-x①	534		
(四)	热工系统			
1	软化水站	541		
2	锅炉房	542		
(五)	空分、空压站	551		
(六)	控制系统			
1	中心控制室	561		
2	机柜间-x①	562		
(七)	电信系统	571		
六	辅助生产及服务性设施			
1	调控值班楼	601		
2	中心化验室及环保监测站	602		
3	HSE 中心	603		
4	综合仓库	604		
5	综合维修	605		

续表

序号	单元名称	单元号	设计单位	备注
6	加药间	606		
七	全厂信息系统	701		
八	站外工程			
1	站外办公楼	801		
2	站外供电线路	802		

注：若接收站没有的单元可空缺。

　①×表示顺序号，用阿拉伯数字表示，设置多个时对应单元号顺延。

（三）工艺流程标准化

1. 流程图表达标准化

工艺流程图（Process Flow Diagram，PFD）、材料选择流程图（Material Selections Diagram，MSD）和工艺管道及仪表流程图（Piping and Instrument Diagram，P&ID）图例符号及说明的标准化表达，可以有效提高信息沟通效率，结合智能 P&ID 工程软件的定制，在项目中统一则更为高效。

2. 工艺流程标准化设计原则

以投资低、能耗低、占地少、方便操作和检维修为总原则，以流程短且 LNG 卸船、低压泵、高压泵、气化及计量匹配性好为基础，细化各功能的流程，例如采用半固定式氮气吹扫方式；原则上不设置放空罐，降低投资和能耗；贸易交接计量方式的设置要视情况确定，装卸船采用船检尺，装车采用地秤称重，天然气外输采用流量计计量；卸船臂和装车臂氮气吹扫采用在线气液分离方案，减少二次周转，降低投资和能耗等。

3. 工艺单元流程标准化

LNG 接收站工艺原料组成单一稳定，更加适宜开展工艺流程的标准化设计。工艺单元流程标准化，可按照如下单元开展：

① LNG 储罐工艺流程。

② 码头卸船设施工艺流程。

③ LNG 罐内低压泵、高压外输泵工艺流程。

④ LNG 气化工艺流程。

⑤ BOG 压缩机工艺流程。

⑥ BOG 再冷凝工艺流程。

⑦ 天然气计量及外输设施工艺流程。

⑧ LNG 汽车装车设施工艺流程。

⑨ 火炬设施工艺流程。

⑩ 海水取水与给水、排水工艺流程。

⑪ 消防泵房工艺流程。

⑫ 消防系统工艺流程。

⑬ 污水处理工艺流程。

各单元标准化流程以技术水平和生产运行平衡，各单元协调统一为原则，特别是工艺设备的配置标准化，例如接收站内储罐及罐内低压泵、BOG压缩机、外输高压泵、卸船臂、气化器等同类型设备的技术参数尽可能一致，以实现系列化设计；与主力船型相匹配，配置卸船臂台数；采用可移出式低温潜液泵，整体安装在储罐内的泵井中，直接潜浸在泵送液体中，泵的扬程在满足BOG冷凝的前提下，扬程尽可能低，泵的配置以全站备用综合考虑。

LNG储罐区：每座储罐设置三套液位检测系统用于测量和报警；每座储罐设置压力测量仪表用于控制排气和补气、调压缩机负荷及报警；每座储罐设置温度测量仪表用于预冷、监测及报警；储罐设置液位-温度-密度测量系统（LTD）；储罐设置两级超压排放系统；储罐设置开车吹扫、置换及干燥流程；储罐设置开车预冷流程；罐内低压泵扬程尽可能低；考虑罐内低压泵的小流量保护、排气、放净以及冷回流部分的流程；储罐设置两级负压保护流程等。

码头卸船设施：主力船型按照 $17.2 \times 10^4 m^3$、兼顾停泊 $(3 \sim 26.6) \times 10^4 m^3$（兼顾装船）考虑，卸船流量 $14000 m^3/h$，功能包括卸船、冷循环及气相返回等。

工艺处理设施：BOG增压选用低温往复式压缩机；热源可靠情况下，选用常温压缩机；BOG再冷凝系统采用高效、节能、经济且控制简单、便于操作检维修的再冷凝技术应用等。

天然气计量及外输设施：气化后的天然气进入外输计量系统经计量后出站进入天然气输送管道，计量设施内设置收发球系统。计量数据通过通信接口传至中心控制室DCS系统以及SCADA系统等。

LNG汽车装车设施：LNG自罐内低压泵出口总管进入LNG汽车装车设施装车，经定量装车系统计量后装车。装车设施内包括装车臂、气相返回臂、流量计、静电报警控制器、压力变送器、装车流量控制阀、紧急切断阀等。

火炬设施：LNG储罐设置超压排放系统，储罐超压时，火炬气调节阀组控制排放至火炬系统进行处理。火炬系统设置两套封闭式地面火炬或高架火炬，两套火炬可分开检维修。采用封闭式地面火炬时，LNG气化器超压排放的可燃气体不接入火炬系统。

4. 仪表控制系统标准化

在工艺流程标准化的过程中，伴随着控制系统的标准化。按照运行的需要，以中心控制室为核心，配置DCS、SYS、GDS、FAS等系统，码头工程、汽车装卸区域设置相对独立的控制室。

储罐计量系统（Automatic Tank Gauging，ATG）由三套伺服液位计、一套LTD液位-温度-密度计、二套平均温度计及相应的储罐监控管理软件和防翻滚软件组成，完成储罐液位测量、储罐计量及储罐高高、低低液位联锁保护，并监控、预测LNG储罐内出现翻滚现象，以避免LNG发生翻滚。

LNG接收站根据外输需求设置相应的天然气外输计量系统（Gas Metering System，GMS），天然气外输计量系统由流量计算机、计量级超声波流量计、温压补偿仪表、密度计、在线气相色谱仪等构成。

LNG汽车装车采用定量装车技术，定量装车监控管理系统采用分布式定量装车监控管理系统，由装车监控管理机、就地定量装车控制器、高精度质量流量计及调节阀等仪表构成。

（四）公用工程辅助设施标准化

公用工程辅助设施除了考虑市政水源提供生活用水、海水取水提供生产给水和低压消防水，以及工厂风等配置外，还要全面考虑通信系统等设施，例如电视监视系统、火灾报警系统、无线通信系统、行政电话系统、调度电话系统、扩音对讲系统、门禁系统、周界入侵报警系统、巡更系统、视频会议系统、光传输系统、应急广播及警报系统、有线电视系统、电信线路、综合布线系统等。

（五）平面布置标准化

1. 总平面布置标准化原则

满足生产工艺要求，流程顺畅，管线短捷，节约投资；按功能分区合理布局，便于经营和管理；公用工程设施及辅助设施尽量靠近负荷中心；站内道路呈环形布置，以满足消防、检修、交通的需要；充分考虑风向，减少环境污染；结合远期规划，合理预留发展用地。

按照功能进行分区布置，接卸及储存功能区、工艺处理功能区、计量外输功能区、汽车装车功能区、冷能利用设施功能区、火炬设施功能区、公用工程功能区、管理及维修功能区等，适当考虑未来发展的预留区域。图 10-23 举例说明各功能单元的相对位置关系，从缩短系统管廊长度节省冷能消耗，危险区和人员活动区域明显区分，以及最小频率风向等角度，合理布置各单元。可能散发可燃气体的工艺装置、罐组、装卸区等设施，宜布置在人员集中场所的全年最小频率风向的上风侧。

2. 单元布置标准化

按照工艺单元，以 GB 51156—2015《液化天然气接收站工程设计规范》、（GB 50183）《石油天然气工程设计防火规范》、GB/T 20368—2021《液化天然气（LNG）生产、储存和装运》、GB 50058—2014《爆炸危险环境电

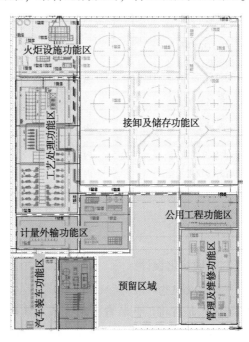

图 10-23　各功能单元的相对位置关系

力装置设计规范》、JTS 165-5—2016《液化天然气码头设计规范》等标准为依据，开展各单元平面布置标准化设计。

（六）建筑物标准化

根据接收站规模的匹配要求，对于必要的通用建筑物，从功能设置到每个建筑物的形式、参数进行标准化设计，有利于不断优化设计。按照典型接收站的配置，可以对表 10-30 所列建筑开展标准化设计。

表 10-30　典型标准化建筑物

建筑物名称	耐火等级	抗震设防等级分类	火灾危险性分类	建筑物主要特征		
				基础形式	围护结构	屋面

建筑物名称	耐火等级	抗震设防等级分类	火灾危险性分类	建筑物主要特征		
				基础形式	围护结构	屋面
区域变电所	二	乙	丙	钢筋砼框架结构	轻集料混凝土砌块墙	钢筋混凝土屋面板
HSE 中心消防训练塔	二	乙	丁、戊	钢筋砼框架结构	轻集料混凝土砌块墙	钢筋混凝土屋面板
综合仓库	二	丙	丁、戊	钢筋砼框架结构	轻集料混凝土砌块墙	钢筋混凝土屋面板
罐区机柜间	二	丙	丁、戊	钢筋砼框架结构	轻集料混凝土砌块墙	钢筋混凝土屋面板
工艺处理设施机柜间	二	丙	丁、戊	钢筋砼框架结构	轻集料混凝土砌块墙	钢筋混凝土屋面板
工艺处理设施压缩机厂房	二	丙	甲	钢结构	单层彩色压型钢板	单层彩色压型钢板
LNG 汽车装车设施罩棚	二	丙	甲	钢结构	单层彩色压型钢板	钢网架彩色涂层金属压型钢板
调控值班中心	二	乙	丁、戊	钢筋砼框架结构	轻集料混凝土砌块墙	钢筋混凝土屋面板
中心化验室及环保监测站	二	丙	丙	钢筋砼框架结构	轻集料混凝土砌块墙	钢筋混凝土屋面板
维修车间	二	丙	丁、戊	钢结构	压型钢板夹芯板外墙	压型钢板夹芯板屋面板
HSE 中心(含消防站)	二	乙	丁、戊	钢筋砼框架结构	轻集料混凝土砌块墙	钢筋混凝土屋面板
锅炉房及软化水站	二	丙	丁、戊	钢筋砼框架结构	轻集料混凝土砌块墙	钢筋混凝土屋面板
空压站厂房	二	丙	甲	钢结构	单层彩色压型钢板	单层彩色压型钢板
给水泵房	二	丙	丁、戊	钢筋砼框架结构	轻集料混凝土砌块墙	钢筋混凝土屋面板
海水泵站	二	丙	丁、戊	钢结构	压型钢板夹芯板外墙	压型钢板夹芯板屋面板
海水泵站制氯间	二	丙	丁、戊	钢筋砼框架结构	轻集料混凝土砌块墙	钢筋混凝土屋面板
围墙大门及警卫室	二	丙	丁、戊	钢筋砼框架结构	轻集料混凝土砌块墙	钢筋混凝土屋面板
码头配电间及雨淋阀室	二	丙	丁、戊	钢筋砼框架结构	轻集料混凝土砌块墙	钢筋混凝土屋面板
码头控制室	二	丙	丁、戊	钢筋砼框架结构	钢筋砼抗爆墙	钢筋混凝土屋面板
总变配电所	二	乙	丙	钢筋砼框架结构	轻集料混凝土砌块墙	钢筋混凝土屋面板

(七) 模块化设计

1. 模块化概念

"模块"是指将工艺装置、单元或系统单元,划分为若干可实现工厂化预制,并进行独立运输、吊装的撬装单体。"模块"形式为钢结构撬装(其中包含动静设备、管道、阀门及管道支架、仪表元件等附件)或设备区段(大型设备需分段运输,现场组装)。"模块化设计"是指通过分区划块、集成设计等工作,使装置或系统单元能够通过工厂制造若干独立"模块",通过相关接口,连接或组合重组装的设计过程。

2. 模块化设计的优势

(1)节省现场建造工期,实现现场施工与模块建造同步进行,减少现场检验、调试时间,缩短、保证整体工期。

(2)减少现场人力需求,降低现场施工人力成本。

(3)避免现场因素影响生产效率,如天气、临时作业空间等,保证工期。

(4)在模块制造厂有利于控制质量,提高生产效率。

(5)通过创造可控的生产环境提高现场安全程度,减少高空作业、交叉作业,满足环保要求,有效降低施工 HSE 风险。

3. 接收站模块化设计

模块化设计的前提是工艺流程、设备布置的标准化设计，结合接收站各单元的特点，可以在以下几个部分开展。

（1）LNG 罐顶平台模块　LNG 罐顶平台高度在 50m 以上，通常是三层钢结构，布置罐内低压泵连接管道、仪表等。由于安装高度很高，管道管径较大，如采用现场常规施工方式，吊机的使用频繁，施工效率低，施工质量难度大，施工临时保护还需要额外的费用。采用模块化设计的思路，在地面设置与罐顶同样的框架基础，分片预制钢结构和管道，经质量检查、系统试验合格、绝热、涂漆等施工后，分片整体吊装到顶平台相应的框架基础。在钢结构设计中要考虑整体吊装需求，核算吊点受力和重心；按照分片的规划，必要时设置双梁双柱结构。图 10-24 为模块化施工过程示意。

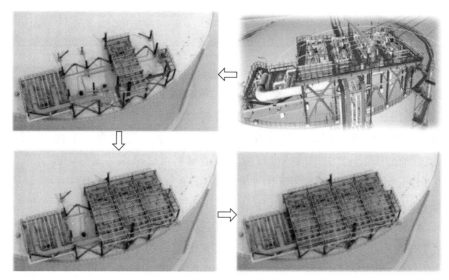

图 10-24　模块化施工过程示意

（2）汽车装卸站模块　如图 10-25 所示，按照撬装设备的模式进行整体设计，将装车臂、流量计量等设备、管道集约到一个紧凑的底板上，按照组件的模式对装卸站进行配置。

（3）码头平台装卸模块　码头平台装卸设备及管道布置在钢结构框架上，集中施工预制，整体安装的方式提高施工效率。

图 10-25　汽车装车撬模块图

（八）管道材料标准化

管道综合材料可选用的标准、材质多样，涉及的管道组成件种类繁多，通过统一管道材料等级索引表和管道材料等级规定，实现材料材质、标准选择统一和标准化，是管道标准化设计、标准化采购的基础，对管道工程设计、物资供应采购和施工建设的项目全过程进行管道材料的精细化科学管理，可以减少采购品种规格，降低采购成本和采购周期，方便库存备料，降低项目投资和运行维护费用。

1. 管道材料等级索引表

管道材料等级索引表主要由管道压力等级、腐蚀裕量、管道基本材料代号、顺序号及特殊要求代号五部分组成。管道材料等级编号可以体现压力等级-腐蚀裕量-基本材料-等级序号-特殊要求等基本信息或其中部分信息，以便于识别主要材质、法兰等级等信息为原则。

结合接收站工程管道的设计温度、设计压力、输送介质和介质特殊要求等设计条件，以及材料的耐腐蚀性能、加工工艺性能、焊接性能和经济合理性等选用，在材料选择流程（MSD）编制阶段确定基本材料选择，按照介质类别编制管道材料等级索引表。典型管道材料等级索引表见表 10-31。

表 10-31　典型管道材料等级索引表

等级代号	适用介质	基本材料	腐蚀裕量/mm	极限温度/℃	法兰等级	密封面
A1A	锅炉给水、低压蒸汽、低压凝液、大气放空、安全放空、氮气	CS	1.5	-20~371	150LB	RF

2. 管道材料等级规定

管道材料等级规定的内容包括：适用介质，腐蚀裕量，热处理要求，设计条件，管子、管件、法兰、阀门、垫片、紧固件等管道组成件的公称直径、材料、制造、端面型式、壁厚及压力等级、编码、内件、型式、标准及备注等相关内容，变径表，支管表，计算壁厚表等。规定还包括适用范围、引用的标准规范、管道材料设计原则、缩写词索引等。

管道材料的选用在符合 TSG D0001《压力管道安全技术监察规程——工业管道》的要求前提下，国内管道材料按 GB/T 20801 和 SH/T 3059 等标准规范进行设计和选用，国外管道材料按 ASME B31.3、ASME B31.1 等标准规范进行设计和选用。结合接收站工艺介质和操作条件的特点，通性的技术要求是在标准化设计过程中通过管道材料等级规定予以统一，例如对于工艺物料管子，口径≤DN150 的采用无缝管，口径≥DN200 采用直缝电熔化焊焊接钢管（EFW）；对于超低温管道阀门选型：压力等级为 CL150 且公称直径 DN150 的选用球阀；压力等级为 CL150 且公称直径>DN150 的选用蝶阀；压力等级为 CL900 均选用球阀；有流量调节需要的选用截止阀；工艺管道蝶阀选用双向密封、侧顶装双偏心或三偏心蝶阀等。

3. 材料编码统一

通过制定各类材料的编码规则，以标准化材料编码唯一命名各类管道材料，实现材料编码的标准化统一，既是为数字化设计提供基础，也是为采购、施工管理提供支持。以管件、阀门编码为例，管件的编码可以由管件类型、结构型式、制造型式、连接型式、材料、管件标准等信息代码组成；阀门的编码可以由阀门类型、结构型式、压力等级、连接型式、阀体材料、阀内件材料、标准、特殊要求等信息代码组成。

4. 管道材料等级库

管道材料等级索引表和管道材料等级规定是建立三维模型设计工程软件数据库的主要基础文件。材料编码的标准化统一，使得以编码驱动的数据库建立成为可能。建立等级库的过程也就是管道材料等级文件转换成三维设计软件系统的格式文件的过程。

（九）设计文件标准化

1. 标准化设计表格

标准化设计表格是指总结编制 LNG 接收站项目的动静设备数据表、管道附件数据表等各类设计标准表格，以明确设计条件的内容和深度，固化工艺参数，贯彻标准化工艺流程意图。以安全阀数据表为例，表 10-32 为典型安全阀数据表。

表 10-32　典型安全阀数据表

项　目		数　据	项　目		数　据
位　号			设定压力/MPa		
作用	(1)安全阀		允许超压百分数/%		
	(2)泄压阀		泄放压力/MPa		
	(3)安全泄压阀		背压	附加背压/MPa	
类型	(1)通用式(全启式，微启式)			排放背压/MPa	
	(2)(波纹管式)平衡			总背压/MPa	
	(3)(活塞式)平衡		回座压力(低于定压)/%		
	(4)导阀控制		泄放温度/℃		

续表

项 目		数 据	项 目		数 据
要求数量			排放去向	(1)大气	
安装位置				(2)火炬	
被保护设备管道名称				(3)其他	
被保护设备管道位号			有效的泄放面积/mm²		
操作压力/MPa			实际泄放面积/mm²		
容器或管道设计压力/MPa			喷嘴代码		
操作温度/℃			计算喷嘴的流量系数 $C=$		
容器或管道设计温度/℃			选用安全阀流量系数 $C=$		
规范	容器管道设计		弹簧设定压力/MPa		
	安全阀选用依据		材料	阀体	
介质	介质名称			喷嘴	
	主要组分及级成			阀盘	
	介质状态(液体或气体)			阀杆	
	泄放温度下密度/(kg/m³)			弹簧	
	分子量			波纹管	
	介质黏度/(mPa·s)			垫片	
	压缩系数 Z		有无阀帽		
	C_p/C_v		有无手柄		
泄放量/(kg/h)	火灾		有无试验用顶丝		
	液体和/或蒸气流入		进口尺寸和压力等级		
	换热管破裂		出口尺寸和压力等级		
	热膨胀		阀体试压等级(进口/出口)		
	冷却水中断		阀门设计温度/℃		
	动力故障		制造厂名		
	调节阀故障		制造厂型号		
	出口阀关闭		附件		
	化学反应		阀盖型式		
	其他		阀门型式		
	需要排放能力		安全阀反力/N		

2. 请购技术文件

对于 LNG 接收站工程特有的设备、材料，通过编制标准化的请购技术文件模板，提高请购效率的同时，可以不断收集供货信息，不断优化设计成果。对于普通设备和大宗材料，通过统一技术要求和材料编码等进行标准化。

请购技术文件的内容一般由总则、技术要求(含一般要求、采用标准)、特殊要求、试验与运输要求(含检验和试验、涂漆要求、运输要求、包装与保管要求)、要求供方提供的技术资料、附件清单(数据表/材料表、设计图、技术规定等)等部分组成。

通过以上请购技术文件的组成部分，说明报价要求、供应商责任、供货范围、提交设计资料文件、检验和试验要求、涂漆防锈和运输要求、备品备件、保证等事项。较为典型的接收站特有设备、材料如下：

（1）LNG 汽车装车臂；

（2）浸没燃烧式气化器（SCV）；

（3）带中间介质的海水气化器（IFV）；

（4）海水气化器（ORV）；

（5）高低压清管橇；

（6）再冷凝器；

（7）空温式气化器；

（8）低温液氮泵；

（9）LNG 罐顶压力安全阀/真空阀；

（10）管道保冷材料；

（11）保冷管托；

（12）低温阀门；

（13）低温法兰；

（14）低温管道；

（15）低温管件；

（16）海水蝶阀；

（17）循环海水管线系统（GRP）；

（18）9%Ni 钢板；

（19）9%Ni 钢板用焊接材料；

（20）外罐壁衬板、外罐底衬板；

（21）组装式铝吊顶组件；

（22）立式圆筒形储罐用钢板；

（23）罐顶料孔及罐顶人孔；

（24）内罐及吊顶用梯子平台；

（25）BOG 压缩机；

（26）LNG 罐内低压泵；

（27）高低压外输高压泵；

（28）海水泵；

（29）无油螺杆式空气压缩机；

（30）LNG 卸船臂/气体返回臂。

通过标准化的请购技术文件，可以有效支持标准化采购的实施，同时也为设计的供应商资料输入提供便利，控制设计周期。

参 考 文 献

[1] 刘家明. 石油炼制工程师手册（第 I 卷）炼油厂设计与工程[M]. 北京：中国石化出版社，2014.

[2] 高从堦，阮国岭. 海水淡化技术与工程[M]. 北京：化学工业出版社，2015.

[3] 王如华. GB 50013—2018 室外给水设计标准[S]. 北京：中国计划出版社，2019.

[4] 刘进龙. SH/T 3024—2017 石油化工环境保护设计规范[S]. 北京：中国石化出版社，2018.

[5] 王红. GB 51156-2015 液化天然气接收站工程设计规范[S]. 北京：中国计划出版社，2016.

第十一章 标准化建造

第一节 液化天然气储罐标准化建造

近年来，随着LNG储罐标准化设计水平的提升，有必要在LNG储罐建造过程中采用模块化施工，通过采用内罐壁板工厂化预制、钢结构工厂化预制、钢筋网片预制、罐穹顶钢梁钢板模块化施工，并且逐步提高施工过程机械化（自动化）水平的占比，从而使施工过程中的安全、质量受控，达到环保要求，缩短建设工期，降低工程投资，实现全生命周期成本最优化的目的。

LNG接收站项目主要由LNG储罐及其附属工程构成，现以LNG储罐（$16 \times 10^4 \mathrm{m}^3$）建造为例说明标准化建造方面的内容。

一、LNG储罐施工模块划分

LNG储罐施工可分为3个模块：土建模块、安装模块、保冷模块。

1. 土建模块

LNG储罐土建施工模块包括地基与基础、外罐底板、外罐壁板、穹顶、预应力施工。

2. 安装模块

LNG储罐安装模块施工包括钢拱顶安装（含铝吊顶安装）、防潮板安装、内罐底板安装（含环梁及保冷）、热角保护安装（含保冷）、内罐壁板安装、罐配套设施安装（含管道、设备及结构）、水压试验。

3. 保冷模块

LNG储罐保冷模块施工包括内罐外壁弹性纤维毡安装、吊顶上部玻璃纤维毡安装、管道保冷、膨化珍珠岩填充。

二、LNG储罐建造施工主要特点及施工难点

（1）储罐基础为筏板基础。筏板、底板和穹顶都涉及大体积混凝土浇筑和裂缝控制问题。

（2）储罐基础底板通常采用架空式模板支撑体系，罐壁采用爬升模板体系施工，DOKA模板制作精度及安装质量对整个储罐墙板的几何尺寸保证至关重要。

（3）外罐壁高，厚度大，为预应力筒墙，在顶部设有穹顶加强环梁。预应力筒墙施工量大，质量要求高；墙体高大钢筋网片的制作安装进度顺利和安全对储罐整个墙板施工影响很大。

（4）使用超低温混凝土C50、C40，其品质、储罐底板平整度、内罐垂直度、圆弧度质

量控制是施工中的难点。

（5）储罐底板与第一段板墙混凝土裂缝控制、环梁与穹顶混凝土裂缝控制、穹顶混凝土分层浇筑质量控制等是土建施工的另一个难点。

（6）外罐钢拱顶采用低位组装，气吹顶升的安装工艺，顶升高度高，重量大，操作技术难度大，安全风险高。

（7）内罐壁板采用9%镍钢，焊接工艺难以掌握，对焊工技能操作水平要求高。

（8）LNG储罐结构型式的特殊性决定了水压试验必须以罐顶部开孔为液体出入口。

三、模块施工顺序

模块施工顺序如图11-1所示。

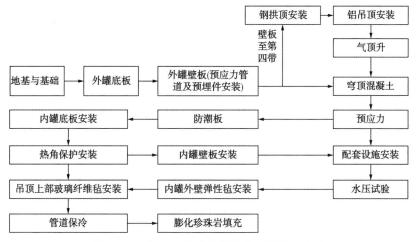

图11-1　某LNG接收站模块施工顺序示意图

第二节　组织管理

LNG接收站建造实施通常采用设计、采购、施工总承包(EPC)管理模式。

一、总承包商现场管理模式

为了明确在低温储罐施工现场各方的管理关系，通过某LNG接收站管理模式框图（图11-2），阐明质量监督站、业主、监理、EPC总承包商、第三方检测、施工分包单位的合同及管理关系。

二、总承包的施工分包

施工分包工作包划分是以工作性质相同、工作界面清晰、施工协调交叉少、施工单位少为原则进行划分的。

LNG低温储罐施工一般分为地基处理工程、储罐土建工程、预应力工程、储罐安装工程、保冷工程等工作包。

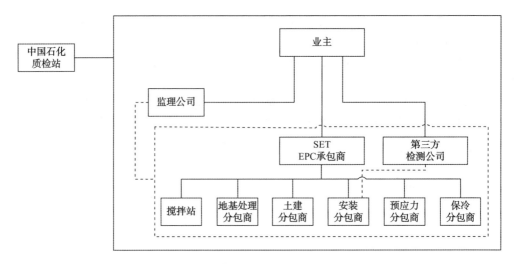

图 11-2　某 LNG 接收站管理模式框图

三、组织机构及岗位职责

1. 总承包现场组织机构及岗位职责

1）总承包现场组织机构

总承包现场通常配置专门的项目现场管理人员，组织机构具体设置如图 11-3 所示。

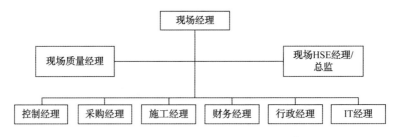

图 11-3　某 LNG 接收站现场组织机构示意图

2）总承包商工作职责

全面负责组织管理合同项目的施工任务，保证施工进度、工程质量和施工费用在控制目标内。

（1）组织施工现场调查，提出初步的施工方案，对工程设计提出与施工安装有关的意见和要求。

（2）组织编制施工管理规划。

（3）组织施工招标和拟订施工分包合同条款，组织分包合同的谈判和签订。

（4）组织制定项目现场施工管理文件，确定施工管理组的人员及岗位，在具备现场施工条件时，组织施工管理人员进驻施工现场。在施工期间，根据工作需要，对现场施工管理人员进行合理调配。

（5）组织业主、施工分包商对现场施工的开工条件进行检查，提出施工开工申请。

（6）协助计划工程师进行第一级和第二级施工进度计划的编制。负责组织施工第三级计划和第四级计划的编制工作，组织施工分承包方按计划实施。

（7）负责与业主、施工分包商进行施工管理工作的联络和协调。

（8）组织审查施工分包商提出的施工组织设计、施工方案、施工技术措施。对重大施工方案提交公司施工管理职能部门评审。

（9）组织图纸会审和设计交底。

（10）负责组织现场文明施工管理工作。

（11）负责现场施工组织协调工作，定期主持召开现场协调例会。

（12）负责组织制定施工过程中的质量控制点，负责组织工程质量评定、质量检查、质量验收、处理质量事故，组织质量大检查。

（13）负责施工现场的安全管理工作，组织安全大检查，并处理安全事故。

（14）组织工程中间交接。

（15）组织审查、移交工程交工资料。

（16）试车期间，组织处理试车中发现的工程质量问题。

2. 施工分包商现场组织机构及工作职责

1）施工分包商现场组织机构

（1）土建施工分包商组织机构。项目土建分包商通常设置项目经理、项目副经理、项目总工程师，并下设工程部、商务部等部门，具体组织机构见图11-4。

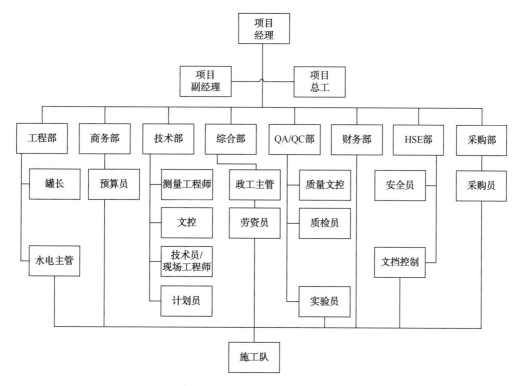

图11-4 某LNG接收站土建分包商组织机构示意图

（2）安装施工分包商组织机构。项目安装施工分包商通常设置项目经理、项目副经理、项目总工程师，并下设工程部、经营部等部门，具体组织机构见图11-5。

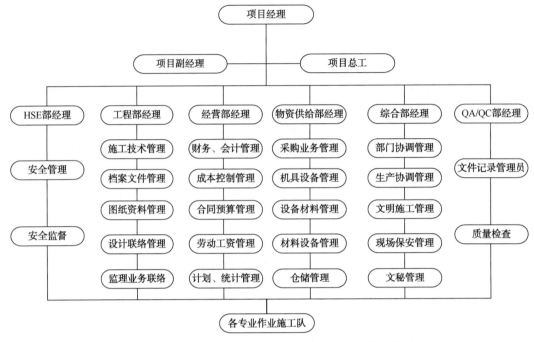

图 11-5 某 LNG 接收站安装施工分包商组织机构示意图

（3）预应力施工分包商组织机构。LNG 储罐预应力工程需由专业队伍施工，分包商组织机构见图 11-6。

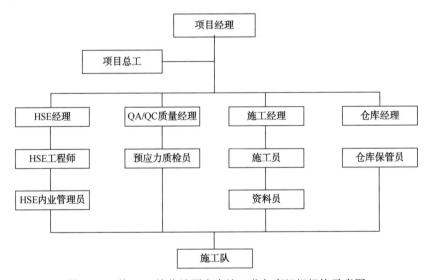

图 11-6 某 LNG 接收站预应力施工分包商组织机构示意图

（4）储罐保冷施工分包商组织机构。保冷施工对 LNG 接收站的安全、经济运行起到至关重要的作用。保冷施工是一项专业性较强的工作，储罐保冷施工分包商组织机构见图 11-7。

2）施工单位工作职责

（1）土建施工分包商现场组织机构在 EPC 承包商的管理下，全面负责组织管理合同项

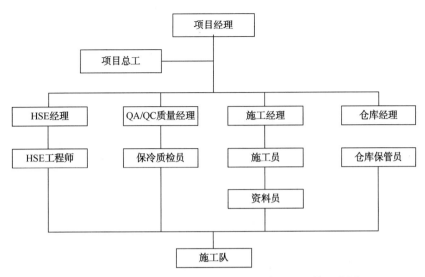

图 11-7　某 LNG 接收站保冷施工分包商组织机构示意图

目的施工任务，满足 EPC 承包商的管理要求，同时又是该施工分包商受其公司法人代表的委托，全权处理本项目的一切事物。具体职责如下：

按照 EPC 承包商提供的图纸和要求进行储罐区土建工程的施工。提供为完成储罐区土建工程施工所必需的劳动力、材料、设备、工具和其他设施等。进行所有规定工程的施工，包括工程检验、测试并完成合格后移交给 EPC 承包商或其指定代表所需的工作、其他施工杂项活动以及同现场所有相关方的界面配合工作。

按照合同的规定，向 EPC 承包商提交符合业主及 EPC 承包商要求的施工方案、施工组织设计及各种项目管理文件；为现场人员和施工设备机具办理相关的保险；配备符合国家、行业、工程所在地和业主及 EPC 承包商要求的现场急救设施；配备和提供符合国家、行业、工程所在地和业主及 EPC 承包商要求的安全防护措施和设施以及临时消防设施。在工程实施过程中严格、认真地执行有关的 HSE 策略，保证项目最大限度地符合业主及 EPC 承包商的 HSE 标准。

负责临时施工作业面和排水工作，包括一系列的将现场堆高和挖低的土地平整工作，以修建一系列的排水沟渠，对现场的暴雨排水进行良好控制。

配合预应力施工；配合混凝土供应商进行混凝土配比试验；为预应力承包商提供脚手架和施工平台；经 EPC 承包商批准后，为其他分包商无偿提供塔吊的使用。

按照工程质量缺陷保修协议的规定实施保修工作。严格遵守业主和 EPC 承包商有关施工现场管理的各项规章制度。

（2）安装施工分包商的现场组织机构在 EPC 承包商的管理下，全面负责组织管理合同项目的施工任务，满足 EPC 承包商的管理要求，同时又是该施工分包商受其公司法人代表的委托，全权处理本项目的一切事物。具体职责如下：

按照 EPC 承包商提供的图纸和要求进行分包工程范围的施工。提供为完成分包工程施工所必需的劳动力、材料、设备、工具和其他设施。按合同规定对工程进行检验、测试并完成合格后移交给 EPC 承包商所需的所有工作，以及其他施工杂项活动。

负责所分包的单元的施工临时设施、临时道路、围墙护栏的建设和维护；负责所分包的单元内施工用水、用电和通讯线路的铺设，负责水、电的使用管理；提供和管理所分包区域的现场保安。

与第三方及界区外的其他施工分包商、现场内其他相关各方的界面配合。

按照合同的规定，向 EPC 承包商提交符合 EPC 承包商要求的施工组织设计、施工方案、施工进度计划和进度报表、资金计划以及其他各种项目管理文件。

为现场人员和施工设备机具办理相关的保险。配备和提供符合国家、行业、工程所在地及 EPC 承包商要求的安全防护措施和设施、现场急救设施以及临时消防设施。遵循 EPC 承包商关于健康、安全、环保(HSE)的各项规定，在工程实施过程中严格执行有关的 HSE 策略，保证符合 EPC 承包商的 HSE 标准。严格遵守业主和 EPC 承包商有关施工现场管理的各项规章制度。

负责施工工程范围内由分包商人实施的报批报建工作和政府协调工作。

负责对特殊工种的培训。负责为无损检测单位提供必要设施(如场地、脚手架等)。

对 EPC 承包商提供的设备材料承担接收、装卸、将其运到使用地点、保管、短途运输以及倒运等工作。

配合设备供应商到合同界区内进行安装、调试工作；负责水压试验；配合保冷施工。

负责办理工程范围内的防雷设施、消防设施验收；协助办理压力管道、压力容器等特种设备检测及使用手续；按期提交交工文件。

负责在中间交接前对已完工程及设备进行保护；采取必要措施，保证施工现场冬季、雨季施工质量。

协助业主实施联动试车和投料试车，提供技术服务。负责处理试车中暴露的工程质量问题，直至性能考核结束。

与业主签订保运合同，承担装置的保运工作，协助发包人完成竣工验收。

按照工程质量保修协议的规定实施保修工作。

(3)预应力施工分包商的现场组织机构在 EPC 承包商的管理下，全面负责组织管理合同项目的施工任务，满足 EPC 承包商的管理要求，具体职责如下：

按照 EPC 承包商提供的图纸和要求进行储罐预应力工程的施工。提供为完成储罐预应力工程施工所必需的劳动力、材料、设备、工具和其他设施等。进行所有规定工程包括将工程检验，测试并完成合格后移交给 EPC 承包商或其指定代表所需的工作、其他施工杂项活动，以及同现场所有相关各方的界面配合。

按照合同的规定，向 EPC 承包商提交符合业主及 EPC 承包商要求的施工方案、施工组织设计及各种项目管理文件；负责为现场人员和施工设备机具办理相关的保险；配备符合国家、行业、工程所在地和业主及 EPC 承包商要求的现场急救设施；配备和提供符合国家、行业、工程所在地和业主及 EPC 承包商要求的安全防护措施和设施以及临时消防设施。在工程实施过程中严格、认真地执行有关的 HSE 策略，保证项目最大限度地符合业主及 EPC 承包商的 HSE 标准。

负责临时施工作业面和排水工作，包括一系列的将现场堆高和挖低的土地平整工作，以修建一系列的排水沟渠，对现场的暴雨排水进行良好控制。按照业主和 EPC 承包商的要求进行现场清理，包括将废料卸至施工场地外 EPC 承包商指定的外弃地点。

按照工程质量保修协议的规定实施保修工作；严格遵守业主和 EPC 承包商有关施工现场管理的各项规章制度。

预应力工程封锚工作由土建分承包商负责，预应力分承包商提供必要配合工作。

（4）保冷施工分包商的现场组织机构在 EPC 承包商的管理下，全面负责组织管理合同项目的施工任务，满足 EPC 承包商的管理要求，同时又是该施工分包商受其公司法人代表的委托，全权处理本项目的一切事物。具体职责如下：

按照 EPC 总承包商提供的图纸和要求进行储罐区保冷工程的施工。负责合同范围内保冷工程的二次设计；提供为完成储罐区保冷工程施工所必需的劳动力、材料、设备、工具和其他设施等；负责保冷材料接收、保管和储存。

按照有关标准规范和要求对进场的设备、材料进行验证及保管。

负责进行所有规定工程包括将工程检验、测试并完成合格后移交给 EPC 承包商或其指定代表所需的工作、其他施工杂项活动，以及同现场所有相关各方的界面配合。

按照合同的规定，向 EPC 承包商提交符合业主及 EPC 承包商要求的施工方案、施工组织设计及各种项目管理文件。负责为现场人员和施工设备机具办理相关的保险。配备符合国家、行业、工程所在地和业主及 EPC 承包商要求的现场急救设施；配备和提供符合国家、行业、工程所在地和业主及 EPC 承包商要求的安全防护措施和设施以及临时消防设施。遵循关于 HSE 的各项规定，在工程的实施过程中严格、认真地执行有关的 HSE 策略，保证项目最大限度地符合业主及 EPC 承包商的 HSE 标准。

按照业主和 EPC 总承包商的要求进行现场清理，包括将废料卸至施工场地外 EPC 承包商指定的外弃地点。

负责按照工程质量保修协议的规定实施保修工作。严格遵守业主和 EPC 承包商有关施工现场管理的各项规章制度。

第三节　健康、安全、环保管理标准化

一、施工健康、安全、环保管理规划

为了使 LNG 低温储罐项目建设满足合同，并符合国家安全、健康和环保标准规范的要求，对项目施工实行一体化管理，以确保健康、安全、环保工作满足项目 HSE 的方针和目标的要求。

二、健康、安全、环保组织机构及职责

HSE 现场组织机构是执行项目的 HSE 管理制度的专门组织，它负责整个项目施工现场的所有 HSE 计划制定及管理。HSE 是贯穿所有部门的一体化的职责。HSE 组织负责制定标准，并由各级管理部门来执行并通过分包商逐级下传，HSE 组织还负责监督和评估这一过程的成功执行。

另外，HSE 机构还负责在下述各方面组织或对项目组其他成员提供帮助：①HSE 规章制度和程序适宜性的系统阐述及决定；②与各级管理部门一起参加计划的审查和检验；③不定期地监控 HSE 执行情况；④检查监督项目 HSE 培训。

1. 组织机构

以 LNG 某接收站项目为例,其 HSE 组织机构如图 11-8 所示。

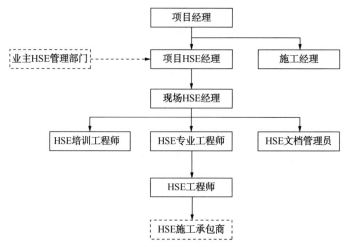

图 11-8　某 LNG 接收站组织机构示意图

2. 职责

1)现场 HSE 经理的职责

(1)向项目经理、现场经理、项目 HSE 经理报告。

(2)贯彻执行项目制定的 HSE 方针、政府 HSE 法律法规、标准规范。

(3)负责制定、修订和审定施工 HSE 管理计划、规定、技术规定,并组织监督检查执行情况。

(4)审批施工承包商 HSE 报批文件。

(5)参加施工危险源的辨识与风险评价、环境因素的识别与评价工作。

(6)负责组织编制施工现场应急预案及应急管理。

(7)负责组织现场人员进行 HSE 教育和培训,负责组织对施工承包商进行必要的 HSE 技术培训。

(8)负责组织施工现场 HSE 监督检查,执行事故隐患整改制度,督促施工承包商制定事故隐患和不合格项的整改、纠正、防范措施、跟踪整改完成情况,保持项目施工 HSE 体系的正常运转。

(9)按国家有关规定负责制定现场员工个人防护用品的发放计划和标准。

(10)负责协助有关部门进行事故调查、事故处理、事故统计和上报。

(11)负责施工现场医疗机构的管理。

(12)负责组织施工现场 HSE 例会。

(13)负责组织编制施工现场 HSE 周报、月报及安全人工时统计。

(14)负责组织承包商 HSE 绩效考核评比。

(15)负责组织施工现场开展 HSE 宣传活动。

(16)负责 HSE 管理组织机构和人力调遣。

(17)负责现场 HSE 事宜的协调。

(18)配合公司现场 HSE 审核。

（19）参与现场职业健康安全与环境保护符合性评价。

2）HSE 专业工程师的职责

（1）向现场 HSE 经理报告是否均流成。

（2）参加编写施工 HSE 管理文件。

（3）参加法律法规、标准规范辨识及危险源及环境因素识别。

（4）负责承包商 HSE 管理文件审核。

（5）负责编写月报、专项报告。

（6）负责编制应急预案，参加应急管理，参加事故处理。

（7）参加 HSE 会议。

（8）负责现场 HSE 监督检查。

（9）负责隐患排查、处理。

（10）参加分包商 HSE 奖罚管理。

（11）负责施工 HSE 变更管理。

（12）参加 HSE 绩效测量与监视。

（13）配合现场 HSE 审核。

（14）参与现场职业健康安全与环境保护符合性评价。

3）HSE 培训工程师的职责

（1）向现场 HSE 经理报告。

（2）参加编写施工 HSE 管理文件。

（3）参加法律法规、标准规范辨识及危险源及环境因素识别。

（4）参加承包商 HSE 管理文件审核。

（5）参与编写月报、专项报告。

（6）参加编制应急预案，参加应急管理，参加事故处理。

（7）负责 HSE 培训，参加 HSE 会议。

（8）参加 HSE 绩效测量与监视。

（9）配合现场 HSE 审核。

（10）参与现场职业健康安全与环境保护符合性评价。

4）HSE 文档管理员的职责

（1）向现场 HSE 经理报告。

（2）负责编写月报、专项报告。

（3）参加应急管理及事故处理。

（4）参加 HSE 会议，负责 HSE 文件记录管理。

（5）配合现场 HSE 监督检查，配合现场 HSE 审核。

（6）参与现场职业健康安全与环境保护符合性评价。

三、施工现场 HSE 管理计划

施工现场 HSE 管理计划是 HSE 管理体系在工程项目施工过程中的具体运用，它根据工程项目的特点和合同及相关方的要求编制。计划应阐明项目遵循的健康、安全和环保的方针、目标和对 HSE 的承诺，并描述项目施工 HSE 管理体系中的管理过程和控制方法。以此保证在从事工程建设活动中符合国家、当地 HSE 法规的要求，最小化影响社会、环境与人员。与相关方一起努力创造良好的 HSE 业绩。

计划主要包括以下内容：

① 目的；

② 范围；

③ 工程概况；

④ HSE 方针与目标；

⑤ HSE 承诺；

⑥ HSE 法律法规；

⑦ HSE 组织机构与职责；

⑧ HSE 培训教育；

⑨ 危险源识别及风险预防措施；

⑩ 环境因素识别及重大环境因素控制措施；

⑪ HSE 沟通；

⑫ HSE 会议管理；

⑬ 应急管理；

⑭ 事故预防与事故处理；

⑮ 现场安全防护；

⑯ 现场职业健康管理；

⑰ 现场施工安全管理；

⑱ 现场环境管理；

⑲ 文明施工；

⑳ 隐患治理；

㉑ HSE 奖惩；

㉒ 分包商 HSE 管理；

㉓ HSE 监督检查；

㉔ HSE 文件、记录管理；

㉕ 现场保安；

㉖ HSE 审核。

四、HSE 法律法规

为保证项目活动中正确地使用与 HSE 相关的法律、法规、规范性文件以及标准，项目管理团队将组织对使用的 HSE 法规文件进行识别和规范化管理。

1. HSE 法律法规及标准的获取

（1）获取适用的国家、行业、地方现行的 HSE 法规文件及标准的有效版本目录。

（2）项目 HSE 管理组还可从以下途径获取信息，并将有关信息通知项目的其他有关管理部门。

① 与公司质量安全部保持信息沟通，及时索取和跟踪最新信息。

② 随时关注国家和行业标准公告及网站发布的最新信息。

（3）项目管理组在依据合同识别适用的 HSE 法规文件和标准时，除必须遵循国标、行标要求外，还应执行项目建设地区的 HSE 法规。

2. HSE 法律法规及标准的识别

（1）具备对 HSE 法规文件及标准的识别和确定的能力，工程项目组应积极组织对国家、行业、项目所在地发布的现行适用 HSE 法规文件及标准的学习，并开展必要的培训。

（2）项目管理组根据职责范围，识别和确定应该采用的 HSE 法规文件及标准，保持"HSE 法规文件及标准识别记录"。

（3）项目管理组根据合同范围和业主要求，识别和确定项目应该采用的 HSE 法规文件及标准，编制并保持本工程采用的 HSE 法规文件及标准的目录，按规定放在项目开工报告（或合同附件）中。

（4）项目管理组 HSE 法规文件及标准识别的主要原则：

① 符合国家（含地方）强制性 HSE 法规文件及标准。

② 符合项目业主单位和相关行业的 HSE 法规文件及标准。

3. HSE 法律法规及标准符合性的评审

（1）在对项目开工报告（或合同附件）进行评审时，同时评审本项目采用的 HSE 法规文件及标准的目录，确认其有效性和适用性。

（2）根据合同项目执行情况和业主要求，项目适时评审本项目采用的 HSE 法规文件及标准目录的符合性。

（3）项目管理过程中 HSE 法规文件和标准的执行情况，通过评审、内部审核等方式检查落实其符合性。

（4）项目管理组应根据 HSE 工作的内容与范围，采用评审或内部审核等方式，检查和落实 HSE 法规文件及标准的使用和动态跟踪情况。

4. HSE 法律法规及标准有效性的控制

（1）HSE 管理部门负责汇总 HSE 法规文件目录。

（2）项目经理批准。

（3）HSE 法规文件根据情况及时更新保持其有效性。

五、危险源辨识与风险控制

项目管理部根据项目 HSE 管理体系中施工现场危险源辨识与风险评价程序，识别施工现场作业活动、管理活动、工作场所及基础设施、设备存在的危险源，采用适宜的风险评价方法确定重大风险，确保重大风险得到控制，保护员工及相关方人员的健康安全。风险控制应遵循"消除、预防、减少、隔离、个体防护"和"分级控制"的原则，对重大危险源和风险因素的控制应满足公司管理目标和项目 HSE 目标的要求。

六、LNG 低温储罐施工安全管理专项方案

根据 LNG 低温储罐项目施工的特点和特殊要求，制定相应的施工安全管理专项方案以确保工程施工安全，典型专项方案如下：

（1）LNG 储罐预应力张拉灌浆作业安全管理方案；

（2）LNG 储罐土建施工模板工程安全管理方案；

（3）LNG 储罐气顶升作业安全管理方案；

（4）LNG 储罐混凝土浇筑作业安全管理方案；

（5）LNG 储罐混凝土搅拌站安全管理方案；

（6）LNG 储罐土建施工钢筋作业安全管理方案。

第四节　方案标准化

一、管理方案

施工管理规划由 EPC 总承包商负责策划和编制，内容主要包括工程承包范围和工作内容、施工管理目标、施工总体部署和规划、施工 HSE 管理、施工质量保证、施工质量控制、施工技术管理、施工进度控制、协调管理等，是规范和指导施工管理的重要依据。

施工管理规划主要包括以下内容：

① 项目概况；

② 工程承包范围和工作内容；

③ 施工管理目标；

④ 施工管理总体部署和规划；

⑤ 施工 HSE 管理；

⑥ 施工质量保证；

⑦ 施工质量控制；

⑧ 施工技术管理；

⑨ 施工进度控制；

⑩ 协调管理；

⑪ 信息管理；

⑫ 预试车和中间交接；

⑬ 附件清单。

二、实施方案

1. 施工组织设计

施工组织设计由施工分包商负责编制，是分包商组织安排施工的依据，按照分包模式分为土建施工组织设计和安装施工组织设计两大类。

2. 专业施工方案

1）土建施工方案

LNG 储罐建造至少需要编制以下土建施工方案：

① LNG 储罐测量施工方案；

② LNG 储罐土石方开挖施工方案；

③ LNG 储罐基础工程施工方案；

④ LNG 储罐底板施工方案；

⑤ LNG 储罐墙体施工方案；

⑥ LNG 储罐墙体模板施工方案；

⑦ LNG 储罐钢筋网片吊装专项施工方案；

⑧ LNG 储罐沉降观测施工方案；

⑨ LNG 储罐穹顶加强梁施工方案；

⑩ LNG 储罐穹顶施工方案；

⑪ LNG 储罐大门洞坡道专项施工方案；

⑫预应力穿索张拉方案。

2）安装施工方案

与土建专业类似，LNG 储罐建造至少需要编制以下安装施工方案：

① LNG 储罐拱顶预制、安装施工方案；

② LNG 储罐拱顶吊装施工方案；

③ LNG 储罐铝吊顶预制、安装施工方案；

④ LNG 储罐承压环预制、安装施工方案；

⑤ LNG 储罐罐顶气顶升施工方案；

⑥ LNG 储罐衬板（含地板和壁板）施工方案；

⑦ LNG 储罐 9% 镍钢焊接工艺评定制作施工方案；

⑧ LNG 储罐 9% 镍钢预制施工方案；

⑨ LNG 储罐 9% 镍热角保护（含二次地板）施工方案；

⑩LNG 储罐内罐 9% 镍钢安装（含地板和壁板）施工方案；

⑪ LNG 储罐接管及管线安装施工方案；

⑫ LNG 储罐管道吹扫施工方案；

⑬ LNG 储罐管道系统安装施工方案；

⑭ LNG 储罐罐底板真空试漏施工方案；

⑮ LNG 储罐充水试压施工方案；

⑯ LNG 储罐气压试验施工方案；

⑰ LNG 储罐罐外钢结构施工方案；

⑱ LNG 储罐钢结构防腐施工方案；

⑲ LNG 储罐钢结构防火施工方案；

⑳ LNG 储罐电气工程设备调试施工方案；

㉑ LNG 储罐电气工程安装施工方案；

㉒ LNG 储罐仪表调试施工方案；

㉓ LNG 储罐仪表工程安装施工方案；

㉔ LNG 储罐特殊天气施工方案；

㉕ LNG 储罐罐底保冷施工方案；

㉖ LNG 储罐罐壁保冷施工方案；

㉗ LNG 储罐吊顶保冷毡施工方案；

㉘ LNG 储罐罐夹层膨胀珍珠岩填充施工方案。

三、主要施工模块实施

1. 筏板混凝土施工

筏板混凝土在施工前，应做好各项准备工作，并与当地气象台、站联系，掌握近期气象情况，必要时增添相应的技术措施。

筏板基础属大体积混凝土，按照设计图纸要求采用分层分段浇筑，以便减少裂缝的产生。

基础分层布置示意图见图 11-9 和图 11-10。

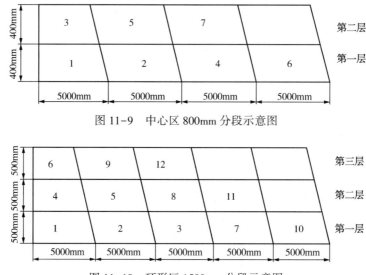

图 11-9　中心区 800mm 分段示意图

图 11-10　环形区 1500mm 分段示意图

筏板混凝土施工作业要求如下：

（1）筏板混凝土运至现场后由总包、监理、业主监督完成混凝土坍落度、温度测试，合格后方准浇筑。

（2）筏板混凝土为汽车泵泵送混凝土，各分段的浇筑顺序都按照从中心向两头的顺序进行浇筑。

（3）采用插入式振动棒，梅花形插点布置，振动棒在使用时从低向高处振，做到垂直插入，快插慢拔，且上层混凝土的振捣需在下层混凝土初凝前进行。

（4）在进行振捣时，振捣工沿着浇筑面推进方向排成一行，逐行振捣向前推进；振捣和布料一样分层进行，振捣上层混凝土时振动棒插入下层混凝土深度不小于 5cm，插点间距不大于振动半径的 1.5 倍，振动时间在 25s 左右，以保证混凝土密实但不离析；对角落部位加强振捣，保证混凝土振捣密实；在振捣时严禁振动棒碰到预应力管道、预埋件和插筋；混凝土的振捣做到内实外光，混凝土面最终标高不超过控制标高。

（5）混凝土浇筑的顶标高采用放置钢管控制，在底板竖向钢筋上固定可调支架，支架上放置 ϕ48 钢管。该钢管在混凝土振捣并找平后即可拆除。

（6）混凝土在浇筑过程中易使钢筋移位，需派专人进行看护，发现问题及时更改。

（7）混凝土浇筑至筏板面层用 3m 的铝合金刮尺刮平，边角处用木抹子找平，表面标高控制应符合设计图纸要求。

（8）筏板垂直施工缝上下木方和支撑钢筋拆除后，表面应清理干净。水平施工缝处，在砼初凝后人工进行清理，使表面粗糙，去除浮浆，石子均匀外露。

（9）砼浇筑完毕终凝之前（浇筑后12h之内）砼表面上严禁上人、堆物和进行其他施工工作。用一层塑料薄膜和一层保温棉毡对砼进行覆盖，其敞露的全部表面应覆盖严密，蓄水养护。在边缘区砌筑100mm高的砂浆围堰，以便使养护区域水分充足，更好控制混凝土的内外温差，减少裂缝的产生。保温覆盖层的拆除应分层逐步进行，当混凝土的表面温度与环境最大温差小于20℃时，可全部拆除。

（10）由于采用商品混凝土，要求供应部门对原材料要进行严格控制，采用低水化或中水化的水泥；采用粗骨料，尽量采用粒径较大、级配良好的粗细骨料；合理选用外加剂降低水泥的水化热，以便更好地减少混凝土浇筑后裂缝的产生。在混凝土浇筑前，在浇筑区域中心处及两端各放置一组热电偶，热电偶分别放置在距离筏板上表面100mm、距离筏板下表面100mm处及中心位置处，在混凝土浇筑完毕12h后开始温度检测，检测时间为1周，测温开始后48h内每1h测温1次，第3~7天每2h测温1次。

（11）混凝土搅拌过程中采用控制水温等措施控制混凝土的入模温度小于30℃，在混凝土入模时，采取措施改善和加强模内的通风，加强模内热量散失，使之降低入模温度，混凝土浇筑完毕后及时洒水并覆盖塑料薄膜养护，保证混凝土的温度满足规范要求，混凝土的中心区与表面的温差不大于25℃。

2. 底板施工

1）底板基本参数

某LNG外罐底板半径42.1m，承台中心半径37.1m范围内底板厚度0.6m（内圈），承台中心半径36.8m至承台外边缘厚度为0.8m。

依据储罐位置所设立的四个护壁柱角度分别为45°、135°、225°、315°。承台混凝土共分四次浇筑完成，分块间留施工缝。

2）主要使用材料

混凝土采用C40，钢筋采用HRB400Ⅲ级，模板采用木模板，主要规格为1220mm×2440mm胶合板。

3）储罐底板施工流程

储罐底板施工顺序如下：脚手架搭设→底模板安装→测量放线→预应力喇叭口安装（只在环形区有此项）→下层钢筋安装→预埋件安装→上层钢筋安装→倾斜仪导管安装→侧模板支设→混凝土浇筑→模板拆除→养护。

4）模板工程

（1）底板侧模施工　侧模模板在木工车间进行加工和组装。

模板安装前，工人及时清理模板表面，使模板表面平整，没有孔洞、突起等缺陷，并刷脱模剂。

模板用塔吊吊装就位、找正、固定、拉接。支设模板时，使模板接缝平滑严密，无明显错茬、缝隙现象；在可能漏浆的部位模板接缝外采用海棉条密封。采用高强螺杆与φ14钢筋焊接，另一端将高强螺杆穿过模板，用三角螺母将模板拉紧固定。相邻两块模板之间用连接件连接，保证模板在混凝土施工期间无漏浆、胀模、跑模等现象，并保证底板外缘几何尺寸的准确。

模板拆除在混凝土达到拆模条件时进行。木模板拆除时应保护混凝土的完整性和表面质量。模板拆除后，对砼表面进行修饰，高强螺杆孔用1∶3水泥砂浆进行填充。

（2）底板侧底模施工　现场底模搭设满堂脚手架，底模采用木模板，现场进行加工。模板支撑系统稳定性计算取现场实际数据最大值计算，最大值计算满足则全部满足要求，经计算验算合格方可进行现场施工。底板底模支撑如图11-11所示。

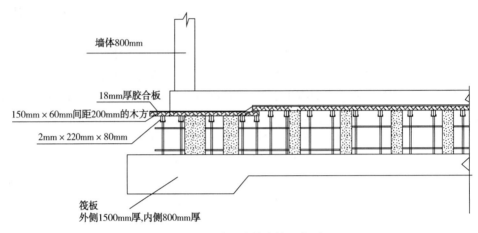

图11-11　底板底模支撑示意图

5）混凝土工程

底板混凝土工程施工与筏板混凝土施工类似，此处不再做详细描述。

3. 储罐墙体施工

1）施工顺序

（1）一层、二层墙体施工工序：一层、二层墙体施工工序见图11-12。

（2）标准层施工顺序：三层以上墙体施工工序见图11-13。

（3）施工段施工顺序：钢筋网片绑扎、安装→预埋件、预应力安装→模块安装→混凝土浇筑→养护。

2）施工方法

（1）钢筋工程：

① 钢筋制作。现场工程师编制钢筋料单前对照模板图、施工分段图、核对配筋图，依据进度计划制定钢筋料单。

在钢筋料单上注明使用钢筋的工程名称、部位，同时注明钢筋编号、钢筋规格、钢筋数量、钢筋下料长度、钢筋简图、各种规格钢筋的总重量。

钢筋弯制成形后，按照规格、型号、每捆数量等要求绑扎成捆并挂上钢筋料牌。钢筋料牌内容包括：一面为钢筋编号、简图；另一面为储罐号及工程具体部位。

② 钢筋绑扎。墙体第一层钢筋在现场绑扎固定，内墙绑扎时，操作人员通过三角挂架及100%系挂安全带完成绑扎；外墙绑扎时，首先应搭设操作平台，然后绑扎方式和内墙相同。

墙体二层及以上全部采用预制钢筋网片，通过吊装方式完成。

钢筋网片在现场预制，网片吊装前，需对网片左右端及下端用16#或18#铁丝进行加固，吊点上下相邻的一排钢筋同样需要加固，并使用U形卡。扶壁柱钢筋不进行预制，采用现

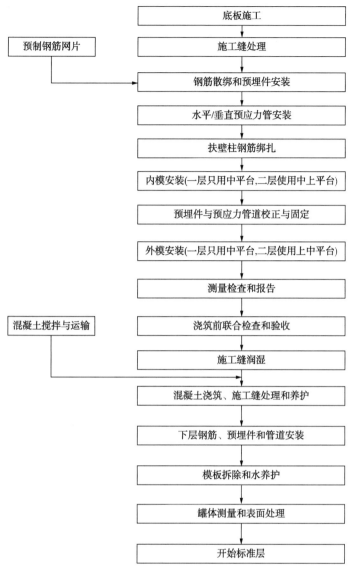

图 11-12　一、二层施工工序示意图

场绑扎的方式。

　　钢筋安装完毕后必须进行隐蔽验收，合格后才能进行下道工序施工。

　　（2）预埋件安装　储罐墙体工程的预埋件主要包括竖向预埋件、水平预埋件以及外墙预埋件，预埋件安装原则上不允许在预埋件钢板上施焊或引弧，在总承包商同意时可将固定用金属材料与预埋件上的锚筋点焊，并且不与墙体钢筋焊接，安装过程中若出现埋件与钢筋冲突时应调整钢筋位置，无法调整时需通知总承包商与监理，得到指令后进行处理，预埋件质量控制满足图纸要求。

　　① 竖向预埋件安装。竖向预埋件需固定以保证在混凝土作业过程中不会移位。垂直预埋件用塔吊吊至安装位置后可用铁丝进行临时固定，使埋件位置和垂直度偏差满足设计要求。埋件连接处进行焊接，然后由测量人员对埋件进行检查，符合规范要求后，即可将内模板提升安装。如果发现预埋件与模板之间留有空隙，须用一端套有 C50 混凝土块的钢筋顶

图 11-13 三层以上施工工序示意图

撑将预埋件压紧，使两者接触。

② 水平预埋件安装。预埋件应安装于钢筋网上，用钢夹具固定；单个水平预埋件吊装放置在竖直预埋件之上并互相焊牢，用钢夹具固定于钢筋网上；安装位置及半径检查并确认合格后，尽快焊接各个相邻部件的接缝，直至留下最后一个接缝；水平预埋件的位置与半径都已经过检查并确认合格后方可焊上最后的接缝。墙体预埋件用塔吊吊至安装位置后可用附加定位钢筋进行临时固定，使埋件位置和垂直度偏差满足设计要求。竖向预埋件用仪器校准后下口采用点焊、上口采用铅丝绑扎的方法进行临时固定，临时固定完成后由测量人员对预埋件进行复核。模板就位后通过混凝土顶撑支撑在埋件上使竖向预埋板及环向埋板贴于内模表面，测量无误后将混凝土顶撑用扎丝与钢筋固定。

（3）模板工程　筒墙模板采用多卡（DOKA）模板体系，并利用配套的塔式起重机进行模板提升施工。DOKA 模板的加工和组装在木工车间进行，其组装顺序如下：搭设组装操作平台—安放钢围檩—安装造型木—安装木工字梁—铺设胶合板—安装通用支架—铺设平台木板—150F 爬升架安装。

模板安装、提升：第一层墙体施工，需要在底板上用地锚梁固定水平支撑件，用剪刀支撑进行调整。其他层模板用剪刀支撑在主平台上进行调整。

模板安装使用铅垂进行调直。安装完后，用放在罐体中心位置的全站仪进行检查，同时调整剪刀支撑使模板安装准确，并能保证在砼施工期间无漏浆、胀模、跑模等现象。

模板之间用连接件进行连接，并用销子固定。

模板提升在砼浇筑完毕强度达到 $1.2N/mm^2$，并且上层钢筋网片和预埋件安装完毕后开始。提升顺序如下：拆除模板上的对拉螺杆、螺母和连接件等；将模板摇开砼面约 300mm，同时拆除提前预埋的定位锥，安装爬升锥；用塔吊将整个模板系统吊起，拆除挂架上的爬升锥；提升模板至已安装好的爬升锥上，及时将定位销安装，卸钩完成模板提升；

（4）混凝土工程：

① 混凝土浇筑。核对混凝土标号和配合比无误后，浇筑区域无杂物、污染物，对浇筑面及钢筋进行湿润后方可进行浇注。

墙体采用 3 台布料机和 1 台汽车泵进行浇注，如有部分死角用塔吊配合浇筑，下料前先用 $0.5\sim1.0m^3$ 砂浆润滑混凝土输送管及布料机，润滑后把布料机的臂杆移动到浇筑区域。

采用插入式振捣棒，在模板上做标记标注振捣位置，做到垂直插入，快插慢拔，且上层混凝土振捣需要在下层混凝土初凝前进行，每个下料点配置 4 个振捣棒，2 根在前，2 根在后，振捣上层混凝土时振捣棒插入下层混凝土的深度不小于 50mm，插入点间距约为 400mm，振捣时间约为 25s，以保证混凝土密实不离析。

对角落部位加强振捣，以保证混凝土振捣密实。在振捣时，严禁振捣棒碰到预应力管、埋件及插筋。

施工缝的处理：墙体施工缝采用刷毛处理，并清除上面钢筋表面的混凝土。

② 混凝土养护。砼浇筑完毕强度达到 $1.2N/mm^2$ 之前，砼表面上严禁上人、堆物和进行其他施工工作。对于墙体两侧，模板本身起到保温养护的作用，在墙体模板提升后刷养护剂养护，也可采用浇水养护。

混凝土标准养护试块按每浇筑 $100m^3$ 留置一组试块，不足 $100m^3$ 时留置一组；当一次连续浇筑超过 $1000m^3$ 时，同一配合比的混凝土每 $200m^3$ 取样不得少于一次；每次取样应至少留置一组标准养护试块，同条件养护试块的留置组数应根据实际需要确定，试块的留置符合混凝土结构工程施工质量验收规范的规定。

4. 储罐穹顶施工

1）施工准备

穹顶混凝土将采用 3 台布料机和混凝土泵进行浇筑，而塔吊和料斗用来备用和补充浇筑那些布料机不能到达的区域。采用的塔吊和布料机平面布置见图 11-14。

2）总体施工顺序

总体施工顺序如下：完成环梁混凝土浇筑→处理环梁与穹顶间的施工缝→穹顶钢筋绑扎→预埋件安装→装径向与环向免拆金属模板→环梁混凝土强度达到 100% 后进行预应力张拉→穹顶混凝土浇筑前的罐体增压→罐内增压后调整穹顶预埋件和钢筋位置→在保压下浇筑穹顶混凝土→穹顶混凝土达到一定强度后，卸除内罐压力→完成穹顶上小矮墙和基础。

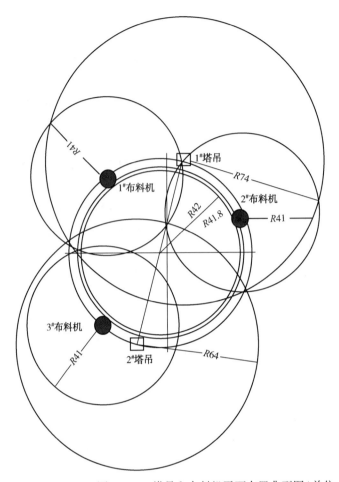

图 11-14 塔吊和布料机平面布置典型图(单位：m)

3）钢筋工程

各种管口、穹顶贯穿件及人孔要在钢筋绑扎前由机械分包商安装在穹顶衬里上。通常钢筋按下述顺序绑扎钢筋：

（1）在混凝土保护层垫块上放置底层放射状钢筋，并在适当位置将钢筋捆绑于穹顶衬里锚钉上。

（2）放置环向钢筋，同样在适当位置捆绑于穹顶衬里锚钉上。

（3）安装马凳以保证上下层钢筋之间的距离。

（4）放置并绑扎上层放射状钢筋。

（5）放置并绑扎上层环向钢筋。

（6）同时绑扎短柱基础的插筋。

4）模板工程

混凝土穹顶下方的钢穹顶将用作永久性模板，在混凝土浇筑过程中，罐体内部需要加压以支撑混凝土的重量，直到穹顶混凝土达到规定强度。

在每个浇筑区边缘支设施工缝模板，拟采用免拆金属网模板，所有施工缝要与模板成直角。

用下述方法固定：

（1）按尺寸切割免拆金属网。

（2）将免拆金属网安装于预先确定的施工缝处。

（3）用附加钢筋绑扎于主筋上，需要时可用木方以支撑免拆金属网模板。

（4）在垂直面保护层范围用木模板。

（5）木方或脚手架钢管找平杆由上层钢筋支撑，以保证钢筋保护层厚和表面标高正确，顺着穹顶曲线找平杆大约间隔4000mm以保持穹顶有正确的曲率。

5）埋件工程

预埋件由上层钢筋支撑，用钢垫片垫至正确标高，需要时用附加钢筋绑扎于穹顶主筋网上进行固定，确保附加的钢筋不会超出埋件的范围。

在混凝土浇筑前，所有预埋件的位置都要进行检查合格并在测量表格中形成记录。

6）混凝土工程

（1）混凝土浇筑　浇筑之前先用模板封住临时排水管口。用铁丝穿过孔洞拉到模板上，模板周围用双面胶密封好，然后灌注同标号的细石混凝土，并用钢筋杵实。

穹顶混凝土以系列的同心圆方式进行布料浇筑，并确保穹顶在任何时间受到的荷载是均匀的。

混凝土采用3台地泵和布料机进行浇筑，塔吊和吊斗用来协助浇筑布料机达不到的区域，需要时还可以用来提高浇筑速度。

为避免浇筑过程中形成冷缝，混凝土浇筑应从一段的一端开始并连续向另一端进行。

混凝土采用高频插入式振动棒进行振捣，振动棒的数量应配足，另配备3套作为备用，以防机械/电气故障时可立即换用。

穹顶混凝土找平，找平导管由上层钢筋网片支撑，放置导轨时用标高进行控制。

由于混凝土浇筑速度不快，在对第二环混凝土施工时，第一圈第一块混凝土基本上已经硬化并达到一定的强度，可采用搭设木跳板的方式建立临时人行通道，越过未充分硬化的混凝土进行其后的浇筑作业。

混凝土在白班和夜班连续浇筑直到整个穹顶浇筑完成，并及时进行养护。

穹顶混凝土在浇筑24h内开始养护，用混凝土养护剂均匀涂洒在混凝土表面。

（2）混凝土基座　基座和小矮墙的钢筋在穹顶混凝土浇筑后进行绑扎，其插筋与穹顶钢筋绑扎在一起且超出穹顶表面。在继续浇筑混凝土前，施工缝需要凿毛，基座和环墙采用木模板。浇筑前质检员检查基座钢筋以确保其在正确的位置。

5. 拱顶安装

LNG储罐的拱顶由拱顶板、拱顶梁、保冷单轨、施工单轨四部分组成。拱顶在正常服役时起防止BOG泄漏的作用，在建造期间起拱顶浇筑模板的作用。拱顶的安装需要制作边缘立柱、中间支架及中心立柱。其中，边缘立柱及中间支架起支撑拱顶块的作用，中心立柱起调整拱顶块拱度的作用。拱顶块要"十"字对称性进行安装，防止拱顶块倾倒。为防止焊接变形，拱顶板的焊接要采用分段退焊法。同时为保证焊缝美观，焊接时采用爬坡焊。为保证穹顶板的密封性，每条角焊缝至少要焊接两道，焊接完毕后还要进行100%气密试漏检测。

1）拱顶的组对

（1）拱顶由径向梁、环向梁及顶板组成，采用分块组装法工艺进行拱顶的组装。整个拱顶需要预制一个中心环，"瓜"皮形拱顶24瓣。24个拱顶块之间吊装到临时支撑件上后，再在24个"瓜"皮式拱顶板之间安装24根径向小单梁。瓜皮式拱顶块需要在临时胎具上进行组装焊接。组装焊接完后利用150t履带吊吊至存放胎具上。拱顶块制作组装胎具2座，存放胎具5座。拱顶块存放胎具要均匀分布放置在罐基础周围，以便吊车站位和吊装。

（2）在罐内底部安装临时拱顶组装中心支架一组及沿罐边96个边缘立柱。边缘立柱与墙体预埋件用型钢连接固定，保证支架稳定，做好等分标记。

（3）在罐内用汽车吊将中心环吊装至中心支架上。在混凝土墙体施工到第四层时（约16m），罐外利用履带吊首先将拱顶板按十字方向对称吊装到罐内临时组装中心支架和边缘立柱上。在松吊钩前利用液压千斤顶将每块拱顶中间的临时支架顶紧并测量，以保证在同一设计标高处。

（4）在第四块拱顶块一侧吊装第五块拱顶块，在第四块拱顶块的另一侧吊装第六块拱顶块；在第一块拱顶块的两侧吊装第七块和第八块拱顶块；在第二块拱顶块的两侧吊装第九块和第十块拱顶块；在第三块拱顶块的两侧吊装第十一块和第十二块拱顶块；依次类推直至二十四块拱顶块吊装完。

图11-15为对称吊装拱顶块示意图，图11-16为拱顶标高调整示意图。

图11-15　对称吊装拱顶块示意图　　　　图11-16　拱顶标高调整示意图

（5）三块拱顶块安装完后，立即进行最里圈的环梁安装。依次进行第二个、第三个三块拱顶块之间的环梁安装，图11-17为拱顶环梁安装示意图。

（6）拱顶块的放置要充分考虑到吊车的行走路程最短，以保证吊装时间最统筹。待拱顶块全部吊装就位后，进行拱顶板的铺设。

2）拱顶的焊接

（1）拱顶板在安装单梁时进行点焊，待单梁安装完毕后进行拱顶板的焊接。

（2）先进行拱顶大端的拱顶板和主梁的焊接，然后从低点往高点进行内部焊接。

（3）内部焊接完后，进行拱顶外面的焊接。

（4）焊接前要用砂轮将焊缝铁锈、油污等杂物打磨干净。

拱顶板外面的焊接采用分段爬坡焊的焊接方法。图11-18为拱顶板焊接示意图。

图 11-17 拱顶环梁安装示意图

图 11-18 拱顶板焊接示意图

（5）每条角焊缝至少焊接 2 道，防止漏气。

（6）待气顶升完毕后，泄压之前对拱顶进行整体的肥皂泡试验。主梁之间的翼板对接焊缝采用 100% 的超声波（UT）检测，腹板对接焊缝采用 20% 的 UT 检测，其余焊缝 100% 渗透（PT）检测。

（7）单梁焊接时为防止焊接变形，必须对两侧的筋板同时交错焊接，以保证单梁的焊接变形在控制范围之内。

3）拱顶接管的安装

（1）拱顶接管的安装在气顶升前进行拱顶膨胀珍珠岩浇筑孔和接管套管的安装。

（2）铝吊顶的套管在升顶之前放入铝吊顶上，待拱顶顶升完毕后进行铝套管的安装。

（3）接管的安装按设计图纸给定的尺寸进行开孔，同时注意拱顶开孔和铝吊顶开孔是偏心安装的。

（4）在安装接管和套管之前首先进行补强圈焊接。补强圈焊接完后，再进行开孔。

（5）接管及套管焊接前在两侧加支撑进行焊前固定，防止焊接变形。接管焊接时，先进行内部焊接，外侧清根然后进行外侧焊接。

（6）接管焊接完毕后，内外进行 100%PT 检测。升顶前对补强圈进行气密试验。

（7）接管及套管本身的纵焊缝进行 100%RT 检测，接管及套管本身的环焊缝进行 10%RT 检测。

（8）补强圈的形式执行有关标准。

4）轨道梁的安装

（1）轨道梁的下料按设计图纸尺寸进行，轨道梁的安装方位执行设计图纸要求。

（2）拱顶块安装之前将保冷单轨放置在边缘立柱与预埋件连接的支撑上。

（3）轨道梁安装时，先进行内侧保冷轨道的安装，和内侧保冷轨道保持一定距离、同步一个方向进行施工轨道的安装。轨道梁安装时要采用水平尺进行轨道下边两侧水平度的测量，如图 11-19 所示。

图 11-19 轨道梁水平度测量示意图

（4）为保证轨道梁的水平度，轨道梁焊接时要注意焊接顺序，防止变形超标。

（5）轨道梁焊接时，先进行上边的平焊位置的打底焊接，然后焊接轨道梁下方的仰焊位置的打底焊接，再进行上边平焊和下边仰焊位置的填充焊，最后进行轨道梁纵缝的焊接。

（6）轨道梁焊接完毕利用3m长的样板进行检测，如角变形超标立即进行调整。

（7）轨道梁焊接完后的对接焊缝进行100%PT检测。

5）拱顶螺柱焊接

（1）基本要求　为了确保施工方案的充分执行，任何前期工作和制作焊接开始前，所有剪力钉的焊接工艺、焊工应已经是合格的。拱顶上放样进行螺柱位置的定位。

（2）焊前检查　焊工应在每次施工开始前目视检查电缆是否存在任何磨损；检查焊枪是否损坏、附件尖端的熔合极是否有松动的连接件连接在焊枪上；目视检查用电装置是否有任何的损坏。一旦确认无任何损坏，开启电源，空转10min。

（3）弧焊枪设置：

① 使用的螺柱焊枪是CLASSIC型号的焊枪，此类型号的焊枪是用于剪力钉的焊接。

②放置顶部剪力钉的接头夹头能够简单调整以符合螺柱的直径。挑选的夹头必须能夹住螺柱焊枪里的螺柱，将夹头装入焊枪再装入锥形头调整器，轻轻敲击确保其紧密配合。

③ 根据夹头型号的长度选择适宜的瓷环，将其装入焊枪脚上的孔中，用紧固螺丝保护、固定。套圈柄上装有保护熔池的陶瓷箍套，焊接时陶瓷箍套能保护焊工免受焊接飞溅的伤害。

④ 焊接螺柱有悬挂或在支脚上凝固的倾向。套圈柄组合必须在焊接螺柱的中心位置。当夹头中装有螺柱时，相应的调整松动连接枪脚和支腿的螺丝，把枪脚放在适当的位置，这样就能使螺柱位于套圈柄的中心。原地固定枪脚的松动螺丝应重新拧紧。

⑤ 暴露在箍套外的螺柱长度就是活塞长度或凸出长度，焊工必须对此做必要的调整，松开保护支脚的2个紧固螺丝，移动枪脚直接螺柱延伸1/8″或穿过箍套大约3.2mm，再束紧紧固螺丝。

⑥ 提升高度指的是焊接期间螺柱应提升至母材上方的距离，这通常是由制作商预先设置的。

（4）焊接极性　螺柱接负极，地线接正极（直流反接）。

（5）电源开启　开启电源，调整螺柱底部直径的电源大小及焊接时间，焊接时间及电流设置见表11-1。

表11-1　焊接时间及电流设置一览表

螺柱直径/in	螺柱直径/mm	电流/A	焊接时间/s	切入/mm	材料厚度/mm
1/2	12.7	800	0.55	3.2	3.04
5/8	16	1200	0.68	5.0	4.12
3/4	19.1	1500	0.84	5.0	4.7
1	25.4	1900	1.00	6.35	9.5

注：表中数据是参考值，实际操作需根据现场焊接工件做进一步调整。1in=25.4mm。

（6）焊接准备　将焊接螺柱放置在需要焊接的材料上之前，焊工应确保材料表面是清洁的。用机械方法去除涂层、锈、脏物、油脂及不可焊接的金属覆盖物。

（7）焊接

①将螺柱插入夹头，陶瓷箍套放入套圈柄。轻轻地打磨焊接区域是非常重要的，将螺柱垂直放置在打磨的工作面上，为螺柱与焊接面提供一个良好的表面接触。

②扣下扳机，提升焊接螺柱，起弧。由于焊接螺柱施压于试件，焊接时螺柱会向前移动，直到陶瓷箍套与母材齐平。在预设时，焊接螺柱会进入到熔化的材料中从而熄灭弧光。等弧光消失后，焊工必须握住焊枪再多停留2s，保证熔化的金属凝固。

③把焊枪从焊接螺柱移开，通常只要轻轻敲击焊接螺柱底部，陶瓷箍套就会破碎。

（8）焊后检查 去除陶瓷箍套后，检查员要对每个完成的螺柱进行目视检测。焊接螺柱周围应显示规则的焊环，无可见缺陷。如果螺柱没有达到要求，检查员先做出标记，再采用手工电弧焊（SMAW）进行补焊。

6. 铝吊顶安装

为防止环境温度的升高使罐内产生BOG，所以在LNG内罐的上方设置了一个铝吊顶，铝吊顶的上方铺设玻璃纤维，起到隔绝热源的作用。通常铝吊顶的上方气相温度接近常温，而铝吊顶的下方气相温度要达到-150℃左右，铝吊顶通过不锈钢拉杆和穹顶主梁连接，起到拉固铝吊顶的作用。

铝吊顶的施工在预制及安装过程中，一定要保证铝板不受污染，防止铝板发生电化学腐蚀。因此铝板不能与镀锌钢管和碳钢接触，若发生接触就很容易引起铝板腐蚀。

由于铝材的导热系数大，屈服强度低，所以铝板焊接时容易产生气孔和焊接变形。为避免产生缺陷，铝板焊接时采用氩气保护半自动焊，焊接时弧坑要填满，否则会产生弧坑裂纹。铝板的焊接变形主要是通过焊接工艺顺序来预防，通常采用分段退焊法进行焊接。为防止铝吊顶的鼓包，铝吊顶焊接时要先焊接完中幅板后再进行加强筋的焊接。

1）铝吊顶的预制

铝吊顶板的下料按设计图纸尺寸进行。铝合金的切割采用专业的半自动切割机进行。铝合金的切割见图11-20。

（1）铝合金材料严禁和镀锌材料及碳钢材料接触。

图11-20 铝合金的切割示意图

（2）铝吊顶的加强圈滚弧时必须与碳钢滚采取隔离措施，防止铝板发生电化学腐蚀。铝板的罐外预制必须采取防风措施。

（3）铝板施工用临时工卡具及临时支撑把线用等小工装必须与铝板同材质。铝吊顶边缘T形加强圈的焊接必须同步施焊。边沿T形加强圈的焊接必须进行断续交错焊。

（4）铝吊顶的焊接用焊丝规格最好为$\phi 1.2mm$，这样可以减小焊接变形，同时能够保证焊接质量，产生比较少的气孔。边缘T形加强圈点焊时容易产生表面气孔，在弧坑处产生弧坑裂纹。焊接时在点焊处采用分段退焊的方法将弧坑填满，以减少焊接缺陷。铝吊顶边缘T形加强圈的焊接见图11-21。

2）铝吊顶的铺设

（1）进入铝吊顶施工的人员必须穿保护鞋套。

（2）铺设铝吊顶板之间需进行基础的水平度检验。先铺设罐中心板，然后搭接依次向四周铺设，铺设时保证搭接距离，同时预留好焊接收缩量，从而保证安装精度。

（3）在铝板上运输板材采用手动叉车，叉车轮为塑料轮，避免刚性轮损坏铝板表面。

（4）铝吊顶板的铺设尺寸按设计图纸尺寸。焊缝的收缩量预留在搭接长度上。

（5）铝吊顶板的铺设可根据实际情况分几次铺设和焊接，不必一次铺设完毕，否则将对铝板表面造成很大的损伤，同时上方铺盖软质隔离物。铝板铺设见图 11-22。

图 11-21　铝吊顶边缘 T 形加强圈的焊接示意图　　　图 11-22　铝板铺设示意图

全部铝板焊接完毕且从外侧数第二圈加强圈未安装之前，进行 T 形加强圈的安装。

3）铝吊顶的焊接

（1）铝吊顶的焊接基本顺序为：先焊接底板的焊缝，然后焊接加强圈的焊缝，以保证铝板处于自由收缩状态。

（2）铝板的焊接方向是从中间往四周施焊。

（3）焊接加强圈时，此加强圈的外侧铝板应是处于自由收缩状态。可以将点焊时的焊点打磨开，以便焊接收缩能够自由进行。

（4）加强圈焊接时要先焊接内侧角焊缝，再焊接外侧角焊缝。内侧角焊缝和外侧角焊缝要交错开。焊接之前可以先进行画线，保证焊接位置的准确。

（5）铝板焊接时先焊接短焊缝，再焊接长焊缝。铝板焊接时要进行跳焊，跳焊长度为焊 500mm 间隔 500mm。铝板焊接时要用刚性物体固定，防止焊接变形。铝板焊接见图 11-23。

（6）焊接完毕后用不锈钢钢丝刷对焊缝进行抛光，以保证焊缝表面美观。

4）铝吊顶拉杆的安装

（1）铝吊顶的拉杆材质一般为不锈钢扁钢，拉杆的主要作用是承受铝吊顶和保冷材料的重量。

（2）拉杆的安装和加强圈的安装基本同步进行，待安装完 3~4 圈加强圈后，就可进行拉杆的安装。拉杆采用液压式升降机进行安装，升降机的支腿采用软质物支垫。铝吊顶接杆的安装见图 11-24。

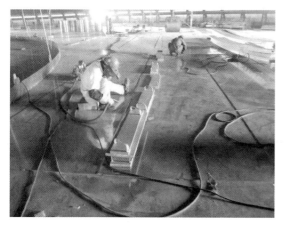

图 11-23　铝板焊接示意图

图 11-24　铝吊顶拉杆安装示意图

（3）拉杆的安装先进行上端固定，然后再和加强圈上的不锈钢连接板相焊。

（4）筋板上的连接板先进行底部焊接；再进行两侧焊接，否则在底部出现变形，使得底部无法施焊；最后将上下连接端的不锈钢螺母和螺柱点焊牢。

（5）不锈钢拉杆和加强圈上的连接板之间的角焊缝进行 100%PT 检测。

5）铝吊顶套管的安装

（1）套管的安装位置必须按设计图纸尺寸画线，采用经纬仪进行定位。

（2）焊接完毕后 100%目视检测。

7. 抗压环安装

为提供拱顶和外罐是刚性连接的条件，通常在 LNG 储罐的混凝土外墙上预埋抗压环，气顶升完毕后穹顶和抗压环焊接在一起，形成刚性连接。抗压环材质为碳钢，形状类似撇"八"字角钢。抗压环分块进行预制，利用吊车吊装到位，组焊探伤完毕后，浇筑在混凝土墙体内，抗压环内侧要与混凝土外罐的内侧对齐。

抗压环由竖板和环板组成。抗压环预制成块的尺寸偏差精度要求较高，若抗压环环板的翘起超标，将导致穹顶和抗压环之间形成较大的缝隙无法进行焊接，气顶升时会出现局部拱顶和抗压环接触不上。

1）抗压圈的吊装

根据抗压圈的重量及 25t 汽车吊吊车的性能，采用 25t 履带吊吊车进行吊装作业。使用抗压圈上的三个吊点，中间吊点钢丝绳处增加一个手拉葫芦用以调节平衡。吊耳焊接完成后必须经质量控制（QC）检查、PT 试验合格后方可使用。抗压圈吊装见图 11-25。

2）抗压圈的安装

（1）从临时入口处进行第一块拱顶块的安装，施工人员在施工平台上操作。施工平台为土建模板平台。

图 11-25　抗压圈吊装示意图

（2）抗压圈安装之前，需在 PC 混凝土墙体内预埋临时固定件，预埋的规格为 120mm×53mm×5.5mm，长度为 1.5m。

（3）浇筑完该圈 PC 墙体后，在预埋件上焊接 T 形架，厚度为 40mm，长度为露出墙体 20mm。同时上方点焊牢定位板。

（4）抗压圈的吊装到位后，使用千斤顶和手拉葫芦调节垂直度。

（5）抗压圈的内侧和 PC 墙体内侧对齐。抗压圈向外翘起 2～3mm 进行反变形。

（6）采用球罐卡具进行抗压圈竖板的间隙调整，调整完毕后进行点焊。

3）抗压圈的焊接顺序

抗压圈的焊接顺序为：抗压板对接焊缝→抗压板和上部预埋件间环缝→抗压杆对接焊缝→抗压板和抗压杆间的预留缝及盖板。

4）焊接基本要求

（1）焊前彻底清理焊接区域，保持焊缝干燥。

（2）使用评定合格的焊接工艺评定报告（PQR）制定相应的焊接工艺规程（WPS）。

（3）不得在焊缝以外的母材上引弧。

（4）完成的焊缝按检试验计划（ITP）进行目测（VT）、PT、UT 检测。

（5）临时的焊点修补、打磨后进行 100%PT 检测。

5）抗压板对接焊缝焊接

（1）焊接外侧焊缝。

（2）内侧清根碳弧气刨清根打磨后焊接。

（3）焊接过程中可根据变形情况调节销子，以控制焊接变形，也可焊接防变形板，进行焊接变形控制。

6）抗压板与上部预埋件间环缝焊接

（1）焊缝采用垫板形式，将垫板点焊固定在焊缝反面。

（2）垫板完全固定间隙符合图纸要求后正式开始焊接。

7）抗压杆对接焊缝焊接

（1）焊接上侧焊缝。

（2）反面碳弧气刨清根打磨后焊接。

（3）焊接过程中可根据变形情况调节销子，以控制焊接变形。

8）锚固件的焊接

（1）焊接锚固件与抗压杆的一侧打底焊。

（2）焊接锚固件与抗压板的另一侧打底焊及 2 道填充焊。

（3）将打底焊侧焊接完。

（4）将另一侧焊接完。

8. 气顶升施工

罐内铝吊顶在罐底板上进行组装并用吊杆与拱顶连接紧固后，利用风机将罐顶（包含铝吊顶、部分管口附件及配重）顶升到安装高度，与 PC 混凝土墙上的抗压环连接固定。

气顶升成功的关键是四个系统的控制：一是平衡系统；二是密封系统；三是动力系统；四是测量系统。平衡系统的控制主要是保证顶升过程中拱顶不发生卡塞。因为拱顶上的接管及其他物体不是均匀分布的，所以为保证拱顶的重心在拱顶的正下方，可以通过平衡力矩计算，在每一个接管及物体中心对称位置上放上钢筋束进行平衡，以保证拱顶的重心在拱顶的正下方，这样拱顶升顶过程中就不会倾斜发生卡塞现象。密封系统若做不到位，将导致拱顶升不起来，所以气顶升时尽可能地保证不漏气，同时在施工时也要考虑到漏风量，可以通过加大风机的鼓风量来弥补漏掉的风量。动力系统指的是鼓风机，为保证升顶的顺利进行，升顶前必须试车，确保风机运转正常。同时为防止升顶过程中可能有突然断电的现场，升顶要采用 4 台风机，其中 2 台风机接市电，2 台风机接柴油发电机组；顶升时 2 台风机正常工作，1 台风机空转，1 台风机备用。若现场发生停电，需立即打开空转风机的挡风板进行送风，以保证拱顶不回落。测量系统主要用来计算拱顶的上升速度，保证拱顶上升的平稳。一般升顶的平均速度为 200mm/min，最大不能超过 300mm/min。气顶升如图 11-26 所示。

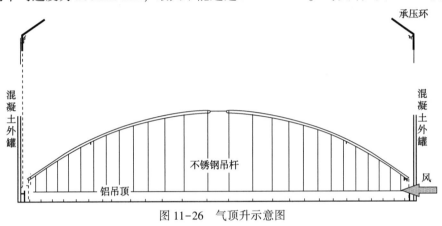

图 11-26　气顶升示意图

1）气顶升准备

气顶升前的准备工作如下：

（1）清除与气压顶升拱顶无关的杂物及工具。

（2）安装平衡导向索具装置，平衡导向索具的数量为 12 组。平衡导向系统见示意图 11-27。

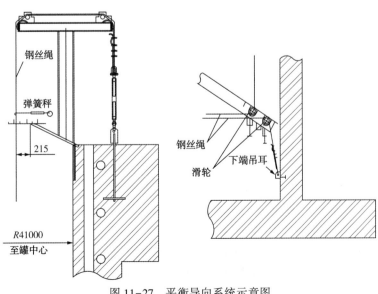

图 11-27　平衡导向系统示意图

（3）安装储罐密封装置，使拱顶以内形成一个相对封闭的空腔。

（4）安装吹顶动力装置，如风机（须试车）、风道。

（5）安装安全通道装置，如双舱门，供吹顶初始时罐内观察人员安全撤出的通道。密封系统和双舱门安装分别见示意图 11-28 和图 11-29。

图 11-28　密封系统示意图　　　　　图 11-29　双舱门安装示意图

（6）安装控风系统装置，可以随时观察吹顶时的风压，根据风压高低控制进风量。经检查确认各项设施符合要求后，方可顶升拱顶。控风系统装置原理见图 11-30。

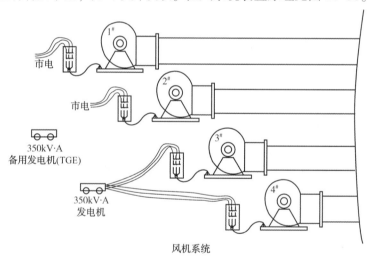

图 11-30　控风系统装置原理

2）平衡配重的计算原则及配重物选择

为了保证顶升过程中拱顶不发生倾斜、卡塞，必须通过力矩平衡计算的方式，进行关于中心对称的非均布接管及其他非均布物体的位置计算。可将整个拱顶分为 8 个区间也可分为 4 个区间，分别进行拱顶接管及其他物体的关于中心对称的平衡配重计算。

因现场土建的钢筋量较多，可以将其捆绑成束，尽可能地放置在外圆半径大的地方，但不能放置在抗压环外圆半径内，且不可妨碍抗压环与拱顶板的组对和焊接。

3）其他升顶事项的准备

（1）在混凝土罐的内侧预埋件上安装承受摩擦力的 24 个平衡固定吊耳。

（2）在抗压环上安装 T 形架，T 形架的位置应躲避大、小门洞及抗压环的锚固件。

（3）在 T 形架的正下方，拱顶板的下表面安装 48 个定滑轮。拱顶的开孔要适当大些，防止拱顶板划伤钢丝绳。

（4）张拉平衡钢丝绳。每个T形架布置一根单独的钢丝绳。单根钢丝绳不得有接头、破损，钢丝绳长度满足从T形架到底部吊耳的长度。选择公称直径合适的钢丝绳、卸扣和花篮螺丝。使用卸扣连接花篮螺丝和预埋吊耳，花篮螺丝另一端与钢丝绳连接。钢丝绳穿过拱顶，绕过2个滑轮，另一端与底部吊耳连接。首先拉紧四根互相垂直的钢丝绳，并张紧，其余钢丝绳依次拉紧。在拱顶上部分别检查钢丝绳的松紧程度是否基本相同，用抗压圈上的花篮螺丝调节一致。钢丝绳拉紧力使用弹簧秤进行测量，测量位置应相同。没有安装张力计的钢丝绳应使用相同力拉紧钢丝绳后，与抗压圈之间的间距保持相同。在吊顶的边缘外侧通道上放置20袋沙袋，每袋约40kg，在罐顶上升约300mm，用于应急调节吊顶的平衡。在罐外的合适位置，分别放置一定数量的捆绑好的钢筋，重量不得超过塔吊起重量的一半，使用塔吊作为应急调节拱顶的平衡。

（5）风机系统。根据图纸制作风道并正确安装风机，根据风机参数配备2台发电机。由专业电工接通它们之间的电源线路。一套（2台）作为升顶使用，另一套作为备用。通风管及风道（4组）把风机出风口通过施工门洞接入罐内。在风道上正确安装控风板（结合紧急截止阀），以控制进入的风量。选择一个合适的套管作为泄风口，控制罐内压力。

（6）测量系统。采用U形压差计，配备两套U形压差计，一套在风机附近，另一套在罐顶现场附近。压差计一端与罐内相通，另一端与罐外大气相通，用透明塑料管将两根玻璃管连接成U形管形式，并固定在木板上。在木板上标出刻度线，以助于观察水柱的上升情况。水柱应在玻璃管长度的一半位置，玻璃管相连的中间段不得有气泡存在。

4）顶升

气顶升工作流程见表11-2。

表11-2　气顶升工作流程一览表

序号	项目阶段	详细内容	注意事项及安全控制
1	天气条件	（1）判断天气是否满足升顶条件； （2）满足升顶条件：无雨，平均风速在10m/s以下，最大风速在15m/s以下	—
2	开会	召集所有升顶参与者，落实在顶升过程中每个人的职责，核实联络方式和注意事项	顶升阶段人员到位，安全技术交底
3	检查	（1）检查顶升用设备； （2）应急吊车是否到位； （3）塔吊司机到位，挂好应急钢筋	项目经理、总工进行最终检查；平衡钢丝绳钢丝夹逐根确认
4	人员安排	（1）按系统分配人员； （2）分配任务； （3）汇报任务完成情况	所有人员经过培训，所有人员通晓信号，所有人员进行安全交底

续表

序号	项目阶段	详细内容	注意事项及安全控制
5	检查联络设备	确认联络设备正常	准备好备用电池, 试通话, 以操作工为班长
6	气压顶升	(1) 检查每台风机的控风系统是否关闭; (2) 依次启动两台发电机; (3) 项目经理下令顶升开始; (4) 依次启动四台风机; (5) 1台风机控风器需缓慢打开; (6) 1台风机风机作调解用; (7) 2台风机作紧急情况备用; (8) 当密封层附在PC墙上及罐内压力上升后, 需对照计算, 检查罐内压力; (9) 检查拱顶脱离状态下控风板的开度角; (10) 在平均速度为100mm/min的条件下, 拱顶需缓慢上升到200mm; (11) 将拱顶维持在200mm的提升标高下, 检查平衡压力、控风板开度角; (12) 如果拱顶倾斜度大于控制值300mm, 需将拱顶维持在当时所处的位置; (13) 调查问题因素并采取适当措施; (14) 以200mm/min平均速度, 连续吹升拱顶(最大速度为300mm/min); (15) 以200mm/min的平均速度吹升拱顶, 直至最后到达1000mm; (16) 以100mm/min的平均速度吹升拱顶, 直至最后到达500mm; (17) 在拱顶接触到环板之前稳住拱顶	注意事项: 所有人通晓信号, 关注突然上升的压力, 测量和检查点如下: 平衡压力及所需压力, 提升标高, 拱顶倾斜度, 控风板开角度, 电流电压(风机), 设备状况, 开始的30min, 每隔5min记录一次提升标高及罐内压力。拱顶倾斜度要如下控制: 首先罐内人员使用的沙袋调节平横; 如需要, 使用塔吊吊装捆绑好的钢筋, 放置到拱顶上; 风机持续运转, 完成拱顶的焊接; 固定卡具不得拆除。安全控制: 使用安全带、安全帽及防护手套; 设置安全栏杆; 工具无坠落
7	拱顶固定	(1) 将拱顶板焊接到顶部环板上; (2) 拆开密封设备, 将拱顶构架焊接到环板内侧	操作人员明白工作内容, 进行安全交底

5) 拱顶与抗压环的组对和焊接

拱顶与抗压环环板的固定采用如下形式的卡具, 在主梁之间采用图11-31(a)的固定形式, 在有梁的位置采用图11-31(b)的固定形式, 若拱顶板和抗压环的间隙局部过大, 可采用增加风压的方式, 使拱顶板和抗压环贴紧, 再进行焊接。

拱顶板和抗压环环板的焊接, 先焊接主梁处的焊缝, 再焊接拱顶板处的焊缝。24个焊工同时、同方向进行焊接。焊角尺寸满足图纸要求, 全部焊接完毕后停止送风, 顶升结束。

9. 衬里底板施工

衬里底板由中幅板、异形板、边缘板和转角板四部分组成。衬里底板的中幅板之间、中幅板和异形板之间、异形板和边缘板之间、边缘板和转角板之间均采用搭接形式。衬里底板的施工时间一般在气顶升后进行安装。为了保证衬里底板的致密性, 衬里底板的每条焊缝至

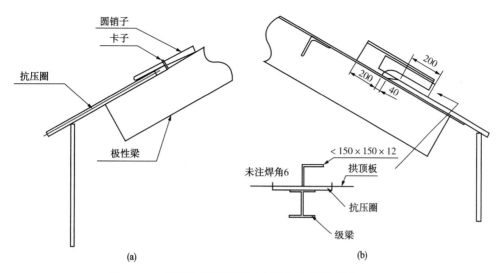

图 11-31　拱顶和抗压环的固定形式示意图(单位：mm)

少要焊接 2 道，焊接完毕后再进行抽真空试验。衬里底板的安装时要先进行边缘板的安装，然后组对转角板点焊但不焊接，在安装边缘板及点焊转角板的同时进行中幅板和异形板的安装焊接。待异形板和边缘板焊接完毕后，最后焊接转角板之间的搭接焊缝。

1) 衬里底板的组对

按设计图纸及 EN14620 进行基础验收。检查水平度、角度标记线、标高和基础中心点位置。

根据在基础上的投影线，首先进行环形板的铺设。吊起底板后，必须清除底板待焊区域 50mm 内的防锈漆。

在环形板铺设的同时，按照放线位置由中心向四周铺设中幅板，铺设时保证图纸所要求的最小搭接长度。环形板焊接完毕后，铺设异形板。异形板的位置按排版图进行，搭接长度按图纸进行。

2) 衬里底板的焊接

在焊接环形板时，对接接头两侧各垫一块防变形板，以使焊接后焊缝角变形尽可能地小，保证环形板焊完后能与混凝土保留紧密接触。环形板之间的焊缝进行焊接时，应进行刚性加固，以减少焊接变形。中幅板之间、中幅板和异形板之间以及异形板和环形板之间的焊缝最少要焊接 2 道。

搭接接头的焊接执行具体的 WPS，焊接顺序见图 11-32。

(1) 焊接顺序表示在相同情况下的先后次序，而不代表某一类焊缝完全焊接完成后再进行其他焊缝的焊接。

(2) 图中粗线为闭合焊缝，待其他焊缝焊接完后进行焊接。

(3) 粗线闭合焊缝由数名焊工沿圆周均匀分布，且沿同一方向施焊。

3) 检查与检测

(1) 在焊缝焊接完后，首先应进行目视检查，目视检查确认合格后，方可进行真空检查。

(2) 清除焊缝周围的飞溅、焊渣、灰尘等，必要时进行打磨。焊缝及焊缝周围 100mm，

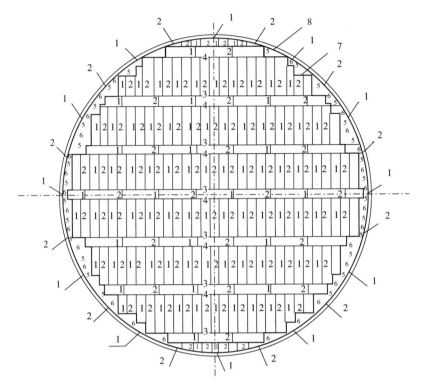

图 11-32　衬里底板焊接顺序示意图

不允许有飞溅、焊渣、表面气孔、表面裂纹等缺陷。

（3）按 EN14620 要求的负压值进行抽真空试漏，对发现的缺陷要及时返修，并再次进行抽真空试漏，返修次数不得超过 2 次。

10. 衬里壁板施工

全包容 LNG 储罐为了保证 BOG 不泄漏，在混凝土外罐的内侧紧贴一层低温碳钢板，这层碳钢板称为衬里壁板，也叫防潮板。衬里壁板由下部衬里板、通长衬里壁板和上部衬里壁板三部分组成。衬里壁板的施工和底板的工艺要求一样，每条焊缝要至少焊接两道，并 100% 进行抽真空试验。衬里板要和外罐内壁紧贴。为了保证预应力张拉后外罐内壁与衬里板紧贴，衬里壁板与外罐内壁的理论弦高为 5mm。为保证衬里壁板的致密性，每张衬里壁板的两侧和预埋件都要进行焊接。

1）施工前提条件

衬里壁板施工的前提条件为：

（1）涉及的土建墙体施工完毕，并完成交接工作。

（2）衬里板预制工作完成。

（3）拱顶与抗压圈之间焊接完。

（4）电动吊篮载荷校验完毕，具备使用条件。

2）衬里壁板的安装

（1）顶部环形衬板安装。墙体预埋件安装完成后，首先进行顶部环形衬板安装。具体如下：

①根据竖向预埋件的位置确定衬板的安装方位。

② 衬板与横向预埋件、竖向预埋件间搭接尺寸为 50mm。

③ 衬板安装前在横向预埋件上点焊定位板，以保证衬板与预埋件的搭接尺寸。

④ 顶部环形衬板每块重 200kg，使用 25t 吊车吊装衬板。

⑤ 人在吊篮内上下点焊固定衬板，采用圆销子和方帽闭合衬板与横向预埋件之间的焊缝。

⑥ 焊接前清理焊接区域，保持焊接区域清洁、干燥、无污染。

⑦ 先焊接衬板和竖向预埋件之间的搭接焊缝，再焊接衬板和横向预埋件之间的搭接焊缝。

⑧ 衬板和预埋件采用经焊接工艺评定合格的焊材进行焊接。

⑨ 焊接时执行具体的 WPS。

⑩ 焊接完成的对接焊缝进行 100%PT 检测，与抗压圈的焊缝进行 100% 真空箱检测（VBT）。

（2）下部转角板安装。外罐底板环形板铺设到位并且径向焊缝焊接完成后，开始安装下部转角板。具体如下：

① 下部转角板按照其与环向预埋件、外罐底板环形板及转角板之间的搭接尺寸进行定位，开始安装角度按设计文件进行。

② 下部转角板三层板搭接形式。

③ 转角板与横向预埋件、外罐底板环形板及转角板间搭接尺寸分别为 83mm、90mm、60mm。

④ 使用圆销子和方帽封闭转角板与横向预埋件及与外罐底板环形板间的间隙。

⑤ 焊接前清理焊接区域，保持焊接区域清洁、干燥、无污物。

⑥ 焊接时，先焊接转角板与转角板的搭接焊缝，然后焊接转角板与外底环形板间的搭接焊缝，最后焊接转角板与横向预埋件之间的搭接焊缝。

⑦ 所有转角板的焊缝采用经评定合格的焊条，焊接工艺执行具体 WPS。

⑧ 转角板上的临时焊点打磨后安装要求进行 100%PT 检查。

⑨ 焊接完成后对焊缝进行 100%PT 检查。

（3）下部衬板的安装：

① 根据竖向预埋件的位置确定衬里板的安装方位。

② 下部衬板与标高 600mm 预埋件的搭接尺寸为 50mm，与标高 5000mm 预埋件的搭接尺寸为 75mm，与竖向预埋件的搭接尺寸为 50mm。

③ 衬板安装前在横向预埋件上点焊定位板，以保证衬里壁板与预埋件的搭接尺寸。

④ 使用 25t 汽车吊，吊装安装。

⑤ 从下至上点焊固定衬里壁板，使用脚手架和吊篮安装和焊接衬里壁板。

⑥ 采用圆销子和方帽闭合衬里板和横向预埋件之间的缝隙。

⑦ 焊接前清理焊接区域，保持焊接区域清洁、干燥、无污物。

⑧ 先焊接衬里壁板与竖向预埋件之间的搭接焊缝，再焊接衬板与横向预埋件之间的搭接焊缝。

⑨ 衬里壁板与低温钢预埋件之间的搭接焊缝使用镍基焊条进行焊接，其余焊缝采用碳钢焊条。

⑩ 衬里板和 9% 镍钢上的临时焊点打磨后，进行 100%PT 检测。

⑪ 焊接完毕后，焊缝进行 100%VBT。

（4）上部衬里壁板的安装：

① 根据竖向预埋件的位置确定衬里板安装方位。

② 衬里板与竖向预埋件采用搭接形式连接，衬里板与衬里板间自上而下采用搭接形式。

③ 衬里板与标高 5000mm 的搭接尺寸为 50mm，衬里板与竖向预埋件的搭接尺寸为 50mm，衬里板自身的搭接尺寸为 90mm。

④ 在外罐衬底上把衬里壁板预先三块进行拼装。

⑤ 使用安装在施工轨道上的电动葫芦吊装衬里板，电动葫芦在使用前经地方相关机构检测合格，并颁发合格证，电动葫芦由专业人员负责安装调试，操作人员必须持有操作证。

⑥ 衬里壁板吊装到位后，从下至上点焊固定，先固定衬里壁板与竖向预埋件的搭接焊缝。

⑦ 使用电动吊篮固定和焊接衬里板，吊篮使用前经地方相关机构检测合格并颁发合格证。

⑧ 使用圆销子和方帽封闭衬里壁板和横向预埋件的缝隙。

⑨ 焊接前清理焊接区域，保持焊接区域清洁、干燥、无污物。

⑩ 先焊接纵向焊缝，后焊接环向焊缝。

⑪ 衬里壁板与低温钢之间的焊缝采用镍基焊条进行焊接，其他全部采用碳钢焊条焊接。

⑫ 衬里壁板和 9%镍钢上的临时焊点打磨后，进行 100%PT 检测。

⑬ 焊接完毕后，焊缝进行 100%VBT。

11. 热角保护内罐壁板安装

内罐由底板、壁板及加强圈三部分组成，材质均为 9%镍钢或 ASTM A553 type I。内罐底板中幅板之间、中幅板和异形板之间及异形板和环形板之间的焊缝为搭接焊缝。边缘板的对接焊缝要 100%进行探伤，而且对接焊缝下面没有垫板。

内罐壁板安装采用螺旋式安装，即有一条纵缝组对完毕后就可以进行纵缝的焊接，待组对完 4~5 张壁板后就可以进行环焊缝的调整焊接。临时门洞板在组对时要一起组对，待第三圈壁板焊接完毕，门洞加固好后再将临时门洞壁板拆下，以便施工车辆及人员能够进入罐内。热角保护门洞处的安装与壁板安装类似，组对时临时门洞的热角保护竖板要一起组对好，待组对过临时外门洞后，将热角保护竖板再取下。主要考虑到全部焊接完毕后，再处理临时门洞的壁板焊接，可能导致临时门洞的壁板或热角保护竖板要做调整。

内罐的焊接主要控制难点在于线能量的控制、磁偏吹的控制及焊缝外观的控制。内罐9%镍钢的焊接通常采用镍基焊材，其黏度大、熔池流动性差，所以埋弧横焊时很难控制焊缝的表面成型。由于 9%镍钢易被磁化，当剩磁量比较多，焊接到该位置时就产生磁偏吹，导致熔池保护不良产生焊接缺陷。为克服磁偏吹，通常采用交流电源进行焊接。因为磁场是有方向的，当采用交流电源时，在交变电源下磁场会正负抵消，这样焊接时就不易产生磁偏吹。由于服役环境对 9%镍钢的低温韧性的要求，当线能量超过一定值后，焊缝的低温冲击功将大大减小，能保证在恶劣工况下储罐的安全，所以 9%镍钢焊接时必须控制其焊接线能量。具体措施就是在焊接时控制每根焊条的焊接程度，并且规定好每种规格坡口形式下的焊缝焊接的道数与层数。

1）安装

（1）安装热角保护（TCP）：一旦 LNG 内罐发生泄漏，LNG 外罐也要有盛装 LNG 的能力，以便使损坏罐内的 LNG 有时间转输至其他储罐，所以 EN14620 规定在承台以上最小5m 的范围内要设置热角保护系统，保护外罐的承台和外墙的 T 形角在盛装 LNG 时不会脆断。

TCP 由盖板、竖板和筋板组成。盖板宽 200mm 左右，竖板高度 5m，筋板主要起焊缝垫板的作用。TCP 安装步骤如下：

① 安装前将 TCP 板在罐外进行 2 块组装。

② 安装 TCP 处的泡沫玻璃砖。

③ 用卡车将组装好的 TCP 板运输到罐内，按要求进行封车。

④ 用 25t 吊车将 TCP 板水平放置在罐内。

⑤ 根据设计图纸先安装 TCP 板的环板下方的垫板，同时安装二次罐底部上的垫板。

⑥ 安装环形板。

⑦ 安装环形板下方的连接板。

⑧ 安装竖向垫板。

⑨ 安装两层 TCP 竖板之间的环向垫板。

⑩ 安装 TCP 环缝下方的竖向垫板。

⑪ 使用 25t 吊车或 2 台 5t 电动葫芦将 TCP 板由水平位置反转到垂直位置后吊装到安装位置。在距离 TCP 上端 500mm 处，焊接 2 个吊耳，吊耳距长度方向 1/3 处。

⑫ 吊装到位后，调整上下间隙并点焊固定后摘钩。

（2）TCP 焊接：TCP 焊接顺序如下：

① 先焊接 TCP 环板上方的垫板，同时焊接 TCP 竖板下方的垫板。

② 点焊上 TCP 环板后，焊接 TCP 环板下方的连接板。

③ 焊接竖向垫板，并打磨平滑，进行 100%PT 检测。

④ 先焊接 TCP 环板的径向焊缝，同时焊接 TCP 板的竖向焊缝。

⑤ 焊接 TCP 板的环向焊缝。

⑥ 焊接 TCP 环板的环向组合焊缝。

⑦ 最后焊接 TCP 竖板的上下角焊缝。

⑧ 在焊接 TCP 板前，将临时门口的二次底板的环形板临时安装，待安装完其他 TCP 板后拆除。

2）壁板安装

（1）第一圈壁板安装：

① 顶升后将 1~3 圈壁板运输到罐内。

② 放线：根据图纸在内罐环板上全站仪标示出第一圈壁板的半径，标示每块壁板的起始点，以纵缝中心为尺寸线。

③ 使用 25t 吊车和电动葫芦配合将壁板吊装到安装位置。

④ 第一圈壁板组装。

（2）第二圈至第十圈壁板安装：

① 安装施工平台。

② 吊装前焊接方帽。

③ 纵缝错开 1/3 板长，逆时针进行安装。

④ 环缝使用背杠进行固定。

⑤ 环缝间隙使用 3.2mm 厚的间隙进行控制，垫片间隔约 1220mm。

⑥ 壁板吊装到位后，将间隙片放入壁板环缝中间，并用销子固定。

⑦ 安装背杠并用销子固定。

⑧ 在板的顺时针方向端部焊接槽钢卡。

⑨ 摘钩前确认壁板已固定好。

⑩ 安装下一块壁板。

⑪ 组装和焊接纵缝。

⑫ 组装和焊接环缝。

（3）第十一圈壁板安装：

① 吊装：在距壁板上方 300mm，距端部 1/3 板长处，焊接吊耳；使用 25t 吊车及平衡梁将壁板起吊到垂直位置，并放置在支架内；利用 2 个 5t 的电动葫芦进行壁板的安装。

② 其壁板的安装工艺与步骤（2）壁板的安装工艺相同。

（4）门板的组对与焊接：

① 门板随着第一圈壁板进行安装，使用挡板和卡具进行固定。

② 临时安装门板时，保持一条纵缝间隙符合设计图纸要求，另一条焊缝完全闭合。

③ 直到完成第二圈壁板的安装焊接完成后才能将门板拆除。

④ 拆除门板前按照图纸安装门板临时加强筋。

⑤ 待内罐工作结束后正式安装门板，并拆除临时加强筋。

（5）大角焊缝的组对和焊接：

① 当第一圈壁板的纵缝焊接完成后即可开始大角焊缝的组对工作。

② 在底板异型板焊接前焊接完大角焊缝。

③ 先焊接外侧后焊接内侧，焊接完成后进行气密试验。

（6）纵缝的组对和焊接：

① 当两块壁板吊装到位后即可开始纵缝的组装工作。

② 在内侧和外侧使用球罐卡具和圆销子组对纵缝。

③ 纵缝的组对：组装前在壁板的两端和中间位置使用 2m 长的水平尺检查壁板垂直度；确定壁板上端对齐，调整间隙，确认焊缝没有错边时，在距离顶端 100mm 处焊接挡板；组装过程中使用样板检查纵缝变形情况，通过销子调整变形。

④ 纵缝的焊接：当完成一条纵缝的组装工作后即可开始纵缝的焊接工作；焊接前彻底清理焊接区域，保持焊接区域干燥、无油污；先焊接外侧，内侧使用碳弧气刨清根、打磨 PT 检测后焊接；在焊接过程中随时检查焊缝变形情况，通过销子调整变形量；焊接时焊条不允许摆动；人员在挂篮内焊接。

（7）环缝的组对和焊接：

① 完成 3 条纵缝的焊接工作后即可开始环缝的组对工作；

② 点焊长度 25~50mm，点焊间隔为 600mm 左右；

③ 在距离没有焊接的纵缝位置 1m 处停止环焊缝组对；

④ 环焊缝的焊接，执行具体 WPS。

（8）加强圈的组对和焊接：

① 加强圈应在纵缝和环缝焊接完成，且纵缝 RT 检测合格后方可安装；

② 安装前在壁板上标示出加强圈的安装高度；

③ 将焊缝位置的壁板表面清理干净；

④ 焊接挡板用于临时固定加强圈；

⑤ 使用电动葫芦将加强圈吊装到安装标高；

⑥ 使用卡具固定加强圈并调整水平度和焊缝间隙；

⑦ 加强圈的焊接：焊接加强筋之间带垫板的径向焊缝；焊接加强圈和壁板之间的角焊缝。

第五节　施工质量管理

一、质量管理各方关系及管理职责

1. 质量管理各方关系

质量管理各方关系如图 11-33 所示。

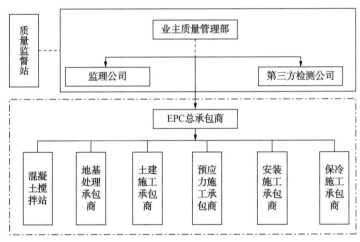

图 11-33　质量管理各方关系示意图

2. 管理职责

1）业主的管理职责

（1）确定项目质量目标。

（2）提出并审定质量检查验收标准。

（3）批准开工报告。

（4）批准施工组织设计。

（5）批准检验试验计划。

（6）参加 A 级控制点的检查验收及单位工程验收。

（7）组织"三查四定"工作。

（8）组织项目工程中间交接及竣工验收。

（9）审查、接收工程交工文件。

2）监理公司的管理职责

（1）审定开工报告。

（2）审定施工组织设计、技术方案。

（3）参加原材料/设备、分部分项、单位工程和中间交接等 A 级、B 级质量控制点（包括见证点）的检查验收。

（4）参加并负责"三查四定"整改项目的检查验收。

（5）参加中间交接及项目竣工验收。

（6）编制监理交工文件。

（7）审查交工技术文件。

3）质量监督站的管理职责

（1）提出并确定质量监督检查（点）计划。

（2）参加单位工程、中间交接等监督检查点的验收。

（3）负责工程质量初评。

（4）参加项目竣工验收。

4）EPC 总承包商的管理职责

（1）负包商的质量保证体系、组织机构是否健全。

（2）负责监督检查施工分包商专业质检员的资格证书，特殊工种操作人员的岗位证书及其有效性。

（3）负责对施工承包商的施工质量进行全过程、全方位的监督检查。

（4）组织 A 级、B 级质量控制点的检查验收。

（5）负责组织召开施工质量例会。

（6）分阶段负责组织现场质量大检查。

（7）参加分部工程、单位工程的质量检查验收。

（8）对工程质量问题负责组织调查和处理。

（9）参加监理/业主的质量例会；

（10）组织进行"三查四定"，并负责组织对"三查四定"质量问题的整改。

（11）参加工程中间交接及项目竣工验收。

（12）负责施工分包商交工技术文件的审查并组织移交。

5）施工分包商的管理职责

（1）建立健全施工质量管理体系及组织机构，并保证有效运行。

（2）质量检查人员及特殊工种要持证上岗。

（3）施工机械设备要在检定范围内，性能完好。

（4）专业开工前，负责编制报批各类技术文件（如施工组织设计、施工方案等）。

（5）参加专业质量控制点的检查验收，并及时填写施工记录。

（6）参加总承包商施工质量例会。

（7）接受总承包商及上级质量管理部门的质量大检查。

（8）参加工程质量问题的调查和处理。

（9）组织检验批、分项工程的质量检查验收。

（10）参加分部工程、单位工程的质量检查验收。

（11）参加"三查四定"，并负责对"三查四定"质量问题的整改。

（12）参加工程中间交接及项目竣工验收。

（13）负责交工技术文件的整理。

二、质量管理组织机构

1. 总承包商质量管理组织机构

总承包商质量管理组织机构见图11-34。

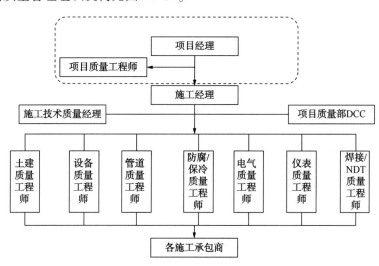

图 11-34　总承包商质量管理组织机构示意图

2. 土建施工承包商质量管理组织机构

土建施工承包商质量管理组织机构见图11-35。

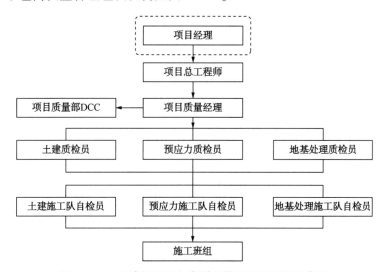

图 11-35　土建施工承包商质量管理组织机构示意图

3. 安装施工承包商质量管理组织机构

安装施工承包商质量管理组织机构见图 11-36。

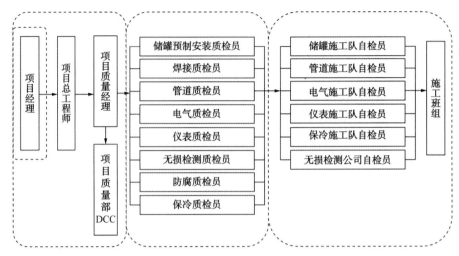

图 11-36 安装施工承包商质量管理组织机构示意图

三、岗位职责及工作内容

1. 总承包商质量管理岗位职责及工作内容

1）项目经理

（1）全面负责项目质量执行工作。

（2）制定项目执行策略，批准项目质量计划。

（3）组建项目质量组织机构。

（4）审查、批准、优化主要工艺技术方案和公用工程方案。

（5）组织工程中间交接。

（6）试车期间，组织处理试车中发现的工程质量问题。

2）项目质量工程师

（1）负责项目全过程的质量管理工作。

（2）编制项目质量计划。

（3）负责建立一套符合 ISO 9001—2008 标准要求和项目特点的质量管理体系。

（4）负责对项目的质量管理体系的监督与检查。

（5）保证质量体系的有效运行及质量管理目标的实现。

3）施工经理

（1）全面负责施工技术、质量管理工作的实施。

（2）负责编制施工管理规划。

（3）确定项目施工质量控制目标。

（4）组织施工组织设计、重大施工方案的初审。

（5）参加重要施工方案研究，签署施工方案。

（6）负责对施工不合格品的控制。

（7）遇到的重大质量问题，及时向项目经理及部门领导汇报。

（8）接受外部质量检查，组织内部质量检查。

（9）组织单机试车和中间交接验收。

4）施工技术质量经理

（1）组织专业施工质量控制目标分解工作。

（2）负责确定项目用标准、规范目录。

（3）组织施工质量《检验、试验计划》的修编工作。

（4）参加施工组织设计审查，汇总项目组审核意见。

（5）负责组织施工方案的审查。

（6）负责单位工程划分。

（7）负责组织图纸会审及设计交底。

（8）制定交工技术文件资料归档的要求。

（9）参加 A 级控制点的检查。

（10）负责不符合项的处理，负责质量事故处理。

（11）参加业主/监理组织质量会议。

（12）组织质量专题会议。

（13）定期或不定期进行施工质量检查，进行检查结果分析。

（14）接受外部质量检查，参加内部质量检查。

（15）负责编制施工管理月报技术质量部分。

（16）编制施工质量周报。

5）专业质量工程师

（1）编制专业质量控制目标。

（2）负责本专业《检验、试验计划》的修编。

（3）负责本专业 A、B、C 级质量控制的检查、验收工作。

（4）负责保管本专业用标准规范、施工图纸、设计变更（或工程洽商）和《施工质量检验试验计划》。

（5）参与施工组织设计＼重大施工方案审查，负责本专业有关内容的审查工作。

（6）负责审查本专业的施工方案，包括成品防护/技术措施等。

（7）参加图纸审核，对存在问题提出书面意见和建议。

（8）负责对本专业特种作业人员岗位证书的有效性及符合性进行验证，并保留其复印件。

（9）参加本专业与其他专业工序交接检查验收。

（10）负责《施工管理综合月报》中本专业技术/质量管理篇文件的编制。

（11）负责本专业不符合项的处理。

6）文档管理员

按质量管理体系文件和记录的要求，负责对项目文档资料的建档和管理。

2. 施工承包商质量管理岗位职责及工作内容

1）项目经理

（1）全面负责现场施工质量工作。

（2）负责建立健全质量管理体系，贯彻质量方针。

（3）负责单项工程施工组织设计的审核。

（4）负责参加工程的中间交接。

（5）负责交工技术文件的移交。

2）项目现场总工程师

（1）协助项目经理建立健全质量管理体系，贯彻质量方针，达到既定的质量目标。

（2）负责组织编制工程项目质量计划。

（3）负责组织施工组织设计及重大施工方案的编制。

（4）负责审核施工方案及专项施工方案。

（5）负责组织编制质量检试验计划及单位分部分项工程的划分。

（6）负责组织"三查四定"工作中质量问题的整改。

（7）负责交工技术文件的审核。

（8）负责编制产品实现过程中预防和纠正措施。

（9）负责不合格品的鉴定评审，提出处理意见。

3）质量经理

（1）负责组织项目部质量体系程序文件的编写、维护、修订与运行维护。

（2）负责全过程实施质量管理和过程控制。

（3）参与项目质量计划的编制。

（4）参与质量检试验计划的编制。

（5）负责组织 A 级质量控制点的检验验收。

（6）负责施工组织设计中相关技术质量措施的审核。

（7）按照《施工作业指导书编制计划》，负责对施工作业指导书进行审核和修正。

4）质量工程师

（1）负责本专业的质量管理工作，严格执行施工验收规范、质量评定标准、设计施工图纸、施工技术文件和质量管理规章制度。

（2）负责编制专业质量检验计划，对现场施工质量实施全过程监督、检查、指导。

（3）对本专业范围内的特殊过程进行全过程跟踪监控。

（4）积极参加质量验收、工序交接和隐蔽工程验收。

（5）负责专业工程质量检查、评定检查和工序质量确认。

（6）参加工程质量大检查和质量事故调查。

（7）负责监督检查现场施工记录和验评资料，负责质量检验、评定资料的收集、保管、整理、编目、移交、归档。

四、施工质量控制的主要内容

（1）图纸会审与设计交底。

（2）适用标准规范目录的建立。

（3）单位及分部分项工程划分。

（4）确定质量控制点。

（5）审查施工组织设计/重大施工方案。

（6）施工方案及技术文件审核。

（7）原材料、设备、施工机具、检试验设备检查。

（8）特种作业人员资质审核管理。

（9）开工报告审批。

（10）检验批、隐蔽、分项、分部工程检查验收。

（11）单位(单项)工程检查验收。

（12）工程中间交接。

（13）交工文件验收及移交。

（14）施工完工报告。

五、质量控制点

检验试验计划分 A、B、C 三级。其中，A 级表示由业主、监理、总包、分包、质量监督站(如果需要)共检点；B 级表示由监理、总包、分包共检点；C 级表示分包商自检自查点。

六、质量控制点检查验收流程

1. A 级质量控制点检查验收流程

A 级质量控制点检查验收流程如图 11-37 所示。

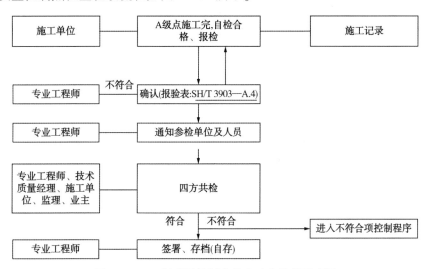

图 11-37　A 级质量控制点检查验收流程示意图

（1）施工单位施工完后，自检合格，填写《工序质量报检表》和《施工记录》，向总承包商专业工程师申请报检。

（2）专业工程师对报检申请进行审核，若不符合，则反馈给施工单位进行修改；若符合，专业工程师提前 24h 将时间、地点通知参检单位及人员(监理、业主、质量监督站、质量控制部门等)，并填写表格记录报监理。

（3）施工单位、专业工程师、质量控制工程师、监理人员进行共检，若结果符合要求，则将共检签证记录进行存档，进入下道程序；若结果不符合要求，则执行不符合项程序。

（4）专业工程师签署并存档，控制(管理)记录进入资料系统，施工记录进入交工资料系统。

2. B级控制点检查验收流程

B级控制点检查验收流程如图11-38所示。

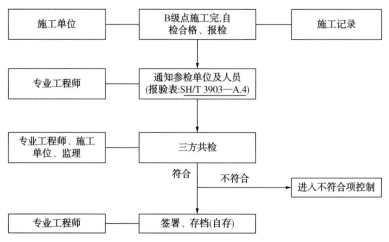

图11-38　B级控制点检查验收流程示意图

（1）施工单位施工完后，自检合格，填写《工序质量报检表》和《施工记录》，向总承包商专业工程师申请报检。

（2）专业工程师提前24h将时间、地点通知参检单位及人员（监理、业主、质量监督站、质量控制部门等），并填写表格记录报监理。

（3）施工单位、专业工程师、质量控制工程师、监理人员进行共检，若结果符合要求则将共检签证记录进行存档，进入下道程序；若结果不符合要求，则执行不符合项程序。

（4）专业工程师签署并存档，控制（管理）记录进入资料系统，施工记录进入交工资料系统。

3. C级控制点检查验收流程

C级控制点检查验收流程如图11-39所示。

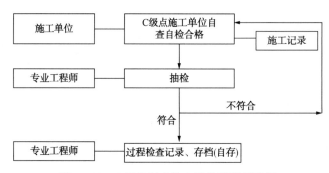

图11-39　C级控制点检查验收流程示意图

（1）施工单位施工完后，自检合格，填写施工记录。

（2）专业工程师对C级点现场、施工记录进行抽检，若不符合要求，则执行不符合项程序。

（3）专业工程师对抽检情况进行记录、存档。

七、特殊材料检查验收

LNG 低温罐施工涉及低温钢筋 Krybar-165、低温混凝土、预应力体系低温试验、9%镍钢材、9%镍钢施焊焊材和保冷玻璃砖六类非常规用材及试验要求。

低温钢筋的性能试验在有资质的实验室完成，如安徽江南钢铁材料质量检验监督有限公司；目前预应力整个体系低温实验有柳州欧维姆实验室可以完成并出具报告。

现场主要核查对应的检验试验报告。

1. 低温混凝土

低温混凝土主要控制混凝土配合比及鉴定实验报告。

2. 9%镍钢材复检

1）试件数量

（1）化学成分：全部炉号复验 1 张。

（2）力学性能和工艺性能：每个厚度规格各复验 1 张。

（3）超声波检测复验：内罐壁板和内罐底板边缘板，每种厚度规格各抽查复验 3 张。

2）复检内容

9%镍钢材复检内容见表 11-3。

表 11-3　9%镍钢材复检内容一览表

复检内容	要求指标			备注
化学成分	化学成分	熔炼分析/%	产品分析	
	C	≤0.10	≤0.10	
	Si	≤0.35	≤0.35	
	Mn	0.30~0.80	0.30~0.80	
	P	≤0.010	≤0.010	
	S	≤0.005	≤0.005	
	Ni	8.50~10.00	8.50~10.00	
	Mo	≤0.10	≤0.10	
	V	≤0.01	≤0.01	
	Cu	≤0.30	≤0.30	
	Cr	≤0.25	≤0.25	
	Al	0.012~0.050	0.012~0.050	
	Nb	≤0.010	≤0.010	
抗拉强度	公称厚度 6~30mm，$ReH \geq 585MPa$			
低温冲击	试验温度	钢板厚度/mm	最小冲击功值(平均值)A_{kV}/J	
	-196℃	6~<8	40	
		8~<12	60	
		≥12	80	

3. 9%镍钢施焊焊材复检

1）试件数量

（1）9%镍焊条 ϕ2.5、ϕ3.2、ϕ4.0 各一组。

（2）9%镍焊丝 ϕ1.6 一组。

2）复检内容

9%镍钢施焊焊材复检内容见表11-4。

表11-4 9%镍钢材施焊焊材复检内容一览表

复检内容	要求指标	复检内容	要求指标
弯曲性能	符合 AWS SFA5.11 规定	最小屈服强度/MPa	430
抗拉强度/MPa	690~825		

除以上要求外，对其他原材料及试验报告的检查验收按设计及施工规范要求进行。

第十二章 开车技术

液化天然气(LNG)接收站工程是工艺上较为复杂、安全性要求较高且具有较强逻辑关联性的系统性工程，为实现其安全稳定的试车投产，必须遵从系统的、可靠的、操作性强的专业技术。本章主要从投产试车纲要、投产总体方案、现场投产实践及建议三个方面系统介绍LNG接收站的试车投产过程的方案编制、组织方法、人员安排、关键环节、重要物资、外部条件等重要技术与环节，并结合实践经验阐述试车投产的全过程。

第一节 投产试车纲要

一、试车前的组织准备

组织准备主要包括建立组织机构，设置人员、岗位，明确每个人的岗位职责，将所有生产准备相关方整合为一个有机的整体，最终实现共同的目标。成立的组织机构基本职责为：

① 编制生产准备工作纲要、生产准备总体实施网络计划和实施方案；

② 编制生产运行组织机构、岗位设置、人员配备方案；

③ 编制人员需求计划，制定生产装置管理人员、技术人员和操作人员的培训方案，组织培训和上岗取证工作；

④ 组织编制总体试运投产方案、操作手册、生产管理规章制度等管理、技术文件；

⑤ 编制试车记录、生产报表、统计报表等。组织编制物资准备、外部条件准备计划；

⑥ 配合销售营业部制订营销准备计划；

⑦ 负责LNG上游资源方的衔接工作，组织落实购销协议执行程序及船岸对接等相关工作；

⑧ 参与装置的单机试车、联动试车、试生产及其性能考核；

⑨ 组织编写试车总结和考核报告；

⑩ 参与设备开箱检验，重要物资检查；参与分项、子项和整个生产装置质量检查和质量评定。

二、试车前的人员准备

根据开车、运营管理及职能的需要，通过招标选择具有相同或类似岗位工作经验的公司和人员，专业按照岗位需求确定，并对人员进行相关培训，达到上岗条件。

当前国内LNG接收站自动化水平较高，因此要求生产运行管理人员要具有较高的文化素质和业务水平，除具有精通本专业的能力外，还应熟悉相关专业的运行管理业务。主要采取集中授课、交流研讨、自学辅导等方式开展培训，使生产运行管理人员精通管理、懂技术，具备较强的组织管理、团队建设和沟通协调能力，满足投产指挥和生产管理的需要。

工程师（专业技术人员）需具有油气储运专业或相关专业本科及以上文化程度。针对LNG 项目集中控制程度高、工艺流程复杂、管理模式新等特点，工程师应重点学习掌握装置新工艺、新设备、新技术。主要采取集中授课、交流研讨、对口实习、仿真培训等方式，着重提高专业技术人员解决实际问题的能力以及技术管理和创新能力。

技能操作人员需达到大专及以上文化程度，并要求具有丰富的相关工作经验。以国家职业技能标准为依据，根据 LNG 装置工艺技术特点，开展系统操作和一专多能培训。一般分 5个阶段进行全过程培训：基础知识和专业知识培训、同类装置实习、岗位练兵、计算机仿真培训、参加投产前的单机试车及联动试车。

三、试车前的技术准备

技术准备的主要任务是编制各种试车方案、各项操作规程、生产技术资料、管理制度，使生产人员掌握各单元的生产和维护技术。建立生产技术管理系统，通过参加技术谈判和设计方案讨论及设计审查等各项技术准备工作，各级管理人员和技术人员熟悉掌握工艺、设备、仪表（含计算机）、安全、环保等方面的技术，系统地掌握接收站各项技术及控制要点，在接收站的工艺操作、工艺控制（仪表联锁及分析）、设备操作维护和使用、安全管理等方面，具备独立处理各种技术问题的能力。

① 为使生产人员掌握 LNG 接收站各项技术，确保 LNG 接收站投料试车一次成功，根据设计文件，结合现场实际，参照国内外同类设施有关资料，应在试车半年前完成各类规程的编制工作。规程性文件为接收站运行的大纲性、指导性文件，所有的方案程序、操作规程等都要服从规程性文件。

② 根据设计文件及设备资料，参照国内外同类项目的有关资料，结合现场施工工作进展情况，通常于投料试车前一年编制完成《总体试车方案》及各单体试车方案。

③ 操作规程具体规定了各单元、各系统及各主要设备的技术要求与操作步骤，是各种试车方案的支持性文件。操作规程要具体详细，有可操作性及可重复性，对操作技能人员有指导意义。操作规程的编写应参考设计文件、方案及设备的操作维护手册。

④ 根据设计文件及供应商资料，参照国内外同类设施的有关资料完成操作维护手册等技术资料的编制工作。操作维护手册是操作规程的重要支持性文件，应针对某一个或某一类具体的设备进行编写并列出各设备的具体参数，并且具有较强的可操作性与适应性，能指导相应设备的操作与维修。

⑤ 为保证试车及生产顺利进行，根据 LNG 项目的特点，制定以岗位责任制为中心的各项管理制度。

⑥ 试生产及正常运行所需的岗位操作记录应分岗位编制，所记录的参数应能够满足安全生产的需要，能够全面反映生产运行情况。

⑦ 综合性技术资料主要包括：企业和各单元介绍、物料平衡手册、产品质量手册、润滑油·（脂）手册、"三废"排放手册、设备手册、阀门及垫片一览表、轴承一览表、盲板台账及备品备件手册等。此外还包括各种随机资料。

四、试车前的物资准备

物资准备是指在试车投入生产过程中所需要的一切原材料、燃料、化学药品、润滑油（脂）、干燥剂、填料、备品备件、工器具、安全、消防用具以及办公用具等的供应准备工作。物资准备工作的目标是按质、按量、适时供应试车投入生产所需的各种物资。

由 EPC 承包商、施工单位各使用部门、投产保运队编制需求计划，包括原（燃）料、化学品、标准气样、干燥剂、填料、润滑油（脂）的品种、规格、技术标准、包装形式、储运条件等，包括一次充填量、试车投用量、储备量。物资装备部负责收集汇总，并编制采购计划，具体实施采购。EPC 承包商、施工单位、供应部门需提前收集整理相关供货厂家信息并安排采购，及时签署供货协议或合同。

按照相关试车规定和试车前的实际需求，在试运投产前应具备：

① 原料、燃料及投料试车所需辅料；

② 机组备品备件及润滑油（脂）；

③ 生产专用工具、工器具、工艺管道备件、应急物资；

④ 安全卫生、消防、救护器材、劳动保护等；

⑤ 通讯器材、生产运输车辆、拖轮；

⑥ 设备交付资料。

五、试车前的资金准备

试车费用包括单机试车消耗的电力、工业水、仪表风、工业风、润滑油（脂）等费用；联动试车与投料试车期间能源和物料费用、人工费用、保运费用、试车期间易耗配件费用、临时管道和临时措施费等。

资金应根据科学统筹、合理调配、专款专用、严格审查、跟踪分析、减少占用的安排原则，确保项目建设资金使用，提高资金运作效率。根据项目的基础设计概算、年度投资计划和工程实施进度，编制生产准备费用的资金使用计划，认真做好费用统计与归类，做好费用核销。

六、试车前的营销准备

市场营销单位组织区域销售单位开展市场调查，收集分析市场信息，制定营销策略。在投产试运 1 年前确定对用户的供气计划，并与用户签订销售协议或合同。

按照国家有关标准编制安全技术说明书和安全标签，并办理危险化学品安全生产、运输和销售等许可证。

接收站运行单位预测投产期间置换、升压天然气用量，市场营销单位协调气源供应，并下达对用户的供气计划。

接收站运行单位、管道运行单位和市场营销单位要在投产前签订计量交接协议，同时建立供、用气用户档案和"月计划、周平衡、日指定"的输气计划执行机制和生产调度协调机制。

七、试车前的外部条件准备

按照相关试车规定和试车管理细则要求，在试运投产前应落实以下条件要求：

① 落实外部供给的电力、水、液氮等；

② 接收站外道路、雨排水、外排污水管道等公用工程的接通；

③ 航道与锚地开通；

④ 外部电信与内部电信联网开通；

⑤ 监管单位的监管硬件要求；

⑥ 生产试运行所需的各类政府备案、许可；

⑦ 可依托社会的机电仪维护力量及公共服务设施；

⑧ LNG 接收站专业开车及技术服务队伍。

第二节 投产总体方案

为确保液化天然气接收站在投产过程中组织得当，人员、资金、物资、设备齐备，避免在投产过程中产生不确定因素带来的不利影响，保证投产顺利实施，生产建设单位应编制投产总体试车方案。

一、试车前的条件准备

按照相关试车规定和试车管理细则要求，在试运投产前按以下要求进行严格检查和确认：

① 工程已办理中间交接手续；

② 码头具备开港运行条件；

③ 联动试车已完成；

④ 人员配置合理、培训已完成；

⑤ 各项生产管理制度已落实；

⑥ 经开车服务公司和上级批准的试运投产方案已向生产人员交底；

⑦ 保运工作已落实；

⑧ 供排水系统已正常运行；

⑨ 供电系统已平稳运行；

⑩ 供氮、供风系统已正常运行；

⑪ 原材料、润滑油(脂)、工器具准备齐全；

⑫ 专用工具、备品备件齐全；

⑬ 通讯联络系统运行可靠；

⑭ 物料储存系统已投用；

⑮ 上游资源与产品输送方案已落实；

⑯ 安全、消防、急救系统已完善；

⑰ 生产调度系统已正常运行；

⑱ 环保工作达到"三同时";

⑲ 化验分析工作已准备就绪;

⑳ 现场保卫已落实;

㉑ 生活后勤服务已落实;

㉒ 开车队和专家组已到现场;

㉓ 各种政府许可手续已办理完成;

㉔ HSE 体系文件已建立。

二、试车组织机构

国内 LNG 接收站基本都会组建试车领导小组并成立相关组织机构,在试车领导小组的统一领导下,业主单位负责,设计、监理、施工等参建单位参与,完成单机试车、联动试车、投料试车及生产考核等工作。

国内某 LNG 接收站试车组织机构情况见图 12-1 所示。并以此为例,展开介绍各机构及其主要工作职责范围。

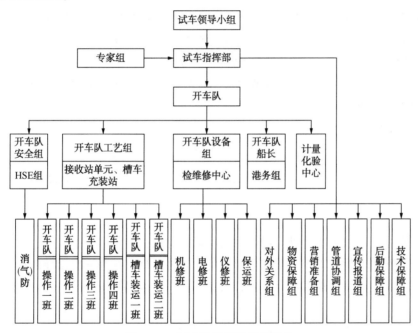

图 12-1 试车阶段组织指挥机构

(一)试车工作领导小组

① 认真贯彻上级机关有关指示精神,领导项目的投料试车工作;

② 确定投料试车的总体原则、方针、目标和工作进度,发布试运投产工作指令;

③ 定期召开领导小组会议,协调解决工程收尾和试运投产工作的重大问题。

(二)试车指挥部

试车指挥部由建设单位相关领导、相关部门负责人、项目部相关管理人员及 EPC 单位负责人组成,试车指挥部下设办公室。

1. 试车指挥部职责

① 按照项目试车工作领导小组有关指示精神，统筹、指挥、决策、协调项目建设和试运投产工作；

② 定期召开会议，督促、协调项目建设进度，解决试运投产工作中的重大问题；

③ 负责安全、环保、职业卫生管理，指挥、协调、解决试运投产中出现的突发事件，保障试运投产工作的顺利进行；

④ 组织审查接收站投料试车方案；

⑤ 依据产、供、销平衡的原则，组织协调投料试车的进度；

⑥ 根据批复的《总体试车方案》安排试运投产工作；

⑦ 组织完成项目投料试车前的各项检查验收，组织确认试运投产条件；

⑧ 协调各专业组之间有关工作，保障整体工作的顺畅进行；

⑨ 考核各专业组在项目建设和投料试车中主要控制节点的执行和工作目标的完成情况。

2. 试车指挥部办公室主要职责

① 负责指挥部交办的组织协调、督促办理等工作；

② 起草下发指挥部的决定和决议等有关文件，并将执行情况反馈指挥部；

③ 搜集和整理专业组上报的问题，并报送指挥部有关领导；

④ 建立健全指挥部工作制度、工作职责以及考核制度；

⑤ 组织召开全体成员会议、周工作例会和不定期会议，并起草会议纪要；

⑥ 完成指挥部下达的其他工作任务。

（三）专家组

专家组由建设单位具有 LNG 接收站相关工作经验技术人员的内部专家和同行业的外聘专家等组成。内部专家通常会全面介入项目的三查四定、单机试车、中交、联运试车、公用工程投用与开车过程，约 4~5 个月。

专家组职责：

① 对试车程序等技术文件进行审查、提出审查意见；

② 参与试车前的检查工作，对试车应具备的条件进行审查并提出指导意见；

③ 负责试车过程中的技术指导工作，对试车中的技术难点做出相应的技术分析并提出解决方案；

④ 参与接收站三查四定和开车前安全检查(PSSR)工作。

（四）开车队

根据项目现场实际情况，开车服务通常分四个阶段：技术咨询阶段、试车准备阶段、预试车阶段、试车启动阶段。

1. 技术咨询阶段

根据项目建设进度和现场实际需要，开车队派遣工程技术人员到项目现场对工程建设质量提供技术咨询服务。

开始时间根据现场建设进度决定，通常为首船到达前 6 个月。

主要工作内容如下：

① 审查接收站所有的操作系统；

② 根据详细工程文档审查工艺及仪表流程图（P&ID），并提供设施的改进建议以使接收站更高效地运行；

③ 审查操作手册；

④ 识别工程建设缺陷，并向买方提供改进措施建议；

⑤ 参与卖方和 EPC 承包商对关键控制点的部分检查，并提供意见；

⑥ 提前预测可能发生的潜在问题。

2. 试车准备阶段

在这个阶段，开车队将审查和编写试车启动工作相关的资料，为试车做好技术准备工作。

开始时间通常为首船到达前 5 个月。

主要工作内容如下：

① 检查和审核 EPC 承包商或买方提供的预试车计划和程序；

② 准备试车和启动相关的文件，包括试车方案和物料清单等；

③ 准备人员管理以及组织综合执行的团队；

④ 准备关于试车程序的培训。

3. 预试车阶段

EPC 承包商或项目部负责领导和执行预试车活动。EPC 承包商或项目部应准备方案、程序、检查/测试表、计划表及其他预试车活动需要的相关表格。

开车队技术人员作为技术顾问，应审查 EPC 承包商及项目部执行的活动并提出意见。开车队应主导预启动前的安全审查（PSSR 审查），建设单位和 EPC 承包商参与 PSSR 审查活动。

主要工作内容如下：

① 审查 EPC 承包商自检情况并提出意见；

② 三查四定，并提交尾项清单并监督尾项清单销项情况；

③ 在业主和 EPC 承包商的协助下执行 PSSR 审查；

④ 审查与试车启动相关的物料表并确定最终的列表和物资；

⑤ 完成试车启动应急响应方案；

⑥ 进行为期两周的试车程序培训。

4. 试车启动阶段

该阶段开始前，得到 LNG 能安全引入的许可、RFSU（开工准备）核发是本阶段服务开始的先决条件。LNG 首船靠泊后，将严格按照试车方案和计划进行。该阶段主要的工作是试车、执行各种测试、数据收集、性能测试等。

在该阶段，根据开车队在试车准备阶段形成的最终方案、程序、测试/检查表，开车队技术人员将全面领导此阶段的所有相关工作，如有需要，业主、EPC 承包商及供应商代表将从旁协助。

此阶段开始时间为首船靠泊后。

此阶段的主要工作内容为：

① 检查并审查试车启动条件，如文件、组织机构和建设场地环境；

② 领导并执行所有试车启动活动，开展故障排除管理；

③ 在建设单位支持下，领导并执行应急操作；

④ 如有需要，修改并完善试车计划和方案；

⑤ 执行与试车启动相关的测试和数据收集，包含性能测试。

（五）安全组

① 制订 HSE 管理文件、指导方针和工作条例、安全规程和 HSE 技术文件等；

② 组织对试车过程中的作业环境进行危险因素识别、风险评估，制订试运的各种安全措施并组织实施；

③ 进行接收站开工试运过程的 HSE 监督和检查工作；

④ 办理安全、消防和环保设施投产开工的有关批文，确保项目生产经营符合政府相关健康、环保、安全法律和法规；

⑤ 监督检查接收站安全、消防和环保、职业病防护设施的投用；

⑥ 对投料试车的 HSE 条件进行确认；

⑦ 组织实施开车过程中 HSE 各项工作；

⑧ 解决处理各种安全、质量、环保事件；对重大 HSE 问题组织进行研究，提出解决方案；

⑨ 做好开车期间应急管理工作。组织编制、审定投料试车应急预案及现场处置预案；策划应急预案的演练方案并组织实施；组织落实事故预防措施、应急救援及应急响应；

⑩ 负责直接作业票证审批的管理；

⑪ 组织职业健康、安全、环保、保安、气防和消防等方面的培训工作；

⑫ 组织试车期间安全、环保事故的调查和处理工作。

（六）工艺组

工艺组由开车队工艺专家组成。具体工作由开车队专家组织、指挥、安排，并具体实施。

① 负责接收站试运投产的工艺技术工作；

② 编制试车程序、操作规程、试车方案等技术文件；

③ 组织总体试车方案、试车程序以及操作规程等的培训；

④ 按试车方案和试车进度要求组织开展试车工作；

⑤ 负责生产工艺、公用工程、槽车充装等设备的具体操作或配合开车队，按照其指导进行具体操作；

⑥ 执行生产运行管理体系、运行期 HSE 管理体系，并对生产班组进行绩效考核；

⑦ 参与试车期间生产事故的调查与处理工作；

⑧ 协助其他专业组的工作。

（七）设备组

设备组由开车队机、电、仪工程师、检维修相关人员及试车保运队组成。具体工作由开车队专家组织、指挥、安排，检维修相关人员及试车保运队人员具体实施。

1. 机修班职责

① 负责动、静设备技术协议及技术资料管理；

② 负责落实动、静设备备品备件、专用工具的到位情况，落实材料、油品的到位情况；

③ 负责落实试车前设备相关的准备情况，对试车条件进行检查确认；

④ 做好试车时动静设备方面所需的试车记录；

⑤ 负责与设备供应商技术人员、专业试车队沟通与协调；

⑥ 按试车程序配合项目试车；

⑦ 协调解决试车工作中出现的动静设备问题；

⑧ 完成所有的尾项清单；

⑨ 协助其他专业组的工作。

2. 电修班职责

① 明确电气需准备的各项技术资料目录，并组织编制和审核；

② 负责落实现场电气试车前的准备工作落实情况；

③ 负责列出所有电气备品备件、专用工具并落实到位；

④ 负责试车前电气系统的具备条件检查；

⑤ 按试车程序负责电气项目的试车，包括 110kV、6kV、400V、PMS 系统、应急发电机系统等的试车；

⑥ 负责试车期间现场电气的管理工作；

⑦ 负责与现场电气设备厂商的沟通；

⑧ 完成所有的尾项清单，并督促完成整改；

⑨ 负责试车期间现场电气事故调查和处理工作；

⑩ 负责所有电气资料的整理和归档；

⑪ 协助其他专业组的工作。

3. 仪修班职责

① 负责编制试车时电信仪表自动化所需的记录、周报等资料文件；

② 负责电信仪表技术准备文件的编写与审查；

③ 负责落实试车前电信仪表自动化准备情况，对试车条件进行检查确认；

④ 负责现场仪表、控制回路的测试检查、监督和确认；

⑤ 负责落实电信仪表自动化备品备件、专用工具到位情况；

⑥ 负责按试车程序配合项目试车；

⑦ 负责参与电信仪表自动化系统集成商、专业开车队沟通与协调；

⑧ 负责对尾项清单进行梳理、监督完成整改；

⑨ 负责协调解决试车工作中出现的电信仪表自动化设备问题；

⑩ 负责试车期间出现的电信仪表事故调查和分析工作；

⑪ 负责电信仪表自动化资料的整理和归档；

⑫ 负责协助其他专业组的工作。

4. 施工保运队职责

按照"谁安装谁保运"的原则，由建设单位与施工单位签订保运合同，并支付相应的费用。试车保运队合理安排保运力量，并提供所拟定的保运人员供建设单位指挥（具体由检维修中心负责调配人员），保运人员应具备处理现场问题的能力，实行 24h 现场值班，工种、工具齐全，做到随叫随到。具体工作根据保运合同的规定执行。

① 建立并完善试运投产保运制度，并交试车指挥部确认；

② 负责编制试运投产所需保运设备、工器具清单，并交试车指挥部确认；

③ 参与接收站机械完工资料、尾项清单、试车文件等的审查，并提供审查意见，为接收站投产提供技术支持；

④ 参与或组织施工、设备质量检查，监督问题整改，重点"查设计漏项、查设备缺陷、查施工质量隐患"，咨询专家组、开车队对质量问题提供技术支持；

⑤ 在接收站投产前参与各项准备工作，包括投产前的安全检查、开车准备工作检查等；

⑥ 熟练掌握试运投产期间突发事故应急预案及各类可能发生事故处理时的注意事项，并实行 24h 现场值班，各工种、工具齐全，做到随叫随到，负责及时处理试运投产期间诸如泄漏等突发事故；

⑦ 参与提供试运投产过程中的技术指导，帮助解决开车过程中遇到的技术难题；

⑧ 完成试车指挥部下达的其他工作。

(八) 港务组

港务组由开车的"船长"及生产运行部的港务管理人员组成，为协调 LNG 船的靠离泊作业，由检维修中心指派一名副主任，加入港务组，具体协调系缆与通信连接等工作，具体工作如下：

① 组织各专业组编制港口试车方案，提交公司试车领导小组审批；

② 负责检查指导各专业组开港准备工作；

③ 负责组织实施港口试车的具体工作，并对试车领导小组负责；

④ 负责港口试车实施过程中节点的完成确认，并及时向试车领导小组汇报；

⑤ 负责组织处理试车过程中的相关问题，对重大事项提出解决方案，报领导小组审批；

⑥ 负责监督 HSE 工作的执行；

⑦ 组织码头应急响应；

⑧ 有效控制并落实航次费用；

⑨ 协调各专业组配合 HSE 组完成港口工程的消防验收工作。

(九) 计量化验中心

① 明确本专业需准备的各项技术资料目录，并组织编制和审核；

② 负责化验室所有分析仪器设备操作规程的编制和审定；

③ 负责编制所有分析、计量原始记录和台账；

④ 负责试车前分析、计量专业的条件确认；

⑤ 负责试车期间根据调度下达的分析指令，正确、及时采样，快速准确地分析样品，并将分析结果及时报送工艺；

⑥ 负责协调解决试车工作中出现的分析计量仪器、设备问题；

⑦ 负责试车期间分析、计量事故调查和处理工作；

⑧ 负责所有分析和计量资料的整理和归档；

⑨ 协助其他专业组的工作。

(十) 对外关系组

① 负责项目部对外协调的管理、监督、检查和指导等工作，维护好公司核心利益，为项目顺利开展创造良好环境；

② 协助项目部及各部门加强对外工作联系，积极参与政府及有关部门组织的活动，与社会各界建立长效可行的公共关系；

③ 负责办理项目运营所需的建设规划行政许可以及各种施工许可手续，并及时协调处理相关问题；

④ 负责生产运营所需各种行政许可手续办理过程中与对方各级政府的协调沟通工作；

⑤ 在试运行期间，根据实际工作需要，负责协调处理遗留问题和其他影响投产运行的地方关系。项目部各有关部门和施工单位应做好配合保障工作；

⑥ 负责协调解决与当地政府或群众发生的矛盾。

（十一）物资保障组

① 负责试车所需物资需求计划的汇总工作；

② 负责试车所需物资需求计划的采购工作；

③ 负责试车所需物资的到货检验；

④ 负责试车所需物资的出入库管理、仓储管理；

⑤ 协调设备供应厂商技术服务人员到位。

（十二）营销准备组

① 负责建立并完善营销沟通机制，报试车指挥部确认；

② 负责沟通调试船到港时间；

③ 负责沟通办理相关通关手续；

④ 负责确认 NG、LNG 市场，签订供货合同；

⑤ 负责与槽车运输单位沟通，确认运输物流管理协议，制订槽车装运计划；

⑥ 完成试车指挥部下达的其他工作。

（十三）管道协调组

① 负责建立并完善与管道公司的沟通协调机制，报试车指挥部确认；

② 参与编制管道充气方案；

③ 负责确认管道充气计划，确认工艺运行参数；

④ 负责协调管道公司对管道进行清管、收发球等工作；

⑤ 完成试车指挥部下达的其他工作。

（十四）宣传组

① 全面正确地理解、贯彻、宣传党的路线、方针、政策，联系公司党员、干部的思想实际，制订宣传思想教育工作计划；积极开展对外宣传工作；

② 及时收集准确把握党员、干部群众的思想动态，深入场区定期开展调研，探索途径、交流经验，开展思想政治工作；

③ 统筹公司宣传文化舆论阵地的管理工作；

④ 围绕公司中心工作、工作重点，用正确的舆论营造良好的发展氛围；

⑤ 做好公司重大活动、法定节假日的宣传布置工作；

⑥ 建立和完善对内外宣传报道网络，组织对外宣传报道；

⑦ 做好信息上报工作，加强与各单位的协调沟通，从而进一步做好对外宣传工作；

⑧ 负责公司内部报刊编辑和印发工作，做好相关资料上报工作；

⑨ 协调、协同有关部门做好宣传工作，指导卫生、爱卫、计划生育等工作，贯彻执行党的方针、政策；

⑩ 负责对外宣传报道和上级新闻单位来院采访的管理接待工作；

⑪ 负责舆情紧急预案编制和与地方媒体等的沟通；

⑫ 认真完成公司党委交办的其他任务。

（十五）后勤服务组

① 负责试车期间的后勤保障工作，包括卫生清洁、会议服务、开车组织机构组成人员的食宿以及交通车辆等。

② 负责试车期间外来人员的接待工作。

③ 负责现场保安，人员进出管理。

（十六）技术保障组

技术保障组由 EPC 单位设计代表、重要设备厂商技术服务人员等组成。技术保障组职责如下：

① 负责审查开车方案、开车程序等投产试运技术文件，提出审查意见；

② 负责指导接收站投产试运技术工作；

③ 负责为接收站开车出现的问题和困难提供解决方案；

④ 负责为关键设备试运投用提供技术指导；

⑤ 负责审查接收站应急预案；

⑥ 参与接收站三查四定和 PSSR 工作。

三、试车方案与进度

试运投产主要阶段划分和分工如表 12-1。

表 12-1　试运投产主要阶段划分与分工

试车阶段	业主	EPC	施工方	设备供应商	专家组	开车队
单机试车	见证	实施	实施	实施		参与
工程中交	实施	实施	参与	参与		参与
联动试车	实施	保运	保运	保运	参与	实施
投料试车	实施	保运	保运	保运	参与	实施
性能测试	实施	见证	见证	见证	参与	实施

（一）单机试车阶段

单机试车在施工部分结束后、试车调试之前。单机试车的主要目的是检查和确认设备安装的正确及完整性，并及时发现和整改有可能影响到后续试车、开车和生产运营安全性、可靠性和功能性的问题。

单机试车阶段需要进行的工作有三查四定、电气测试、公用工程系统测试、设备测试、工艺管道的预调试(吹扫清洗、压力试验、气密性试验)、自控系统检查及阀门动作测试等。

（二）工程中交

所有系统都做好试车准备时，签发整个接收站的工程中交证书。工程中交证书由总承包商提交并由业主批准。

（三）联动试车阶段

联运试车的目的是检验装置设备、管道、阀门、电气、仪表、计算机等性能和质量是否符合设计与规范的要求。

联动试车阶段需要进行的工作有系统的干燥及置换、自控系统联调、投产前的检查[资源方尽职调查、试车前安全检查(PSSR)、投料试车条件确认等]和氮气预冷等。

（四）投料试车阶段

接收站投料试车是指从第一船 LNG 船舶靠岸并进行船岸连接后，进行卸船系统和储罐的蒸发气体(BOG)置换、卸船臂和管道的预冷、充液、储罐预冷、卸船、低压输出系统建立循环、槽车系统投运、高压输出和气化系统投用并向下游供气、BOG 系统投入运行等过程。试车过程见第三节。

（五）性能测试

性能测试是在系统运行稳定后，根据合同要求对卸船速率、LNG 储罐蒸发率、罐内低压输送泵能力、外输高压泵能力、最大外输量、能耗等性能指标进行测试。

第三节　现场投产实践及建议

本节重点以中国石化某 LNG 接收站为例，按照实际操作顺序详细介绍了试车实施步骤，该站采用了中国石化自主开发的成套工艺技术，包括码头接卸、LNG 储存、LNG 气化、计量外输、LNG 装车、BOG 再冷凝等工艺系统，涵盖了 LNG 接收站的各个环节，具有很强的代表性。

一、试车实施步骤

1. LNG 船靠泊及船岸连接

LNG 船靠泊完成后进行船岸通讯连接、放置登船梯、船岸联检、卸前会议、卸船臂连接、卸船臂气密测试及吹扫、卸前计量、热态 ESD 测试等程序。

2. BOG 预冷 LNG 卸船/码头循环管道、低压总管(压力调节阀上游)、槽车装车总管

管道预冷控制要求：管道温降速度不超过 10℃/h；管道顶底温差小于 50℃。

利用 LNG 船上强制气化器提供的 BOG 预冷 LNG 卸船/码头循环管道、低压总管(压力调节阀上游)、槽车装车总管。低温 BOG 自气化器输出后，通过卸船臂、卸船管道进入码头保冷循环管道、低压总管(压力调节阀上游)、槽车装车总管对上述管道进行预冷，通过再冷凝器放空线、储罐 BOG 线进入 BOG 总管。待码头保冷循环管道与卸船总管温度相同时，引船方冷 BOG 进入卸船总管。

3. 船上 BOG 置换 LNG 储罐中的氮气

试车前确保罐顶所有安全阀已投用。船方 BOG 通过卸船管道进入 LNG 储罐，先将储罐中的氮气置换出来。罐内氮气前期通过罐顶放空口以及环形空间放空口、罐内低压泵放空管道放净口放空至大气。

4. 填充卸船总管、码头循环管道、低压总管（压力调节阀前）、槽车装车总管

当管道完成 BOG 预冷，降至目标温度后，开始利用船方 LNG 对卸船总管、码头循环管道、低压总管（通常在压力调节阀阀前）、槽车装车总管进行填充。启动 LNG 船舱喷淋泵，LNG 通过卸船臂引入卸船总管/码头保冷循环管道和低压总管、槽车装车总管。

全开喷淋管道上的截止阀，缓慢关闭下进液阀，保证低压总管及装车总管填充。LNG 填充结束后，关闭喷淋线截止阀，隔离低压总管及槽车装车总管，对卸船总管进行升压。小开度打开储罐喷淋管道截止阀，使 LNG 填充卸船竖管，准备利用喷淋管道预冷 LNG 储罐。

5. 预冷 LNG 储罐并填充至 3.0m 液位

预冷前隔离低压、高压 LNG 总管，LNG 船方供应的 LNG 通过位于储罐顶部的喷淋管道进入罐内，BOG 将通过 BOG 管道放空至火炬。

储罐预冷控制要求：储罐温降速度 <5℃/h，内罐底相邻两侧温点温差 <20℃，任意两测温点温差 <50℃。

当罐底板温度全部达到 -160~-158℃，全开 DN100 喷淋管道截止阀；当罐底板、罐内壁温度全部达到 -160~-158℃，全开下进料手动调节阀旁通球阀；当液位升至 150mm 时，全开上进料手动调节阀旁通球阀、DN50 放净阀；当液位升至 500mm 时，缓慢开启下进料管道阀，关闭喷淋管道截止阀、DN50 放净阀，液位至 3.0m 停止卸船。

6. 预冷并测试罐内低压泵，建立槽车保冷循环

储罐填充至 3m 液位时停止，LNG 储罐静置 12h，对储罐进行全面系统检查，以防存在部分泄漏、仪器故障及其他问题。在预冷储罐时，同时对罐内低压泵进行预冷。逐台启动罐内低压泵进行运行测试，此时泵出口 LNG 通过泵回流管道返回至储罐中。

最后一台罐内低压泵测试完成后需保持运行状态，此时打开泵出口管道阀门将 LNG 输送至槽车总管、槽车返回管道，并通过零输出回流管道返回 LNG 储罐。

7. 将剩余 LNG 卸至储罐中，测试卸船速率，LNG 船舶离港

逐台启动 LNG 船舱卸船泵，通过卸船臂将船舱中的剩余 LNG 卸至储罐中，达到全速卸船时对卸船臂的卸船速率进行测试。卸船过程中由采样系统供应商完成采样系统试车。卸船作业完成后 LNG 船舶离港，建立码头保冷循环。

8. 进行 LNG 放净系统试车

LNG 放净系统包括放净管道、放净立管、放净罐。可在设备、管道放净时进行试车。罐填充 LNG 后，利用放净罐上的氮气管道注氮，将 LNG 压回至 LNG 储罐中。放净立管主要靠放净管道内氮气将 LNG 吹至放净立管，立管底部 LNG 进入卸船总管、零输出循环回储罐，顶部气体经液位调节阀（如有）进入 BOG 总管。

9. 槽车装车系统试车

引槽车装车总管内 LNG 对装车撬进行预冷，气相放空至 BOG 总管。装车撬预冷完成后进行 LNG 槽车试装。

10. 临时气化器预冷低压总管、高压总管

在外输高压泵开始冷却之前，需对低压总管、高压总管进行预冷并建立零输出循环。其中预冷应以低温 BOG 开始，以 LNG 结束。低温 BOG 通过临时气化器提供，在低压总管冷却的同时，通过连接低压总管临时气化器向高压总管提供 BOG 进行气体预冷。

11. 低压总管、高压总管填充、建立零输出循环

关闭临时气化器进出口阀门，微开低压总管压力调节阀，开始对低压总管进行填充，进入高压总管填充，并通过零输出循环管道回储罐，建立零输出循环。

12. 预冷并测试外输高压泵

在建立零输出循环后进行外输高压泵的冷却及填充，可同时预冷两台外输高压泵。LNG填充时要严格按照外输高压泵预冷要求分阶段进行填充，预冷及填充完成后外输高压泵需静置12h，然后进行启动测试。对外输高压泵逐台进行启/停测试，此时外输高压泵回流至LNG储罐。待天然气外输管道充压结束后，进行外输高压泵负荷测试。

13. 启动外输高压泵、ORV/IFV、计量系统，建立高压天然气外输

导通ORV/IFV海水流程，在零输出流程下利用高压总管内LNG对ORV/IFV进行预冷，并对计量撬初步充压。微开ORV/IFV入口切断阀旁路引LNG预冷ORV/IFV入口管道，待入口管道温度达到-120℃时完成预冷。启动外输高压泵，对高压总管充压至外输高压泵出口压力，打开外输高压泵出口管道，调节气化器入口调节阀，对气化器及计量外输系统升压，并对气化器及计量系统进行测试，建立高压天然气外输。

14. 进行BOG再冷凝系统试车

在利用船方进行BOG预冷及LNG填充时，同步进行再冷凝器预冷及填充，再冷凝器液位填充至约30%时结束。启动外输高压泵前将再冷凝器液位填充至60%，使压力及液位稳定。当外输高压泵、ORV/IFV运行测试结束，建立天然气外输后开始进行再冷凝系统调试。启动BOG压缩机，压缩机刚启动时进入回流模式，通过调节压缩机出口至火炬流程，使温度降低至-110℃，回流阀开始关闭，BOG进入再冷凝器。缓慢打开再冷凝器LNG进液阀、出口阀，调节LNG与BOG进料比例，投用再冷凝系统。各项联锁逐步启用自动化，并确保分液罐运行时液位及压力达到稳定状态。

15. 燃料气系统试车

气化外输系统及BOG处理系统投用后可进行燃料气系统试车。手动慢慢打开燃料气电加热器入口调节阀，启动电加热器，测试法兰连接有无泄漏、加热器出口温度能否稳定。通过燃料气管网，将燃料气供应至火炬长明灯，以替代LPG。将燃料气系统投自动，测试该系统稳定性。

16. 预冷并测试浸没燃烧式气化器

燃料气系统投用后可进行浸没燃烧式气化器（SCV）试车。在启动SCV前，水浴池液位达到要求，且风机、燃料气供给、冷却水泵、pH控制系统等辅助系统应完成调试。按下SCV启动按钮，风机、冷却水泵相继启动，点火器点燃燃烧器，并开始加热水浴；当水浴温度达到要求时，允许向浸没燃烧式气化器引入LNG。通过LNG入口管道切断阀旁通对入口管道进行预冷，当入口管道温度达到-120℃时，预冷完成，可投用SCV并进行测试。

二、试车可能出现的主要问题及对策

在投产的过程中具有很多不确定因素，有可能发生各种各样的问题，直接危及投产的安全，因此，本书作者在大量收集和整理已建LNG接收站的投产与生产实践经验的基础上，总结了试车过程中可能出现的主要问题以及解决方法。

（一）设备及管道局部冷却速率过快

预冷过程中由于阀门控制不当或部分温度监控点监控过程中存在一定的滞后性，造成部分设备或管道局部温降速度过快。应对措施如下：

① 停止出现温降速度过快的设备及管道的预冷作业，使此部分缓慢回温至目标值；

② 现场检查管道、管托位移情况，如发现位移超过设计值，应先召集现场设计、管理、施工、操作人员进行充分讨论和分析，确定位移超过设计值的原因后，根据现场经各方案确认的调整方案进行处理；

③ 查找预冷温降速度过快的原因，问题解决后继续按照试车程序进行预冷。

（二）法兰连接处泄漏

在设备、管道 LNG 填充阶段及运行增压阶段法兰连接处容易出现泄漏情况。应对措施如下：

① 发现泄漏后应立即停止相关设备、管道的预冷或升压作业，法兰紧固后慢慢恢复试车流程；

② 预冷及升压作业应按试车程序缓慢进行；

③ LNG 填充阶段及设备管道增压阶段加强现场巡检，发现泄漏及时处理，降低安全隐患；

④ 干燥置换完成后严格要求法兰连接安装，有条件时进行气密测试。

（三）仪表问题

仪表控制阀无法动作，SIS、FGS 或 DCS 部分联锁动作错误或无法实现。应对措施如下：

① 试车期间阀门及控制系统厂商到场能随时处理问题；

② 试车前对所有阀门、联锁逻辑均进行检查、测试，确保联锁正确。

（四）机泵运行后流量、压力偏低

机泵试车过程中容易出现流量及出口压力偏低的情况，最有可能的原因是叶轮反转。应对措施如下：

① 泵安装时、试车前与厂家技术人员做好试车前检查；

② 出现流量、压力偏低问题时，首先考虑相序是否接反，如不是，再分析其他原因。

（五）码头设备故障

试车过程中可能会出现卸船臂风浪锁无法打开、液压系统压力频繁降低、卸船臂 QCDC 无法连接至船方法兰、登船梯收回时无法动作等设备故障。应对措施如下：

① 厂家人员现场待命，以便出现问题及时解决；

② 做好卸船前设备检查，确保设备完好；

③ 船岸兼容时告知船方卸船臂 QCDC 允许的法兰厚度范围。

（六）储罐预冷阶段罐底温度迅速下降

卸船总管填充时，可能出现进罐立管填充满 LNG 通过上下进液阀进入储罐、低压总管填充时 LNG 通过罐内低压泵出口管道进入储罐、喷淋预冷升压后上下进液阀内漏造成 LNG 进入储罐、喷淋预冷阶段喷淋阀开度过大等造成罐底温度迅速下降的情况，可能造成罐底变形。应对措施如下：

① 卸船总管填充时关闭上下进液阀，打开喷淋阀排气，避免 LNG 通过上下进液阀进入储罐；

② 试车前进行上下进液阀内漏测试，超出设计要求需进行检修，避免开始喷淋时 LNG 内漏进入储罐；

③ 待储罐液位填充至 150mm 后开始罐内低压泵出口管道预冷、填充，防止储罐预冷前 LNG 通过泵出口管道进入储罐；

④ 喷淋线截止阀操作时需缓慢动作。

（七）BOG 压缩机入口过滤器频繁堵塞

由于开工初期 BOG 管道内水分、焊渣等杂质残留不可避免，BOG 压缩机运行时杂质累积至入口过滤器处，很容易导致压缩机入口压力低低跳车。应对措施如下：

压缩机试车期间密切关注过滤器压差，接近高报值时停压缩机，通过入口过滤器吹扫流程对过滤器进行吹扫。

（八）BOG 总管进液

试车过程中由于安全阀起跳、安全阀内漏、切断阀未完全关闭或内漏造成 LNG 进入 BOG 总管，影响 BOG 系统运行。应对措施如下：

试车期间密切关注 BOG 总管各测温点温度，如发现 BOG 总管进液，通过 BOG 总管各单元或界区 BOG 温度判断进液的区域，现场重点查看该区域安全阀有无起跳或内漏；同时检查流程设置是否正确，阀门有无内漏。

第十三章 生产运行

第一节 生产组织机构

国内不同液化天然气（LNG）接收站生产运行组织机构和相应的岗位设置存在一些差异，以下以中国石化某 LNG 接收站为例介绍生产经营组织机构等情况。

试车完成后，正式转入试生产，为更好地组织生产，确保安全稳妥运行，结合生产经营的实际情况设置相应的生产组织机构，国内某站组织机构设置如图 13-1 所示。

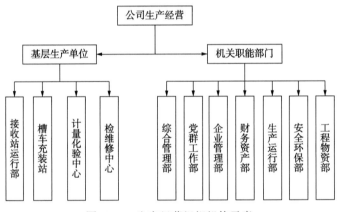

图 13-1　生产经营组织机构示意

公司设置 7 个机关职能部门，4 个基层生产单位。其中生产运行部负责生产调度工作、能耗管理工作、计量及质量管理工作；安全环保部负责安全监管工作、环保管理工作；工程物资部负责物资采购、设备管理工作。

第二节 生产运行操作

一、工艺系统操作

（一）液化天然气接收站工艺与公用工程系统简介

根据功能不同，LNG 接收站通常划分为六大工艺系统，即 LNG 码头卸船系统、LNG 储存系统、LNG 增压气化外输系统、BOG 处理系统、燃料气系统、LNG 罐车装车系统。LNG 接收站典型工艺流程如下：LNG 自船舱通过船带泵将其卸至储罐，经罐内低压泵增压后一部分进入外输高压泵进一步增压气化后外输至下游管网，另一部分通过装车或装船外运。站内 LNG 产生的蒸发气体（BOG）汇集至其总管，BOG 的处理方式通常有三种：其一，BOG 经压缩机增压后直接外输至接收站燃气管网；其二，BOG 经压缩机增压后输送至站内天然气外输管道直接外输；其三，BOG 经压缩机增压后送至 BOG 再冷凝系统，与经罐内低压泵增压后的 LNG 直接换热再液化，再进入外输高压泵进一步增压气化后外输。在 BOG 总管上通常设置超压排放系统，当 LNG 储罐压力达到某一设定值时，BOG 排放至火炬系统。

公用工程主要包括仪表风系统、氮气系统、生产水及生活水系统、海水及制氯系统、污水系统、软化水系统及锅炉系统等子系统。为各工艺系统提供仪表风、氮气、消防水、软化水、采暖水、生产水等物料。

（二）码头卸船工艺

1. 卸船前准备工作

（1）卸船设施的检查和测试。通常在 LNG 船抵港前一天，完成对卸船设施的检查和测试，主要检查和测试码头登船梯、卸船臂[旋转接头氮气吹扫 $1m^3/s$、紧急脱离系统（ERS）蓄能器压力 21MPa]、快速脱缆钩、船岸通讯系统、辅助靠泊系统、在线取样分析系统、分散控制系统（DCS）和码头消防系统。各部门按照检查表及分工，完成相应系统的检查测试，填写检查表。

（2）工艺设置。卸船前根据接收站运行情况，确定卸船臂使用计划及 LNG 进罐计划，设置相应储罐阀位，并在卸船前将储罐压力降低至 15~17kPa。

（3）人员技术准备。当班班组根据卸船作业指导书进行相关操作，中心控制室准备好卸货记录表，全速卸船阶段按港务要求记录卸船信息，码头控制室准备好值班记录，并保证 24h 内有人值守。

2. 放置登船梯

（1）系泊完成后，码头外操根据卸船经理指令放置登船梯。

（2）登船梯在搭靠 LNG 船舶时应处于浮动状态。

（3）码头外操根据卸船经理指令，调整或者收回登船梯。

3. 船岸通信建立

（1）船岸连接系统（SSL）建立：码头外操将光纤/电缆接口传递给船方；船方将光纤/电缆接口固定并与船上专用接口连接。

（2）备用通信建立：岸方向船方提供便携式高频对讲机和充电器，并商定使用频道。

（3）船岸通信测试：岸方与船方检查并测试热线电话和对讲机通信状态。

4. 卸前会议

会议内容包括卸船臂的连接、卸船方案、船岸安全检查、建立定期汇报机制和应急处理等事项，接收站卸船经理代表接收站参加，船方船长、大副参加，同时双方安全管理人员、计量人员参加。若涉及 DES 模式，货主代表等与贸易交接相关方参加。

5. 卸船臂连接与气密

（1）当班外操及检维修设备人员，根据卸船经理指令登轮进行卸船臂连接，先连接气相臂再连接液相臂。

（2）卸船臂连接完成后利用氮气对液/气相臂进行泄漏测试和氮气置换。液相臂通常升压至0.5MPa，气相臂通常升压至0.11MPa（气相臂升压前先旁路"气相返回臂压力高高联锁"）。

6. 热态紧急切断系统测试

进行热态紧急切断系统（ESD）测试前，切断码头保冷循环。船岸双方准备进行热态ESD测试，测试前船岸双方确认ESD阀、放净阀和双球阀处于开启状态；由船方或岸方进行触发，且船岸双方确认对方阀门的关闭情况和关闭时间（具体测试方式由卸船前会议商定）。

7. 卸前计量

根据国内外LNG贸易交接惯例，LNG计量通过船方的计量系统（CTMS）完成；由船方、独立第三方、国检、接收站计量人员及卸船主管共同见证。

8. 卸船臂及管道冷却

（1）恢复码头保冷循环；

（2）打开液相卸船臂和气相返回臂上的双球阀；

（3）确认卸船管道上的开关（ON-OFF）阀以及放净阀处于关闭位置；

（4）要求船方启动一台清舱泵提供LNG用于卸船臂的预冷；

（5）要求船方调节集管上切断阀的旁路阀开度以控制LNG的流量，分别对卸船臂进行预冷，并控制卸船臂的预冷速度不超过−2℃/min；控制卸船管道的压力≤0.3MPa；卸船臂冷却到−140℃时预冷结束。

9. 冷态紧急切断系统测试

在卸船臂冷却完成后，船岸双方准备进行冷态ESD测试，测试前停止码头保冷循环，船岸双方确认ESD阀、卸船支管ON-OFF阀和双球阀处于开启状态；由岸方或岸方以倒数的方式进行触发，且船岸双方确认对方阀门的关闭情况和关闭时间（具体测试方式由卸船前会议商定）。

10. 卸船作业

（1）加速卸船阶段：卸船臂冷却和ESD测试完成后，准备卸船。内操根据卸船作业指导书，设置相应储罐进液阀门开度。卸船开始后调节储罐进液阀开度使卸船总管压力维持在0.25~0.27MPa。LNG船在卸船过程中产生的BOG通过BOG压缩机进行回收，要求船方每5~10min间隔启动一台卸船泵，开始进行大流量卸船，直至卸船速度达到设计流速。

（2）全速卸船阶段：全速卸船速度通常控制在12000~14000m³/h，期间卸船1h后开始进行不间断取样，卸船结束前1h完成取样。

（3）减速卸船阶段：要求船方根据留底量进行计算减速时间，通知中控室做好停止卸船准备。卸船完成后卸船经理及时通知中控关闭ON-OFF阀，恢复码头保冷循环。

11. 卸船臂排液与置换

在LNG卸船结束后，通过卸船臂的氮气吹扫管道向卸船臂充氮，将外臂的LNG吹扫至LNG船舱，将内臂的LNG排回卸船系统。

（1）进行船侧排液，利用码头氮气将卸船臂外臂残液排至船舱；

（2）船侧排液结束后进行岸侧排液，将卸船臂内臂残液排放至卸船放净罐或卸船总管；

（3）双方排液结束后进行吹扫置换，在船侧检测甲烷含量，其含量小于1%即为合格。

12. 卸后计量

船侧排凝结束后，船岸双方确定船舱所有阀门关闭后方可开始进行卸后计量，参加人员及方式与卸前计量相同。

13. 卸船臂、船岸通讯拆除，登船梯收回

卸船臂置换完成之后，根据卸船经理的要求进行液相臂和气相臂拆除。船岸双方确认ESD信号处于"inhibited"（抑制）状态后，船方断开船岸通讯线，岸方按要求收回。在船岸双方确认所有非船方人员离船，且引航员和船员全部登轮后收回登船梯。

14. 解缆离泊

首先确定离泊时间、拖轮数量和解缆离泊程序，拖轮就位后，码头和船上相互确认已经做好离泊准备；根据引航员指令，船岸双方进行解缆，解缆完成后引航员在拖轮协助下引船离泊。卸船主要程序见图13-2。

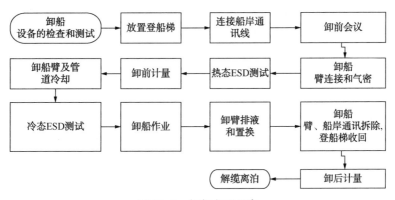

图 13-2　卸船主要程序

（三）LNG 储罐操作工艺

1. 储罐的压力控制

（1）通过控制压缩机负荷将储罐压力控制在 5~25kPa；

（2）通常当储罐压力达到 26kPa 时，达到高报值，并自动打开压力调节阀，BOG 排放至火炬系统；

（3）通常当储罐压力达到 29kPa 时，储罐压力安全阀开启，BOG 排放至大气；通常当压力达到 31.9kPa 时，安全阀全部打开；

（4）通常当压力低至 3kPa 时压缩机停车；

（5）通常当压力低至 1kPa 时，自动打开破真空补气阀，补充储罐压力；

（6）通常当储罐压力低至 -0.22kPa 时，真空安全阀开启，通常当压力低至 -0.44kPa 时，真空安全阀全开。

2. 储罐防翻滚控制

（1）卸船作业时，根据 LNG 密度大小选取顶部或底部进液的方式。当船方 LNG 密度大于储罐 LNG 密度时打开上进液阀门，反之打开下进液阀门进液；

（2）运行 LTD 监控相邻点密度、温度差判断储罐有无产生分层，当相邻两点密度差达到 0.8kg/m³、温度差达到 0.3℃ 时通常认为产生分层，启动罐内低压泵打回流，消除分层现象。

3. LTD 控制监测系统

（1）每台 LNG 储罐均设有液位测量仪表，用来监控罐内液位并通过这些信号来实施保护行动。通常设置三台伺服液位计，主要有主伺服液位计、辅伺服液位计和报警伺服液位计，每套液位计包括高液位报警和低液位报警；三台伺服液位计进行三取二液位高低联锁报警。

（2）每座储罐还设有一套液位-温度-密度测量装置（LTD），可完成自罐底至最高液位垂直高度内的液位、密度、温度的连续测量，通常有人工和自动两种模式。

（3）当罐内 LNG 温差超过 0.3℃ 或密度差超过 0.8kg/m³ 时，利用罐内低压泵对罐内 LNG 进行循环操作，以防止 LNG 储罐出现分层翻滚现象。

（4）每座储罐正常的液位测量通常是通过 LTD 和三套连续测量的伺服液位计来完成的，操作人员可在主控制室内通过液位测量信息来选择接收罐和外输罐。

（5）在 LNG 储罐内罐的底部上表面和罐壁外表面设有若干测温点，可监测预冷操作和正常操作时罐内的温度。在外罐热角保护壁面和二次底板上表面也设有多个测温点，可监测 LNG 的泄漏。

4. 罐内低压泵

（1）每座储罐均安装有罐内低压泵。

（2）罐内低压泵的操作台数根据接收站总的输出情况而定。

（3）在每台泵的出口管道上设有手动调节阀，其作用是调节各运行泵的出口在相同流量下工作和紧急情况时切断输出。

（4）为保护罐内低压泵，在每台泵的出口回流管道上同时安装有最小流量调节阀，当泵操作流量较低时，为防止泵发生喘振，泵需回流操作。

（四）气化外输系统工艺

1. 启动步骤

（1）投用海水系统：

① 全开海水气化器海水管道进出口手阀；

② 调整海水气化器海水进口管道手动调节阀至合适开度；

③ 按照海水泵开车步骤启动海水泵；

④ 调整海水气化器海水进口管道手动调节阀阀开度，通常需控制每台海水气化器海水流量在设计最低值以上；

⑤ 现场检查海水管道流量调节阀前后端振动和声音是否异常，确认海水管道系统无泄漏。

（2）投用高压计量撬：按照计量撬启动步骤启动计量撬。

（3）启动罐内低压泵：根据外输量及装车臂启用数量，按照物料平衡原则计算罐内低压泵所需台数；按罐内低压泵启动步骤启动罐内低压泵（原则上控制各罐运行罐内低压泵数量相同）。

（4）启动高压外输泵：根据外输量，按照物料平衡原则计算高压外输泵所需台数；按照高压外输泵启动步骤启动高压外输泵。

（5）投用海水气化器，建立稳定外输：根据外输量，按照物料平衡原则计算海水气化器所需台数；按照海水气化器启动步骤启动海水气化器，建立稳定外输。

（6）投用浸没燃烧式气化器（SCV），建立稳定外输（海水气化器不能满足外输时）：根据外输量，按照物料平衡原则计算SCV所需台数；按照SCV启动步骤启动SCV，建立稳定外输。

2. 停车步骤

（1）停BOG再冷凝系统（若再冷凝系统已投用）。按照BOG再冷凝系统停车步骤停BOG再冷凝系统。

（2）停高压外输泵。按照高压外输泵停车步骤停高压外输泵。

（3）停高压气化器。按照气化器停车步骤停气化器。

（4）停罐内低压泵。根据装车臂启用数量及保冷循环量，按照物料平衡原则计算罐内低压泵所需台数；按照罐内低压泵停车步骤停多余罐内低压泵。

（5）建立零输出循环。根据零输出循环启动步骤，建立零输出循环。

（五）BOG处理系统工艺

1. 启动步骤

（1）再冷凝器投用前准备：

① 通过调整低压总管上压力调节阀，将阀后压力稳定在某一设定值，通常为0.6～0.8MPa；

② 确认低压总管至再冷凝器入口LNG管道上相关切断阀开启，流量调节阀关闭，且处于手动控制模式下；

③ 确认高压补气管道上切断阀开启，将压力调节阀投自动，设定在某一设计值，通常为0.6～0.8MPa；

④ 确认BOG压缩机进混合器切断阀开启，确认再冷凝器出口切断阀开启；

⑤ 确认再冷凝器保持40%～70%液位。

（2）启动BOG压缩机。按照BOG压缩机启动步骤启机。

（3）投用再冷凝系统。当BOG进再冷凝器线上流量计有流量显示时，内操根据BOG量缓慢开大进LNG流量调节阀，通常调整气液比为1∶7。

2. 停车步骤

（1）停BOG压缩机：按照BOG压缩机停车步骤停机。

（2）停BOG再冷凝系统：BOG压缩机降负荷的同时，内操根据BOG量缓慢关小进再冷凝系统的流量调节阀，直至全关。

（六）保冷循环工艺

1. 零输出循环

（1）停BOG再冷凝系统。按照BOG压缩机停车步骤停BOG压缩机；BOG压缩机降负荷的同时，内操根据BOG量缓慢关小进再冷凝器LNG流量调节阀，直至全关。

（2）停气化外输系统。按气化外输系统停车步骤停用气化外输系统。

（3）建立工艺区零输出循环。气化外输系统停运后，调整罐内低压泵运行数量，并使罐内低压泵在一定流量范围内运行；内操建立工艺处理区零输出循环。

（4）建立罐车保冷循环。罐车区停止运行后，内操建立罐车区零输出循环。

2. 码头保冷循环

（1）码头保冷循环建立。打开码头保冷循环管道上切断阀，各储罐上下进液阀门旁路打开。打开一座储罐的下进液阀门,开度3%~4%。打开码头保冷循环管道流量调节阀,调整码头保冷循环量,逐渐建立保冷循环。

(2)码头保冷循环停止。逐渐关闭码头保冷循环管道流量调节阀。

(七)汽车装车工艺

1. 装车前准备

装车制卡系统通讯正常无报警、装车臂及其配套设施无报警且阀位已设置到位、已与中控确认罐内低压泵流量、相关工器具已准备到位。

2. 装车步骤

(1)罐车驶入物流公司停车场;

(2)物流单位进行安检自查;

(3)罐车驶至安检候装区;

(4)安保人员进行车辆入场证初查;

(5)车辆信息及资质复核;

(6)按照《充装检查记录表》对车辆进行安检;

(7)罐车驶入地衡,押运员进入制卡间;

(8)内操进行称重制卡;

(9)司机将罐车驶入指定撬位;

(10)外操根据《充装检查记录表》进行充装前安全检查;

(11)充装作业。

① 检漏、吹扫工作。外操打开气、液相臂注氮阀→使用验漏液对法兰面进行验漏→合格后由罐车押运员打开罐车气、液相管道放净阀门(若不合格由罐车押运员重新对法兰面进行紧固,直到验漏合格为止)→充装人员关闭气、液相臂注氮阀→罐车押运员关闭罐车气、液相管道放空阀门。

② 充装作业。充装人员刷卡→打开罐车上进液阀门→打开气、液相臂手动隔离阀,关闭装车臂配套放净阀→点击批控器开始按钮。

充装时,罐车压力稳定下降后打开罐车下进液阀门;若压力升高通常超过0.3MPa时,需进行返气至储罐,确认气相臂手动隔离阀已打开,打开罐车气相管道截断阀;充装完成前未经允许,不得动作阀门,不得断开气相臂;减速充装时,关闭罐车下进液阀门。

③ 充装结束、吹扫置换。充装结束后,关闭气、液相臂手动隔离阀,打开撬内放净阀,打开液相臂注氮阀→关闭上进液阀门,憋压5s后微开上进液阀门(重复3次)→关闭上进液阀门→打开液相臂放净阀门→关闭液相臂放净阀门,憋压5s后打开液相臂放净阀门(重复3次)→关闭液相臂注氮阀门→关闭液相臂放净阀门;气相臂吹扫步骤同前。

④ 断开装车臂。罐车押运员进行断臂作业,将装车臂、静电接地夹与枕木归位,充装人员将充装IC卡片及罐车钥匙交还给罐车司机(断臂过程中应先断开液相臂再断开气相臂)。

a. 根据《充装检查记录表》进行充装后安全检查;

b. 罐车驶入地衡,押运员进入制卡间;

c. 称重并打印装车单,销售确认;

d. 出口处检查装车单;

e. 罐车驶出厂区。

(八)燃料气系统工艺

1. 启动步骤

（1）流程确认。确认燃料气系统入口、出口管道上相关切断阀处于开启状态；压力调节阀（PV）均处于手动模式且为关闭状态；

（2）燃料气电加热器的选择。根据燃料气用量，选择需要投用的电加热器数量。确认拟投用的燃料气电加热器入口手阀已打开，打开出口切断阀；

（3）内操通常在手动模式下缓慢开启 PV 阀对燃料气系统管网缓慢升压至 0.55MPa，然后手动调节 PV 阀；

（4）内操在 DCS 界面中将 PV 阀调节模块设置为自动模式；

（5）观察燃料气电加热器出口温度显示值，当低于10℃时，需立即启动其他燃料气电加热器提高加热负荷；

（6）燃料气电加热器启动　启动前，需确认已送电，且电控柜已置于远程模式；确认燃料气电加热器出口温度控制模块已处于自动模式，将设定值修改为10℃；点击 DCS 界面中"启动"软按钮，燃料气电加热器将启动。

2. 停车步骤

（1）将压力 PV 阀设为手动模式，缓慢关闭该阀，并同时逐步手动调小燃料气电加热器功率，确保燃料气电加热器出口温度在10~20℃范围内，当 PV 阀全关后，将燃料气电加热器手动功率调节至0%，然后在 DCS 界面按下燃料气电加热器停止按钮；

（2）关闭燃料气系统进口切断阀，切断燃料气系统的进气。

(九) 计量外输系统工艺

1. 启动步骤

（1）投用计量外输系统前先通知调度，再通知计量专业人员；

（2）确认拟投用的外输系统远程切断阀处于全开；

（3）确认外输区分析小屋已投用；

（4）打开拟投用流量计前后的手动阀（如处于关闭状态），投用计量系统；

（6）当任一路流量计流量大于设计值时，投用其他流量计。

2. 停车步骤

（1）关闭已投用流量计的远程切断阀；

（2）关闭已投用流量计的相关手动阀。

(十)海水系统工艺

1. 启动步骤

（1）板式过滤器调试运转合格后，设置为自动运行模式；

（2）移动式清污机调试运转合格后，设置为自动运行模式；

（3）海水系统流程导通，海水泵开机条件确认完毕（联锁保护投用），海水水位高于其设定最低值（海水泵最小沉没度时的水位）；

（4）按照海水泵启动程序启动海水泵，检查海水系统运行参数和状态是否正常，并及时做出调整；

（5）检查并核实系统中是否存在泄漏情况。如果检查出任何泄漏情况，则应在停止泵运行后，遵循安全工作许可证流程后，修理泄漏情况。

（6）启动制氯加药系统，调整运行参数，观察系统运行状态。

2. 停车步骤

（1）确认海水系统停运指令；

（2）按照制氯系统停运程序，停止制氯加药系统；

（3）按照海水泵停车程序，停止海水泵；

（4）检查海水系统停运后状态是否正常；

（5）设定板式过滤器停止模式，停止运行；

（6）设定移动式清污机停止模式，停止运行。

（十一）仪表风系统工艺

1. 启动步骤

（1）启动空气压缩机；

（2）空气压缩机正常运转，直至仪表风系统压力大于 0.5MPa 以上；

（3）启动微热再生干燥器；

（4）当微热再生干燥器出口露点<-40℃时，缓慢打开干燥器出口阀门；

（5）利用压力调节阀控制仪表风管网压力。

2. 停车步骤

（1）屏蔽仪表风压力低低联锁；

（2）关闭微热再生干燥器程控器电源开关，关闭微热再生干燥器；

（3）在控制面板上按红色停车按钮，空气压缩机停车；

（4）关闭相应切断阀。

（十二）氮气系统工艺

1. 启动步骤

（1）打开 PSA 制氮机进气总阀和尾气放空阀；

（2）待空气压力升至 0.5MPa 时，启动干燥机，待空气压力上升至 0.8MPa 左右时，按动制氮机控制柜面板启动按钮，装置进入运行状态；

（3）待氮气工艺罐压力升至 0.6MPa 时，若控制柜面板上的氮气分析仪显示氮气纯度已达到要求，则准备操作供气。

（4）供气时，通过调压阀调整产品氮气压力至 0.6MPa（可调），缓缓打开出口手阀（太快容易损坏流量计），注意流量计显示，注意保持压力；

（5）利用压力调节阀控制氮气管网压力。

2. 停车步骤

（1）关闭制氮机控制柜面板电源开关，关闭干燥机；

（2）关闭相应切断阀。

（十三）生活、生产水系统工艺

1. 启动步骤

（1）打开进水阀门，按启动按钮启动泵；

（2）确认泵运转正常且无杂音；

（3）待水泵压力平稳，运行正常后，缓慢开启出口阀门；

（4）调节回流阀使管路压力达到规定数值，完成操作；

（5）如需要换泵操作，当新启动的泵压力达到正常时，再停被替换的水泵，并将其出水阀门关闭；

（6）运行过程，定期观察水泵运行情况与水罐液位。

2. 停车步骤

（1）缓慢关闭水泵出水管路阀门，注意水泵空负荷电流达到额定值（空负荷动转时间不超过 5~10min）；

（2）按动停泵按钮，使水泵停止转动；

（3）关闭进水阀门。

二、工艺设备操作

（一）罐内低压泵

1. 启动步骤

罐内低压泵的启动采用 DCS 远程启动，启动前确认现场就地操作柱置于"远动"位置，具体启动步骤按以下步骤依次进行：

① 首先在 DCS 界面中将罐内低压泵的出口回流阀 FV 阀设为手动模式，并设定阀门开度为允许开机开度；

② 外操确认罐内低压泵泵筒放空线阀门处于关闭状态，确认泵出口汇管、回流管道流程已导通；

③ 内操在 DCS 界面检查泵的允许启机条件满足，当允许启机信号显示绿色表示允许启机条件均满足，允许启机信号已给出；

④ 内操在 DCS 联锁界面检查罐内低压泵无联锁条件触发，并点击罐内低压泵联锁复位按钮；

⑤ 复位后在 DSC 罐内低压泵界面按下"启动"软按钮；

⑥ 当泵启动后，观察泵出口管道流量计，当流量显示值较稳定时，表示泵井已经填充满，观察出口压力表示数达到 1.0MPa 以上；

⑦ 出口流量稳定后将回流阀 FV 阀设为自动模式，缓慢打开罐内低压泵出口阀，此时回流阀将自动关小，继续调整出口阀开度，使所有运行泵的出口流量基本相等（一般控制在流量偏差小于 10t/h）；

⑧ 泵出口流量控制不超过额定流量，当出口流量超过额定流量时应增加罐内低压泵运行台数。

2. 停车步骤

罐内低压泵采用 DCS 远程停车方式。具体停泵步骤如下：

① 回流阀保持自动模式不变；

② 缓慢关小出口阀门，直至出口阀门全关；

③ DCS 界面点击泵"停止"按钮；

④ 手动关闭回流阀直至全关。

(二) BOG 压缩机

1. 启动步骤

（1）BOG 压缩机开机前检查：

BOG 压缩机开机前应对压缩机本体、润滑油系统及附属设施进行检查，满足以下要求：

① 检查仪表、电气、润滑油系统、负荷调节系统、氮气密封系统已投用；

② 所有电气操作柱显示已送电，负荷调节控制面板指示灯显示正常，DCS 能够监控相应数据；

③ 氮气管网系统压力正常，氮气主管网至压缩机就地仪表盘阀门打开，氮气压力显示不低于 650kPa；

④ 压缩机介质气、润滑油的安全保护系统，即压缩机一级出口、二级出口的安全阀处于投用状态，润滑油系统辅助油泵、主油泵的安全阀及自力式稳压阀均处于投用状态，一、二级气缸填料密封处泄漏气收集汇管至火炬气管道的阀门确保处于开启状态，中体箱高点放空管道确保畅通无堵塞；

⑤ 盘车系统已正常投用；

⑥ 油池电加热器、油冷却风机均已正常投用；

⑦ BOG 压缩机电机空间电加热器开机前处于开启状态，线圈始终处于干燥保护状态；

⑧ 压缩机流程确认无误；

⑨ 压缩机本体设备联锁及工艺联锁已投用；

⑩ 再冷凝系统已建立 55%~70% 的液位，气相空间已建立较高的背压（通常在 0.6~0.8MPa）。

（2）BOG 压缩机开机预冷及负荷加载：

① 检查曲轴箱油池温度，正常情况下油池加热器处于自动模式，油池温度始终高于 32℃。若油池温度低于 32℃，应首先手动启动机身油池电加热器加热润滑油，曲轴箱油池电加热器现场就地操作柱启动后置于远动位置，电加热器将根据油池温度自动联锁控制电加热器启停（当油池油温大于 50℃时油池电加热器自动停止，当油池油温小于 32℃时油池电加热器自动启动）；

② 手动关闭电机空间加热；

③ 将辅助油泵现场操作柱"就地/远传"旋钮旋至就地操作，手动开启辅助油泵回流稳压阀的旁路手阀，现场手动启动辅助油泵，对油系统管路进行循环置换预热，5min 后缓慢关小回流稳压阀的旁路手阀，使润滑油进入压缩机润滑管路各润滑点（曲轴轴瓦、连杆大小头、十字头上下滑道），观察辅助油泵出口就地压力表，压力约为 370~420kPa，同时观察润滑点油压，压力约为 370~420kPa，油系统运行后观察油过滤器后油路温度达到 27℃，方可允许启机；

④ 确认将两台油冷却风机现场就地操作柱已置于远动位置；

⑤ 将风压盘车齿与飞轮啮合，使用盘车装置完整盘车至少一圈以上，确认运动部件无异常现象后，脱开盘车装置并锁定，中控确认盘车限位开关信号，现场确认飞轮锁定销处于移除状态，中控确认限位开关信号正常；

⑥ 确认将压缩机负荷调节至 0%，并且中控室 DCS 界面确认"0% 负荷"指示灯显示绿色；

⑦ 确认 DCS 允许启动条件已经具备：

a. 油过滤器后油路温度大于 27℃；

b. 润滑点润滑油压大于 0.24MPa；

c. 压缩机负荷为 0% 负荷；

d. 盘车限位开关信号显示盘车装置已与飞轮分离。

DCS 界面中点击允许启动按钮，30s 以内外操在现场就地操作柱启动 BOG 压缩机主电机，压缩机将启动；

⑧ 主电机启动完成后，待油压稳定后（约 370~420kPa），将辅助油泵在就地操作柱置于"远动"位，5min 后辅助油泵自动停止，当油压≤0.24MPa 时自动启动辅助油泵，若油压≤0.17MPa，压缩机将自动联锁停车；

⑨ 压缩机启动后，当油温达到 32℃ 时，压缩机允许加载，此时，压缩机 0% 负荷指示灯由黄色常亮变为闪烁，DCS 界面中"允许加载"按钮将由灰色变为绿色，表示允许加载，可在现场 PLC 就地控制盘按下升负荷按钮，也可在现场 PLC 就地控制盘将控制模式按钮由"就地"挡位旋至"远程"挡位，由中控室在 DCS 界面中"升负荷"或者"降负荷"按钮进行负荷调节，控制储罐压力在 15~24kPa 范围内稳定。负荷调节时要逐级调节，每级负荷调节后至少稳定 5min 后再进行负荷操作，严禁连续快速升、降负荷；

⑩ 当压缩机入口进气温度降至 -115℃ 以下时，预冷结束。若预冷后期入口温度降温缓慢时，可缓慢打开减温器液相管道阀门加快降温速率；

⑪ 压缩机预冷结束后，缓慢将 BOG 压缩机出口并入再冷凝系统；

⑫ 调节再冷凝器入口 LNG 流量调节阀开度，使再冷凝器压力、液位保持稳定。

2. 停车步骤

每台 BOG 压缩机的停车要求相同，均有正常停车和紧急停车情况，根据不同情况确定相应的停车方式，停车步骤如下。

（1）正常停车（BOG 压缩机常规切换）：

① 当 B 机启机预冷结束后，逐步降低 A 机的负荷至 50%；

② 缓慢将 B 机负荷升至生产所需负荷；

③ 将 A 机负荷降至 0%，现场就地操作柱按下停机按钮停压缩机；

④ 压缩机停机后，辅助油泵将自动启动，运行 20min 后自动停止；将辅油泵操作柱置于就地位，手动启动辅油泵，使压缩机在停机状态下处于油润滑保护状态；

⑤压缩机停机后，现场就地操作柱开启主电机空间电加热器，确保电机线圈始终处于干燥环境。

（2）正常停车（BOG 再冷凝系统停用）：

① 逐级降负荷，与升负荷的操作相反，每降一级负荷，快速关小再冷凝器入口进液阀开度，维持再冷凝器气相压力稳定；

② 压缩机负荷降至 0% 后，全关再冷凝器入口进液阀，现场就地操作柱按下停机按钮；

③ 压缩机停机后，辅助油泵将自动启动，运行 20min 后自动停止；将辅油泵操作柱置于"就地"位，手动启动辅油泵，使压缩机在停机状态下处于油润滑保护状态；

④ 压缩机停机后，现场就地操作柱开启主电机空间电加热器，确保电机线圈始终处于干燥环境。

(3) 紧急停车:

在下列情况下,采用紧急停车模式,按下中控室辅操台紧急停车按钮或者在 DCS 界面中按下压缩机"停止"软按钮:

① 有严重的不正常响声和异常严重振动,或发现机身中体接筒气缸处有裂纹等异常情况;

② 压缩机某部位冒烟、着火,或任一部位温度不断升高;

③ 压缩机气缸严重的漏气或者机身出现严重漏油;

④ 电流突然增大;

⑤ 压力增高,安全阀突然跳车;

⑥ 出现其他危及机器和人身安全时。

紧急停车后,内操在 DCS 快速全关混合器入口进液阀,确保低压总管进外输高压泵压力维持在一定压力,通常在 0.6~0.8MPa;将辅油泵操作柱置于就地位,手动启动辅油泵,使压缩机在停机状态下处于油润滑保护状态;压缩机停机后,现场就地操作柱必须将压缩机主电机开关旋至"停止"位,并开启主电机空间电加热器,确保电机线圈始终处于干燥环境。

(三) 外输高压泵

1. 启动步骤

外输高压泵采用现场手动方式启泵,开车步骤依次如下。

(1) 启泵前条件检查确认:

物料平衡确认:确认罐内低压泵启动数量满足高压泵启动后 LNG 的需求量,确认进外输高压泵压力稳定在一定压力,通常为 0.6~0.8MPa。

阀位确认:高压泵入口手阀全开,出口切断阀关闭,回流阀开至启泵阀位,过泵冷循环线切断阀关闭。

相关联锁条件确认:电气仪表接线腔氮气密封压力在 0.1MPa 以上,泵筒液位在 50% 以上,泵入口压力在 0.45MPa 以上。

确认设备已送电(现场操作柱显示已送电)。

(2) 启泵:

在现场就地操作柱启动外输高压泵,当高压外输泵出口流量正常且稳定时,开启出口阀切断阀,并将回流阀手动设置为"自动"模式。

缓慢调节气化器的入口流量调节阀,直至流量达到外输要求,调节过程中密切关注高压泵出口流量。

2. 停车步骤

(1) 正常停车:

通常情况下采用正常停车,由现场操作人员配合中心控制室执行,停车步骤依次如下:

① 手动缓慢打开外输高压泵回流调节阀至启机开度,调节过程中密切关注外输高压泵的出口流量,密切关注罐内低压泵流量;

② 关闭泵出口切断阀,密切关注气化器和剩余高压泵的流量,稳定低压总管压力;

③ 现场操作柱停泵;

④ 手动关闭泵回流调节阀,直至全关;

⑤ 打开泵的保冷循环切断阀,对泵体和进出口管道进行保冷。

（2）紧急停车

当高压泵区域发生火灾、大量泄漏或高压泵振动噪声等异常升高时需紧急停车。中控室辅操台按下单泵 ESD 停车按钮或工艺区停车按钮进行紧急停车。

单台外输高压泵紧急停车后，内操密切关注另外运行的外输高压泵流量，通过调节气化器入口 FV 阀门开度，控制外输高压泵出口流量不超限，稳定低压总管压力。

（四）浸没燃烧式气化器（SCV）

1. SCV 启动步骤

（1）确认启机条件。SCV 启机前，入口 LNG 切断阀处于关闭状态，流量调节阀处于关闭状态，水浴液位满足要求，水浴温度在0℃以上，由中控室进行 SCV 启机操作；

（2）中控室按下 SCV 启动软按钮，设备按照自动启动顺序启动，确保燃烧器点燃；

（3）当水浴温度达到20℃时，开始预冷 SCV 入口 LNG 管路，微开流量调节阀，慢慢打开入口切断阀的旁路截止阀，对 SCV 入口管道进行预冷，预冷速率控制在 2~4℃/min，当 SCV 入口管道温度达到-120℃时，预冷结束；

（4）预冷完成后缓慢关闭入口切断阀的旁路截止阀，后打开入口切断阀，逐渐打开流量调节阀向下游供气。最初开度为10%，然后根据外输量逐渐将其打开到所需要的 LNG 流量。开车时 LNG 的流量应该以每分钟少于10%的额定负载率增加；正常生产时，LNG 流量通常每提高 25t/h，稳定运行 5min，直至达到外输量要求的 LNG 流量；

（5）系统稳定后，按照巡检规定密切关注 SCV 各项运行参数。

2. SCV 停车步骤

（1）常规停车：

① 中控手动关小直至全关 LNG 入口流量调节阀，同时密切关注高压泵出口流量，当出口流量低于高压泵回流设定值时，关注高压泵是否正常回流；

② 中控人员关闭入口切断阀，现场操作人员确认其关闭后，中控人员打开入口流量调节阀开度至5%，排放管道内残存的 LNG；

③ 外操人员按下 SCV 停车按钮，关闭 SCV；亦可以通过中控室在 DCS 界面按下停止软按钮进行停机操作，外操人员在现场对 SCV 的停机情况进行确认。

（2）紧急停车：

当 SCV 区域发生火灾、大量泄漏或风机等动设备振动噪声等异常升高时需紧急停车。中控室辅操台按下 SCV 的 ESD 停车按钮或工艺区停车按钮进行紧急停车。

单台 SCV 紧急停车后，内操密切关注另外运行的 SCV 的处理量，通过缓慢调节 SCV 入口 FV 阀门开度，控制处理量不超限；密切关注高压泵处理量，通过自动或手动方式控制外输高压泵出口流量在设定值以上；密切关注低压总管压力。

紧急停车后，外操第一时间赶赴现场，通过打开 SCV 出口切断阀旁路手阀，防止长时间停机时 SCV 内部 LNG 管路憋压。

（五）海水气化器

1. 启动步骤

（1）启动条件确认：

阀位确认：入口 LNG 切断阀处于关闭状态，流量调节阀处于关闭状态，出口安全阀投用，所有放净阀、旁路阀关闭；

海水系统确认：海水流量保持在设计值以上，海水管道无振动、无泄漏。

（2）入口 LNG 管道预冷：

① 微开入口流量调节阀，微开 LNG 入口切断阀旁路手阀，对气化器入口管道预冷，预冷速率控制在 2~4℃/min；

② 当入口管道温度预冷到−120℃时，预冷结束；

③ 打开入口管道切断阀。

（3）投用海水气化器，建立稳定外输：

根据外输量，通过调节流量调节阀的开度，建立稳定外输。

2. 停机步骤

（1）缓慢关闭气化器入口 LNG 流量调节阀，同时内操密切关注高压泵出口流量；

（2）待流量调节阀完全关闭后，关闭海水气化器入口阀切断阀。

第十四章 智能站场展望

随着全球新一轮科技革命和产业变革深入发展，新一代信息技术不断突破，并与先进制造技术加速融合，为制造业高端化、智能化、绿色化发展提供了历史机遇，制造业正加速向数字化、网络化、智能化方向发展。2021年4月，工信部发布《"十四五"智能制造发展规划》（征求意见稿），规划指出"要坚定不移地以智能制造为主攻方向"，推进"两化"进一步深度融合，推动智能工厂建设。

以全面提升经营决策管理水平，优化生产运行效率，提高协同管控和安全环保管理水平为导向，建设液化天然气（LNG）智能站场，可以实现物理工厂数字化、现场管理可视化、生产运营智能化，实现经营生产业务的精益高效与绿色智能，提升公司管理现代化水平。

LNG接收站智能站场建设，需以集成化设计为源头，以打造数字孪生站场为目标，做好数字化交付的顶层设计，细化数据交付标准，建立及时高效的工程建设过程管控的数据交付管理机制，实现全面支撑工程建设的可视化管理，形成工程建设期的数字孪生。同时，将建设期数字孪生与运营期数字化孪生同步谋划、同步设计、同步实施，筑牢数字化站场的底座，通过系统集成彻底打通数据"堵点"和"断点"，通过企业现有计划、生产运行、安全环保、设备状态、节能等各类生产数据集成共享，真正形成全生命周期的数字孪生工厂。

LNG接收站智能站场孪生平台和智能应用建设，目前仍处于探索阶段，本章节相关内容为技术展望，建议将工业互联网技术发展与业务需求、课题研究相结合进行建设实践。

第一节 数字化集成设计与智能站场设计

一、概述

随着LNG行业的快速迅猛发展，现代化的LNG接收站正逐渐向"集成化、智能化、集约化"的方向发展，数字化集成设计是LNG接收站数字化交付、智能站场建设的前提和基础。

LNG接收站工程设计需要工艺、设备、仪表、配管、材料等多专业协同配合，共同完成设计工作。但文档的传统设计模式阻碍了多种设计软件的集成，设计工作依然是一个个"信息孤岛"，设计工作的集成化、协同化程度较低，影响设计效率的提高，阻碍了数字化站场、智能化站场的建设进程。

以数字化技术为支撑，通过信息集成，整合资源，形成高效、灵活的集成系统是提高设计效率、提升市场竞争力的有效途径，也是LNG接收站从本质上实现物质和能量的集约化利用的有效手段，是数字化站场和智能站场建设的重要前提和基础。

LNG 接收站工程数字化集成设计是通过工程数字化软件，对设计工具、设计内容、工作流程等进行整合、集成和创新，是一个跨学科且资源、过程和知识高度集成的设计理念和方式，在提高工程设计效率、为企业提供数字化服务等方面发挥重要作用。

二、数字化集成设计[1]

（一）内涵及特点优势

数字化集成设计是基于并行工程的思想和集成创新的理念，以数据库和面向对象技术为支撑，通过工业化和信息化的深度融合，构建一个或多个具有多功能、系统化、集成化和协同化的设计平台，将传统工程设计过程相对孤立的阶段、活动及信息有机结合，实现数据同源、数据共享，减少因互提设计条件因素造成的上下游专业设计偏差，从而实现设计过程的集成和协同，以及设计知识的传承和智能应用。

数字化集成设计的本质是资源、过程和知识的有机融合与集成，强调设计过程并行交叉进行，减少设计过程的多次反复，最大限度地提高效率，是先进工程项目整体化管理的有机组成部分。

数字化集成设计是对传统设计模式的变革和创新，具有设计理念更新颖、工作流程更高效、设计更加标准化和规范化、设计信息传递更加自动化等特点。

1. 设计理念更新颖

在传统设计过程，工程师面对的是 AutoCAD、Excel 和 Word 等各类文档，设备、管道及其相关属性等在这些文档中均是以图形、数字或符号表示，较难进行统一、提取、加工和再利用。在集成化模式下，设备、管道、属性等都是数据库中唯一存在的对象，具有信息同源、数据同根的特性，确保了信息在整个设计周期的准确性和一致性。

2. 工作流程更高效

在传统设计过程，专业内部或专业之间通过电子文件传递设计信息，各专业工作较为独立，设计资料分散管理，信息得不到充分利用。在集成化过程，所有设计信息均集成在数据库中，通过权限控制，工艺、设备、配管、仪表等专业协同工作，各取所需，设计信息一旦更新，各专业可及时获取最新信息。

3. 设计更加标准化和规范化

传统设计中个性化问题凸显，不同工程师使用的文件模板、计算软件等各不相同。数字化集成设计将设计工作所需的软件、文档模板、工程实体分类、属性等预先定制在平台中，普通用户无权更改，消除了工程师的个性化元素，使设计工作更加标准化和规范化。

4. 信息传递更加自动化

在传统设计过程，设计信息在不同软件、文档以及软件和文档之间的传递主要依靠手工抄录，出错概率较高，需花费大量人工时进行校对和修正。数字化集成设计通过标准的数据接口使设计信息在不同软件和文档之间实现共享和自动传递，校审工作大幅减少，工作效率显著提高。

（二）设计目标

基于 LNG 接收站传统工程设计模式的不足和数字化集成设计内涵，数字化集成设计的总目标为：基于系统化、标准化的工作流和数据流，建立数字化集成设计平台，变革传统设计工作模式，实现各项设计活动的集成和协同，有效提高数据的一致性和可靠性，提高设计水平和设计效率，促进 LNG 接收站工程整体化管理水平的进一步提升[2]。具体目标包括以下三方面。

1. 设计软件的有机整合和集成

应用信息集成技术对设计过程使用的软件进行整合和集成，构建贯穿项目工程设计全过程的集成化设计平台，实现软件之间数据共享，取代传统工作模式中手工输入数据的方式，减少数据冗余，提高数据的正确性、一致性和共享性。

2. 多专业设计工作的协同化

在数字化集成设计平台中定制系统化、标准化的工作程序与流程，并对设计过程进行跟踪与管理，建立设计专业之间集成、高效的协同化工作模式。

3. 工程信息的有效管理

根据工程数据在项目过程中的应用特点，建立数据中心并实施信息的分层次管理。各专业自用的信息由相应的应用软件管理，并发布至数据中心备份；需要共享或交换的信息，由产生该信息的软件直接发布至数据中心，供其他专业共享和调用；信息的版本和有效性在数据中心进行统一管理和校验，确保各种设计数据和文件的可追溯性。工程数据中心储存项目完整的数据内容，并进行数据积累形成数据资产，服务于后续其他项目。

在工程设计阶段，通过数字化集成设计平台有序管理各种设计文档、互相关联的设计数据和三维模型等各项内容，逐步建立数字化 LNG 接收站，并可与数字化交付平台关联，为 LNG 接收站数字工厂建设提供基础。

（三）设计方法

1. 构建集成化设计平台

传统工程设计存在的"信息孤岛"、协同工作程度不高等问题，其根本原因在于各个设计软件自成系统，信息不能有效提取和交叉应用，因此软件集成是集成化设计必须解决的问题。此外，LNG 接收站工程设计是一项复杂的系统工程，涉及的专业全、软件多，单靠一个平台难以进行全设计过程的集成和协同。

根据工程设计集成化方法和工作流程，需分别建立工艺设计集成化平台 i-Process、工程设计集成化平台 i-Engineering 和三维设计协同化平台 i-3D，整合工程设计整个业务流程，提升项目的整体化管理水平。i-Process、i-Engineering 和 i-3D 是实现设计集成化和协同化的基本要素，应具备以下功能：

（1）基于数据库，并以面向对象的数字化技术为支撑。软件中的设备、管道及其相关属性等都以对象的形式存在，且遵循对象名称唯一的原则；

（2）具有信息管理动能。例如：对变更及版次进行有效管理，进行数据不一致性管理等；

（3）具有开放、标准的数据接口，使用户能够自行开发与设计软件之间的接口程序；

（4）内置灵活的工作流技术。可以进行工作流程定义和管理、邮件提醒、批注、批准以及任务派发、过程跟踪、全程历史记录等；

（5）将用户的设计标准和设计经验定制成知识库以指导工程设计；

（6）根据用户要求方便地进行模板和模板库的定制；

（7）支持智能浏览。例如从位号查询与其相关的文档，反之亦然。

表14-1列出了工程项目设计常用的软件或平台，可以看出，除工艺设计平台外，其他专业设计软件可简单划分为系列A和系列I两个系列。目前两系列在不同的项目中均已实践应用。

表 14-1　工程项目设计常用软件或平台

软 件 系 列	软 件 名 称	软 件 功 能
—	Basic Engineering	工艺设计平台
—	FEED	工艺设计平台
系列 I	Foundation	数据和文档管理系统
	SP P&ID	智能工艺管道及仪表流程图（P&ID）软件
	SPI	二维仪表设计软件
	SPEL	二维电气设计软件
	S3D	三维设计协同化平台
	SPM	材料管理系统
系列 A	Engineering	数据和文档管理系统
	Diagrams	智能 P&ID 软件
	Instrumentation	二维仪表设计软件
	Electrical	二维电气设计软件
	PDMS/E3D	三维设计协同化平台

Basic Engineering 和 FEED 是目前国际上流行的工艺设计平台，它们均是以实现工艺设计各项活动集成为目的数据库管理系统。

Engineering 和 Foundation 是石化工程设计领域应用最广泛的工程设计平台，它们均是以工程数据和文档为核心，以实现工程设计各项活动集成为目的的工程数据库管理系统，而且它们均有与之配套的工程设计软件。

（1）工艺设计集成化平台（i-Process）的选择。Basic Engineering 和 FEED 这两个软件均具有数据存储和查询的功能，并预置了部分软件或数据接口。它们不仅能与工艺设计常用设计软件（如 Aspen HYSYS、PRO-II 等）进行数据交换，还有完善的工况管理功能，适用于具有流程模拟程序且需要进行流程优化比较的工艺包开发、基础工程设计以及详细工程设计的过程。

此外，FEED 在文档模板和图例库的定制、工艺流程图（PFD）设计以及查询功能的实施更灵活方便，其开放性也较好，能够进行更多的客户化和开发工作。为此，典型的集成环境下的工程设计，可选择 FEED 作为 i-Process 平台。

（2）工程设计集成化平台（i-Engineering）和三维设计协同化平台（i-3D）的选择。Engineering 和 Foundation 的功能，以及数据接口开发和模板定制工作等均较相似，且他们均有与之配套且无缝集成的专业设计软件，包括智能 P&ID、三维工厂设计、智能仪表设计、智能电气设计等系统。

上述两大平台及其配套软件在工程公司均得到广泛应用。基于此，Engineering 和 Foundation 均可以作为 i-Engineering 平台；对应地以三维设计软件 PDMS/E3D 和 S3D 作为 i-3D

平台。另外也可开发以工程实体为核心的工程数据中心作为 i-Engineering 平台。

2. 制定总体技术路线

根据集成化设计目标，确定包含部分工作流和信息流的 LNG 接收站数字化集成设计总技术路线，如图 14-1 所示。基于数字化集成设计的定义进行工作流和信息流的优化，以数字化技术为支撑进行 20 余项专业设计软件的整合和集成，以及 i-Process、i-Engineering 和 i-3D 的构建。这三个平台自身及其相互间均以工程实体为核心进行信息的组织、存储和关联，并最终形成一个互为贯通、有机联系的整体。

由图 14-1 可以看出，集成化设计需解决的关键技术难题包括工程设计过程信息流和工作流的优化，i-Process、i-Engineering 和 i-3D 设计集成化平台的构建，以及与各专业软件的集成，基于多专业协同的设计成品文件的定制等。

3. 优化工作流和信息流

基于集成化设计目标和定义，根据设计工作内容及分工，对工程设计过程的工作流和信息流进行优化（见图 14-1），并通过软件和工作过程的整合集成，以设计集成化平台为依托，使设计信息在不同的软件、文档，以及软件和文档之间正确、高效地传递，实现多专业、多部门、多参与方之间信息的共享，以及项目信息的过程跟踪与管理。

根据设计专业分工，将所有设计信息按专业分类，并与用户权限关联，实现对不同专业设计内容的严格划分，各信息均只有信息产生专业具备编辑权限。不同专业之间的协同工作则通过信息发布和接收实现，即某一专业的设计信息经校审并发布后，其他专业才能开展与本专业相关的设计工作。

4. 编制集成化设计方案

由图 14-1 可知，LNG 接收站项目的集成化设计包含工艺设计集成化和工程设计集成化。LNG 接收站工程设计过程涉及大量的工程实体（包括设备、仪表、管道和阀门等）和海量的工程设计信息，为确保信息的高效沟通和正确应用，必须在集成化设计之前，进行标准化定义。

1）标准化定义

标准化定义的主要内容包括定义各软件或系统必须遵循的工程实体分类和描述，建立标准化的模板库，统一计算软件和编码体系等。

（1）建立统一的工程实体分类和描述（类库）。为实现设计信息的正确提取和再利用，需对接收站涉及的具有编号的工程实体及其属性进行统一的分类和描述。如在 LNG 接收站项目中，可以将设备分为储罐、容器类、泵类、压缩机类、机械设备类、消防设备类等，一般情况下每一类设备具有相同的描述属性。

（2）建立统一的数据字典并确定数据源。多专业、多软件对同一个数据存在描述属性不一致的情况，为了确定数据源和数据传递的便利性，在数据存储时需统一数据属性名称。确定数据源是数据质量的保证和被其他专业或软件调用的基础，所有管件数据仅能在数据源录入、修改，全流程共享，其他专业不能修改，下游环节发现的数据源质量问题，应当在数据源进行修正，下游专业或软件系统可从数据源或者数据源镜像获取关键数据。

（3）建立工厂分解结构。工厂分解结构是指根据工艺流程或空间布置，按照一定的分类原则和编码体系进行组织，形成反映工厂对象的树状结构，它是集成化设计的前提，工程实体、文档和数据等应与工厂分解结构建立关联关系。

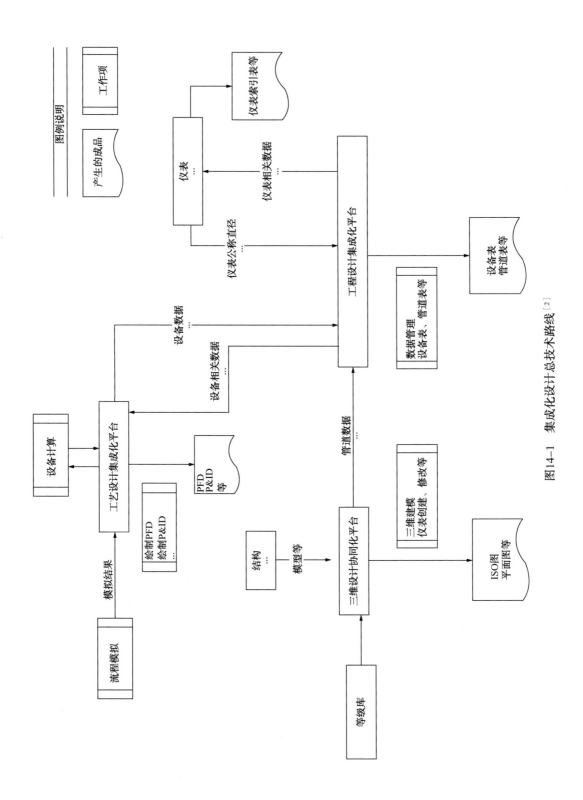

图14-1 集成化设计总技术路线 [2]

（4）标准的工作流和信息流。通过数字化技术，基于优化后的工作流和信息流，在 i-Process、i-Engineering 和 i-3D 三大平台中定义标准化的工作流和信息流，使信息管理更有效，工作流程更高效。

（5）统一编码体系。统一的编码体系是集成化设计的前提，主要包括设计单体编号体系、文件编码体系、材料编码体系等。

（6）统一工艺和工程计算软件及软件种子文件。工程设计的大量计算分别由相应的计算软件完成，但同样功能的计算存在不同的软件和版本。这种差异不仅增加集成化工作的难度，更重要的是对计算结果的一致性产生一定影响。为消除这种差异，规定 LNG 接收站工程设计项目，工艺流程模拟、再冷凝器、气化器、蒸发气体（BOG）压缩机、储罐等单体设备计算、管道水力学等关键设计计算分别采用相同的软件，如工艺流程模拟统一采用 HYSYS 软件，为集成化设计奠定坚实的基础。种子文件主要体现在工艺 P&ID、三维建模、智能仪表设计软件中，统一的种子文件可降低不同工程设计公司设计出的成品表达不一致的情况。

（7）建立标准化模板库。建立标准化模板库（包括文档模板、图例库、材料等级库和模型库等），使设计工作更加规范和统一。

2）工艺数字化集成设计方案

工艺设计作为 LNG 接收站工程设计的源头，贯穿整个工程设计的全过程，是设备、仪表、配管等专业开展设计工作的数据来源和基础，其质量决定着产品的合格性以及接收站运行的安全性、平稳性和经济性，涵盖流程模拟、智能 P&ID 设计等内容。

基于集成化设计定义和优化后的设计流程，构建工艺设计集成化平台 i-Process。平台集成该项目工艺专业的常用软件，如流程模拟软件、管道阻力降计算程序和智能 P&ID 等，进行 PFD 和 P&ID 的绘制、流程模拟数据导入、设备计算、物流和设备数据完善等工作，并自动生成 PFD、P&ID、物料平衡表、设备数据表、设备表、管道表和仪表工艺条件表等。

i-Process 通过整合并集成工艺设计主要设计软件、技术标准和工作流程，将工艺设计各项活动集中在一个设计平台上进行，实现对工艺设计工作流程的优化和创新，将工艺工程师从烦琐的数据录入和校对工作中解放出来，将更多的时间关注于技术方案的优化和创新，促进了工艺技术的进步和发展。

3）工程数字化集成设计方案

工程数字化集成设计的关键是多专业的信息集成，以及三维建模工作的集成和协同，其难点也是不同专业设计软件的集成。LNG 接收站项目工程设计使用的软件来自不同的软件商或为自主开发软件，均提供了与其他软件的数据交换接口。

（1）采用 i-Engineering 作为工程数字化集成设计平台，并与设备、仪表、电气等专业设计软件，以及 i-Process 集成，形成多专业的协同工作和信息共享平台，实现多专业之间数据和文档的有效管理。

（2）采用 i-3D 作为多专业（配管、仪表、电气、结构、给排水、储运、环保、总图等）三维集成化建模平台，并建立与结构建模软件的信息交换接口，实现钢结构模型的自动导入和碰撞检查，实现建模工作的集成化和协同化。

典型的基于系列 I 的 LNG 接收站工程数字化集成设计方案见图 14-2。

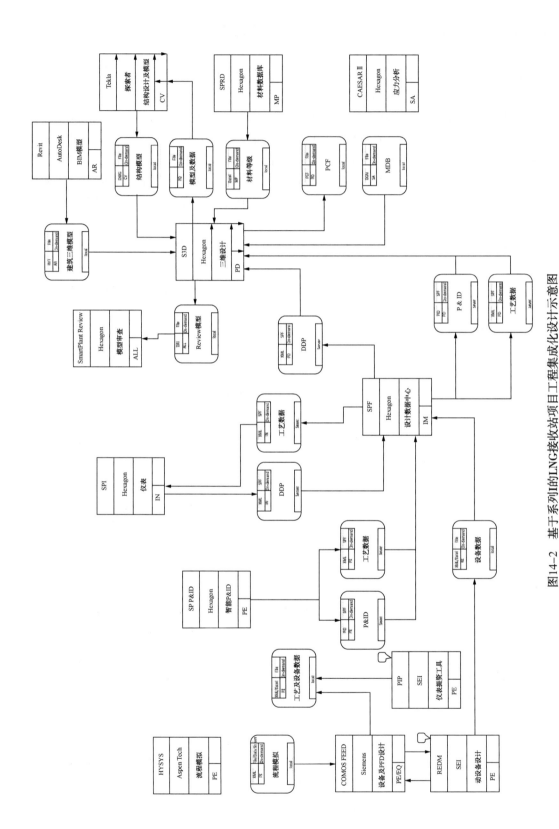

图14-2 基于系列I的LNG接收站项目工程集成化设计示意图

5. 集成化设计内容

LNG 接收站在工程设计阶段实施全专业集成化设计，主要内容包括：

1）工艺数字化集成设计

工艺专业完成流程模拟后，将计算结果导入 i-Process 后，在 i-Process 中完成 PFD 和 P&ID 设计、设备单体计算，以及工艺条件的完善和补充。以再冷凝器设计为例，计算所需物性数据从 i-Process 中自动获取，计算完成后，计算结果自动返回 i-Process。

2）工艺、设备、仪表和配管等多专业协同设计

工艺、设备、仪表和配管等专业在 i-Engineering 中协同工作，工艺专业将各专业所需的工艺信息及图形文件直接发布至 i-Engineering，其他专业从中提取相关数据至本专业设计软件，或直接在其中开展设计工作。

以工艺、仪表和配管的协同工作为例，工艺(含消防、环保等专业)P&ID 及工艺数据从 i-Process 自动发布至 i-Engineering，再由 i-Engineering 将相关信息发送至仪表设计软件及 i-3D，仪表尺寸信息也可通过 i-Engineering 发送至 i-3D，配管(含储运、给排水)专业可根据智能 P&ID 图形及工艺信息(管道编号、设计温度压力、保温等)、仪表尺寸信息进行三维建模。

基于系列 I 的 i-Engineering 的信息传送流程可参见图 14-2。

3）多专业三维建模协同设计

储运、配管、给排水专业可根据从 i-Process 发布的智能 P&ID 图形及工艺信息(管道编号、设计温度压力、保温等)进行三维建模。

储运、配管、仪表、结构、给排水等专业在 i-3D 中基于统一的材料等级库及工厂分解结构(PBS)协同进行三维建模工作。结构专业通过三维钢结构建模软件与 i-3D 的集成，将结构模型导入 i-3D 用于工厂整体模型搭建及碰撞检查，并在 i-3D 中将结构建模软件不能实现三维建模的部分，如梯子、平台等，进行三维建模和碰撞检查；储运、仪表、给排水、环保、电气等专业直接在 i-3D 中建模。

在 i-3D 中也可进行跨专业资料传递，如储运、配管上游专业的水点资料直接分发给给排水专业，给排水专业直接根据三维模型中的条件进行三维设计；土建荷载、应力等资料可传递至土建、应力专业设计软件中，并将软件中的计算模型返回至 i-3D 中。相比于传统设计模式，协同设计更有益于设计质量的提高。

此外，在 i-3D 中可直接查看 P&ID，并通过其内置的校验规则进行二、三维校验，确保二、三维的一致性，实现精准建模。

（四）集成化设计效果

LNG 接收站采取集成化设计工作模式后，设计效率将提高至少 25%，设计变更也将大幅减少，具体效果如下：

（1）由传统的多专业孤立设计模式变革为多专业协同设计模式，打破专业壁垒，优化了工作流程，提高了工作效率。利用先进的信息化手段，整体提升了智能设计软件应用范围和深度，大大提高了数字化设计水平。基于集成平台定制了标准化的工作程序与流程，建立统一的工程数字化集成设计平台，实现多专业、多部门、多参与方之间信息的共享和高效传递，改善数据手工输入现状，提高了专业间的沟通与协同效率。

（2）基于标准化的工程实体分类和属性定义，通过设计集成平台，发布和交换信息(数

据、文档和模型），及时有效地将上游专业的数据和文档传递至下游专业软件，减少数据冗余，提高数据的一致性、正确性，保证整个项目的设计标准化，推进了"标准化设计、标准化采购、模块化施工"的进程。

（3）减少设计变更，提升工程设计质量，降低工程建设投资。通过有效的版本控制，对项目信息的过程跟踪与管理，保证了各种设计数据和文件的一致性和可追溯性。

（4）有效整合了工程项目执行过程的各种信息资源（数据、文档和模型），构建了项目数据仓库，形成工程项目大数据管理，为公司在优化设计、信息利用、投标报价、辅助决策等提供支撑。

三、数字化交付

数字化交付是以工厂对象为核心，对工程项目建设阶段产生的静态信息进行数字化创建直至移交的工作过程，涵盖信息交付策略制定、信息交付基础制定、信息交付方案制定、信息整合与校验、信息移交和信息验收。

（一）数字化交付意义

在工程建设之初，参与项目建设的各单位往往缺乏统一的信息标准、完备的信息交付依据和先进的信息数字化手段，使工艺设计、工程设计、物资采购和施工管理等阶段的信息不能形成有效的、数字化的信息，从而使企业的数字化工厂建设出现大量的重复工作，例如图纸的数字化、模型的重建等，而且许多信息还存在不一致、不完整、信息采集质量低等问题，阻碍了企业的现代化和智能化进程。

优秀的设计能够创造优秀工厂的智能基因，数字化交付则是这些基因在工厂生产运维过程发挥作用的基础和前提。数字化交付以集成化设计为源头，对于项目及智能工厂建设具有以下意义。

1. 以工厂对象为核心进行信息组织

集成化设计实现了传统的以文档为核心的设计模式向以工厂对象为核心的设计模式的转变，相应地，信息也转变为以工厂对象为核心来进行组织、存储和关联。

2. 以集成化设计为基础，实现工程建设数字化过程管理

将数字化交付与设计前端深入结合，通过集成化设计，把数字化交付融入项目执行阶段。传统设计过程的数字化交付大多以手工方式进行数据的整合和校验，工作量巨大。以集成化设计为源头的数字化交付因在设计阶段即对信息进行了有效组织、存储和关联，将设计成品通过数据接口直接发布至数字化交付平台（简称 i-Ship），显著提高了交付的效率和质量。

3. 实现数字化工厂与实体工厂的同步建设

以设计集成化为基础的数字化交付，实现了工程设计、工程建设等过程的有机衔接，确保实体工厂和数字化工厂信息的一致性。通过数字化交付，企业可以获得与实体工厂相对应的数字化工厂，不再需要重构三维模型、图纸等重复性数字化工作，降低数字化工厂和智能工厂建设的成本和周期。

4. 为智能工厂建设提供基础，提升运维水平

基于同一标准的集成化设计和数字化交付是信息数字化的有效途径和重要手段，可贯穿工厂全生命周期信息流，使之变成宝贵的虚拟资产，为工厂的日常精准运行与维护、安全防

护管理提供合理的信息支撑，实现工厂的精细化管理。

（二）数字化交付内容

数字化交付信息涵盖设计、采购及施工（EPC）全过程的工程信息，即指各类工程数据、图纸、文档、三维模型等设计信息、采购信息、施工信息，包括这些信息的属性参数及关联关系，数字化交付最终交付给业主的工程信息全部是最终竣工版，不包括项目过程中产生的中间版本信息。

（三）数字化交付流程

LNG 接收站数字化交付，包括信息交付流程制定、数字化交付平台（i-Ship）构建以及信息的数据整合和校验等方面。

1. 信息交付流程

数字化交付的关键是确保信息的完整性、准确性和一致性。其中完整性是指交付信息涵盖工程建设过程产生且用于运行维护的相关内容，包括设计信息、供应商信息和施工信息；准确性是指工程实体属性的值及计量单位准确，文档内容正确，以及各种关联关系正确；一致性是指交付信息在特定的工厂或单元中具有唯一性，与实体工厂信息一致。

为实现上述目标，建立如图 14-3 所示的信息交付流程[2]，主要包括以下内容。

1）制定信息交付策略

（1）明确信息交付的目标及参与方的组织机构、工作范围和职责；

（2）明确交付信息的组织方式、存储方式和交付形式；

（3）明确信息交付的流程、应遵循的法律法规及标准等。

2）制定信息交付基础

交付基础包括工厂分解结构、类库、工厂对象编号规定、文档命名和编号规定、交付物规定及质量审核规定等内容。交付物规定中应明确数据的信息颗粒度及交付格式，文档交付清单内容及具体要求，三维模型交付深度和交付格式，交付范围和交付频率等。

3）制定信息交付方案

信息交付方案应根据交付策略和交付基础细化相关内容至可参照实施的程度，包括三维工厂设计软件、供应商管理平台、施工管理平台、数字化交付平台的选用，以及信息的组织、存储和关联等，经建设单位批准后实施。

4）信息整合与校验

建设单位或数字化交付服务单位协调各参建单位、承包商、供应商推进实施数字化交付工作，将相关方业务活动过程中产生的文档、数据及三维模型按照信息模型组织规则和信息交付方案收集、整合、校验，转换并建立关系，按照交付规定要求形成质量审核报告。

5）信息移交

将整合后的数字化交付物按照信息交付方案要求进行信息移交，通常情况下将交付物随同数字化交付平台一并移交至建设单位，或直接将交付物移交至建设单位运维平台。

6）信息验收

（1）完成平台交付后，业主组织对 LNG 接收站数字化交付成果进行验收，确保所有数字化交付内容符合各相关交付标准的要求，符合实际完工状态；

（2）审核数字化交付项目的相关交付文档；

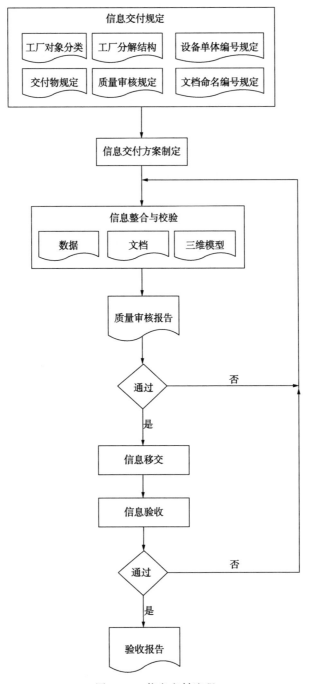

图 14-3　信息交付流程

（3）保证业主人员经培训后，具有数字化交付平台的基本维护的能力；

（4）在合同质保期内，协调相关方解决发生的技术问题；

（5）验收合格后应形成验收报告。

2. i-Ship 构建

基于工厂对象分类规定和以工厂对象为核心的信息模型，采用以集成化设计为源头，同步建设实体工厂与数字化工厂的智能设计方法和工作模式，进行数字化工厂信息集成，并最终形成数字化交付平台和数字化工厂，其技术架构如图 14-4 所示。可以看出，通过 i-Ship 的建立，自动集成设计建设全过程项目信息，实现以工厂对象为核心的信息管理和智能关联，达到在工程建设期建设快捷、低成本的数字化工厂的目标；通过数字化移交，企业可以获得和实体工厂一致的数字化工厂，确保信息质量，降低数字化工厂建设的成本和周期。

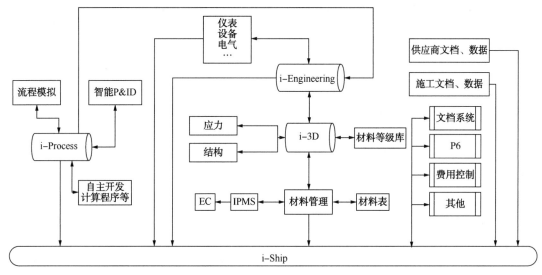

图 14-4　以集成化设计为源头的数字化交付平台

以实体工厂的 BOG 压缩机为例，i-Ship 可以实现该设备全生命周期的数字化信息的智能关联，这些数字化信息包括工程数据、工程文档、三维模型以及项目管理数据，涵盖设计、采购、施工和项目管理等。

3. 基于数字集成化设计的协同化交付方案

在传统项目实施及数字化交付过程中，设计单位、供应商、施工单位的数字化交付各自相对独立进行，文件通过邮箱发送，存在数据多次录入及校验、文档版次较多管理困难、审查意见交流无日志、交付过程效率低、审查工作量大等问题。基于协同化的供应商数字化交付管理平台和施工管理平台可将设计单位、供应商、施工单位和数字化交付服务商有效地结合在一起。

1）供应商与集成化设计的协同交付

在集成化设计过程中，设计单位已完成各设备的设计数据采集，可通过集成化设计平台将设计数据上传至供应商数字化交付管理平台，平台根据合同给供应商分发工厂对象属性模板，由供应商按照属性模板，整合供应商属性数据，依照数字化交付标准要求的内容和格式，提交至供应商数字化交付管理平台，完成设计方、供应商方的数据整合。供应商的协同化交付可避免设计数据的多次采集及数据孤岛的形成，提高数据的准确性，并减少传统模式下供应商提供的设计数据的校核工作量。

另外针对设备采购过程供应商众多，交付资料量大、质量参差不齐，交付模型格式不统一、数据不完备、审核工作量大、交付质量不能保证等问题，供应商数字化交付管理统一平台也可建立供应商、合同台账，自动完成数据和文档的一致性、完整性、合规性校验，对资料不合规情况进行在线反馈，制定设备三维模型的数字化交付格式，并在线解析、查看、审核，使其能有效地被工程设计、数字化交付、业主运维所用，提升供应商数字化交付的质量。

2）施工与集成化设计的协同交付

利用数字集成化设计的数据优势，以管道 PCF/IDF 文件为载体，将设计侧的管道台账、设计信息传递至施工侧，并在施工管理平台上进行管道施工二次设计、焊口管理、管材管理等，可避免传统模式中施工单位的大量数据重复输入过程，也为施工数字化交付和智能应用提供了基础。

四、智能站场设计

石化行业在 21 世纪初已开始探索智能工厂建设，并取得了一定的成绩，也获得了宝贵的经验教训。早期的智能化工厂建设多与工程设计割裂，容易出现建设及运维成本高、效果低的现象。比如泵群的诊断监测，如果在设计时考虑诊断所需的状态信号，振动和温度探测元件可以随泵一起采购并安装，检测信号可以与其他仪表信号一起通过控制系统传送至实时数据库中，但早期的智能工厂建设中，探测元件经常是随应用软件单独采购的，且只能安装在机壳外面，由于无法利用现有的信号路由，只能采用无线通信。不但检测效果很差，而且每年更换无线设备的电池给用户额外增加了大量的成本和工作量。

基于上述原因，智能 LNG 接收站的设计可从传统物理工厂为目标的工程设计转向以智能工厂为导向的工程设计，即在工程设计阶段考虑并梳理智能站场建设需求，提出智能站场的设计条件，融入各专业设计，将相关的信息感知、智能运维、生产管控、设备管理、安全环保等要求在设计过程中提前规划，从设计端正向推动智能工厂建设。主要体现在下面三个方面。

（1）规划设计支持智能感知的 LNG 接收站物理系统，包括所有与站场智能化发展相关的元素，例如智能仪表监控、分布式光纤测温系统、机组监控系统、电力监控系统、泄漏监测等，支撑智能站场所需信息的全面感知。

比如，当运维阶段有低温储罐保冷层智能监控需求时，可在储罐工程设计中增设分布式光纤测温系统，并考虑其布置路由、设备支撑等，由于其本身特点是无法通过后期增补建设的。因此在工程建设结束后再考虑此部分建设内容，对于频繁开启的关键设备及控制阀，如视频监控与工艺控制连锁时，其视频系统应与站场监控系统统筹设计，并设计预定摄像转向位置，工艺控制动作后自动联锁相关摄像头的预定机位，便于内操人员观察工艺操作完成情况。

（2）规划设计支撑站场的信息系统，依据智能站场要求，开展包括基础设施、融合通信系统和工业无线网等网络、数据中心、生产运行、经营管理和综合信息管理系统等信息系统设计。

信息系统设计应与仪表控制系统、安防系统相结合，打通数据感知层、平台层、应用层的数据流向，避免信息孤岛，由传统的烟囱系统模式向"数据+平台+应用"模式转变。数据架构设计可参见图 14-5。

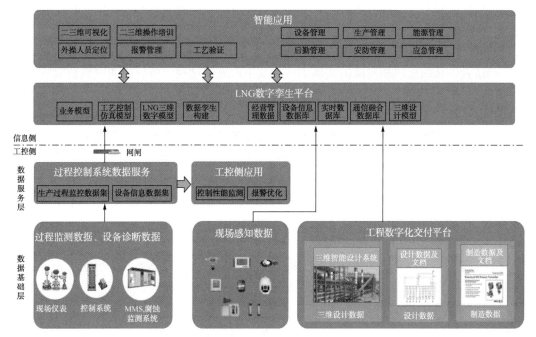

图 14-5　数据架构示例

随着工业互联网平台及云原生技术的发展，为支撑业务的海量 IOT 设备消息、数据化运营等云时代下的业务诉求，平台应用可尽量基于云原生技术、架构和理念进行设计和开发，让应用"生于云、长于云"，对于部分不能满足云原生应用开发要求的应用，可通过统一应用门户进入。

（3）深化支持智能应用的工艺、安全等专业设计。工艺设计方面，考虑生产工艺参数优化、设备运行性能优化等需求，在工艺设计阶段拓展工艺模型适用性，优化工艺、设备设计参数，减小设计工况与运行工况的偏差，从设计源头保证工艺流程和设备选择的合理性。安全设计方面，在设计阶段进行设备性能分析、安全操作规定、事故工况模拟，从源头保障本质安全，为生产运行的安全预警、应急管理等智能化应用奠定基础。

在工程设计阶段，工艺部分可构建罐容优化模型，考虑 LNG 码头数量、不可作业天数、均匀船期、自主船期、市场需求、卸船间隔时间、储罐罐容安全裕量等影响因素，求解获得最优罐容方案。安全模拟方面，由于接收站事故场景相对固定，可采用三维事故模拟软件，针对接收站内气体泄漏、扩散、火灾、爆炸等事故后果影响范围进行模拟，根据模拟结果指导安全应急操作管理及应急管理应用开发。

第二节　液化天然气数字孪生平台建设

一、概述

LNG 数字孪生平台是利用三维物理模型、传感器检测数据、运行历史数据等，集成多学科、多物理量、多尺度、多概率的仿真过程，在虚拟空间中完成映射，从而反映相对应的实体工厂的设备和工艺过程，采用"厚平台、薄应用、微服务"设计理念，从平台架构、建设内容、平台应用三方面总体统筹，强化平台设计、注重实际。合理利用工程建设阶段数字化交付的资产，融入分散控制系统的实时/历史数据，将虚拟三维工厂、二维生产画面和实体工厂相结合，从而反映相对应的实体工厂的全生命周期过程，可以快速便捷获取数字化工厂设计信息，提升生产管理的安全性和智能化。

LNG 数字孪生平台可覆盖全场区的专网作为主要业务运行网络，为各类仪表设备、智能化感知设备提供传输途径；开发整合各类已有业务管理、生产系统，实现全业务、全流程的联网运行；通过厂区数据中心，形成智能 LNG 核心数据库，实现接收站资源的统一管理；以三维模型为载体，利用大数据分析技术，为决策层提供直观、可视化档案资料；定制化开发业务系统，为综合管理和决策提供支持。LNG 接收站全要素数字孪生建设包含数据孪生构建、LNG 三维数字模型构建、工艺过程仿真模型构建。

LNG 数字孪生平台应满足以下要求：

（1）支持工业多协议转换和多元数据标准化的功能，支持控制系统、智能仪表系统、化验分析系统、设备管理和监测系统、视频系统、各种信息化系统等数据接入与融合。

（2）内置对象化多元工业数据湖，支持图片、数字、布尔、字符串、文本、文件、视频、音频、位置、自定义结构、对象、结构数据、块数据等类型的数据处理与存储能力。提供数据存储压缩服务，根据实际数据的质量要求，可灵活配置存储精度，满足至少 5 年以上的工业现场复杂数据存储要求；支持离线运行数据备份。

（3）支持以设备、人员、原料和产品等单元的对象化数据结构表示，支持以单个设备主体为视角的全信息画像和关联业务查询，满足上层设备管理、物料平衡、计划优化等工业智能 App 软件的高效访问。

（4）提升统一的面向工厂设备、人员、物料、产品等维度的对象化模型定义能力，实现标准化元数据清洗与组织。

（5）支持可插拔动态扩展的微服务和容器化架构，满足工厂不同时期对大数据平台存储、计算和消费的扩容能力。

（6）提供从云、企、端全方位的信息安全防护方案，实现数据安全、信息安全和物理安全等。

（7）所有高级应用的运行和数据传递均应满足过程控制网对关键设备的网络负荷、通信负荷、设备负荷（包括 CPU 负荷和内存负荷）的最低要求。

二、数据孪生构建

通过对物理实体的结构化、非结构化和半结构化进行数据采集，相关数据包括相关设备建设过程中的设计、采购、施工、监测等过程资料；设备运行原理、检维修记录、备品备件等属性资料；分散控制系统（DCS）、大机组状态监测、机泵群监测等系统的实时运行数据。基于数据与物理实体对象的关系，将这些数据与 LNG 三维数字模型建立关联，主要工作包括：

1. 属性数据整理、转化和录入

（1）属性数据整理　制定属性录入目标和分类整理标准、命名规则，从各种资料中对属性数据进行整理；

（2）属性数据转化　将从各种资料中梳理的属性数据按照规范格式进行转化；

（3）属性数据录入　将转化好的属性数据录入到系统中。

2. 生产数据接入和绑定

（1）生产数据接入　打通数据孪生与 DCS 等工控系统的壁垒，接入各类实时监控数据。

（2）生产数据绑定　将生产数据与几何孪生绑定，实现数字孪生对物理运行状态的展示。

三、三维数字孪生模型

三维数字孪生模型分为三个阶段进行。

在项目设计过程中，利用数据轻量化技术和集成化技术，将数字化交付的三维设计模型与环境数据、设计数据、制造数据相结合，形成静态的三维虚拟工厂。

在项目建设过程中，将视频监控、人员定位、施工数据、管理信息等与静态三维虚拟工厂相结合，可以作为辅助施工、采购、设备管理等智能化工程应用的基础。

在生产运行期，通过操作数据管理系统（ODS）将现场仪表检测数据、安全及环境监测数据、设备状态监测数据与三维虚拟工厂结合，形成三维数字孪生模型。通过可视化管理，在三维数字孪生模型平台中，用户可以进行二、三维操作监控，设备状态和信息查询，应急演练等全量、全要素的信息查询和全面感知、多维度的生产操作。

四、工艺过程孪生模型

工艺过程孪生模型将经验算法、大数据算法或理论算法叠加在数字实体中，能根据通过数据和计算反映物理实体的过去、现在和未来的状态。

（一）工艺仿真模拟

应用基于工艺机理的动态仿真技术，建立涵盖 LNG 装卸船、储罐操作、LNG 气化、液化装车、温排水等工艺过程模型，结合集散式控制系统（DCS）、安全仪表系统（SIS）现场操作等真实组态数据，实现模型、控制、操作三者同步联动的工艺仿真模拟，在计算机的虚拟环境下再现 LNG 装置开车、停车、生产调整、设备故障等生产工况，寻求最佳的开、停工方案，测试装置的各种"极限处理能力"、寻找"卡脖子"点，挖掘不同外界干扰（如生产波动、原料波动等）工艺指标的动态变化规律，并对突发的设备故障、工艺异常进行工况分析，为操作培训、工艺调整、瓶颈分析、控制优化、应急处理等智能化应用提供支撑。

（二）控制仿真模拟

控制仿真模型将以 LNG 接收站实际的 DCS、SIS 等系统信号、流程图画面、操作员功能界面为基准，模拟各种实际控制系统的人机界面和控制方案、实时数据库以及控制算法。各单元中所有重要的工艺测量，基于 DCS 的控制、计算、逻辑、顺序都在模拟范围内。

控制仿真模型使真实控制系统组态与模型控制组态可互换更新，在计算机的虚拟环境下再现 LNG 装置的各种工况（正常开车、正常操作、正常停车、紧急停车、工艺异常和负载变化等）下的全部操作，实现虚拟孪生工厂操作控制与现场操作控制一致。

第三节　工艺仿真模拟优化

随着智能站场建设的需求不断增加，结合计算机仿真、流程模拟和系统集成技术的发展，工艺仿真模型搭建将成为数字化工厂建设的重要环节，也为接收站优化生产操作管理提供重要手段。工艺仿真模拟为 LNG 数字孪生平台的建立基础。

一、概述

在目前数字化集成设计的基础上，搭建工艺仿真模型，充分运用接收站实时运行数据，应用智能设计手段，协助 LNG 接收站实现生产调度智能化、生产过程实时优化、非正常工况的预测预判以及资源的集成化和集约化管理，是今后很长一段时间研究的重点。

商业化的过程模拟软件出现于 20 世纪 70 年代。目前，广泛应用的过程模拟软件主要有 Aspen HYSYS、Aspen Plus 和 PRO/Ⅱ等。Aspen HYSYS 是成熟的行业标准模拟软件，可用于改进工程的设计和操作、提高能量利用率以及降低资本消耗。作为能源行业领先的过程模拟软件，Aspen HYSYS 可以对油气生产、天然气加工处理和石油炼制等进行全面模拟。其在流程模拟时具有高度灵活性，可为用户提供多种方法完成操作，这种灵活性，使得 Aspen HYSYS 成为通用的过程模拟软件[3]。

在利用 Aspen HYSYS 及部分国产化软件进行稳态流程模拟的基础上，对 LNG 接收站进行动态模拟研究，研究开停车、LNG 卸船特点，从而指导开停车、LNG 卸船过程，以及生产调度变化下的工艺操作建议方案；研究单体设备泄放及泄放叠加效果，从而降低 LNG 接收站建设投资；研究可能存在的水锤现象并提出解决方案，以此避免安全事故的发生；开发操作员在线培训系统，并优化 LNG 高压输送泵、BOG 压缩机等关键设备运行参数，以此降低能耗、物耗。

（一）降低能耗

BOG 的产生主要是由于外界能量的输入造成，如泵运转，外界热量的导入，大气压变化、环境的影响及 LNG 注入储罐时造成罐内 LNG 体积的变化。由于 BOG 的产生量无法精准预测，压缩机操作数量及运行负荷目前仅通过操作经验进判断。通过动态工艺仿真可以指导最优的压缩机操作数量和运行负荷，达到节能降耗的目的。

外输高压泵的启停取决于下游用户对天然气量的需求，当调度指令下达时，通过动态工艺仿真，可以优化外输高压泵运行数量，使其与下游用气量变化相匹配，尽可能使外输高压泵长期在高效区运行。针对日高夜低的电价差别，可以利用下游管道的储存能力，夜间提高外输高压泵运行数量，增大 LNG 气化外输量，从而降低接收站能耗成本。

（二）降低物耗

火炬气的排放与 BOG 处理系统负荷有关，如 BOG 处理系统操作不合理，即 BOG 处理量小于 BOG 产生量，储罐压力将升高，可能引起 BOG 系统超压排放。

为了尽可能减少火炬气排放，BOG 量需与其处理系统处理能力实时匹配。对于设置 BOG 再冷凝系统的 LNG 接收站，通常利用已建立的 LNG 与 BOG 物性参数数据库，并通过实时检测到的 BOG 操作温度、压力、流量，智能匹配 LNG 相应的流量。

二、LNG 接收站动态模型建立

（一）设备的动态数学模型

动态流程参数随时间而变化，其物料平衡方程及能量平衡方程均可采用微分方程形式进行描述。以下以 LNG 储罐、分液罐、调节阀、管壳式换热器为例，分别介绍 Aspen HYSYS 软件中其动态数学模型。

1. 储罐和 BOG 再冷凝分液罐

储罐是 LNG 接收站最重要的设备，分液罐是 LNG 接收站 BOG 再冷凝设施配套的重要设备。储罐和 BOG 再冷凝分液罐运行操作过程包括 LNG 进罐、出罐和气体进罐、出罐等，其数学模型可用式（14-1）~式（14-3）表示。

液相质量守恒方程：

$$\frac{\mathrm{d}(V_{\mathrm{L}}\rho_{\mathrm{L}})}{\mathrm{d}t} = M_{1\mathrm{L}} - M_{\mathrm{g}} - M_{2\mathrm{L}} \tag{14-1}$$

气相质量守恒方程：

$$\frac{\mathrm{d}(V_{\mathrm{v}}\rho_{\mathrm{v}})}{\mathrm{d}t} = M_{\mathrm{g}} - M_{2\mathrm{v}} \tag{14-2}$$

能量守恒方程：

$$V\frac{\mathrm{d}(\rho \cdot h)}{\mathrm{d}t} = M_{1\mathrm{L}}h_{1\mathrm{L}} + Q - M_{2\mathrm{v}}h_{2\mathrm{v}} - M_{2\mathrm{L}}h_{2\mathrm{L}} \tag{14-3}$$

式中　V——储罐容积，m^3；

ρ——流体密度，$\mathrm{kg/m}^3$；

h——流体比焓，$\mathrm{kJ/kg}$；

V_{L}——液体体积，m^3；

ρ_{L}——液体密度，$\mathrm{kg/m}^3$；

$M_{1\mathrm{L}}$——储罐入口 LNG 流量，$\mathrm{kg/s}$；

M_{g}——液体蒸发的气体质量，$\mathrm{kg/s}$；

$M_{2\mathrm{L}}$——储罐出口 LNG 流量，$\mathrm{kg/s}$；

V_{v}——气体体积，m^3；

ρ_{v}——液体密度，$\mathrm{kg/m}^3$；

$M_{2\mathrm{v}}$——储罐出口 BOG 流量，$\mathrm{kg/s}$；

Q——单位时间内储罐漏热传给流体的热量，kW；

Q'_{g}——气液界面向流体的热流，kW；

$h_{1\mathrm{L}}$——入口液体的焓值，$\mathrm{kJ/kg}$；

$h_{2\mathrm{v}}$——出口 BOG 焓值，$\mathrm{kJ/kg}$；

$h_{2\mathrm{L}}$——出口 LNG 焓值，$\mathrm{kJ/kg}$。

2. 调节阀

调节阀在 LNG 接收站中具有重要作用，主要借助动力操作改变相应工艺操作参数，用于流量、温度、压力、液位调节，实现精准控制。由于调节过程通常较快，与外界热换热量很小，该过程可以认为是一个等焓过程，其数学模型见公式(14-4)。

$$W = C_v k \sqrt{\rho(P_1 - P_2)} \tag{14-4}$$

式中　W——流量，kg/s；

C_v——流量系数，一般由稳态计算得到，kg/s·$\sqrt{Pa \cdot kg/m^3}$；

k——阀门开度；

ρ——流体密度，kg/m³；

P_1——入口压力，Pa；

P_2——出口压力，Pa。

3. LNG 气化器

气化器是 LNG 接收站气化外输设施中最重要的设备之一，LNG 接收站最常见的气化器有中间介质海水气化器(IFV)、开架式海水气化器(ORV)、管壳式海水气化器及浸没燃烧式气化器(SCV)。但无论哪种型式气化器，直接参与 LNG 换热设备均可简化为管壳式换热器，其数学模型见式(14-5)~式(14-8)。

$$M_1(H_{1in} - H_{1out}) - Q_{loss} + Q = V_1 \frac{d(\rho_1 H_1)}{dt} \tag{14-5}$$

$$M_2(H_{21in} - H_{2out}) - Q = V_2 \frac{d(\rho_2 H_2)}{dt} \tag{14-6}$$

$$M_1 = C_{1V} \sqrt{\rho_1(P_{1in} - P_{1out})} \tag{14-7}$$

$$M_2 = C_{2V} \sqrt{\rho_2(P_{2in} - P_{2out})} \tag{14-8}$$

式中　M_1——壳侧流量，kg/s；

H_{1in}——壳侧入口焓，J/kg；

H_{1out}——壳侧出口焓，J/kg；

Q_{loss}——热损失，W；

Q——换热量，W；

ρ_1——壳侧密度，kg/m³；

V_1——壳侧滞留体积，m³；

H_1——壳侧焓，J/kg；

M_2——管侧流量，kg/s；

H_{2in}——管侧入口焓，J/kg；

H_{2out}——管侧出口焓，J/kg；

ρ_2——管侧密度，kg/m³；

V_2——管侧滞留体积，m³；

H_2——管侧焓，J/kg；

C_{1V}——壳侧流体系数，一般由稳态计算得到；

C_{2V}——管侧流体系数，一般由稳态计算得到；

P_{1in}——壳侧入口压力，kPa；

P_{1out}——壳侧入口压力，kPa；

P_{2in}——管侧入口压力，kPa；

P_{2out}——管侧入口压力，kPa。

4. 其他设备

LNG罐内低压泵、外输高压泵、BOG压缩机及混合器等设备启动作业用时间较短，可认为是准稳态部件，其动态数学模型均可采用稳态数学模型。泵与压缩机在动态模拟中，需要用到其特性曲线，这些特性曲线由设计厂家提供，模拟前后特性曲线不发生变化。

（二）动态模型中的控制方案

1. 气相返船压力控制

卸船期间，LNG储罐压力升高，船舱压力降低。为使储罐压力和LNG船舱压力达到平衡，尽可能减少BOG处理量，储罐内的BOG需返回至船舱中。BOG返船流量通过船侧压力（通常为15kPa）控制，详见图14-6。

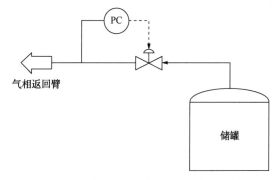

图14-6　气相返船压力控制系统示意图

通过压力传感器测得气体返船压力，该压力传输至变送器，变送器把信息转换成0.02~0.1MPa的压力信号，变送器压力与设定压力之间的偏差通过控制器转换成压力信号，然后由传输线送至压力控制阀，以此来控制阀门的开度。气相返船压力控制系统方块图如图14-7所示。

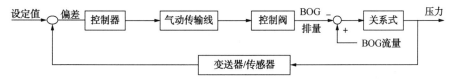

图14-7　气相返船压力控制系统方块图

压力控制器将信号送往压力控制阀，压力随时间的变化关系如式（14-9）所示；压力信号自控制器传至控制阀需要经过气动传输线，相应控制阀的动作有一定的滞后性。压力控制阀的压力随时间变化关系见式（14-11）；控制阀的开度随时间的变化关系见式（14-12）。

$$\frac{dp_c}{dt} = CK_T\left[-\frac{dp_{arm}}{dt} + \frac{1}{t_i}(p-p_1)\right] \tag{14-9}$$

其中：

$$K_T = \frac{0.08}{p_2 - p_3} \tag{14-10}$$

$$\frac{\mathrm{d}p_v}{\mathrm{d}t} = \frac{p_c - p_v}{t_0} \tag{14-11}$$

$$\frac{\mathrm{d}x}{\mathrm{d}t} = \left(0.10 - p_v - \frac{0.08}{100}x\right) \times \frac{100}{0.08C_0} \tag{14-12}$$

式中　p_c——控制器压力，Pa；

C——阀门系数，无量纲；

p_1——返船压力，Pa；

p_2——返船最大压力，Pa；

p_3——返船最大压力，Pa；

p——返船设定压力，Pa；

t_i——自开始至当前响应时间，s；

K_T——压力修正系数；

p_v——控制阀压力，Pa；

t_0——自开始至结束响应时间，s；

x——阀门开度，%；

C_0——常数，实验测得。

2. 储罐压力控制

蒸发气体（BOG）大量产生将导致储罐压力上升，当储罐压力增加且未达到高高压力设定时，调节压缩机负荷以维持储罐压力，动态模型中储罐压力控制方案见图14-8。

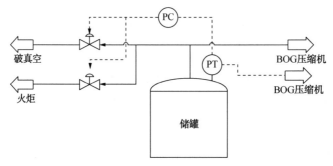

图14-8　储罐压力控制方案

1）超压保护措施

储罐压力高至某设定值时，BOG排放至火炬系统，该压力保护为储罐的第一级超压保护，一级保护系统中选用PI控制，设定值通常为26kPa，执行机构为正作用；储罐压力进一步升高至某设定值时，储罐安全阀起跳，BOG排放至大气，安全阀作为LNG储罐的第二级超压保护，二级保护系统中安全阀的起跳压力通常为29kPa。

2）真空保护措施

储罐压力低至某设定值时，气化后的天然气补充至LNG储罐，该压力保护为储罐的第一级低压保护，压力设定值通常为1kPa，执行机构为反作用；储罐压力进一步低至某设定值时，储罐真空阀开启，空气自环境补充至LNG储罐，真空阀作为LNG储罐的第二级低压保护，二级保护系统中安全阀的起跳压力通常为-0.5kPa。

储罐超压控制与真空保护控制均为简单控制，控制方块图见图14-9和图14-10。

储罐压力控制器与压力控制阀压力值及控制阀的开度随时间的变化关系与气相返船相同，在此不再赘述。

3. BOG 再冷凝器控制

在设有 BOG 再冷凝器的 LNG 接收站，BOG 再冷凝系统相对其他系统较为复杂，通常包括再冷凝器入口 LNG 流量控制、再冷凝器压力控制及再冷凝器液位控制。再冷凝器系统控制见图 14-11。

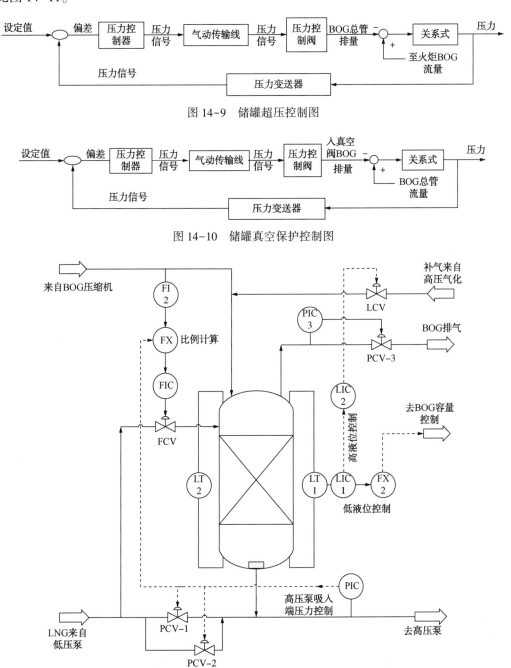

图 14-9　储罐超压控制图

图 14-10　储罐真空保护控制图

图 14-11　再冷凝器系统控制示意图

1）再冷凝器入口 LNG 流量控制

冷凝 BOG 所需的 LNG 流量由控制器（FIC）控制，控制点设置在进入再冷凝器的 LNG 管道上。控制设定点（体积流量）由比例计算模块（FX）串级控制，计算公式见式（14-13）。实际运行过程中，被冷凝的 BOG 量通常为定量，控制用于液化 BOG 的 LNG 量，以此保证再冷凝器的液位和高压泵吸入端压力恒定。

$$Q_{LNG} = \frac{Q_{BOG}}{C_f P} \times 100 \qquad (14-13)$$

式中　Q_{LNG}——进入 BOG 再冷凝器的 LNG 流量，m^3/h；

　　　Q_{BOG}——进入 BOG 再冷凝器的 BOG 流量，m^3/h；

　　　C_f——初始设定为 12，$1/kPa$；

　　　P——再冷凝器底部压力，kPa。

在进行再冷凝器入口 LNG 流量控制模拟时，通常结合远程控制选用计算模块。再冷凝器入口 LNG 流量控制为双闭环比值控制系统，其控制方块图见图 14-12。

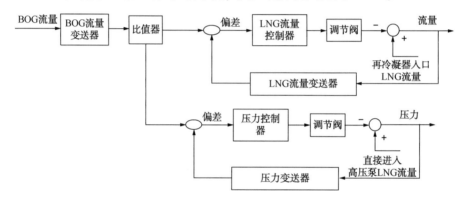

图 14-12　再冷凝器入口 LNG 流量控制系统示意图

在比值控制系统中流量系数及仪表比值系数计算见式（14-14）~式（14-17）。

$$k = K \frac{Q_{2max}}{Q_{1max}} \qquad (14-14)$$

$$k = K \frac{Q_{2max}}{Q_{1max}} \qquad (14-15)$$

式中　k——再冷凝器入口 LNG 流量与入口 BOG 流量的比值，无量纲；

　　　K——仪表比值系数，无量纲；

　　　Q_{1max}——再冷凝器入口 LNG 流量所用流量变送器的最大量程，m^3/h；

　　　Q_{2max}——再冷凝器入口 BOG 流量所用流量变送器的最大量程，m^3/h。

压力控制器的压力、控制阀压力及控制阀的开度随时间的变化关系，与气相返船控制相同，此处不再赘述。

2）BOG 再冷凝器的压力控制

由于进入 LNG 外输高压泵的流量波动范围较大，通常利用 BOG 再冷凝出口的压力分程控制该出口前阀门（PCV-1 及 PCV-2）的开度，两个阀门的分程特性见图 14-13。

单个阀门的可调范围计算见式（14-16），双阀的可调范围计算见式（14-17），实践计算表明，在压差不变的情况下，双阀的可调范围远大于单阀的可调范围。

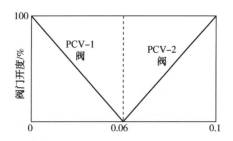

图 14-13 PCV-1 和 PCV-2 分程特性

$$R = \frac{C_{\max}}{C_{\min}} \qquad (14-16)$$

$$R_{\mathrm{T}} = \frac{C_{1\max} + C_{2\max}}{C_{2\min}} \qquad (14-17)$$

式中　R——单个阀门的可调范围，%；

　　$C_{\max}$——单个阀门的最大可调范围，%；

　　$C_{\min}$——单个阀门的最小可调范围，%；

　　R_{T}——两个阀门总的可调范围，%；

　　$C_{1\max}$——第一个阀门的最大可调范围，%；

　　$C_{2\max}$——第二个阀门的最大可调范围，%；

　　$C_{2\min}$——第二个阀门的最小可调范围，%。

3）BOG 再冷凝器的液位控制

BOG 再冷凝器的液位一般控制在 60% 左右，其液位控制为简单控制，控制方块图见图 14-14。

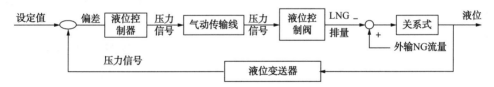

图 14-14　BOG 再冷凝器液位控制方块图

液位控制器输出压力信号送至液位控制阀，其压力随时间的变化关系见式(14-18)和式(14-19)。

$$\frac{\mathrm{d}p_{\mathrm{c}}}{\mathrm{d}t} = CK_{\mathrm{T}} \left[-\frac{\mathrm{d}h_1}{\mathrm{d}t} + \frac{1}{t_{\mathrm{i}}} (h_1^{\mathrm{set}} - h_1) \right] \qquad (14-18)$$

其中：

$$K_{\mathrm{T}} = \frac{0.08}{h_{1\max}} \qquad (14-19)$$

式中　p_{c}——控制器压力，Pa；

　　h_1——再冷凝器液位高度，m；

　　h_1^{set}——再冷凝器液位设定值，m。

　　t_{i}——自开始至当前响应时间，s；

K_T——压力修正系数；

C——阀门系数，无量纲；

h_{lmax}——再冷凝器液位最大高度，m。

三、LNG 接收站运行动态模拟及优化

建立动态模型，可模拟分析特殊工况及事故工况，从而选取最优控制参数，验证控制方案的可靠性，同时针对事故工况提出预防措施。本节以某接收站为例，建立 LNG 接收站动态模拟，模拟分析下游用户日调峰、卸船工况、LNG 储罐超压对 LNG 接收站站内运行的影响。

（一）天然气日调峰对站场运行的影响

设定该接收站下游用气量小时不均匀系数为 1.05，假设日调峰期间不卸船。经模拟得到外输流量随时间的变化规律见式（14-20），日调峰对工艺操作参数的响应见图 14-15。

$$F = F_0(1+0.05) + 0.05F_0\sin\left(\frac{\pi t}{12} - \frac{\pi}{4}\right) \tag{14-20}$$

式中　F——动态外输流量，kg/h。

　　　F_0——稳定外输流量，4.462×10^5 kg/h；

　　　t——时刻。

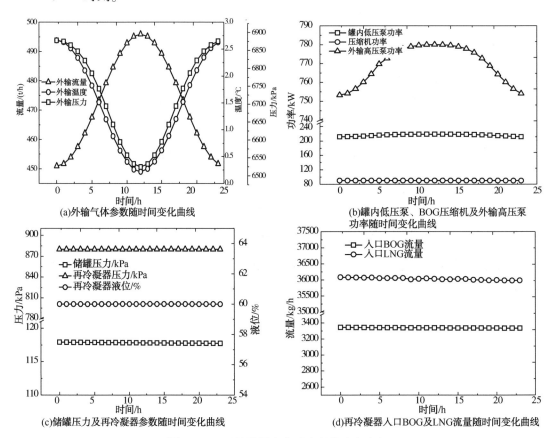

(a)外输气体参数随时间变化曲线

(b)罐内低压泵、BOG压缩机及外输高压泵功率随时间变化曲线

(c)储罐压力及再冷凝器参数随时间变化曲线

(d)再冷凝器入口BOG及LNG流量随时间变化曲线

图 14-15　日外输量变化对流程的动态响应

由图 14-15（a）可知，在日调峰过程中，随着外量增加，管道阻力增大，相应外输压

力降低，在热源不变的情况下，相应外输温度也会减小；外输量峰值过后，相应压力、温度也会降低。

由图 14-15（b）可知，罐内低压泵、外输高压泵功率随着外输量峰值的出现而提高，随着外输量的减小而降低，但罐内低压泵功率变化幅度较小；BOG 压缩机功率仅与其负荷调整有关，与调峰无关，其功率不变。

由图 14-15（c）可知，调峰过程中储罐输出 LNG 量虽有变化，但对储罐压力影响较小，压力基本不变；再冷凝器操作压力、液位仅与 BOG 压缩机运行负荷及其他运行参数有关，与调峰无关，其功率不变。

由图 14-15（d）可知，再冷凝器入口气、液流量仅与 BOG 压缩机运行负荷及其他运行参数有关，与调峰无关，其流量不变。

（二）卸船工况对站内运行的影响

LNG 在卸船过程中，储罐产生的 BOG，一部分返回至船舱中，以维持船舱压力相对稳定，另一部分被压缩机回收。采用动态模型，模拟 12h 卸船过程对整个流程的影响，其规律见图 14-16。

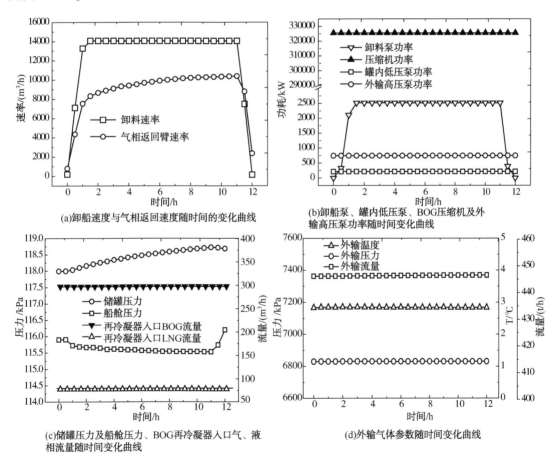

(a)卸船速度与气相返回速度随时间的变化曲线

(b)卸船泵、罐内低压泵、BOG压缩机及外输高压泵功率随时间变化曲线

(c)储罐压力及船舱压力、BOG再冷凝器入口气、液相流量随时间变化曲线

(d)外输气体参数随时间变化曲线

图 14-16 卸船工况对整个流程的动态响应

由图 14-16（a）可知，卸船初始阶段，需要对卸船臂、卸船臂根部管道进行液气置换、预冷，卸船流量快速上升，预冷结束后卸船流量稳定，卸船结束前进行扫仓作业，卸船流量

快速下降直至为零。

由图 14-16（b）可知，除卸船泵功率随卸船流量变化而变化外，罐内低压泵、外输高压泵功率仅受外输条件影响，与卸船无关，相应功率不变；BOG 压缩机功率变化仅与储罐吸热导致 LNG 气化量及压缩机负荷调整有关，受卸船影响较小，其功率基本不变。

由图 14-16（c）可知，卸船初始阶段因卸船臂及其根部管道置换、预冷排放的吹扫气体进入 BOG 系统，储罐压力升高；预冷结束后，卸船开始，LNG 卸至储罐，储罐内气体被压缩，且由于船、罐之间存在温差，导致船热量输入，储罐内部分 LNG 不断气化，压力不断升高，直至卸船结束。BOG 再冷凝器入口气、液流量仅与 BOG 压缩机运行负荷及其运行参数有关，与卸船无关，相应流量不变。在卸船臂及其根部管道置换、预冷期间，因船舱内 LNG 输出，船舱内压力降低，卸船开始气相平衡建立后，船舱内压力不断降低，卸船结束前船舱内压力回升。

由图 14-16（d）可知，外输气体参数仅与外输条件有关，与卸船无关，参数基本不变。

（三）LNG 储罐超压对接收站运行的影响

LNG 储罐操作温度较低，通常约为-160℃。卸船、冷循环、回流、火灾、翻滚、误操作、气体返船受阻、储罐自环境吸热等单一工况或组合工况，均可能导致储罐超压。以储罐发生"翻滚"（BOG 产生量按储罐正常气化量的 90 倍考虑）为例，动态分析该工况对工艺及设备的影响，分析结果见图 14-17。

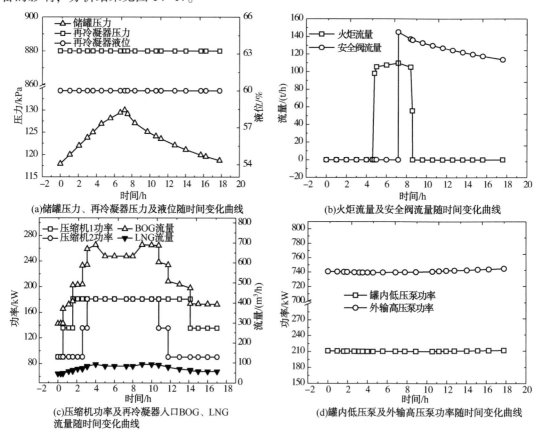

(a)储罐压力、再冷凝器压力及液位随时间变化曲线

(b)火炬流量及安全阀流量随时间变化曲线

(c)压缩机功率及再冷凝器入口BOG、LNG流量随时间变化曲线

(d)罐内低压泵及外输高压泵功率随时间变化曲线

图 14-17　储罐超压工况对工艺及设备的影响

由图 14-17(a)~(c)可知，储罐发生"翻滚"时，气化量突然加大，储罐压力陡然上升，储罐超压保护一级、二级系统相应，火炬气及安全阀排放量增大至峰值。随着时间的推移，安全阀关闭，火炬气排放量逐渐降低，直至阀门关闭排放量为零。当储罐发生"翻滚"时，压缩机做出响应，气量加大，功率增加，同时 BOG 再冷凝器入口气、液流量相应增大；随着时间的推移，压缩机负荷降低，BOG 再冷凝器入口气、液流量相应减少。

由图 14-17(d)可知，罐内低压泵、外输高压泵运行参数受"翻滚"影响较小，其功率变化幅度较小。

第四节　智能运营指挥中心

一、概述

根据运营指挥需求，实现"听得、看到、指挥到"的目的，建立统一的音视频融合平台，将公司音频设备、视频设备及火灾报警等报警设备信号通过通信协议等控制软件进行综合性的集成，建立统一控制管理平台。

应急指挥中心音视频融合平台包括综合调度模块、视频服务模块、会商及协作模块和录音录像模块；同时支持广播扩音对讲系统接口、原调度系统接口、语音交换机接口、视频会议系统接口、工业视频接口、安防监控接口、无人机系统接口、地理信息系统(GIS)系统接口、火灾报警系统接口、数字孪生平台和无线对讲系统接口等，可实现与第三方业务平台的联动，实现对各子系统的综合接入、统一操作管理，主要包含以下数字化孪生应用和智能企业运行管理应用。通过发展，未来 LNG 接收站可通过智能运营指挥中心建设统一登录界面，统一应用入口，统一权限分配。完成各个业务系统的单点登录，用户集中认证，用户权限集中管理。

二、生产管理

(一)生产计划管理

计划管理在 LNG 接收站管理单位下发的月度、年度销售计划的基础上对加工量进行排布和计划编制，然后对生产要求进行作业指令的下达，同时根据每天生产实绩情况与日作业计划进行监督对比。

生产计划管理系统可设立年度生产计划、月度生产计划及车间班组计划编制功能，具备计划审核权限的人员可查看待审批的计划，并做出批准或驳回操作。编制完成的生产计划通过指令发布，推送至各计划相关人员，系统支持生产计划信息查询，不同角色可查看权限不同。对于发布后的计划并且计划没有执行结束时，如果需要调整计划，系统可发起计划变更流程，对计划进行调整后重新提报，计划变更可在系统中发起通知。通过获取实际生产数据，将实际生产数据与计划数据、上月数据、去年同期数据进行对比，生成生产计划完成率、环比数据、同比数据，显现实际完成与计划之间的差异，以此跟踪计划的执行情况。

（二）生产调度管理

调度管理主要通过生产调度指令流转及生产调度日常行为管理，对生产过程的关键工艺运行、设备运行、储罐库存、物料分析指标、公用工程产耗平衡进行监控，通过监控、报警等方式提醒调度人员可能存在的风险及问题，并接收计划部门的作业指令，对具体单元负荷、加工方案、公用工程产耗用量、储罐物料移动进行进一步的作业安排。确保全厂各个装置的生产过程平稳可靠，公用工程供给有序、储罐对原料接收及产品提货控制稳定。

根据生产管理的需要，为方便生产管理人员能快速、清晰地了解到现场的情况，把流程图监测分为生产流程监视、工艺参数监视、公用工程监视等不同类型，根据不同的生产管理需求定制不同的流程图画面。生产流程监视页面基本与DCS流程图一致，包括装置、物流、设备号、位号、单位、实时数据和关键点动态曲线等信息的显示，包括分装置、分单元的工艺流程图监视，使企业实现全方位的生产信息集中监视。重点工艺参数监视、公用工程监视可采用数据表格或管网图的形式进行显示，关键设备监测以图形或参数表等方式实现对设备管理人员所关注的关键重点设备的电流、电压、振动、位移以及开关状态等的实时监测。

（三）生产操作管理

操作管理主要面向生产管理和生产作业执行部门层面，主要用户生产技术管理人员、工艺技术员/车间技术员、操作班长、车间内操、车间外操等岗位人员，便于进行生产管理和车间级的班组操作。通过有效操作规范，对生产操作行为进行监控、指导和记录，进而保证车间生产、工作能够安全、稳定、高效运转。

1. 内操管理

设置操作指令管理，主要以车间作业级指令为对象，集成工作流应用，追踪指令的发起、审核、执行反馈和确认流程，实现操作指令闭环管理，并确保班组交接后的信息传递不丢失。操作指令管理提供标准的设备操作、负荷调整、关键参数调整等类型的指令模板，同时也提供通用类型的操作指令。

2. 生产记事

生产记事管理提供车间日常的生产类型日常记事功能，包括生产运行记录、隐患记录、设备故障记录等。例如：车间操作员对生产加工过程中关键工艺卡片进行记录，按照操作制度(工艺规程)记录工艺卡片数据值；车间外操人员在生产巡检或生产操作过程中，对发现的设备异常、现场隐患、装置/管道泄漏等情况进行信息的上报，上级对上报的隐患信息进行及时处理。

接卸船方面，根据船期计划，记录实际接船信息(实际到达时间、实际卸载量、船型、产地等)及计划变更信息。

3. 交接班管理

系统自动获取交接班所需的实时数据，结合手工录入信息，生成交接班日志，便于接班人员更好地理解交班人员操作的内容、问题的解决和遗留问题，实现交接班记录的电子化、无纸化办公。

系统通过PC端与PDA端提供交接班日志的接班、编辑和交班操作功能。

（四）巡检管理

巡检管理包含定位巡检系统及机器人应用。

1. 定位巡检系统

定位巡检系统一般包括蓝牙信标、各类定位终端[如：蓝牙胸牌、全球定位系统(GPS)及蓝牙车载终端、蓝牙安全帽]、蓝牙基站、定位服务器及定位平台。蓝牙基站应分散在施工区布置，基站通过协议与定位终端无线通信，同时通过无线局域网或4G/5G，把数据发送到服务器上。

对于巡更管理，对巡更点、巡更区域、巡更路线、巡更班组进行设置，重点实现如下功能：

① 无感知巡更：无须手动打卡，自动感知；

② 巡更点设置：通过围栏/信标感知方式，预设巡更点。

③ 巡更区域：一个巡更区域内，包含多个巡更点。

④ 巡更路线：一条巡更路线上，涉及多个巡更区域。

⑤ 巡更班组：给巡更人员划分班组。

⑥ 巡更报表统计：自动生成巡更达标率报表(图/表形式)；

⑦ 可以按设定好的权限，仅查看具体某个部门创建的巡更数据及巡更结果；

⑧ App上直接查看定位信息。

2. 机器人应用

在配电间设轨道机器人，在厂区设防爆巡检机器人，在控制室设AI分析服务器。机器人全自主模式包括例行和特巡两种方式。例行方式下，系统根据预先设定的巡检内容、时间、周期、路线等参数信息，自主启动并完成巡视任务；特巡方式由操作人员选定巡视内容并手动启动巡视，机器人可自主完成巡检任务。机器人应配备可见光摄像机、红外热成像仪、气体探测器和声音采集等检测设备，并能将所采集的温度、气体、视频和声音上传至监控后台。同时应具备实时图像远传和双向语音传输功能，可实现就地或远程视频巡视和作业指导。机器人一般具有自主充电功能，能够与机器人充电设备配合完成自主充电，电池电量不足时能够自动返回充电。监控后台应能实时、可靠地接收巡检机器人采集的图像、语音、数据等信息并进行处理。

3. 内操视频联动

对于频繁开启的关键设备及控制阀，周边设置/依托附近摄像头，并与工艺控制联锁，工艺控制动作后自动联锁相关摄像头的预订机位，便于内操人员观察工艺操作情况，减少或降低外操人员工作任务。

(五) 能源管理

通过能源管理平台的建设，建设企业能源管理体系，以能流基础数据为支撑，有效实现能源的精细化管理，提高能源利用率，实现能源信息的可视化展示，为企业节能减排提供科学的决策依据，规范企业能源管理流程，优化资源利用，降低生产成本。

1. 能源数据监控

对能源(天然气、水、电等)相关参数进行实时监视。主要包括各区域、车间和生产线的电力瞬时参数(电流、电压、功率因数等)、非电重要过程参数(温度、压力及流量)及各能源介质消耗情况等，并对能耗超标状态进行报警。

主要能源介质监视图内容、监控物理参数样例见表14-2和表14-3。

表 14-2　主要能源介质表

能源介质	说　明	能源介质	说　明
电力	生产设备、照明、生活用电等	天然气损失	火炬放散、"跑冒滴漏"等
燃料气	火炬长明灯、SCV、生活用气等	水	淡水、海水、生活用水等
柴油	运输、应急发电机等	氮气	设备吹扫、管道吹扫等

表 14-3　主要监控物理参数表

能源介质	物理信号	能源介质	物理信号
电力	电流、电压、电量、有功功率、无功功率等	气体	温度、压力、流量等
		液体	温度、压力、流量、液位等

2. 能耗工艺操作优化

根据工艺动态模拟模型及历史运行数据，在气化外输方面，可根据下游用气量需求和管网压力，合理分配高压泵和气化器开启功率和台数，实现满足外输流量和压力下的精准控制，降低能耗，根据下游用气量，分析 ORV 或 IFV 与 SCV 能耗对比，实现气化系统优化。

（六）安全管理

1. 安全预警

如果 LNG 发生了泄漏，利用分布式光纤测温技术实时测量管道温度，既可以快速连续地监测泄漏的状况，也能定位出泄漏点。

测温光缆可敷设在储罐的碳钢衬板上，当环形空间内的珍珠岩将发生下降时，内罐中的 LNG 冷量将快速传递至碳钢衬板，通过测温光缆将外罐衬里板上的温度测量信号传输到控制室内的测温主机上，解调出准确的温度数据，进而分析储罐珍珠岩的沉降后的内衬板温度及沉降发生的位置情况。

气体从密闭空间泄漏时会发生膨胀，分子间碰撞急剧减少，内能下降，温度降低。此时泄漏出来的气体温度如果低于环境温度，就可以用红外热成像技术模拟出相对低温的气体图像，从而检测到泄漏的气体。利用红外热成像摄像机对阀门和管道进行泄漏监控，结合环境温度对比，对异常温度变化进行数据分析，提前进行泄漏预测。

2. 应急管理

（1）事故模拟　为指导安全应急操作管理，可采用事故模拟软件，针对接收站内气体泄漏、扩散、火灾、爆炸等事故后果影响范围进行模拟。

（2）应急指挥平台　为增强企业本质安全水平，建设"工业互联网+安全生产"新型基础设施，LNG 接收站建议设置应急指挥平台。平台利用现有的应急指挥场所、通信网络设施及信息化成果，增强工业安全生产的感知、监测、预警、处置和评估能力，从而加速安全生产从静态分析向动态感知、事后应急向事前预防、单点防控向全局联防的转变。

平台实现各类应急资源基础信息统一管理，各类严重异常信息集中监测报警，快速接警以及及时判断现场情况；建立有效的通信手段实现进展及时跟踪回馈、快速组织应急会商达到联合救援目的；实现企业、现场、外部专家之间跨地域、跨设备之间的实时通讯、现场视频回传、应急指挥指令下达等功能。应急指挥平台为数字孪生平台应用子功能，具有以下功能：

① 关键装置要害(重点)部位监控管理;

② 重大危险源监控管理;

③ 厂内人员及车辆监控管理;

④ 火灾报警监控管理;

⑤ 可燃气体及有毒气体泄漏报警监控管理;

⑥ 消防设施运行状态的监控管理;

⑦ 各类视频运行状态的监控管理;

⑧ 天气状态的监视与报警;

⑨ 应急会商;

⑩ 事故预案与综合决策功能;

⑪ 事件消息发布;

⑫ 移动端 App。

(七)安防管理

随着信息技术的发展及国内外安全形势的变化,厂站安防系统的设计要求已从开始的单纯界区隔离、安全确认逐步向与消防安全管理及其他各类与安全有关的系统相融合的方向发展,以期形成具有快速感知、实时监测、超前预警、智能决策、敏捷响应、全局协同、动态优化、系统评估等网络能力的新型大安防体系。安防系统的设计是人防、物防、技防三者的有机结合。

安防系统应集成电视监视系统、出入口控制系统、入侵报警系统、定位巡检系统等信息,实现信息智能化利用。安防管理平台包括数据采集单元、数据库单元、实时数据存储单元、数据分析单元、输出显示单元、系统运行维护单元、人机界面单元等。安防管理平台功能为数字孪生平台应用子功能。

第五节　库存管理与控制

一、概述

LNG 接收站工程是一项系统工程,其配套工程通常包括码头工程和输气管道工程。运输船抵港后由船带泵将 LNG 输送至 LNG 储罐储存,罐内 LNG 经加压后装车、装船及气化后外输。根据贸易合同要求及港口管理规定,LNG 船必须在规定时间内完成卸船并离港,否则将支付一定的滞港违约金。因此,LNG 接收站在来船前和卸船过程中需密切关注储罐的储存液位,计算其剩余储存空间,保证在规定时间内完成 LNG 的卸船作业。尤其在下游市场需求量大、LNG 来船频繁的冬季,当接收站的 LNG 储罐数较少时,匹配好储罐的可接卸量与计划卸船量之间的关系就显得极其重要[3]。这就需要从 LNG 供应链的角度出发,对 LNG 的生产、运输、储存和销售进行研究。

我国作为一个 LNG 进口大国,LNG 供应链的研究主要包括 LNG 的购买、运输、储存和外输环节,各环节相互制约相互影响[4]。LNG 接收站的库存量同时受上游船运和下游市场需求的影响,上游船运决定了 LNG 的供给量,下游市场需求决定了 LNG 的输出量,只有供给量大于需求量时才会产生库存[5]。因此，有必要将上游船运、中游储罐及下游市场看作一个系统来研究 LNG 接收站库存量随时间的变化情况，在此基础上对库存进行管理与控制。

对 LNG 接收站库存量的控制是极其重要的，控制不当或控制不准确将会导致接收站出现缺货或超货现象。LNG 接收站缺货是指由于 LNG 的供应延迟或下游需求增大造成接收站出现供不应求的现象。接收站超货是指由于 LNG 的供应提前或下游需求变小造成的接收站出现供大于求的现象。缺货和超货都会严重影响接收站的正常工作，缺货时接收站不能向下游市场供气，这将严重影响下游用户的正常生活；超货时 LNG 储罐的剩余储存空间不能容纳 LNG 船的卸船量，这将导致 LNG 船滞港，需要支付滞港违约金的同时还会影响下一艘 LNG 船的卸船，出现 LNG 船排队等待的现象。

因此，只有正确地预测 LNG 接收站下游市场的需求量、对 LNG 船的运输计划进行合理的安排，才能达到对 LNG 接收站的库存量进行管理与控制的目的，从而保证 LNG 接收站的供给和外输环节的完美衔接。

二、库存管理与控制基础理论

库存是指企业在生产和经营的过程中为满足现在和将来的需求而储存的有价值资源，包括原材料、燃料、成品、半成品和制品等[6]。

库存管理是企业在生产和运营过程中为供应与需求的不平衡建立的缓冲区，是企业能正常运营的最关键步骤。合理的库存既可以满足不确定的下游市场需求，也可以缓解运营过程中不可预测的问题。库存量过大会占用大量流动资金，使企业资金的周转受到限制，降低企业的市场运作能力；库存量过小会造成缺货，使企业不能正常运营。因此，库存管理与控制的目的在于使企业时刻维持适量的库存量，合理利用企业的流动资金，在保证企业正常服务的基础上使其总成本最低[7-10]。其目的可总结为：将客户所需的产品在规定的时间内按规定的数量送到规定的地点，使总成本最低。要解决的主要问题包括最优订货点、最优订货量及最优订货提前期的确定[11]。

库存管理与控制的基本模型包括单周期库存控制模型、确定性均匀需求库存控制模型和确定性非均匀需求库存控制模型[12]。

三、库存管理特点

（一）液化天然气贸易合同分类

LNG 买卖双方在洽谈 LNG 贸易合同时，买方希望 LNG 的年贸易量有较大弹性，可根据接收站的需求变化进行调整，从而避免不必要的损失；而卖方则希望 LNG 年贸易量的弹性越小越好，以利于天然气液化工厂更稳定更有计划地生产 LNG。由于 LNG 资源有限，世界上只有一部分国家有丰富的天然气资源，这部分国家在满足国内的天然气需求后才能建立 LNG 工厂对天然气进行液化并销售到其他国家。还有部分像韩国和日本这样的国家完全没有天然气资源，只能依靠进口天然气或 LNG 来满足国内需求。该局势就决定了在 LNG 的贸易中，卖方占主导地位。因此，在 LNG 的国际贸易中，年贸易量弹性非常小，贸易变化量一般不超过年订货量的 5%[13]。

LNG 的贸易合同主要分为长期合同、中短期合同和现货合同。长期合同期限一般为 20~25 年，这类合同一方面可保障卖方的天然气液化工厂的稳定生产，另一方面还能保证买方的气源稳定性。只有在 LNG 买卖双方建立稳定的长期贸易合同，才能为天然气液化工厂的大规模生产提供资金支持。长期合同要求应在订货提前期(1~3 个月)之前提交下一年的年度订货计划。中短期合同贸易期限有 1~5 年等，中短期和现货贸易合同有利于利用 LNG 解决调峰问题，这类合同可满足 LNG 的波动和不确定性要求。现货贸易合同要求至少提前 1 个月提交现货贸易订货计划。所有合同都严格遵循"照付不议"(Take or Pay)的购销模式。

"照付不议"是大额量 LNG 能源供应的国际惯例和规则，要求买方必须按照合同规定的数量，在规定的时间内购买卖方的 LNG，买方不得随意终止或变更合同，否则将承担相应的违约责任[14]。按照"照付不议"合同，只要卖方执行了"照供不误"，买方就要按合同的不低于"照付不议"的量接收 LNG，少接收的 LNG 量也要按合约付费，以降低卖方大规模生产 LNG 的市场风险。"照付不议"合同的本质是将 LNG 的生产、运输、销售和用户捆绑在一起，共同承担 LNG 供应链中的风险[15]。

综上所述，"照付不议"的购销模式决定了 LNG 买卖双方在购销合同中一旦确定了 LNG 的订货计划，就不能做较大变动，卖方以固定的船型，按计划靠、离港口泊位[16]。而基于静动不确定策略和滚动计划的库存控制模型都要求先确定整个时间段内每期的订货点，每期订货量可按下一期的需求进行调整。但 LNG 接收站作为 LNG 购买方，为保障接收站气源的稳定性，签订长期贸易合同，该合同所采用的"照付不议"购销模式确定了 LNG 接收站必须提前制定下一年的订货计划，整个时间段内的订货点和订货量都不能任意调整。因此，在建立 LNG 接收站的库存控制模型需在计划时间段前就确定整个计划时间段内的订货点和订货量，不能任意改变。

因此，采用基于静动不确定策略的库存控制模型建立 LNG 接收站的库存控制模型，以供应链的期望总成本最低为目标，制定年度最优订货计划。由于该计划中的订货点和订货量不能任意改变，导致订货量不能根据需求进行调整，影响了年度订货计划的最优性，严重时会导致接收站出现缺货或超货。针对该问题，在年度最优订货计划的基础上，采用基于滚动计划的库存控制模型再建立一个基于滚动计划的 LNG 接收站的库存控制模型，以需求实现后的实际库存量更新预测值，提前判断发生缺货和超货的时间点，制定相应的增加 LNG 现货贸易和增加 LNG 外输量的滚动计划。

(二) 液化天然气贸易方式分类

LNG 的贸易方式主要有离岸价(Free on Board，FOB)和目的港船上交货(Delivered ex Ship，DES)两种方式[17]。

FOB 贸易方式：双方按 LNG 的离岸价进行交易，买方负责派遣 LNG 船接运 LNG，卖方则在合同规定的地点和规定的时间内将 LNG 装上买方派来的 LNG 船。一旦 LNG 在装运港被装上 LNG 船，风险就改由买方负责。采用 FOB 的贸易方式时，卖方不但要承担 LNG 在越过船舷之前的一切风险和费用，还要负责领取出口许可证等证件，办理相关出口手续[18]。

DES 贸易方式：双方按 LNG 的到岸价进行交易，卖方负责将货物运送到买方规定的地点，承担 LNG 到达目的地前的所有费用及风险。卖方必须在规定的地点和规定的时间内，将 LNG 于船上交给买方。采用 DES 的贸易方式时，买方负责取得进口许可证等证件，负责办理相关手续[19]。

由 FOB 和 DES 两种贸易方式的定义可知，在 FOB 条件下，买方在资源地的装船港进行装货，按 LNG 的离岸价和装货量购买，所以接收站的订货量为 LNG 运输船的装货量。而在

DES 条件下，买方在接收站码头接货，按 LNG 的到岸价和卸船量购买，所以，接收站的订货量为 LNG 运输船的卸船量。

FOB 和 DES 贸易方式的特点见表 14-4。

表 14-4　FOB 和 DES 贸易方式的特点

条　　款	FOB	DES
交货地点	装船港	卸船港
派船	买方	卖方
风险转移点	装船港	卸船港
所有权转移点	装船港	卸船港
海上运费支付	买方	卖方

由表 14-4 可知，LNG 的贸易方式主要以买卖双方哪方负责 LNG 的运输进行分类，目前国际上普遍采用卖方负责运输的方式，但是很多 LNG 进口国希望能主动掌握 LNG 的运输，因此，买方负责运输是今后 LNG 运输方式的一种发展趋势。所以，有必要对买方负责运输的情况也进行研究。其中，买方负责运输又分为买方租船运输和买方造船运输两种情况。LNG 的运输方式不同，运输费用也不同，见表 14-5。

表 14-5　LNG 运输方式比较

运 输 方 式	LNG 订货成本	单次订货量	LNG 运输成本
卖方负责	LNG 到岸价格	LNG 船卸船量	无
买方租船	LNG 离岸价格	LNG 船装货量	LNG 船租金
买方造船	LNG 离岸价格	LNG 船装货量	LNG 船燃料成本、保养成本

综上所述，LNG 的运输费用随运输方式的不同而不同，这就直接影响了 LNG 接收站库存管理与控制的目标函数：LNG 供应链的期望总成本。当卖方负责 LNG 的运输时，LNG 供应链的期望总成本只包括 LNG 的订货成本、库存成本和卸船成本；当买方采用租船的方式进行运输时，LNG 供应链的期望总成还包括运输成本，该运输成本为 LNG 船的租金；当买方采用造船的方式进行运输时，LNG 供应链的期望总成本还包括 LNG 船的燃料成本和保养成本。因此，需要应针对 LNG 的三种运输方式分别建立各自的库存控制模型。

（三）液化天然气运输船

LNG 运输船是天然气贸易中的关键设备，特别是在不能利用管道输送的地区，普遍采用以 LNG 的形式通过船舶运输[20]。世界上第一艘 LNG 船"甲烷先锋"号建造于 1959 年，自此 LNG 船队迅速发展[21]。虽然 LNG 运输船由于船舶建造技术的成熟正在向大型化方向发展，以达到增加运量来降低运输成本的目的，但目前投入运营的 LNG 运输船的船容多为 $(13.8 \sim 26.6) \times 10^4 \mathrm{m}^3$。

LNG 运输船的巨额成本决定了其运输成本也很昂贵，LNG 船应最大限度地装满才是最经济的。这就意味着 LNG 接收站的单次订货量受 LNG 船船型的限制，是离散的数值。而物流系统中的商品订货量可以为任意一数值，模型解出的最优订货量可直接作为订货量。但是，LNG 接收站的订货量就受 LNG 船船型的约束，这就为接收站的库存控制模型增加了一个约束条件。

（四）泊位利用率

LNG 船到达接收站进行卸船之前要进行船岸对接，LNG 船因受风浪、大雾等因素的影响，可能会存在滞港情况。因此接收站泊位利用率不高，通常约为 50%[22]。

LNG 接收站年总订船次数越多，泊位利用率就越大，但泊位利用率限制了年总订船次数。因此，相对于一般的物流库存控制问题，LNG 接收站库存控制模型增加了 1 个泊位利用率的约束以限制年总订船次数。

四、库存控制模型

LNG 的储备库存是接收站在运营过程中为现在和将来的 LNG 销售而储备的 LNG 资源。LNG 库存量因下游市场的连续需求和上游资源地的间断供给处于随时变动的状态，为了使库存量保持在合理的库存水平，需要对 LNG 接收站的库存进行科学的管理与控制。当库存量过少时，接收站不能满足下游市场的需求，甚至可能出现缺货；当库存量过多时，不仅要占用大量流动资金，增加 LNG 接收站的库存维持成本，而且可能会出现超货。因此，需要对 LNG 接收站的库存进行管理与控制，保证接收站安全、稳定地对下游市场进行供气的基础上，以 LNG 供应链的期望总成本最低为目标，建立基于静动不确定策略的 LNG 接收站库存控制模型。在计划时间段之前确定接收站在计划时间段内每一期的订货点和订货量，从而制定 LNG 接收站的年度最优订货计划。

LNG 接收站库存控制的目的是为了保证接收站运作的连续性，在此基础上保障接收站有能力满足下游市场不确定性的需求[23]。这就要求 LNG 接收站随时了解 LNG 供应链中的所有不确定性因素，运用掌握的信息确定最优的库存控制策略，所以，库存控制策略的制定是一个动态过程，该动态过程能反映出 LNG 供应链的不确定性动态变化的特点。如 LNG 接收站下游市场的需求可能因季节变化突然增加，上游 LNG 船运可能因天气变化延迟交货，这些因素都直接影响了接收站的库存量，严重时还会导致接收站发生缺货或超货。对于物流系统中的一般库存问题，可以通过及时调整下一期的订货量来避免缺货或超货的发生。但是，由于 LNG 贸易中的"照付不议"购销模式的特殊性，即使在 LNG 接收站的实际运营中发现应对原订货计划进行调整，也不能直接更改下一期的订货点或订货量，这就直接影响了基于静动不确定策略的 LNG 接收站库存控制模型所确定的原订货计划的最优性。针对这个缺点，当接收站实现下游市场的部分需求后，在原最优订货计划的基础上，以基于滚动计划的非均匀需求库存控制模型为理论依据，建立基于滚动计划的 LNG 接收站库存控制模型，以需求实现后的实际库存量更新原预测值，判断接收站在需求未实现的时间段内是否会发生缺货或超货，预测其发生的时间点，计算具体的缺货量和超货量，从而制定相应的增加 LNG 现货贸易和增加 LNG 外输量的滚动计划，保证原订货计划的最优性。

在建立 LNG 接收站的库存控制模型之前，应先确定适用于 LNG 接收站的库存控制策略。因此，首先对物流系统中的库存控制策略进行筛选，在此基础上制定 LNG 接收站的库存控制策略；然后建立基于静动不确定策略的 LNG 接收站库存控制模型，制定接收站的年度最优订货计划；最后在最优订货计划的基础上建立基于滚动计划的 LNG 接收站库存控制模型，制定接收站的滚动计划。

（一）相邻两船最短卸船间隔时间

LNG 接收站的泊位数决定了接收站能同时接卸的 LNG 船数量。当泊位数为 1 时，接收站每次只能接卸一艘 LNG 船，当 LNG 船在接收站的总停留时间大于 1d 时，该接收站需要隔 1d 才能进行下一艘 LNG 船的卸船。当总停留时间超过 td 时，该接收站就需要隔 td 才能进行下一艘 LNG 船的卸船。因此，相对于一般的物流库存问题，LNG 接收站的订货时间间隔也有限制。

综上所述，相对于一般的物流库存问题，LNG 接收站的库存管理主要有以下几个特点：基于"照付不议"购销模式的 LNG 订货计划中的订货点和订货量不能任意更改；单次订货量受 LNG 船的船型限制；年总订货次数受接收站泊位利用率的限制；相邻两船的最短卸船间隔时间受接收站泊位数和泊位利用率的限制。

虽然基于静动不确定策略的库存控制模型库存管理绩效好，但是，该策略是在计划时间段开始之前只确定出计划时间段内所有期的订货点，而订货量可以根据需求实现进行调整。但是 LNG 贸易中的"照付不议"条款要求接收站的订货点和订货量都不能调整。一旦订货量不能调整，原订货计划就可能不再是最优的计划，针对该问题，建议在年度订货计划的基础上，建立一个基于滚动计划的 LNG 接收站库存控制模型。利用滚动计划以实际库存量更新原预测值来保证原年度订货计划的最优性。

（二）制定库存控制策略

以 365d 为一个计划时间段制定 LNG 接收站的年度订货计划，以 1d 为一个周期对接收站的库存进行周期性检查。接收站下游市场每天的需求为 f_t，是随机变量[24]。需求分布随时间变化，并且每天的需求独立。LNG 接收站在第 t d 末的库存为 I_t，第 t d 的安全库存水平为 SS_t。定义第 1d 开始前 LNG 接收站的初始库存为 I_0，初始安全库存水平为 SS_0，初始订货次数 $n=0$。首先，比较初始库存 I_0 与初始安全库存水平 SS_0，如果 $I_0>SS_0$，则第 1d 不需要实现 LNG 的到货，第 1d 末的库存 $I_1=I_0-f_1$；否则第 1d 要实现到货，接收站在第 1d 之前订货，订货量为 Q，该订货量入库后库存量增加 Q，第 1d 末的库存 $I_1=I_0-f_1+Q$。定义 $z_t(z_t=0,1)$ 为 LNG 的到货时间点，第 t 天到货则 $z_t=1$，否则 $z_t=0$；定义集合 $\Gamma=\{t\mid z_t=1\}$ 是一年中 $z_t=1$ 的时间点的集合，表示 LNG 接收站在该集合时间点要实现 LNG 的到货；定义集合 $\Psi=\{t\mid z_t=0\}$ 是一年中 $z_t=0$ 的时间点的集合，表示 LNG 接收站在该集合时间点不实现 LNG 的到货。那么第 1d 末的库存 I_1 可表示为 $I_1=I_0+z_1Q-f_1$。每天末对 LNG 接收站的库存进行检查，若 $I_t>SS_t$，则第 $t+1$d 不实现到货，否则要实现到货，第 $t+1$d 末的库存 $I_{t+1}=I_t+z_{t+1}Q-f_{t+1}$。

LNG 接收站的订货提前期 L_T 为 LNG 运输船自 LNG 资源地出发抵达 LNG 接收站码头并完成 LNG 的卸船操作所需要的时间，包括 LNG 船的航行时间、LNG 船靠岸停泊时间以及 LNG 的卸船时间。若检测到 LNG 接收站在第 $t-1$ d 的库存量 I_{t-1} 小于安全库存水平 SS_{t-1} 时，LNG 接收站需要在第 t d 实现 LNG 的到货，LNG 资源地应在第 $t-L_T$d 进行发货，其中 $t\in\Gamma$。LNG 运输船在第 $t-L_T$ d 从资源地码头出发，经过一个固定的订货提前期 L_T 后到达接收站码头完成 LNG 的卸船作业，此时新的一批 LNG 便能在第 t d 进入 LNG 储罐，对库存进行补充。LNG 接收站库存控制策略框图如图 14-18 所示，具体步骤如下所示：

步骤 1：定义 $n=0$；

步骤 2：若 $I_0>SS_0$，则 $I_1=I_0-f_1$，$n=0$，$z_1=0$，$1\in\Psi$；否则 $I_1=I_0-f_1+Q$，$n=1$，$z_t=1$，$t\in\Gamma$，转到步骤 3；

步骤3：若$1 \leqslant t \leqslant 364$，计算$I_t$；

步骤4：若$I_t > SS_t$，则转到步骤5，否则转到步骤6；

步骤5：$I_{t+1} = I_t - f_{t+1}$，$n=n$，$z_{t+1}=0$，$t+1 \in \Psi$，$t=t+1$，若$t<365$，转到步骤3，否则转到步骤7；

步骤6：$I_{t+1} = I_t - f_{t+1} + Q$，$n=n+1$，$z_{t+1}=1$，$t+1 \in \Gamma$，$t=t+1$，若$t<365$，转到步骤3，否则转到步骤7；

步骤7：结束。

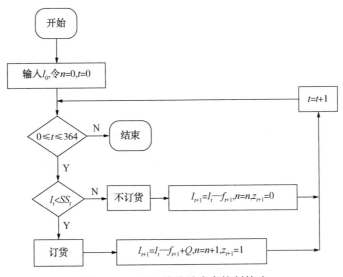

图14-18　LNG接收站库存控制策略

由于LNG是低温液体的特殊性，LNG通过运输船运送到LNG接收站码头时不能立刻进入LNG储罐，而需要对LNG船进行靠岸停泊、抛锚系锚等一系列操作，由卸料臂将LNG接卸至LNG储罐，这一连贯的操作通常需要$(1\sim2)$d甚至更多的时间。这就意味着LNG船到达接收站码头后需要停泊一段时间才能离港，如果接收站的码头个数只有1个，并且这期间又安排了另一艘LNG船来送货，则这艘LNG船就需要等上一艘LNG船离港后才能进行卸船作业。这将造成LNG船排队等待的现象，引起不必要的滞港违约金。所以，到达LNG接收站码头的相邻两艘LNG船有一个最短卸船间隔时间限制，该最短卸船间隔时间T_j取决于LNG船的夜间泊位限制时间、在LNG接收站码头的靠岸停泊时间、卸船时间以及LNG接收站码头的泊位数。

到达LNG接收站码头的相邻两船的卸船间隔时间受最短间隔时间T_j的限制后，LNG接收站便不可能每天都能实现LNG的到货。若预测到LNG接收站在第td需要实现到货，且第$t+T_j$d内也需要到货时，便会出现上述LNG船排队等候的现象。因此这种情况只能将原本在$t+T_j$d内的到货延迟，但是LNG的到货也不能一味地延迟，当延迟天数过长时很可能会造成LNG接收站缺货。如果在最短卸船间隔时间T_j的限制后，LNG接收站会出现缺货，则说明原订货计划确定的单次订货量Q太小，应增加订货量，延长LNG船的卸船间隔时间以满足最短卸船间隔时间的约束。因为单次订货量Q越大，LNG运输船的来船的频率就越小，相邻两船的来船间隔时间就越长，越容易满足最短卸船间隔时间的限制。因此，考虑了LNG

接收站的最短卸船间隔时间后，其库存控制策略应做以下调整：若 LNG 接收站在第 t 天要实现到货，则 $z_t=1$，那么无论 LNG 接收站第 $t+T_j$d 内应不应该实现 LNG 的到货都不能到货，z_{t+1} 到 z_{t+T_j} 都必须为 0，即 $\sum\limits_{i=t+1}^{t+T_j} z_i=0$。考虑了最短卸船间隔时间后的 LNG 接收站库存控制策略框图如图 4-18 所示，具体步骤如下所示：

步骤 1：定义 $n=0$；

步骤 2：若 $I_0>SS_0$，则 $I_1=I_0-f_1$，$n=0$，$z_1=0$，$1\in\Psi$，否则 $I_1=I_0-f_1+Q$，$n=1$，$z_t=1$，$t\in\Gamma$，转到步骤 3；

步骤 3：若 $1\leq t\leq364$，计算 I_t；

步骤 4：若 $I_t>SS_t$，则转到步骤 5，否则转到步骤 6；

步骤 5：$I_{t+1}=I_t-f_{t+1}$，$n=n$，$z_{t+1}=0$，$t+1\in\Psi$，$t=t+1$，若 $t<365$，转到步骤 3，否则转到步骤 8；

步骤 6：若 $\sum\limits_{i=t+1}^{t+T_j} z_i=0$，则转到步骤 7，否则转到步骤 5；

步骤 7：$I_{t+1}=I_t-f_{t+1}+Q$，$n=n+1$，$z_{t+1}=1$，$t+1\in\Gamma$，$t=t+1$，若 $t<365$，转到步骤 3，否则转到步骤 8；

步骤 8：结束。

（三）建立库存控制模型

由于 LNG 船的运输成本分卖方负责运输、买方租船运输和买方造船运输三种情况讨论，运输方式不同，LNG 供应链的期望总成本不同，因此，需要针对这三种情况建立不同的 LNG 接收站库存控制模型。

卖方负责 LNG 的运输时，LNG 接收站船的订货量 Q 为 LNG 船的抵港卸船量 V_{sx}，首先，将各成本表达式中的 V_{sx} 替换为 Q，再将卖方负责运输的 LNG 年订货成本、年库存成本及年卸船成本代入 LNG 供应链的期望总成本，得目标函数：

$$S=k_t+\sum_{t=1}^{365}\frac{z_t R\rho_{LNG}S_{dLNG}Q}{\mu}+\sum_{t=1}^{365}(h_t E[I_t^+])+\sum_{t=1}^{365}[z_t Q(n_t+n_g+n_h)]$$
$$+\sum_{t=1}^{365}\left\{\frac{z_t Q n_d}{24}\left[T_2+t_1+t_2-\frac{1}{v_x}\int_0^{t_1}\left(\frac{v_x-v_1}{t_1}t+v_1\right)dt-\frac{1}{v_x}\int_0^{t_2}\frac{v_x}{t_2}t dt\right]\right\} \quad (14-21)$$

令：

$$A=\frac{R\rho_{LNG}S_{dLNG}}{\mu}+n_t+n_g+n_h+\frac{n_d(T_2+t_1+t_2)}{24}-\frac{n_d}{24v_x}\int_0^{t_1}\left(\frac{v_x-v_1}{t_1}t+v_1\right)dt-\frac{n_d}{24v_x}\int_0^{t_2}\frac{v_x}{t_2}t dt$$

式中　S——LNG 供应链的年期望总成本，10^4 \$/a；

k_t——LNG 的固定订货成本，10^4 \$/次；

z_t——LNG 接收站在第 t 天的到货时间点，$z_t=0$，1；

c_t——LNG 的单价，\$/m^3；

Q——LNG 的单次订货量，10^4m^3；

R——LNG 的热值，MJ/kg；

ρ_{LNG}——LNG 的密度，kg/m^3；

S_{dLNG}——LNG 的单价，\$/MMBTU；

μ——1055.06，MJ 与 MMBTU 之间的单位换算系数，1MMBTU = 1055.06MJ；

h_t——LNG 每天的单位库存持有成本，$\$/(\text{m}^3 \cdot \text{d})$；

$E[I_t^+]$——LNG 接收站每天末大于 0 的库存，10^4m^3；

n_t——LNG 船停泊费系数；

n_g——LNG 船保安费系数；

n_h——LNG 船港务费系数；

n_d——码头每天的使用费系数；

T_2——LNG 船在接收站码头的停泊时间，h；

t_1——LNG 运输船的初始低流量卸船时间，h；

t_2——LNG 运输船的末尾低流量卸船时间，h；

v_x——LNG 运输船的卸载速度，$10^4 \text{m}^3/\text{h}$。

将目标函数中与 Q^2 有关的项合并为一项，与 Q 有关的项合并为一项，与 Q 无关的项合并为一项，则目标函数可表示为：

$$S = k_t + \sum_{t=1}^{365} \left[z_t \left(\frac{n_d}{24v_x} Q^2 + AQ \right) + h_t E[I_t^+] \right] \tag{14-22}$$

确定变量 Q 和 $z_t (t = 1, 2, \cdots, 365)$ 的模型可以表示为：

$$\min k_t + \sum_{t=1}^{365} \left[z_t \left(\frac{n_d}{24v_x} Q^2 + AQ \right) + h_t E[I_t^+] \right]$$

$$\text{s. t. } I_t \leqslant n_c V_{\text{gh}}, \quad t = 1, 2, \cdots, 365$$

$$I_t \geqslant n_c V_{\text{gl}}, \quad t = 1, 2, \cdots, 365$$

$$Q = \left(k_z - k_c - \frac{k_z (k_{\text{b1}} + k_{\text{b2}}) L}{24v_h} \right) V_s$$

$$\frac{\sum_{t=1}^{365} [z_t (T_x + T_2)]}{365 n_p} \leqslant \gamma_p \tag{14-23}$$

$$T_j = \left\lceil \frac{T_y + T_2 + 24 T_x}{24 n_p} \right\rceil - 1$$

$$z_t \in \{0, 1\}, \quad t = 1, 2, \cdots, 365$$

$$E[I_t^+] = E[\max\{I_t, 0\}], \quad t = 1, 2, \cdots, 365$$

式中　L——资源地与接收站的距离，n mile，1n mile = 1852m；

n_p——LNG 接收站泊位数；

γ_p——LNG 接收站泊位利用率；

k_z——LNG 运输船的装载率；

k_c——LNG 运输船的残留率；

k_{b1}——LNG 运输船航行时每天的自然蒸发率；

k_{b2}——LNG 运输船航行时每天的强制蒸发率。

五、基于滚动计划的库存控制模型

LNG 接收站的合同严格遵守"照付不议"的购销模式，这就要求接收站的年度订货计划一旦确定后，订货点和订货量不能更改。然而，LNG 接收站在实际运营时，会因各种因素导致库存量预测的不准确，这些因素包括 LNG 接收站市场的需求可能发生突变、LNG 船受天气影响延迟交货等。一旦出现这种情况，就很有可能导致 LNG 接收站在实现部分需求后原订货点和订货量不再是目标函数的最优解，例如可能出现 LNG 接收站的库存水平在很高的情况下也要订货，或者 LNG 接收站的库存水平在很低的情况下还不订货，直接造成接收站发生缺货或超货。

因此基于静动不确定策略的 LNG 接收站库存控制模型只适用于确定需求实现之前的年度最优订货计划。当 LNG 接收站开始这一年的实际运营，实现下游市场的需求后，就需要以接收站的实际库存量更新以前的库存量预测值。在此基础上，对需求未实现部分的库存量进行重新预测，判断 LNG 接收站是否会发生缺货或超货，计算其缺货量和超货量，从而在原年度最优订货计划的基础上制定滚动计划，确保 LNG 接收站不出现缺货和超货。

从 LNG 接收站第 1d 运营开始，每天末对接收站的 LNG 库存量进行测量，定义第 td 测量的实际库存量为 R_t。用 R_t 来更新原预测的第 td 的库存量 I_t，数据更新之后，按原订货计划在该实际库存量 R_t 的基础上重新预测 t 天之后的剩余时间段里的库存量。若原年度最优订货计划里的 $t+1 \in \Psi$，则表示第 $t+1d$ 不实现 LNG 的到货，那么第 $t+1d$ 的库存量预测值 L_{t+1} 为 $R_t - f_{t+1}$；否则 $t+1 \in \Gamma$，第 $t+1d$ 要实现 LNG 的到货，第 $t+1d$ 的库存量预测值 L_{t+1} 为 $R_t - f_{t+1} + Q$。对时间段 $(t+1, 365)$ 的库存量进行重新预测，定义 $t+1 \leq i \leq 365$，则第 id 末的新库存量预测值为 L_i，表示为：

$$L_i = R_t - \sum_{j=t+1}^{i} f_j + \sum_{j=t+1}^{i} z_i Q \quad (1 \leq t < 365, \ t+1 \leq i < 365) \tag{14-24}$$

式中　L_i——LNG 接收站第 id 末的库存量新预测值，$10^4 m^3$；

R_t——LNG 接收站第 td 末的实际库存量，$10^4 m^3$。

若原年度最优订货计划里的 $i \in \Psi$，则表示第 id 不实现 LNG 的到货，比较第 id 末的库存量 L_i 和最小库存水平 $n_c V_{gl}$，若 $L_i < n_c V_{gl}$，则 LNG 接收站在第 id 会缺货，应在第 id 之前增加 LNG 现货贸易防止缺货的发生。

若原年度最优订货计划里的 $i \in \Gamma$，则表示第 i 天要实现 LNG 的到货，比较第 id 末的库存量 L_i 和最大库存水平 $n_c V_{gh}$，若 $L_i > n_c V_{gh}$，则 LNG 接收站在第 id 会超货，应在第 id 之前增加 LNG 的外输量防止超货的发生。

图 14-19 详细分析了在 $(t+1, 365)$ 时间段内 LNG 接收站是否会发生缺货和超货的判断步骤。定义集合 Ω 是一年中缺货的时间点的集体，则 $\Omega = \{i | L_i < n_c V_{gl}\}$；定义集合 Λ 是一年中超货的时间点的集合，则 $\Lambda = \{i | L_i > n_c V_{gh}\}$。

（一）建立基于滚动计划的库存控制模型

LNG 接收站在第 t 天的需求实现后，可以直接测得接收站的库存量 R_t，该库存量为接收站的实际库存量，在原年度最优订货计划的基础上以该实际库存量重新预测 $(t+1, 365)$ 时

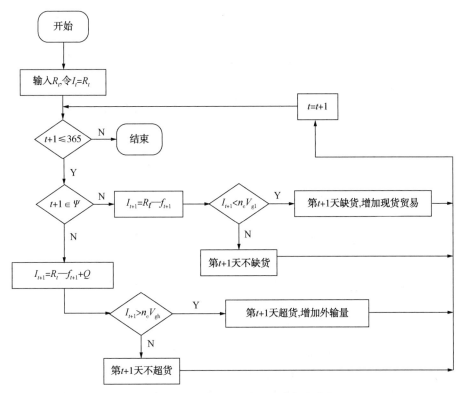

图 14-19　LNG 接收站超货、缺货的判断框图

间段内的库存量，以该新库存量预测值来判断 LNG 接收站是否会发生缺货或超货。对于超货的情况，增加 LNG 现货贸易来弥补缺货量。但是 LNG 的现货贸易合同规定必须提前 1 个月提交 LNG 现货贸易订货计划。因此，当第 td 的需求实现后，应首先以该实际库存量 R_t 重新预测 $(t+30, t+60)$ 时间段内的库存量。当预测到第 $i(t+30 \leqslant i \leqslant t+60)$ 天会发生缺货时，就在第 td 发出 LNG 现货贸易的订货。定义 LNG 现货贸易的订货提前期为 L_T，那么现货贸易资源地会在第 $i-L_T$d 发货，LNG 接收站则刚好在第 id 实现 LNG 现货贸易的到货。依次类推，利用每天的实际库存量来重新预测下一个月的库存量，以提前一个月制定现货贸易的订货计划。特别地，在上一年与下一年的衔接处以上一年 12 月份的实际库存量来预测下一年 1 月份的库存量，提前判断每年的 1 月份是否会发生缺货或超货，计算缺货量和超货量，从而制定相应的增加 LNG 现货贸易和增加 LNG 接收站外输量的滚动计划。以提前确定每年 1 月份的现货贸易的到货点和订货量。定义 y_t 为 LNG 接收站增加的现货贸易的到货时间点，在第 t 天要实现 LNG 现货贸易的到货，则 $y_t=1$，增加的现货贸易量为 Q_t，否则 $y_t=0$。现货贸易的库存关系示意图如图 14-20 所示。

　　LNG 接收站的滚动计划是在 LNG 接收站开始运营后，在原来的年度最优订货计划的基础上制定的补救计划。滚动计划的目的在于保证 LNG 接收站不发生缺货和超货。所以，基于滚动计划的 LNG 接收站库存控制模型的期望总成本只包括 LNG 接收站的年超货成本和年缺货成本。定义 π_i 为 LNG 的单位缺货成本，δ_i 为 LNG 的单位超货成本，则 $(t+1, 365)$ 时间段内的期望总成本表示为：

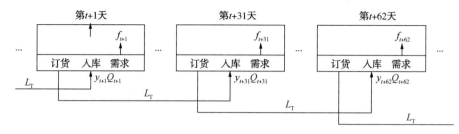

图 14-20　基于滚动计划的库存关系示意图

$$S = \sum_{i=t+1}^{365} \left\{ \pi_i E\left[\left(R_t - \sum_{j=t+1}^{365} f_j + \sum_{j=t+1}^{365} z_j Q - n_c V_{gl} \right)^- \right] \right\}$$
$$+ \sum_{i=t+1}^{365} \left\{ \delta_i E\left[\left(R_t - \sum_{j=t+1}^{365} f_j + \sum_{j=t+1}^{365} z_j Q - n_c V_{gh} \right)^+ \right] \right\} \tag{14-25}$$

其中，$R_t - \sum_{j=t+1}^{365} f_j + \sum_{j=t+1}^{365} z_j Q = L_i$，所以 $(t+1, 365)$ 时间段内的期望总成本可改写为：

$$S = \sum_{i=t+1}^{365} \left\{ \pi_i E\left[(L_i - n_c V_{gl})^- \right] \right\} + \sum_{i=t+1}^{365} \left\{ \delta_i E\left[(L_i - n_c V_{gh})^+ \right] \right\} \tag{14-26}$$

其中，$E\left[(L_i - n_c V_{gl})^- \right] = E\left[\max\{ n_c V_{gl} - L_i, 0 \} \right]$，表示 LNG 接收站在第 id 的缺货量。$E\left[(L_i - n_c V_{gh})^+ \right] = E\left[\max\{ L_i - n_c V_{gh}, 0 \} \right]$，表示 LNG 接收站在第 id 的超货量。LNG 接收站的年期望总成本应该从接收站第 1d 的需求实现后开始计算，以第 1d 的实际库存量来重新预测库存量。因此，LNG 接收站的年期望总成本可表示为：

$$S = \sum_{i=2}^{365} \left\{ \pi_i E\left[(L_i - n_c V_{gl})^- \right] \right\} + \sum_{i=2}^{365} \left\{ \delta_i E\left[(L_i - n_c V_{gh})^+ \right] \right\} \tag{14-27}$$

基于滚动计划的 LNG 接收站库存控制模型可以表示为：

$$\min \sum_{i=2}^{365} \left\{ \pi_i E\left[(L_i - n_c V_{gl})^- \right] \right\} + \sum_{i=2}^{365} \left\{ \delta_i E\left[(L_i - n_c V_{gh})^+ \right] \right\}$$

$$\text{s. t. } L_i = R_t - \sum_{j=t+1}^{365} f_j + \sum_{j=t+1}^{365} z_j Q$$

$$1 \leqslant t \leqslant 364$$

$$t + 1 \leqslant i \leqslant 365 \tag{14-28}$$

$$z_j \in \{0, 1\}, \ (j = 2, 3, \cdots, 365)$$

$$E\left[(L_i - n_c V_{gl})^- \right] = E\left[\max\{ n_c V_{gl} - L_i, 0 \} \right], \ (i = t+1, t+2, \cdots, 365)$$

$$E\left[(L_i - n_c V_{gh})^+ \right] = E\left[\max\{ L_i - n_c V_{gh}, 0 \} \right], \ (i = t+1, t+2, \cdots, 365)$$

（二）制定滚动计划

所谓滚动计划，就是防止 LNG 接收站发生缺货和超货的补救计划。在 LNG 接收站缺货时，增加 LNG 现货贸易对 LNG 库存进行补充，保证 $L_i \geqslant n_c V_{gl}$；当 LNG 接收站超货时，增加 LNG 接收站的外输量，为即将到来的 LNG 卸船量空出足够的储存空间，保证 $L_i \leqslant n_c V_{gh}$。

1. 现货贸易订货限制

由于现货贸易合同要求至少提前 1 个月向 LNG 资源地提交现货贸易订货计划。因此，当 LNG 接收站第 t 天的需求实现后，按原订货计划对需求未实现部分（第 $t+1$d 到第 365d）的库存量进行重新预测，只能对第 $t+30$d 后的缺货情况制定增加 LNG 现货贸易的计划。以计划时间段的第一天 $t=1$ 的需求实现后开始制定滚动计划，则在每年的第一个月内不能增加现货贸易。此时，应该从上一年的 12 月 1 号开始以接收站的实际库存量来预测下一年 1 月的 LNG 库存量，当预测到 LNG 接收站会在 1 月缺货时，立刻制定现货贸易订货计划，那么该现货贸易就能在 1 月发生缺货之前到达 LNG 接收站对库存进行补充。依次类推，以 1 月的实际库存量来制定 2 月的现货贸易计划。这样就能满足提前 1 个月提交现货贸易订货计划的要求。

2. 最短卸船间隔时间限制

由于 LNG 接收站为了避免 LNG 船出现排队的现象，对相邻两船的最短卸船间隔时间 T_j 进行了限制，所以当预测到 LNG 接收站需要增加 LNG 现货贸易后，该现货贸易的到货时间点不能与原年度最优订货计划的到货时间点冲突，即增加的现货贸易的 LNG 到货时间点 y_t 不能与原订货计划中 LNG 的到货时间点 z_t^* 处在同一天，也不能处在 $[z_t^*-T_j,\ z_t^*+T_j]$ 的时间段内，否则 LNG 接收站码头会出现 LNG 船出现排队等待的现象，增加不必要的码头使用费。

3. 滚动计划制定步骤

若现货贸易计划要求增加的 LNG 现货贸易在第 i 天实现到货时，应首先对原年度最优订货计划中的第 $i-T_j$d 至第 $i+T_j$d 内的订货计划进行检查，只有在 $[i-T_j,\ i+T_j]$ 时间段内没有 LNG 的到货时才能在第 id 实现现货贸易的到货。

以 $\sum_{k=i-T_j}^{i+T_j} z_k$ 是否为 0 来判断原订货计划在 $(i-T_j,\ i+T_j)$ 时间段内是否有 LNG 的到货。若 $\sum_{k=i-T_j}^{i+T_j} z_k=0$，则原订货计划在 $(i-T_j,\ i+T_j)$ 时间段内没有 LNG 的到货，接收站可以在第 id 增加 LNG 现货贸易的到货。现货贸易量的订货量 Q' 在弥补缺货量的情况下不能大于 LNG 接收站的最大库存水平，即 $Q'<n_cV_{gl}-L_i+n_cV_{gh}$。同时 Q' 还要保证 LNG 接收站在增加了这次 LNG 现货后，接收站在第 id 之后的第一次订货（定义该第一次订货发生在第 $i+s$d，则原最优年度订货中 $z_{i+s}=0$）实现到货时，LNG 接收站能有足够的储存空间容纳这部分 LNG，因此 $Q'<n_cV_{gh}+\sum_{t=i+1}^{i+s}f_t-Q$。所以，LNG 接收站在第 id 增加的现货贸易的订货量 Q' 需要同时满足上述两个要求，因此 Q' 的最小值应取两个条件中较小的一个，表示为：

$$Q'<\min\{n_cV_{gl}-L_i+n_cV_{gh},\ n_cV_{gh}+\sum_{t=i+1}^{i+s}f_t-Q\} \tag{14-29}$$

式中　Q'——LNG 接收站增加的现货贸易的订货量，$10^4\mathrm{m}^3$。

若 $\sum_{k=i-T_j}^{i+T_j} z_k\ne0$，则 LNG 接收站的原年度最优订货计划在 $(i-T_j,\ i+T_j)$ 时间段内有 LNG 的到货，不能在第 id 实现现货贸易的到货。只能提前一天增加该现货贸易，再判断原订货计划中的 $(i-1-T_j,\ i-1+T_j)$ 时间段内是否一直没有到货计划。若是，则在第 $i-1$d 实现该现货贸易的到货，否则再将该现货贸易的到货时间点提前 1d，依次类推。但是，该现货贸易的时间点 y_t 不能无限制地提前，因为该时间点越提前，LNG 接收站的库存量就越大，很有可能出现 LNG 船到达接收站后 LNG 储罐没有足够的剩余储存空间来容纳 LNG 船卸船量的现象。此时，LNG 接收站则不能增加这次现货贸易。现货贸易的到货时间点 y_t 的确定框图如图 14-21 所示，具体判断步骤如下所示：

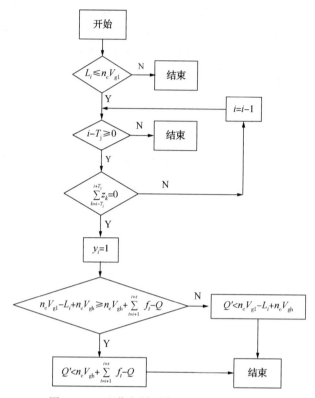

图 14-21　现货贸易到货时间点的判断框图

步骤 1：若 $L_i \leqslant n_c V_{gl}$，则 LNG 接收站在第 id 缺货，需要增加 LNG 现货贸易，转到步骤 2，否则转到步骤 9；

步骤 2：若 $\sum\limits_{k=i-T_j}^{i+T_j} z_k = 0$，则转到步骤 3，否则转到步骤 4；

步骤 3：LNG 接收站可以在第 id 实现 LNG 现货贸易的到货计划，现货贸易量 $Q' < \min\{n_c V_{gl} - L_i + n_c V_{gh}, \ n_c V_{gh} + \sum\limits_{t=i+1}^{i+s} f_t - Q\}$，转到步骤 9；

步骤 4：若 $\sum\limits_{k=i-T_j-1}^{i+T_j-1} z_k = 0$，则转到步骤 5，否则转到步骤 6；

步骤 5：LNG 接收站可以在第 $i-1d$ 实现 LNG 现货贸易的到货计划，现货贸易量 $Q' < \min\{n_c V_{gh} - L_{i-1} + n_c V_{gh}, \ n_c V_{gh} + \sum\limits_{t=i}^{i+s} f_t - Q\}$，转到步骤 9；

步骤 6：若 $\sum\limits_{k=i-T_j-2}^{i+T_j-2} z_k = 0$，则转到步骤 7，否则转到步骤 8；

步骤 7：LNG 接收站可以在第 $i-2d$ 实现 LNG 现货贸易的到货计划，现货贸易量 $Q' < \min\{n_c V_{gh} - L_{i-2} + n_c V_{gh}, \ n_c V_{gh} + \sum\limits_{t=i-1}^{i+s} f_t - Q\}$，转到步骤 9；

步骤 8：$i=i-1$，若 $i \geq 1$，则转到步骤 6，否则转到步骤 9；

步骤 9：结束。

参 考 文 献

[1] 孙丽丽. 石化工程整体化管理和实践[M]. 北京：化学工业出版社，2019.

[2] GB/T 51296. 石油化工工程数字化交付标准[S]. 北京：中国计划出版社，2018.

[3] 刘志仁. 大型液化天然气调峰站储罐的选择[J]. 煤气与热力，2009，29(2)：14-18.

[4] 曹文胜，鲁雪生，顾安忠，等. 液化天然气接收终端及其相关技术[J]. 天然气工业，2006，26(1)：112-115.

[5] 张薇. LNG 项目的储气调峰作用[J]. 天然气工业，2010，30(7)：107-109.

[6] 孟祥茹，吕延昌，孙学琴，等. 现代物流管理[M]. 北京：人民交通出版社，2001.

[7] 王道平，侯美玲. 供应链库存管理与控制[M]. 北京：北京大学出版社，2010.

[8] 张彦军. 基于库存的企业物流管理及控制的研究与应用[D]. 成都：四川大学，2001.

[9] 沈厚才，陶青，陈煜波. 供应链管理理论与方法[J]. 中国管理科学，2000，8(1)：1-9.

[10] 朱九龙，陶晓燕. 我国供应链库存管理研究综述[J]. 商场现代化，2006(02Z)：129-129.

[11] 廖英武. 供应链环境下的物流配送中心选址研究[D]. 湖南：长沙理工大学，2008.

[12] 朱翠玲. 企业备件管理若干管理模型及其应用研究[D]. 合肥：中国科学技术大学，2006.

[13] 薛蓉，李磊. 国际 LNG 贸易的发展趋势分析[J]. 商业时代，2011(4)：41-42.

[14] 王刚. 我国 LNG 项目中"照付不议"合同的若干问题研究[J]. 上海煤气，2005(3)：12-15.

[15] 王家祥，罗伟中，陈翔，等. LNG 总买总卖模式上下游天然气销售合同商务架构搭建与风险传递[J]. 中国工程科学，2011，13(5)：98-102.

[16] 祁超忠. LNG 船舶运输特点及发展[J]. 航海技术，2007(1)：41-43.

[17] 袁海玲，赵保才，王稳桃. LNG 资源和 LNG 贸易介绍[J]. 天然气工业，2005，25(5)：96-99.

[18] 冯文. 贸易术语 FOB 条件下的出口风险解析[J]. 福建商业高等专科学校学报，2009(2)：16-18.

[19] 冯丽伟. 国际工程承包中国际贸易术语 DES、DDP 的选择、注意事项及案例分析[J]. 赤峰学院学报：自然科学版，2009(10).

[20] 黑丽民，侯予，孙烨. 液化天然气船研究进展及其相关问题探讨[J]. 天然气工业，2002，22(3)：92-95.

[21] 陈达. 世界液化天然气运输船市场前景看好[J]. 机电设备，2002，19(3)：34-37.

[22] 孙青峰，赵德贵. LNG 接收站储罐配置[J]. 油气储运，2009，28(3)：17-18.

[23] 聂军. 论供应链环境下的库存管理[D]. 北京：对外经济贸易大学，2004.

[24] 郑云萍，李薇. LNG 接收站库存管理与控制[M]. 北京：石油工业出版社，2015.